普通高等教育“十三五”规划教材
精品课程教材

普通生物学

第二版

王元秀　主编

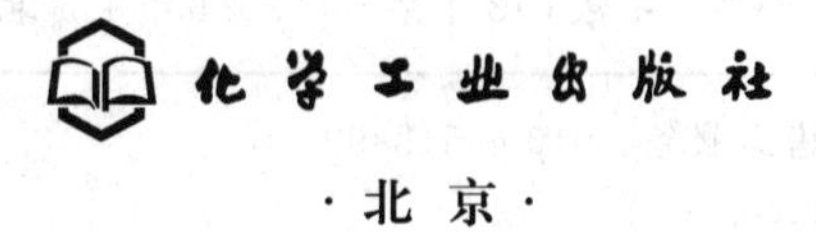

·北京·

《普通生物学》(第二版）内容由生物的基本特征切入，从生命的化学组成，细胞的结构与功能，生物的遗传与进化，到生物体的结构、功能、分类，最后到生态系统，包括了生物分子与细胞、生物的遗传与变异、植物生物学、动物生物学、生命的起源与进化、环境与生态等内容。

本书可供高等院校的生物技术、生物工程等专业学生使用，也可为相关专业的科研人员提供参考。

图书在版编目（CIP）数据

普通生物学/王元秀主编．—2版．—北京：化学工业出版社，2016.9(2024.1重印)

普通高等教育“十三五”规划教材　精品课程教材

ISBN 978-7-122-27548-6

Ⅰ.①普…　Ⅱ.①王…　Ⅲ.①普通生物学-高等学校-教材　Ⅳ.①Q1

中国版本图书馆CIP数据核字（2016）第153030号

责任编辑：魏　巍　赵玉清　　装帧设计：关　飞

责任校对：王素芹

出版发行：化学工业出版社（北京市东城区青年湖南街13号　邮政编码100011）

印　　刷：三河市航远印刷有限公司

装　　订：三河市宇新装订厂

787mm×1092mm　1/16　印张23½　字数613千字　2024年1月北京第2版第9次印刷

购书咨询：010-64518888　　售后服务：010-64518899

网　　址：http://www.cip.com.cn

凡购买本书，如有缺损质量问题，本社销售中心负责调换。

定　　价：48.00元

《普通生物学》（第二版）编写人员名单

主　编　王元秀

副主编　王　军　张春华

编　者　（按姓氏汉语拼音排序）：

何文兴（济南大学）

侯进慧（徐州工程学院）

王军（济南大学）

王明山（枣庄学院）

王元秀（济南大学）

叶春江（济南大学）

张春华（山东省医学科学院）

张更林（山东省医学科学院）

张维建（山东建筑大学）

前言

普通生物学是研究生命现象和生命规律的一门基础科学，是生物、农、医、药等与生命学科相关专业的必修课程。随着生物学理论与方法的不断进步，它的应用领域也在不断扩大。现在，生物学的影响已经扩展到食品、化工、环境保护、能源、冶金以及机械、电子技术、信息技术等诸多领域。了解和学习生物学知识是认识生物界的前提，只有认识和了解生物界的客观规律，才能更好地促进人与自然的和谐统一，推动社会和经济的可持续发展。

《普通生物学》是全国高校应用型本科生物类专业系列教材之一，本书第一版于2010年出版，2012年获“中国石油和化学工业优秀出版物奖（教材奖）”二等奖。本书第二版仍遵循第一版的编写指导思想，即重视保持知识的完整性和系统性，进一步以生物体的基本结构和生命活动的基本规律为重点，以生物的进化为主线贯穿始终。全书包括十八章内容，由生物的基本特征切入，从生命的化学组成，细胞的结构与功能，生物的遗传与进化，到生物体的结构、功能、分类，最后到生态系统，较为全面地呈现了生物学的基本内容。可为高校应用型本科生物类专业学生及相关人员打下较为坚实的生物学基础，这对学生今后在专业方面的学习与工作至关重要。

本书第二版绪论中增加了“生物的分类系统”，植物生物学中增加了“菌类植物”，并对“动物的结构与功能”等内容做了部分调整。其余各章节以不同形式增补了各分支学科的前沿进展。

感谢程利霞、李殿香、刘建涛、马井喜、戎茜、唐业刚、王立屏、谢振文、徐庆华、余晓丽、于少波、朱清等对本书第一版编写工作付出的努力。

普通生物学既是一门发展迅速的学科，又是一门综合学科，其知识结构在不断拓宽，许多概念与内容在不断更新，教材的修订工作难度较大，限于编者水平，难免存在纰漏之处，恳请专家和读者不吝指正。

编者

2016年6月

第一版前言

普通生物学是生物、农、医、药等与生命学科相关专业的必修课程，是一门具有通论性质的课程，打下较为坚实的生物学基础对今后在专业方面的学习与工作至关重要。

本书是全国高校应用型本科生物类专业系列教材之一。全书以生物体的基本结构和生命活动的基本规律为重点，以生物的进化为主线贯穿始终。编写内容由生物的基本特征切入，从生命的化学组成，细胞的结构与功能，生物的遗传与进化，到生物体的结构、功能、分类，最后到生态系统，包括了细胞生物学、遗传学、植物生物学、动物生物学和生态学等内容。

鉴于本书是高校生物类专业本科生的专业基础课程教材，因此，在着重考虑基础性的同时，也必须考虑它的系统性，还考虑了相关内容与专业后续课程的关联性，以及内容的先进性。编写人员在多年教学经验的基础上，根据普通生物学研究的进展和人才培养的需求，对本教材的结构体系和教学内容做了认真的思考与探讨，并做了一些改革与尝试，是否得当尚需经过进一步的教学实践的检验。本书的特点主要体现在：内容系统全面，编写形式删繁就简、突出重点、层次鲜明、图文并茂，既重视基础性和科学性，又力求适应高校应用型本科生物类专业的教学需求，突出植物和动物生物学内容；教材融汇了编者多年的教学经验，为使学生更好地理解、学习，每章章后设有本章小结及具有启发性的复习思考题。

本书可供高等院校的生物技术、生物工程等专业本、专科学生使用；也可供综合性院校和高等师范院校生命科学专业的学生使用以及相关专业的科研人员参考使用。

本书是全体编写人员集体劳动和智慧的结晶，虽然我们做了很大的努力，但全体编写人员在完成此书时并没有一点轻松的感觉。普通生物学既是一门发展迅速的学科，又是一门综合学科，其知识结构在不断拓宽，许多概念与内容也在不断更新，因此，编者深感自己知识与能力有限，尽管反复修改，力求完美，但难免存在纰漏或不足之处，恳请专家和读者不吝指正。

编者

2010 年 5 月

目 录

第三部分　植物生物学 / 115

第四部分　动物生物学 / 191

第五部分　生命的起源与进化 / 303

第六部分　环境与生态 / 331

绪 论

一、生物学的定义

生物学（biology），亦称生命科学、生物科学，是研究生命的科学，是研究生命现象的本质并探讨生物发生和发展规律的一门科学。

生物和它所居住的环境共同组成生物圈（biosphere）。地球大概是在45亿年前形成的，最早的生命大概在距今38亿年前出现。在生命出现之前，地球是寂静的，是“毫无生气”的，有的只是浅海、岩石和笼罩其上的薄层气体，或者说，地球只是由岩石圈、水圈和大气圈所构成的。后来生物出现了，生物逐渐发展而占据了岩石圈、水圈和大气圈中的一定区域而形成了生物圈。生物在生物圈中利用日光、水、空气和无机盐类而生活繁衍，经历了亿万年漫长岁月的自然选择，终于形成了现在的绚丽的生物界。生物界现存种类约200万种，如果算上历史上已经绝灭的生物（至少有1500万种），那就至少有1700万种了。这些生物在形态结构、生活习性、营养方式、生殖方式等方面都有很大不同，可说是千差万别，但是它们都有一个共同之处，使它们截然有别于无机界，这就是，它们是“活”的，是有生命的，而无机界是“死”的，是没有生命的，生物学就是研究生命的科学。生命是生物与非生物之间的本质区别。

二、生命的基本特征

1. 化学成分的同一性

从元素成分来看，构成形形色色生物体的元素都是普遍存在于无机界的C、H、O、N、P、S、Ca等元素，并不存在特殊的生命所特有的元素。从分子成分来看，各种生物体除含有多种无机化合物外，还含有蛋白质、核酸、脂、糖、维生素等多种有机分子。这些有机分子，在自然界都是生命过程的产物。其中，有些有机分子在各种生物中都是一样的或基本一样的，如葡萄糖、ATP等；有些有机分子如蛋白质、核酸等大分子，虽然在不同的生物中有不同的组成，但构成这些大分子的单体却是一样的。例如，构成各种生物蛋白质的单体基本上不外20种氨基酸，各种生物核酸的单体主要也不过是8种核苷酸。这些单体在不同生物中以相同的连接方式组成不同的蛋白质和核酸大分子。脱氧核糖核酸（有时是核糖核酸）是一切已知生物的遗传物质。由脱氧核糖核酸组成的遗传密码在生物界一般是通用的。各种生物用这一统一的遗传密码编制自己的基因程序，并按照这一基因程序来实现生长、发育、生殖、遗传等生命活动。各种生物都有催化各种代谢过程的酶分子，而酶是有催化作用的生物大分子。各种生物都是以高能化合物三磷酸腺苷，即ATP为贮能分子。这些说明了生物在化学成分上存在着高度的同一性。

2. 严整有序的结构

生物体的各种化学成分在体内不是随机堆砌在一起，而是严整有序的。生命的基本单位是细胞（cell），细胞内的各结构单元（细胞器）都有特定的结构和功能。线粒体有双层的外膜、有嵴，嵴上的大分子（酶）的排列是有序的。生物大分子，无论如何复杂，仍不是生命，只有当大分子组成一定的结构，或形成细胞这样一个有序的系统，才能表现出生命。失去有序性，如将细胞打成匀浆，生命也就完结了。

生物界是一个多层次的有序结构。在细胞这一层次之上还有组织、器官、系统、个体、种群、群落、生态系统等层次。每一个层次中的各个结构单元，如器官系统中的各器官、各器官中的各种组织，都有它们各自特定的功能和结构，它们的协调活动构成了复杂的生命系统。

元素→生物分子→亚细胞结构→细胞→组织→器官→系统→生物个体→种群→群落→生态系统

3. 新陈代谢

生物与环境之间不断地进行物质的交换和能量的流动，这种现象叫新陈代谢（metabolism）。生物的新陈代谢包括物质代谢和能量代谢两个方面，由两个既矛盾又统一的作用组成：一个是生物体从外界摄入物质，经过一系列转化与合成过程，将其转变为自身的组成物质，并贮存能量，叫做同化作用（assimilation）。另一个是生物体将其自身的组成物质加以分解，释放其中所贮存的能量，把分解所产生的废物排出体外叫做异化作用(dissimilation)。异化作用所释放的能量，一部分用于合成新的物质，一部分变成热，维持一定的体温，还有一部分供其他生命活动之需。同化作用和异化作用是相互矛盾的。前者是从外界吸收物质和能量，合成有机物，建设自身；后者却是向外界排出物质和能量，分解有机物，破坏自身。但是，这两个作用又是同时进行，相互依存的，有机体正是在这种不断的建设与破坏中得到更新。

4. 应激性和运动

生物能接受外界刺激而发生一定的反应，反应的结果使生物“趋吉避凶”，这种现象叫应激性（irritability）。在一滴草履虫液中滴一小滴醋酸，草履虫就纷纷游开；一块腐肉可招来苍蝇；植物茎尖向光生长（向光性），这些都是应激性的表现。

5. 稳态

生物对体内的各种生命过程有良好的调节能力。生物所处的环境是多变的，但生物能够对环境的刺激作出反应，通过自我调节保持自身的稳定。例如，人的体温保持在37℃上下，血液的酸碱度保持在pH 7.4左右等。这一概念先是由法国生理学家贝尔纳（C. Bernard）提出的。他指出身体内部环境的稳定是自由和独立生活的条件。后来，美国生理学家坎农(W. B. Cannan）揭示内环境稳定是通过一系列调节机制来保证的，并提出“稳态”（homeostasis）一词。稳态概念的应用现在已远远超出个体内环境的范围。生物体的生物化学成分、代谢速率等都趋向稳态水平，甚至一个生物群落、生态系统在没有激烈外界因素的影响下，也都处于相对稳定状态。

6. 生长发育

生物都能通过代谢而生长（growth）发育（development）。任何生物体在其一生中都要经历从小到大的生长过程，这是由于同化作用大于异化作用的结果。单细胞生物的生长，主要依靠细胞体积与重量的增加。多细胞生物的生长，主要是依靠细胞的分裂来增加细胞的数目。此外，在生物体的生活史中，其构造和机能要经过一系列的变化，才能由幼体形成一个与亲体相似的成熟个体，然后经过衰老而死亡。这个总的转变过程叫做发育。但在高等动、植物中，发育一般是指达到性机能成熟时为止。

7. 繁殖、遗传和变异

当有机体生长发育到一定大小和一定程度的时候，就能产生后代，使个体数目增多、种族得以延续，这种现象叫做繁殖（reproduction）。繁殖保证了生命的连续性并为生生不息的生物界提供了进一步发展的可能。生物能繁殖，就是说，能复制出新的一代，任何一个生物体都是不能长存的，它们通过繁殖后代而使生命得以延续下去。

生物在繁殖过程中，把它们的特性传给后代，“种瓜得瓜，种豆得豆”，这就是“遗传”（heredity）。遗传虽然是生物的共同特性，种瓜虽然得瓜，但同一个蔓上的瓜，彼此总有点不同；种豆虽然得豆，但所得的豆也不会完全一样。它们不但彼此不一样，它们和亲代也不会完全一样。这种不同就是“变异”（variation）。没有这种可遗传的变异，生物就不可能进化。

8. 适应

适应一般有两方面的含义，一方面生物的结构都适应于一定的功能，如鸟类翼的构造适应于飞翔，人眼的构造适应于感受物像等；另一方面生物的结构和功能适应于该生物在一定环境条件下的生存和延续。如鱼的体形和用鳃呼吸适于在水中生活，被子植物的花及传粉过程适于在陆地环境中进行有性繁殖等。适应是生物界普遍存在的现象。

三、生物学的发展简史

同其他自然科学一样，生物科学也是在人类的生产实践活动中产生的，并且随着社会生产力和整个科学技术的发展而发展。

原始社会是人类的童年。人们为了生存，不得不采集植物的果实、根、茎和进行狩猎等活动。在实践中，他们接触到形形色色的动植物，也看到生物的生生死死，产生了“事物变化不居”的朴素的唯物主义思想。但因为当时的生产力极为低下，人们对于复杂的生命现象感到神秘莫测，因而又产生了“万物有灵”的迷信观念，认为事物变化的原因是不可知的。

从奴隶社会到封建社会，随着劳动工具不断改进，生产力逐步提高，人们对自然界的认识也不断加深。

我国战国末期的荀况认为，自然界的一切事物都各自按照一定的客观规律运动，而与“天意”无关。他说：“天行有常，不为尧存，不为桀亡”，并强调了人在自然界中的重要位置。在《荀子·天论》一书中，他更提出了“制天命而用之”的光辉思想。东汉的王充在《论鬼篇》等著作中，明确指出“鬼”只是人精神上的幻觉。

远在四五千年前，我国就出现了农业，三千年前开始了室内养蚕，并且通过人工培育了许多动、植物新品种。在长期的实践中，我国劳动人民积累了丰富的生物学知识。古代著作《诗经》中记载了200多种动、植物，汉朝出版的《神农本草经》记载药物365种。公元6世纪，在后魏学者贾思勰所著的《齐民要术》一书中，总结了我国古代劳动人民改造和控制生物的人工选择、人工杂交、嫁接和定向培育等科学原理与方法，是我国宝贵的农业科学和生物科学巨著。11世纪，著名科学家沈括在《梦溪笔谈》一书中，对化石作了很多论述。他在古生物学和地质学方面的科学思想，比西方学者的同类观点早四百年。16世纪，明代杰出的学者李时珍，在其编著的《本草纲目》中，共记载药物1892种，附图1126幅，对动、植物作了详尽的分类，并包含有进化的思想，比西方分类学的创始人林奈（C. Linnaeus）的《自然系统》一书约早150年。自1656年起，《本草纲目》曾先后被译为拉丁、英、法、日、德等多种文字在世界上广为流传，影响甚大。我国人民对于遗传、变异和自然选择的认识早于达尔文，并对达尔文的研究产生过一定的影响。事实证明，我们中华民族是一个伟大的、智慧的民族，我国的科学水平特别是生物科学方面，曾经居于世界首位。

在西方，古希腊的唯物主义哲学家把自然界看作是一个整体，认为万物均在运动变化之中。德谟克利特（Demokritos）反对神创论，认为人的灵魂也是由原子聚合而成，当原子分散时，灵魂就消亡。

从5世纪开始，欧洲进入封建社会，长达近千年。这是个漫长的、黑暗的时代，宗教神学统治了上层建筑的一切领域，对自然科学进行了毁灭性的摧残。科学成了神学的奴婢，发展非常缓慢。

15世纪上半叶，欧洲资产阶级兴起，发动了文艺复兴运动，大力提倡发展自然科学。16世纪欧洲资本主义形成以后，生产力得到提高，工商业日益发展，自然科学在摆脱神学枷锁的艰苦斗争中前进，生物科学也有了新的发展。例如，维萨里（A. Vesalius）用科学方法解剖人体，奠定了解剖学的基础；哈维（W. Harvey）发现了血液循环，奠定了生理学的基础；显微镜的发明和应用，促进了生物学的发展，并使列文虎克（A. V. Leeuwenhoek）发现了微生物；俄国的乌尔夫（Wolff）应用比较方法研究鸡胚发育，提出有机体各器官在发育过程中逐渐形成的学说；瑞典学者林奈建立了科学的分类学，创立了双名命名制，从而把所有动、植物纳入一个统一的分类系统，结束了生物分类的混乱状态，对生物学的发展作出了重大贡献。

19世纪，资本主义处于上升阶段。这是生物学发展史上的重要转折点。19世纪上半叶，比较解剖学、细胞学、胚胎学、古生物学和生物地理学等许多领域都取得了很大成就。施莱登（M. J. Shleiden）和施旺（M. J. Schwann）建立的细胞学说（cell theory），指出一切动、植物体均由细胞构成，从细胞水平证明了生物界的统一性。19世纪生物学上最伟大的成就之一乃是达尔文所创的、以自然选择学说为中心的进化理论。

19世纪下半叶到20世纪初，由孟德尔、得弗里斯（De Vires）、萨顿（Sutton）和约翰逊（W. L. Johannsen）等人，根据杂交实验和细胞学的观察，逐渐建立了染色体遗传学说。1926年美国学者摩尔根发表了“基因论”。他们的工作阐明了遗传和变异的若干规律。1941年，比德尔（G. W. Beadle）和塔特姆（E. L. Tatum）又提出“一个基因一个酶”的学说，把基因与蛋白质的功能结合起来。1944年美国生物学家艾弗里（O. T. Avery）以细菌为实验材料，第一次证明DNA是遗传信息的载体，动摇了所谓蛋白质在遗传过程中起主导作用的旧观念，大大推动了对DNA分子结构的研究。在第二次世界大战中，美国科学家德尔布吕克（Delbrück）创建了“噬菌体研究组”，把噬菌体作为基因自我复制的最理想材料，对大肠杆菌和噬菌体的结构与增殖特性作了许多定量的研究，不但对DNA双螺旋结构的确立起了重大推动作用，而且加速了后来分子遗传学的发展，被誉为“分子生物学之父”。从19世纪后叶到20世纪40年代末，化学和物理学同生物学相结合的成就，为分子生物学的诞生作了最基本的和必要的准备。这时期，已经利用各种化学的和物理的方法，对生物大分子如蛋白质、核酸、脂类和糖类等的化学组成和立体结构的研究都达到了一定的深度，为DNA双螺旋结构的发现，包括其中重要的碱基配对原则的建立奠定了基础。威尔金斯（Wilkins）曾选取DNA纤维结晶作为研究材料，为DNA分子结构的研究发展了某些基本操作技术和概念。1953年，沃森（J. D. Watson）和克里克（F. H. C. Crick）共同完成了DNA双螺旋结构分子模型的建立，这是20世纪以来生物科学中最伟大的成就，由此开创了从分子水平阐明生命活动本质的新纪元。20世纪70年代初期，在分子生物学迅速发展的基础上，又有人主张从更微观的结构——电子一级水平来解释生命现象和研究生命过程的本质，于是又兴起了一门量子生物学。

分子生物学的成就，使人们对生命的认识，进一步由宏观向微观深入，由现象向本质迈进。分子生物学的发展，深刻影响到生物科学的每一个分支领域，使遗传学、细胞学、胚胎学、微生物学，甚至分类学和进化论等都发生了深刻的变化，并在农业、医学和粮食工业等方面得到日益广泛的应用。在分子生物学迅速发展的同时，各门基础学科也取得了一系列成就，宏观研究与微观研究二者紧密结合，推动着生命科学朝气蓬勃地向前发展。

总之，现代生物科学正在向着从未有过的深度和广度进军，它已日益显示出成为一门领先科学的趋势，吸引着越来越多的研究者投入到揭开生命之谜、更好地改造和利用生物的行列中来。

四、生物学的分科

生物学的分支学科各有一定的研究内容而又相互依赖、互相交叉。此外，生命作为一种物质运动形态，有它自己的生物学规律，同时又包含并遵循物理和化学的规律。因此，生物学同物理学、化学有着密切的关系。生物分布于地球表面，是构成地球景观的重要因素。因此，生物学和地学也是互相渗透、互相交叉的。

早期的生物学主要是对自然的观察和描述，是关于博物学和形态分类的研究。所以生物学最早是按类群划分学科的，如植物学、动物学、微生物学等。由于生物种类的多样性，也由于人们对生物学的了解越来越多，学科的划分也就越来越细，一门学科往往要再划分为若干学科，例如植物学可划分为藻类学、苔藓植物学、蕨类植物学等；动物学划分为原生动物学、昆虫学、鱼类学、鸟类学等；微生物不是一个自然的生物类群，只是一个人为的划分，一切微小的生物如细菌以及单细胞真菌、藻类、原生动物都可称为微生物，不具细胞形态的病毒也可列入微生物之中。因而微生物学进一步分为细菌学、真菌学、病毒学等。

按生物类群划分学科，有利于从各个侧面认识某一个自然类群的生物特点和规律性。但无论具体对象是什么，研究课题都不外分类、形态、生理、生化、生态、遗传、进化等方面。为了强调按类型划分的学科已经不仅包括形态、分类等比较经典的内容，而且包括其他各个过程和各种层次的内容，人们倾向于把植物学称为植物生物学，把动物学称为动物生物学。

生物在地球历史中有着 40 亿年左右的发展进化历程。大约有 1500 万种生物已经绝灭，它们的一些遗骸保存在地层中形成化石。古生物学专门通过化石研究地质历史中的生物，早期古生物学多偏重于对化石的分类和描述，近年来生物学领域的各个分支学科被引入古生物学，相继产生古生态学、古生物地理学等分支学科。现在有人建议，以广义的古生物学代替原来限于对化石进行分类描述的古生物学。

生物的类群是如此的繁多，需要一个专门的学科来研究类群的划分，这个学科就是分类学。林奈时期的分类以物种不变论为指导思想，只是根据某几个鉴别特征来划分门类，习称人为分类。现代的分类是以进化论为指导思想，根据物种在进化上的亲疏远近进行分类，通称自然分类。现代分类学不仅进行形态结构的比较，而且吸收生物化学及分子生物学的成就，进行分子层次的比较，从而更深刻揭示生物在进化中的相互关系。现代分类学可定义为研究生物的系统分类和生物在进化上相互关系的科学。

生物学中有很多分支学科是按照生命运动所具有的属性、特征或者生命过程来划分的。

形态学是生物学中研究动、植物形态结构的学科。在显微镜发明之前，形态学只限于对动、植物的宏观的观察，如人体解剖学、脊椎动物比较解剖学等。比较解剖学是用比较的和历史的方法研究脊椎动物各门类在结构上的相似与差异，从而找出这些门类的亲缘关系和历史发展。显微镜发明之后，组织学和细胞学也就相应地建立起来，电子显微镜的使用，使形态学又深入到超微结构的领域。但是形态结构的研究不能完全脱离机能的研究，现在的形态学早已跳出单纯描述的圈子，而使用各种先进的实验手段了。

生理学是研究生物机能的学科，生理学的研究方法是以实验为主。按研究对象又分为植物生理学、动物生理学和细菌生理学。植物生理学是在农业生产发展过程中建立起来的。生理学也可按生物的结构层次分为细胞生理学、器官生理学、个体生理学等。在早期，植物生理学多以种子植物为研究对象；动物生理学也大多联系医学而以人、狗、兔、蛙等为研究对象；以后才逐渐扩展到低等生物的生理学研究，这样就发展了比较生理学。

遗传学是研究生物性状的遗传和变异，阐明其规律的学科。遗传学是在育种实践的推动下发展起来的。1900 年孟德尔（G. J. Mendel）的遗传定律被重新发现，遗传学开始建立起来。以后，由于摩尔根（T. H. Morgan）等人的工作，建成了完整的细胞遗传学体系。1953

年，遗传物质DNA分子的结构被揭示，遗传学深入到分子水平。基因组计划的进展，从基因组、蛋白质组到代谢组的遗传信息传递，以及细胞信号传导、基因表达调控网络的研究，1994年系统遗传学的概念、词汇与原理由中科院提出与发表。现在，遗传信息的传递、基因的调控机制已逐渐被了解，遗传学理论和技术在农业、工业和临床医学实践中都在发挥作用，同时在生物学的各分支学科中占有重要的位置。生物学的许多问题，如生物的个体发育和生物进化的机制，物种的形成以及种群概念等都必须应用遗传学的成果来求得更深入的理解。

胚胎学是研究生物个体发育的学科，原属形态学范围。1859年达尔文（C. R. Darwin）进化论的发表大大推动了胚胎学的研究。19世纪下半叶，胚胎发育以及受精过程的形态学都有了详细精确的描述。此后，动物胚胎学从观察描述发展到用实验方法研究发育的机制，从而建立了实验胚胎学。现在，个体发育的研究采用生物化学方法，吸收分子生物学成就，进一步从分子水平分析发育和性状分化的机制，并把关于发育的研究从胚胎扩展到生物的整个生活史，形成发育生物学。

生态学是研究生物与生物之间以及生物与环境之间的关系的学科。研究范围包括个体、种群、群落、生态系统以及生物圈等层次。揭示生态系统中食物链、生产力、能量流动和物质循环的有关规律，不但具有重要的理论意义，而且同人类生活密切相关。生物圈是人类的家园。人类的生产活动不断地消耗天然资源，破坏自然环境。特别是进入20世纪以后，由于人口急剧增长，工业飞速发展，自然环境遭到空前未有的破坏性冲击。保护资源、保持生态平衡是人类当前刻不容缓的任务。生态学是环境科学的一个重要组成成分，所以也可称环境生物学。人类生态学涉及人类社会，它已超越了生物学范围，而同社会科学相关联。

生命活动不外乎物质转化和传递、能量的转化和传递以及信息的传递三个方面。因此，用物理的、化学的以及数学的手段研究生命是必要的，也是十分有效的。交叉学科如生物化学、生物物理学、生物数学就是这样产生的。

生物化学是研究生命物质的化学组成和生物体各种化学过程的学科，是进入20世纪以后迅速发展起来的一门学科。生物化学的成就提高了人们对生命本质的认识。生物化学和分子生物学的内容有区别，但也有相同之处。一般说来，生物化学侧重于生命的化学过程、参与这一过程的作用物、产品以及酶的作用机制的研究。例如在细胞呼吸、光合作用等过程中物质和能量的转换、传递和反馈机制都是生物化学的研究内容。分子生物学是从研究生物大分子的结构发展起来的，现在更多的仍是研究生物大分子的结构与功能的关系以及基因表达、调控等方面的机制问题。

生物物理学是用物理学的概念和方法研究生物的结构和功能、研究生命活动的物理和物理化学过程的学科。早期生物物理学的研究是从生物发光、生物电等问题开始的，此后随着生物学的发展，物理学新概念，如量子物理、信息论等的介入和新技术如X衍射、光谱、波谱等的应用，生物物理的研究范围和水平不断加宽加深。一些重要的生命现象如光合作用的原初瞬间捕捉光能的反应，生物膜的结构及作用机制等都是生物物理学的研究课题。生物大分子晶体结构、量子生物学以及生物控制论等也都属于生物物理学的范围。

生物数学是数学和生物学结合的产物。它的任务是用数学的方法研究生物学问题，研究生命过程的数学规律。早期，人们只是利用统计学、几何学和一些初等的解析方法对生物现象做静止的、定量的分析。20世纪20年代以后，人们开始建立数学模型，模拟各种生命过程。现在生物数学在生物学各领域如生理学、遗传学、生态学、分类学等领域中都起着重要的作用，使这些领域的研究水平迅速提高；另一方面，生物数学本身也在解决生物学问题中发展成一独立的学科。

有少数生物学科是按方法来划分的，如描述胚胎学、比较解剖学、实验形态学等。按方法划分的学科，往往作为更低一级的分支学科，被包括在上述按属性和类型划分的学科中。

生物界是一个多层次的复杂系统。为了揭示某一层次的规律以及和其他层次的关系，出现了按层次划分的学科并且愈来愈受人们的重视。

分子生物学是研究分子层次的生命过程的学科。它的任务在于从分子的结构与功能以及分子之间的相互作用去揭示各种生命过程的物质基础。现代分子生物学的一个主要分支是分子遗传学，它研究遗传物质的复制、遗传信息的传递、表达及其调节控制问题等。

细胞生物学是研究细胞层次生命过程的学科，早期的细胞学是以形态描述为主的。以后，细胞学吸收了分子生物学的成就，深入到超微结构的水平，主要研究细胞的生长、代谢和遗传等生物学过程，细胞学也就发展成细胞生物学了。

个体生物学是研究个体层次生命过程的学科。在显微镜发明之前，生物学大都是以个体和器官系统为研究对象的。研究个体的过程有必要分析组成这一过程的器官系统过程、细胞过程和分子过程。但是个体的过程又不同于器官系统过程、细胞过程或分子过程的简单相加。个体的过程存在着自我调节控制的机制，通过这一机制，高度复杂的有机体整合为高度协调的统一体，以协调一致的行为应对外界因素的刺激。个体生物学建立得很早，直到现在仍是十分重要的学科。

种群生物学是研究生物种群的结构、种群中个体间的相互关系、种群与环境的关系以及种群的自我调节和遗传机制等。种群生物学和生态学是有很大重叠的，实际上种群生物学可以说是生态学的一个基本部分。

五、生物的分类系统

1. 生物分类的方法

分门别类是人们认识客观事物最基本的手段之一。对于生物分类，不同的历史时期、不同的认识水平、不同的判别标准，人们建立了多种不同的分类方法，归纳起来，主要为人为分类法和自然分类法。

人为分类法主要以生物的经济用途、生物的生活习性或生态习性作为分类的依据或标准。如按生活习性或生态习性把动物分为水生、陆生。这种分类方法便于生物名称的检索，也易于掌握，但不强调生物之间的亲缘关系，不能反映生物进化的自然系谱。早期的分类学大多使用此方法，现在已较少使用。如，16 世纪我国李时珍（1518—1593）在他的《本草纲目》一书中将植物分为五部，即草部、谷部、菜部、果部和木部；将动物也分为五部，即虫部、鳞部、介部、禽部和兽部；人另属一部，即人部。又如，亚里士多德根据血液的有无，把动物区分为有血液的动物和无血液的动物两大类。

自然分类法着重于生物间存在的不同亲缘关系，依据生物体的各种特征，包括外部形态、解剖结构、生理、生化、生态、行为性状、地理分布、系统发育等进行分类。它可较真实地反映生物进化的自然系谱，比人为分类法更接近于客观实际，已被人们接受。但是，由于在生物进化过程中，往往有退化、趋同等错综复杂的情况存在，如何区分亲缘关系远近呢？

起初，人们依据内部结构和生理功能，确定可能的演化关系。如人、猫、鲸、蝙蝠的前肢（图 0-1），虽然表现为不同形式的手、爪、鳍、翅，但从骨骼构造仍能追溯它们的同源性，即为同源器官，这是把外形各不相同的这些物种都归在哺乳动物中的证据之一。但是，昆虫和鸟类的翅没有同源关系，它们只是功能相同，即为同功器官，就不能归为一类。

后来，细胞生物学、遗传学、生物化学、分子生物学等现代生命科学理论及实验技术的发展，给生物分类提供了新的手段和更为丰富的资料，如依据蛋白质中的氨基酸序列、依据核酸中的核苷酸序列等，自然分类法正在不断得到完善。

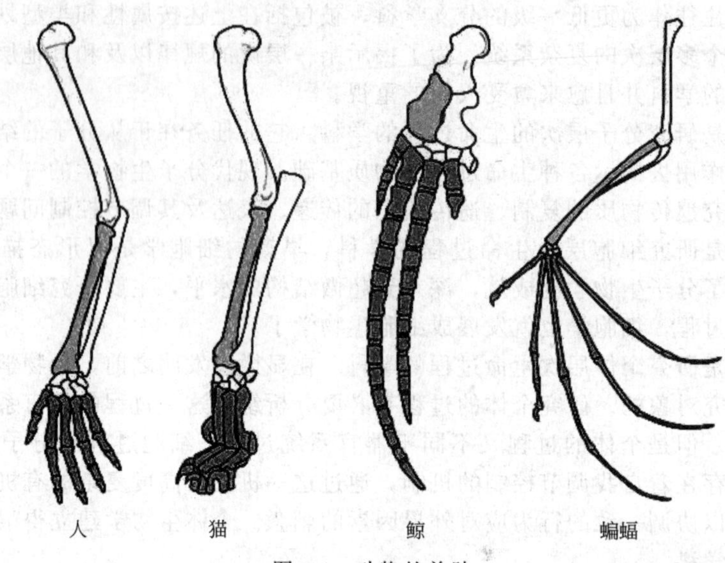

图 0-1　动物的前肢

2. 生物分类的等级

根据自然分类法，生物分类学家将生物分为 7 个基本阶元，其顺序是：界（Kindom）、门（Phylum）、纲（Class）、目（Order）、科（Family）、属（Geneus）、种（Species）。

如人的分类地位属于：动物界（Animalia）、脊索动物门（Chordata）、哺乳纲（Mammalia）、灵长目（Primates）、人科（Homonidae）、人属（*Home*）、人（*Home sapiens*）。可以看出，每一个物种在分类系统中都有其确定的位置。

3. 生物物种的命名

地球上已有科学记载的生物约 200 万种，其名称因不同国家、不同地区各有差别，同名异物、异名同物的现象比比皆是，为了避免这些混乱现象，利于科学研究和学术交流，国际上规定了一个统一的命名法则，即双名法（binomial nomenclature）。这是生物系统分类学的奠基人——瑞典植物学家林奈（C. Linnaeus，1707—1778）在 18 世纪首创的。按照双名法，每个物种的科学名称（即学名）由两部分组成，第一部分是属名，通常是名词，其第一个字母必须大写。第二部分是种名，多为形容词，多为小写。此外，种名后面还可有定名者的姓氏或姓氏的缩写，有时还加上命名的年份。双名法的生物学名均应为拉丁文，在书面格式上生物学名应为斜体，在不能用斜体字的情况下，则在学名下划一道线。如，果蝇 *Drosophila melanegasler*。

4. 生物的分界

在生命科学发展历史的不同阶段，不同学者曾提出了代表各自学术观点的多种不同的分类系统。

1735 年，林奈把整个生物分成两大类：植物界（Plantae）和动物界（Animalia），即所谓的二界分类系统。该系统把细菌类、藻类和真菌类归入植物界，把原生动物类归入动物界。这个系统自问世以来，一直沿用至今。

德国博物学家海克尔（E. Haeckel）于 1886 年从进化的观点出发，提出力求反映生物亲缘关系的新分类系统，建议成立一个由低等生物所组成的第三界，取名为原生生物界（Protista），包括细菌、藻类、真菌和原生动物。把生物分成三界，即植物界、动物界、原生生物界。

随着电镜技术和分子生物学的发展，人们认识到了原核生物与真核生物的巨大差异。

1938年，考柏兰（H. F. Copeland）提出了将原核生物另立为一界，提出了四界系统，即原核生物界（Monera）、原始有核界（Protoctista）（包括单胞藻、简单的多细胞藻类、黏菌、真菌和原生动物）、后生植物界（Metaphyta）和后生动物界（Metazoa）。1959年，美国生物学家惠特克（R. H. Whittaker）提出了另立真菌界（Fungi）的四界（原生生物界、真菌界、植物界和动物界）分类系统。

1969年，惠特克又根据细胞结构的复杂程度及营养方式提出了五界系统，他将真菌从植物界中分出另立为界，即原核生物界（Monera）、原生生物界（Protista）、真菌界（Fungi）、植物界（Plantae）和动物界（Animalia）。

随着分子生物学技术的进步，人们发现在五界分类系统中，原核界的细菌在形态上尽管很相似，但根据分子水平上的差异可明显分成两大类：古细菌和真细菌。五界系统没有反映出非细胞生物阶段。1979年，我国著名昆虫学家陈世骧提出3个总界六界系统，即非细胞总界（包括病毒界），原核总界（包括细菌界和蓝藻界），真核总界（包括植物界、真菌界和动物界）。

可见，关于生物的分界问题，目前尚无统一的看法，本书采用二界分类系统，即生物类群分为植物界和动物界。

六、生物学的研究方法

生物学的一些基本研究方法——观察描述的方法、比较的方法、实验的方法和系统的方法等是在生物学发展进程中逐步形成的。在生物学的发展史上，这些方法依次兴起，成为一定时期的主要研究手段。现在，这些方法综合而成现代生物学研究方法体系。

观察描述的方法是在17世纪，近代自然科学发展的早期，生物学的研究方法同物理学研究方法大不相同。物理学研究的是物体可测量的性质，即时间、运动和质量。物理学把数学应用于研究物理现象，发现这些量之间存在着相互关系，并用演绎法推算出这些关系的后果。生物学的研究则是考察那些将不同生物区别开来的、往往是不可测量的性质。生物学用描述的方法来记录这些性质，再用归纳法，将这些不同性质的生物归并成不同的类群。18世纪，由于新大陆的开拓和许多探险家的活动，生物学记录的物种几倍、几十倍地增长，于是生物分类学首先发展起来。生物分类学者搜集物种进行鉴别、整理，描述的方法获得巨大发展。

比较的方法是18世纪下半叶，生物学不仅积累了大量分类学材料，而且积累了许多形态学、解剖学、生理学的材料。在这种情况下，仅仅作分类研究已经不够了，需要全面地考察物种的各种性状，分析不同物种之间的差异点和共同点，将它们归并成自然的类群。比较的方法便被应用于生物学。

实验的方法是人为地干预、控制所研究的对象，并通过这种干预和控制所造成的效应来研究对象的某种属性。实验的方法是自然科学研究中最重要的方法之一。17世纪前后生物学中出现了最早的一批生物学实验，如英国生理学家哈维（W. Harvey）关于血液循环的实验，赫尔蒙特（J. B. Helmont）关于柳树生长的实验等。然而在那时，生物学的实验并没有发展起来，这是因为物理学、化学还没有为生物学实验准备好条件。很多人甚至认为，用实验的方法研究生物学只能起很小的作用。到了19世纪，物理学、化学比较成熟了，生物学实验就有了坚实的基础，因而首先是生理学，然后是细菌学和生物化学相继成为明确的实验性的学科。19世纪80年代，实验方法进一步被应用到了胚胎学，细胞学和遗传学等学科。到了20世纪30年代，除了古生物学等少数学科，大多数的生物学领域都因为应用了实验方法而取得新进展。

系统论的方法，是从系统的观点出发，着重从整体与部分之间，整体与外界环境之间的相互关系、相互作用和相互制约的关系中综合地、精确地考察对象，以达到最佳的处理效果。由于生命现象的高度复杂性，系统学说目前在生物学方面还处于萌芽阶段，理论的具体化和定量结果还很少。但在神经和激素的作用、酶形成及酶作用的调节控制机制以及生态系统的结构机制等问题上都已取得了一些成绩，对生物科学的进一步发展提供了重要的线索。随着基因组计划、生物信息学发展，高通量生物技术、生物计算软件设计的应用，带来系统生物学新的时期，形成“omics”系统生物学与计算系统生物学的发展，国际国内系统生物学研究机构建立而进入系统生物学时代。

本章小结

生物学是研究生命的科学，是研究生命现象的本质并探讨生物发生和发展规律的一门科学。生命是生物与非生物之间的本质区别。

生命的基本特征是化学成分的同一性、严整有序的结构、新陈代谢、应激性和运动、稳态、生长发育、繁殖、遗传和变异、适应。

生物学的分支学科各有一定的研究内容而又相互依赖、互相交叉。此外，生命作为一种物质运动形态，有它自己的生物学规律，同时又包含并遵循物理和化学的规律。因此，生物学同物理学、化学有着密切的关系。同其他自然科学一样，生物科学也是在人类的生产实践活动中产生的，并且随着社会生产力和整个科学技术的发展而发展。

生物分类方法包括人为分类法和自然分类法，其分类等级为界、门、纲、目、科、属、种 7 个阶元。

生物学的一些基本研究方法——观察描述的方法、比较的方法、实验的方法和系统的方法等是在生物学发展进程中逐步形成的。在生物学的发展史上，这些方法依次兴起，成为一定时期的主要研究手段。现在，这些方法综合而成现代生物学研究方法体系。

复习思考题

1. 生物学的定义是什么？
2. 生物与非生物的主要区别何在？怎样认识生命的基本特征？
3. 生物科学的研究方法有哪些？各有何特点？
4. 生物分类的等级有哪些，试写出人的分类地位。

第一部分

生物分子与细胞

第一章　生命的化学基础

科学家通过多年的研究发现，部分来自外太空的陨石中含有微生物的化石。令人们感到惊讶的是，这些内含微生物化石的太空陨石形成年代早于地球。这一现象表明，早在太阳系形成之前，这些生物已经在某个星球上存在了。科学家认为，这些微生物可能是在某个星体的浅水洼或者浅水滩中形成。然而，俄罗斯国立莫斯科（罗蒙诺索夫）大学生物物理教研室主任弗谢沃罗德·特维尔帝斯洛夫对此发表了不同的看法，他认为，地球上最早的生命不一定来自外太空的陨石和彗星。因为，原始地球已具备各种生物产生和生存的环境，其中最重要的是地球上存在水，这是一切生命赖以生存的重要物质基础。

图 1-1　陨石暗藏生命信息

尽管生命形态有着千差万别，但是它们在化学组成上却表现出了高度的相似性。所有生物大分子的构筑都是以非生命界的材料和化学规律为基础，反映了在生命界和非生命界之间并不存在截然不同的界限。生物大分子结构与其功能紧密相关，即生命的各种生物学功能正是起始于化学水平。对生命的化学组成的深入了解，是揭示生命本质的基础（图 1-1）。

第一节　元素组成

元素是在化学反应中不可再分解的最简单的物质。地球上的元素到底有多少种？许多科学家认为自然界中存在 92 种元素，其中含量最丰富的元素是 O、Si、Al 和 Fe。在生命体内已检测出 81 种元素，称之为生命元素，O、C、H 和 N 是生物体中最丰富的元素。多数科学家认为有大约 28 种元素是构成生命不可缺少的元素。生物体中元素依据其在生物体中的含量可以分为常量元素和微量元素。

常量元素：C、H、O、N、S、P、Cl、Ca、K、Na、Mg 11 种元素。

微量元素：Fe、Cu、Zn、Mn、Co、Mo、Se、Cr、Ni、V、Sn、Si、I、F 等 17 种元素。

从人体的元素成分中大致能反映出生物体内各种元素含量的相对百分比关系存在“反自然”现象：自然界中 C、H、N 3 种元素的总和还不到元素总量的 1%，然而在人体中 C、H、N 和 O 4 种元素竟占了 96%以上。这种“反自然”现象是与生命具有浓集自然界中稀少元素的能力有关，而这种能力也正是生命现象的一种突出的特征。对于是否在生物体中只有上述的 17 种微量元素目前尚有争议，各种元素在生命活动过程中起着多种多样的功能（表 1-1）。

表 1-1 生物体内一些重要元素的功能（引自叶创兴等，2006）

元素	功　能
氧(O)	参与细胞呼吸;存在于大多有机物和水中
碳(C)	有机分子的骨架;能与其他原子形成四个键
氢(H)	存在于大多有机分子中;水的组成;氢离子(H^+)参与能量传递
氮(N)	蛋白质和核酸的成分;植物叶绿素的成分
钙(Ca)	骨和牙的结构成分;重要的信号分子;参与血凝集;参与形成植物细胞壁
磷(P)	核酸和磷脂的成分;在能量转移反应中起重要作用;骨的结构成分
钾(K)	动物细胞中主要的阳离子;在神经功能中有重要作用;影响肌收缩,控制植物气孔的开启
硫(S)	大多数蛋白质的成分
钠(Na)	钠离子是动物体液中的阳离子;能维持体液离子平衡;在神经脉冲传导、植物光合作用中有重要作用
镁(Mg)	动物的血液和其他组织必须离子;激活酶;是植物叶绿素的成分
氯(Cl)	动物体液中主要的阴离子;在维持平衡中起重要作用;光合作用中有重要作用
铁(Fe)	动物血红蛋白的成分;酶的活性中心
铜(Cu)	与酶的活性有关
钼(Mo)	与酶的活性、食道癌的发病率和防治有关
碘(I)	缺碘产生地方性甲状腺肿,幼儿发生呆小症
钴(Co)	与酶的活性有关
钒(V)	在造血中起作用
氟(F)	与牙齿健康有关,缺氟产生龋齿
锌(Zn)	在青少年的发育生长,癌症等的发病和防治起有作用
镍(Ni)	与急性白血病有关
锡(Sn)	影响骨钙化速度
硒(Se)	缺硒产生克山病,与肝功能,冠心病发病和防治有关

第二节　分 子 组 成

生物分子组成大体是相同的，即都含有糖类、脂类、蛋白质、核酸、无机盐离子和水，其中糖类、脂类、蛋白质和核酸是碳的化合物。由于碳原子比较小，有 4 个外层电子，能和别的原子形成 4 个强的共价键，从而造成了在生物体中存在着数量很大的各种含碳化合物。生物大分子典型的共价键中所储藏的能量为 63～714kJ/mol，在生物氧化过程中碳化合物的共价键的断裂可以释放出大量的能量，为生物的生命活动提供支持。

一、糖类

糖类是生命活动的主要能源物质，是草食动物及人体消化吸收最多的食物成分（不计水），是由 C、H、O 三种元素组成，C∶H∶O=1∶2∶1，一般以 $(CH_2O)_n$ 化学式表示，亦称碳水化合物。其功能主要包括：①生命活动所需能量来源；②重要的中间代谢产物；③构成生物大分子，形成糖脂和糖蛋白；④分子识别作用。一般将糖类分为单糖、寡糖和多糖三类。

由于糖类分子含有不对称 C 原子，因此它不但有旋光性，而且对成 C 原子上相连的基团或原子可有两种不同空间排列方式，形成旋光异构体。一般旋光性化合物构型的参照物是甘油醛，其—OH 在右边的定为 D 型，在左边的定为 L 型。（+）表示使偏振光振动面向右旋转，（－）表示向左旋转。

（一）单糖

天然存在的单糖一般都是 D 型。在糖通式中，单糖的 n 是 3～7 的整数。单糖既可以环式结构形式存在，也可以开链形式存在。它们结构上的共同特征是多羟基的醛或酮（图 1-2）。所以，最简单的单糖是三碳糖，又称丙糖，如甘油醛和二羟丙酮。又如五碳糖的核糖和脱氧核糖，六碳糖的葡萄糖、果糖和半乳糖等。

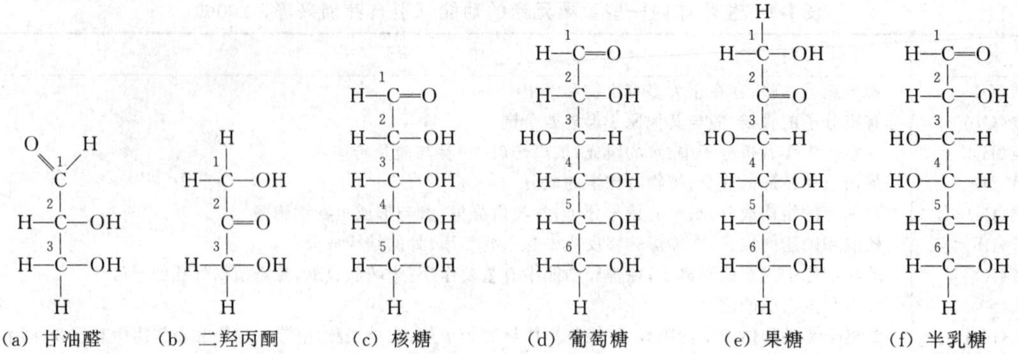

(a) 甘油醛　(b) 二羟丙酮　(c) 核糖　(d) 葡萄糖　(e) 果糖　(f) 半乳糖

图 1-2　三碳糖、五碳糖、六碳糖分子结构式（引自叶创兴等，2006）

葡萄糖是生物界中最重要的单糖，是组成淀粉、纤维素、糖原等重要多糖大分子的单体成分，是生物体内重要的能源物质。果糖、半乳糖的分子式与葡萄糖完全一样，只是结构式不同，它们是同分异构体。

（二）寡糖

寡糖是由 2～20 个单糖连接而成的糖链，双糖由两分子的单糖通过脱水缩合反应形成的、以糖苷键连接的糖（图 1-3），是最简单的寡糖。主要的二糖有麦芽糖、蔗糖、乳糖等。

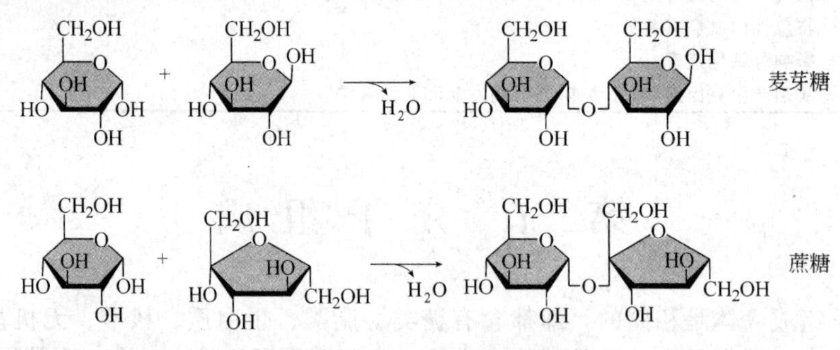

图 1-3　二糖的合成（引自叶创兴等，2006）

蔗糖是由 1 分子葡萄糖和 1 分子果糖通过糖苷键连接而成，无还原性，乳糖是半乳糖和葡萄糖结合而成，存在于哺乳动物的乳汁中。麦芽糖是两分子葡萄糖由糖苷键连接，具有还原性。

（三）多糖

多糖是几百个或几千个单糖（主要是葡萄糖）脱水缩合形成的多聚体，按其组成成分分为均一多糖和非均一多糖，其中均一多糖主要包括淀粉、糖原和纤维素，非均一多糖包括透明质酸、软骨素等（图 1-4）。

淀粉是植物储存能量的多糖分子，有直链淀粉和支链淀粉两种形式。直链淀粉没有分支，像豆类种子中的淀粉；支链淀粉有分支，如糯米淀粉。糖原是动物细胞中贮存葡萄糖能源的形式，是由葡萄糖组成的链状多聚体分子，大多数糖原以颗粒状贮存于动物的肝脏和肌肉细胞中。纤维素是结构性多糖，是植物细胞壁的主要成分也是植物组织中最丰富的多糖，它占植物含碳物质的 50%以上。如木材中纤维素占到一半，棉花中 90%为纤维素。

二、脂类

脂类是一大类物质的总称，这些物质的结构差异很大，但是在其性质上却有共同之处，即由 C、H、O 组成，H∶O 远大于 2，不溶于水，能溶于苯、乙醚等非极性溶剂。脂类分为脂肪和类脂两大类。脂肪也称为三酰甘油；类脂有磷脂、胆固醇及胆固醇酯等形式。脂肪

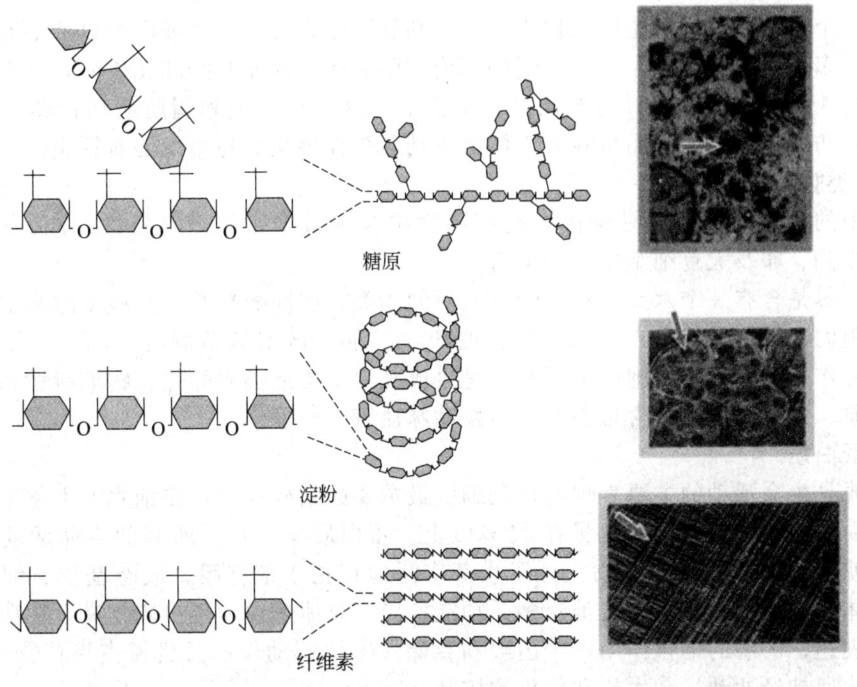

图 1-4　淀粉、糖原和纤维素等多糖的结构（引自叶创兴等，2006）

的含量不稳定，是体内贮存的能源物质，一般成年男性脂肪占体重的 10%～20%。磷脂是细胞的结构成分，约占体重的 5%（图 1-5）。

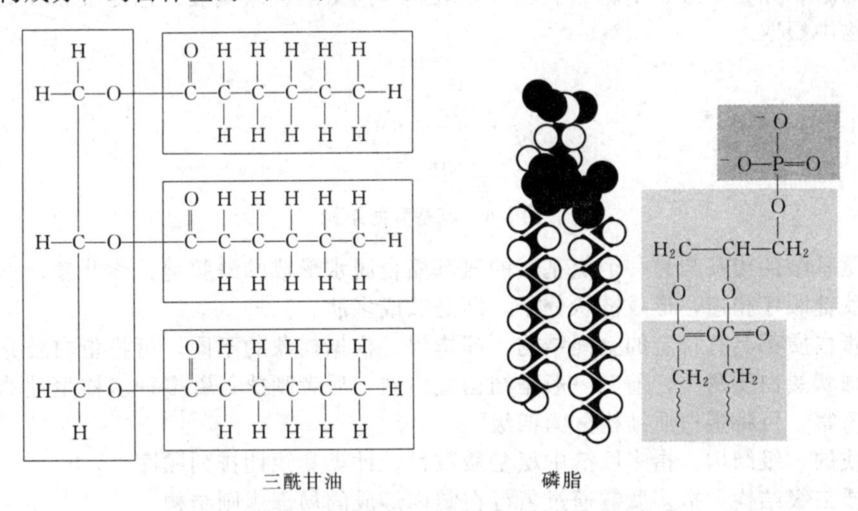

图 1-5　三酰甘油和磷脂的结构（引自叶创兴等，2006）

脂类的主要功能有：①构成生物膜的骨架；②主要能源物质；③参与细胞识别某些重要的生物大分子组分；④构成身体或器官保护层；⑤转化成具有生物学活性的物质，如维生素 D、性激素、胆汁酸。

（一）脂肪

脂肪是由甘油和脂肪酸生成的三酰甘油酯。甘油和脂肪酸结合而成，甘油的每个—OH 和脂肪酸的—COOH 结合，形成酯键。3 个脂肪酸一般各不相同；少数有两个脂肪酸相同，如甘油二硬脂酸一软脂酸酯；3 个都一样具有人体中所含的三油酸甘油酯。甘油三酯中含较多饱和脂肪酸，在室温下为固态者称为脂肪，在室温下为液态者称为油。

含有一个不饱和双键的脂肪酸称为单不饱和脂肪酸，含有两个或两个以上不饱和双键的脂肪酸称为多不饱和脂肪酸。至少有两种不饱和脂肪酸，即亚麻酸和花生酸，是人体的必须营养物，是人体不能合成的，需要从植物中摄取。这两种不饱和脂肪酸在营养上具有重要性。饱和脂肪酸含量高的食品可导致人体血管动脉粥样硬化而易引发心血管疾病。

（二）类脂

类脂中的磷脂又称磷酸甘油酯，是细胞膜中含量最丰富和最具特性的脂。在脑、肺、肾、心、骨髓、卵及大豆细胞中含量丰富。

胆固醇等是含有 3 个六元环和 1 个五元环的脂类，胆固醇存在于真核细胞膜中。动物细胞质膜中胆固醇的含量较高，有的占膜脂的 50%。胆固醇对调节膜的流动性、加强膜的稳定性有重要作用。在动物细胞中类固醇也是生成其他甾类或类固醇化合物如雌性和雄性激素的前体物质。血液中类固醇含量高时易引发动脉血管粥样硬化。

三、蛋白质

蛋白质是生命活动的主要表现者，是细胞最重要的结构成分，在细胞的干重中，约一半以上是蛋白质，在活细胞中的含量在 15%以上。蛋白质参与几乎所有的生命活动过程，是细胞内行使各种生物功能的生物大分子，其广泛地存在于细胞膜、液态基质、细胞器、核膜、染色体等结构中，蛋白质种类众多，功能各异，总体来说，蛋白质具有下述功能：①遗传信息的表达；②酶的催化作用；③运载和存储；④协调动作；⑤机械支持；⑥免疫保护；⑦产生和传递神经冲动；⑧生长和分化的控制。

蛋白质是由多个氨基酸单体（图 1-6）组成的生物大分子多聚体，组成蛋白质的常见氨基酸有 20 多种，已知有 8 种氨基酸是人体不能合成但却又不可缺少的，称之为必需氨基酸，它们是亮氨酸、异亮氨酸、甲硫氨酸、赖氨酸、苯丙氨酸、缬氨酸、色氨酸和苏氨酸，它们必须从食物中摄取。

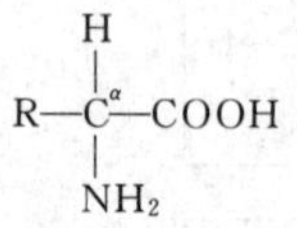

$$\begin{array}{c} \mathrm{H} \\ | \\ \mathrm{R{-}C^{\alpha}{-}COOH} \\ | \\ \mathrm{NH_2} \end{array}$$

图 1-6　氨基酸的结构

一个氨基酸的羧基与另一个氨基酸的氨基缩合脱水形成的酰胺键，称肽键。不同数目的氨基酸以肽键顺序相连，形成链状分子，即是肽或多肽。

天然蛋白质都具有特定的空间结构，即构象。根据构象的不同，可将蛋白质分为纤维状蛋白质和球状蛋白质两类，前者一般是结构蛋白质，后者则执行着多种多样生理功能。从不同层次上考察，可将蛋白质结构分为四级。

蛋白质的一级结构：指多肽链中氨基酸数目、种类和线性排列顺序。

蛋白质二级结构：指多肽链通过氢键在链内形成的局部规则结构。

蛋白质三级结构：在二级结构基础上的肽链再折叠形成的构象。

蛋白质四级结构：组成蛋白质的多条肽链在天然构象空间上的排列方式，多以弱键相互连接，如疏水力、氢键和盐键。每条肽链本身具有一定的三级结构，就是蛋白质分子的亚基。

四、核酸

核酸是生命活动的主宰者，是遗传信息的存储和传递者，控制蛋白质的合成。结构单体是核苷酸，一个核苷酸包括一个含氮碱基、一个核糖和一个磷酸根。

核酸分为两类：脱氧核糖核酸（DNA）和核糖核酸（RNA）（表 1-2）。DNA 主要存在于细胞核中，RNA 主要存在于细胞质中。

表 1-2 脱氧核糖核酸和核糖核酸

组成成分	DNA	RNA
碱基	腺嘌呤(A) 鸟嘌呤(G) 胞嘧啶(C) 胸腺嘧啶(T)	腺嘌呤(A) 鸟嘌呤(G) 胞嘧啶(C) 尿嘧啶(U)
戊糖	脱氧核糖	核糖
磷酸	磷酸	磷酸

RNA 种类较多，有 tRNA、rRNA、mRNA，还有一些存在于细胞核和细胞质中的小分子 RNA，它们具有不同的功能，在某些病毒中 RNA 是遗传物质，有些 RNA 具有酶的功能，称为核酶（ribozyme）。DNA 是遗传物质，只有一种类型，其结构呈现双螺旋（详见第六章第一节）。

核酸是重要的生物大分子，是生物化学与分子生物学研究的重要对象和领域。蛋白质的合成取决于核酸；然而生物功能却要通过蛋白质来实现，因此核酸（主要是 DNA）是生命的操纵者，蛋白质是生命的表现者。核酸的功能主要有以下三点。

（1）DNA 是主要的遗传物质　DNA 是染色体的主要成分，而染色体是基因的载体。细胞内的 DNA 含量十分稳定，而且与染色体数目平行。

（2）RNA 参与蛋白质的生物合成　蛋白质的生物合成需要 RNA。rRNA 约占细胞总 RNA 的 80%，它是装配者并起催化作用。tRNA 占细胞总 RNA 的 15%，它是转换器，携带氨基酸并起翻译作用。mRNA 占细胞总 RNA 的 3%～5%，它是信使，携带 DNA 的遗传信息并起蛋白质合成的模板作用。

（3）RNA 其他功能　对 RNA 的研究揭示了 RNA 功能的多样性，它不仅是遗传信息由 DNA 传递到蛋白质的中间传递体，尽管这是它的核心功能。归纳起来，RNA 有 5 类功能：①控制蛋白质合成；②作用于 RNA 转录后加工与修饰；③基因表达和细胞功能的调节；④生物催化与其他细胞持家功能；⑤遗传信息的加工与进化。

五、水

水是生命活动的介质环境，是生物体的第一大化合物（图 1-7），含量在 50%以上，甚至可达 99%。人体的含水量随年龄增长而减少，从新生儿的 80%到老年的 55%。

水在生物体中参与生理过程，水是良好的极性溶剂，很多物质都能溶于水中，生物体内一系列生物化学反应都需要水。此外水的比热大，可以保持机体的体温。

生物中的水有两种存在方式，大部分水以游离状态存在，称为游离水，也有一部分水与蛋白质分子紧密结合，称为结合水。

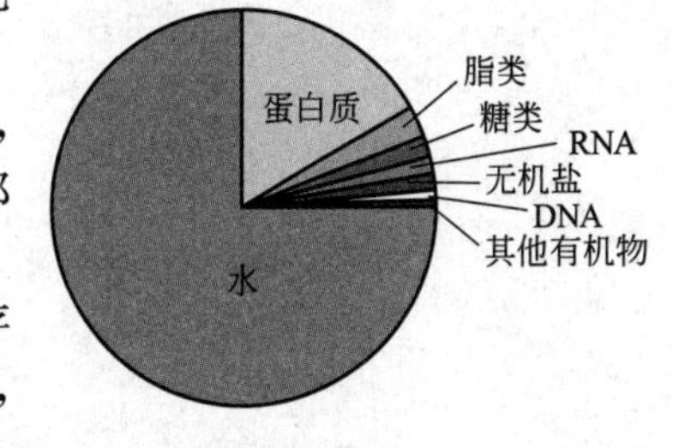

图 1-7　细胞中各主要成分的相对含量（引自 Kleinsmith，1995）

六、无机盐

无机盐参与和调节新陈代谢，在细胞里含量很小，人体内的无机盐大约占 5%，种类很多，含量最多的无机盐是钙和磷盐约占无机盐含量的一半左右，主要沉积在骨骼和牙齿中，无机盐的另一半大多以水合离子状态存在于体液中。

由于无机盐的种类多样，因此功能不一。无机盐离子对生物具有重要的功能：维持细胞内的 pH 值和渗透压，以保持细胞的正常生理活动；同蛋白质或脂类结合组成具有特定功能的结合蛋白，参与细胞的生命活动；作为酶反应的辅助因子；构成骨骼和牙齿的无机成分，对身体起支撑作用。

本章小结

生物的分子组成都含有糖类、脂质、蛋白质、核酸、无机盐和水，但这些物质在不同生物体内的含量可能相差很大。

糖类是生物体能量的主要来源，也是生物体的重要组成成分，包括单糖、寡糖和多糖三大类。

脂类是生命的备用能源和生物膜的结构基础，这些物质的结构差异很大，但是在其性质上却有共同之处，即由C、H、O组成，不溶于水，能溶于苯、乙醚等非极性溶剂。脂类分为脂肪和类脂两大类。

蛋白质是细胞最重要的结构成分，在细胞的干重中，约一半以上是蛋白质，在活细胞中的含量在15%以上。蛋白质参与几乎所有的生命活动过程，是细胞内行使各种生物功能的生物大分子。

核酸是遗传信息的存储和传递者，控制蛋白质的合成。可分为脱氧核糖核酸（DNA）和核糖核酸（RNA）。

生物中水的含量很大，在生物体中参与生理过程，既是溶剂，又是物质运输的介质。生物体中的无机盐一般都以离子状态存在，构成骨骼和牙齿的无机成分，维持生命活动的正常生理环境和参与或调节新陈代谢。

复习思考题

1. 水在生物体的组成中占体重的绝大部分，试从水的生物功能对这一现象进行分析。
2. 说明DNA结构的特点和功能。
3. 分析脱氧核糖核苷酸与核糖核苷酸在结构和功能上的不同。
4. 生物大分子有哪些特性？

第二章　细胞的基本结构和功能

地球的魅力来自生命体，而除病毒以外的一切生命有机体，都是由细胞组成，细胞是组成生命有机体形态结构和生理功能的基本单位（图 2-1）。那么，这些神秘的细胞长什么样，主要是由哪些结构组成，这些结构成分又有什么具体的功能，这些小小的细胞又是如何通过分裂与分化，形成各种各样的生物有机体，从而组成地球这个美丽星球的一部分的呢？几千年来，同样的问题也吸引着成千上万的科学家为之魂牵梦绕并进行了不懈的探索。

图 2-1　胡克（R. Hook）的第一台显微镜与植物细胞的结构图

第一节　细胞的形态和类型

多姿多彩的地球上生物种类繁多，形态各异，然而，组成这些生物体的大多数细胞，在大小、形态上相差却并不大，而且，根据这些形态结构特点的不同，我们已经可以将这些为数众多的细胞进行简单分类并加以深入研究，从而为探索各种各样的与生命有关的问题提供基本的必备常识。

一、细胞的大小

细胞是微小的，绝大多数肉眼不可见，必须借助显微镜才能观察到它们的存在。细胞的大小常用微米（μm）等单位来度量。细胞大小的变化也很大，其直径一般从几微米到几十微米，当然，自然界中也存在着一些肉眼可见的细胞。

细胞的大小与细胞组成的生物类别有关。大多数动、植物细胞直径一般在 20～30μm 之间。但是动物的卵细胞内由于需要储存大量营养物质，因此比较大，其中鸟类的卵细胞甚至是肉眼可见的细胞，如平时我们食用鸡蛋中的卵黄、卵黄膜和胚盘合称鸡的卵细胞，而鸵鸟的卵细胞直径可达 7.5cm，是世界上最大的细胞；最小的细胞是属于原核生物的支原体细胞，目前发现的最小支原体，其直径仅有 0.1μm。不同类型细胞直径大小的比较见表 2-1。

表 2-1　不同类型细胞直径大小的比较

细胞类型	直径大小/μm	细胞类型	直径大小/μm
最小的病毒	0.02	动植物细胞	10～30(10～50)
支原体细胞	0.1～0.2	原生动物细胞	数百～数千
细菌细胞	1～2		

注：病毒并不属于细胞，表中列入病毒是为了便于与其他细胞比较。

多细胞生物体积的加大，不是由于细胞体积的加大，而是由于组成生物体的细胞数量的增加。细胞是靠其表面接受外界信息和与外界发生能量和物质交换的。当细胞体积一定时，组成生物体的细胞数目越多，生物体的细胞表面积总和越大，这种交换效率就越高，反之就越小。根据生物体体积的大小和细胞的大小，可以粗略计算出组成生物体的细胞数目的多少。据推算，新生儿约有 2 万亿个细胞，而 60kg 体重的成人约有 60 万亿个细胞。

二、细胞的形态

不同的细胞，形态不同。细胞的形态主要有圆形、椭圆形、柱形、方形、多角形、扁形、梭形，甚至是不定形等（图 2-2），但绝大多数细胞的形态则主要呈现圆形或椭圆形。

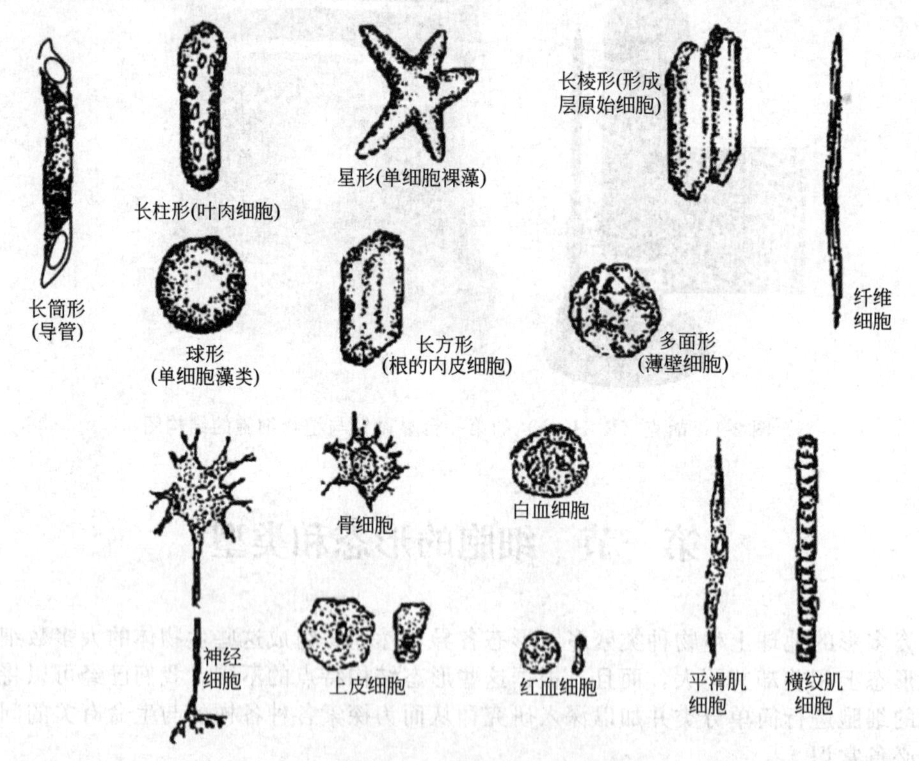

图 2-2　不同的细胞形态（引自赵军，2006）

原核细胞的形状通常与细胞外沉积物（如细胞壁）有关，如细菌呈杆形、球形、弧形、梭形等不同形状（图 2-3），但支原体细胞由于细胞膜外没有细胞壁，细胞质中也没有细胞骨架成分，因而支原体没有固定的形状，其形状通常与支原体所处的环境有关。单细胞的动物（即整个生命体只由一个细胞构成，如草履虫等）或植物细胞的形状要更复杂一些，例如草履虫像鞋底状，眼虫呈梭形且带有长鞭毛，钟形虫呈袋状等。

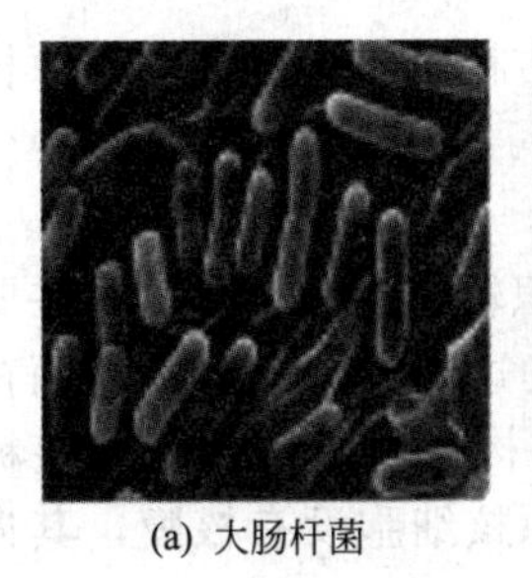
(a) 大肠杆菌

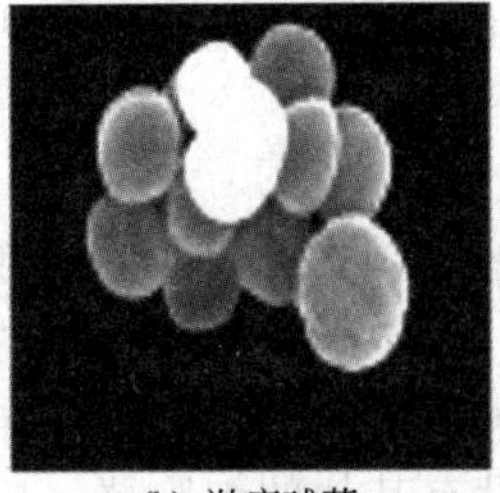
(b) 淋病球菌

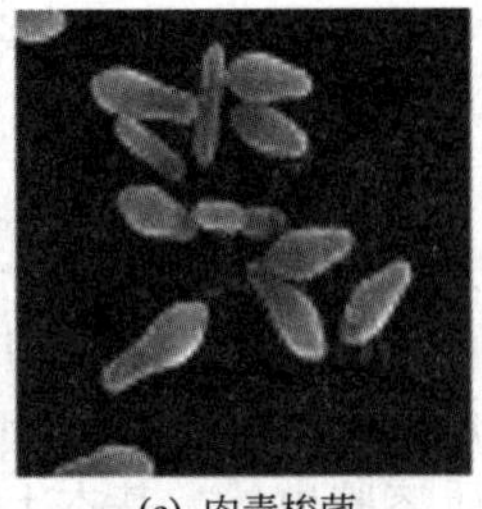
(c) 肉毒梭菌

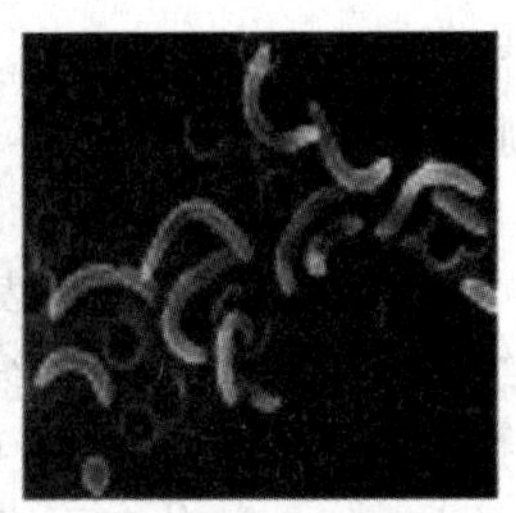
(d) 弧形霍乱菌

图 2-3 不同形状的细菌（引自周德庆，2006）

细胞形态的差异，与其演化历史、所执行的生理功能和其所处的环境有关。例如，高等植物体内执行分生功能的细胞，通常是球形或多面体，这些具有分生能力的细胞经过分裂后，一部分细胞保持原来的形态，执行原来的生理功能，而另一部分细胞经过生长与分化，形成具有各种生理功能的多种形态的细胞。其中，输导水分和无机盐的导管细胞和输导有机物的筛管细胞呈管状，叶片表面细胞呈扁平状，而薄壁组织的细胞则呈球形的多面体，根表皮具有吸收功能的细胞则向外产生管状突起。又如动物体内具有收缩功能的肌肉细胞呈长条形或长梭形；具有传导冲动功能的神经细胞，有许多像树枝一样的突起称为树突，还有很长的突起称为轴突；游离的血细胞多为圆盘状，这有利于 O_2 和 CO_2 的气体交换；上皮细胞则为扁平、立方、柱形，如在动物的小肠上皮细胞朝向肠腔一侧还有大量的突起皱褶，称为微绒毛，这种微绒毛结构有利于增加小肠上皮细胞表面积，从而加强对肠腔中营养物质吸收的效率。

三、细胞的类型

在种类繁多的细胞世界中，根据细胞的进化程度和结构复杂程度，可划分为原核细胞（procaryotic cell）和真核细胞（eucaryotic cell）两大类。它们在形态结构上存在着明显的差异（表 2-2），同时它们在一些生命活动上也存在着本质性差异。从进化的角度上说，原核细胞基本没有细胞内膜系统，核与质没有完全分开，缺乏众多细胞器，细胞基因容量和细胞组成结构相对简单；而真核细胞则是由原核细胞进化而来，开始出现生物膜系统的分化，具有核质的分化，以及细胞质中各种由膜系统分隔的重要细胞器，即细胞的结构逐渐复杂化，其基因容量也大大增加，基因表达的调控方式也更加复杂化。

表 2-2 原核细胞和真核细胞基本特征的比较

特征	原核细胞	真核细胞
细胞膜	有(多功能性)	有
核膜	无	有
染色体	由1个环状 DNA 分子构成的单个染色体，DNA 不与或很少与蛋白质结合	2个染色体以上，染色体由线状 DNA 与蛋白质组成
核仁	无	有
线粒体	无	有
内质网	无	有
高尔基体	无	有
溶酶体	无	有
光合作用结构	蓝藻含叶绿素 a 的膜层结构，细菌具有菌色素	植物叶绿体具叶绿素 a 和叶绿素 b
核外 DNA	细菌具有裸露的质粒 DNA	线粒体 DNA、叶绿体 DNA
细胞壁	细菌细胞壁主要成分是肽聚糖和磷壁酸	动物细胞无细胞壁，植物细胞壁主要成分是纤维素与果胶
细胞骨架	无	有
细胞增殖(分裂)方式	无丝分裂(直接)	以有丝分裂(间接分裂)为主

近年来，在地球上的一些极端环境（如高盐、高温等）中，科学家发现仍然有生物生活，通过对这些在极端环境中生活生物的研究，发现这些生物有着与原核生物及真核生物不

一样的结构特点，因此，有的科学家也将这些生物称为古核生物或古核细胞，以区别于原核细胞及真核细胞。

（一）原核细胞

原核细胞的典型代表是细菌。原核细胞一般基因组容量小，体积较小，结构简单，主要由细胞壁（cell wall）、细胞膜（plasma membrane）组成原核细胞的边围结构，有些细菌在细胞壁外还有诸如荚膜（capsule）、鞭毛（flagella）、纤毛等特殊结构。细胞内部除了核糖体（ribosome）分布于胞质溶胶中外，基本上没有其他的细胞器。原核细胞没有核膜，其遗传物质 DNA 为双链环状，没有或很少有蛋白质与之结合，盘绕于细胞质中，称为拟核（nucleoid）（图 2-4），这也是原核细胞最重要的结构特点。

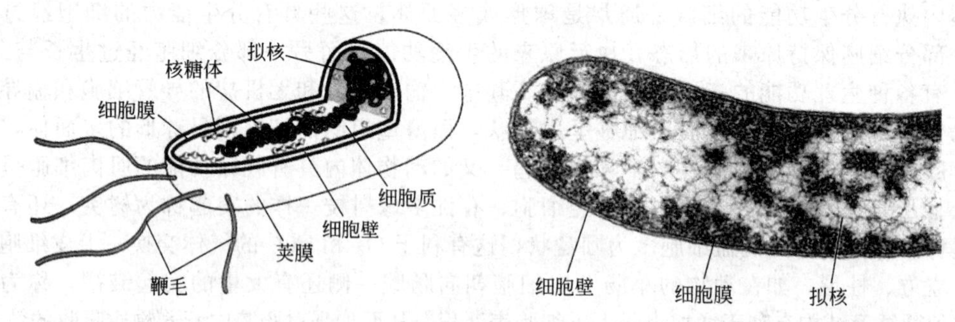

图 2-4　细菌细胞的典型结构（引自 F. Brooks，2001）

因为没有细胞核膜，原核细胞基因的转录（DNA→RNA）和翻译（RNA→蛋白质）是同时同地进行的，基因表达的调控方式也比较简单，目前研究较多的是众多操纵子基因表达调控模型，例如乳糖操纵子等。细菌中除了拟核外，还存在着另一种能够独立复制和表达的 DNA 遗传物质，即质粒 DNA。质粒 DNA 的表达产物一般可以赋予细菌细胞对抗生素的抗性。由于质粒 DNA 也是双链环状，并且可以独立于细菌细胞“核”DNA 外进行自主复制，通常也用作基因工程中目的基因的载体，这些将在本书第七章“基因工程”中予以介绍。

（二）真核细胞

真核细胞区别于原核细胞的最主要特征是出现有核膜包围的细胞核，具有了真正意义上区别于细胞质的核，故称之为真核细胞。真核细胞的结构与功能复杂程度也大为增加。由真核细胞组成的生物称为真核生物，包括单细胞生物（如酵母）、植物和动物等。

在高等真核细胞中，依据部分结构的差别，可大致划分为动物细胞和植物细胞两大类。它们具有许多基本相同的结构体系与功能体系，如具有很多相同的重要细胞器（图 2-5）。动物细胞与植物细胞结构体系的主要区别是植物细胞中存在着细胞壁、液泡与叶绿体及其他质体，而动物细胞没有；植物细胞在有丝分裂后，普遍有一个体积增大的过程，而在动物细胞，这个过程则不太明显。

真核细胞在亚显微结构水平上，可划分为三大基本结构和功能体系。①以脂蛋白成分为基础的生物膜结构系统；②以核酸（DNA 或 RNA）、蛋白质为主要成分的颗粒（或纤维）结构体系；③由特异功能蛋白质分子构成的细胞骨架系统。这三种基本结构体系构成了细胞内部精密结构的明确分工，形成职能专一的各种细胞器，如质膜、内质网、高尔基体、溶酶体、细胞骨架、线粒体、叶绿体、液泡、细胞壁、细胞核等，并以此为基础保证了细胞生命活动的高度有序化和自控性。

（三）古核细胞

原核细胞中一些生活在地球极端特殊环境中的细菌，如能生长在 90℃ 以上高温环境的

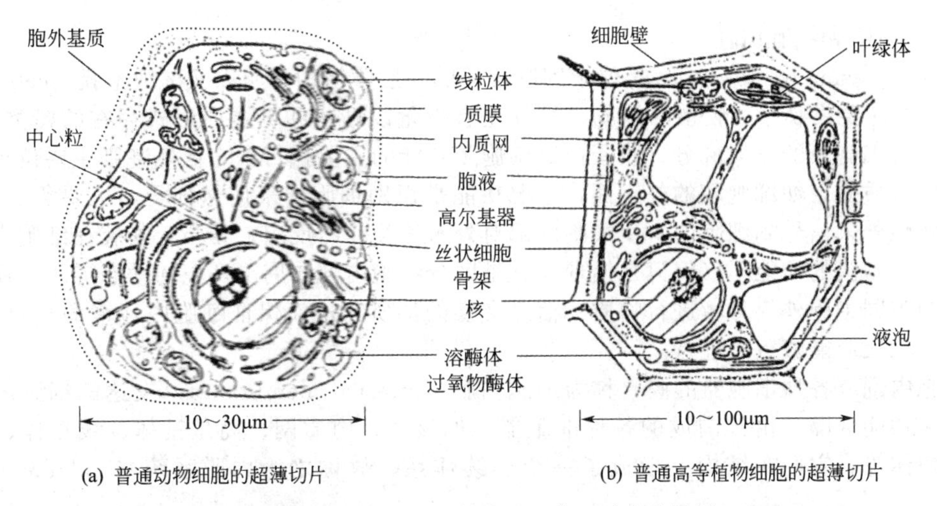

图 2-5　动物细胞与植物细胞结构的比较（引自陈阅增，1997）

极端嗜热菌、能在高达 25％盐度的高盐环境中生活的极端嗜盐菌、能生活在 pH 1 以下的环境中的极端嗜酸菌和 pH 11 以上环境中的极端嗜碱菌等，我们称之为古细菌（archaeobacteria）或古核细胞（archaeon）。

近 20 年来大量分子进化与细胞进化的研究说明，虽然古细菌在形态结构和遗传结构装置与以细菌为典型代表的原核生物相似，但在某些分子进化特征，如 16S rRNA 核苷酸序列的同源性分析以及其他一些分子生物学特征上，与其他原核细胞相差甚远，而与真核细胞近似，特别是 1996 年发现的一种叫做产甲烷菌（*Methanococcus jannaschii*）的古细菌，其基因组序列的全部测定和分析表明，古核细胞比真细菌更可能是真核细胞的祖先，或者说古核细胞是介于原核细胞和真核细胞之间的一种过渡进化阶段。

长期以来，古核细胞由于生活在极度特殊的、非一般生物能生存的高温或高盐环境中，被认为与人类生活关系不大，也不为人们所重视。但随着进化分子生物学与进化细胞生物学的兴起，古核细胞受到越来越多的重视，受到的研究也越来越深入，例如体外进行聚合酶链反应（PCR）中，能够在 72℃高温下催化 DNA 合成的 Taq 酶就可以从某些嗜热古核细胞中提取出来，从而服务于我们的分子生物学研究。

第二节　真核细胞的结构和功能

在第一节中，我们已经知道，细胞主要分为原核细胞、真核细胞和古核细胞三类。由于原核细胞和古核细胞结构和功能相对简单，而真核细胞又是构成生物体特别是高级生物体，如我们人类自身结构与功能的基本单位，因此，本节将重点介绍真核细胞的结构和功能。

原核细胞的结构比较简单，它没有核膜和细胞器，细胞内的细胞器仅仅只是合成蛋白质的核糖体，其他真核细胞器所具有的功能很多都转移到原核细胞的细胞膜上去执行，例如，某些光合细菌的细胞膜具有类似于真核细胞中叶绿体才具备的光合作用的功能。

真核细胞则具有明显的、一定结构的细胞核和细胞器。真核细胞又主要分为动物细胞和植物细胞，它们在结构上有许多相同之处，但也有很多区别（图 2-5）。

一、生物膜

生物膜是指位于生物细胞上和细胞内部的膜结构，具体地说，生物膜包括质膜和细胞内膜。

（一）质膜和细胞内膜

质膜（plasma membrane）是位于细胞表面的一层膜结构，所以又称细胞膜（cell membrane）。它主要由膜脂和膜蛋白组成，另外还有少量以糖脂和糖蛋白形式存在的糖类分子。膜脂是组成细胞膜的骨架成分，膜蛋白是细胞膜功能的主要执行者，糖残基则主要位于生物膜的非细胞质侧，如细胞膜的外表面，主要功能是识别细胞外来信号分子，主要负责接收、传递和转化外来信号到细胞内，使细胞内部对外来信号作出反应，相当于安装在细胞表面的“天线”。细胞膜的功能不仅仅只是体现在它是区分细胞内部与周围环境的动态屏障，还体现在它是细胞同细胞外界环境进行物质、信息交换的场所，从而保证细胞内环境的相对稳定，使各种生化反应能够有序进行。

细胞内围绕各种细胞器的膜，称为细胞内膜（internal membrane）。发达的细胞内膜形成了许多功能区隔，由膜围成的各种细胞器，如核膜、内质网、高尔基体、线粒体、叶绿体、溶酶体等，它们在结构上形成了一个连续体系，故称之为内膜系统（endomembrane system）。

细胞膜和细胞内膜在起源、结构和化学组成等方面具有相似性，故总称为生物膜（biomembrane）。生物膜是细胞进行生命活动的重要结构基础，是防止细胞外物质自由进入细胞的屏障。它可以有选择地通透某些物质，既能阻止细胞内多种有机物如糖类和可溶性蛋白质的渗出，又能调节水、盐类及其他营养物质的进入，为细胞内的各种生化反应提供相对稳定的内环境。此外，生物膜还参与细胞的能量转换、蛋白质合成、物质运输、信息传递、细胞运动等重要生命活动。

（二）生物膜的液态镶嵌模型

18 世纪末 19 世纪初，许多学者对细胞膜的结构进行了大量研究，1935 年，丹尼利（J. Danielli）和戴维森（H. Davson）提出了“蛋白质-脂类-蛋白质”单位膜模型（unit membrane model），并由罗伯逊（J. D. Robertson）于 1959 年加以完善；1972 年，辛格（S. J. Singer）和尼克尔森（G. Nicolson）在单位膜模型的基础上提出液态镶嵌模型（fluid mosaic model），强调膜的流动性和膜蛋白分布的不对称性。这也是目前最为广泛接受和应用的生物膜模型。

生物膜的液态镶嵌模型理论认为，细胞膜由流动的膜脂双层和镶嵌在其中的蛋白质组成。脂膜包括磷脂、糖脂和胆固醇，其中，磷脂分子是构成膜脂的基本成分，约占整个脂膜的 50%以上，其主要特征为：一端为疏水的长碳链，另一端则为亲水的极性基团，整个磷脂分子表现出既亲水又亲油的兼性性质（图 2-6）。双层磷脂分子以疏水性尾部相对，亲水的极性头部朝向水相形成类脂双分子层结构（lipid bilayer），从而构成生物膜骨架。类脂双分子层结构通透性很低，是很好的细胞隔膜。膜蛋白分子有的镶嵌在类脂双分子之间，有的附着在类脂分子层的内侧，分别称为镶嵌蛋白和附着蛋白，镶嵌蛋白含量占膜蛋白总量的 70%～80%（图 2-7）。

液态镶嵌模型突出了膜的流动性和不对称性。细胞膜的流动性是指细胞膜虽然看起来是静止的，但实际上，组成细胞膜的膜质分子和蛋白质却是在不断运动的，其中以膜质分子相互交换位置的侧向扩散运动方式为主，侧向扩散中，相邻膜质分子相互交换位置的频率可达 10^6 次/秒以上，这种交换频率之高，以至于人眼无法识别，才导致我们观察细胞膜时认为膜是静止的。

细胞膜的流动性是保证细胞膜执行正常功能的必要条件。例如细胞膜的跨膜物质运输、细胞内外的信息传递、细胞之间的识别、细胞的免疫、细胞的分化以及激素对细胞的作用等等都与细胞膜的流动性密切相关。

细胞膜的不对称性是指膜脂、膜蛋白和膜糖在细胞膜上呈不对称分布的结果，从而使细

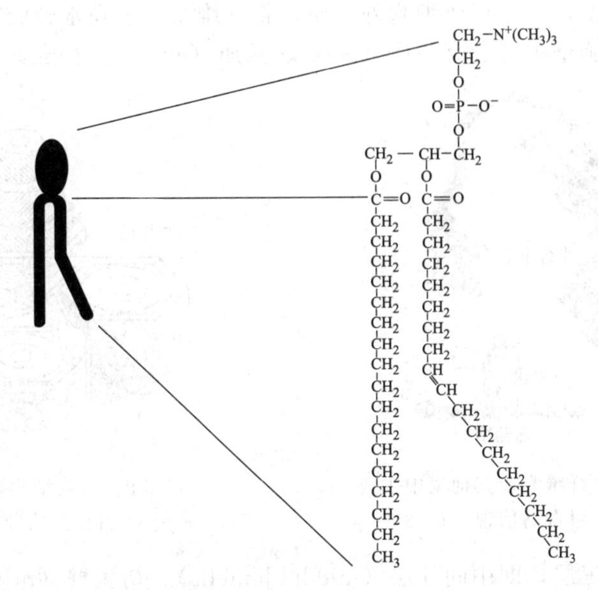

图 2-6　磷脂分子的球形头部亲水区和尾部亲油区使得磷脂分子呈现双亲性（引自翟中和等，2007）

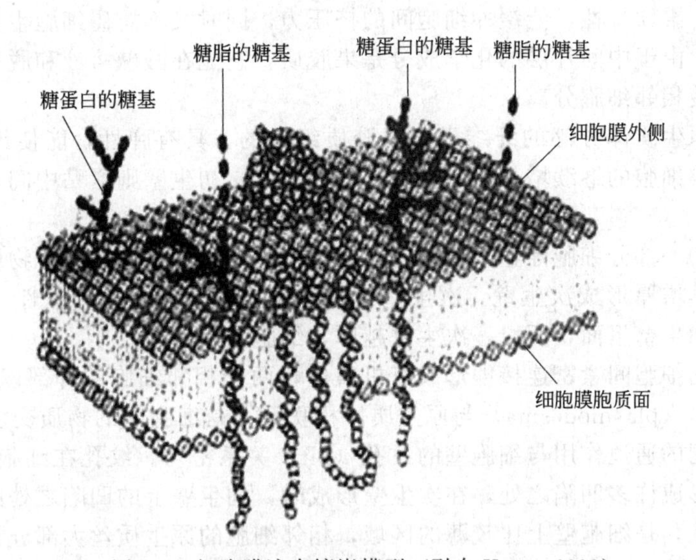

图 2-7　细胞膜液态镶嵌模型（引自 Karp，1999）

胞膜物质传递、信号接收与传递等功能具有一定的方向性。

二、细胞壁

植物和大多数原核生物的细胞外，都有比较硬但有弹性的结构，称为细胞壁（cell wall)。细胞壁对于细胞维持其正常形态，保护其免遭渗透压及机械损伤以及微生物特别是真菌和细菌的侵染具有重要的作用。细胞壁是由原生质体（即细胞膜和细胞质的总称）分泌的产物构成的，从化学成分看，主要是纤维素（cellulose)、半纤维素（hemicellulose）和果胶质（pectin)。植物细胞壁的主要成分是多糖，其中最主要的是纤维素，它赋予植物细胞以硬度和强度，在细胞壁中，由 50～60 个纤维素分子形成一束，并且相互排列，形成长的、坚硬的微纤维（图 2-8)。半纤维素在木质组织中占总量的 50%，它结合在纤维素微纤维的表面，并且相互连接，这些纤维构成了坚硬的细胞相互连接的网络。果胶在细胞壁中的作用主要是连接相邻细胞壁，并且形成细胞外基质，将纤维素包埋在水合胶中。除此以外，在植物体外表面细胞的细胞壁中还含有腊质（wax）、角质（cutin）、木栓质（suberin）等成分。

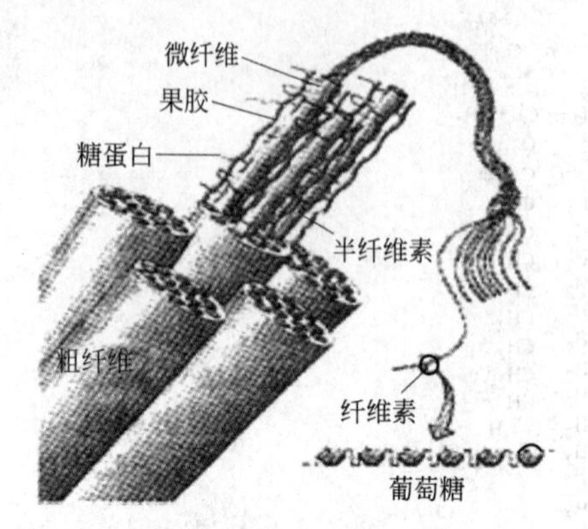

图 2-8 植物细胞壁中纤维素及其他集中主要成分之间的关系（引自高信曾，1978）

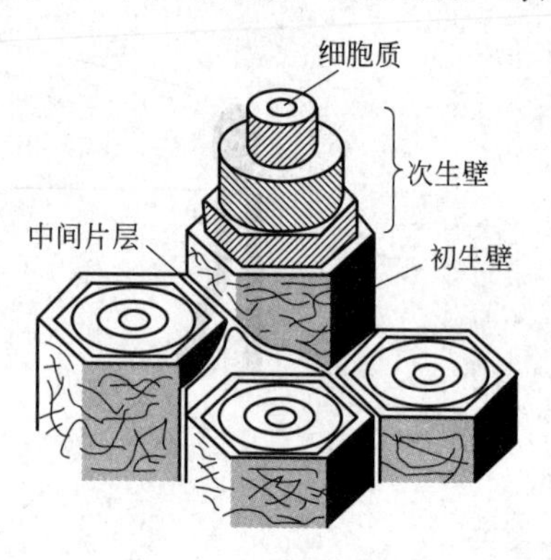

图 2-9 植物细胞壁结构示意图（引自高信曾，1978）

细胞壁的结构分三层，即中间片层（middle lamella）、初生壁（primary wall）、次生壁（secondary wall）（图 2-9）。

中间片层是细胞分裂、产生新细胞时最早形成的，是由果胶质物质组成的，可以将细胞粘连在一起，具有柔软特性，能缓冲细胞间的挤压力，同时又不妨碍细胞生长的与相邻细胞共有的一层薄膜。由于中间片层的化学成分是果胶质，它能在酸碱溶液和脱落酸及有关酸的作用下被分解，使相邻细胞分离。

初生壁是由原生质体分泌的纤维素和果胶质组成的，具有弹性，能使细胞保持一定形状，同时又不影响细胞的继续增长而使细胞的体积扩大，初生壁则紧贴中间片层，位于细胞壁的内侧。

在植物体中的一部分细胞停止生长以后，原生质体继续分泌纤维素等物质贴加在初生壁上，使细胞壁继续增厚形成次生壁。次生壁比较厚，比较坚韧，无伸缩性，起支持保护作用。次生壁位于初生壁里面，所以，次生壁越厚，细胞内腔越小。

多细胞生物的细胞间紧密连接即形成有机整体，两个相邻细胞的外部以黏蛋白相粘连，内部通过胞间连丝（plasmodesma）与原生质体相联系，是细胞间的物质交流和信息传导的通道。植物细胞间的通道作用与细胞壁的纹孔（pit）关系密切。纹孔在细胞壁形成过程中，不均匀地加厚而形成许多凹陷之处，在次生壁形成时，初生壁上的凹陷之处则不加厚，这样形成较明显的纹孔，是细胞壁上比较薄的区域，相邻细胞的原生质丝大部分是通过纹孔使相邻细胞连成统一的整体。

三、细胞质及其内含物

细胞质（cytoplasm）是指存在于质膜与核被膜之间的原生质，它包括细胞器（organelle）和细胞质基质（cytoplasmic matrix）。细胞器是具有一定形态学特点、一定化学组成，并执行一定生理功能的结构，细胞质中分布的细胞器，具有多种多样的形态结构和功能。除细胞器外，细胞质的其余部分称为细胞质基质，其体积约占细胞质的一半。

（一）细胞质基质

细胞质基质也称胞质溶质（cytosol），它在光学显微镜下呈半透明、无定形、可流动的胶状物质。细胞质基质具有较大的缓冲容量，为细胞内各类生化反应的正常进行提供了相对稳定的离子环境；同时细胞质基质是细胞进行大量生物化学反应的主要场所，是细胞能量代谢和物质代谢的基地，它含有多种酶以及供给细胞器行使其功能所需要的一切底物。许多代谢过程是在细胞质基质中完成的，如蛋白质和核酸及脂肪酸的合成，糖酵解、磷酸戊糖途径、糖原代谢、信号转导等；细胞质基质还与控制基因的表达有关，它与细胞核一起参与细胞的分化，使受精卵发生不对称分裂。

在电子显微镜下，细胞质基质并不是均一的溶胶结构，其中还含有微丝（microfilament）、微管（microtubule）和中间纤维（intermediate filament）组成的细胞骨架（cytoskeleton）结构。细胞骨架不仅在维持细胞形态，保持细胞内部结构的有序性方面起重要作用，还可作为细胞器和酶的附着点，并与细胞运动、物质运输和信号转导有关。

1. 微丝

微丝是实心的纤维状结构，直径约 7nm，主要化学成分是肌动蛋白（actin），所以又称肌动蛋白纤维（actin filament）。微丝纤维是由两条线性排列的肌动蛋白链形成的螺旋，状如双线捻成的绳子（图 2-10）。

图 2-10　微丝纤维结构模型（引自 B. Alberts 等）

微丝具有极性，（＋）极（plus end）与 ATP 结合的肌动蛋白单体添加速度快，（－）极（minus end）与 ATP 结合的肌动蛋白单体添加速度慢，约为（＋）极添加速度的 1/10；肌动蛋白丝上也有一些与 ADP 结合的肌动蛋白单体会脱落下来，当单体的组装速度和从微丝上解聚的去组装速度相等时，肌动蛋白丝的结构保持动态平衡而使其总长度不变。细胞中微丝参与形成的结构除肌原纤维、微绒毛等属于稳定结构外，其他大都处于动态的组装和去组装过程中，并通过这种方式实现其功能，如参与细胞的变形运动、胞质分裂、细胞器运动，质膜的流动性、胞质环流等。

2. 微管

微管在细胞质中形成网络结构，作为膜泡运输的导轨并起支撑和确定膜性细胞器（membrane-enclosed organelle）位置的作用。微管是由微管蛋白组成的管状结构，对低温、高压和秋水仙素敏感。

微管是由 13 条原纤维（protofilament）构成的中空管状结构（图 2-11），直径 22～25nm。每一条原纤维由微管蛋白二聚体线性排列而成。

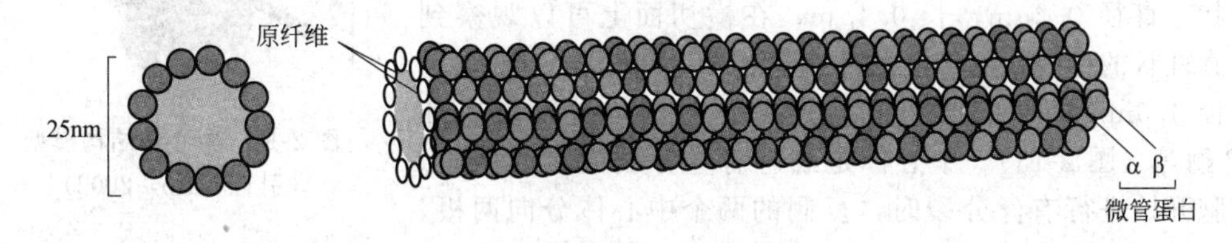

图 2-11　微管纤维（引自 B. Alberts 等）

同微丝相同，微管也具有极性，（＋）极生长速度快于（－）极。微管形成的有些结构是比较稳定的，如神经细胞轴突、纤毛和鞭毛中的微管纤维。大多数微管纤维处于动态的组装和去组装状态，这是实现其功能所必需的过程（如纺锤体中的纺锤丝）。微管组织中心（microtubule organizing centers，MTOC）就是微管进行组装的区域，着丝粒、成膜体（细菌中一种特化的细胞膜结构）、中心体、基体均具有微管组织中心的功能。微管的功能主要是对细胞起支持作用，参与细胞内物质运输，并与纺锤体、纤毛与鞭毛的形成和运动有关。

3. 中间纤维

中间纤维是使细胞具有抗张力和抗剪切力性质的纤维，直径为 10nm 左右，位于微丝直径和微管直径之间，故称之为中间纤维。中间纤维蛋白分子是由一个约 310 个氨基酸残基形成的 α 螺旋杆状区，以及两端非螺旋化的球形头、尾部构成。杆状区高度保守，由螺旋 1 和螺旋 2 构成，每个螺旋区还分为 A、B 两个亚区，它们之间由非螺旋式的连接区连接在一起，头部和尾部的氨基酸序列在不同类型的中间纤维中变化较大，其通用结构如图所示（图 2-12）。中间纤维存在于不同的细胞内，如肌肉细胞和神经细胞的突起，与肌肉收缩和神经细胞的物质运输有关。与微丝、微管不同的是，中间纤维是细胞质中最稳定的细胞骨架成分，它主要起支撑作用。中间纤维在细胞中围绕着细胞核分布，成束成网，并扩展到细胞质膜，与质膜相连接。

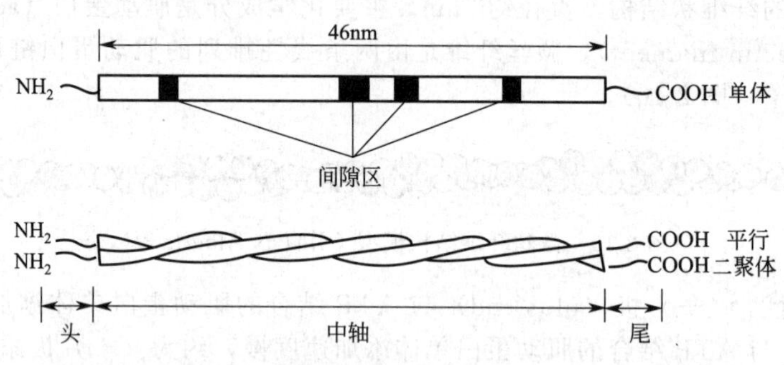

图 2-12　中间纤维的结构模式图（引自 F. D. Mckeon，1987）

广义的细胞骨架还包括核骨架（nucleoskeleton）、核纤层（nuclear lamina）和细胞外基质（extracellular matrix），形成贯穿于细胞核、细胞质、细胞外的一体化网络结构。

（二）中心体

中心体（centrosome）是动物细胞和某些低等植物细胞中具有的细胞器，分布在细胞核的一侧，接近于细胞的中心部位，故称为中心体。在光学显微镜下呈颗粒状，由两个相互垂直的中心粒（centriole）构成，周围是一些无定形或纤维形、高电子密度的物质，叫做外中心粒周围基质（pericentriolar material，PCM）。在电子显微镜下，中心粒是短圆柱状，直径 0.2μm，长 0.4μm，在横切面上可以观察到每个圆柱状的壁是由 9 组 3 联体微管构成，每个微管又由 13 根直径 4.5nm 的原纤维组成，其成分主要是微管蛋白和 ATP 酶等（图 2-13）。中心体是细胞有丝分裂的运动中心。当细胞开始进行有丝分裂时，复制的两个中心体分向两极，成为细胞核分裂时细胞内力学运动的中心，具体机理将在第三节“细胞的增殖”中予以介绍。

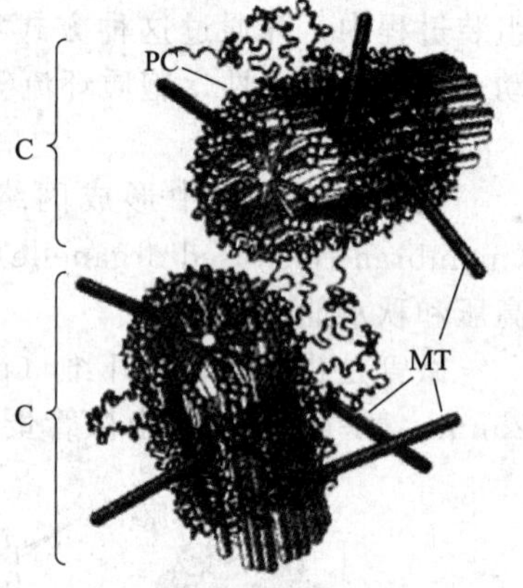

图 2-13　中心体结构模型
（引自 Karp，2002）

（三）线粒体

1890 年阿尔特曼（R. Altaman）首次发现线粒体，1898 年本达因（Benda）将这种颗粒命名为 mitochondria（线粒体）。线粒体是细胞能量代谢的中心，是有氧呼吸的主要场所，高能磷酸物质形成的基地。

1. 线粒体的形态与分布

线粒体是一种体积较大的细胞器，在光镜下呈现粒状或杆状，但因生物种类和生理状态而异，可呈环形、哑铃形、线状、分叉状或其他形状。线粒体的大小变化很大，一般直径 0.5～1μm，长 1.5～3.0μm，但在胰脏外分泌细胞中可长达 10～20μm，称巨线粒体。线粒体在不同细胞中的数量差异也很大，从数百到数千，多的可达数万个，如肝细胞约有1300个，巨大变形细胞中达50万个，而有的细胞则没有线粒体，如人和高等动物成熟的红细胞中无线粒体。此外，线粒体的多少还和细胞生命活动的强弱有关，活动旺盛时多，活动衰退时少。

2. 线粒体的结构与功能

电镜下的线粒体是由内外两层膜封闭，包括外膜（outer membrane）、内膜（inner membrane）、膜间隙（intermembranous space）和基质（matrix）四个功能区隔（图2-14）。线粒体外膜表面平滑，含40%的脂类和60%的蛋白质，具有孔蛋白（porin）构成的亲水通道，标志酶为单胺氧化酶。内膜向线粒体内突伸形成嵴（cristae），线粒体内膜通透性很低，仅允许不带电荷的小分子物质通过，大分子和离子通过内膜时需要特殊的转运系统。内膜的标志酶为细胞色素c氧化酶，由于氧化磷酸化的电子传递链位于内膜，因此从能量转换角度来说，内膜在线粒体合成能量物质ATP的过程中起主要的作用。

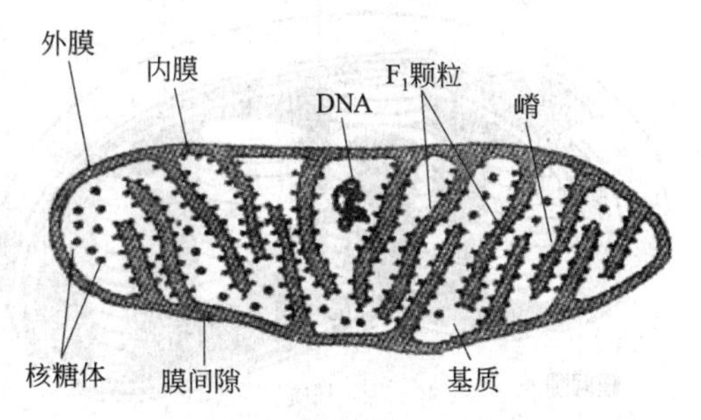

图2-14　线粒体结构示意图
（引自L. Weinberg，1981）

内膜和外膜之间的间隙称为膜间隙，间隙宽6～8nm，标志酶为腺苷酸激酶。线粒体内部的基质充满着内膜和嵴包围的空间，催化三羧酸循环反应的进行，脂肪酸和丙酮酸氧化的酶类均位于基质中，其标志酶为苹果酸脱氢酶。在基质中以及内膜和嵴膜表面上分布许多基粒（elementary particle），基粒是线粒体氧化磷磷酸化成ATP的具体位点。除糖酵解外，其他的生物氧化过程都在线粒体中进行，因此，线粒体在细胞呼吸和能量转化过程中起着非常重要的作用（详见第三章）。

线粒体不仅是细胞能量代谢的中心，还可独立地进行蛋白质的合成。但其合成能力有限，主要是控制与生物氧化有关的酶类的合成。进一步研究表明，线粒体基质中具有一套完整的转录和翻译体系，包括线粒体DNA，70S型的核糖体，tRNA、rRNA、DNA聚合酶和氨基酸活化酶等，说明线粒体有自我繁殖的物质基础和蛋白质合成体系，因此，人们认为线粒体在遗传上有一定的自主性。深入的研究表明，线粒体DNA的这种自主复制、转录活动受到细胞核DNA的极大控制，因此，也有科学家将线粒体称为半自主性细胞器。

与核内的DNA和细胞质内的蛋白质合成体系不同的是，线粒体DNA分子没有同组蛋白结合，表现为裸露的环状双链DNA。另外，其碱基成分不同，即G≡C对的含量也不同。

（四）质体

质体（plastid）是绿色植物所特有的独立的较大的细胞器。在根、茎等顶端分生组织的幼期细胞中尚未完成分化，称为前质体。根据功能和颜色不同把质体分成叶绿体（chloroplast）、白色体（leucoplast）和有色体（chromoplast）三种主要类型。三种质体可互相转化，白色体可转化成绿色体或有色体，叶绿体可转变成白色体或有色体，有色体可转变成叶绿体。叶绿体是进行光合作用的场所，有色体主要积累淀粉和脂肪，白色体也储存营养成分。目前对叶绿体的结构与功能研究得较多，故此处重点阐述叶绿体的形态结构和功能。

1. 叶绿体的形态大小

叶绿体分布在植物体具有光合作用的绿色部分的细胞中，悬浮在细胞基质中，其中叶肉细胞中含量最多，并随细胞基质的流动而移动。叶绿体的形态、大小、数量因物种细胞类型、生态环境、生理状态而有所不同。例如，在高等植物细胞中呈现出盘状、扁椭圆状、球状，直径5～10μm，厚度2～3μm，高等植物的叶肉细胞一般含50～200个叶绿体，可占细胞质的40%。藻类植物细胞中叶绿体比较大，可达100μm，形状也比较多样，如有网状、带状、裂片状和星形等。就同一种植物而言，生长在背阳的细胞比生长在向阳的细胞叶绿体大，数量也多。

2. 叶绿体的结构

在电子显微镜下，叶绿体是由膜组成的复杂片层结构，包括叶绿体外被（chloroplast envelope）、类囊体（thylakoid）和基质（stroma）三个组成部分（图 2-15）。

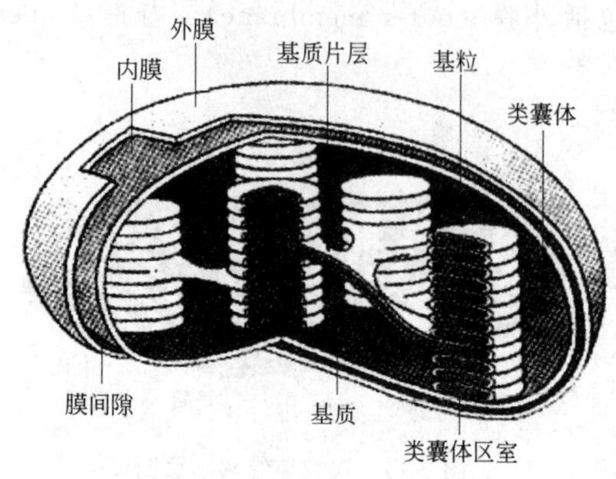

图 2-15 叶绿体的结构示意图
（引自胡玉佳，1999）

叶绿体外被是由双层膜组成，它们之间的空隙称膜间隙，间隙宽 10～20nm。其中外膜通透性大，如核苷、无机磷、蔗糖等许多细胞质中的营养分子可自由进入膜间隙。内膜对物质的进入有选择性，有的可以透过如 CO_2、O_2、Pi、H_2O、磷酸甘油酸、丙糖磷酸等；有的较难透过如 ADP、ATP、己糖磷酸，葡萄糖及果糖等；有的不能透过，需要特殊的转运体（translator）才能通过，如蔗糖、$NADP^+$ 及焦磷酸等。

类囊体是由单层膜围成的扁平小囊，膜上含有光合色素和电子传递链组分，又称光合膜。类囊体是基粒类囊体（granum thylakoid）和基质类囊体（stroma thylakoid）的总称。基粒类囊体呈现圆盘垛状，较小，称为基粒。基粒是由 10～100 个基粒类囊体垛叠而成，直径 0.25～0.8μm，它们构成了内膜系统的基粒片层（grana lamella），每个叶绿体中有 40～60 个基粒。基质类囊体没有发生垛叠，较大，它们形成了内膜系统的基质片层（stroma lamella）。类囊体膜的主要成分是蛋白质和脂类，具有较高的流动性。其内在蛋白主要有细胞色素 b6/f 复合体、质体醌（PQ）、质体蓝素（PC）、铁氧化还原蛋白、黄素蛋白、光系统Ⅰ复合物、光系统Ⅱ复合物等。

叶绿体基质分布在叶绿体内膜和类囊体之间，是无定形的物质。主要成分包括：与碳同化相关的酶类如 RuBP（1,5-2-磷酸核酮糖）羧化酶；叶绿体 DNA、蛋白质合成体系、各类 RNA、核糖体等；一些颗粒成分如淀粉粒、质体小球和植物铁蛋白等。

叶绿体的主要功能是进行光合作用，也有独立自主的遗传功能。与线粒体一样，由于叶绿体基质中含有叶绿体 DNA 和蛋白质合成体系，能通过分裂实现自我增殖，因而叶绿体在遗传上也具有一定的自主性。

（五）内质网

内质网（endoplasmic reticulum，ER）是由波特（K. R. Porter）、克劳德（A. Claude）和富拉姆（E. F. Fullam）等于 1945 年发现的，是真核细胞中最多的膜，约占细胞总膜面积的一半。内质网膜是互相连通的网状结构的膜系统，并与核膜、细胞膜内褶部分、高尔基体连通（图 2-16）。内质网是核膜与细胞质膜之间的通道，也为细胞空间提供骨架。

内质网具有高度的多形性，根据内质网上是否有核糖体附着将其分为粗面内质网（rough endoplasmic reticulum，RER）和光面内质网（smooth endoplasmic reticulum，SER）两种类型。但细胞中不含纯粹的粗面内质网或光面内质网，它们分别是内质网连续结构的一部分。

细胞中两种内质网的分布不同，有的细胞内粗面内质网丰富，如胰腺细胞，有的细胞内光面内质网丰富，如平滑肌细胞，有的细胞中两种内质网的分布都比较丰富，如肾上腺皮质细胞。此外，内质网的形态、数量、种类、功能也因细胞的发育阶段、生理状态的不同而不同。细胞周期中的分裂期和间期内质网的变化都很大，也比较复杂。

粗面内质网膜表面附着核糖体，排列比较整齐，大多数呈扁平囊状，膜围成的空间称为内质网腔（ER lumen）。粗面内质网的主要功能是参与蛋白质合成、初步的修饰与加工以及新生肽链的折叠、组装和运输。在蛋白质合成旺盛的细胞中，粗面内质网分布较多，如胰脏细胞中粗面内质网分布丰富。

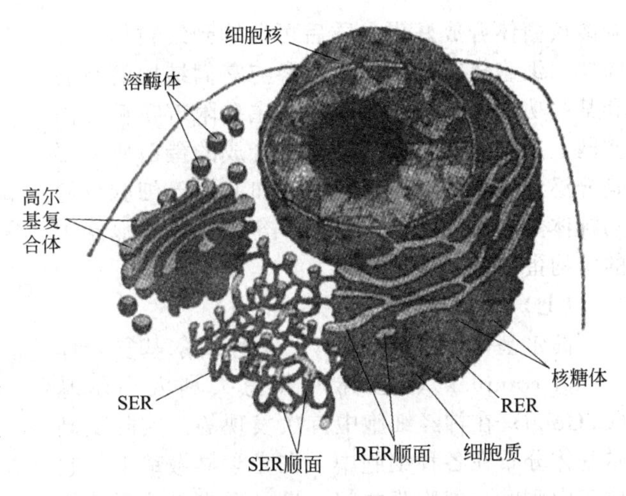

图 2-16　内质网模式图（引自宋林等，2006）

光面内质网的表面没有附着核糖体，由分支的小管彼此连接成网。光面内质网的功能比较复杂，其主要功能与糖类代谢、脂类代谢及物质运输有关。糖类代谢如肝细胞中的光面内质网参与糖原的合成与分解；脂类代谢如光面内质网可清除脂溶性废物和代谢产生的有害物质；胃腺细胞光面内质网与盐酸分泌有关；平滑肌细胞内的内质网与 Ca^{2+} 的摄入、释放有关。

（六）核糖体

核糖体（ribosome）也称核蛋白体或核糖核蛋白体。核糖体是由 40%的蛋白质和 60%的 rRNA 构成的实体颗粒，是合成蛋白质的场所。核糖体在合成蛋白质的过程中沿 mRNA 排成一串，呈念珠状，包括 5～40 个核糖体，彼此间隙 5～10nm，称为多聚核糖体（polyribosome），这样可以提高蛋白质合成的速度。在一个旺盛生长的细菌中，大约有 20000 个核糖体。

核糖体是细胞内数量最多的细胞器，原核细胞与真核细胞都有核糖体，功能也相同，但组成上却有很大差别。通常根据沉降系数的不同分为 70S 和 80S 两种类型，原核生物细胞中的核糖体较小，沉降系数为 70S，分子质量为 2.5×10^3 Da，由 50S 和 30S 两个亚基组成；真核生物细胞的核糖体体积较大，沉降系数是 80S，分子质量为 3.9×10^3～4.5×10^3 Da，由 60S 和 40S 两个亚基组成。此外，由于线粒体和叶绿体中有不同于细胞核中的 DNA 结构，因此这两种细胞器有相对独立的蛋白质合成系统，其中动物细胞线粒体中的核糖体沉降系数为 50～60S，植物细胞叶绿体中核糖体的沉降系数为 70S。

尽管原核生物与真核生物核糖体的蛋白质和 rRNA 差异很大，但总体上结构相似，所有的核糖体都是由大小两个亚基构成（图 2-17），核糖体的大小亚单位只有在以 mRNA 为模板合成蛋白质时才结合在一起，肽链合成终止后，大小亚单位又解离，游离于细胞质基质中。以原核细胞的核糖体为例，它是由 30S 和 50S 亚基互相结合而成的，30S 亚基能单独与 mRNA 结合形成 30S 核糖体-mRNA 复合体，后者且可与 tRNA 专一性结合，50S 亚基不能单独地与 mRNA 结合，但可与 tRNA 非专一性结合，50S 亚基上有两个 tRNA 位点，即氨酰基位点（A 位点）与肽酰基位点（P 位点）。这两个位点位于 50S 亚基与 30S 亚基结合面上。

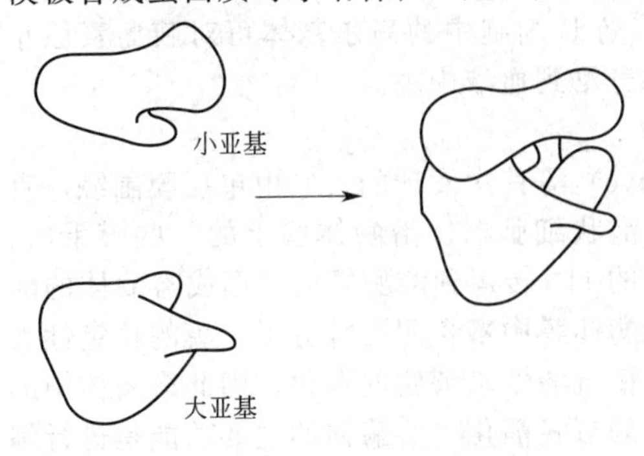

图 2-17　核糖体的结构模型图
（引自 Lu Bert Stryer，1990）

在真核细胞中核糖体以两种方式存在：一种游离于细胞质中，称游离核糖体，合成的蛋白质主要构成细胞质基质中的结构蛋白，此外，很多游离核糖体合成好蛋白质后可运输到线粒体、叶绿体、细胞核等细胞器中，参与它们结构的组装和某些功能的执行；另一种则主要附着在粗面内质网上，称为膜结合核糖体，合成的蛋白质主要是分泌到细胞外的分泌蛋白（如B淋巴细胞分泌的抗体蛋白），以及内质网、溶酶体等细胞器中的结构蛋白和膜蛋白。

（七）高尔基体

高尔基体（Golgi body）又称高尔基复合体（Golgi complex），是1898年意大利人高尔基（C. Golgi）在神经细胞中首次发现的。实际上高尔基体分布在各种细胞中，在光学显微镜下，它位于内质网与细胞膜之间，呈弓形或半球形结构（图2-18）。在电子显微镜下高尔基体是由单层膜特化的数个扁平囊泡堆在一起形成的高度有极性的细胞器，两层膜之间的部分称为中间膜囊（medial Golgi）。扁平囊有两面，凸出的一面对着内质网称为形成面（forming face）或顺面（cis-face）；凹进的一面对着质膜称为成熟面（mature face）或反面（trans-face）。一般小泡位于形成面，是高尔基体的入口区域，可接受由内质网合成的物质并分类后转入中间膜囊中。大泡分布于成熟面，是高尔基体的出口区域，功能是参与蛋白质的分类与包装，最后输出。高尔基体中间膜囊，参与多数糖基修饰、糖脂的形成以及与高尔基体有关的糖合成等。

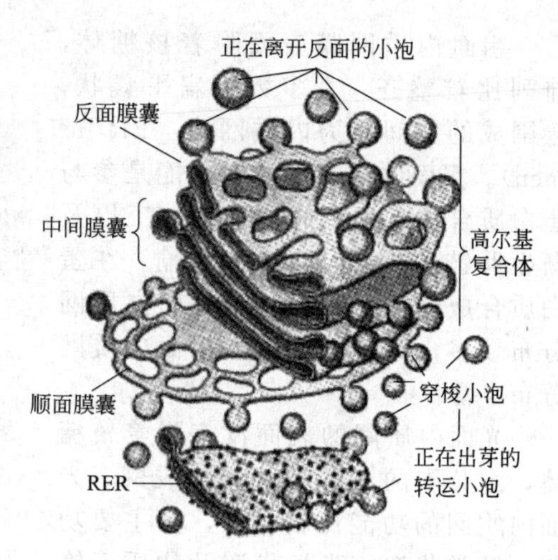

图2-18 高尔基体模式图
（引自翟中和等，2007）

高尔基体在细胞中分布的位置、数量因细胞种类及生理状况而异。神经细胞中的高尔基体多分布在细胞核周围，肝细胞中的高尔基体多成堆分散在细胞质基质中；神经细胞、胰腺细胞中的高尔基体数量较多，肌细胞中数量较少；代谢旺盛、处于发育时期的细胞，高尔基体较多，其他时期较少；细胞衰老使高尔基体数目减少、变小甚至消失。

高尔基体的主要功能是将内质网合成的蛋白质进行加工、分类与包装，然后分门别类地送到细胞特定的部位或分泌到细胞外。在内质网形成的糖蛋白从形成面进入高尔基体后，发生了一系列特定的糖基化修饰，形成了结构各异的寡糖链，这些经过高尔基体加工后的物质再经成熟面运送到细胞的特定部位或细胞外。例如，内质网上合成的新膜转移至高尔基体后，经过修饰和加工，形成运输泡运输到生物膜形成处，与质膜融合成为生物膜的组成部分。植物细胞的高尔基体也可以合成植物细胞壁中的纤维素和果胶质，参与植物细胞壁的形成。这些说明，高尔基体是生物膜和细胞外被构成物的补充和供给者。在分泌细胞中的高尔基体加工形成的分泌蛋白可运输到细胞以外。如胰岛B细胞中的高尔基体可对胰岛素原小粒经过剪切、二硫键的形成等加工，形成胰岛素，分泌到血液中去。

（八）溶酶体

溶酶体（lysosome）是1955年由迪夫（De Duve）等首次发现的。它由单层膜围绕，直径为0.2～0.6μm，是内含多种酸性水解酶类的囊泡状细胞器。溶酶体膜上的一些膜蛋白，称为质子泵，能够消耗能量逆浓度梯度将细胞质中的H^+转运到溶酶体内，形成溶酶体的酸性环境，使其中的酸性酶具有活性。此外，由于溶酶体膜中富含胆固醇分子，膜的稳定性大大增强，溶酶体的膜蛋白大多都高度糖基化，能够抵抗酸性水解酶的消化，因此溶酶体中的酶被封闭在膜内与细胞质隔开，从而防止细胞自身的自我消化。溶酶体的主要功能是进行细胞内消化，对转运到溶酶体中的蛋白质、脂肪、核酸、磷酸等物质都有分解的作用。此外，溶酶体还可以分解外来物质如巨噬细胞的溶酶体可分解其吞噬并转运到溶酶体中的细菌等有害物质，此外，细胞内部损伤与衰老的细胞器及碎片也可在溶酶体中进行分解，溶酶体在这个时候扮演着细胞内部垃圾清理工的角色。

根据完成其生理功能的不同阶段可分为初级溶酶体（primary lysosome）、次级溶酶体（secondary lysosome）和残体（residual body）。初级溶酶体直径0.2～0.5μm，膜厚7.5nm，内含有许多种水解酶，目前已发现60多种，当吞噬体进入细胞与初级溶酶体接触时，两者的膜溶解、内含物混合，形成一个较大的消化泡，即称次级溶酶体，是正在进行或完成消化作用的溶酶体。消化泡中的大分子物质被分解，分解产物渗透到细胞质中，这时把消化泡中未被分解的残渣部分称为残体，又称后溶酶体（post-lysosome），它已失去酶活性，大部分残体可通过外排作用被排出细胞体外。

根据溶酶体消化的物质来源不同，又可把溶酶体分为异噬溶酶体（phago lysosome）和自噬溶酶体（autophago lysosome）。异噬溶酶体消化的物质来自外源，主要对进入细胞内的有害物质、细菌、病毒起溶解作用，分解有害物质，使其降解，杀死细菌和病毒，对细胞起防御和保护作用；自噬溶酶体消化的物质来自细胞本身的各种组分，它通过溶解作用可清除细胞内由于生理、病理等原因造成损伤的、衰亡的细胞器和细胞。溶酶体分解后的产物是细胞的营养物质，可用于细胞各种合成，对细胞的代谢起重要作用。

（九）过氧化物酶体

过氧化物酶体（peroxisome）又称微体（microbody），1954年由罗丹（J. Rhodin）首次在鼠肾小管上皮细胞中发现。它是一种膜结合的颗粒，直径为0.5～1.0μm，呈圆形、椭圆形或哑铃形等，由单层膜围绕而成。过氧化物酶体共同特点是内含丰富的酶类，主要是氧化酶、过氧化物酶和过氧化氢酶（标志酶），其中尿酸氧化酶（urate oxidase）的含量最高。

过氧化物酶体的作用是参与脂肪酸的β-氧化，动物组织中有25%～50%的脂肪酸是在过氧化物酶体中氧化的，其他则是在线粒体中氧化的。此外过氧化物酶体还具有解毒作用，这种作用是过氧化氢酶利用 H_2O_2 氧化各种底物，如酚、甲酸、甲醛和乙醇等，氧化的结果使这些有毒性的物质变成无毒性的物质，同时也使 H_2O_2 进一步转变成无毒的 H_2O，如人体饮入的酒精（乙醇）有几乎半数是在过氧化物酶体中被氧化而解毒的。在植物中过氧化物酶体则主要参与光呼吸作用，将光合作用的副产物乙醇酸氧化为乙醛酸和过氧化氢，此外，植物种子萌发时，细胞中的过氧化物酶体可氧化种子中的脂肪酸，通过乙醛酸循环体生成ATP，提供种子萌发所需的大量能量。

（十）液泡

液泡（vacuole）尤其是细胞成熟后的大液泡普遍存在于植物细胞中，分裂后形成的幼小的植物细胞中有许多小液泡，随着细胞的生长、分化、成熟，小液泡不断合并，形成一个中央大液泡。液泡内储存许多在细胞代谢过程中形成的、未参加原生质组成的非原生质物质。如液泡中储存有大量的水分、有机物、无机物。它的溶液中含有有机酸、色素、单宁、植物碱，也悬浮一些油脂、蛋白质和结晶物。液泡在细胞的控制下，形成一个内在环境，缓冲外界环境的影响，保护原生质，使之处于平衡状态。液泡在高等植物中也起溶酶体的作用，液泡中含有高聚体水解酶，当液泡膜遭破坏时，这些酶混入原生质中引起液泡的解体、细胞的死亡。

四、细胞核

细胞核（nucleus）是细胞内最重要的细胞器，是细胞遗传和代谢的调节中心，控制着细胞繁殖、分化、发育等生命活动。遗传物质基础主要储存在细胞核中，失去细胞核细胞便失去了固有的生活机能，很快趋于死亡。如人的红细胞成熟后失去细胞核，细胞不能繁殖，寿命也很短。细胞核通常只有一个，但也有两个或多个细胞核的。如人的肝细胞有两个核，人的骨骼肌细胞可有数百个核。细胞核的形状一般是球形的，但也有椭圆形的或杆状的，这与细胞的形状有一定关系，也和细胞生活周期的不同阶段有关。一般情况下，细胞生活周期中的间期，细胞核的形态比较稳定，分裂期的细胞核形态变化比较大。细胞核一般位于细胞的中央，但也有的细胞核偏离中央，如脂肪细胞的细胞核被细胞的内含物挤到边缘，植物成熟细胞的细胞核被大的液泡挤到边缘。细胞核的主要结构包括核被膜（nuclear envelope）、核仁（nucleolus）、核基质（nuclear matrix）、染色质（chromatin）和核纤层（nuclear lamina）等部分（图 2-19）。

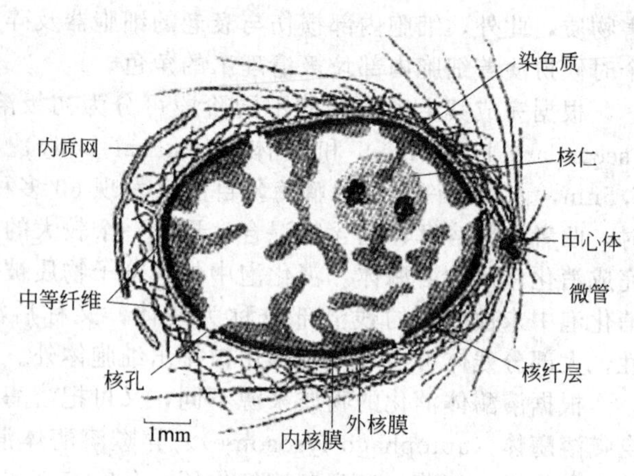

图 2-19　细胞核结构示意图（引自 B. Alberts 等，2007）

（一）核被膜

核被膜是包围在核外的双层膜结构。它将细胞内的 DNA 等遗传物质集中于一定的核内部位，有利于遗传物质实现其特殊功能。核被膜是由内核膜（inner nuclear membrane）、外核膜（outer nuclear membrane）和核周隙（perinuclear space）三部分构成。在外核膜的胞质面附着有少量的核糖体，有些部位与内质网相连。核周隙宽 20～40nm，其间含有酶，并与内质网腔相通。内核膜的内表面有一层网络状纤维蛋白质，叫核纤层（nuclear lamina），它是由核纤肽（lamin）构成的一类中间纤维，可作为核被膜的骨架，支持核被膜使其保持一定的形态；核纤层还通过磷酸化和去磷酸化，参与染色质和核的重建组装。

在电镜下观察到核被膜上有核孔（nuclear pore）与细胞质相通，一般直径为 30～75nm，呈圆形或八角形。核孔是核内物质与细胞质物质交换的通道，一方面细胞核需要的蛋白都在细胞质中合成，必须通过核孔定向输入细胞核；另一方面细胞核中合成的各类 RNA、核糖体亚单位需要通过核孔运送到细胞质。

（二）染色质

染色质（chromatin）也称染色质丝（chromatin filament），呈现纤维状结构，直径在 23～50nm 之间。染色质的组成成分有 DNA、组蛋白、非组蛋白及少量 RNA。

在真核生物内，DNA 以非常致密的形式与蛋白质紧密结合于细胞核内。在细胞间期是以染色质的形式出现的，在细胞分裂期形成高度凝集的染色体（chromosome）。染色质和染色体是同一物质在细胞间期和分裂期的不同形态结构的表现。

真核生物的染色体是 DNA 与蛋白质的复合体，其中 DNA 的超螺旋结构是多层次的。染色体由染色质经过多次卷曲而成。染色质由核小体重复单位构成串珠状结构。核小体呈扁球形，直径约 11nm。由核心 DNA 与连接 DNA 构成的核小体，重复单位约 200bp，长度由 68nm 压缩至 11nm。所以第一次超螺旋使直径 2nm 的 DNA 双螺旋变成直径 11nm 的染色质细丝，长度压缩为 1/7～1/6。染色体细丝经过再一次超螺旋，形成直径 30nm 的染色体粗丝，长度又压缩为 1/6。第三次超螺旋使粗丝盘绕，长度压缩为 1/40。最后折叠形成染色单体，长度压缩为 1/5～1/4。这样，经过 4 次超螺旋，DNA 的长度压缩到了 1/10000～1/8400（图 2-20）。

染色体易于被碱性染料如洋红、苏木精等染色。由于染色质组成和分布上的差异，有的部分着色较深称异染色质（heterochromatin），有的部分着色较浅称常染色质（euchromatin），二者在结构上是连续的。异染色质在间期时仍然处于螺旋压缩程度较高，而常染色质则螺旋压缩程度较低，染色质丝处于伸展状态。这种在细胞周期表现为晚复制、早凝缩的现

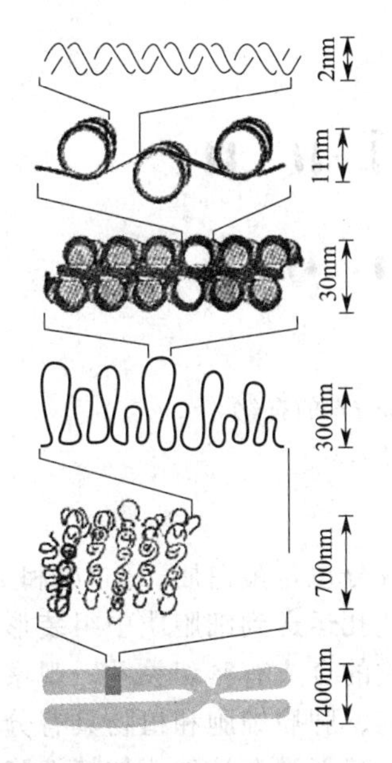

图 2-20　染色体的包装方式（引自 B. Alberts 等）

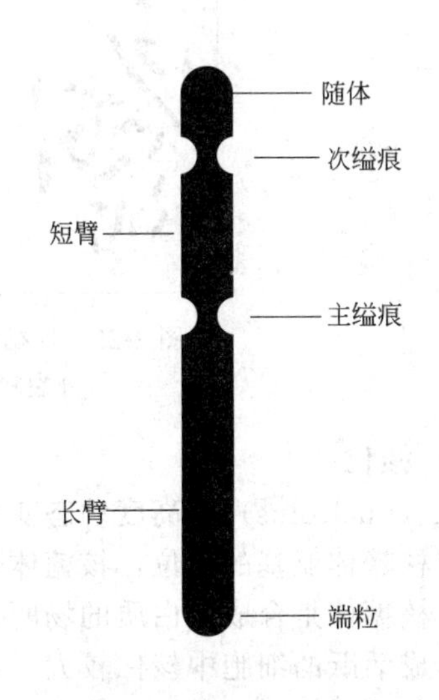

图 2-21　染色体示意图（引自宋林等，2006）

象，即为异固缩现象（heteropycnosis）。异染色质的复制多迟于常染色质，在遗传上表现为惰性状态，而常染色质在遗传功能上表现较为活跃。

每条染色体上各有一段相对不着色的狭小区域，称为主缢痕（primary constriction）。主缢痕处有着丝粒（centromere），亦称着丝粒区。有的染色体还有次缢痕（secondary constriction），这个区域也着色较浅，次缢痕的位置相对稳定，是鉴定染色体的一个显著特征。染色体在次缢痕处不能弯曲，这是与主缢痕的区别。某些染色体的次缢痕区与核仁的形成有关，也称为核仁组织区（nucleolar organizing region，NOR）。另外，有一些染色体次缢痕末端有球形染色体节段，称为随体（satellite）。端粒（telomere）是染色体端部的特别部分，染色体端粒结构的主要作用是稳定高度压缩的 DNA 结构和防止 DNA 的相互黏着；此外，它还起到细胞分裂计时器的作用，端粒 DNA 复制和基因 DNA 不同，每复制一次减少 50～100bp，正常体细胞的端粒随细胞分裂而变短，细胞也随之衰老。同种细胞内染色体的形态、大小、着色点和次缢痕在染色体上的位置以及随体的有无都是固定的，因此，都可以作为识别染色体的标志（图 2-21）。

染色体是各种生物细胞中的一个重要的组成部分，每一物种都有一定数目、一定形态结构的染色体，它们能通过相继的细胞分裂而复制，并且在世代传递的过程中保持其形态。结构和功能的稳定性，因此，染色体具有自我复制、传递遗传信息的重要作用。正因为如此，同一物种的染色体数目是相对稳定的，性细胞染色体为单倍体（haploid），用 n 表示，体细胞为二倍体（diploid），以 $2n$ 表示，还有一些物种的染色体成倍增加成为 $4n$、$6n$、$8n$ 等，称为多倍体。染色体数目因物种而异，如人类 $2n=46$，黑猩猩 $2n=48$，果蝇 $2n=8$，家蚕 $2n=56$，小麦 $2n=42$，水稻 $2n=24$，洋葱 $2n=16$ 等。

间期染色质分散于细胞核，而在分裂期，染色质通过盘旋折叠压缩近万倍，包装成大小不等、形态各异的短棒状染色体。中期染色体由于形态比较稳定是观察染色体形态和计数的最佳时期。核型（karyotype）就是细胞分裂中期染色体特征的总和，包括染色体的数目、大小和形态特征等方面。如果将成对的染色体按形状、大小依顺序排列起来就称为核型图（karyogram）（图 2-22），而染色体组型（idiogram）通常指核型的模式图，代表一个物种的模式特征。

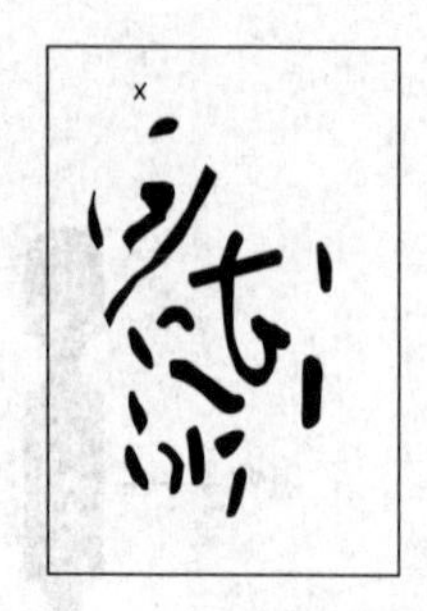
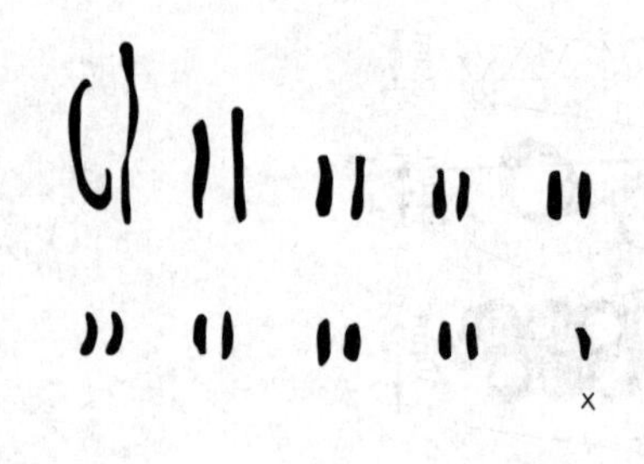

图 2-22　蟪蛄（*Platypleura kaempferi*）的有丝分裂核型图（引自刘祖洞，1991）

（三）核仁

核仁（nucleolus）是高度动态变化的结构，其组成成分包含蛋白质、RNA 和 DNA。核仁是形成核糖体亚基的部位，核糖体亚基形成后，通过核孔运送到细胞质中组装形成成熟的核糖体。核糖体是合成蛋白质的场所，因此核仁和蛋白质的合成有密切关系。观察发现，在蛋白质合成活跃的细胞中核仁较大，如生长迅速的卵细胞、肿瘤细胞和植物具有分裂性能的细胞核仁都较大；蛋白质合成不活跃的细胞中核仁较小，甚至没有核仁，如精细胞和肌细胞就没有核仁。

核仁见于间期的细胞核内，呈圆球形，一般 1～2 个，也有多达 3～5 个。核仁的位置不固定，或位于核中央，或靠近内核膜，核仁的数量和大小因细胞种类和功能而异。在电子显微镜下，核仁是由中央纤维状部分和其周围颗粒状结构所形成的一个或几个圆球状结构，纤维状部分有染色质通过，这部分染色质中的 DNA 某一位置称为核仁组织区，核仁组织区是核糖体 RNA 基因所在的区域。与其他细胞器不同，核仁周围没有膜，而是裸露在核内。

在细胞分裂中期，电子显微镜下观察不到核仁，这是因为染色质浓缩成染色体，核仁区的染色质也被集中到各个染色体上。而在分裂末期，染色体解旋分散成染色质，呈现出核仁组织区，于是核仁出现。

（四）核基质

核基质（nuclear matrix）也称核骨架，为真核细胞核内的网络结构，是除核被膜、染色质、核纤层以及核仁以外的核内网架体系。核基质为胶状物质，主要组分包括非组蛋白，少量 RNA、DNA 以及磷脂和糖类等。由这些物质构成的核骨架纤维粗细不等，直径为 3～30nm，形成的三维网络结构与核纤层、核孔复合体相连，将染色质和核仁网络于其中。核骨架的功能是为 DNA 的复制提供支架、参与 RNA 转录和加工、染色体组装及病毒复制等生命活动。

第三节　细胞的增殖

细胞增殖是细胞生命活动的重要特征之一。细胞通过细胞分裂，由原来一个亲代细胞变为两个子代细胞，从而延续其生命活动。细胞在进行分裂之前需要进行必要的物质准备，否则细胞便不能分裂。

细胞增殖是生物繁育的基础。单细胞生物如酵母等，细胞增殖的直接结果是生物个体数量的增加，以补充由于各种因素作用导致的单细胞生物个体的死亡，使单细胞生物物种得以延续。包括人在内的多细胞生物也都是由一个单细胞受精卵通过无数次细胞分裂，并进行复杂的细胞分化过程才成长为多细胞生物。即使是成体生物，仍然需要通过细胞分裂弥补代谢过程中存在的细胞损失，如成人体中每天都有大量的细胞衰老和死亡。

细胞增殖的方式主要有无丝分裂、有丝分裂、减数分裂三种类型。其中，无丝分裂主要是原核细胞如细菌的分裂方式，当然，极少数真核细胞如草履虫、鼠腱细胞等中也存在着无丝分裂；有丝分裂是真核生物体细胞的主要分裂方式；减数分裂则是真核生物生殖细胞如精母细胞、初级卵母细胞的主要分裂方式。本节主要介绍真核生物体细胞有丝分裂的过程及原理，减数分裂将在第四章减数分裂中详细介绍。

细胞有丝分裂的过程是受到严密调控机制控制的，都遵循着一定的规律。例如，遗传物质 DNA 在没有复制之前，细胞不能分裂；在 DNA 复制准备阶段没有完成之前，DNA 不能开始复制等等。在细胞增殖过程中，任何一个关键步骤的错误，都会导致严重的后果，甚至致使细胞死亡。生物机体如果失去对体内细胞增殖的控制，会使得这些细胞不受约束而随意分裂，甚至癌变而危及机体生命，或者将被机体的免疫系统所清除。

一、细胞增殖与细胞周期

细胞从第一次分裂结束到第二次分裂结束所经历的全过程称为一个细胞周期（cell cycle）。

人们很早就从形态学的变化上注意到细胞分裂由分裂期（dividing phase）和静止期（resting phase）两个时期组成，并认为分裂期是细胞周期的主要阶段，而静止期则被看成细胞处于休止状态。但后来发现细胞在所谓静止期里，实际上进行着非常旺盛的代谢。科学家们通过实验，提出了完整的细胞周期概念（图 2-23），从而纠正了把细胞分裂分为静止期和分裂期的陈旧概念。一个细胞周期包括以下四个时期。

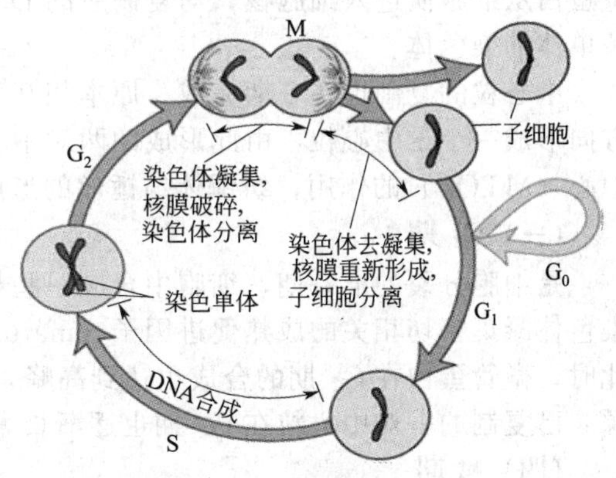

图 2-23 细胞周期的组成

（引自翟中和等，2007）

（1）DNA 合成前期（pre-synthetic phase）也就是细胞在 DNA 合成前有一个间隙（gap）时间，称为 G_1 期。

（2）DNA 合成期（DNA synthetic phase） 简称 S 期。

（3）DNA 合成后期（DNA post-synthetic phase） 或称 G_2 期。

（4）细胞有丝分裂期（mitotic phase） 简称 M 期。

真核生物细胞周期延续时间的长短随细胞种类而异。一般来说，S 期长而 M 期短，G_1 期变化较大，因此不同细胞的细胞周期持续时间，主要取决于 G_1 期的长短。实验也表明细胞对细胞周期的调节也主要是在 G_1 期。

根据细胞周期中 DNA 合成和分裂的能力，可将构成高等生物组织的细胞分为以下三个类群。

（1）连续分裂的细胞，这类细胞如骨髓干细胞，小肠腺窝上皮细胞，上皮基底层细胞等，细胞周期持续不断进行，新的子代细胞不断产生，以弥补由于各种原因导致的细胞损失。

（2）永久失去细胞分裂能力，即不进行分裂的细胞，称终止细胞，如哺乳动物神经细胞等已经高度分化的细胞。

（3）暂时分裂休止的细胞，又称 G_0 期细胞，这类细胞暂时离开细胞周期处于不分裂的静止状态，但在一定条件下又可重新进入细胞周期进行分裂活动（图 2-23）。如用植物凝集素 PHA 可刺激体外培养的淋巴细胞复幼，进入母细胞状态重新进行分裂增殖。又如肝细胞这种 G_0 期细胞，在肝脏部分切除后也可重新进入细胞周期进行细胞增殖活动，以弥补损失的肝细胞而实现再生。

二、细胞周期各时相的主要事件

(一) G_1 期

RNA 在此期大量合成，导致蛋白质数量的明显增加。S 期所需的与 DNA 复制相关的酶系如 DNA 聚合酶，以及与 G_1 期向 S 期转变相关的蛋白质如触发蛋白、钙调蛋白、细胞周期蛋白等均在此期合成。

(二) S 期

S 期是细胞大量进行 DNA 复制的阶段，组蛋白及非组蛋白也在此期大量的合成，最后完成染色体的复制。DNA 的复制需要多种酶的参与，包括 DNA 聚合酶、DNA 连接酶、胸腺嘧啶核苷激酶、核苷酸还原酶等。随着细胞的周期由 G_1 期进入 S 期，这些酶的含量或活性可显著增高。DNA 复制具有严格的时间顺序性，通常，GC 含量较高的 DNA 序列先复制，AT 含量较高的 DNA 序列后复制；就染色体而言，常染色质的复制较异染色质要早。

S 期是组蛋白合成的主要时期，此时细胞质中可出现大量的组蛋白 mRNA，新合成的组蛋白从细胞质进入细胞核，与复制后的 DNA 迅速结合，组装成核小体，进而形成具有两条单体的染色体。

中心粒的复制也在 S 期完成。原本相互垂直的一对中心粒此时发生分离，各自在其垂直方向形成一个子中心粒，由此形成的两对中心粒在以后的细胞周期进程中，将发挥微管组织中心（MTOC）的作用，纺锤体纺锤丝的形成均与此相关。

(三) G_2 期

是细胞分裂的准备期，细胞中合成一些与 M 期结构、功能相关的蛋白质，与核膜破裂、染色体凝集密切相关的成熟促进因子（maturation-promoting factor，MPF）即在此期合成。此时，微管蛋白在 G_2 期的合成也达到高峰，从而为 M 期纺锤体微管的形成提供了丰富的来源。已复制的一对中心粒在 G_2 期也逐渐长大，并开始向细胞两极分离。

(四) M 期

为细胞有丝分裂期。在此期细胞中，染色体凝集后发生姐妹染色单体的分离，核膜、核仁破裂后再重建，细胞质中有纺锤体、收缩环出现，随着两个子核的出现，胞质也一分为二，由此完成细胞分裂。

三、细胞有丝分裂（M 期）增殖的过程

细胞周期中，细胞经过 G_1、S 期及 G_2 期的物质准备后便进入细胞分裂期。根据细胞核形态学上的变化，我们将细胞有丝分裂期全过程人为地划分为前期、中期、后期和末期四个阶段；在细胞核遗传物质完成均匀分配后，细胞质中的物质也进行分配，这样，一个母细胞便分裂成两个子代细胞。

(一) 前期

前期是有丝分裂开始的阶段，细胞内部主要发生以下三个主要事件。

(1) 染色质凝集成染色体　在 G_2 末期形成的大量成熟促进因子（MPF）的作用下，细胞核中已复制完成的染色质开始浓缩，由原来细长的呈弥漫样分布的线性染色质，经过进一步螺旋化、折叠和包装等过程，逐渐变短变粗，形成光镜下可见的早期染色体结构。每一条染色体由紧靠在一起的姐妹染色单体组成，在着丝粒处相连。着丝粒为染色体特化的部分，两条姐妹染色单体的 DNA 在此处相互掺杂，联结在一起，着丝粒本身不含遗传信息。

随着前期的进一步进行，在着丝粒外侧逐渐组装另一种蛋白质复合体结构，称为动粒，动粒与着丝粒紧密相连，两者结构成分相互穿插，在功能上联系密切。在电子显微镜下观察，动粒为一个圆盘状结构，可以被中心体发出的纺锤体微管所捕获，并进行向极运动（图 2-24）。

（2）纺锤体的组装和细胞分裂极的确定　在分裂前期的晚些时候，中心体周围微管开始大量装配，微管以中心体为核心呈辐射状向四周组装而延长，形成星体。中心体在间期已进行了复制，两个中心体所在的星体在微管蛋白的动态组装和其他蛋白质的共同作用下，开始向细胞的两极运动，从而确定细胞的分裂极（图 2-25）。在两个星体之间，由微管组装成纺锤体，纺锤体中的微管可分为三种：参与捕获染色体着丝粒的微管称为动粒微管；由两极中心体处发出的伸向细胞中央，并有部分重叠的相互平行的微管称为极微管；而呈辐射状伸向中心体靠近细胞膜的微管则称为星体微管（图 2-26）。

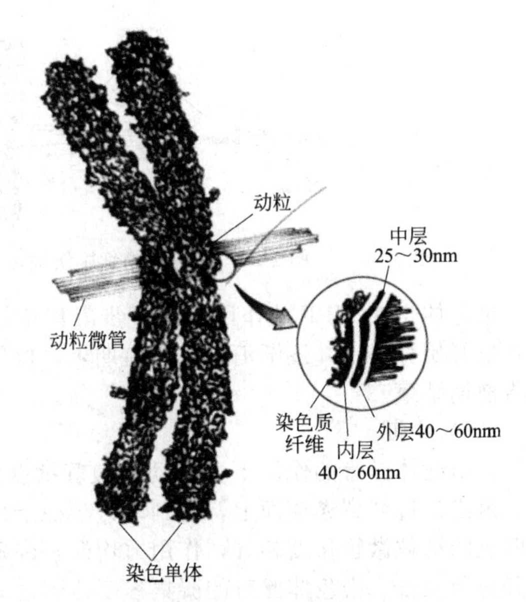

图 2-24　动粒结构模式图（引自翟中和等，2007）

动粒从外到内可分为 3 层结构，即内板、中板和外板，内板直接与着丝粒连接，外板直接与动粒微管连接

（3）核膜的破裂和核仁的分解与消失　前期的晚些时候，在 MPF 的作用下，细胞核膜内表面的核纤层、细胞核中的核骨架结构均发生剧烈变化，最终导致核膜的破裂。核膜破裂后，以小膜泡的形式分散到细胞质

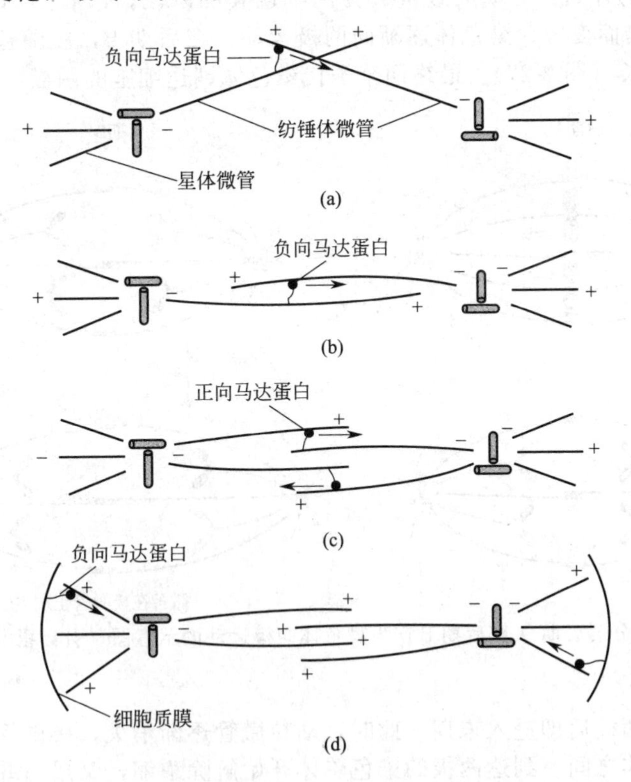

图 2-25　纺锤体组装过程（引自翟中和等，2007）

(a) 中心体分离，负向运动马达与来自姐妹中心体的纺锤体微管结合；(b) 借助马达蛋白向微管负极运动，将纺锤体微管牵拉在一起，形成早期纺锤体；(c) 正向运动马达在纺锤体微管之间搭桥，借助正向运动，将纺锤体拉长；(d) 负向运动的马达蛋白在细胞膜与星体微管之间搭桥，将中心体进一步拉近两极的细胞膜，纺锤体被进一步拉长

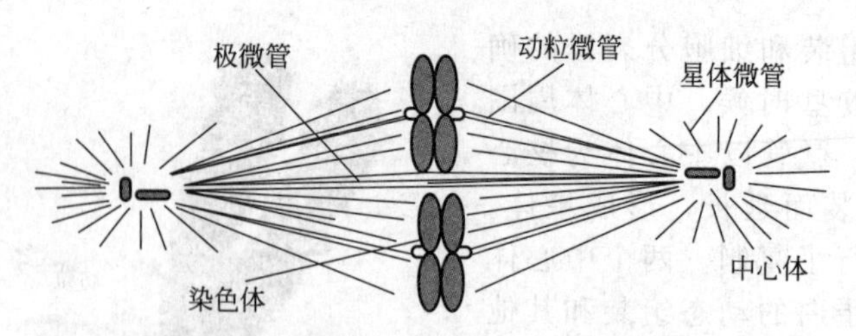

图 2-26　高等动物细胞纺锤体结构（引自翟中和等，2007）

中。染色体也在 MPF 的作用下进一步凝集浓缩，变粗变短，形成明显的棒状染色体结构。核仁也开始分解，并逐渐消失。至前期末，核仁破裂成断片和小膜泡，分散于细胞质中，即宣告前期结束。

(二) 中期

在纺锤体微管的作用下，被动粒微管捕获的染色体，在纺锤体微管的牵引和平衡作用下，最终都排列到赤道面上，达到动力学稳定状态。此时纺锤体呈典型的纺锤样，位于染色体两侧的动粒微管长度相等，作用力均衡，许多极微管在赤道板处相互搭桥，为后期染色体的分离做准备。染色体此时的凝集程度达到最大，其着丝粒都位于赤道面上，是观察染色体形态的最佳时期。

(三) 后期

排列在中期赤道板上的染色体，其姐妹染色单体相互分离，形成子代染色体，并向两极运动，标志着后期的开始。后期大致可分为两个连续的阶段，即后期 A 和后期 B。在后期 A，动粒微管去组装而变短，染色体逐渐向两极运动；在后期 B，极微管组装而延长，两极之间的距离逐渐拉长（图 2-27）。最终两个子代染色体到达细胞的两极。

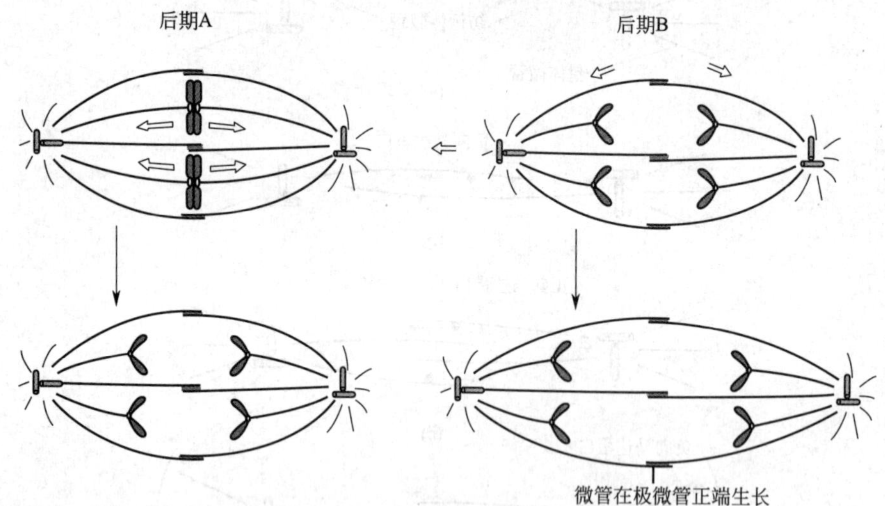

图 2-27　细胞分裂后期 A 和后期 B 产生染色体向极运动的示意图（引自翟中和等，2007）

(四) 末期

染色单体到达两极后即进入末期。此时，动粒微管逐渐消失，极微管继续加长，较多地分布于两组染色单体之间。到达两极的染色单体开始解除浓缩，又成为纤细的染色质，在每个解聚后的染色单体周围，核膜开始重新组装。前期核膜破裂后散布于细胞质中的小膜泡，结合到染色单体表面，先是小膜泡之间相互融合，逐渐形成较大的核膜片段，然后核膜片段之间又相互融合成完整的核膜，从而分别形成两个子代细胞核，子细胞核中的染色体在质量上和数量上都与母细胞完全一致。

（五）细胞质的分裂

（1）动物细胞质的分裂　细胞质的分裂开始于细胞后期，完成于细胞分裂末期。胞质分裂开始时，在赤道板周围两侧下陷，形成环形缢缩，称为分裂沟，分裂沟逐渐深陷，直至两个子细胞完全分开。分裂沟的形成与细胞质中的肌动蛋白、肌球蛋白、微管、小膜泡等物质的共同作用有关（图 2-28）。

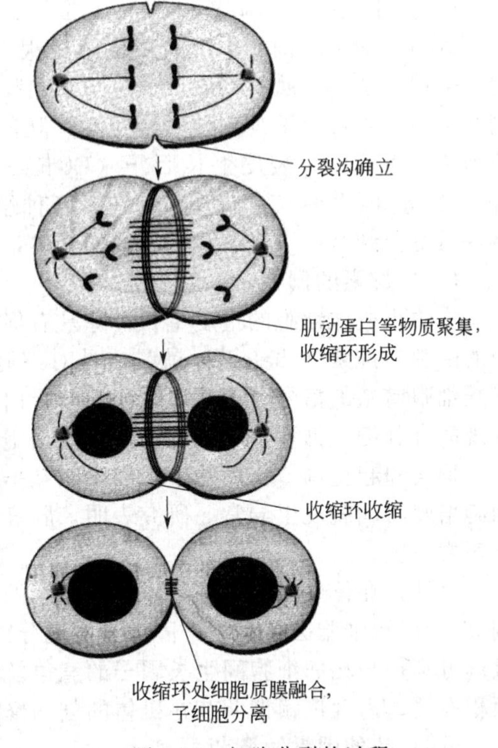

图 2-28　细胞分裂的过程
（引自翟中和等，2007）

（2）植物细胞质的分裂　在植物细胞中，子核间的赤道面上由微管密集成桶状结构，称为成膜体。在成膜体形成的同时，由高尔基体及内质网分离出的小泡汇集到赤道上与成膜体的微管融合形成细胞板。小泡间有内质网穿过，将来形成细胞连丝，小泡内的果胶物质形成两个子细胞的胞间层；小泡膜再组成细胞膜；胞间层两侧又不断添加细胞壁物质而形成初生壁。

四、细胞增殖调控的基本原理

细胞增殖是一个复杂的生命活动过程，受多种因子的调节控制，概括地分为两大类，内源型的遗传因子和外源性的环境因子。

（一）遗传因子的调节

细胞增殖周期性的发生以及各时相规律性的变化都是由于遗传基因顺序表达的结果。现已确定和细胞增殖直接相关的基因有以下几种。

1. 细胞分裂周期基因（cell division cycle gene，*cdc* gene）

细胞中调节细胞增殖的基因称为 *cdc* 基因，这些基因的产物调节着细胞周期的过程。最早发现的一种 *cdc* 基因被命名为 *cdc2* 基因，该基因基因编码的产物是一种分子质量为 34000Da 的蛋白质（$p34^{cdc2}$），该蛋白质具有激酶的活性，能在激活的状态下使许多与细胞核变化相关的蛋白质磷酸化，如可使组蛋白 H1 这种染色质成分磷酸化，促进染色质凝集；使核纤层蛋白磷酸化，促进核纤层解聚，从而导致核膜的崩解；使核仁蛋白磷酸化，从而促进核仁的解体；它还可使某些细胞骨架相关蛋白质磷酸化，从而促进细胞骨架重排和细胞形态调整等。

2. 原癌基因和癌基因

在正常细胞中与病毒癌基因（v-onco）高度同源，且未激活的基因称为原癌基因（protooncogene）。原癌基因在正常的细胞增殖活动中以低活性、低表达水平来执行正常的细胞增殖调节功能，若这些基因一旦突变，便形成诱发肿瘤的癌基因（oncogene）。

原癌基因编码的蛋白质都和调节细胞增殖有关，涉及增生活动的很多方面，如生长因子、生长因子受体、胞内信使以及细胞核的结合蛋白等。原癌基因突变，使细胞生长因子、生长因子受体或胞内信使发生变化，处于持续激活状态，因此肿瘤细胞表现出许多相关的特征，如失去密度依赖性和贴壁依赖性调节、细胞“永生性”、不依赖于生长因子等。

3. 抑癌基因

正常细胞中含有抑制恶性增殖的抑癌基因（suppression-oncogene），其产物可以抑制细胞的生长与分裂。当这些基因发生变异或丢失，解除了对恶性增殖的抑制作用以后，就成为诱发肿瘤的重要因素。

（二）生长因子的调节

对细胞增殖起调节作用的环境因子很多，生长因子（growth factor）是最为重要的一类。生长因子多为肽类物质，通过与细胞膜相对应的生长因子受体结合，对细胞增殖起促进调节作用。生长因子没有种属特异性，但有一定的组织特异性，现已发现的有：血小板源生长因子（PDGF）、表皮生长因子（EGF）、神经生长因子（NGF）、成纤维细胞生长因子（FGF）等30多种。它们普遍存在于各种组织中，不同种类的细胞具有不同的生长因子受体，但每种细胞可以具有几种不同的受体，接受不同生长因子的顺序性调节。

（三）抑素的调节

为防止机体细胞的过度生长，除具有促进正向调节的因子外，还必须有抑制的负调节因子的限制。抑素（chalone）就是一种对细胞增殖起负调节的物质，它由细胞自身产生，是终止细胞增殖的信号分子，属分泌性糖蛋白，具有严格的特异性和细胞周期阶段特异性。已发现的有肝细胞抑素、肾细胞抑素、血细胞抑素和表皮细胞抑素等多种抑素。

抑素和起正调节作用的生长因子相互拮抗，又相互协调，这种相互制约一旦受到破坏，细胞增殖活动就发生异常。研究表明，肿瘤细胞自身产生抑素的能力及对抑素的敏感性都低于正常细胞。

另外，在体外培养中细胞增殖的速度随细胞密度的增加而降低（接触抑制或密度依赖性调节），以及细胞必须黏附于固体表面充分铺展以后才具有增殖能力（依赖贴壁性调节），其机理分别是与相邻细胞间生长因子的竞争及膜受体的占位性抑制和细胞与生长因子接触的表面积有关，密度依赖性调节在机体的创伤修复过程中起重要作用。

（四）其他因素的调节

除上述调控因素作用与细胞增殖外，还有很多因素与细胞增殖调控有关。cAMP对细胞增殖起负调控作用，其含量上升，细胞增殖速度下降，含量下降则增殖速度上升。cGMP对细胞增殖起正调控作用。许多激素对细胞增殖有促进作用，如生长激素刺激各种细胞分裂，雌、雄性激素刺激性器官发育等。Ca^{2+}水平的提高可直接或通过钙调素间接地激活一些蛋白激酶，发挥其对细胞增殖活动的调节。

第四节　细胞的生长和分化

刚经过分裂后产生的细胞往往体积较小，结构成分还不够完备，需要经过一段时间的生长，形成完备的结构组分，才能执行相应的生理功能。这种细胞生长的过程一方面是体积增大的形态学变化过程，另一方面更是细胞内部的代谢活动进一步加强的生化过程。

多细胞有机体是由各种不同类型的细胞组成的，而这些不同种类的细胞通常又是由一个受精卵细胞经增殖分裂和细胞分化衍生而来，因此，细胞分化是多细胞有机体发育的基础与核心。影响细胞分化的因素很多，但应该说目前人们对细胞分化具体的分子机制还知之甚少，对分化机制的深入研究也日益成为科学家们探索生命有机体发育机制的重要课题。

一、细胞的生长

每一种生物的生长和发育都是以细胞生长和增殖为基础的。细胞的生长是细胞分化、成熟的基础，也是多细胞生物个体生长的一部分。

细胞的生长是指细胞体积的增长，包括纵向的延长和横向的扩展。细胞有两种生长方式：一种是细胞吸水胀大的“生长”；另一种是以干物质加速合成为基础的实质性生长。

细胞吸水胀大使个体器官快速长大在植物界较常见，是植物细胞的液泡吸水膨胀的结果，这种现象称为细胞伸长。例如，根尖分生的新细胞在伸长区吸水伸长，使根往下生长；

竹笋在雨后钻出地面；花蕾在吸水后很快绽开。

细胞的生长以代谢旺盛、物质合成增多为前提。其中，蛋白质和酶的合成量是决定环节，因此细胞生长常用蛋白质含量来表示。当然，细胞生长直接受各种环境因素的影响。例如，植物细胞的生长状况由光照条件及碳、氮等营养因子，尤其是细胞自身不能合成的物质，如维生素、必需的氨基酸等所决定。细胞生长通常集中表现在细胞周期中的间期。

二、细胞的分化

所谓细胞分化（cell differentiation）是指细胞的大小、形态、内部结构、生理功能和蛋白质合成方面逐渐发生稳定性差异的过程。也就是说细胞分化是指同一来源的细胞结束分裂后逐渐发生各自特有的形态结构、生理功能和生化特征的过程，即分化母细胞分裂后的子细胞“分道扬镳”，在形态、结构上各自特化，分别执行不同的功能。

细胞分化是生物体中普遍存在的生命现象，目前认为，细胞分化的分子本质是基因选择性表达的结果。细胞分化基因组中可表达的基因大致分为持家基因（又叫管家基因）和组织特异性基因（又叫奢侈基因）两种，持家基因是指在所有细胞中都会表达的一类基因，其产物是维持细胞基本生命活动所必需的。如微管蛋白基因、核糖体蛋白基因等。而组织特异性基因是指不同类型细胞中特异性表达的基因，其产物赋予各种类型细胞特异的形态结构特征与功能。如卵清蛋白基因、胰岛素基因等。细胞分化时的主要特征是细胞出现不同的形态结构和合成组织特异性蛋白质，从而逐渐演变成特定表型的细胞类型。由于奢侈基因的选择性表达，由 mRNA 从奢侈基因 DNA 转录的信息决定的特异性蛋白质的合成，导致了不同组织类型的细胞在形态、功能上各异，如肌细胞呈柱形或菱形，合成具有收缩功能的肌动蛋白和肌球蛋白。

细胞分化具有稳定性、普遍性及可逆性的特点。细胞分化的稳定性表现在细胞分化基本是不可逆的，个体发育也是不可反转的。特别是在高等生物体中的细胞，一旦达到高度分化的地步，即稳定类型的细胞就不能逆转为未分化前的具有分裂能力的细胞，这些细胞已经失去了分裂能力。如在胚胎发育早期一次分化完成的神经细胞，从被分化成具有其形态结构及功能后，在生命过程中便始终保持较稳定状态，不再转变成其他类型的细胞，又如离体培养的上皮细胞不会转变成其他类型的细胞。

细胞分化不仅发生在胚胎发育中，而且一生都在进行着。胚胎期细胞分化十分活跃、迅速，在胎儿期就有了许多具有不同形态、结构和功能的细胞群。在成体动、植物中仍产生和保留具有分化能力的细胞，以补充衰老和死亡的细胞。如植物体的形成层细胞可以分裂新细胞，将其分化成其他植物组织细胞；动物体内亦保存具有分化“潜力”的细胞，它们能对动物组织的损伤进行修复和替代衰老死亡的细胞。

细胞分化在一定的条件下，在有利于分化逆转环境中，在具有增殖能力的细胞群内，细胞具有去分化（dedifferentiation）的可逆现象。去分化现象即已分化的细胞可恢复到分化前的状态，进行重新分裂，通过再分化（redifferentiation），发育成新个体。可逆现象是指已分化的细胞可转变为其他的细胞。如将人的皮肤基底细胞进行体外培养，在缺乏维生素 A 的培养基中可转变为角质化细胞，在维生素 A 丰富的培养基中，可分化为黏膜上皮细胞。

细胞分化的结果形成了生物体中的各种细胞群。高等植物是由分生组织细胞经分裂后产生了新的细胞群，一部分保留分生能力保留原规模的分生细胞群，其余细胞经分化形成保护细胞、光合细胞、储藏细胞、支持细胞、输导细胞、分泌细胞、纤维细胞、精细胞、卵细胞等。高等动物体中有表皮细胞、肌肉细胞、分泌细胞、纤维细胞、红血细胞、神经细胞、精细胞、卵细胞等 200 多种不同类型的细胞。

三、细胞分化的主要机制

1. 不对称分裂

不对称分裂（asymmetric division）是指受精卵的分裂是不对称的。这种不对称分裂是卵的异质性的必然结果。

受精卵的不对称分裂就使不同的子细胞得到不同的基因调控成分，从而表现出不同于其他细胞的核质关系和应答信号的能力。在胚胎发育阶段，不对称分裂是常见的现象，在哺乳动物中，干细胞的分裂也是不对称的，产生一个干细胞和另外一个单能干细胞，单能干细胞只具有有限的自我更新能力，只能分化为终端细胞。

2. 诱导机制

动物在一定的胚胎发育时期，一部分细胞影响相邻细胞使其向一定方向分化的作用称为胚胎诱导（embryonic induction），或称为分化诱导。能对其他细胞的分化起诱导作用的细胞称为诱导者（inductor）或组织者。例如，将可以分化发育成神经组织的细胞移植到能发育成表皮细胞组织的胚胎中，移植的细胞发育成了表皮细胞，而不是神经细胞。这种诱导是通过信号来实现的，其中有些诱导信号是短距离的，仅限于相互接触的细胞间；有些是长距离的，通过扩散作用于靶细胞。此外，还有级联信号（cascade signaling）、梯度信号（gradient signaling）、拮抗信号（antagonistic signaling）、组合信号（combinatorial signaling）、侧向信号（lateral signaling）等胚胎诱导方式。

本章小结

细胞是组成生命有机体结构与功能的基本单位。种类繁多的细胞可以分为原核细胞、古核细胞与真核细胞三大类，其中，对原核细胞和真核细胞的研究相对深入。原核细胞与真核细胞的主要区别在于两点：一是原核细胞没有细胞内膜，缺乏线粒体、内质网等众多细胞器；二是原核细胞没有细胞核，基因的存在方式和表达调控方式与真核生物有极大不同。不同类型细胞的大小差别很大，目前已知的最小细胞是支原体细胞，直径仅有0.1μm；最大的细胞是鸵鸟的卵细胞，直径可达7.5cm。不同类型细胞的形态也不一样，但是，一般来讲，大多数细胞呈圆形或椭圆形。

真核细胞的基本结构分为细胞壁、细胞膜、细胞质及其内含物以及细胞核四部分。其中，植物细胞壁的主要化学成分是多糖，主要结构分为中间片层、初生壁和次生壁三部分，主要功能是使植物细胞维持其正常形态，保护其免遭渗透压和外界机械损伤以及防止微生物的侵染。细胞膜是生物膜的一部分，目前得到普遍认同的是液态镶嵌模型；细胞膜的功能主要它是细胞与细胞外界进行物质、信息交换的场所，能为细胞提供一个相对稳定的内部环境。细胞质及其内含物中的细胞器种类众多，分别执行相应的生物学功能，构成细胞基本功能的结构基础。细胞核主要由核被膜、染色质或染色体、核仁、核基质四部分组成，细胞核是真核细胞遗传物质DNA储存与表达的重要场所。

细胞增殖是细胞的重要生命特征之一，真核细胞体细胞的分裂方式以有丝分裂为主。细胞的增殖活动呈现一定的周期性，一个细胞周期可人为地划为分M期、G_1期、S期和G_2期四个时期。根据细胞核形态学上的变化，细胞有丝分裂过程可人为地划分为前期、中期、后期和末期四个阶段；在细胞核遗传物质完成均匀分配后，细胞质中的物质也进行分配，这样，一个母细胞便分裂成两个子代细胞。细胞增殖活动受到内源性的遗传因子和外源性的环境因子共同的精确调节作用，使得细胞的分裂活动受到严密调控，一旦在物理、化学、生物因子等致癌因子的刺激下，细胞的增殖活动调控作用便失去控制，导致细胞不停分裂，最终造成肿瘤等赘生物的形成。

在个体发育中，由同一种相同的细胞类型经细胞分裂后逐渐在形态、结构和功能上形成稳定性差异，产生不同细胞类型的过程称之为细胞分化。细胞分化是基因选择性表达的结果。

复习思考题

1. 举例说明细胞大小和形态的多样性。
2. 原核细胞和真核细胞有什么不同？
3. 什么是生物膜的液态镶嵌模型？生物膜的两个特点分别是什么？
4. 简述植物细胞壁的结构与功能。
5. 简述细胞核的结构与功能。
6. 染色质和染色体有何关系？有何不同？
7. 简述细胞周期的组成及各时相的主要事件。
8. 什么是细胞分化？它有什么特点？

第三章　细胞的代谢

细胞的生命活动是靠代谢（metabolism）来维持的，代谢是生物体内发生的所有化学反应的总称（图 3-1），它是最基本的生命活动过程。生活的细胞通过代谢活动，不断从环境中取得各种必需的物质来维持自身高度复杂的有序结构，并保证细胞生长、发育和分裂等活动的正常进行。当所有细胞代谢正常时，人体处于健康状态；当细胞代谢出现障碍或故障时，相应的疾病将相伴而至，例如，人类糖尿病是机体细胞的糖代谢障碍，肥胖是机体细胞的脂代谢障碍，而癌症则是机体细胞的氧代谢障碍。

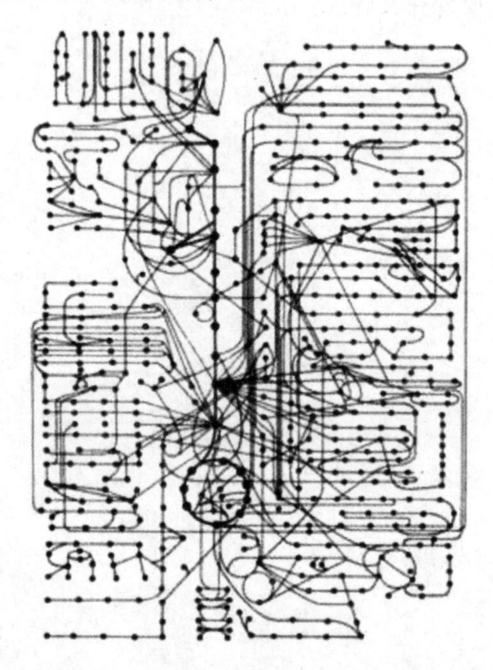

图 3-1　代谢图（引自 Campbell，1993）

一种高度概括的代谢图，图中点代表分子，直线代表化学反应

第一节　细 胞 呼 吸

细胞呼吸（cell respiration）是指细胞在有氧条件下从食物分子（主要是葡萄糖）中取得能量并产生 CO_2 的过程。细胞呼吸是一个复杂的、有多种酶参与的多步骤过程，它不同于通常意义的呼吸运动，呼吸运动是指从周围空气中吸入 O_2，同时呼出 CO_2，是一种气体交换。但两者又是密切相关的两个过程，细胞呼吸必须有 O_2 参加，才能把糖分子氧化成 CO_2 和 H_2O，细胞呼吸中所需的 O_2 是通过呼吸运动获得。同时，细胞呼吸过程中葡萄糖

分子氧化产生的 CO_2 又是通过呼吸运动呼出体外。

任何生物体的每一个细胞，时刻都需要源源不断的能量供应，才能维持生命。例如，我们每天都要走路，跑步，做各种运动，这些活动都需要能量。能量从哪里来？是肌肉细胞提供的。肌肉细胞中的线粒体利用氧将糖氧化，产生能量。

以葡萄糖为底物的细胞呼吸的总反应式为：

$$C_6H_{12}O_6(\text{葡萄糖})+6O_2+6H_2O \longrightarrow 6CO_2+12H_2O+\text{能量}$$

细胞呼吸包含了许多个化学反应，每个反应中只发生微小的变化，而每个反应又是由专一的酶催化。概括起来，这些反应归纳为3个阶段：糖酵解、丙酮酸氧化脱羧和柠檬酸循环。

一、糖酵解

糖酵解是葡萄糖氧化分解的第一阶段，包括一系列的反应，在细胞质的基质中进行，不需要 O_2，其最终产物是丙酮酸。该途径也称作 Embden-Meyethof-Parnas 途径，简称 EMP 途径。它是动物、植物和微生物细胞中葡萄糖分解的共同代谢途径。葡萄糖转变为丙酮酸的过程可概括为三个阶段：①葡萄糖的磷酸化。葡萄糖在酶的作用下形成1,6-二磷酸果糖，此过程需要消耗2个ATP，为耗能过程；②磷酸己糖的裂解。1,6-二磷酸果糖被裂解成2个三碳糖；③丙酮酸和ATP的生成。2个三碳糖被逐渐转变成丙酮酸，并形成4分子ATP，为释能过程。糖酵解的总反应可表示如下：

$$C_6(\text{葡萄糖})\xrightarrow[2NAD^+ \quad 2NADH+2H^+]{2ADP+2Pi \quad 2ATP} 2C_3\ (\text{丙酮酸})$$

糖酵解的总结果是：1分子葡萄糖（六碳化合物）分解产生2分子丙酮酸（三碳化合物），2个 $NADH+H^+$ 和2个ATP。在有氧条件下，$NADH+H^+$ 最终会被分子态氧所氧化，丙酮酸也会进一步被氧化。在无氧条件下，$NADH+H^+$ 也要转变成 NAD^+，否则糖酵解不能继续进行，因为细胞中 NAD^+ 的含量极低，必须循环使用。

葡萄糖经过糖酵解过程只放出不足1/4的化学能，大部分化学能还保持在2个丙酮酸分子和2个 $NADH+H^+$ 中。每个葡萄糖分子所产生的2分子ATP只是细胞从每个葡萄糖分子所能获取的能量的5%，这对于一般细胞的能量需求是远远不够的。糖酵解中所形成的2分子 $NADH+H^+$ 中的能量是细胞从每个葡萄糖分子中所获取的能量的16%，但只是在无氧条件下这些能量才能被细胞利用。将近80%的葡萄糖分子中的能量只有在有氧条件下通过柠檬酸循环和电子传递链将丙酮酸进一步氧化才能被细胞利用。

二、有氧氧化

（一）丙酮酸氧化脱羧

细胞质中由糖酵解生成的丙酮酸经过扩散作用进入线粒体基质中。柠檬酸循环是在线粒体中发生，但是丙酮酸并不能直接参加柠檬酸循环，在进入柠檬酸循环之前，丙酮酸先要氧化脱羧，丙酮酸的氧化脱羧是在线粒体膜上进行的，在丙酮酸脱氢酶的作用下形成乙酰辅酶A（acetyl CoA，乙酰 CoA）。这个过程除释放出1分子 CO_2 外（这是细胞呼吸最早释放出的 CO_2）同时还发生 NAD^+ 的还原。反应式如下：

$$\underset{\text{丙酮酸}}{CH_3COCOOH}+\underset{\text{辅酶 A}}{CoA\cdot SH}\xrightarrow[NAD^+ \quad NADH+H^+]{\text{丙酮酸脱氢酶系}}\underset{\text{乙酰 CoA}}{CH_3CO\cdot S\cdot CoA}+CO_2$$

辅酶A是维生素B族中一个成员的衍生物，乙酰CoA是一种高能化合物，它直接参与柠檬酸循环。每个进入糖酵解的葡萄糖分子产生2个乙酰CoA，所产生的乙酰CoA立即进入柠檬酸循环。

（二）柠檬酸循环

乙酰CoA进入由一连串反应构成的循环体系——柠檬酸循环（citric acid cycle）（图

3-2），最终被氧化生成 2 分子 CO_2，同时还生成 $NADH+H^+$ 和 $FADH_2$。

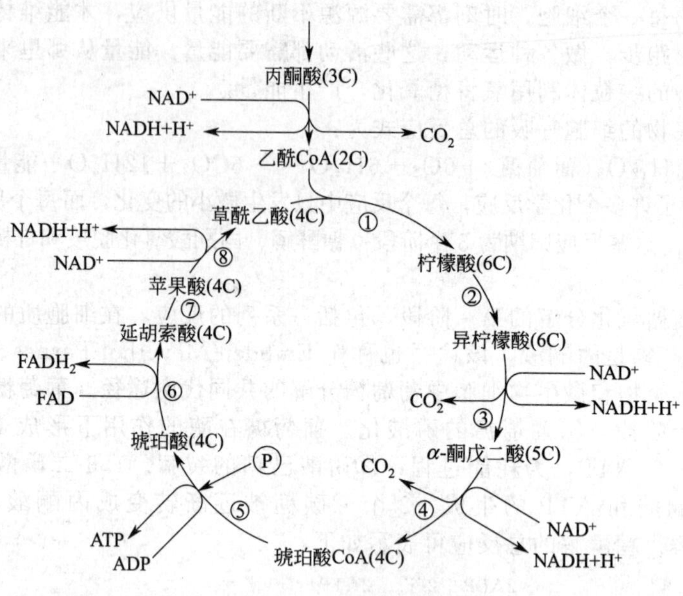

图 3-2 柠檬酸循环

柠檬酸循环的得名是由于这个循环反应开始于乙酰 CoA 与草酰乙酸（oxaloacetic acid）缩合生成柠檬酸，柠檬酸是一种三羧酸，因此称之为柠檬酸循环或三羧酸循环（tricarboxylic acid cycle，TCA），是英国科学家克雷布斯（H. Krebs）于 20 世纪 30 年代发现的所以又称 Krebs 循环（1953 年获诺贝尔奖）。

柠檬酸循环的总反应可表示为：

$$CH_3COSCoA+3NAD^++FAD+ADP+Pi \longrightarrow CoASH+2CO_2+3NADH+3H^++FADH_2+ATP$$

每循环一次产生 1 分子 ATP，3 分子 $NADH+H^+$ 和 1 分子 $FADH_2$。1 个葡萄糖分子产生 2 个乙酰 CoA，所以 1 个葡萄糖在柠檬酸循环中要产生 2ATP，$6NADH+6H^+$ 和 $2FADH_2$。与糖酵解相比，柠檬酸循环所产生的高能分子要多得多。

柠檬酸循环还与另外两个过程——电子传递和氧化磷酸化密切相关。在柠檬酸循环中虽然没有氧分子直接参加反应。但是柠檬酸循环只能在有氧条件下进行。因为柠檬酸循环所产生的 3 分子 $NADH+H^+$ 和 1 分子 $FADH_2$ 只能通过电子传递链和氧分子结合才能够被氧化。

三、生物氧化

（一）电子传递链

糖酵解和柠檬酸循环等呼吸代谢过程中脱下的氢被 NAD^+ 或 FAD 所接受，产生了许多 $NADH+H^+$ 和 $FADH_2$，这些都是还原型的高能化合物，其中的能量怎样才能释放出来转移到 ATP 中被生物体利用呢？另外，细胞内的辅酶或辅基数量是有限的，它们必须将氢交给其他受体之后，才能再次接受氢。在需氧生物中，氧分子便是这些氢的最终受体。

在有氧条件下，$NADH+H^+$ 和 $FADH_2$ 都是通过由电子载体所组成的电子传递链（图 3-3），最终被 O_2 氧化，分子氧是电子传递链中最后的电子受体。在这一过程中，$NADH+H^+$ 和 $FADH_2$ 中的高能电子所释放的能量是通过磷酸化而被储存到 ATP 中，此时 ATP 的形成是发生在线粒体的内膜上。

电子传递链又称呼吸链，其功能是进行电子传递、H^+ 传递、O_2 的利用以及产生 H_2O 和 ATP。电子传递链是由一系列电子载体组成，电子载体分别是一些专一的复合体，如

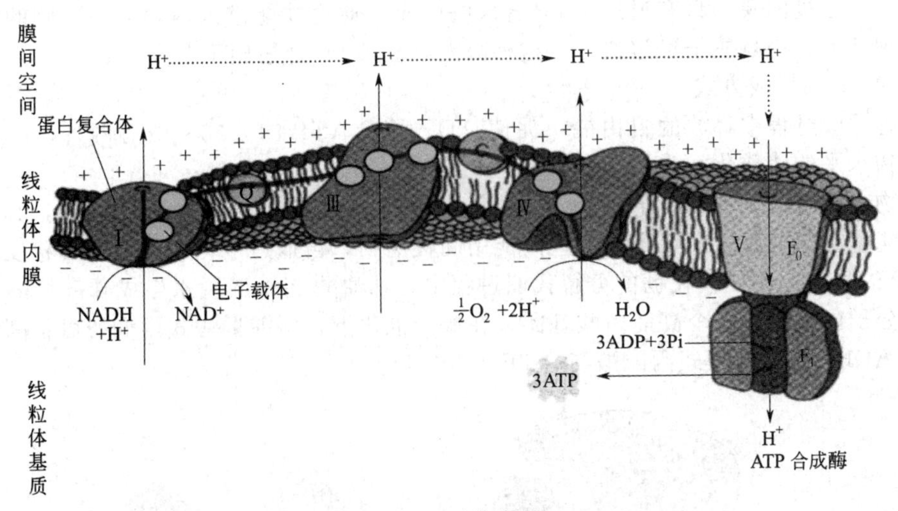

图 3-3　电子传递链

NAD^+、FAD、FMN、泛醌、各种细胞色素等。在真核生物细胞中，它们位于线粒体的内膜中；在原核生物的细胞中，它们位于质膜中。在线粒体内膜上主要有两条呼吸链：$NADH+H^+$氧化呼吸链和$FADH_2$氧化呼吸链。图 3-3 所示由$NADH+H^+$到O_2的电子传递链，包括了 4 种与氧化磷酸化有关的蛋白质复合物，每种复合物都催化能量转换过程中的某一部分反应。这些电子载体传递电子是有严格顺序的，前一个载体将电子传递给后一个载体，就是发生了一个氧化还原反应。前一个载体被氧化，后一个被还原。电子就这样沿着电子传递链上各个电子传递体的氧化还原反应而从高能水平向低能水平顺序传递，最后一个被还原的电子载体把电子传递给O_2，形成H_2O，其反应如下：

$$1/2O_2+2H^++2e \longrightarrow H_2O$$

（二）氧化磷酸化

以上反应中的$2H^+$来自于脱氢酶所催化的反应中产生的H^+，而H^+在线粒体基质中可以自由移动。氧化磷酸化（oxidative phosphorylation）是指电子从$NADH+H^+$或$FADH_2$经电子传递链传递给分子氧生成水，并偶联 ADP 和 Pi 生成 ATP 的过程。它是需氧生物合成 ATP 的主要途径。因为这是只有在有氧条件下才能发生的合成 ATP 的反应：

$$ADP+Pi \longrightarrow ATP$$

催化氧化磷酸化反应的酶是 ATP 合成酶。ATP 合成酶（ATP synthase）就是 ATP 酶（ATPase），它既催化 ATP 的水解反应，又催化 ATP 的合成反应。

电子传递链和 ATP 合酶都在线粒体内膜中。线粒体内膜向内折叠形成许多嵴（见第二章），大大增加了内膜的表面积。嵴的形状、数量和排列与细胞种类和生理状况密切相关，一般需能多的细胞，不但线粒体多，嵴的数量也多。内膜中有多条电子传递链和多个 ATP 合成酶，它们可以同时工作，因此内膜上可以同时合成多个 ATP。

ATP 合成酶怎样催化 ATP 的合成呢？有多种假说，如化学偶联学说、化学渗透学说和构象学说。目前为大家所公认的、实验证据较充足的是英国生物化学家米切尔（Mitchell，1961）提出的化学渗透学说，米切尔因此荣获 1978 年诺贝尔奖。根据该学说的原理，呼吸链的电子传递所产生的跨膜质子动力是推动 ATP 合成的原动力。

化学渗透假说的要点是：电子传递链位于线粒体的内膜上，发生电子传递时释放出的能量使传递链中的蛋白质复合体将质子由内膜的内侧通过主动运输到达外侧，造成膜两侧的质子浓度梯度，外侧的质子浓度高而内侧的浓度低。这样就造成了一个跨膜的浓度梯度。但质子不能自由透过内膜，只有通过ATP合成酶的质子通道才能进入内膜。膜两侧的质子梯度就是一种势能，一旦质子经过通道，这种势能就被ATP合酶用于合成ATP。

1. ATP的生成方式

细胞呼吸过程中释放的自由能，促使ADP形成ATP的方式一般有两种，即氧化磷酸化和底物水平的磷酸化。

底物水平磷酸化（substrate level phosphorylation）指底物脱氢（或脱水），其分子内部所含的能量重新分布，即可生成某些高能中间代谢物，再通过酶促磷酸基团转移反应直接偶联ATP的生成。例如，在糖的分解代谢过程中，甘油酸-2-磷酸脱水生成磷酸烯醇式丙酮酸时，在分子内部形成一个高能磷酸基团，在酶的催化下，磷酸烯醇式丙酮酸可将高能磷酸基团转给ADP，生成烯醇式丙酮酸与ATP（图3-4）。

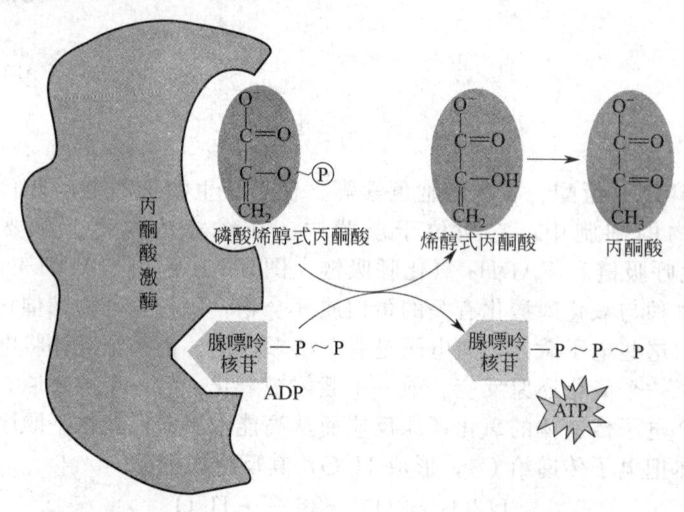

图3-4　底物水平磷酸化示意图

2. ATP分子的计量

1个葡萄糖分子经过有氧呼吸会产生多少个ATP分子（图3-5）？发生在细胞质中的糖酵解和线粒体基质中的柠檬酸循环通过底物水平磷酸化，总共净产生4个ATP。糖酵解、乙酰CoA的形成和柠檬酸循环共产生10个$NADH+H^+$和2个$FADH_2$，再经过氧化磷酸化可以净产生32（或30）个ATP，因为每个$NADH+H^+$可产生2.5个ATP，$FADH_2$可产生1.5个ATP，其中糖酵解过程产生的2分子$NADH+H^+$生成的5（或3）个ATP。

在无氧条件下，柠檬酸循环和电子传递都不可能发生。那么，无氧条件下糖酵解产生的丙酮酸去向如何？

四、无氧途径

丙酮酸的进一步代谢，因生物种属的不同以及供氧情况的差别而有不同的途径（图3-6）。

有些细菌的最终电子受体不是氧而是一些盐类或无机化合物，如硝酸盐（NO_3^-）、亚硝酸盐（NO_2^-）、磷酸盐（SO_4^{2-}）等。这种呼吸称为无氧呼吸或无氧途径。

例如，以NO_3^-为最终电子受体的细菌，无氧呼吸时，所用底物的氧化以及电子传递链和有氧呼吸基本一样，只是最终电子受体不是氧而是NO_3^-而已。

$$NO_3^- + 2H^+ + 2e \longrightarrow H_2O + NO_2^-$$

一些厌氧细菌和酵母菌等都可以在无氧条件下获取能量，这一过程称发酵。

（一）酒精发酵

酒精发酵可在酵母和植物细胞中发生。酵母菌在有氧条件下与大多数生物一样，进行有

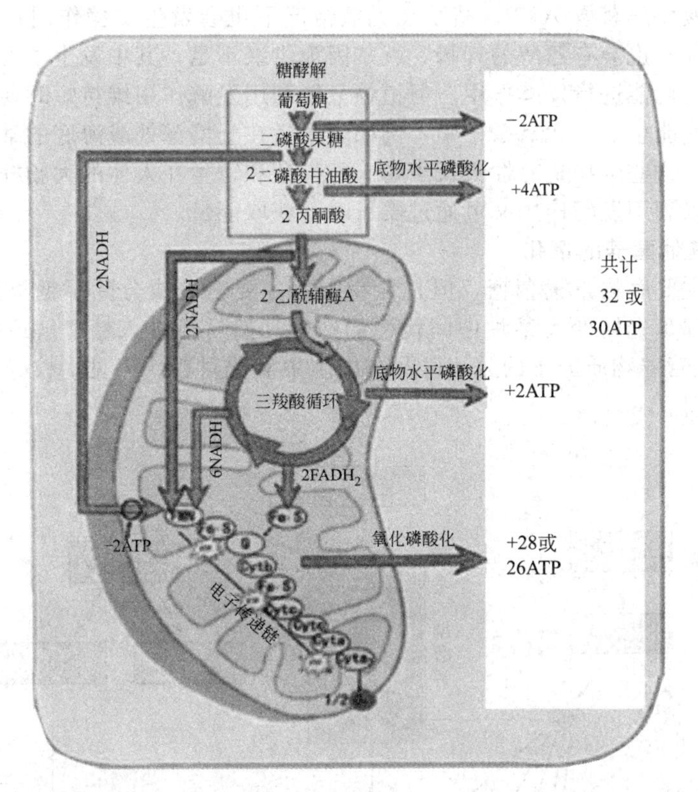

图 3-5　葡萄糖分子有氧呼吸及产生 ATP 的过程

氧呼吸，通过糖酵解、柠檬酸循环、电子传递和氧化磷酸化将 1 分子葡萄糖分子彻底氧化成 CO_2 和 H_2O，从中获取 32 个 ATP。在无氧条件下，酵母菌只能进行糖酵解，糖酵解除产生 2 个 ATP 外，还将 NAD^+ 还原成 $NADH+H^+$。但是细胞中的 NAD^+ 含量有限，酵母菌必须将 $NADH+H^+$ 再氧化成 NAD^+，才能使时糖酵解进行下去。酵母菌利用丙酮酸氧化 $NADH+H^+$，这时丙酮酸转变为 CO_2 和乙醇（酒精）。这个过程称为酒精发酵。

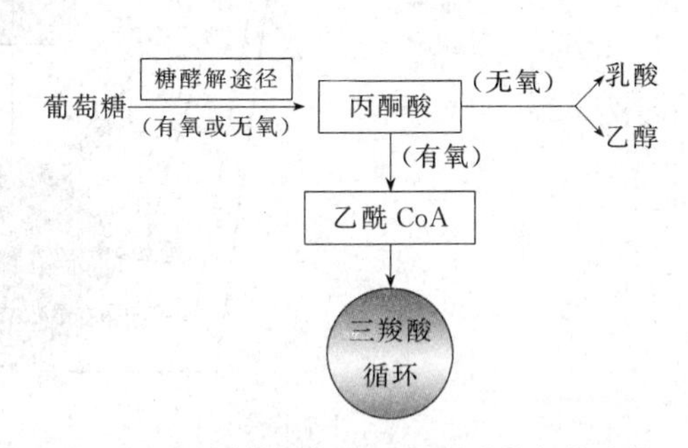

图 3-6　不同供氧条件下丙酮酸的氧化途径

$$1\ \text{葡萄糖} \longrightarrow 2\ \text{丙酮酸} \longrightarrow 2\ \text{乙醛} \xrightarrow{NADH+H^+ \quad NAD^+} 2\ \text{乙醇} + 2ATP + 2CO_2 + 2H_2O$$

乙醇发酵的产物乙醇中仍含有许多能量，在有氧条件下可继续被利用。在无氧条件下，乙醇就积累起来，但乙醇对酵母是有毒的，积累到一定程度酵母菌就会死亡。

（二）乳酸发酵

乳酸发酵是某些微生物，如乳酸菌的无氧呼吸过程。发酵产物是乳酸。

$$\text{葡萄糖} \longrightarrow 2\ \text{丙酮酸} \longrightarrow 2\ \text{乳酸} + 2ATP + 2H_2O$$

酒精发酵和乳酸发酵都有重要用途。制酒原理就是利用酵母菌进行乙醇发酵；制作酸菜、酸奶、奶酪就是利用乳酸菌进行乳酸发酵。

高等动物也有乳酸发酵过程。人在剧烈运动或强体力劳动时，肌肉细胞中氧的供应不足，就会通过乳酸发酵获取 ATP。植物在无氧情况下也会发生发酵作用，例如，成熟的大苹果中除有香气外，也会有乙醇的气味，就是因为供氧不足，其中发生了乙醇发酵。被水淹没的植物根中，也可能进行发酵作用。但植物只能利用发酵作用维持短时期的生命。

有些微生物只能生活在无氧条件中，例如，生活在土壤深处或海底的某些微生物，氧气对它们是有毒的。这些生物是专性厌氧生物。酵母菌和寄生在人体的大肠杆菌等是兼性厌氧生物，它们既可以利用发酵作用又可通过需氧呼吸获取能量。

五、食物中其他营养的氧化

细胞呼吸的主要底物是葡萄糖，但是食物中的主要营养成分除了糖类还有脂肪和蛋白质。它们的氧化都是先转变为某种中间代谢的产物，然后再进入糖酵解或柠檬酸循环。图 3-7 为食物中三大营养物质分子的分解以及在细胞中氧化过程。可见，柠檬酸循环是营养物质有氧代谢的枢纽。

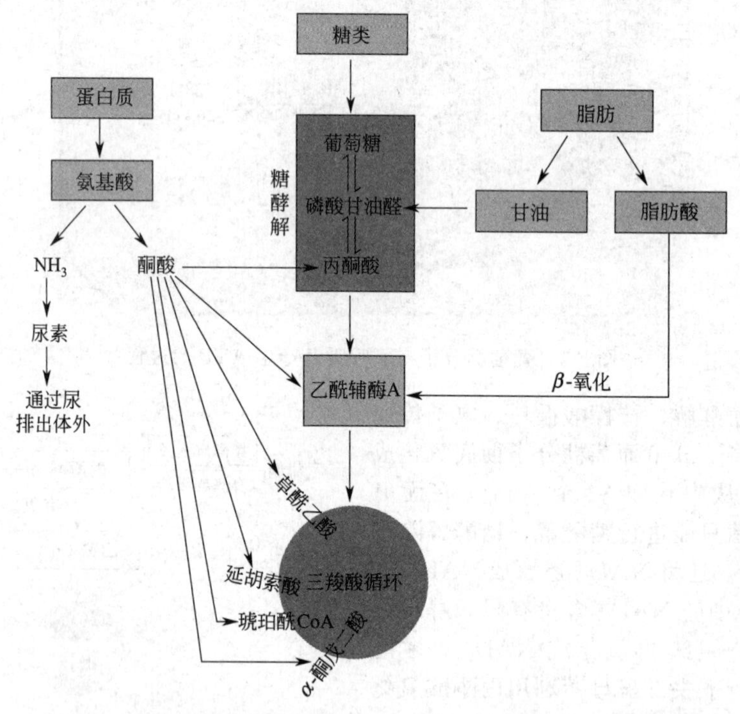

图 3-7 三大营养物质分子的分解以及在细胞中的氧化途径

蛋白质也可用作能量来源。它们首先被分解为氨基酸。氨基酸去掉氨基后就转变为丙酮酸、乙酰 CoA 或柠檬酸循环中的一种酸，最终进入柠檬酸循环。

脂肪是含能最多的分子，氧化时产生的 ATP 也最多。细胞先将脂肪水解为脂肪酸和甘油，然后使甘油转变为糖酵解的中间产物甘油醛-3-磷酸。脂肪酸则转变为乙酰 CoA，然后参与柠檬酸循环。经过这样的变化，每 1g 脂肪所产生的 ATP 为 1g 淀粉所产生 ATP 的两倍以上。

脂肪不溶于水，因而在细胞中可大量积累。植物种子和动物脂肪组织中都储存有大量的脂肪。糖的能量低于脂肪，且含水量高，在细胞中不能像脂肪那样浓缩贮存。所以，脂肪在生物体内往往作为储备能源，糖类则是生物体维持正常生命活动的主要能源物质。

细胞代谢包括两个方面：一个是细胞呼吸，是从食物中收集能量的过程，属于分解途径；另一个是各种生物合成途径，是建造细胞的各种成分的过程。这两个方面既有明显的区别，又有非常密切的关系。生物所利用的能量都来自有机化合物，归根结底是来自太阳光能，能够利用太阳光能将 CO_2 和 H_2O 制造有机化合物的唯一途径是光合作用。

第二节 光合作用

光合作用（photosynthesis）是指植物和藻类利用自身的叶绿素和某些细菌利用其细胞本身在可见光的照射下，将 CO_2 和 H_2O（细菌为 H_2S 和 H_2O）转化为有机物，并释放出 O_2（细菌释放 H_2）的生化过程。它是生物界赖以生存的生化反应过程，也是地球碳氧循环的重要媒介。

植物和藻类细胞中，进行光合作用的细胞器是叶绿体（见第二章第二节）。光合作用过程中光能向化学能的转化是在类囊体膜上进行的，亦称光合膜（photosynthetic membrane）。叶绿素及其他色素，还有将光能转变为化学能的整套蛋白质复合体都存在于光合膜中。

植物光合作用总反应式如下：

$$CO_2 + 2H_2O \xrightarrow{\text{光}} \underset{\text{糖}}{CH_2O} + H_2O + O_2$$

光合作用也像细胞呼吸一样，是一个氧化还原过程。就其总反应结果而言，光合作用恰好是细胞呼吸的逆转。细胞呼吸是将糖氧化为 CO_2，光合作用正好相反，是将 CO_2 还原为糖，将 H_2O 氧化为 O_2：

还原

$$6CO_2 + 12H_2O \longrightarrow C_6H_{12}O_6 + 6O_2 + 6H_2O$$

氧化

光合作用是一个吸能反应，必须利用太阳光能才能把 CO_2 转变为糖，并将能量贮存在糖分子内。光合作用分两个阶段进行，第一个阶段称为光反应（light reaction），主要是将光能变成为化学能并产生 O_2；第二个阶段称为碳反应（carbon reaction），主要是 Calvin 循环（Calvin cycle），以前一般称这一阶段为暗反应以区别于光反应。但暗反应一词并不正确，因为这些反应也必须在光下进行，只是不需要光直接参加而已。

一、光反应

（一）光合色素对光的吸收

光合色素有三类：叶绿素、类胡萝卜素、藻胆素。叶绿素主要包含叶绿素 a 和叶绿素 b，类胡萝卜素有胡萝卜素和叶黄素，藻胆素仅存在于藻类中。高等植物叶绿体中所含的光合色素包括：叶绿素 a、叶绿素 b、胡萝卜素和叶黄素。光合色素的作用是吸收日光，但对不同波长的光它们有不同的吸收强度。图 3-8 为几种光合色素的吸收光谱。光合作用主要的光受体是叶绿素，叶绿素只吸收可见光，叶绿素 a 和叶绿素 b 的吸收光谱较为相近，二者在蓝紫光（430～450nm）和红光区（640～660nm）都有一吸收高峰，但叶绿素 a 在红光区的吸收带偏向长波方向，在蓝紫光区的吸收带则偏向短波方向。叶绿素 a 为蓝绿色，叶绿素 b 为黄绿色。因为这两种色素都不吸收绿光，而叶片中的色素又以它们为主，所以太阳光中的绿光或者被叶片反射，或者透射过叶片，所以植物的叶子呈现绿色。胡萝卜素和叶黄素的吸收光谱与叶绿素不同，它们只吸收蓝紫光（420～480nm）而不吸收红、橙及黄光，所以它的颜色呈橙黄色和黄色。光合色素所吸收的光都可在光合作用中被利用。

直接参与光合作用的色素只有叶绿素 a，叶绿素 b、胡萝卜素和叶黄素吸收的光要传递

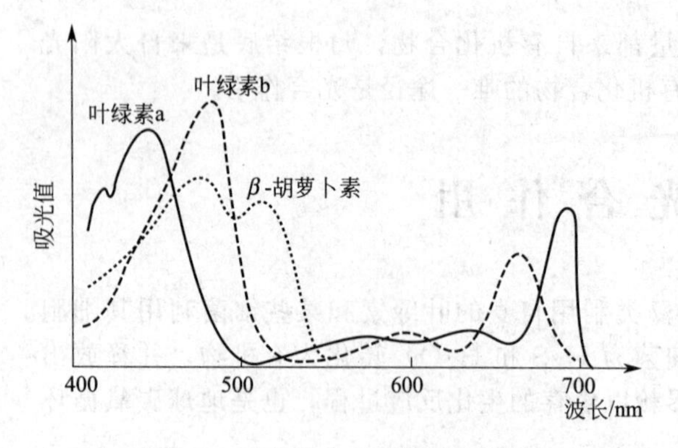

图 3-8　几种光合色素的吸收光谱

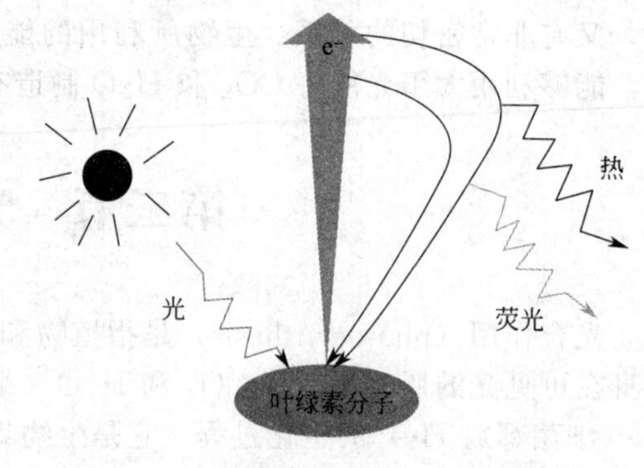

图 3-9　溶液中叶绿素被光激发后产生荧光和热的示意图（改自 Campbell，2000）

给叶绿素 a 后才能在光合作用中被利用，为辅助色素。类胡萝卜素虽不直接参加光合作用，但它们有保护功能，即在强光下吸收并耗散多余的光能，否则光可能破坏叶绿素。没有叶绿素只有类胡萝卜素的叶子是不能进行光合作用的。

色素吸收光的实质是色素分子中的一个电子得到了光子中的能量。这时这个电子从基态进入激发态，成为一个激发的电子，或者说高能电子。所以叶绿素分子吸收光子的一刹那，光子的能量已经变为电子的能量，也就是已经变成了化学能。

色素分子的激发态极不稳定，几乎形成后立即变回为基态。叶绿素分子的激发态寿命至多只有 10^{-8}s。当叶绿素分子从激发态回到基态时，其所吸收的光能便以热的形式向周围发散或转变成荧光（fluorescence）。存在于溶液中的叶绿素在光下产生暗红色的荧光。将叶绿素溶液背着光观察，便可清晰地看到这种荧光。图 3-9 为叶绿素在溶液中被光激发后产生荧光和热的示意图。

（二）光系统

叶绿素分子吸收光后瞬间即变回为基态，那么光合作用中光能如何转变为 NADPH 和 ATP 中的化学能呢？奥妙在于光合膜中的奇妙装置——光系统（photosystem）。

叶绿体中的光合色素不是随机分布的，而是有规律地组成许多特殊的功能单位——光系统。光系统是由作用中心、天线色素和几种电子载体三部分组成。每个光系统中有 200～300 个叶绿素分子，但是其中只有 1 个叶绿素 a 分子能将激发的电子传递给原初电子受体。这个叶绿素 a 分子和原初电子受体，以及少数蛋白质分子就是作用中心。原初电子受体将电子传递给其他电子载体。作用中心以外的所有各种色素分子，包括叶绿素 a 在内，其作用都是将所吸收的光能传递给作用中心的叶绿素 a 分子，所以这些色素分子统称为天线色素（图 3-10）。应该指出，光系统中的所有色素分子都是与特定的蛋白质结合的，没有这些蛋白质，不可能组成光系统。

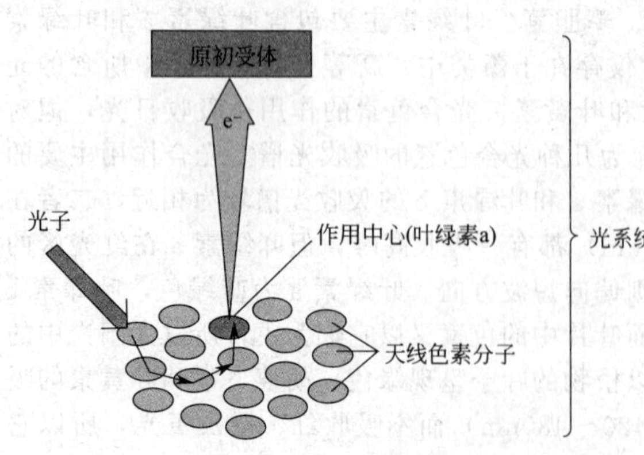

图 3-10　光系统中能量的传递和作用中心叶绿素 a 的激发（改自 Campbell，2000）

现在已经充分证明，叶绿体中有两类光系统，依其发现的先后，分别命名为光系统Ⅰ（PSⅠ）和光系统Ⅱ（PSⅡ）。PSⅠ中的作用中心内的叶绿素 a 称为 P_{700}，因为它与特定的蛋白质结合，光吸收高峰在 700nm，在红光区内。同样，PSⅡ中的叶绿素 a 称为 P_{680}，因为其吸收高峰在680nm，680nm也在红光区，不过稍稍偏向黄橙光。P_{680}和P_{700}和一般的叶绿素分子没有什么不同，只是由于它们和类囊体膜上的特定蛋白结合，定位于类囊体膜上的一定部位，和它们的电子受体接近，因而赋予了特定功能。两个光系统之间有电子传递体相连接。

光合膜中有许多个光系统，它们分别组成多个电子传递链。

(三) 电子传递链和光合磷酸化

1. 电子传递链

光合作用中的电子传递发生在叶绿体的类囊体膜（光合膜）上，图3-11为光合电子传递链示意图。光照时，从PSⅡ开始，天线色素被激发，激发能通过共振传导而被传递到P_{680}，P_{680}被光激发后产生并放出高能电子，这样P_{680}本身就失去了1个电子而成为电子受体，即氧化剂。这种氧化剂足以将H_2O氧化成为O_2，于是H_2O便产生了2个H^+和2个电子，电子回到P_{680}。高能电子被原初电子受体所接受，并通过一系列电子载体而传递给光系统Ⅰ的P_{700}。这种传递过程是能量递减的，电子每从一个载体传递到下一个载体时都会丢失一部分能量，其中有一些能量就形成了ATP中的能量。当电子从光系统Ⅱ传递到光系统Ⅰ的P_{700}时，能量水平已经不高了，不足以还原$NADP^+$，这时被光激发的P_{700}又产生另一个高能电子，其能量水平比光系统Ⅱ中所产生的高能电子还高，于是电子传递继续进行，直到将$NADP^+$还原为NADPH。

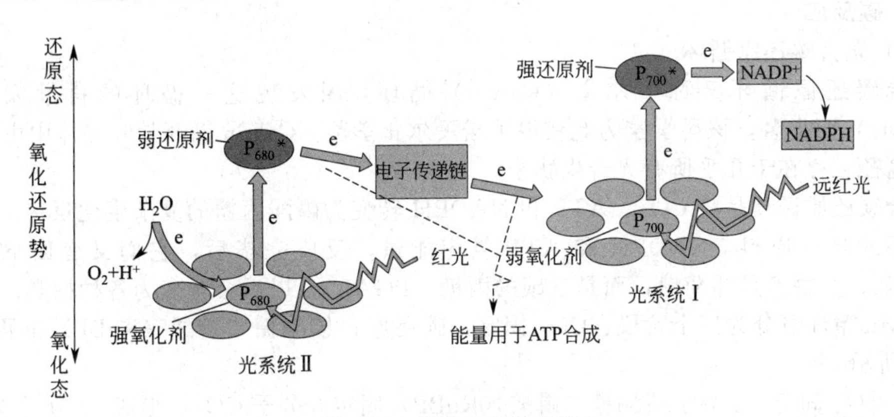

图3-11 光合电子传递链

电子传递链中每形成1个NADPH分子，需要有1个水分子被氧化，产生1/2个O_2分子和$2H^+$和2e：

$$H_2O \longrightarrow 1/2O_2 + 2H^+ + 2e$$

2个电子和2个质子正是$NADP^+$还原为NADPH所需要的：

$$NADP^+ + 2e + 2H^+ \longrightarrow NADPH + H^+$$

两个光系统的合作完成了电子传递、水的裂解、氧的释放和NADPH的生成。光合电子传递链运行的产物是O_2、ATP和NADPH。O_2是光合作用的副产物，大气中的O_2就来自于光合作用。NADPH和ATP是CO_2还原为糖所必需的，我们食物中的能量，归根到底，就是来自于这里的NADPH和ATP。

2. 光合磷酸化

光合电子传递链运行过程中会产生ATP，这种合成ATP的过程称为光合磷酸化（photophosphorlation)，其作用机制和氧化磷酸化类似。电子传递过程中所产生的能量将质子从叶绿体基质中运至类囊体腔内，造成一个质子梯度。质子不能自由通过类囊体膜，只有通过膜中的ATP合酶，才能顺浓度梯度到达叶绿体基质中。H^+流经ATP合酶便会引起ATP的合成（图3-12）。

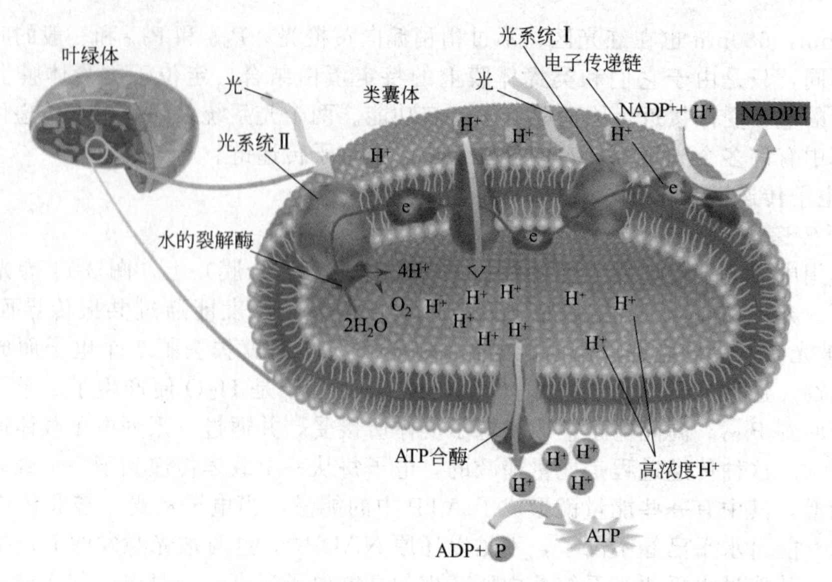

图 3-12 叶绿体类囊体膜中的电子传递链和光合磷酸化作用

二、碳反应

（一）光合碳还原循环

光合碳还原循环又称卡尔文（Calvin）循环，因发现这一循环的科学家卡尔文（M. Calvin）而得名，该科学家为此获得了诺贝尔化学奖。Calvin 循环是叶绿体中由 CO_2 产生糖的途径，存在于几乎所有光合生物中。

光合碳还原循环是将 CO_2、ATP 和 NADPH 转变为磷酸丙糖的复杂生化反应。CO_2 是这个循环的唯一原料，NADPH 和 ATP 供应能量，反应完毕后，它们又变回 $NADP^+$、ADP 和 Pi。产物不是葡萄糖，而是三碳的丙糖（PGAL），以后会转变为各种糖类。

Calvin 循环可分为三个阶段：CO_2 固定；碳还原；核酮糖二磷酸（RuBP）的再生，如图 3-13 所示。

（1）CO_2 固定　6 分子核酮糖二磷酸（RuBP）固定 6 分子 CO_2，形成 12 分子 3-磷酸甘油酸。催化该反应的酶是核酮糖二磷酸羧化酶，RuBP 作为 CO_2 受体。这个反应实际上是一个羧化反应，使 1 个五碳糖变成了 2 个三碳的糖酸。

（2）碳还原　三碳的糖酸（3-PGA）被还原成三碳糖，即甘油醛-3-磷酸（G3P）。这时糖已经形成，光合作用中合成糖的过程实际上已经完成，以后的变化就是 G3P 如何转变为葡萄糖等已糖和各种多糖如淀粉。这些反应已不属于 Calvin 循环了。碳还原是 Calvin 循环中利用能量最多的反应。

（3）核酮糖二磷酸（RuBP）的再生　这个阶段包括许多个反应，简言之，就是 5 个三碳糖（G3P）变成了 3 个五碳糖（RuBP）。RuBP 的再生需要 ATP。

Calvin 循环的总变化是 3 分子 CO_2 消耗 6 分子 NADPH 和 9 分子 ATP，形成 1 分子 G3P。这些 NADPH 和 ATP 都来自于光反应。Calvin 循环中利用 NADPH 和 ATP 后所产生的 $NADP^+$ 和 ADP 又回到类囊体中，在光反应中再形成 NADPH 和 ATP。如图 3-14。

Calvin 循环在叶绿体基质中发生，全部有关的酶都存在于基质中。光合作用的产物 G3P 也在叶绿体基质中被利用或转变为其他化合物。

（二）C_3 和 C_4 植物

上面所讲的直接利用空气中的 CO_2 进行光合作用的植物称为 C_3 植物，因为 CO_2 固定

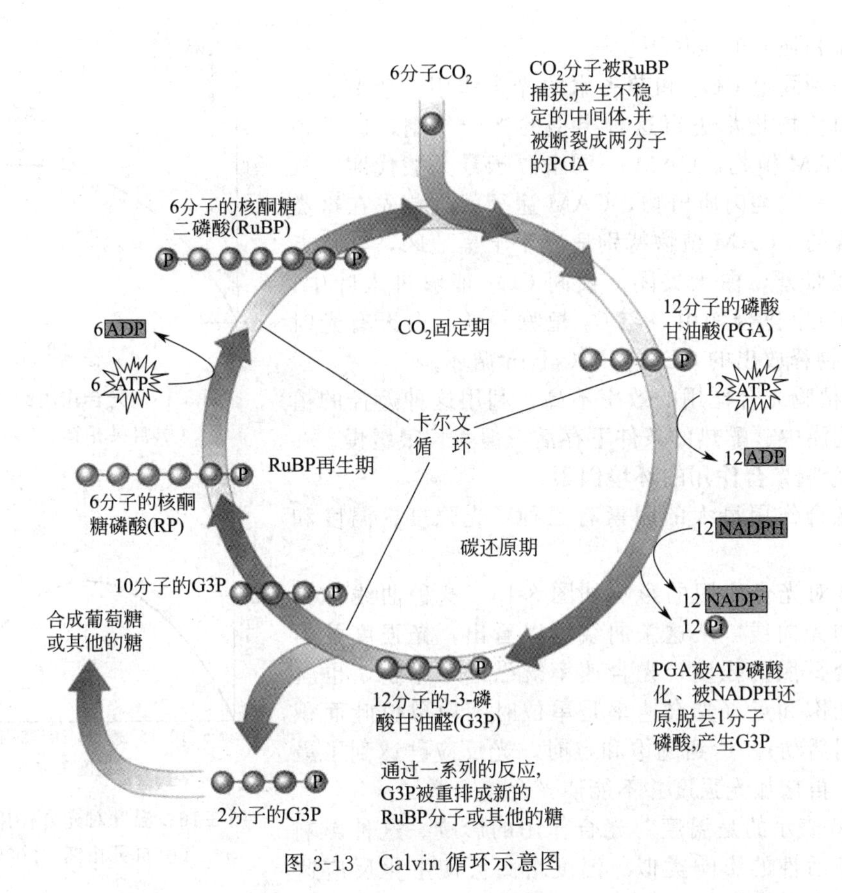

图 3-13　Calvin 循环示意图

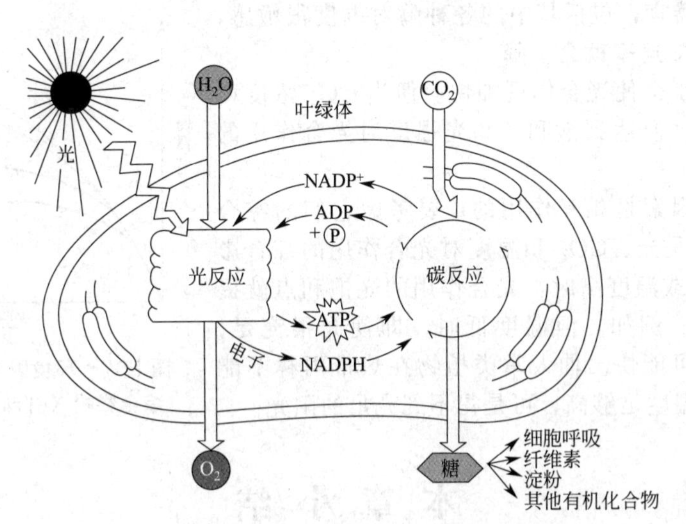

图 3-14　光合作用全过程（改自吴相钰，2005）

的最初产物是1个三碳化合物——3-磷酸甘油酸。许多重要的作物，例如水稻、小麦、大豆以及许多种果树和蔬菜，都是C_3植物。C_3植物存在个一共同的问题，就是在干旱、炎热的日子里，气孔会关闭，CO_2不能到达叶绿体。所以气候干燥时C_3植物会减产。

有一类植物与C_3植物不同，它们有特殊的适应特性，能够节省水和防止光呼吸。这类植物称为C_4植物。当气温高而干燥时，C_4植物将气孔关闭，减少水分的蒸发，但同时却能继续利用日光进行光合作用。玉米、高粱、甘蔗都是C_4植物，它们都起源于热带，适于在高温、干燥和强光的条件下生长。

还有一种固定 CO_2 和节省水的光合作用，菠萝、仙人和许多肉质植物都进行这种类型的光合作用，这类植物统称为CAM植物。CAM一词来源于景天酸代谢，景天属植物是一大类肉质植物，CAM途径就是首先在这类植物中发现的。CAM植物特别适应于干旱地区，其特点是气孔夜间张开，白天关闭。夜间 CO_2 能够进入叶中，也被固定在 C_4 化合物中，与 C_4 植物一样。白天有光时则 C_4 化合物释放出的 CO_2 参与Calvin循环。

CAM植物光合作用的效率不高，利用这种途径的植物可以在荒漠中、酷热的条件下存活，但生长很缓慢。

（三）影响光合作用的环境因素

影响光合作用最大的因素有三种：光强度、温度和 CO_2 浓度。

光强度对光合作用的影响如图3-15。这种曲线称为光合作用的光曲线。从这条曲线可以看出，光强度并不需要达到全日照的强度，光合速率既已趋于平稳，也就是达到了光饱和点（光合速率是单位时间内单位叶面积的光合作用活动）。达到光饱和点时，光反应已达到了最大的速率，再增加光强度并不能使光合速率增加。

图3-16表示的是温度对光合作用的影响。这种影响和温度对酶活性的影响类似。温度增高会使生化反应速率增高，但光合器官，包括其中的各种酶对温度很敏感，所以温度高于25℃速率就会下降。

CO_2 浓度增加会使光合作用加快。但当 CO_2 浓度增加至一定浓度时，便达到饱和，和光强度对光合作用的影响类似。

这三种环境因素是相互作用的，要考虑它们的综合影响。图3-17就是光、CO_2 和温度对光合作用的综合影响。当 CO_2 浓度或温度高时，光合作用的光饱和点就提高，反之就下降。例如，但温度低时，即使光很充足，植物的生长也不可能快。仙人掌类植物在热带雨林不能生长，因为虽然温度足够高，可是得不到充足的阳光。

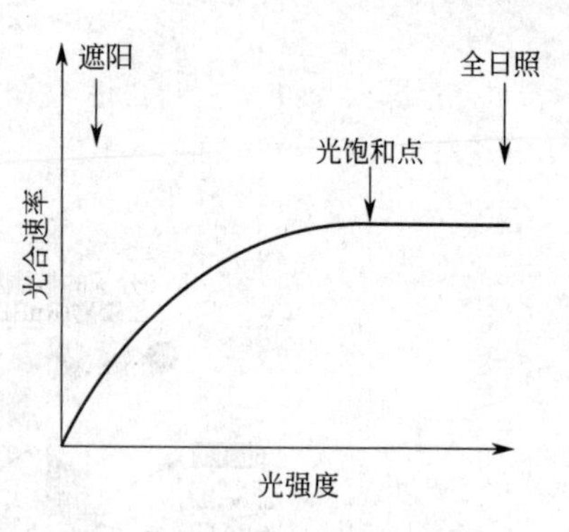

图3-15　光合作用的光曲线（引自吴相钰，2005）

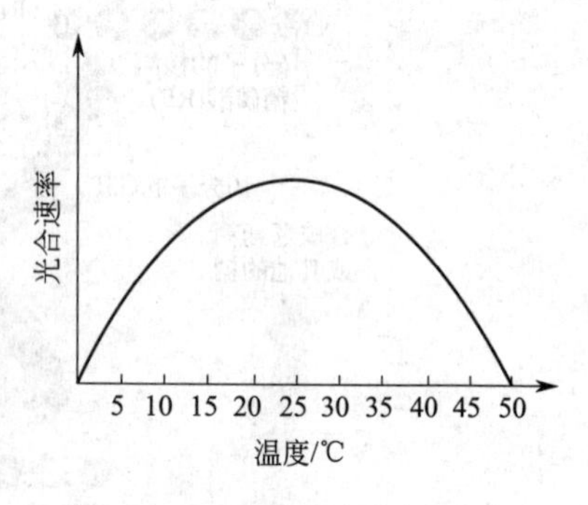

图3-16　温度对光合作用的影响（引自吴相钰，2005）

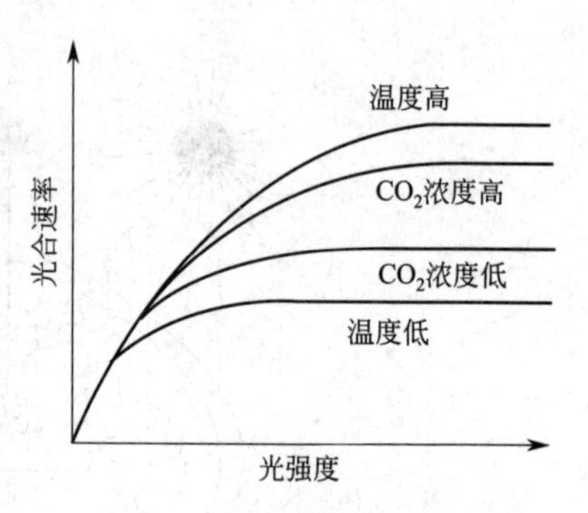

图3-17　环境因素对光合作用的综合影响（引自吴相钰，2005）

本章小结

所有的生命活动都需要消耗能量，生命体系的能量最终来自太阳能，通过光合作用可以将太阳能转化为化学能。生物个体的能量储存在生物大分子中的化学键中，通过细胞呼吸释放并转换至能量货币ATP的高能磷酸键中。

细胞呼吸是指细胞在有氧条件下从食物分子（主要是葡萄糖）中获取能量并产生 CO_2 的过程。也称之为生物氧化，具体表现为氧的消耗和二氧化碳、水及三磷酸腺苷（ATP）的生成，其根本意义在于给机体提供可利用的能量。所有生物中都存在细胞呼吸，细胞呼吸是生物获取能的方式。它是一个复杂的、有多种酶参与的多步骤过程。

有氧条件下，细胞呼吸的全过程包括四个部分：糖酵解、丙酮酸氧化脱羧、柠檬酸循环、电子传递，每氧化1分子葡萄糖，最多产生30个或32个ATP。细胞呼吸过程中释放的自由能，促使ADP形成ATP的方式一般有两种，即氧化磷酸化和底物水平的磷酸化。

无氧条件下糖酵解产生的丙酮酸沿着无氧呼吸或发酵途径进一步氧化分解。根据最终电子受体的不同，细胞呼吸分为发酵、有氧呼吸和无氧呼吸3种类型。

食物中糖类、脂肪和蛋白质的氧化都是先转变为某种中间代谢的产物，然后再进入糖酵解或柠檬酸循环。柠檬酸循环是营养物质有氧代谢的枢纽。

光合作用是光能驱动CO_2的还原产生糖的过程。在植物和蓝细菌中，光合作用氧化水产生O_2。光合作用也像细胞呼吸一样，是一个氧化还原过程。就其总反应而言，光合作用恰好是细胞呼吸的逆转，但反应过程完全不同。植物的光合作用可分为光反应和碳反应两个步骤。

光合色素中只有叶绿素a直接参与光合作用，叶绿素b、胡萝卜素和叶黄素吸收的光要传递给叶绿素a后才能在光合作用中被利用，为辅助色素。

光合作用中的电子传递发生在叶绿体的类囊体膜（光合膜）上。光合膜上的两套光合作用系统——光系统Ⅰ（PSⅠ）和光系统Ⅱ（PSⅡ）的共同合作完成了电子传递、水的裂解、氧的释放和NADPH的生成。

光合电子传递链运行过程中会产生ATP，这种合成ATP的过程称为光合磷酸化，其作用机制和氧化磷酸化类似。

不同植物碳反应过程不一样，这是植物对环境的适应的结果。根据碳同化过程中最初产物所含碳原子的数目以及碳代谢的特点碳反应可分为C_3、C_4和CAM三种类型。其中C_3途径是最基本和最普遍的，因为只有C_3途径具备合成蔗糖、淀粉以及脂肪和蛋白质等光合产物的能力；另外两条途径只起固定、运转或暂存CO_2的功能，不能单独形成碳水化合物。

影响光合作用的环境因素主要有3种：光强度、温度和CO_2浓度。

复习思考题

1. 比较细胞呼吸和光合作用的区别与联系。
2. 如何理解细胞有氧呼吸过程？
3. 怎样理解电子传递和氧化磷酸化之间的关系？
4. 米切尔化学渗透学说的要点是什么？
5. 如何理解底物水平的磷酸化、氧化磷酸化和光合磷酸化之间的异同。
6. 试述光合作用中光反应与碳反应的区别与联系？

第二部分

生物的遗传与变异

第四章　减数分裂

生命通过繁殖而延续，繁殖是生命的基本特征之一。大多数的动物和植物，包括我们人类，都是通过有性生殖（gamogenesis）繁衍后代。有性生殖中，两个性细胞即配子（精子和卵）融合为一个细胞即合子或受精卵，由此再发育成为新的一代。配子是由配子母细胞经减数分裂（meiosis）产生的。减数分裂产生的配子变异多，后代的变异自然也多，为自然选择提供了丰富的材料（图 4-1）。

图 4-1　关于遗传与变异的漫画

第一节　减数分裂过程

减数分裂的过程与有丝分裂很相似，分裂之前也是 DNA 复制一次，但随后发生两次连续的细胞分裂，分别称为减数分裂Ⅰ和减数分裂Ⅱ。两次分裂的结果是产生 4 个子细胞（而不是 2 个），每个子细胞的染色体数都是母细胞的一半。例如，人的体细胞含有 23 对染色体（二倍体，$2n$），减数分裂后生成的精子和卵子各只含 23 条染色体，即只含每对染色体的一半，是单倍性的细胞（n）。

一、减数分裂的过程

（一）DNA 复制

在减数分裂开始之前的 S 期，DNA 复制 1 次，这是减数分裂全过程中唯一的一次 DNA 复制。

（二）第一次分裂——减数分裂Ⅰ

此次分裂可分为前期Ⅰ、中期Ⅰ、后期Ⅰ和末期Ⅰ。其中前期Ⅰ很重要，时间很长。因此又可分为 5 个亚时期：细线期、偶线期、粗线期、双线期和终变期（图 4-2）。

（1）细线期（leptotene）　已复制的染色体由两条染色单体组成，它们是姐妹染色单体

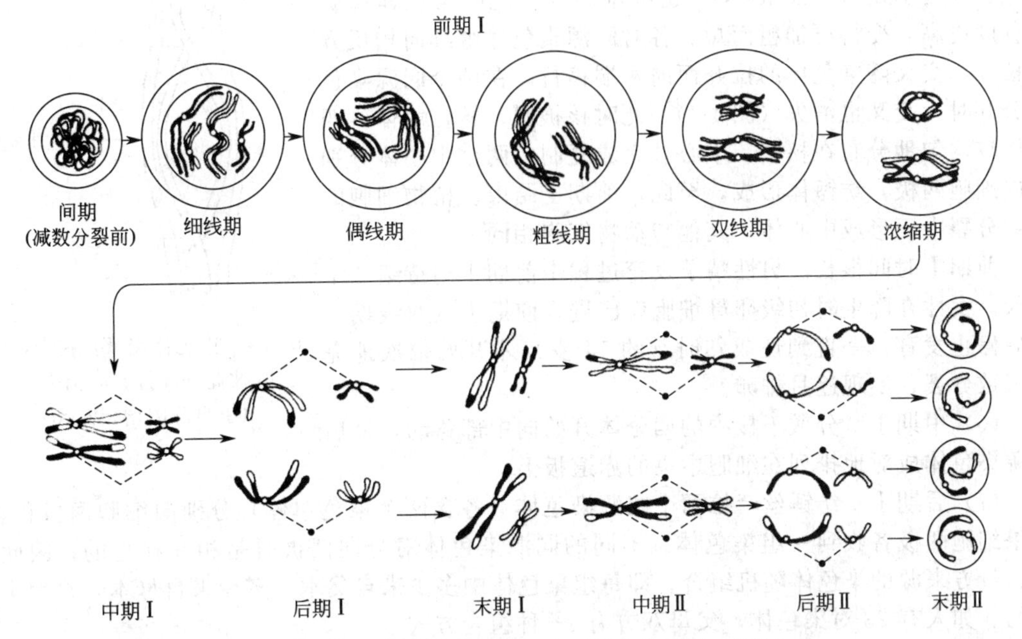

图 4-2　减数分裂过程（$2n=4$）（引自吴相钰，2005）

(sister chromatid)。但由于两条染色单体互相并列呈细长的线状，所以显微镜下还难以分辨。

（2）偶线期（zygotene）　染色体逐渐变粗变短，每对同源染色体的两个成员侧向靠拢，两两配对，这种现象称为联会（synapsis）。联会是减数分裂中的重要过程，是减数分裂区别于有丝分裂的一个重要特点。联会开始时，每对同源染色体之间出现一种特殊结构，称为联会复合体（synaptonemal complex）（图 4-3）。其主要成分是蛋白质，形状像拉链。联会复合体的主要功能是：一方面使两个同源染色体稳定在约 100nm 的恒定距离中，这是同源染色体配对的必要条件；另一方面，可能在适当条件下激活染色体的交换。通常，联会出现于偶线期，成熟于粗线期，消失于双线期。

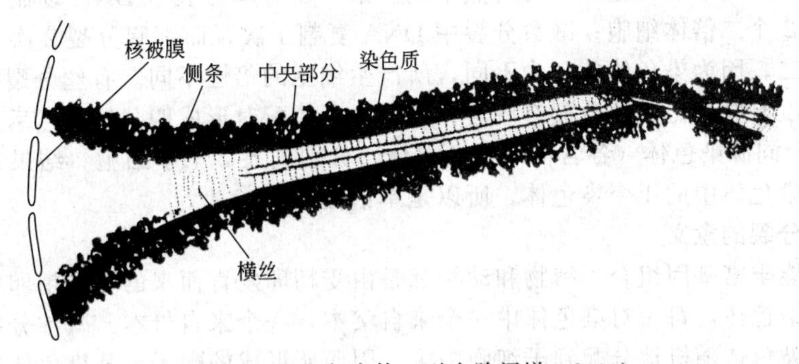

图 4-3　联会复合体（引自陈阅增，2000）

（3）粗线期（pachytene）　染色体进一步缩短变粗，同源染色体配对完毕。配对完毕的染色体为二价体。二价体中的每 1 条染色体含有 4 条染色单体故称为四分体。在这个时期，非姐妹染色单体间可能发生交换（crossing over），即遗传物质发生了局部的互换。

（4）双线期（diplotene）　染色体继续变短变粗，配对的同源染色体趋向分开，在非姐妹染色体间出现交叉结，即非姐妹染色单体在若干处相互缠结。交叉结的出现是发生交换的有形结果。此时联会复合体消失。

(5) 终变期 (diakinesis) 也称浓缩期。此时染色体螺旋化程度更高，变得更加粗而短。各对同源染色体继续向相反方向拉开，交叉随染色体的拉开而向两端移行。在两个同源染色体分开时，交叉也消失（图 4-4）。此时核被膜、核仁解体，四分体较均匀地分布在核中，中心粒完成复制。两个中心体分别移向细胞两极，纺锤体形成，至此，前期Ⅰ结束。植物细胞的减数分裂中不形成中心体，其他与动物细胞相同。

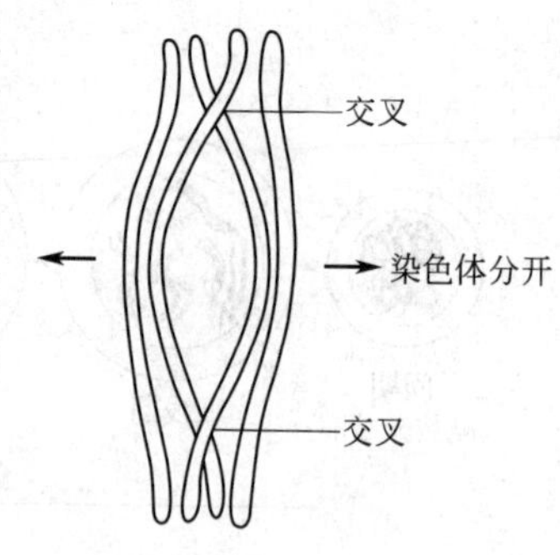

图 4-4 染色体交叉，在染色体彼此分离拉开时消失（引自陈阅增，2000）

前期Ⅰ时间很长。男性精子发育过程中前期Ⅰ约持续二十几天。女性在降生时初级卵母细胞就已进入前期Ⅰ（双线期），以后停止发育，一直到性成熟时（约 14 岁）才开始依次地完成减数分裂，实现逐月排卵。

(6) 中期Ⅰ 分散于核中的四分体开始向中部移动，最后同源染色体成对地排列在细胞中央的赤道板上。

(7) 后期Ⅰ 纺锤丝牵拉两个同源染色体（各含两个染色单体）分别向细胞两极移动，结果细胞两极各收到一组染色体。不同的同源染色体对分向两极时是相互独立的，因此父方、母方来源的染色体随机组合，即每组染色体中多少来自父本，多少来自母本，是完全随机的。如人有 23 对染色体，父母双方有 2^{23} 种组合方式。

(8) 末期Ⅰ 染色体又渐渐解开螺旋，变成细丝状。细胞质分裂成两个细胞，进入间期。间期时间很短，有时不经间期就直接开始第二次分裂。间期未见有 DNA 合成。

(三) 第二次分裂——减数分裂Ⅱ

与有丝分裂过程基本相同，分为前、中、后、末期。前期Ⅱ时间很短。中期Ⅱ时染色体（每条染色体具有两个染色单体）再次排列在赤道板上。后期Ⅱ每条染色体的两个染色单体分开，并分别移向细胞两极。然后细胞分裂（末期Ⅱ）形成两个子细胞。

减数分裂的全过程中 DNA 只复制 1 次，细胞分裂两次，因此其结果是形成 4 个子细胞，每个子细胞中只有 n 条染色体，是单倍体。

二、减数分裂和有丝分裂的不同

减数分裂和有丝分裂相比较，有两点不同。第一，有丝分裂中 DNA 复制 1 次，细胞分裂 1 次，产生 2 个二倍体细胞；减数分裂中 DNA 复制 1 次，而细胞分裂 2 次，产生 4 个单倍体细胞。第二，因为染色体的行为不同，所产生细胞的倍性不同。有丝分裂时，同源染色体单独行为，没有联会。减数分裂有联会，同源染色体配对形成四分体，然后经过交叉、重组等过程，2 个同源染色体（各含两个染色单体）分别进入 2 个子细胞。结果每个子细胞中只含每对同源染色体中的 1 个染色体，所以是单倍性的。

三、减数分裂的意义

减数分裂能丰富基因组合。植物和动物都是由受精卵发育而来的，受精卵中有来自父本和母本的 2 组染色体，每 1 对染色体中一个来自父本，一个来自母本。减数分裂时，各对染色体中的 2 个染色体随机地分配到子细胞中去，因而所形成的配子，其染色体组是多种多样的。基因是在染色体上的，因而配子的基因组合也是多种多样的。只要每对同源染色体在一个基因座上有两个不同的等位基因，那么，一个生物如果有 2 对染色体（$n=2$），减数分裂可产生 $2^2=4$ 种配子，如果有 3 对染色体（$n=3$），减数分裂就可产生 $2^3=8$ 种配子。人有 23 对染色体（$n=23$），人的精子和卵子就都有 $2^{23}=8388608$ 种，也就是有这么多种基因组合。这还没有考虑染色体的交换；考虑到交换，每对同源染色体上有若干个基因座，其上又有不同的等位基因，基因组合就远不止此数。配子变异多，后代的变异自然也多，这就为自然选择提供了丰富的材料，有利于生物的进化。

第二节　人的精子与卵子的发生

一、精子的发生

男性的生殖系统包括睾丸、附睾、输精管、贮精囊、前列腺、阴茎等部分（图 4-5）。睾丸是男性主要的生殖器官，它产生精子和雄激素。男性之所以成为男性就在于他们有睾丸。而其他的男性生殖器官（阴囊、输精管、腺体和阴茎）都是附属器官，它们保护精子，帮助精子进入到女性生殖管道中去。

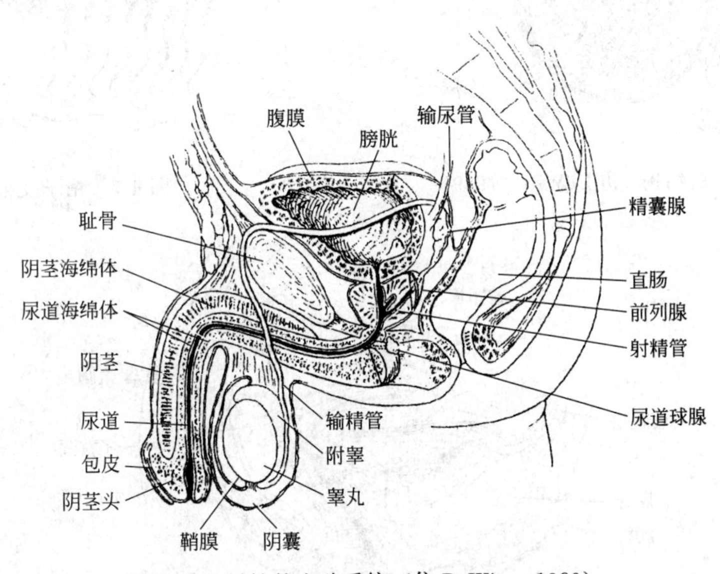

图 4-5　男性的生殖系统（仿 DeWitt，1989）

（一）睾丸

卵圆形的睾丸（testis）位于腹盆腔外面的袋状阴囊中。阴囊是由薄而柔软的皮肤构成的囊，悬在阴茎根部，有一中隔将阴囊分成左右两半，其内各有一个睾丸。睾丸内有 1000 条左右高度盘旋的细管，即曲细精管，这是真正的“精子工厂”，是产生精子的地方。盘旋的曲细精管之间有间质细胞，这些细胞产生雄激素（图 4-6）。

（二）精子发生（spermatogenesis）

男性配子的产生是从青春期开始的，一般持续终生。曲细精管内壁上的精原细胞经过几次有丝分裂成为初级精母细胞，核内含有 46 条染色体（包括性染色体 X、Y），是二倍体。每个初级精母细胞再进行减数分裂产生 2 个次级精母细胞，内含的染色体数目减少一半，只有 23 条，是单倍体。次级精母细胞再分裂 1 次，产生 4 个精子细胞。精细胞不再分裂，每一精细胞分化发育而成 1 个精子（图 4-7）。

二、卵子的发生

人类女性的生殖系统包括卵巢、输卵管、子宫和阴道等。卵巢是女性主要的生殖器官（图 4-8）。如同睾丸一样，卵巢也有双重功能，除产生卵子外，还产生雌激素和孕激素。附属管道（输卵管、子宫和阴道）除转运生殖细胞外，还要为发育中的胎儿服务。

（一）卵巢

卵巢位于腹腔中，左右各一。卵巢的外层（皮质）中有许多大大小小、处于不同发育阶段的卵泡（图 4-9）。

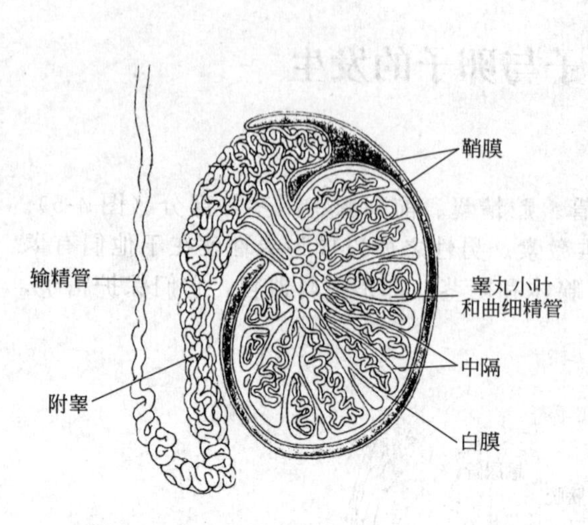

图 4-6　睾丸的结构（仿 DeWitt，1989）

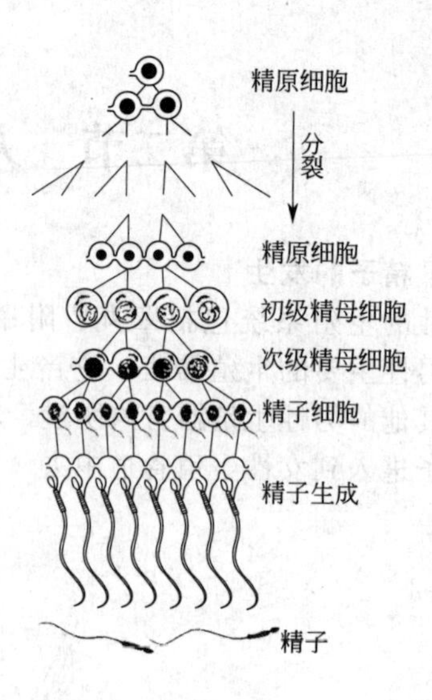

图 4-7　精子发生

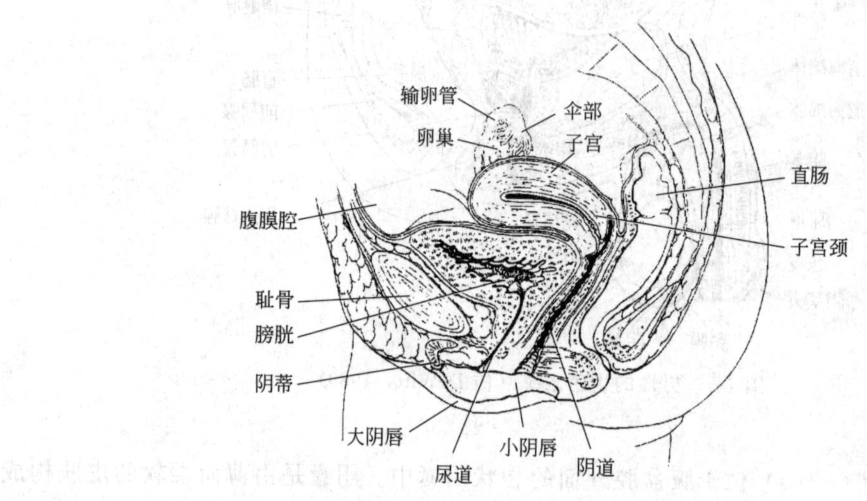

图 4-8　女性的生殖系统（仿 DeWitt，1989）

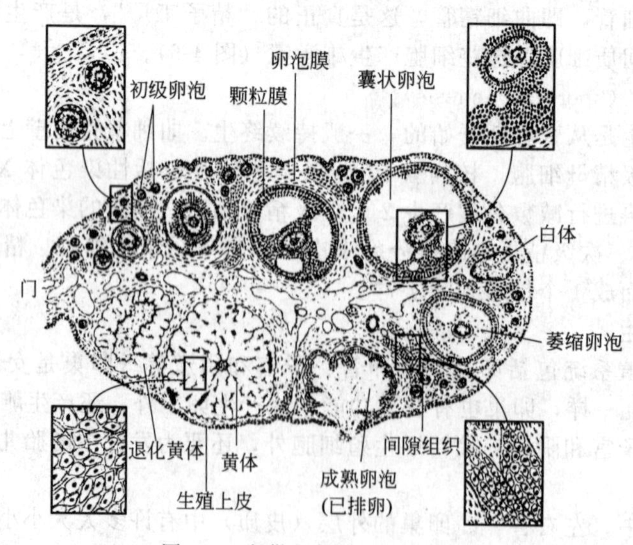

图 4-9　卵巢（仿 Tribe，1979）

（二）卵子的发生

在女性的胚胎中，原始生殖细胞发育成为卵原细胞，经过有丝分裂发育成为初级卵母细胞。初级卵母细胞被一层扁平的卵泡细胞所包围，形成初级卵泡。初级卵母细胞虽复制它们的DNA，并开始减数分裂，但没有完成，在前期Ⅰ停下来。很多初级卵泡在出生前退化，保留下来的分布在未成熟的卵巢的皮质部分。出生时，约有70万个初级卵母细胞处在初级卵泡中等待完成减数分裂，发育成为有功能的卵母细胞。经过10～14年，女性青春期开始时，每月有少数初级卵母细胞被激活并开始生长，但通常情况下只有1个初级卵母细胞能够继续进行减数分裂，最终产生两个单倍体细胞（每个细胞含23个染色体），不过它们的大小差别很大。较小的细胞称为第一极体，几乎不含细胞质，通常完成减数分裂后退化；较大的细胞包含几乎全部初级卵母细胞的细胞质，称为次级卵母细胞。次级卵母细胞停留在减数分裂，并从卵巢中排出。如果排出的次级卵母细胞没有受精，它就会退化。如果1个精子钻进次级卵母细胞就会完成减数分裂，产生1个大的卵子和1个小的第二极体。这样卵子发生的最终产物是3个小的极体和1个大卵子（图4-10）。它们都是单倍体，只有卵子是有功能的配子，极体则退化而消亡。这与精子发生不同，精子发生产生4个有活力的精子。

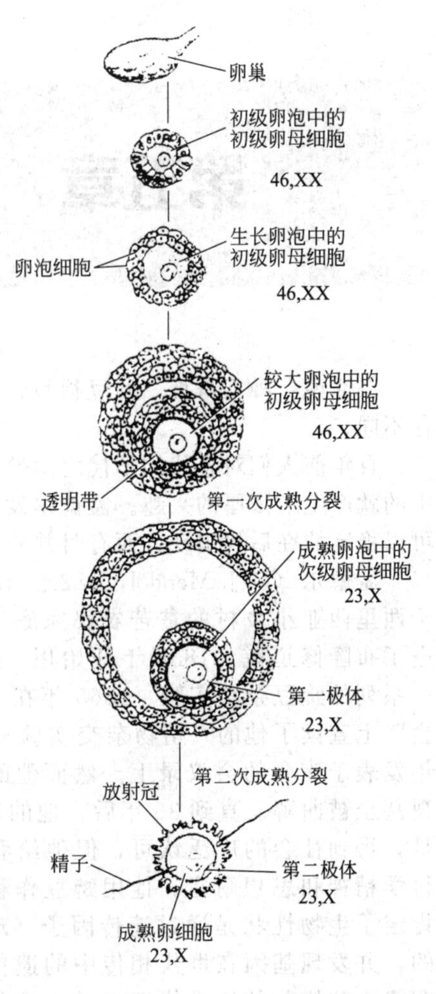

图4-10　卵子发生（引自许世彤，1995）

女性的生殖时期大约为45年（从11～55岁），每月只有1次排卵，在女性一生中只有400～500个初级卵母细胞排出。

本章小结

有性生殖通过减数分裂产生性细胞（配子）。减数分裂中DNA复制1次，而细胞分裂2次（减数分裂Ⅰ和减数分裂Ⅱ），产生4个单倍体细胞。减数分裂中同源染色体发生基因重组和交换，丰富了基因组合，为自然选择提供了丰富的材料，有利于生物的进化。

睾丸和卵巢分别为男性和女性主要的生殖器官，通过减数分裂分别形成精子和卵子。

复习思考题

1. 概述减数分裂过程中的主要变化？
2. 减数分裂和有丝分裂的不同点？
3. 减数分裂的意义？

第五章　遗传的基本定律

俗话说：种瓜得瓜，种豆得豆；一母生九子，九子各不同。

百年前人们对亲代和子代之间性状的变化是如何发生的就产生了浓厚的兴趣。孟德尔发现有时亲代的性状可以稳定的在后代出现，而有时并非如此。

图 5-1　孟德尔

孟德尔（G. J. Mendol，1822—1884）（图 5-1）生于西里西亚小乡村的贫苦农民家庭，因经济困难退学进了布隆修道院。1854 年开始用 34 个豌豆株系进行一系列的豌豆杂交实验。1865 年在“布隆自然历史学会”上宣读了他的《植物杂交实验》论文，并于 1866 年发表于该会的会议录上。然而他的论文并未被人重视甚至被曲解。直到 35 年后，他的研究结果才重见天日，得到社会的广泛认可，但他给我们留下了丰厚的科学精神和思想财富。他用豌豆作科学实验，第一次肯定了生物性状是通过遗传因子（现称为基因）传递的，并发现基因在世代相传中的遗传规律，他敏锐的洞察力和执著的追求终于揭示出遗传的基本法则，从而给遗传学研究奠定了科学基础。孟德尔是现代遗传学的奠基人。他发现了遗传学的两个基本规律，即分离规律和自由组合规律。

图 5-2　摩尔根

摩尔根（T. H. Morgan，1866—1945）（图 5-2），美国著名遗传学家，现代遗传学奠基人之一，提出了基因连锁互换定律，确立了基因作为遗传单位的基本概念，并因此而获得 1933 年诺贝尔生理学和医学奖。

第一节　单基因遗传定律

一、遗传第一定律

在生殖细胞形成过程中，等位基因彼此分离，分别进入不同的生殖细胞中，这一规律称为分离规律（law of segregation），是遗传学中最基本的一个规律。分离规律是由奥地利著名遗传学家孟德尔于 1865 年通过豌豆杂交实验所发现的，又称孟德尔第一定律。100 多年来，这一规律被用来解释许多人类遗传病和性状的遗传规律。它从本质上阐明了控制生物性状的遗传物质是以自成单位的基因存在的。基因作为遗传单位在体细胞中是成双的，它在遗传上具有高度的独立性，因此，在减数分裂的配子形成过程中，成对的基因在杂种细胞中能够彼此互不干扰，独立分离，通过基因重组在子代继续表现各自的作用。这一规律从理论上说明了生物界由于杂交和分离所出现的变异的普遍性。

孟德尔的整个实验工作中贯彻了从简单到复杂的原则。他最初进行杂交时，所用的两个亲本（即父本和母本）都只相差一个性状。或者更精确些说，不论其他性状的差异怎样，他都只把注意力集中在一个清楚的性状差异上，或者说一对相对性状。事实证明非但可以，而且还是最合理，最有效的研究方法。

（一）显性和隐性

豌豆品种中，有开红花的和开白花的。开红花的植株自花授粉，后代都是开红花的；开白花的植株自花授粉，后代都是开白花的。

如把开红花的植株与开白花的植株杂交，这两个杂交的植株就叫做亲代（parent generation），记作 P。实验时在开花植株上选一朵或几朵花，在花粉未成熟时，把花瓣仔细掰开，用镊子除去全部雄蕊，再把花瓣按原样复好，在花朵外面套上一个纸袋，以防外来花粉授粉。1 天之后，从开另一颜色的花朵上取下成熟花药，放到去雄花朵的柱头上，授粉后仍旧套好纸袋，并在授过粉的花柄上挂一标签，以资识别。待豆荚开始长大时，才把纸袋去掉。这个豆荚中结的种子就是子一代（first filial generation，F_1）。把这种子种下，长成的植株就是子一代植株。孟德尔发现，不论用红花做母本，白花做父本，还是反过来，以红花为父本，白花为母本，正反交（reciprocal crosses）的子一代植株全部开红花，没有开白花的，也没有开其他颜色的花。这样，红花对白花来讲，是个显性性状（dominant character），因为红花的性状在子一代中显示出来；白花对红花来讲，是个隐性性状（recessive character），因为白花在子一代中没有显示出来。合起来讲，这是一对相对性状。

（二）分离现象

分离现象子一代的红花植株自花授粉，所得的种子和它们成长的植株叫做子二代（F_2）。子二代中，除红花植株外，又出现了白花植株，这种白花植株和亲代的白花植株是一样的。在子二代中，隐性的白花性状又出现了，这种现象叫做分离（segregation）（图 5-3）。

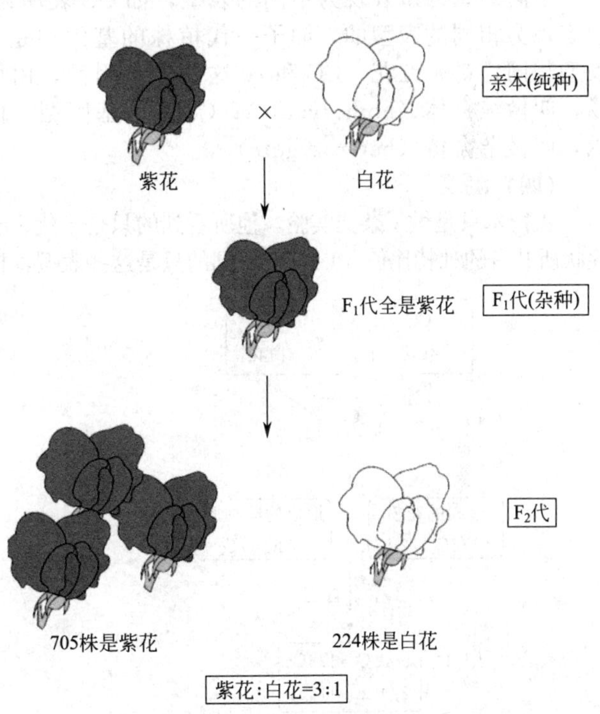

图 5-3 豌豆花冠颜色的遗传与分离规律
（引自 Daniel L. Hartl，Elizabeth W. Jones）

孟德尔在豌豆中除了研究红花和白花这一对相对性状外，还研究了其他 6 对相对性状，遗传方式和上述实验很相似。在子一代中可以看到显性现象，在子二代中出现分离现象。他的实验结果，如表 5-1 所示。

（三）基因型和表型

孟德尔的遗传因子，现在通称基因（gene）。“基因”由丹麦的约翰逊（W. Johannsen）最初提出来的。同一基因的不同形式，如红花基因 C 和白花基因 c，相互是等位基因（alleles）。高株基因 T 和矮株基因 t 也相互是等位基因；但高株基因不是红花基因的等位基因。

表 5-1 豌豆杂交实验的子二代结果

相对性状		二代植株总数	子二代中隐性植株数		子二代中显性植株数	
显性	隐性		数目	比例/%	数目	比例/%
饱满子叶	皱缩子叶	7324	5474	74.74	1850	25.26
黄色子叶	绿色子叶	8023	6022	75.06	2001	24.94
红花	白花	929	705	75.89	224	24.11
成熟豆荚不分节	成熟豆荚分节	1181	882	74.68	299	25.32
未熟豆荚绿色	未熟豆荚黄色	580	428	73.79	152	26.21
花腋生	花顶生	858	651	75.87	207	24.13
高植株	矮植株	1064	787	73.96	277	26.04
总和		19929	14949	74.90	5010	25.10

亲代红花植株是CC，白花植株是cc，子一代红花植株是Cc，这些叫做基因型（genotype），或称遗传型。基因型是生物体的遗传组成（genetic constituent），是肉眼看不到的，要通过杂交实验才能检定。基因型CC和Cc表现为红花，基因型cc表现为白花，这些花色叫做表型（phenotype）或表现型。表型是表现出来的性状，是肉眼可以看到的，或可用物理、化学方法测定的。

不同的基因型表现为不同的表型，如CC表现为红花，cc表现为白花。也有不同的基因型表现为相同的表型的，如子一代植株的基因型是Cc，但它们的表型跟亲代基因型CC的表型相同，都是红花。CC和cc这两种基因型，由两个同是显性或同是隐性的基因结合而成，叫做纯合体（homozygote）；Cc这种基因型，由1个显性基因和1个隐性基因结合而成，叫做杂合体（heterozygote）。

(四) 测交

孟德尔只是做了杂交实验，他所看到的只是亲代、子一代和子二代个体的表型，和那7对相对性状所共有的独特比值3∶1。他看到的只是这些表型，根据见到的事实而推想如下（图5-4）。

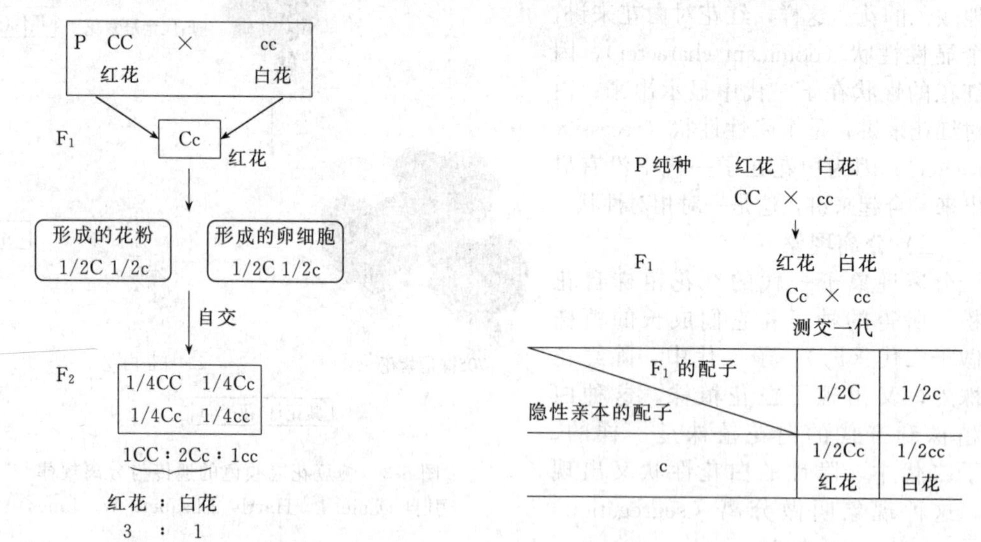

图 5-4 孟德尔分离定律实验

图 5-5 孟德尔测交实验

为了验证子一代细胞中确实存在一对等位基因Rr，这一对等位基因在减数分裂中真的彼此分离，分别进入到不同的生殖细胞中去，孟德尔设计了著名的测交实验（图5-5）。

测交就是让杂种个体与隐性纯合类型杂交，用以测定杂种基因组合的方法。子一代杂合子Rr，在形成生殖细胞时，R基因和r基因彼此分离，形成两类数量相等的生殖细胞，而隐性亲本则只形成一种含r的生殖细胞，随机受精后将形成基因型为Rr、rr数量相等的受精卵，将来分别开出紫花和白花，约成1∶1的比例。测交结果与预期的设想完全一致，说明实验是正确的。

孟德尔的一对相对性状的实验结果，后人把它归纳为孟德尔第一定律，又称分离定律。简单地讲，分离定律是杂合体形成配子时，等位基因相互分开，两种配子数目相同。详细地讲，一对基因在杂合状态中保持相对的独立性，而在配子形成时，又按原样分离到不同的配子中去。其细胞学基础是在形成生殖细胞时，等位基因随着同源染色体的分开而分离，分别进入不同的生殖细胞。在一般情况下，配子分离比是1∶1，子二代基因型分离比是1∶2∶1，子二代表型分离比是3∶1。分离出来的隐性纯合体和原来隐性亲本在表型上是一样的，隐性基因并不因为和显性基因在一起而改变它的性质。

二、遗传第二定律

生产中我们常用杂交方法来育种，常常因为两个亲本品种各具有一个优良性状，而我们想把两个优良性状结合在一起，这就是两对相对性状（或多对相对性状）之间关系问题。而上面所讲的一些杂交实验中，孟德尔把注意力集中在一对相对性状。在说明了一对相对性状的遗传规律后，就从简单到复杂，从分析到综合进一步研究两对相对性状的遗传。

（一）两对性状的自由组合

孟德尔在实验中用的一个亲本是子叶黄色和饱满的豌豆，另一亲本是子叶绿色和皱缩的豌豆。把这两个亲本杂交，得到子一代。子一代豆粒全是黄色和饱满的（注意这两个性状都是豆粒内子叶的性状，直接表现在子一代种子，所谓子一代种子，就是在亲本植株的豆荚内的种子），子一代自花授粉，得到子二代种子（即子一代植株的豆荚内的种子），共计556粒豆粒，其中有黄色饱满和绿色皱缩，也有黄色皱缩和绿色饱满，一共4种，如图5-6所示。

P　黄色饱满　×　绿色皱缩
↓
F_1　黄色饱满
↓自花授粉
F_2　黄色饱满315　黄色皱缩101
绿色饱满108　绿色皱缩32

图5-6　孟德尔自由组合定律实验

其中黄色饱满和绿色皱缩两种是亲本原有的性状组合，叫做亲组合（parental combination），而黄色皱缩和绿色饱满是亲本品种原来所没有的性状组合，叫做重组合（recombination）。从子二代中重组类型的出现就得出颗粒式遗传的另一基本概念：决定着不相对应的性状的遗传因子在遗传传递上有相对独立性，可以完全拆开。在这个例子中，黄色可以和饱满拆开而和皱缩组合，绿色可以和皱缩拆开而和饱满组合。这也是混合式遗传所完全没有预期到，而且也不能解释的。

黄色和绿色这一对相对性状。黄色是显性，子一代应该全是黄色的，子二代应该3/4是黄色的，1/4是绿色的。事实上，子一代全是黄色的，子二代556粒豆粒中，416粒是黄色的，140粒是绿色的，的确是3/4和1/4。

另一对相对性状饱满和皱缩。饱满是显性，子一代应该全是饱满的，子二代中应该3/4是饱满的，1/4是皱缩的。事实上，子一代全是饱满的，子二代556粒中，423粒是饱满的，133粒是皱缩的，的确也是3/4和1/4。

因为不同对的相对性状可以相互组合，如果组合是随机的，那么在3/4的黄色的里面，应该有3/4饱满，1/4皱缩；在1/4绿色的里面，也是3/4饱满，1/4皱缩。反过来也是一样，在3/4饱满的里面，应该有3/4黄色，1/4绿色；在1/4皱缩的里面，也有3/4黄色，1/4绿色。总而言之，把两对相对性状合起来看，如果组合是随机的，应该是：

黄色饱满＝3/4×3/4＝9/16；绿色饱满＝1/4×3/4＝3/16；黄色皱缩＝3/4×1/4＝3/16；绿色皱缩＝1/4×1/4＝1/16。

事实上正是如此，这556粒豌豆中：

黄色饱满315粒；绿色饱满108粒；黄色皱缩101粒；绿色皱缩32粒。

正好接近9/16、3/16、3/16和1/16，即9∶3∶3∶1。

从定量数据看来，这两对相对性状非但可以拆开，进行重组，而且是自由组合的。

（二）自由组合的假设与验证

子叶黄色和绿色是一对相对性状，决定这对相对性状的基因用 Y 和 y 表示；子叶饱满和皱缩是另一对相对性状，决定这对相对性状的基因用 R 和 r 表示。这样，亲本黄色饱满的基因型是 YYRR，产生的配子只有 1 种，全为 YR；亲本绿色皱缩的基因型是 yyrr，产生的配子也只有 1 种，全是 yr。YR 配子与 yr 配子结合，产生的子一代基因型是 YyRr，表型是黄色饱满。雌配子是这 4 种，雄配子也是这 4 种，可有 16 种组合（图 5-7）。表型上 9 种是黄色饱满，3 种是黄色皱缩，3 种是绿色饱满，1 种是绿色皱缩，与实验结果符合。

P　黄色饱满 YYRR × 绿色皱缩 yyrr

配子　YR　×　yr

↓

F_1　黄色饱满 YyRr

F_2　↓ 自交

配子	YR	Yr	yR	yr
YR	YYRR 黄色饱满	YYRr 黄色饱满	YyRR 黄色饱满	YyRr 黄色饱满
Yr	YYRr 黄色饱满	YYrr 黄色皱缩	YyRr 黄色饱满	Yyrr 黄色皱缩
yR	YyRR 黄色饱满	YyRr 黄色饱满	yyRR 绿色饱满	yyRr 绿色饱满
yr	YyRr 黄色饱满	Yyrr 黄色皱缩	yyRr 绿色饱满	yyrr 绿色皱缩

图 5-7　孟德尔自由组合定律实验假设结果

要在子二代中得到 9∶3∶3∶1 的表型分离比，子一代配子的分离比必须是 1∶1∶1∶1。这一点可应用测交实验，即子一代黄色饱满植株（YyRr）用双隐性植株（yyrr）测交。孟德尔得到的结果与预期一致（图 5-8）。

F_1 黄色饱满　×　亲本绿色皱缩

YyRr ↓　yyrr

绿色皱缩植株的配子 \ F_1 植株的配子	YR	Yr	yR	yr
yr	YyRr 黄色饱满	Yyrr 黄色皱缩	yyRr 绿色饱满	yyrr 绿色皱缩
	1　∶	1　∶	1　∶	1

图 5-8　孟德尔自由组合定律测交实验

又由子一代自花授粉得到的子二代中，绿色皱缩豆粒（yyrr）长成的植株自花授粉后，在子三代豆粒中是不会有分离的。子三代的分离情况可用子二代植株的自花授粉来验证。孟德尔得到子三代的实际数据如表 5-2，验证结果和预期完全符合。

表 5-2　豌豆杂交实验的子三代结果

F_2 种子表型	F_2 植株数目	F_3 种子表型种类	从 F_3 种子看 F_2 基因型
黄色饱满	38	全部黄色饱满	YYRR
黄色饱满	65	黄色饱满,黄色皱缩	YYRr
黄色饱满	60	黄色饱满,绿色饱满	YyRR
黄色饱满	138	黄色饱满,黄色皱缩,绿色饱满,绿色皱缩	YyRr
黄色皱缩	28	全部黄色皱缩	YYrr
黄色皱缩	68	黄色皱缩,绿色皱缩	Yyrr
绿色饱满	35	全部绿色饱满	yyRR
绿色饱满	67	绿色饱满,绿色皱缩	yyRr
绿色皱缩	30	全部绿色皱缩	yyrr

（三）自由组合规律

孟德尔的杂交实验，均证实了他所研究的7对性状是独立遗传的。这就是遗传学中的第二个基本原理——自由组合定律（law of independent assortment）：两对或两对以上的等位基因位于非同源染色体的不同位点时，在生殖细胞形成过程中，非等位基因独立行动，可分可合，有均等机会组合到同一个生殖细胞中。这是由于在形成配子的减数分裂过程中，同源染色体要相互分离，非同源染色体随机组合进入不同的配子中。自由组合律又称孟德尔第二定律：决定不同对相对性状的遗传因子具有各自的独立性，既可以相互分离，又可以重新组合在一起。该定律是在分离规律基础上，进一步揭示了多对基因间自由组合的关系，解释了不同基因的独立分配是自然界生物发生变异的重要来源之一。

但在20世纪初就发现了这个定律的例外，而且知道例外要更多一些，同时也搞清了这个定律的适用范围，使遗传学大大向前发展。自由组合有实践意义，因为通过杂交，通过基因的自由组合，可以形成对人类有利的新品种。在农牧业上，上述的方法是广泛应用的，许多优良的动植物品种就是通过这样的方法培育成功的。

三、遗传第三定律

遗传的染色体学说建立以后，进一步就要了解染色体与基因的关系。但一个生物有很多基因，而染色体数目比较少，这又怎样来说明呢？正如Bridges研究果蝇眼色的遗传，发现了例外个体，使他注意到了新的现象一样，两对基因的杂交实验中，子二代分离比数与预期的9∶3∶3∶1有非常显著的差异，使遗传学工作者注意到了连锁现象。这样不仅证明了染色体带有很多基因，而且证明了这些基因在染色体上是以直线方式排列的。

连锁现象是Bateson和Punnett（1906年）最初发现的。1900年孟德尔遗传规律被重新发现后，Bateson和Punnett在研究香豌豆的两对性状的遗传时发现：实验结果有的符合独立分配定律，有的不符；同一亲本来的基因较多地联在一起，这就是所谓基因的连锁(linkage)，但是他们未能提出正确的解释。1911年美国遗传学家摩尔根用果蝇作杂交实验，发现白眼性状的伴性遗传后，同年又发现几个伴性遗传的性状；他同时研究了两对伴性性状的遗传，知道凡是伴性遗传的基因，相互之间是连锁的。这就证实了同一染色体上的基因有连锁现象。最后确认所谓不符合独立遗传规律的一些例证，实际上不属独立遗传，而属另一类遗传，即连锁遗传。摩尔根和他的学生在大量杂交实验的基础上，提出了连锁与互换定律(law of linkage and crossing-over)，包括完全连锁和不完全连锁两种现象：当两对不同的基因位于一对同源染色体上时他们并不自由组合，而是联合传递，称为连锁定律——完全连锁；同源染色体上的连锁基因之间，由于发生了交换，必将形成新的连锁关系，称互换（或重组）定律——不完全连锁。

（一）连锁与互换定律

野生果蝇为灰身长翅类型，在实验饲养中出现黑身残翅的突变类型。灰身（B）对黑身（b）是显性，长翅（V）对残翅（v）是显性。灰身长翅（BBVV）和黑身残翅（bbvv）的果蝇杂交，子一代是灰身长翅的杂合子（BbVv）。用子一代雄果蝇和黑身残翅的雌果蝇测交，按自由组合定律预测，子一代雄果蝇将产生BV、bV、Bv、bv 4种数量相等的精子，雌果蝇只产生1种bv卵子，受精后，将产生灰身长翅（BbVv）、灰身残翅（Bbvv）、黑身长翅（bbVv）和黑身残翅（bbvv）4种类型的果蝇，而且呈1∶1∶1∶1的比例。实验结果并非如此，而是只有灰身长翅（BbVv）和黑身残翅（bbvv）两种类型，呈1∶1的比例（图5-9）。显然，基因B和V同在一条染色体上，基因b和v同在另一条染色体上。在精子形成过程中，由于同源染色体彼此分离，含有B和V的染色体与含有b和v的染色体各自分离到两个子细胞中去，这两种精子分别与卵细胞受精后，其后代只能是灰身长翅（BbVv）和黑身残翅（bbvv）两种类型。这种遗传方式有别于自由组合定律。这种两对或两对以上等位基因位于一对同源染色体上，在遗传时，位于一条染色体上的基因常连在一起不相分离，叫连锁。这种果蝇测交后代完全是亲本组合的现象，称为完全连锁。

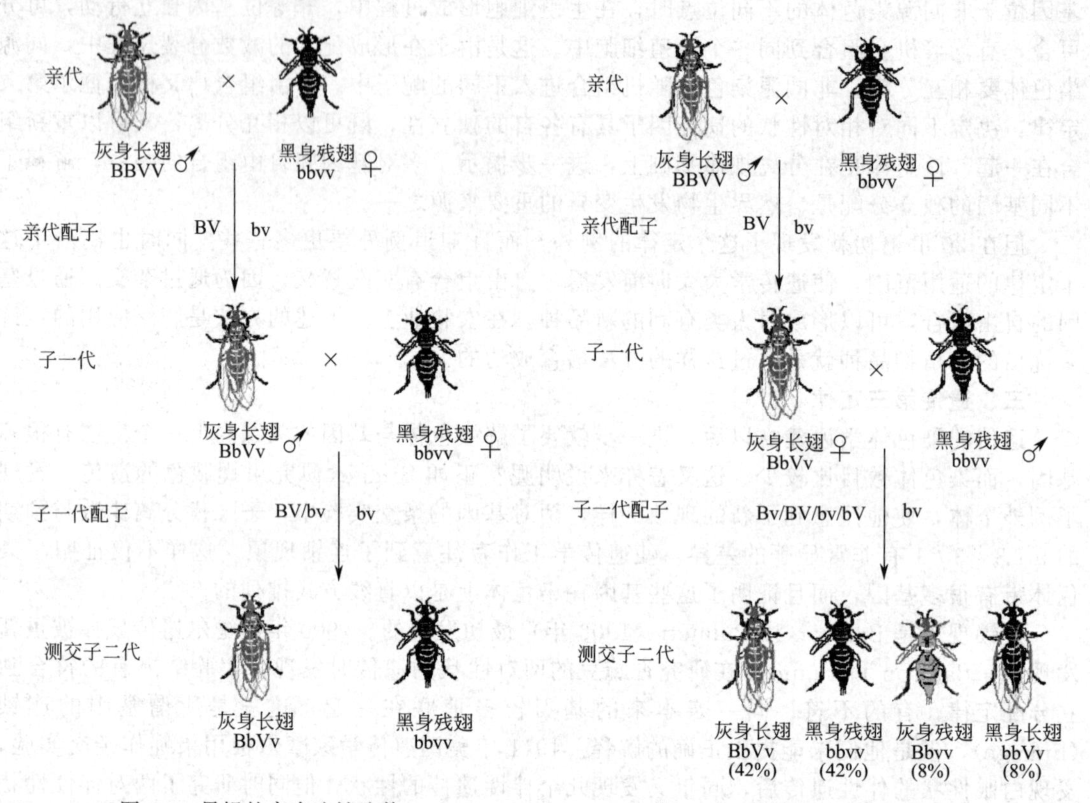

图 5-9　果蝇的完全连锁遗传

图 5-10　果蝇的不完全连锁遗传

以上的杂交实验中，体色和翅的长短 2 个基因一同传递，子一代的雄果蝇在减数分裂时不发生染色体交叉，因而没有交换，所以位于同一染色体 2 个基因只是一同遗传而不可能拆开。因此是完全连锁而没有交换。如果子一代的雌果蝇代替雄果蝇与双隐性（bbvv）的雄果蝇杂交，后代就会出现 4 种类型，但其比例也不是 1∶1∶1∶1，而是和亲本相同的 2 种类型多，新生的 2 种类型少。这是因为灰身（B）与长翅（V）之间虽然是连在一起的，但是在减数分裂的联会时，四分体之间发生了染色体片段的交换，因而染色体上的基因发生了重组，出现了少数灰身残翅与黑身长翅的配子，受精后产生了灰身残翅和黑身长翅的新类型后代。这种由于配子形成过程中，同源染色体的非姐妹染色单体间发生局部交换和重组，称为不完全连锁，绝大多数生物为不完全连锁遗传（图 5-10）。

（二）连锁群

生物具有许许多多的遗传特性，也有许许多多的基因，但是染色体的数目是有限的，因此线性排列在一个染色体上的许多基因就构成一个连锁群，连锁群的数目与染色体对的数目一样。这样就得出“连锁群”（linkage group）的概念。设有 A、B、C、D 4 个基因，A 与 B 连锁，C 与 D 连锁，而 A 与 C 不连锁，则 A 和 B 属于同一连锁群，C 和 D 属于另一连锁群。

果蝇由于雄体完全连锁，连锁群的测定稳定可靠。摩尔根等在 1914 年已发现果蝇一共只有 4 个连锁群。到 1942 年为止，在果蝇中至少测定了 494 个基因，分别属于这 4 个连锁群中之一。

连锁群的次序一般按发现先后而定的。果蝇只有4对染色体，很容易想到每个连锁群相当于1对染色体。第1连锁群包括全部伴性遗传的基因，肯定是相当于X染色体。第4连锁群的基因数最少，可能相当于那对最小的点状染色体，以后的实验证实了这点。第2和第3连锁群分别相当于2对大的V形染色体。

凡是在遗传学上充分研究过的生物中，连锁群的数目应该等于单倍体染色体数（n），而事实确是如此（表5-3），这也是遗传的染色体理论的有力证据。

表5-3　几种生物的连锁群数目与单倍体染色体数目对比

生物种类	连锁群数	单倍染色体数	生物种类	连锁群数	单倍染色体数
小鼠	20	20	番茄	12	12
黑腹果蝇	4	4	豌豆	7	7
玉米	10	10	链孢霉	7	7
大麦	7	7			

人有24个不同染色体（22+XY），已通过其他方法绘制出了24个连锁群。不过连锁群数目也可低于单倍染色体数，这是由于研究得不充分，或由于某些染色体上可供检出的基因数较少等，如：家兔$n=22$，连锁群是11；家蚕$n=28$，连锁群是27；牵牛花$n=15$，连锁群是12。

研究的多了，连锁的资料多了，连锁群数可接近n，或等于n，但不会超过n。

（三）连锁图

许多基因之所以连锁，就是因为他们处在相同的染色体上，通过一系列的有关连锁基因的测交实验，即可把一对同源染色体上的各个基因的次序及位置标定出来，从而构成基因的连锁群。把某种生物每个连锁群基因之间的连锁关系研究清楚了，同时又把不同的连锁群落实到具体的染色体上，就构成了该种生物的染色体图或遗传学图（genetic map），又称为连锁图（linkage map），通过染色体突变的研究可以把不同的连锁群落实到具体的染色体上。它是以具有遗传多态性（在一个遗传位点上具有一个以上的等位基因，在群体中的出现频率皆高于1%）的遗传标记为“路标”，以遗传学距离（在减数分裂事件中两个位点之间进行交换、重组的百分率，1%的重组率称为1cM）为图距的基因组图。这种图是大量实验材料的简明总结，是以后实验工作和育种工作的重要参考资料。

人类基因组计划研究内容之一就是绘制了人类基因组连锁图（图5-11）。人类基因组连锁图的建立为基因识别和完成基因定位创造了条件。6000多个遗传标记已经能够把人的基因组分成6000多个区域，使得连锁分析法可以找到某一致病的或表现型的基因与某一标记邻近（紧密连锁）的证据，这样可把这一基因定位于这一已知区域，再对基因进行分离和研究。对于疾病研究而言，找出基因和分析基因是其关键。

关于遗传学图，说明几点：①基因在遗传学图上有一定的位置，这个位置叫做座位。一般以最先端的基因位置为0，但随着研究进展，发现有基因在更先端的位置时，把0点让给新的基因，其余的基因位置，作相应的移动；②重组值在0～50%之间，但在遗传学图上，可以出现50单位以上的图距。

绘制遗传连锁图的方法有很多，但是在DNA多态性技术未开发时，鉴定的连锁图很少，随着DNA多态性的开发，使得可利用的遗传标志数目迅速扩增。早期使用的多态性标志有RFLP（限制性酶切片段长度多态性）、RAPD（随机引物扩增多态性DNA）、AFLP（扩增片段长度多态性）；20世纪80年代后出现的有STR（短串联重复序列，又称微卫星）、DNA遗传多态性分析和90年代发展的SNP（单个核苷酸的多态性）分析。

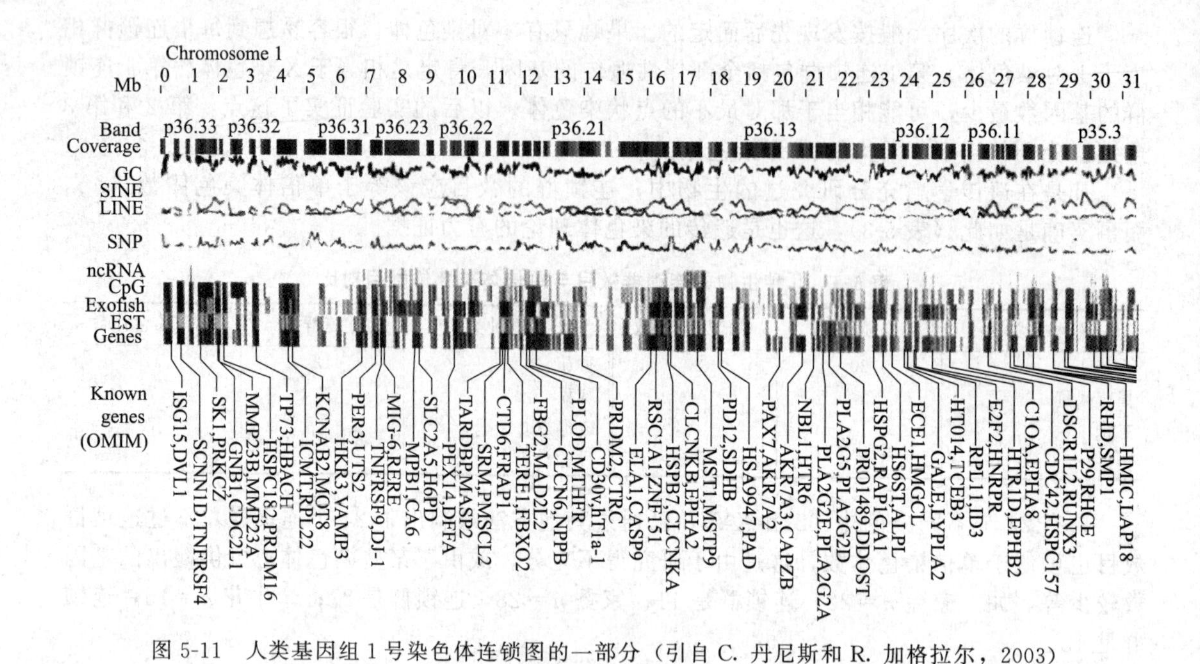

图 5-11　人类基因组 1 号染色体连锁图的一部分（引自 C. 丹尼斯和 R. 加格拉尔，2003）

第二节　单基因遗传的应用

遗传性状受一对基因控制的，称单基因遗传。由单基因突变引起的遗传病叫单基因遗传病。人类单基因遗传分为五种主要遗传方式：常染色体隐性遗传、常染色体显性遗传、X 连锁隐性遗传、X 连锁显性遗传和 Y 连锁遗传。临床上判断遗传病的遗传方式常用系谱分析法。

一、系谱和系谱分析

由于人类病症和性状不能如动物或植物那样通过杂交实验研究其遗传规律，因而必须采取适合于人类特点的研究方法。家系调查和系谱分析是判断某种遗传病遗传方式最常用的方法。系谱分析（pedigree analysis）是指将调查某患者家族成员所得到的该病或性状发生情况的资料，按一定格式绘制成图解（系谱）。对某病或性状遗传方式的判断必须进行多个系谱综合分析后方能作出准确结论。系谱（pedigree）是用图示的方式表示家系中各成员之间的相互关系及患病情况。

（一）常用符号

绘制系谱图时采用统一的符号以表示家系中各个成员情况和相互之间的关系（图 5-12）。

（二）系谱的绘制方法

系谱中有一个先证者（proband），这是医生首先确认的患者，也是家系调查的线索人员。从先证者入手，调查家系中各个成员的发病情况，然后根据调查到的情况绘制家系图（系谱）。在绘制系谱时应注意：①同一代成员应在同一水平线上；②一般调查到患者的 3 代亲属；③符号大小一致。

二、单基因遗传的遗传方式

（一）常染色体隐性遗传（AR）

1. 概念

由常染色体上隐性基因所控制的遗传，称为常染色体隐性遗传。由染色体上隐性致病基

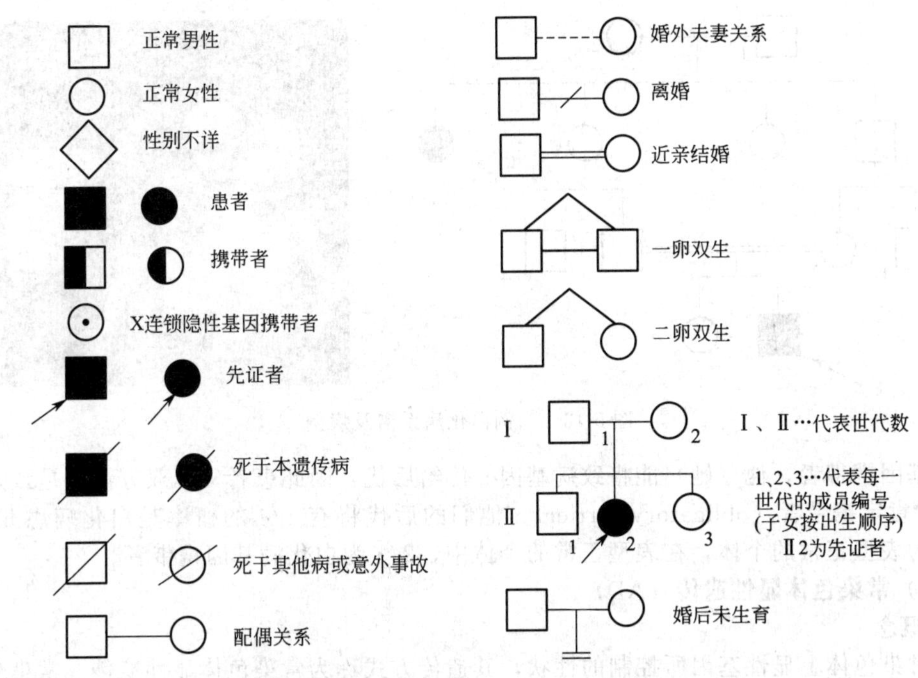

图 5-12 系谱符号（引自 Daniel L. Hartl 等，2009）

因所引起的疾病，称为常染色体隐性遗传病。

在常染色体隐性遗传病中，当一个个体处于杂合（Aa）状态时，由于正常显性基因（A）的存在，隐性致病基因（a）不能得到表达，所以杂合体不发病。这种表型正常但带有致病基因的杂合子称为携带者（carrier）。两个携带者婚后所生的子女中，将有 1/4 是该病患者，他们的无病子女中，有 2/3 的可能性是携带者。

2. 婚配方式

临床上所见到的常染色体隐性遗传病患者，往往是两个携带者婚配所生的子女（表 5-4）。

表 5-4 一例常染色体隐性遗传病婚配方式

亲　代	Aa(携带者) × Aa(携带者)
生殖细胞	A/a　　A/a
子代	AA(正常人)：Aa(携带者)：aa(患者)
比例	1　：　2　：　1

3. 系谱特点

常染色体隐性遗传系谱特点为：①与性别无关，男女发病机会均等；②患者的子女一般并不发病，所以系谱中看不到连续传递的现象，即隔代遗传，常为散发病例，有时系谱中只有先证者一个患者；③患者的双亲表型正常，但都是致病基因的携带者。患者的同胞患病的概率是 1/4，正常的概率为 3/4，但表型正常的同胞中有 2/3 的可能性是携带者；④近亲婚配后代发病率高，而且疾病愈罕见，这种倾向愈明显。

4. 典型病例

目前已知的常染色体隐性遗传病或异常性状达 1631 种（1992 年）。白化病（albinism）可作为常染色体隐性遗传病的实例。白化病是由于黑色素缺乏引起的疾病，使皮肤毛发呈白色（图 5-13）。本病患者只有当一对等位基因是隐性致病基因纯合子（aa）时才发病，所以患者的基因型都是纯合子（aa）。当一个个体为杂合状态（Aa）时，虽然本人不发病，但为

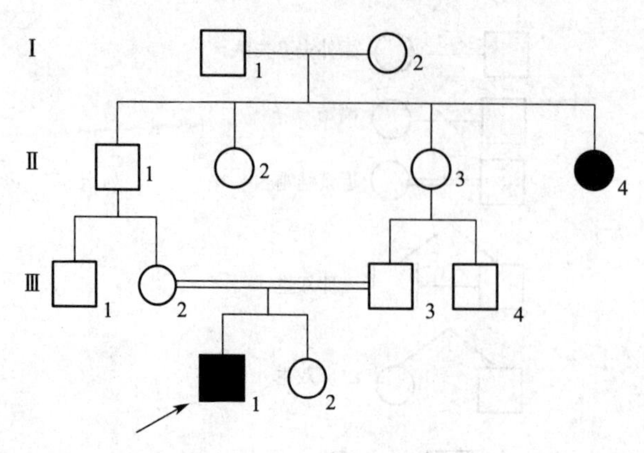

图 5-13　一例白化病系谱及病例

致病的基因携带者，他（她）能将致病基因 a 传给后代，因此患者父母双方都应是致病基因（Aa）的肯定携带者（obligatory carrier），他们的后代将有 1/4 的概率是白化病患儿，3/4 的概率为表型正常的个体，在表型正常的个体中，2/3 为白化病基因携带者。

（二）常染色体显性遗传（AD）

1. 概念

由常染色体上显性基因所控制的性状，其遗传方式称为常染色体显性遗传。常染色体上显性致病基因所引起的疾病称为常染色体显性遗传病（autosomal dominant，AD）。

人类的致病基因都是由正常基因突变而来的，所以其频率很低（大多介于 0.01～0.001 之间）。因此，对 AD 病来说，患者常为杂合体（Aa），而显性纯合体（AA）的患者少见。

2. 婚配方式

患者的基因型有两种，显性纯合体和杂合体，但临床上所见到的患者大多数为杂合体（表 5-5）。因为致病基因是由正常基因突变而来的，而突变是稀有事件，所以一个人同时从父母获得同一种致病基因的可能性是很小的，也就是说，只有父母都是患者时，才有可能生出纯合体患者，而这样的婚配方式非常少见。

表 5-5　一例常染色体显性遗传病婚配方式

亲　代	Aa(患者)	×	aa(正常人)
生殖细胞	A/a		a
子代	Aa(患者)		aa(正常人)
比例	1	：	1

3. 系谱特点

常染色体显性遗传的系谱特点为：①患者双亲中常有一个为患者，而且常常为杂合子；②患者同胞中 1/2 将会患病，而且男女的患病机会均等。这一点在同胞数多的家庭中才能看到，在同胞数少的家庭中则不一定能反映出来，但如果观察同一疾病的多个相同婚配方式的家庭，汇总起来就会得到近似的发病比例；③患者子代中将有 1/2 的概率患病，即患者每生育 1 次，都有 1/2 的风险生出该病患儿；④在一个家系中连续几代都有发病患者，即有连续传递现象。

4. 常染色体显性遗传的类型

在常染色体显性遗传中，杂合体可能出现不同的表现形式，因此可将常染色体显性遗传分为以下 6 种不同的亚型。

（1）完全显性　在常染色体显性遗传中，杂合体（Aa）的表型和显性纯合体（AA）的表型完全相同，称为完全显性（complete dominance inheritance）。如并指症［图 5-14

(a)]。

(2) 不完全显性　在常染色体显性遗传中，杂合体（Aa）的表型介于显性纯合体与隐性纯合体之间，称为不完全显性（incomplete dominance inheritance），又称半显性（semidominance inheritance）。因为在杂合体（Aa）中，隐性基因（a）也有一定程度的表达，所以在不完全显性遗传病中，显性纯合体（AA）为重型患者或死胎，杂合体（Aa）为轻型患者。如软骨发育不全症［图 5-14(b)］。

(3) 共显性　一对等位基因之间，没有显性和隐性的区别，在杂合状态时，两种基因的作用都完全表现出来，这种遗传方式称为共显性（codominance inheritance）。共显性典型的例子是人类 ABO 血型的遗传。

(4) 不规则显性　在常染色体显性遗传中，杂合体由于遗传背景（指基因组中除 A 和 a 一对主基因以外的其他基因）或/和环境因素的影响，有时致病显性基因可以表现为显性，即表达出相应表型，但程度可以不同；或者致病基因的作用并不表现出来，这时在系谱中就会看到隔代遗传现象，这种显性的传递有些不规则，称为不规则显性（irregular dominance inheritance）。但带有显性基因的个体，虽然不表现出显性基因的作用，但他们仍可以把该显性基因传给后代。如多指症。

在不规则显性的情况下，一种显性基因在杂合状态下是否全部得到表现受到遗传背景和环境因素的影响，其影响程度可以用外显率（penetrance）来衡量。外显率是指一定基因型的个体在特定的环境中形成相应表现型的比例，一般用百分率（%）来表示。例如 100 个杂合子中，有 90 个杂合子表现出相应的性状，该基因的外显率为 90%。

(5) 延迟显性　在常染色体显性遗传中，杂合体在幼年时表型正常，当个体发育到一定的年龄显性基因的作用才表现出来，这种遗传方式称为延迟显性（delayed dominance inheritance）。在延迟显性遗传病中，如果连续几代都发病，有时会出现发病年龄提前，逐代病情加重的倾向，这一现象称为“早发现象”或“早现遗传（anticipation inheritance）”。如遗传性小脑共济失调症（Huntington 舞蹈症）。家族性多发性结肠息肉也是延迟显性遗传病。该病患者的结肠壁上有许多大小不等的息肉，临床的主要症状为便血并伴黏液。35 岁前后，结肠息肉可恶化成结肠癌［图 5-14(c)］。

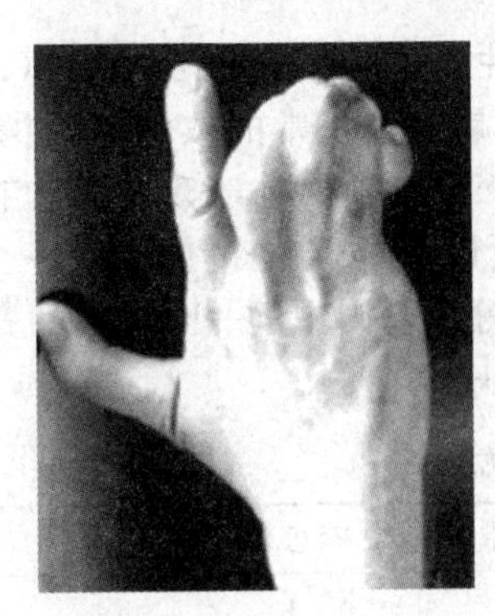
(a) 并指症

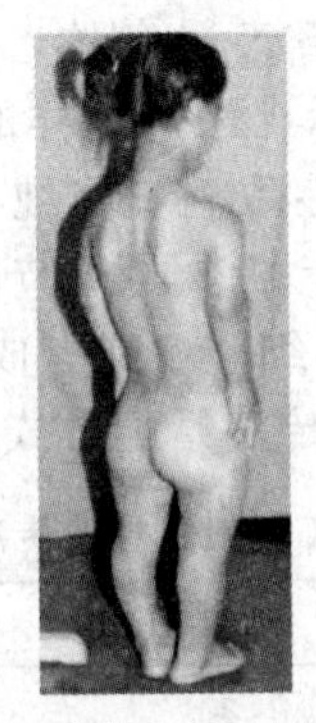
(b) 软骨发育不全症

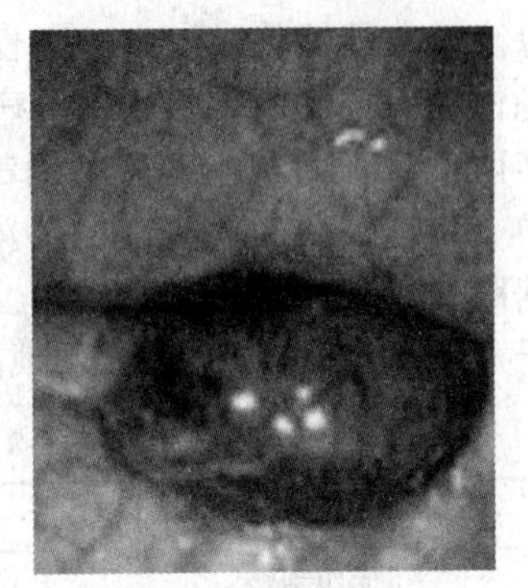
(c) 结肠息肉

图 5-14　常染色体显性遗传病病例

(6) 从性显性　杂合子（Aa）的表达受性别的影响，在某一性别表达出相应表型，在另一性别则不表达出相应的性状，或者某一性别中的发病率高于另一性别，称为从性显性（sex-influenced dominance inheritance）。从性显性遗传的基因在常染色体上，只是这些基因的表达受性别的影响。如早秃症，男性杂合子即有表达，女性只在纯合状态下表达，这种表达上的差异可能与雄激素的作用有关。

5. 典型病例系谱

ABO 血型——共显性遗传病病例。ABO 血型决定于一组复等位基因：I^A、I^B 和 i。I^A 决定红细胞表面有抗原 A；I^B 决定红细胞表面有抗原 B；i 决定红细胞表面无抗原 A 和 B。I^A、I^B 对 i 是显性基因，I^A 和 I^B 基因为共显性。在群体中，同源染色体一对基因座位上如果有两种以上不同形式的等位基因，称为复等位基因（multiple alleles），但每个个体只能有其中的任何两个。因此 ABO 血型系统具有 6 种基因型，4 种表现型。根据孟德尔分离律，若已知双亲的血型，可以估计子女可能出现的血型；反之，依据子女的血型也可以推测出双亲可能的血型（表 5-6 和表 5-7）。

表 5-6　ABO 血型的特点

血型	红细胞抗原	基因型	血型	红细胞抗原	基因型
A	A	I^AI^A；I^Ai	AB	AB	I^AI^B
B	B	I^BI^B；I^Bi	O	—	ii

表 5-7　双亲和子女之间血型遗传的关系

双亲血型	子女中可能有的血型	子女中不可能有的血型	双亲血型	子女中可能有的血型	子女中不可能有的血型
A×A	A，O	B，AB	B×O	B，O	A，AB
A×O	A，O	B，AB	B×AB	A，B，AB	O
A×B	A，B，AB，O		AB×O	A，B	AB，O
A×AB	A，B，AB	O	AB×AB	A，B，AB	O
B×B	B，O	A，AB	O×O	O	A，B，AB

（三）X 连锁隐性遗传（XR）

1. 概念

一种性状或遗传病有关的基因位于 X 染色体上，这些基因的性质是隐性的，并随着 X 染色体的行为而传递，其遗传方式称为 X 连锁隐性遗传（X-linked recessive inheritance，XR）。

2. 婚配方式

以隐性方式遗传时，由于女性有两条 X 染色体，当隐性致病基因在杂合状态（X^AX^a）时，隐性基因控制的性状或遗传病不显示出来，这样的女性是表型正常的致病基因携带者。只有当两条 X 染色体上等位基因都是隐性致病基因纯合子（X^aX^a）时才表现出来。在男性细胞中，只有一条 X 染色体，Y 染色体上缺少同源节段，所以只要 X 染色体上有一个隐性致病基因（X^aY）就发病。这样，男性的细胞中只有成对的等位基因中的一个基因，故称为半合子（hemizygote）。患 X 连锁隐性遗传病婚配方式举例如表 5-8。

表 5-8　一例 X 连锁隐性遗传病婚配方式

亲　代	X^AX^a（携带者）×X^aY（患者）
生殖细胞	X^A/X^a　　X^a/Y
子代	X^AX^a（携带者）；X^aX^a（患者）；X^aY（患者）；X^AY（正常）

3. 系谱特点

X 连锁隐性遗传（XR）的系谱特点为：①男性患者多于女性患者，系谱中往往只有男性患者；②双亲无病时，儿子可能发病，女儿不会发病。儿子发病，其致病基因来自为携带者的母亲，并在将来传给自己的女儿，具有女传男、男传女的交叉遗传的特点；③如果女性是患者，其父亲一定是患者，母亲一定是携带者；④男性患者的兄弟、外祖父、舅父、姨表兄弟、外甥、外孙等可能是患者，其他亲属不可能是患者。

4. 典型病例

红绿色盲可作 X 连锁隐性遗传病实例。色盲有全色盲（achromatopsia）和红色绿色盲（dyschromatopsia of the protan and deutan）之分。前者不能辨别任何颜色，一般认为是常染色体隐性遗传；后者最为常见，表现为对红绿色的辨别力降低，呈 X 连锁隐性遗传。这种遗传是“父传女，母传子”的交叉遗传（criss-cross inheritance）现象，如果女性携带者（X^AX^a）与男性患者（X^aY）结婚，后代中，女儿 1/2 可能发病，1/2 可能为携带者，儿子中发病者和正常者各占 1/2。除红绿色盲外，血友病 A 也是一种典型的 X 连锁隐性遗传病。19 世纪英国女王维多利亚家族出现了一种有出血倾向的疾病，即血友病。血友病是一种出血性疾病，患者血浆中缺少抗血友病球蛋白（AHG）或称Ⅷ因子，因而不能使凝血酶原变成凝血酶，使凝血发生障碍。患者的皮肤、肌肉内反复出血，形成淤斑，下肢各关节的关节腔内出血，可使关节呈强直状态，颅内出血可导致死亡。女王的大儿子患病，幼年夭折；由于政治需要，她的一个外孙女嫁到西班牙皇室，还有一个嫁给俄国沙皇尼古拉二世，她们都生下了血友病的儿子（图 5-15）。

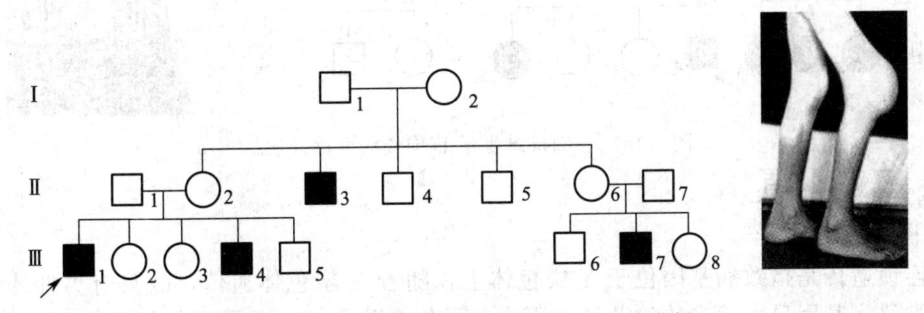

图 5-15　一例血友病病例谱系及血友病病例

(四) X 连锁显性遗传（XD）

1. 概念

一些性状或遗传病的基因位于 X 染色体上，其性质是显性的，这种遗传方式称为 X 连锁显性遗传（X-linked dominant inheritance，XD)，这种疾病称为 X 连锁显性遗传病。目前所知 X 连锁显性遗传病不足 20 种。

2. 婚配方式

由于致病基因是显性，不论男性和女性只要在 X 染色体上有一个致病基因就会发病。女性细胞中有两条 X 染色体，男性细胞中只有一条 X 染色体，女性获得致病基因的机会比男性多一倍，因此群体中女性患者多于男性患者。在 X 连锁显性遗传中，通常纯合体女性患者和男性患者病情较重，而杂合体女性患者病情较轻，这是因为杂合体女性患者中正常等位基因可进行功能补偿。由于出现纯合型女性患者的概率较小，女性患者一般都是杂合体，所以女性患者的病情一般比男性患者为轻。患 X 连锁显性遗传病的婚配方式如表 5-9。

表 5-9　一例患 X 连锁显性遗传病的婚配方式

亲　代	X^AX^a(患者)×X^aY(正常)
生殖细胞	X^A/X^a　　X^a/Y
子代	X^AX^a(患者)；X^aX^a(正常)；X^aY(正常)；X^AY(患者)

3. 系谱特点

X 连锁显性遗传（XD）的系谱特点为：①女性患者多于男性患者，女性病情较轻；②患者的双亲中必有该病患者，系谱中常可看到连续遗传现象；③男性患者的女儿全部为患者，儿子全部正常，致病基因的传递具有交叉遗传特点；④女性患者（杂合体）的子女中各有1/2的发病风险。

4. 典型病例

抗维生素D佝偻病（vitamin D resistant rickets，VDRR）可以作为X连锁显性遗传病的实例。VDRR是一种以低磷酸血症导致骨发育障碍为特征的遗传性骨病。患者主要是肾远曲小管对磷的转运机制有某种障碍，因而尿排磷酸盐增多，血磷酸盐降低而影响骨质钙化。患者身体矮小，有时伴有佝偻病等各种表现。患者用常规剂量的维生素D治疗不能奏效，故有抗维生素D佝偻病之称（图5-16）。

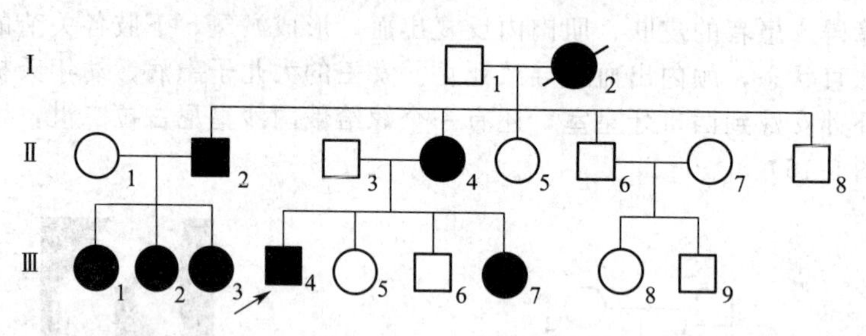

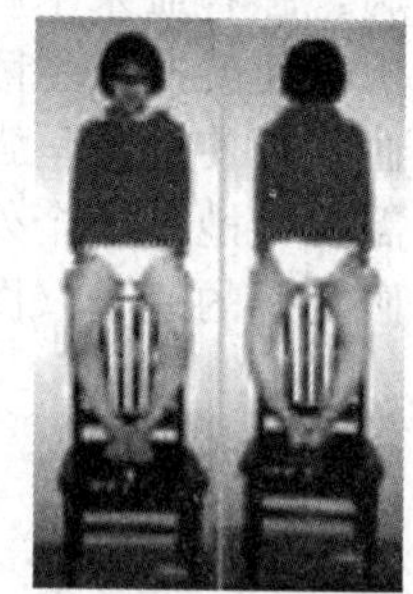

图5-16　一例抗维生素D佝偻病系谱及病例

（五）Y连锁遗传

1. 概念

Y连锁遗传是指致病基因位于Y染色体上，随着Y染色体遗传，故只有男性才出现症状。这类致病基因只由父亲传给儿子，再由儿子传给孙子，女性是不会出现相应的遗传性状或遗传病，这种遗传方式称为Y连锁遗传（Y-linked inheritance）。由于这些基因控制的性状，只能在雄性个体中表现，这种现象又称为限雄遗传（holandric inheritance）。

2. 婚配方式

因为只有男性才具有Y染色体，所以在Y连锁遗传中，有关基因只能由男性向男性传递，父传子，子传孙，又称为全男性遗传。女性因为没有Y染色体，既不传递有关基因，也不出现相应的遗传性状或遗传病。

3. 系谱特点

Y连锁遗传的系谱特点为：全男遗传，即父传子、子传孙。

4. 典型病例

迄今报道Y连锁遗传病及异常性状仅10余种。我国发现一个视网膜色素变性的家系，4代共26人中，8例患者均为男性，女性正常且后代亦无患者，很可能属Y连锁遗传，有待进一步证实。另外耳毛性状呈Y连锁遗传较多见。Y染色体上具有外耳道多毛基因的男性，到了青春期，外耳道中可长出2～3cm成丛的黑色硬毛，常可伸出耳孔之外（图5-17）。

三、单基因病的遗传异质性

在遗传学中，表型通常是由基因型决定的，但同一表型并不一定是同一基因型表达的结果，几种基因型可能表现为同一表型。这种表型相同而基因型不同的现象称为遗传的异质性（heterogeneity）。由于遗传基础不同，它们的遗传方式、发病年龄、病情以及复发风险等都有可能不同。研究表明，遗传病病种增多的原因不仅是由于发现了新的疾病，而是从已知的综合征中分出了亚型，即遗传异质性的存在。遗传异质性几乎成为遗传的普遍现象。

遗传异质性可以表现在不同遗传方式，如先天性聋哑可以是常染色体显性遗传，也可以是常染色体隐性或X连锁隐性遗传；同一种遗传方式还可以是基因位点不同，如常染色体

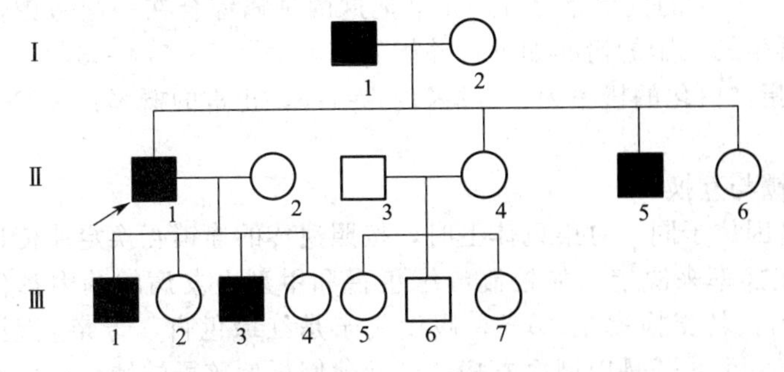

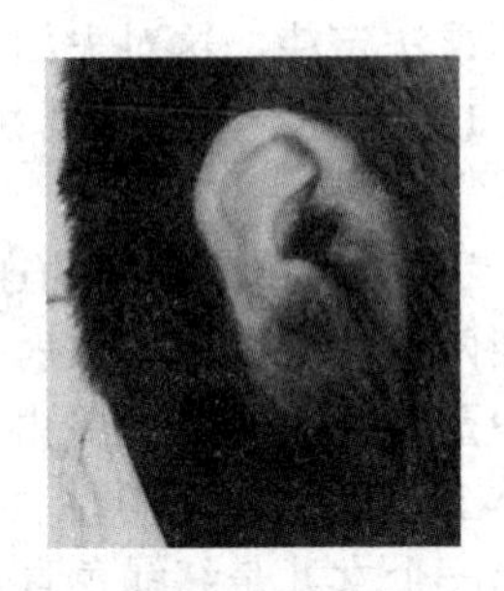

图 5-17　外耳道多毛病例系谱及病例

隐性先天性聋哑存在许多不同基因位点，其中的任何一个隐性基因纯合都可导致聋哑。这样就可以解释为什么聋哑患者结婚的情况下，可以是所有子代都是患者，或都正常，或有些患病有些正常。

视网膜色素变性（retinitis pigmentosa，RP）是最常见的致盲的单基因遗传眼病之一，主要表现为视网膜萎缩、夜盲和视野缩小，多为双眼发病，至中年或老年近乎完全失明。RP 的遗传方式具有遗传异质性，即可以有 AD、AR、XR 连锁遗传，可能还有 Y 连锁遗传。遗传方式不同的 RP，一般其遗传基础也不同，因而伴随的综合征的以及始发年龄、主要病情变化特征（XR 常伴高度近视，AR 和 AD 多为低度近视）、病程进展（AD 快，AR 慢）、预后情况（AD 较轻，AR 致盲）也有差异，甚至还可区分为其他不同亚型。

四、两种单基因病的遗传

人类两种单基因性状或疾病的遗传现象是普遍存在的，当一个家系中同时存在两种单基因遗传病时，预期他们的传递规律，关键问题是考虑控制他们的基因是否位于同一对染色体上，由此可分出两种情况：两种单基因病的自由组合和两种单基因病的连锁与互换。

（一）两种单基因病的自由组合

在临床上，一个家系如果出现两种单基因病患者，而两种单基因病的致病基因位于不同对的染色体上，它们按自由组合规律独立传递。并指症是常染色体显性遗传病，致病基因用 A 表示，白化病是常染色体隐性遗传病，致病基因用 b 表示。已知这两种致病基因位于不同对的染色体上。如丈夫并指，妻子正常，婚后生了一个白化病的患儿，这对夫妇若再生第二胎，其子女发病情况如何？

这对夫妇生一个白化病患儿，说明他们均为白化病基因携带者。这样，丈夫的基因型是 AaBb；妻子的基因型是 aaBb，再生孩子的发病情况如图 5-18 所示。

亲　代　　妻子正常 aaBb　×　丈夫并指 AaBb

生殖细胞　　aB　ab　　　AB　Ab　aB　ab

子代：

配子	AB	Ab	aB	ab
aB	AaBB 并指	AaBb 并指	aaBB 正常	aaBb 正常
ab	AaBb 并指	Aabb 并指＋白化	aaBb 正常	aabb 白化

图 5-18　两种单基因遗传病的自由组合方式图

上述婚配形式用概率定律也可对后代发病风险作出估计。因为并指作为一种常染色体显性遗传病，子代患病的概率为 1/2，正常的概率也是 1/2；白化病作为一种常染色体隐性遗传病，子代中患病概率是1/4，正常的概率是3/4。如果把这两种病综合在一起考虑，利用概率的乘法定律，这对夫妇再生第二胎的情况如下：并指的概率为1/2×3/4=3/8；白化的概率：1/4×1/2=1/8；既并指又白化的概率为：1/2×1/4=1/8；正常的概率：1/2×3/4=3/8。

（二）两种单基因病的连锁与互换

当两种单基因病的致病基因位于同一对染色体上时，按照遗传的连锁互换定律传递，而子代中重组类型的比率要由交换率来决定。如控制红绿色盲和甲型血友病的基因都位于X染色体上，而且均为隐性基因，其交换率是10%。假设父亲是红绿色盲，母亲表型正常，已生出一个女儿是红绿色盲，一个儿子是甲型血友病，试问他们再生孩子的情况如何？

现以b代表红绿色盲基因，h代表甲型血友病的基因。由于女儿为红绿色盲患者，所以母亲必然是该病基因的携带者；从其儿子患甲型血友病来看，母亲也必然是该病基因的携带者；从父亲只表现为红绿色盲来分析，色盲基因和甲型血友病基因分别位于两条X染色体上。由于交换率为10%，母亲可形成4种不同比例的生殖细胞，父亲形成2种。他们的子女情况如图5-19所示。

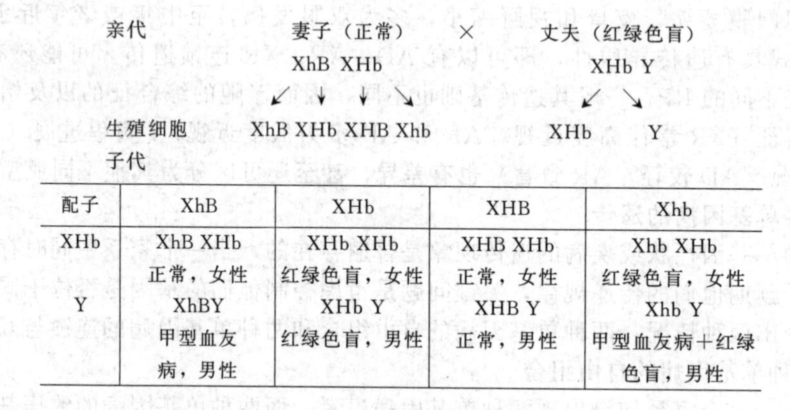

配子	XhB	XHb	XHB	Xhb
XHb	XhB XHb 正常，女性	XHb XHb 红绿色盲，女性	XHB XHb 正常，女性	Xhb XHb 红绿色盲，女性
Y	XhBY 甲型血友病，男性	XHb Y 红绿色盲，男性	XHB Y 正常，男性	Xhb Y 甲型血友病+红绿色盲，男性

图5-19　两种单基因遗传病的连锁与互换方式

五、单基因遗传病发病风险的估计

“未来的宝宝健康吗？”对于带有致病基因的家庭来说，这是最被关心的问题。针对不同类型的单基因遗传病，可对将来子女发病的可能性进行估计。根据单基因遗传病的系谱特点可对遗传病作出发病风险的估计，从而实现优生优育，降低群体中致病基因的频率。发病风险也叫再发风险，是指病人所患的遗传性疾病在家系亲属中再发生的风险率，一般用百分数（%）或比例（1/2、1/4…）来表示。根据以上系谱特点推算的发病风险。

（一）常染色体隐性遗传病发病风险

患者的基因型为隐性纯合，其父母往往是表型正常的携带者，这对夫妇再生子女的发病风险为1/4，3/4为正常个体，其中正常个体中有2/3为携带者。患者与携带者婚配，子代发病风险为1/2，携带者的概率也为1/2；如果患者与完全正常个体婚配，后代不出现患者，但都是携带者。常染色体隐性遗传病还表现出近亲婚配子女发病率明显增高的特点。

（二）常染色体显性遗传病风险

临床上常见的常染色体显性遗传病患者绝大多数为杂合体，所以夫妇一方患病时，每胎发病风险是1/2；夫妇双方都是杂合体患者时，子女发病风险为3/4；患者正常同胞（除外显不全和延迟显性外）的子女一般不会患病。

（1）完全显性　多数患者为杂合体，一方患病时，每胎发病风险为1/2；夫妇双方均为杂合体患者时，子女发病风险为3/4；患者的正常同胞与正常人婚配一般不会生下患儿。

（2）不完全显性　两轻型患者婚配后，子代中重型患者为1/4，轻型患者为2/4，正常人为1/4。

（3）不规则显性　携带者或患者与正常人婚配生患儿的风险为1/2×外显率。

（4）延迟显性　患者的正常同胞将来患病的风险为1/2，患者与正常人婚配生患儿的风险为1/2。先天性肌强直为常染色体显性遗传病，外显率为100％。视网膜母细胞瘤也是典型的常染色体显性遗传病，常表现为不规则显性，外显率为70％。

（三）X连锁隐性遗传病风险

男性患者与正常女性婚配，其儿子都正常，女儿都是携带者；女携带者与正常男性婚配，儿子患病风险1/2，女儿为携带者的概率为1/2。红绿色盲是X连锁隐性遗传病，一妇女表型正常，其丈夫为红绿色盲患者，婚后生一色盲的女儿，再生第二个孩子的发病风险是：根据X连锁隐性遗传的特点，这个妇女一定是红绿色盲基因携带者。所以她每生一个女孩，是患者的可能性为1/2，是携带者的可能性也是1/2；每生一个男孩，是患者的可能性是1/2，正常的可能性也是1/2。

第三节　多基因遗传

人类有些遗传性状或遗传病不是单一基因作用的结果，而是由不同座位的多对基因共同决定，因而呈现数量变化的特征，其遗传方式称为多基因遗传。多基因遗传（polygenic inheritance）是指生物和人类的有些性状由不同座位的较多基因协同决定，而非单一基因的作用，因而呈现数量变化的特征，故又称为数量性状遗传。多基因遗传时，每对基因的性状效应是微小的，故称微效基因（minor gene），但不同微效基因又称为累加基因（additive gene）。多基因遗传性状除受微效累加基因作用外，还受环境因素的影响，因而是两因素结合形成的一种性状，因此，这种遗传方式又称多因子遗传（multifactorial inheritance）。

高血压、糖尿病、哮喘，这些常见的疾病属于多基因遗传病。多基因遗传的性状是一种数量性状，在群体中呈正态分布。多基因遗传病的发生，不仅受遗传的影响，而且受环境的影响。在多基因遗传病中，遗传因素和环境因素的共同作用决定一个个体的易患性。易患性达到一定限度，个体就会患病。由此，估计多基因遗传病的发病率，要考虑到家族中的亲属级别、患病人数、病情等多种因素。

一、质量性状和数量性状

质量性状的遗传基础是一对等位基因，数量性状的遗传基础是多对等位基因。

（一）质量性状

单基因遗传中所涉及的遗传性状都是由一对基因所控制，相对性状之间的差别明显，一个群体中的变异分布是不连续的，可将变异的个体明显地区分为2～3组，没有中间类型，这类性状称为质量性状（qualitative character）。它由少数起决定作用的遗传基因所支配，如鸡羽的芦花斑纹和非芦花斑纹、水稻的粳与糯、角的有无、毛色、血型、遗传缺陷和遗传疾病等都属于质量性状，这类性状在表面上都显示质的差别。质量性状的差别可以比较容易地由分离定律和连锁定律来分析。

如垂体性侏儒患者的身高平均为130cm，正常人的身高平均为165cm，这分别决定于基因型aa和Aa、AA；变异个体可明显区分为几个群（即曲线的几个峰），各人的身高表现为一种质量性状，群体间差异显著（图5-20）。

（二）数量性状

与上述的性状不同，多基因遗传性状在一个群体中变异的分布是连续的，呈正态分布，

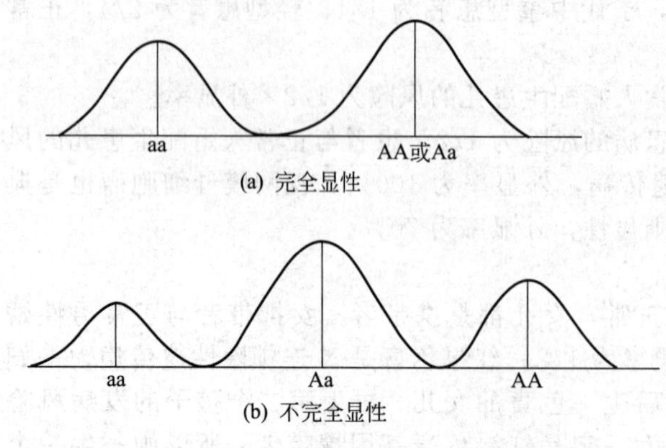

图 5-20 侏儒症身高的变异分布图（引自李璞，2003）

即大部分个体属于中间类型，极端变异的个体极少，而且个体之间只有量的差别而没有质的差别。如身高在群体中呈正态分布。

数量性状（quantitative character）的遗传基础是多对基因，这些基因对遗传性状形成的作用是微小的，称为微效基因。多对微效基因累加起来可以形成明显的表型效应，称为加性效应。数量性状既受多基因遗传基础控制，也受环境因素的影响。

人的身高属于数量性状，在群体测量时，可以看到由矮到高逐渐过渡，很高很矮者居少数，大部分个体接近平均值。正常人的身高变异在群体中是连续的，曲线只有一个峰即平均值（图 5-21）。

由此可见，侏儒症患者的身高是一种单基因遗传病的表型性状，而正常人身高则是既受多基因遗传控制，又受环境因素影响。对大多数人来讲，控制身高的基因是微效的和累加的。而极少数遗传病（如 Klinefelter 综合征、生长激素缺乏症等）对身高的影响是小的，在整个群体的分布曲线中几乎没有作用。分析身高遗传表明子代平均身高更加接近群体的身高平均值，而不是双亲的身高的平均值。统计学应用于遗传学中时，数量性状遗传在子代中出现少量极端表型个体是正常的。因此，从遗传基础来看，一级亲属平均有50%相同的基因，二级亲属平均有 1/4 的基因相同，三级亲属有 1/8 的基因相同（表 5-10）。

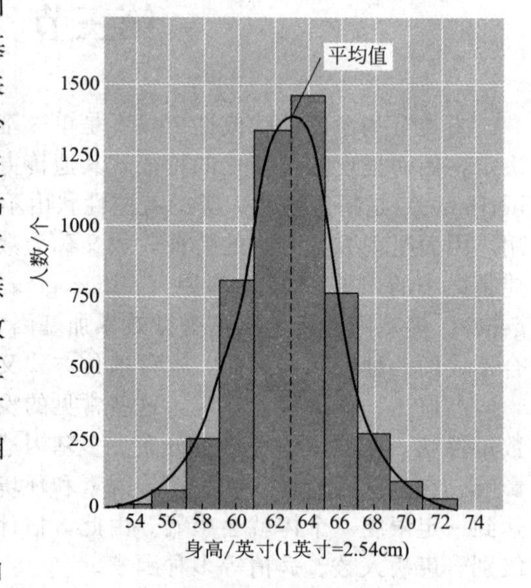

图 5-21 正常人群身高的变异分布图（引自 Daniel L. Hartl，Elizabeth W. Jones，2009）

二、多基因遗传的特点

人类的肤色是多基因遗传性状，估计是由 3～5 对基因决定的。为理解方便，我们先假定肤色由 2 对等位基因（A-a、B-b）决定。A 和 B 决定黑肤色，a 和 b 决定白肤色。纯合型黑人（AABB）和纯合型白人（aabb）婚配，其子女为 AaBb，肤色为中间型。若双亲均为中间型 AaBb，根据分离定律和自由组合定律，他们的子女就可能出现黑肤色（AABB）、稍黑肤色（AABb 或 AaBB）、中间肤色（AaBb、AAbb、aaBB）、稍白肤色（Aabb、aaBb）和纯白肤色（aabb）5 种不同肤色类型，其比例为 1∶4∶6∶4∶1（图 5-22）。

表 5-10 不同亲属关系的基因比例

亲属关系	基因比例
单卵双生	1
一级亲属（异卵双生，双亲，同胞，子女）	1/2
二级亲属（祖父母，叔，伯，舅父，侄子女、孙子女）	1/4
三级亲属（表堂兄妹、曾祖父母、曾孙子女）	1/8

上例说明，两对基因决定肤色，双亲为中间类型，子女中会出现5种不同肤色等级，极端黑色和纯白色各占1/16；若是3对基因决定肤色，双亲为中间类型，子女中会有7种肤色等级，极端黑色和纯白色各占1/64；4对、5对基因以此类推。基因的对数愈多，极端类型愈少，中间类型愈多，变异呈正态分布曲线。

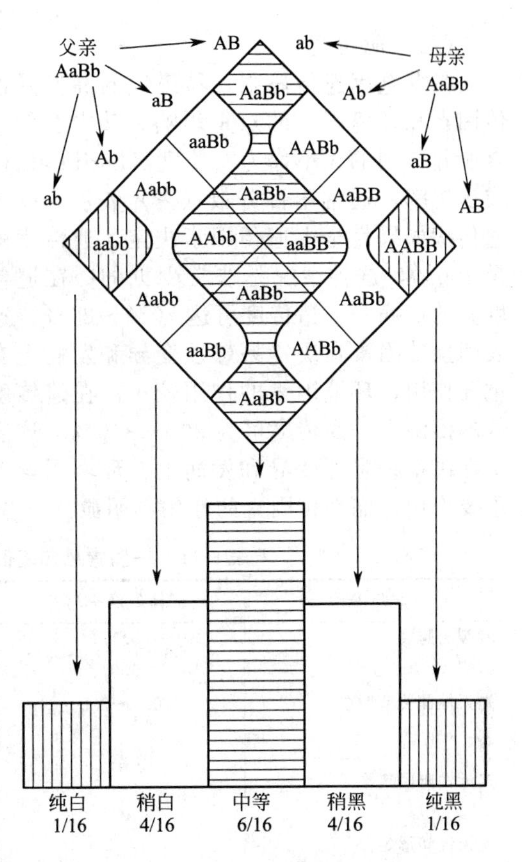

图 5-22　人类的肤色是多基因遗传
（引自 Daniel L. Hartl，Elizabeth W. Jones，2009）

因此多基因遗传的特点可归纳如下。

（1）两个极端变异的个体杂交后，子一代都是中间类型，存在一定范围的变异，这是环境因素影响的结果。

（2）两个中间类型的子一代个体杂交后，子二代大部分也是中间类型，但是，其变异的范围比子一代更广，有时会出现近于极端变异的个体。这里除去环境因素的影响外，微效基因的分离和自由组合对变异的产生也有一定的作用。

（3）在一个随机杂交的群体中，变异范围广泛，但大多数个体近于中间类型，极端变异的个体很少。这些变异是由多对基因和环境因素共同作用的结果。

三、多基因遗传病

一些常见的畸形或疾病，它们的发病率大多超过0.1%，这些病的发病有一定的遗传基础，常表现有家族聚集倾向，但同胞的发病率明显低于单基因遗传的分离比，一般在1%～10%，这些疾病为多基因遗传病。多基因遗传病较单基因病更常见，其发病基础更复杂，既受个体遗传因素和环境因素的影响，也与疾病本身的特性等有关。通过综合分析和判断，才能对发病风险作出正确估计。

（一）易患性与发病阈值

在多基因遗传病中，遗传基础和环境因素的共同作用，决定一个个体是否易于患病，称为易患性（liability）。易患性在群体中的变异分布是连续的，呈正态分布。在一个群体中，大部分个体的易患性接近平均值，易患性很低和很高的个体都很少。当一个个体的易患性高达一定限度即阈值（threshold）时，个体就患病。这样连续分布的易患性变异就被阈值区分为两部分，大部分为正常个体，小部分为患病个体。在一定的环境条件下，阈值代表着造成发病所需要的最少基因数。

一个个体的易患性高低目前尚无法测量，但是一个群体的易患性平均值却可以从该群体的发病率作出估计。我们把易患性变异正态分布曲线下的总面积看作1（即100%），它代表人群中的总人数，超过阈值的那部分面积就代表患者所占的百分数，即群体发病率。

对于某种多基因病，可以通过群体发病率的高低推算出发病阈值与易患性平均值之间的距离，以此确定群体易患性平均值的高低。群体发病率高，说明该病的发病阈值与易患性平均值距离近，则其群体易患性平均值高而阈值低；反之，群体发病率低，说明发病阈值与易患性平均值距离远，则其群体易患性平均值低而阈值高（图5-23）。

（二）遗传度

在多基因遗传病中，易患性的高低受遗传因素和环境因素的双重影响，其中遗传因素所起作用的大小称为遗传度（heritability）或遗传率，通常用百分数（%）表示。一种遗传病如果完全由遗传因素决定，遗传度就是100%，这种情况是非常少见的；在遗传度高的疾病中，遗传度可达70%～80%，这表明遗传因素在决定易患性变异和发病上有重要作用，环境因素的作用较小；在遗传度低的疾病中，遗传度可为30%～40%，这表明在决定易患性变异和发病上，环境因素有重要作用，而遗传因素的作用不明显。一些常见多基因遗传病的遗传度如表5-11。

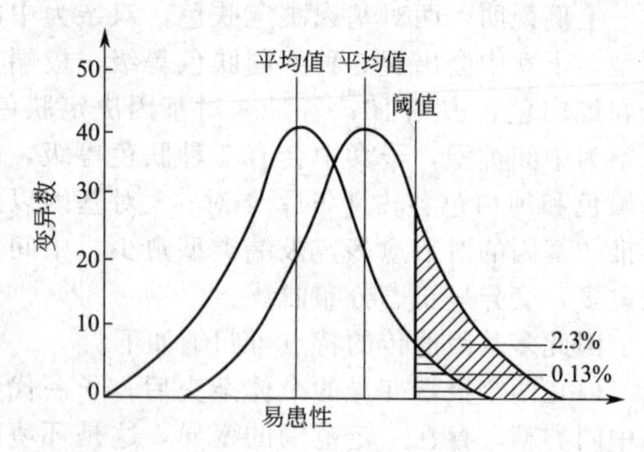

图 5-23　群体发病率、易患性平均值、阈值的关系
（引自 Daniel L. Hartl，Elizabeth W. Jones，2009）

表 5-11　一些常见多基因遗传病的群体发病率和遗传度

疾病与畸形	群体发病率/%	患者一级亲属发病率/%	遗传度/%
唇裂±腭裂	0.17	4	76
腭裂	0.04	2	76
先天性髋关节脱位	0.1～0.2	男性先证者 4 女性先证者 1	70
先天性幽门狭窄	0.3	男性先证者 2 女性先证者 10	75
先天性畸形足	0.1	3	68
先天性巨结肠	0.02	男性先证者 2 女性先证者 8	80
脊柱裂	0.3	4	60
无脑儿	0.5	4	60
先天性心脏病	0.5	2.8	35
精神分裂症	0.5～1.0	10～15	80
早发型糖尿病	0.2	2～5	75
原发性高血压	4～10	15～30	62
冠心病	2.5	7	65
哮喘	1～2	12	80
消化性溃疡	4	8	37
强直性脊椎炎	0.2	男性先证者 7 女性先证者 2	70

遗传度大小的计算方法很多，下面介绍一种常用方法。该方法是根据群体调查结果得到某疾病的群体发病率和患者亲属发病率计算疾病遗传度。其计算公式为：

$$h^2 = b/r$$

式中，h^2 为遗传度；b 为亲属对患者的回归系数，$b=(X_g-X_r)/a$，X_g 为一般群体易患性平均值与阈值之间的标准差数，X_r 为患者亲属易患性平均值与阈值之间的标准差数，a 为一般群体易患性平均值与患者易患性平均值之间的标准差数，X_g、X_r 和 a 可根据相应群体发病率查 X 和 a 值表得知；r 为亲缘系数，一级亲属为1/2，二级亲属为1/4，三级亲属为1/8。

例如，先天性房间隔缺损在一般群体的发病率为1/1000，在患者一级亲属的发病率为3.3%，遗传度计算如下：

根据一般群体发病率1/1000，可以由 X 和 a 值表查得

$$X_g=3.090, a=3.367$$

根据患者一级亲属发病率 3.3/100，可查得

$$X_r=1.838$$

$$b=(3.090-1.838)/3.367=0.372$$

$$h^2=0.372/0.5=0.744$$

由此得出遗传度为 74.4%。

(三) 多基因遗传病的特点

(1) 发病有家族聚集倾向，患者亲属的发病率高于群体发病率，但同胞发病率远低于1/4，不符合单基因病的遗传方式。

(2) 同一级亲属的发病风险相同；如患者的父母、同胞和子女均为一级亲属，其发病风险相同。

(3) 随着亲属级别的降低，患者亲属的发病风险迅速降低，向群体发病率靠拢。

(4) 近亲结婚时，子女的发病风险也增高，但不及常染色体隐性遗传显著，这可能与多基因的累加作用有关。

(5) 有些多基因病的发病率有种族差异。

(四) 多基因遗传病发病风险估计

1. 遗传度、群体发病率与发病风险的关系

将遗传度、群体发病率、患者一级亲属发病率的关系制成图（图 5-24），可以看出如下信息。

(1) 当群体发病率在 0.1%～1%、遗传度在 70%～80%时，患者一级亲属的发病风险等于一般群体发病率的平方根。

(2) 一个家庭中患者数越多，患者亲属的发病风险越高（表 5-12）。

(3) 患者病情越重，其亲属的发病风险越高。

(4) 当发病率有性别差异时，发病率低的性别的亲属发病风险高。

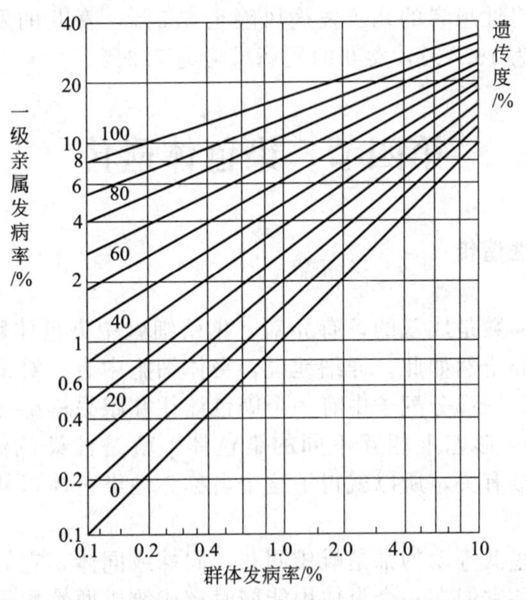

图 5-24　遗传度、群体发病率、患者一级亲属发病率的关系图

（引自 Daniel L. Hartl，Elizabeth W. Jones，2009）

2. 一个家庭中患病人数与发病风险的关系

一个家庭中的患病人数愈多时，再发风险愈高。例如：当一对夫妇生出了一个唇裂患儿

后，第二胎再生唇裂患儿的风险上升为4％。如果他们第二胎又生了一个患儿，第三胎再生患儿的风险就上升到10％。这种情况表明患儿的双亲虽未发病，却带有较多的易患性基因，其易患性更接近阈值。

表 5-12 患病人数与发病风险的关系

双亲患病数		0			1			2		
群体发病率	遗传度/%	患病同胞数			患病同胞数			患病同胞数		
		0	1	2	0	1	2	0	1	2
1.0	100	1	7	14	11	24	34	63	65	67
	80	1	6	14	8	18	28	41	47	52
	50	1	4	8	4	9	15	15	21	26
0.1	100	0.1	4	11	5	16	26	62	63	64
	80	0.1	3	10	4	14	23	60	61	62
	50	0.1	1	3	1	3	9	7	11	15

3. 病情严重程度与发病风险的关系

多基因遗传病患者的病情越严重，亲属中再发风险越高。例如患儿为单侧唇裂，其同胞的发病风险为2.46％；患儿为单侧唇裂＋腭裂，同胞发病风险为4.2％；患儿为双侧唇裂＋腭裂，同胞发病风险为5.6％。患儿的病情越严重，就表明双亲带有较多的易患性基因。

4. 性别与发病风险的关系

某些多基因遗传病的发病率存在着性别差异，发病率低的性别患者一级亲属的发病风险高于发病率高的性别患者一级亲属的发病风险。因为在这种情况下，两种性别的发病阈值是不同的，发病率低的性别必须携带较多的易患性基因，才能达到阈值而发病。如果已经发病，表明其一定携带更多的易患性基因，其后代的发病风险将会相应增高。例如先天性幽门狭窄，人群中男性发病率为0.5％，女性发病率为0.1％，男性发病率是女性的5倍，即男性发病阈值低于女性。男性患者的儿子发病风险是5.5％，女儿的发病风险是2.4％；而女性患者儿子的发病风险为19.4％，女儿的发病风险为7.3％。

第四节 染色体遗传

一、性染色体与伴性遗传

（一）性染色体

生物体细胞中染色体数是成双的，有 n 对，生殖细胞中染色体数是成单的，只有 n 个。可是后来发现，事实并非全然如此。详细地说，身体细胞中有一对染色体的形状相互间往往不同。从而形成配子时，一部分配子中有一个染色体往往跟另一部分配子中它的同源染色体在形态上有所不同。这一形态上相互不同的染色体，就是性染色体（sex chromosomes），因为它们跟性别决定直接有关，所以就得了这个名称。性染色体以外的染色体，就称为常染色体（autosomes）。

很多高等植物和某些低等动物都是雌雄同花，同株或同体，它们的体细胞中所有染色体都成对，形态上也相同。它们在一个个体中能同时形成雌雄两性配子，所以对它们来说，不是性别决定问题，而是性别分化问题。但是很多动物和某些植物是雌雄异体或异株，它们的体细胞中有一对染色体在雌雄个体中有差异，它们的性别不同就由染色体的差异决定。但除此以外，性别决定的方式还很多，有根据受精与否决定的，有根据环境影响决定的，还有根据基因的差别决定的，等等。性别由性染色体的差异来决定的两种型式：XY型性决定和

ZW 型性决定。XY 型性决定在生物界中较为普遍，很多雌雄异株植物，很多昆虫、某些鱼、某些两栖类、全体哺乳动物等的性决定都是 XY 型，子代的性别是由精细胞带有 Y 还是不带有 Y 来决定的；ZW 型性决定常见于鳞翅目昆虫，某些两栖类、爬行类和鸟类等，子代个体的性别是由卵细胞带的是 Z 染色体，还是带的是 W 染色体决定。

（二）伴性遗传

既然很多生物有性染色体，那么如果基因在染色体上，有些基因就有可能在性染色体上。在性染色体上的基因所控制的性状在遗传方式上自然跟常染色体上的基因有所不同。性染色体上基因的遗传方式有一特点，就是跟性别相联系，这种遗传方式称为伴性遗传（sex-linked inheritance）。

1. 果蝇眼色的遗传

果蝇的野生型眼色都是红色，但是摩尔根在研究的早期（1910 年）发现一只雄蝇，复眼的颜色完全白色。这只白眼雄蝇与通常的红眼雌蝇交配时，子一代不论雌雄都是红眼，但子二代中雌的全是红眼，雄的半数是红眼，半数是白眼。这显然是个孟德尔比数——如果雌雄不论，则子二代中 3 红眼∶1 白眼。与一般孟德尔比数不同之点是，白眼全是雄蝇。

另外，摩尔根也做了回交实验。最初出现的那只白眼雄蝇和它的红眼女儿交配，结果产生 1/4 红眼雌蝇，1/4 红眼雄蝇，1/4 白眼雌蝇，1/4 白眼雄蝇，这也符合孟德尔比数。

摩尔根根据实验结果，提出控制白眼性状的基因 W 位于 X 染色体上，是隐性的。因为 Y 染色体上不带有这个基因的显性等位基因，所以这最初发现的那只雄蝇（♂）的基因型是 wY，表现为白眼，跟这只雄蝇交配的红眼雌蝇（♀）是显性基因的纯合体，基因型是＋＋。这儿白眼基因 w 是突变基因，红眼基因＋是野生型基因，因为这对等位基因都在 X 染色体上。

2. 人类的伴性遗传

根据雄性个体（XY）减数分裂时染色体的行为可以把性染色体分为配对区域和非配对区域一般认为，在配对区域，X 和 Y 是同源的，而在非配对区域，X 和 Y 是有差别的。位于差别部分的基因往往仅存在于两个不同性染色体中的一个。仅存在于 X 差别部分的基因表现为 X 连锁遗传，而仅坐落在 Y 差别部分的基因表现为 Y 连锁遗传。人类 X 连锁遗传，如 A 型血友病。在人类中，像其他 XY 型性决定的生物一样，Y 染色体仅存在于男性个体，从而 Y 差别区段上的基因所决定的性状仅由父亲传给儿子，不传给女儿，呈所谓限性遗传(holandric inheritance）现象。

二、染色体变异与基因突变

亲代的遗传物质经过分离和组合、连锁与交换等，使子代表现出亲代所不表现的新性状，或性状的新组合。但这些“新”性状，追溯起来并不是真正的新性状，都是它们祖先中原来有的。只有遗传物质的改变，才出现新的基因，形成新的基因型，产生新的表型。遗传物质的改变，称作突变（mutation）。突变可以分为两大类：染色体变异（包括染色体数目的改变和结构的改变，一般可在显微镜下看到）和基因突变或点突变（genic or point mutations)，这些突变通常在表型上有所表达。但在传统上，突变这一术语主要指基因突变，而较明显的染色体改变，称为染色体变异或畸变（chromosomal variations or aberrations)。

（一）染色体变异

1. 染色体结构的改变

因为一个染色体上排列着很多基因，所以不仅染色体数目的变异可以引起遗传信息的改变，而且染色体结构的变化，也可引起遗传信息的改变。

一般认为，染色体的结构变异起因于染色体或它的亚单位——染色单体的断裂（breakage)。每一断裂产生两个断裂端，这些断裂端可以保持原状，不愈合，没有着丝粒的染色体片段最后丢失；或者同一断裂的两个断裂端重新愈合或重建（restitution），回复到原来的染色体结构；或者某一断裂的一个或两个断裂端，可以跟另一断裂所产生的断裂端连接，引起非重建性愈合（nonrestitution union）。

依据断裂的数目和位置，断裂端是否连接，以及连接的方式，可以产生各种染色体变异，主要的有下列四种。

（1）缺失（deletion 或 deficiency） 当染色体的一个片段不见了，其中所含的基因也随之丧失了。如果同源染色体中一条染色体有缺失，而另一条染色体是正常的，那么在同源染色体相互配对时，因为一条染色体缺了一个片段，它的同源染色体在这一段不能配对，因此拱了起来，形成一个弧状的结构（如图 5-25）。缺失影响个体的生活力。如果缺失的部分太大，那个体通常是不能存活的。一般缺失纯合体的生活力比缺失杂合体的生活力更低，这是容易理解的，因为在纯合体中，缺失基因所担负的重要机能都不能进行了。

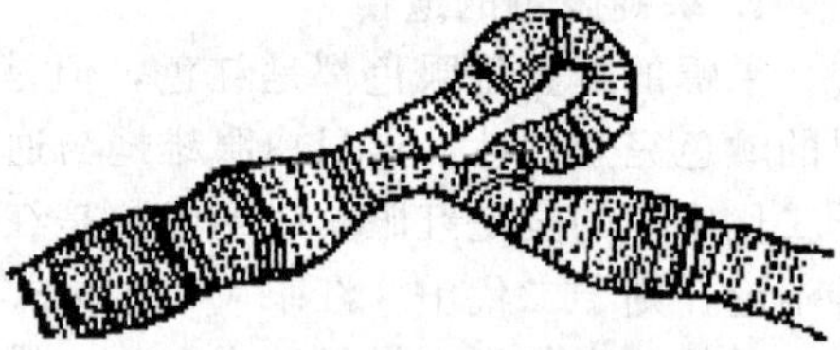

图 5-25 黑腹果蝇幼虫唾液腺染色体的一段（引自刘祖洞，1991）
（图中弧状结构表示一条染色体缺少了一个片段）

（2）重复（duplication 或 repeat） 除了正常的染色体组（chromosome complement）以外，多了一些染色体部分，这种额外的染色体部分叫做重复片段。重复可以发生在同一染色体上的邻近位置，也可在同一染色体的其他地方，甚至也可在其他染色体上。如果一条染色体有重复的片段，而另一染色体是正常的，那么在粗线期染色体或唾腺染色体上也出现一个弧状的结构，不过这时拱出来的一段是重复的片段，因为它的同源染色体上没有这一段，不能配对，所以就拱了出来。

染色体重复了一个片段，这额外片段上的基因也随之重复了。重复的遗传学效应比缺失来得缓和，但重复太大，也会影响个体的生活力，甚而引起个体的死亡。

（3）倒位（inversion） 一个染色体片段断裂了，倒转 180°，重新又连接上去，这个现象叫做倒位。

（4）易位（translocation） 一条染色体的一段连接到一条非同源染色体上去，叫做易位。如果两条非同源染色体互相交换染色体片断，叫做相互易位（reciprocal translocation）。

染色体结构发生变异，首先要染色体发生断裂。发生断裂以后，在断裂处仍可愈合，这样也不会有变异产生。如断裂后发生重组，这样就可造成染色体的结构变异。断裂端发生重组可以有各种方式，但有一点要注意，只有新发生的断端才有重组的能力，而原来的游离端（端粒，telomere）一般是没有重组能力的。根据上述原则，染色体上发生一个或一个以上断裂后，就可造成各种结构变异：缺失、重复、易位、倒位等。

2. 染色体数目的改变

各种生物的染色体数目有多有少，但既然科学上已经证明各种生物都是由共同祖先进化来的，那么在进化过程中染色体数目一定会起变化。现在我们知道，不仅染色体结构会起变化，染色体数目也会起变化。

各种生物的染色体数目恒定，如水稻（*Oryza sativa*）有 24 个染色体，配成 12 对，形成的正常配子都含有 12 个染色体。遗传学上把一个配子的染色体数，称为染色体组（genome，这个术语也指一个配子带有的全部基因，所以在不同场合也译作基因组），用 n 表示。一个染色体组由若干个染色体组成，它们的形态和功能各异，但又互相协调，共同控制生物的生长和发育，遗传和变异。每个生物都有一个基本的染色体组，如玉米 $n=10$，兔子（*Oryctolagus cuniculus*）$n=22$，黑腹果蝇 $n=4$ 等。

染色体的数目变异，可作以下的分类（表 5-13）。

表 5-13 染色体数目变异的一些基本类型

类型	染色体组	公式	类型	染色体组	公式
整倍体			非整倍体		
单倍体	n	(ABCD)	单体	$2n-1$	(ABCD)(ABC)
二倍体	$2n$	(ABCD)(ABCD)	三体	$2n+1$	(ABCD)(ABCD)(A)
三倍体	$3n$	(ABCD)(ABCD)(ABCD)	四体	$2n+2$	(ABCD)(ABCD)(AA)
同源四倍体	$4n$	(ABCD)(ABCD)(ABCD)(ABCD)	双三体	$2n+1+1$	(ABCD)(ABCD)(AB)
异源四倍体	$4n$	(ABCD)(ABCD)(A'B'C'D')(A'B'C'D')	缺体	$2n-2$	(ABC)(ABC)

(1) 整倍体变异　知道了染色体组的含义以后，我们就可以导出整倍数改变和非整倍性改变的概念。凡是细胞核中含有一个完整染色体组的，就叫做单倍体（haploid），如蜜蜂（*Apis mellifera*）的雄蜂，$n=16$；含有两个染色体组的叫做二倍体（diploid），如人（*Homo sapiens*）$2n=46$；有三个染色体组的叫做三倍体（triploid），如三倍体西瓜，$3n=33$，依此类推。这类染色体数的变化是以染色体组为单位的增减，所以称作倍数性改变，超过两个染色体组的，通称多倍体（polyploid）。另一类染色体数的变化是细胞核内的染色体数不是完整的倍数，通常以二倍体（$2n$）染色体数作为标准，在这基础上增减个别几个染色体，所以属于非整倍性改变。例如 $2n-1$ 是单体（monosomic），$2n-2$ 是缺体（nullisomic），$2n+1$是三体（trisomic）等。

一般将食用二倍体西瓜（*Citrullus vulgaris*，$2n=22$）在幼苗期用秋水仙素处理，可以得到四倍体，四倍体植株的气孔大，花粉粒和种子也较大。把四倍体作为母本，二倍体作为父本，在四倍体的植株上就结出三倍体的种子（$3n=33$）。三倍体种子种下去后长出三倍体植株来。三倍体植株上的花一定要用二倍体植株的花粉来刺激，这样才能引起无子果实的发育。因此必须把三倍体与二倍体相间种植，以保证有足够的二倍体植株的花粉传到三倍体植株的雌花上去。

(2) 非整倍体变异　以上所讲的染色体数目变异是成套数目的改变，改变后的染色体数目还是整倍数的，所以都叫做整倍体（euploid）。另有一种染色体数目的变异，是增减一条或几条，染色体数目不是整倍数，所以叫做非整倍体（aneuploid）。如小儿唐氏综合征（Down's syndrome），是常染色体数目的改变，即第 21 条染色体多了 1 条（21 三体），染色体总数不是 46 条而是 47 条。

(二) 基因突变

基因突变，就是一个基因变为它的等位基因。基因突变是染色体上一个座位内的遗传物质的变化，所以也称作点突变（point mutation）。

基因突变在生物界中是很普遍的，而且突变后所出现的性状跟环境条件间看不出对应关系。例如有角家畜中出现无角品种，禾谷类作物中出现矮秆植株，有芒小麦中出现无芒小麦，大肠杆菌中出现不能合成某些氨基酸的菌株等，都看不出突变性状与环境间的对应关系。

突变在自然情况下产生的，称为自然突变或自发突变（spontaneous mutation）；由人们有意识地应用一些物理、化学因素诱发的，则称为诱发突变（induced mutation）。

突变后出现的表型改变是多种多样的。根据突变对表型的最明显效应，可以分为以下几种：

(1) 形态突变（morphological mutations）　突变主要影响生物的形态结构，导致形状、大小、色泽等的改变。例如普通绵羊的四肢有一定的长度，但安康羊（Ancon sheep）的四肢很短，因为这类突变可在外观上看到，所以又称可见突变（visible mutations）。

(2) 生化突变（biochemical mutations）　突变主要影响生物的代谢过程，导致一个特定的生化功能的改变或丧失。例如链孢霉的生长本来不需要在培养基中另添氨基酸，而在突变后，一定要在培养基中添加某种氨基酸才能生长，这就发生了生化突变。

(3) 致死突变（lethal mutations） 突变主要影响生活力，导致个体死亡。致死突变可分为显性致死或隐性致死。显性致死在杂合态即有致死效应，而隐性致死则要在纯合态时才有致死效应。一般以隐性致死突变较为常见，如镰刀形细胞贫血症的基因就是隐性致死突变。又如植物中常见的白化基因也是隐性致死的，因为不能形成叶绿素，最后植株死亡。当然，有时致死突变不一定伴有可见的表型改变。

致死突变的致死作用可以发生在不同的发育阶段，在配子期，胚胎期，幼龄期或成年期都可发生。如女娄菜的细叶基因 b 是配子致死，而小鼠的黄鼠基因 Ay 在纯合时是合子致死。

致死基因的作用也有变化。基因型上属于致死的个体，有全部死亡的，有一部分或大部分活下来的。从而根据基因的致死程度，可以分为全致死（使 90%以上个体死亡）、半致死(semilethals，使 50%～90%个体死亡）和低活性（subvitals，使 50%～10%个体死亡）等。

(4) 条件致死突变（conditional lethal mutation） 在某些条件下是能成活的，而在另一些条件下是致死的。例如噬菌体 T_4 的温度敏感突变型在 25℃时能在 *E. coli* 宿主中正常生长，形成噬菌斑，但在 42℃时不能。

三、细胞质遗传

细胞质中有一些细胞器如线粒体、叶绿体以及细菌的质粒等，都含有基因，都起一定的遗传作用。细胞质与细胞核有着相互依存的关系，某些性状的遗传，不但需要核基因的存在，而且还与细胞质因素有关，所以细胞质在遗传中的作用越来越显得重要了。

最初被注意到的是紫茉莉的绿白斑植株。这些植株在同一个体上，有些枝条长出深绿色的叶子，有些枝条长出白色或极淡绿色的叶子，有些枝条则长出绿白相间的花斑叶。用显微镜检查绿色的叶子，或花斑叶的绿色部分，细胞中含有正常的叶绿体，而检查白色的叶子或花斑叶的白色部分，则细胞中缺乏正常的叶绿体，是一些败育的无色颗粒。以不同枝条上的花朵相互授粉时，其种子后代的叶绿体种类完全决定于种子产生于那一种枝条上，而与花粉来自哪一种枝条完全无关；来自深绿色枝条的种子必长成深绿幼苗，其中所含有的叶绿体是正常的，来自淡绿枝条的种子必长成淡绿幼苗，其中所含的叶绿体是败育的，来自绿白斑枝条的种子则长成 3 种幼苗：具有正常叶绿体的深绿幼苗，具有败育叶绿体的淡绿幼苗，以及正常和败育叶绿体都有的绿白斑幼苗，其比例在每朵花中不同（表 5-14）。

表 5-14 不同枝条上紫茉莉受粉后子代特征

父本枝条的来源	母本枝条的来源	子代	父本枝条的来源	母本枝条的来源	子代	父本枝条的来源	母本枝条的来源	子代
深绿	深绿 淡绿 绿白斑	深绿 淡绿 绿白斑	淡绿	深绿 淡绿 绿白斑	深绿 淡绿 绿白斑	绿白斑	深绿 淡绿 绿白斑	深绿 淡绿 绿白斑

叶绿体是在细胞质中。而就细胞质来说，雌雄两性配子的贡献不同。胚珠中的雌配子含有细胞质，而花粉管中的雄配子很少含有细胞质，而且通常不含有包括叶绿体在内的质体(plastids）的。所以叶绿体的遗传符合细胞质遗传的特征，种子后代的叶绿体种类决定于种子产生于哪一种枝条上，而与花粉来自哪一种枝条无关。紫茉莉细胞质中的质体有 2 种：一种能合成叶绿素，绿色；另一种不能合成叶绿素，黄色。细胞分裂时，如果子细胞只分得绿色质体，它发育而成的枝条就是绿色的；如果子细胞只分得黄色质体，它发育而成的枝条就是黄色的；如果子细胞分得 2 种质体，它发育而成的枝条就是黄绿相间的花斑状。有性生殖时，无论精子来自什么枝条，后代植株能否合成叶绿素，不是决定于核基因型，而是决定于

卵细胞质中的质体基因（黄色植株因不能合成叶绿素，不能成活）。

本章小结

遗传的基本规律包括分离规律、自由组合规律和连锁与互换定律三大定律。

在杂合子细胞中，位于一对同源染色体相同位置上的一对等位基因，各自独立存在，互不影响。在形成生殖细胞时，等位基因随同源染色体的分开而分离，分别进入不同的生殖细胞。这就是分离定律，也称为孟德尔第一定律。孟德尔又提出了自由组合定律：位于非同源染色体上两对或两对以上的基因，在形成生殖细胞时，同源染色体上的等位基因彼此分离，非同源染色体上的基因自由组合，分别形成不同基因型的生殖细胞。这就是孟德尔的第二定律。摩尔根提出了连锁与互换定律：当两对不同的基因位于一对同源染色体上时他们并不自由组合，而是联合传递，称为连锁。同源染色体上的连锁基因之间，由于发生了交换，必将形成新的连锁关系，称互换或重组。

遗传性状受一对基因控制的，称单基因遗传。由单基因突变引起的疾病叫单基因病。人类单基因遗传分为五种主要遗传方式：常染色体隐性遗传、常染色体显性遗传、X连锁隐性遗传、X连锁显性遗传和Y连锁遗传。临床上判断遗传病的遗传方式常用系谱分析法。由不同座位的多对基因共同决定，因而呈现数量变化的特征，其遗传方式称为多基因遗传或称为数量性状遗传。多基因遗传性状除受微效累加基因作用外，还受环境因素的影响，因而是两因素结合形成的一种性状。

很多动物和某些植物的性别不同由染色体的差异决定，主要有两种型式：XY型性决定和ZW型性决定。与性别相关的遗传称为伴性遗传。

染色体结构发生变异，主要有缺失、重复、易位、倒位四种类型。染色体数目的改变包括整倍体和非整倍体两种类型。染色体结构和数目的改变将引起生物的表型发生相应的改变。

细胞质中有一些细胞器如线粒体、叶绿体以及细菌的质粒等，都含有基因，都起一定的遗传作用。

复习思考题

1. 遗传学的三大定律是什么？怎么以此解释生物的多样性和变异性？
2. 简述Mendel的遗传分离定律和自由组合定律及其细胞学基础。
3. 简述连锁与交换定律及其细胞学基础。
4. 什么是遗传和变异？两者本质是什么？两者关系和意义如何？
5. 在一个家系存在患者和不存在患者的情况下如何估计AR病的发病率？
6. 多基因遗传病有何共同特征？
7. 何谓质量性状和数量性状？
8. 如何估计多基因遗传病的发病风险？
9. 何谓伴性遗传？有什么特点？
10. 简述染色体变异。
11. 什么叫细胞质遗传？细胞质遗传有什么特点？
12. 何谓易感性、易患性和发病阈值？

第六章　基因及其表达与调控

遗传学三个定律的发现和基因学说的提出，深化了人们在细胞水平上对遗传现象的认识。与此同时，生物学家也在推测基因的化学结构以及它是怎样发挥自己的功能。在没有认识到遗传物质的化学特性之前，这一领域一直没有实质性进展。随着对于自发突变的研究，人们认识到所有复杂的性状都由不同的基因所控制。然而，孟德尔学派遗传学家的研究对象，如玉米、小鼠、果蝇等生物材料都不适合进行基因与蛋白质间的深入的化学研究。为了进行基因及其表达的研究，使用更简单的生物进行实验是必不可少的。正是利用微生物进行的相关研究使人们认识到核酸是遗传物质，是基因的物质基础。对于核酸和蛋白质等生物大分子的分析，将研究者的视线转移到分子层次上基因及其表达与调控的研究。

第一节　遗 传 物 质

虽然我们现在已经认识到基因是一段具有遗传效应的核酸片断，但在过去相当长的研究过程中，人们却一直为探寻基因的分子基础而不懈努力。

在 20 世纪 30 年代，遗传学家就开始分析，什么样的分子具有基因的特征，既具有一定的稳定性，又有偶然并可长久遗传的突变。对于生物体内的大分子，核酸、蛋白质和脂类等，在当时都已经被研究者所熟悉，但是却无法证明其中的哪些分子可以作为承载遗传信息的分子。下面就从遗传物质的认识开始谈起。

一、核酸是遗传物质

核酸是主要的遗传分子，其证据是建立在对多种现象的分析和多个实验基础之上。

（一）间接证据

DNA 是遗传物质的间接证据较多，主要有以下几点。

（1）DNA 通常只存在于细胞核中的染色体上。也存在着一些例外，比如细胞质中的线粒体和叶绿体等有它们自己的 DNA，有它们自己的遗传连续性。

（2）在一定条件下，同一种生物的每个细胞核的 DNA 含量基本上是相同的，而精子的 DNA 的含量则是体细胞的一半。蛋白质、脂类等其他化学物质不符合这种情况。

（3）同一种生物的各种细胞中，DNA 在量上和质上都恒定，符合遗传物质对稳定性的要求。

（4）在各类生物中，能改变 DNA 结构的化学物质都可能引起突变。

（二）直接证据——肺炎链球菌转化实验

肺炎链球菌能引起人的肺炎和小鼠的败血症。在 1928 年英国微生物学家格里菲斯（F. Griffith）发现，非致病性的肺炎链球菌菌株与经过热灭活的致病性肺炎链球菌菌株混合，可以被转化（transformation）为致病性菌株。研究者推测，当致病性菌株被热灭活后，其遗传物质并没破坏。这些遗传物质可以从热灭活的致病性菌株细胞中释放出来，并穿过非致病性菌株的细胞，将两者遗传物质进行重组，使非致病性菌株转化为致病性菌株。格里菲斯在随后又发现，灭活后的细菌抽提物也具有遗传转化能力，并开始分析这种转化因子的化学基础。当时，许多的研究者都倾向于认为基因是蛋白质。

在 1944 年，美国微生物学家艾弗里（O. T. Avery）和他的同事发现，脱氧核糖核酸酶可以破坏具有遗传转化能力的高纯度物质的转化活性。脱氧核糖核酸酶可以特异性地降解 DNA 分子，但对 RNA 和蛋白质不会有什么影响。他们因此提出，肺炎链球菌转化试验中有转化活性的遗传物质是 DNA。在艾弗里等的研究成果刚发表时，人们都大吃一惊，还有很多研究者以怀疑的态度看待这个实验。虽然实验已经证明是 DNA 酶破坏了转化作用，但是也有人提出，转化是 DNA 中含有的蛋白质的作用结果，蛋白质才是有转化作用的因素。随后科学工作者继续进行提高 DNA 纯度的转化研究，以证明蛋白质不是转化因素。到 1949 年时，研究者已将蛋白质含量降低到仅仅 0.02%的水平，获得了高纯度的 DNA。实验证明高纯度的 DNA 不仅具有转化能力，而且 DNA 纯度越高，转换频率也越高。这就进一步确定了在肺炎链球菌转化试验中有转化活性的遗传物质是 DNA。

二、核酸分子的结构与功能

（一）核酸的分子组成和性质

核酸是生物体内的高分子化合物，它包括脱氧核糖核酸（deoxyribonucleicacid，DNA）和核糖核酸（ribonucleicacid，RNA）两大类。核酸的结构单位是核苷酸（nucleotide）。DNA 和 RNA 都是由核苷酸一个接着一个头尾相连而成（详见第一章第二节）。

（二）DNA 的结构和复制

1. DNA 的结构

沃森（J. D. Watson）和克里克（F. H. C. Crick）在 1953 年，利用 DNA 结晶的 X 衍射分析结果，提出了 DNA 双螺旋结构模型。X 射线衍射技术是一种在原子水平上间接观测晶体物质分子结构的方法。研究人员制备高度定向的 DNA 纤维晶体，获得了精确反映 DNA 某些结构特征的 X 射线衍射图片，发现 DNA 具有螺旋结构周期性。这些资料对 Watson 和 Crick 构建 DNA 双螺旋结构模型起了关键性作用。1962 年，Watson 和 Crick 由于建立了 DNA 分子的结构模型而获得了诺贝尔医学或生理学奖。

DNA 双螺旋结构（图 6-1）的要点如下。

（1）DNA 由两条反向平行的互补多聚核苷酸链围绕中心轴构成的双螺旋结构。DNA 是右手螺旋结构。DNA 双螺旋分子存在一个大沟（major groove）和一个小沟（minor groove），这些沟状结构与蛋白质和 DNA 间的识别和相互作用有关。

（2）两条链的碱基按 A/T 和 G/C 互补的原则，通过氢键层叠于螺旋内侧。A/T 形成两个氢键，G/C 形成三个氢键。亲水的脱氧核糖基和磷酸基骨架位于双链的外侧。DNA 双螺旋结构的稳定性，在横向靠两条链互补碱基对之间的氢键维持，纵向则靠碱基平面间的疏水性碱基堆积力维持。

（3）双螺旋直径为 2nm，2 个相邻碱基距离为 0.34nm，每个碱基的旋转角度为 36°，每 10 个碱基构成一周完整螺旋结构，螺距为 3.4nm。

2. DNA 的半保留半不连续复制

基因是 DNA 分子中的某一段序列，其信息经过复制可以遗传给子代，经过转录和翻译可以保证支持生命活动的各种蛋白质在细胞内有序地合成。DNA 作为遗传物质有两个基本的功能：一是保证遗传信息在世代间传递的延续性和稳定性；二是使细胞和个体生长过程中遗传信息顺利表达。DNA 是遗传信息的载体，亲代细胞中的 DNA 经过准确的自我复制后而形成两个完全一样的分子，在细胞分裂时会平均分配到子代细胞中，实现遗传信息的传递过程。DNA 碱基配对的结构方式为其自身的复制提供了基础。DNA 复制的基本规律是：半

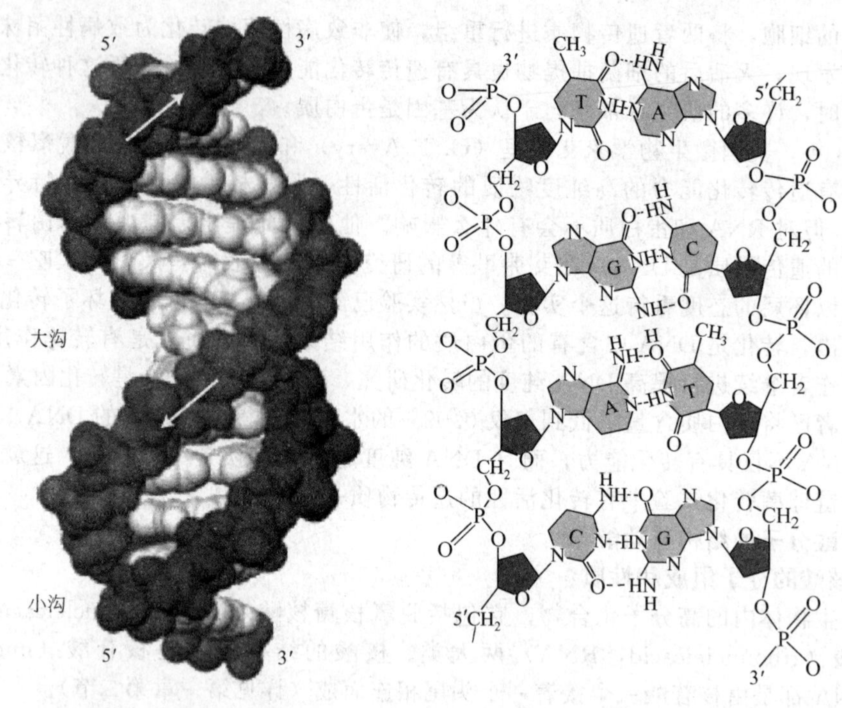

(a) B 型 DNA 双螺旋分子结构　　(b) DNA 分子的化学结构

图 6-1　DNA 双螺旋结构（引自 Harvey Lodish 等，2003）

保留复制和半不连续复制（semiconservative and semidiscontinuous replication）。

Watson 和 Crick 在提出 DNA 双螺旋结构模型后，又提出了 DNA 复制的半保留模型。他们推测，DNA 在复制过程中碱基之间的氢键发生断裂，双螺旋解旋分开，再以每条单链分别作模板合成新链，每个子代 DNA 的一条链来自亲代，另一条则是新合成的，称之为半保留复制。DNA 半保留复制的规则有：DNA 复制起始于特定的复制原点序列上，复制过程在复制起点受到调控；复制过程 DNA 双螺旋会解旋，形成复制叉，分别以两条单链为模版，按照碱基互补配对的原则合成两条子代 DNA 链；复制叉移动的方向有单向或双向；DNA 只能按照 5′到 3′的方向进行延伸；在模板存在的情况下，DNA 聚合酶以短的 RNA 片段作为引物开始 DNA 片段的合成；DNA 复制的终止是在复制过程中的某个固定点。

DNA 半不连续复制（图 6-2）是指，在半保留复制过程中，亲代 DNA 链解旋形成的两条单链在合成新链时，一条以 5′到 3′的方向连续合成，称为前导链（leading strand）；另一条以 5′到 3′的方向不连续合成，称为后随链（lagging strand）。在不连续的合成过程中，其新链合成方向与复制叉移动的方向正好相反，首先合成一系列不连续的冈崎片段（Okazaki fragment），最后再连成一条完整的 DNA 链。

（三）RNA 的结构与功能

RNA 普遍存在于动物、植物、微生物及某些病毒内，与蛋白质生物合成、基因调控等有密切的关系。在 RNA 病毒内，RNA 是遗传信息的载体。根据结构和功能的不同，细胞中的 RNA 主要有信使 RNA（mRNA）、转运 RNA（tRNA）、核糖体 RNA（rRNA）和其他小分子 RNA 等类型。不同类型的 RNA 在细胞中所占的比例不同。在大肠杆菌中，rRNA 占细胞总 RNA 的 75%～85%，tRNA 占 15%，mRNA 占 3%～5%。

1. 信使 RNA（mRNA）

DNA 的碱基序列包含着生物的遗传信息，但 DNA 并不直接指导蛋白质的合成。在真

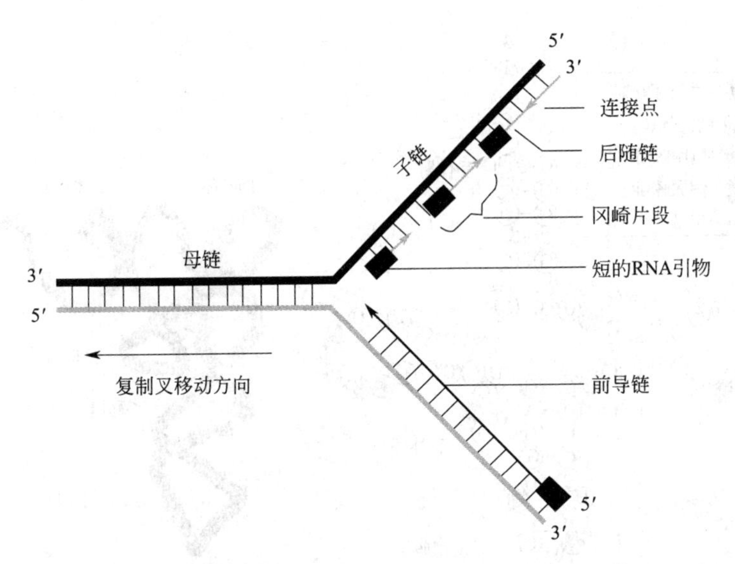

图 6-2 DNA 半不连续复制示意图（引自 Harvey Lodish 等，2003）

核生物的细胞中，DNA 主要存在于细胞核的染色体上，而蛋白质的合成场所则分布在细胞质中的核糖体上。这就需要信使 RNA（messenger RNA，mRNA）作为中介，将 DNA 上控制蛋白质合成的遗传信息进行传递。mRNA 的生物学功能是将核内 DNA 的遗传信息（碱基顺序），按照碱基互补的原则精确无误地转录至细胞质，然后再指导蛋白质合成，翻译成蛋白质中氨基酸的顺序，完成遗传信息的传递。mRNA 分子上每 3 个核苷酸构成一个三联体密码（triplet code），指导蛋白质的翻译合成。

2. 转运 RNA（tRNA）

转移 RNA（transfer RNA，tRNA）的作用是把氨基酸搬运到核糖体上，根据 mRNA 的遗传密码依次准确地将它携带的氨基酸结合起来形成多肽链。每种氨基酸可与 1～4 种 tRNA 相结合，现在已知的 tRNA 的种类在 40 种以上。tRNA 分子比 mRNA 和 rRNA 小，其分子质量约为 27000Da，由 70～90 个核苷酸组成。tRNA 分子具有 10%～20%的稀有碱基（rare bases），主要有假尿嘧啶核苷（ψ，pseudouridine）、双氢尿嘧啶（DHU）以及一些甲基化的嘌呤和嘧啶（mG、mA）等，它们一般是转录后，经过修饰而成的。1965 年，霍利（R. N. Holley）及其同事对酵母丙氨酸 tRNA 的研究首先发现了 tRNA 的结构，他因此荣获了 1968 年度的诺贝尔化学奖。

一级结构中，tRNA 核苷酸中存在局部碱基互补配对的区域，可以形成局部双链的茎-环（stem-loop）结构或发夹结构。tRNA 分子中不能配对的部分则膨出形成环状。tRNA 碱基序列都能折叠成三叶草形（cloverleaf pattern）二级结构［图 6-3(a)］。这种二级结构的共有特征是：5′末端大部分是 G，也有一些是 C；3′末端都以 CCA-OH 的结构结束；具有 4 种环状结构，即反密码子（anticodon）环、D 环和 Tψ C 环，以及一个变化较大的额外环（extra arm）；具有 3 个通过碱基互补配对而形成的臂状结构，即受体臂（acceptor arm）、Tψ C 臂（Tψ C arm）、反密码子臂（anticodon arm）。

tRNA 共同的三级结构是倒“L”形［图 6-3(b)］，这是经过 X 射线衍射结构分析而发现的。倒“L”形三级结构中 Tψ C 环与 D 环相距很近，形成了“L”形的转角。

3. 核糖体 RNA（rRNA）

细胞中的核糖体（ribosome）是合成蛋白质的场所。核糖体 RNA（ribosomal RNA，rRNA）与核糖体蛋白共同构成核糖体。原核生物和真核生物的核糖体蛋白均由易于解聚的

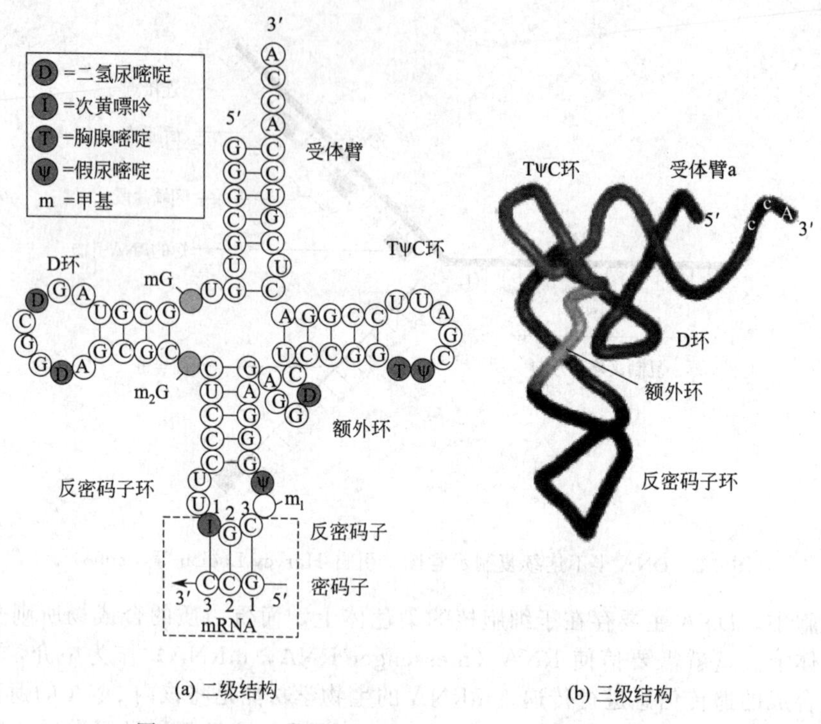

(a) 二级结构　　　(b) 三级结构

图 6-3　tRNA 的结构（引自 Harvey Lodish 等，2003）

大、小两个亚基构成。原核生物的核糖体有 5S、16S 及 23S 3 种 rRNA。而真核生物有 4 种 rRNA，它们分子大小分别是 5S、5.8S、18S 和 28S。这里的 S 是沉降系数（sedimentation coefficient），当用超速离心测定一个粒子的沉降速度时，此速度与粒子的大小直径成一定比例关系。rRNA 是单链结构，它包含不等量的 A 与 U、G 与 C，分子中的一些互补碱基可以配对形成双链区域，呈现为发夹螺旋结构。

4. 其他小分子 RNA

在细胞中的还存在着小核 RNA（small nuclear RNA，snRNA）、核仁小分子 RNA（small nucleolar RNA，snoRNA）、引导 RNA（guide RNA，gRNA）、SRP（signal recognition particle，信号识别颗粒）-RNA、端体酶 RNA（telomerase RNA）、反义 RNA（antisense RNA）等小分子的 RNA。snRNA 是真核生物转录后加工过程中 RNA 剪接体（spilceosome）的主要成分，它一直存在于细胞核中，与 40 种左右的核内蛋白质共同组成 RNA 剪接体，在 mRNA 转录后的剪接和成熟加工中起重要作用。snoRNA 参与 rRNA 的切割和修饰等成熟加工过程。gRNA 参与 mRNA 的编辑。SRP-RNA 参与蛋白质分泌的转运过程。端体酶 RNA 参与染色体端粒 DNA 的复制并影响细胞的寿命。反义 RNA 参与基因表达的调控。

三、基因的概念及其发展

基因是人们研究遗传和变异现象的核心问题，这一概念的提出和探索经历了一百多年的历史。随着生命科学的研究发展，人们对基因物质基础的认识、概念的形成和拓展也在不断的深入。

（一）孟德尔的遗传因子概念

1865 年，长期在捷克莫勒温镇一个修道院里进行杂交实验的遗传学始祖孟德尔（G. J. Mendel）发表了他关于豌豆研究的论文。在论文中，孟德尔将控制性状的遗传因素命名为“遗传因子”。孟德尔在分析遗传因子传递规律时，已经认识到基因的两个基本属性：一是基因是世代相传的，二是基因决定了遗传特征的表达。这与现代基因概念是一致的。

（二）基因概念的提出

在孟德尔的论文中，遗传因子与遗传性状两概念常有混淆。1909 年，丹麦遗传学家约翰森（W. L. Johannsen，1857—1927）提出以“基因（gene）”取代“遗传因子”的概念，并把遗传因子与遗传性状严格区分开来。在此基础上，约翰森又提出基因型（genotype）和表现型（phenotype）这样一对概念。其中，基因型是指生物的遗传基础，即基因的组合；表现型（简称表型）是由基因型决定的，经基因型与环境共同作用后，生物表现出来的性状。这时的基因概念并未涉及到遗传的物质基础，而只是代表遗传性状符号的改变。

将 gene 翻译成汉语“基因”的学者是我国著名遗传学家谈家桢院士。20 世纪 30～40 年代，谈家桢发现了异色瓢翅斑的镶嵌显性遗传现象，并发现决定鞘翅色斑的等位基因达到 19 个之多，相关研究被国际遗传学界公认丰富和发展了孟德尔的遗传学说。

（三）摩尔根的基因论

从 1910 年起，美国遗传学家摩尔根开始了果蝇的遗传研究，并逐渐发现了性别连锁现象。对于性别连锁的分析使摩尔根逐步认识到，X 染色体上携带一系列遗传因子，他把这种遗传因子称作基因。1915 年，摩尔根等发表了《孟德尔遗传学机理》的论著，系统地阐述了他们的研究成果——基因理论。摩尔根的基因论认为，基因存在于染色体上，在染色体上呈直线排列，且互不重叠，染色体是基因的载体。摩尔根理论的开拓性在于指出，基因不是抽象化的符号，而是染色体上存在的实体，基因有其物质基础。

（四）基因认识的深入

20 世纪 40 年代，比德尔（G. W. Beadle）和塔特姆（E. L. Tatum）通过对粗糙脉孢霉营养缺陷型的研究，认为一个基因决定或编码一个酶，由此提出了“一个基因一个酶”的学说。1944 年，Avery 证明了基因的物质基础是 DNA，这无疑推动了人们对于基因本质的认识。1953 年，Watson 和 Crick 揭示了 DNA 的双螺旋分子结构。这些研究才使人们真正认识了基因的本质，即基因是具有遗传效应的 DNA 片断。随后，人们对于基因的认识又经历了顺反子阶段、操纵子阶段等。

（五）现代基因的概念

在分子遗传学等学科的快速发展中，人们不断地加深了对基因概念的认识。除某些病毒的基因由 RNA 构成以外，多数生物的基因由 DNA 构成，并在染色体上呈线状排列。因此可以说，基因是含有特定遗传信息的核苷酸序列，是遗传物质的最小功能单位。在真核生物中，由于染色体都在细胞核内，所以又称为核基因。位于线粒体和叶绿体等细胞器中的基因则被称为染色体外基因、核外基因或细胞质基因，也可以分别称为线粒体基因、质粒和叶绿体基因。对于 DNA 分子结构的研究结果表明，每条染色单体上含有 1 个 DNA 分子，每个 DNA 分子上线性排列着多个基因，每个基因由成百上千个脱氧核苷酸构成。基因的脱氧核苷酸的排列顺序（即碱基序列）不同，这就决定了不同的基因含有不同的遗传信息。

对于编码蛋白质的结构基因来说，基因是决定一条多肽链的 DNA 片段。根据其是否具有转录和翻译功能可以把基因分为三类。第一类是编码蛋白质的基因，它具有转录和翻译功能，包括编码酶和结构蛋白的结构基因，以及编码阻遏蛋白的调节基因；第二类是只有转录功能而没有翻译功能的基因，包括 tRNA 基因和 rRNA 基因；第三类是不转录的基因，它对结构基因表达起调节控制作用，包括启动基因和操纵基因。启动基因和操纵基因有时被统称为控制基因。就功能而言，能编码多肽链的基因称为结构基因；启动基因、操纵基因和编码阻遏蛋白、激活蛋白的调节基因属于调控基因。操纵基因与其控制下的一系列结构基因组成一个功能单位，称为操纵子（operon）。

第二节 基因表达

基因表达（gene expression）是指遗传信息从DNA转录成mRNA，再从mRNA翻译成蛋白质的过程。这也就是生物体的遗传信息表现为遗传性状的过程。当然，并非所有基因表达过程都产生蛋白质，tRNA、rRNA编码基因转录合成RNA的过程也是基因表达。生物学中的中心法则（central dogma）就说明了生物遗传信息传递的过程。DNA可以自我复制，完成遗传信息在亲代和子代间的传递，在从遗传信息到遗传性状的过程中，DNA（基因）则控制着蛋白质的合成，最后表现为遗传性状。蛋白质的生物合成比DNA的复制过程要复杂。一些RNA病毒及某些动物细胞可以RNA为模板复制出RNA，然后再由RNA直接合成出蛋白质；也有一些病毒、癌细胞及动物胚胎细胞可以由RNA为模板合成DNA，也就是发生了反转录（reverse transcription）。

一、转录

转录（transcription）是DNA分子把遗传信息传递给mRNA的过程，即在RNA聚合酶的催化下，以DNA为模板合成mRNA的过程。在双链DNA中，作为转录模板的链称为模板链（template strand），或反义链（antisense strand），其序列与mRNA互补；而不作为转录模板的链称为编码链（coding strand），或有义链（sense strand），其序列与mRNA一致（在mRNA中以U替代了DNA编码链中的T）。在含多基因的DNA双链中，不同基因的模板链并不总是在同一条链上，一条链可作为某些基因的模板链，也可是另外一些基因的编码链。以DNA为模板合成mRNA的转录过程发生在细胞核中。

（一）转录的过程

RNA的转录过程可分为三个阶段：起始、延长和终止。

在起始阶段，首先由σ因子识别DNA的启动子部位，并促进RNA聚合酶的全酶与启动子相结合，形成复合物，同时使DNA分子的局部解螺旋，变的结构松弛，暴露出DNA模板链。随后，RNA聚合酶进入转录泡（DNA解链处），以一条链为模板，根据互补原则，开始RNA链的合成。RNA聚合酶的底物是4种核糖核苷酸（NTP）。这些底物按碱基配对原则（A-T、U-A和G-C），与模板链上的相应碱基配对，结合到DNA的模板链上。RNA链开始合成后，σ因子从复合物上脱落，并与另一核心酶结合成RNA聚合酶的全酶，启动另一次转录过程。

在延长阶段，由核心酶催化RNA链的延长过程。RNA链的合成有方向性，即沿5′到3′方向进行。核心酶在模板链上移动前进，其后面的DNA链即恢复双螺旋结构。

当核心酶移动到DNA模板的转录终止部位时，即会停止转录。转录终止有两种机制：一是依赖于ρ因子的终止方式，在原核细胞中有一种ρ因子，可识别并结合到转录终止序列上，使核心酶不能继续向前移动而脱离模板停止转录；另一个是不依赖于ρ因子的终止方式，在转录终止部位有特殊的碱基序列，一般是先有包含反向重复序列的富含GC的区域，接着是一段富含AT的区域，当转录到此，生成的RNA序列中会形成发夹结构，使RNA核心酶脱离模板而终止转录。

（二）转录后的加工

在真核生物mRNA转录后，还要进行转录后的加工，以形成成熟的mRNA，通过核孔进入细胞质。mRNA转录后的加工包括：剪接、加帽、加尾巴。

二、RNA聚合酶

转录过程需要依赖于DNA的RNA聚合酶进行催化，以4种NTP为原料，合成RNA。

RNA 聚合酶在 DNA 模板上从 3′向 5′方向移动，转录产物 RNA 合成方向是 5′→3′。原核生物和真核生物的 RNA 聚合酶有所差异。

（一）大肠杆菌 RNA 聚合酶

原核生物 RNA 聚合酶的组成相同，它们只有一种 RNA 聚合酶完成全部基因的转录（图 6-4）。大肠杆菌的 RNA 聚合酶是典型的原核生物 RNA 聚合酶，它由四种亚基组成，包括 2 个 α 亚基、1 个 β 亚基、1 个 β′亚基和 1 个 σ 亚基（也称 σ 因子）。前面三种亚基（即 2 个 α 亚基、1 个 β 亚基、1 个 β′亚基）构成了原核生物 RNA 聚合酶的核心酶，核心酶与 σ 因子一起构成了原核生物 RNA 聚合酶的全酶（holoenzyme）。只有全酶才能专一性起始转录。四种亚基中，α 亚基与四聚体核心酶形成有关；β 和 β′亚基组成核心酶的催化中心，这两个亚基的蛋白质序列与真核生物 RNA 聚合酶的两个大亚基有同源性；σ 因子与 RNA 转录的起始有关，在细菌细胞中具有多种不同类型，用于识别不同的启动子－10 序列。

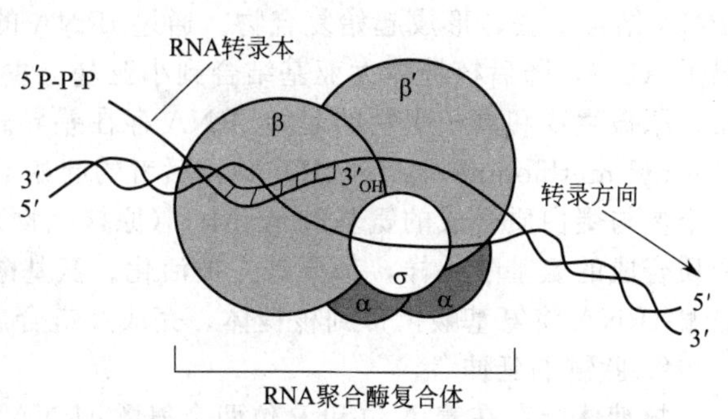

图 6-4　原核生物 RNA 聚合酶转录示意图

（引自 Robert K. Murray 等，2003）

（二）真核生物 RNA 聚合酶

与原核生物不同，真核生物有 RNA 聚合酶Ⅰ、Ⅱ、Ⅲ三种不同的酶。这三种酶的分类是依据它们对 *α*-鹅膏蕈碱（*α*-amanitin AMA）的敏感程度不同来进行分类的。三类 RNA 聚合酶分别负责不同基因的转录（表 6-1）。

表 6-1　三种真核生物 RNA 聚合酶性质比较

聚合酶种类	转录产物	细胞核内定位	对 *α*-鹅膏蕈碱的敏感程度
RNA 聚合酶Ⅰ	28S，5.8S 和 18S rRNA	核仁	不敏感
RNA 聚合酶Ⅱ	pre-mRNA 和 snRNA	核质	敏感
RNA 聚合酶Ⅲ	tRNA，5S rRNA，U6-snRNA，snoRNA 和 scRNA	核质	中等敏感

三、翻译

由 mRNA 将遗传信息转移到蛋白质合成系统中，合成蛋白质的过程称为翻译（translation）。

（一）遗传密码

DNA 编码链的核苷酸序列决定 mRNA 的核苷酸序列，mRNA 的核苷酸序列又决定蛋白质的氨基酸序列。mRNA 上每 3 个核苷酸翻译成肽链上的一个氨基酸，人们将这三个核苷酸称为遗传密码（genetic code），也叫三联体密码（triplet code），它是联系 mRNA 碱基序列和蛋白质氨基酸序列的桥梁。64 个密码子中，有 61 种有义密码子，它们编码 20 种不同的氨基酸，还有三种密码子 UAA、UAG 和 UGA 不编码氨基酸，被称为无义密码子（nonsense codon）或终止密码子（stop codon）。终止密码子可以被释放因子所识别，使翻译终止。

（二）翻译的过程

以 mRNA 为模板，tRNA 作为氨基酸运载工具，在有关酶、辅助因子和能量的作用下将活化的氨基酸在核糖体上组装成多肽链的过程，称为翻译（translation）。真核生物在细胞质中完成翻译过程。核糖体大小亚基在细胞质中以游离的方式存在，在蛋白质合成时，它们与 mRNA 结合成完整的核糖体-mRNA 复合体，以完成翻译过程。基本的翻译过程分为三个步骤：翻译的起始、肽链的延伸、合成的终止。

1. 翻译的起始

在相关起始因子的参与下，核糖体小亚基和 mRNA 上的起始密码子结合，然后起始 tRNA 结合上去，形成起始复合物。通过 tRNA 的反密码子 UAC，识别 mRNA 上的起始密码子 AUG，随后核糖体大亚基结合到小亚基上去，形成稳定的翻译复合体，完成翻译的起始。原核生物和真核生物的起始 tRNA 存在差异。前者的起始 tRNA 是甲酰甲硫氨酸 tRNA（formyl methionine，fMet-tRNA），后者的起始 tRNA 是甲硫氨酸 tRNA（Met-tRNA）。第一个参与蛋白质合成的氨基酸是 fMet（原核生物）或 Met（真核生物），它们和所有参与蛋白质合成的氨基酸一样，都要首先被活化。氨基酸活化后才能形成氨酰-tRNA。翻译中，由氨酰-tRNA 将氨基酸携带到核糖体，完成肽链合成。

2. 肽链的延伸

核糖体上存在着 A 位和 P 位两个氨酰-tRNA 结合位点，可以同时结合两个氨酰-tRNA。核糖体沿着 mRNA 从 5′→3′移动，依次读取密码子。首先是 fMet-tRNA 或 Met-tRNA 结合到 P 位，接着第二个氨酰-tRNA 进入 A 位。在肽基转移酶的催化下，A 位和 P 位上的 2 个氨基酸之间形成肽键。第一个 tRNA 失去了所携带的氨基酸，从 P 位脱落导致 P 位空载。A 位上的氨酰 tRNA 在移位酶和 GTP 的作用下，移到 P 位，A 位则空载。核糖体沿 mRNA 由 5′向 3′移动一个密码子的距离。第三个氨酰-tRNA 进入空载的 A 位，与 P 位上的氨基酸再形成肽键，接受了 P 位上的肽链，随后 P 位上的 tRNA 被释放，如此反复进行，多肽链被不断延长。

3. 合成的终止

当核糖体移动到 mRNA 的终止密码子处，没有氨酰-tRNA 可与它结合，导致肽链延伸的终止。终止信号是 mRNA 上的终止密码子（UAA、UAG 或 UGA）。在释放因子的作用下，肽酰-tRNA 的酯键分开，完整的多肽链和核糖体的大亚基便释放出来，然后小亚基也脱离 mRNA。

新生的多肽链大多数是没有功能的，它们需要经过翻译后加工（postranslational processing）才能形成具有生物活性的蛋白质。翻译后的肽链加工过程包括切除 N 端的 fMet 或 Met，形成二硫链，一些氨基酸的羟基化、磷酸化、乙酰化、糖基化等，并切除新生肽链非功能性片段，然后经过剪接成为有功能的蛋白质，从细胞质中转运到需要该蛋白质的场所。

第三节　基因表达的调控

一、概述

多细胞生物中，不同类型的细胞在结构和功能上差别很大。比如哺乳动物的神经元细胞和淋巴细胞，很难想象这两种细胞的基因组是相同的。人们过去曾经推论，在细胞分化过程中，一些基因可能选择性地丢失了。现代的生物学研究则显示，它们的基因没有发生丢失，而是由于存在着基因表达的调控（regulation of gene expression），导致不同类型细胞的基因表达产生差异。不同类型的细胞合成不同的蛋白质，比如血红蛋白只能在红细胞中检测到，而在其他细胞内检测不到。细胞可以通过调控基因的表达来应答外来的信号。

基因表达的调控主要表现在以下几个方面。①转录水平上的调控：调控某个基因转录的时间和频率；②mRNA 加工、成熟水平上的调控：调控 RNA 转录物的剪接和其他加工过程；③RNA 转运和定位调控：决定哪一条 mRNA 转移到细胞质以及它们在细胞质中的定位；④翻译水平上的调控：选择由核糖体对哪条 mRNA 进行翻译；⑤mRNA 降解调控：决定细胞质中某些 mRNA 分子的稳定性，对某些 mRNA 进行降解；⑥蛋白质活性调控：在某些蛋白质合成之后，将其有选择地进行活化、失活、降解或分隔。对于大多数基因来说，转录调控都是极其重要的，这可以保证不会合成过量的中间产物。

二、原核基因表达的调控

原核基因表达的基因调控，比真核细胞要相对简单，其中最著名的是大肠杆菌乳糖操纵子（lactose operon）。该学说是法国科学家莫诺（J. L. Monod）和雅可布（F. Jacob）在1961年提出，开创了基因调控的研究。他们因此获得了1965年诺贝尔生理学与医学奖。大肠杆菌的乳糖操纵子十分巧妙的调控大肠杆菌的乳糖代谢。大肠杆菌在葡萄糖存在的条件下优先利用葡萄糖来生长，当培养基中只有乳糖而没有葡萄糖时，大肠杆菌也能以乳糖为唯一碳源生长，这是由于它能产生一套利用乳糖的酶。这些酶类的表达受到乳糖操纵子的控制。

（一）大肠杆菌乳糖操纵子的结构

大肠杆菌乳糖操纵子由调节基因 *lacI*，启动基因 *P*，操纵基因 *O* 和三个结构基因 *lacZ*、*lacY*、*lacA* 组成［图 6-5(a)］。调节基因 *I* 编码一种称为 lac 阻遏物（lac repressor）的阻遏蛋白，该蛋白可以与操纵基因 *O* 结合，使操纵子被阻遏而处于转录失活状态。启动基因 *P* 是转录起始时 RNA 聚合酶的结合位点。操纵基因 *O* 是阻遏蛋白的结合部位，它是3个结构基因转录的开关。结构基因 *lacZ* 编码由 500kD 的四聚体构成的 β-半乳糖苷酶，此酶可以切断乳糖的半乳糖苷键，而产生半乳糖和葡萄糖，有助于进一步的代谢利用。结构基因 *lacY* 编码分子量为 30kD 的膜结合蛋白 β-半乳糖苷透性酶，此酶构成转运系统，将半乳糖苷

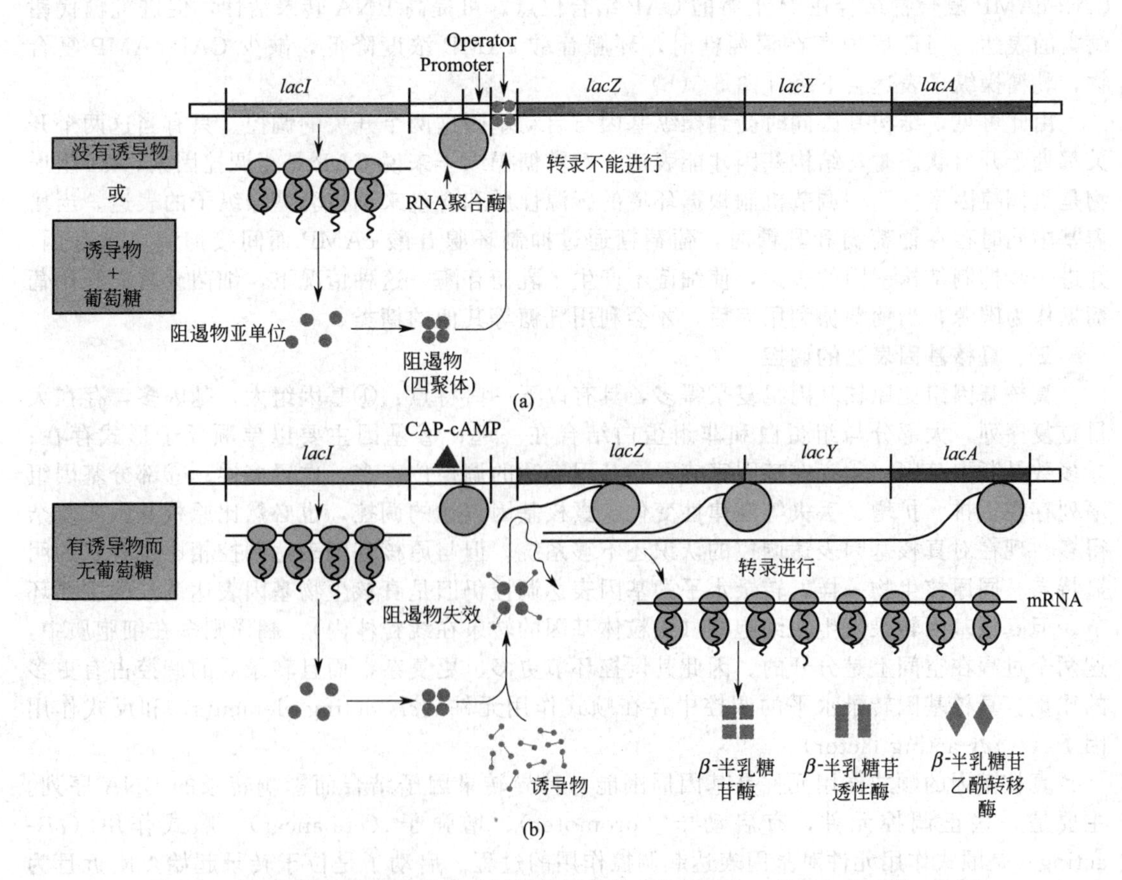

图 6-5　大肠杆菌乳糖操纵子表达调控的示意图（引自 Robert K. Murray 等，2003）

运到细胞中。结构基因 *lacA* 编码 β-半乳糖苷乙酰转移酶，此酶将乙酰-辅酶 A 上的乙酰基转移到 β-半乳糖苷上。

在启动基因 *P* 上游还有一个分解代谢物基因激活蛋白 CAP（catabolic gene activator protein）的结合位点，由 *P*、*O* 和 CAP 结合位点共同构成乳糖操纵子的调控区。此调控区统一调节 3 个结构基因 *lacZ*、*lacY*、*lacA* 的表达，实现基因产物的协调表达。

（二）lac 阻遏物的负调控（negative regulation）

在没有乳糖存在时，乳糖操纵子处于阻遏状态［图 6-5(a)］。这是由于调节基因 *I* 经常进行转录和翻译，产生有活性的 lac 阻遏物。lac 阻遏物与操纵基因 *O* 结合，使操纵子处于转录失活状态，关闭了 3 个结构基因 *lacZ*、*lacY*、*lacA* 的表达。实际上，3 个结构基因并非一点也不表达，只是表达量处于极低的水平。

当只有乳糖而没有葡萄糖存在时，乳糖操纵子即可被诱导。诱导剂并不是乳糖本身，而是别乳糖。这些别乳糖是培养基中的乳糖经过 β-半乳糖苷透性酶催化，转运到细胞中，再经原先存在于细胞中的少数 β-半乳糖苷酶催化，转变而成。别乳糖作为诱导剂与 lac 阻遏物相结合，改变了阻遏蛋白构型，使之与操纵基因 *O* 脱离，不在抑制结构基因表达。结构基因发生转录，使更多的乳糖代谢酶类的产生，促进大肠杆菌对培养基中乳糖的利用。

（三）CAP 的正调控（positive control）

分解代谢物基因激活蛋白 CAP 是同二聚体，在其分子内有 DNA 结合区和 cAMP 结合位点。当没有葡萄糖且 cAMP 浓度较高时，环腺苷酸 cAMP 与 CAP 形成复合物，这时 CAP-cAMP 复合物结合在 *P* 上游的 CAP 结合位点，可提高 RNA 转录活性，促进乳糖代谢酶类的表达。当环境中存在葡萄糖时，环腺苷酸 cAMP 浓度降低，缺少 CAP-cAMP 复合物，乳糖操纵子表达会下降［图 6-5(b)］。

由此可见，结构基因同时受到操纵基因与启动基因这两个开关的调控。只有当这两个开关都处于开启状态时，结构基因才能表达。对乳糖操纵子来说 CAP 是正调控因素，lac 阻遏物是负调控因素。两种调节机制根据环境的碳源性质和含量来调控乳糖操纵子的表达。当培养基中同时存在葡萄糖和乳糖时，葡萄糖通过抑制环腺苷酸 cAMP 而间接抑制启动基因，并进一步抑制结构基因的表达，使细菌不产生半乳糖苷酶。这种情况下，细菌会首先利用葡萄糖作为碳源，当葡萄糖利用完后，才会利用乳糖等其他的糖类。

三、真核基因表达的调控

真核基因组比原核基因组复杂得多，具有以下一些特点：①基因组大，基因多，存在大量重复序列，大部分与组蛋白和非组蛋白结合在一起；②基因主要以单顺反子形式存在；③多数是断裂基因；④存在基因家族；⑤基因表达的调控位点多，位置多样；⑥部分基因组序列存在重排、扩增、丢失等规律性变化。真核基因表达的调控，也必然比原核基因要复杂得多。现在对真核基因表达调控的认识还不够系统，但与原核基因表达调控相比也有它的明显特点。同原核生物一样，转录水平的基因表达调控仍旧是真核生物基因表达调控的主要环节。但真核基因转录发生在细胞核（线粒体基因的转录在线粒体内），翻译则多在细胞质中，这两个过程在空间上是分开的。因此其调控环节更多、更复杂，而且转录后的调控占有更多的比重。真核基因转录水平的调控中存在顺式作用元件（*cis*-acting elements）和反式作用因子（*trans*-acting factor）。

真核基因的顺式作用元件是基因周围能与特异转录因子结合而影响转录的 DNA 序列。主要是一些正调控元件，有启动子（promoter）、增强子（enhancer）。顺式作用（*cis*-acting）是顺式作用元件对基因表达起调控作用的过程。启动子是位于转录起始点附近且为转录起始所必需的 DNA 序列。其特点是启动子位置不定，一般在转录起始点上游；可与增强子共同控制转录起始和强度。启动子的作用机制是通过直接与 RNA 聚合酶相互作用，或结合于启动子关键元件上的蛋白质因子与 RNA 聚合酶的直接或间接作用，使得 RNA 聚酶处于适于转录起始的位置，以利于转录的起始。增强子是位于转录起始点较远位置上，具有增强转录起始作用的序列元件。其特点是：对转录起始的增强效应明显；增强效应与其所在的位置和取向无关；需要与一些蛋白质因子结合才能发挥作用；具有组织或细胞特异性；无基因专一性。反式作用因子是某些基因的 RNA 或蛋白质产物，能影响基因组其他基因的活性。反式作用（trans-acting）则指反式作用因子对基因表达起调控作用的过程。在结构上，反式作用因子的 DNA 识别或结合域有以下几种类型：螺旋-转折-螺旋（helix-turn-helix）、螺旋-环-螺旋（helix-loop-helix，HLH）、锌指结构（zinc finger motif）、亮氨酸拉链（leucine zipper）。

本 章 小 结

从遗传现象的分析到遗传物质基础及基因表达调控规律的揭示，人们对于生命现象的认识不断深化。核酸是遗传物质这个结论的获得既有其间接证据也有其直接证据。

核酸是生物体内的高分子化合物，它包括脱氧核糖核酸（DNA）和核糖核酸（RNA）两大类。核酸的结构单位是核苷酸。美国学者 Watson 和英国学者 Crick 通过 X 衍射结构分析提出 DNA 双螺旋结构模型。DNA 的复制模式是半保留和半不连续复制。每个子代 DNA 的一条链来自亲代，另一条则是新合成的。两条新合成的 DNA 单链中，前导链是连续合成的，后随链是不连续合成的。RNA 一般是单链线状分子，可形成特定的二级、三级结构来行使其生物学功能。细胞中的 RNA 主要有信使 RNA（mRNA）、转运 RNA（tRNA）、核糖体 RNA（rRNA）和其他小分子 RNA 等类型。

从孟德尔的遗传因子，到基因概念的提出和摩尔根的基因论，再到顺反子、操纵子等。在生命科学的研究发展过程中，人们对基因的认识不断深入。基因有两个基本特点，一是能忠实地复制自己，保持生物的遗传稳定性；二是基因能够“突变”，绝大多数突变对生物体是有害的，另外的一小部分是非致病突变，以利于适应环境的变化。

遗传信息从 DNA 转录成 mRNA，再从 mRNA 翻译成蛋白质的过程就是基因表达。这也就是生物体的遗传信息表现为遗传性状的过程。基因表达的过程包括转录、翻译等，同时还需要一些蛋白质合成因子和其他条件。转录是 DNA 分子把遗传信息传递给 mRNA 的过程，即在 RNA 聚合酶的催化下，以 DNA 为模板合成 mRNA 的过程。RNA 的转录过程可分为三个阶段：起始、延长和终止。在真核生物 mRNA 转录后，还要进行转录后的加工，以形成成熟的 mRNA，通过核孔进入细胞质。mRNA 转录后的加工包括：剪接、加帽、加尾巴。翻译是指由 mRNA 将遗传信息转移到蛋白质合成系统中，合成蛋白质的过程。在翻译过程中，遗传密码是联系 mRNA 碱基序列和蛋白质氨基酸序列的桥梁。基本的翻译过程分为三个步骤：翻译的起始、肽链的延伸、合成的终止。

细胞的基因表达受到严密的调控。真核基因调控比原核的调控环节更多、更复杂，而且转录后的调控占有更多的比重。

复习思考题

1. 有一个已知核苷酸序列的 RNA 分子，长 300bp，你能否判断：

(1) 这个RNA是mRNA而不是tRNA或rRNA?

(2) 这个RNA是真核生物mRNA还是原核生物mRNA?

2. DNA双螺旋结构的主要特征是什么?

3. DNA复制的基本规则有哪些?

4. 请简述人们对基因概念的认识过程，这一认识过程对你有什么启示? 现代基因的概念是什么?

5. 请说明大肠杆菌乳糖操纵子的结构和正负调控过程，这种调控对于大肠杆菌有何益处?

第七章　基因工程

遗传学研究告诉我们，生物的性状由遗传物质决定，并通过与环境的相互作用而表现出来，改变基因就可改变性状。分子生物学向人们展示了遗传物质的分子本质、生物大分子的结构和功能、遗传信息传递的过程及调控规律，并发展了分子生物学相关技术。基因工程（genetic engineering）则是在遗传学和分子生物学基础上发展而来，是按照人们预先设计好的蓝图，从分子水平上对目的基因进行体外操作，通过重组、转化、扩增、表达和下游的工业化生产，获得人们所需要的生物性状或产品的过程，是人们利用遗传规律，定向改造生物，获得目标产品的工程技术。从1972年基因工程技术创建以来，许多基因工程产品已产业化、规模化，推动了人类的生产和研究。

第一节　基因工程概述

一、基因工程的相关概念

基因工程与生物工程的关系密切。生物工程是利用生物体系，应用先进的生物学和工程技术，加工底物原料，以提供所需的各种产品或达到某种目的的一门新型跨学科技术。生物工程以基因工程为核心，包括发酵工程、酶工程、细胞工程和生化工程。

广义的基因工程指DNA重组技术的产业化设计与应用，包括上游技术和下游技术两大方面。上游技术是将外源基因与载体在体外进行重组，然后转入受体细胞内进行克隆，表达出预期性状，也就是狭义的基因工程。而下游技术则是在上游技术的基础上，将含有重组外源基因的细胞进行大规模培养生产以及外源基因表达产物的分离纯化过程。DNA重组技术（recombinant DNA technology）是基因工程的核心技术，它突破了生物种属间遗传信息交流的屏障，使人类能对生物体进行定向改造。基因工程的研究还包括基因定位、分离、克隆、定点突变、测序、转化、表达检测、产品分离纯化、分子免疫、基因打靶、基因治疗等技术。基因工程的基础在于两大方面，一是理论上发现了DNA是遗传物质、DNA的双螺旋结构和半保留半不连续复制、遗传信息的传递方式中心法则；二是技术上发现了限制性内切酶和DNA连接酶、基因载体、逆转录酶。作为第二代基因工程的蛋白质工程，是对蛋白质分子进行有计划的定位突变，达到改造天然蛋白质或酶，提高其应用价值的目的。

二、基因工程的发展历程

1972年，美国斯坦福大学的伯格（P. Berg）等将SV40的环状DNA分子剪切开，与λ噬菌体基因连接成功，获得了新的DNA重组分子，在世界上第一次完成了DNA分子重组实验。在1973年，科恩（S. Cohe）和博耶（H. Boyer）等建立起了基因工程的基本模式，标志着基因工程的正式诞生。他们将源自大肠杆菌的两种不同的质粒提取出来，构建出含有两个抗性基因的重组质粒分子。当杂合质粒被导入大肠杆菌后，它能在大肠杆菌内复制并表达出了双亲质粒的遗传信息。这是基因工程的第一个成功的克隆转化实验。该实验说明，基因工程可以打破遗传信息传递的物种界限，人类可以根据自己的意愿定向地改造生物的遗传特性。

从基因工程产生不久，人们就积极探索将这项技术应用到工业生产。日本的 Tfahura 等在 1977 年成功在大肠杆菌中克隆并表达了人类的生长激素释放抑制素基因。美国 Genentech 公司在 1978 年开发出利用重组大肠杆菌合成人胰岛素的生产工艺，揭开了基因工程产业化的序幕。在后面的几年里，人们利用基因工程技术成功地表达了人生长激素基因、干扰素、动物口蹄疫疫苗、乙型肝炎病毒表面抗原及核心抗原、牛生长激素等生物制剂。1980 年，人们首次利用显微注射技术，培育出了转基因小鼠。这是世界上第一个转基因动物。1983 年，转基因烟草以农杆菌介导法被培育出来，成为了世界上第一例转基因植物。1990 年，美国政府批准了一项人体基因治疗临床研究计划，人类首次采用基因治疗的方法对一名因腺苷脱氨酶基因缺陷而患有重度联合免疫缺陷症的儿童进行治疗，并获得成功，开创了分子医学的新纪元。1991 年，美国倡导在全球范围内实施人类基因组计划，目的在于完成人类基因组全部测序工作。2003 年，美国、日本、德国、法国、英国和中国等国家共同宣布人类基因组学序列图完成，人类基因组计划实现了预期目标。2004 年 10 月，人类基因组完成图被公布，这将有助于人类疾病的研究和治疗。我们国家除了积极参与人类基因组计划的合作研究，也独立开展了很多基因工程的研究，而且贡献巨大。2001 年，具有国际领先水平的中国水稻（籼稻）基因组“工作框架图”和数据库在我国完成，这标志着我国已成为继美国之后，世界上第二个能够独立完成大规模全基因组测序和组装分析能力的国家。

三、基因工程的应用

1. 基因工程在工业中的应用

基因工程已广泛渗透到工业生产之中，对工业生产很多领域的发展与革新起到了巨大的推动作用。这主要体现在发酵工业和食品工业的生产等方面。微生物发酵生产是工业生产的重要组成部分，但是其中的许多生产菌种基本上都经过了长期的诱变或重组育种，生产性能的提高受到传统技术的限制。而将其与基因工程手段相结合，则可以进一步提高菌种的生产性能。这在氨基酸和酶制剂等领域的生产已有大量成功的例子。对于一些原先只能从生物体内进行提取的产品，现在也可以通过基因工程技术构建“工程菌”，采用发酵获得。比如，用 100kg 胰脏只能提取 3～4g 胰岛素，但采用“工程菌”进行发酵生产，则只要几升发酵液就可取得同样数量的产品。大大降低了生产成本。

2. 基因工程在农业中的应用

基因工程技术的应用，有力地促进了农业生产的革新与发展，其应用主要在以下几个方面。①增加农产品的营养价值，改善其品质。比如，增加种子、块茎的蛋白质含量，改变植物蛋白的必需氨基酸组成等。②提高农作物的抗虫、抗病、抗旱、抗涝、抗寒、抗除草剂等抗逆性能。③促进生物固氮的应用。④改良家畜品种，培育新品种。

3. 基因工程在医药方面的应用

基因工程的研究也极大地推动了医疗和制药方面的研究与应用。通过基因工程技术，科学家不但可以发现有缺陷的基因，还能实现对缺陷基因的诊断、治疗和预防。其治疗的思路主要是两个方面：一是定期向患者体内输入相应正常基因的产物，以弥补病变基因造成的缺陷；二是利用基因重组技术更换病变基因，实现标本兼治的目的。目前这两大领域都取得了突破性的进展。基因工程药物主要是疫苗和一些体内合成量少而又非常重要的肽类药物。

4. 基因工程在能源环保方面的应用

基因工程是解决 21 世纪人类面临的能源和环保问题的有力工具。能源是制约人类生产活动的主要因素。石油和天然气等化石能源在地球上的储量毕竟是非常有限的。要解决人类的能源危机除了提高传统能源开采利用以外，还要开发新型能源，使其产业化。利用基因工程技术构建的新型微生物有望促进相关的研究，提高纤维素资源的利用，并有助于将太阳能有效地转化为热能和化学能。

四、基因工程及其产品安全性问题

在基因工程技术问世以来，关于转基因食品的安全性，转基因技术对生态环境的影响等问题一直就是人们争论的话题。人们对转基因食品的担忧主要是转基因农作物对于生态环境的影响、标记基因的传递可能造成抗生素耐药性、转基因食品毒性以及一些伦理学问题。为了加强基因工程产品的安全性，一些国家制定了具体的法律法规。比如，在基因工程技术诞生初期，美国的公众就公开表示了对重组 DNA 技术可能培养出危险的新型微生物的担心，然后推动了美国国立卫生研究院（NIH）建立重组 DNA 咨询委员会，并于 1976 年 6 月 23 日，正式公布了“重组 DNA 研究的安全准则”。其他国家也吸收了国际权威机构的研究结果与标准，设立了基因工程的安全评价与管理机构，制定法规，采取防范措施。对于基因工程的研究和应用，我们应该认识到这项技术的重要性，认识到基因工程是解决粮食与环境污染问题的有效工具，应该加大相关研究的投入力度。同时要对相关研究加强管理，以传统技术为参照，建立起精确的基因工程风险评估机制，积极有效地规避风险，以科学规范的管理来确保基因工程应用的安全性，有选择性地研发对生产有促进作用的基因工程产品，并加速科技成果向现实生产力的转变，给人类的生产和生活带来更多的福音。

第二节　基因工程过程

广义的基因工程包括上游的实验室分子操作过程和下游的扩大生产、分离提纯的过程。本节主要讨论基因工程的上游技术部分，即外源基因的分离、克隆、扩增和表达。基因工程的主要过程有以下几步。

（1）分离目的基因　从供体细胞中分离出目的基因，并同时使用限制性核酸内切酶将载体分子切开，为下一步的连接重组作准备。

（2）构建重组 DNA 分子　用 DNA 连接酶将含有目的基因的 DNA 片段连接到载体上分子，形成重组 DNA 分子。

（3）重组 DNA 分子导入受体细胞　通过细胞转化的方法，将重组 DNA 分子导入适当的受体细胞内。

（4）筛选重组克隆　短时间培养，以扩增 DNA 重组分子或使其整合到受体细胞的基因组中，筛选和鉴定含有重组 DNA 分子的受体细胞，获得目的基因高效稳定表达的基因工程菌株。

一、目的基因的分离

目的基因分离的方法有多种，比如鸟枪射击法就是其中常用的一种。鸟枪射击法的一般步骤是：①文库的构建。通常使用限制性内切酶（restriction endonuclease）切割 DNA，连接到载体上，转化入大肠杆菌中，构建出基因组文库（DNA 文库），或使用逆转录酶从 mRNA 合成 DNA 获得 cDNA（complementary DNA）文库。②用适当的方法筛选出含目的基因的菌落，获得基因片段。③根据获得的序列设计引物，利用多聚酶链式反应（polymerase chain reaction，PCR）特异性地扩增目的基因片段，获得基因全序列。化学合成法也可以获得目的 DNA 片段。其方法一般是以单核苷酸为原料，用体外化学方法按已知基因的碱基序列合成 DNA 片段。但化学合成法的前提是目的基因或目的蛋白序列要已知。

在目的基因的分离中，限制性内切酶是一种极为有效的工具，它就像剪刀一样，可以让人们在基因组的特定为点上进行剪切，以获得目的 DNA 片段。限制性内切酶是一类识别双链 DNA 内部特定核苷酸序列的 DNA 水解酶。它们以内切的方式水解 DNA，并产生 5′-P 和 3′-OH 末端（图 7-1）。DNA 两条链上的断裂位置不在同一碱基对处，而是交错地切开，这样会形成黏性末端（sticky end）。在同一碱基对处切割 DNA 两条链形成的双链末端，称为平整末端（blunt end）。

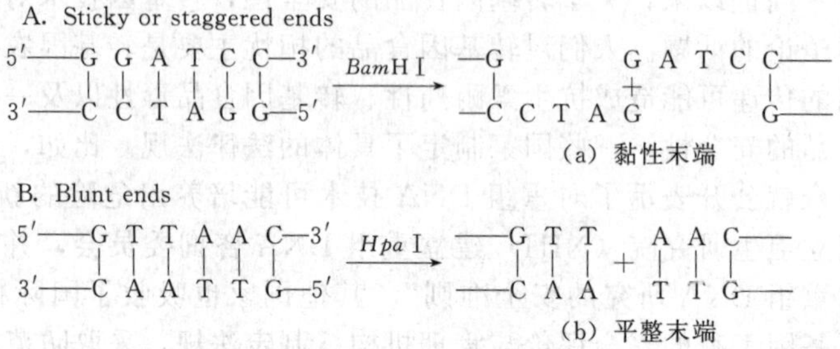

A. Sticky or staggered ends

5′—G G A T C C—3′   *Bam*H Ⅰ →   —G   +   G A T C C—

3′—C C T A G G—5′   —C C T A G   G—

(a) 黏性末端

B. Blunt ends

5′—G T T A A C—3′   *Hpa* Ⅰ →   —G T T   +   A A C—

3′—C A A T T G—5′   —C A A   T T G—

(b) 平整末端

图 7-1 黏性末端和平整末端（引自 Robert K. Murray 等，2003）

多聚酶链式反应即 PCR 技术，可以特异性地扩增目的基因片段，获得基因全序列。

二、载体及其前处理

由于目的基因片段没有 DNA 复制所需信息，无法自我复制，若直接转入受体细胞，在细胞分裂时不能复制给子细胞，就会丢失。因此，人们将目的基因连接在一些能独立于细胞染色体之外，能复制的 DNA 片段上，这些 DNA 片段就是基因工程中的载体（vector）。

载体的种类较多，常用到的基因工程载体有质粒、噬菌体、动植物病毒、黏粒等。它们有各自的特点和优势。质粒是存在于细菌、放线菌及酵母细胞质中双螺旋共价闭环的 DNA，能独立复制并保持恒定遗传的复制子。λ 噬菌体也是常用的载体，改造后的 λ 噬菌体载体主要有插入型载体和替换型载体两类。动植物病毒常用的有猿猴空泡病毒 SV40，常用作动物细胞基因工程的载体。黏粒（cosmid）本意是带有黏性末端位点的质粒，它是由质粒和 λ 噬菌体的 *cos* 位点构建而成，优势是可以用来克隆大片段 DNA，克隆的最大 DNA 片段可达到 45kb。

在基因工程中常用碱性磷酸酯酶处理限制性内切酶切割后的载体 DNA，防止载体自我连接，以促进质粒载体与外源 DNA 之间的连接。碱性磷酸酯能催化从单链或双链 DNA 和 RNA 分子中除去 5′-磷酸基，即脱磷酸作用。常用的碱性磷酸酶有牛小肠碱性磷酸酶、细菌的碱性磷酸酶和虾的碱性磷酸酶。

三、重组 DNA 分子的构建

作为基因工程核心技术的 DNA 重组技术，就是将含有目的基因的 DNA 片段和载体 DNA 相连接的技术，其核心是 DNA 片段之间的体外连接（图 7-2）。把目的基因连接到载体上去，要经过一系列酶促反应，需要多种工具酶的参与，其中最重要的有两大类酶，一是 DNA 限制性内切酶，它的主要作用是把载体 DNA 片段切开；二是 DNA 连接酶，主要用于连接载体和外源 DNA 片段。

四、重组 DNA 分子导入受体细胞

在重组 DNA 分子构建好以后，下一步就是将其导入到受体细胞中。这是因为重组体 DNA 分子只有进入合适的受体细胞，才能大量地复制、扩增和表达。受体细胞种类多样。从原核细胞、酵母到高等的植物细胞和哺乳动物细胞都可以作为受体细胞。一般使用转化（transformation）的方法完成重组 DNA 分子进入受体细胞的过程。转化是指受体细胞直接摄取游离的 DNA 片段，将其同源部分进行碱基配对，组合到自己的基因中，从而获得游离 DNA 片段的某些遗传性状。转化的方法也有多种，比如化学转化、电激转化（electroporation）、基因枪技术（gene gun technique）、脂质体介导法（liposome mediated gene transfer）、显微注射法（microinjection）等。

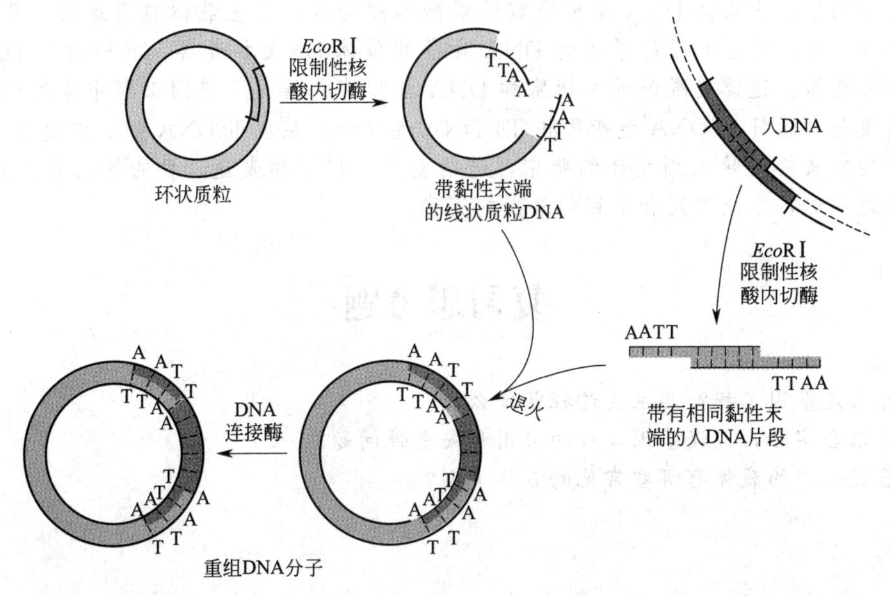

图 7-2 重组 DNA 构建过程（引自 Robert K. Murray 等，2003）

五、重组克隆的筛选

将目的基因导入受体细胞后，还要经过筛选（screening），才能确定含有目的基因的克隆。筛选含有目标细胞的方法有以下几种。

（1）原位分子杂交法（*in situ* molecular hybridization） 对于筛选含有目的蛋白编码基因的克隆，常常先推导出其基因序列，再从基因文库中杂交获得该基因，然后才可进行后面的基因工程操作步骤。杂交过程需要探针（probe)，而探针是根据所需基因的核苷酸顺序制备的一段与之互补的核苷酸序列，并进行同位素或荧光标记。

（2）免疫学方法 根据蛋白产物的性质，以免疫检测技术分析获得目标克隆。

（3）遗传学方法 根据转基因生物体的性状判断是否成功重组。比如转基因作物，可通过其是否展现出目标性状来筛选。

（4）菌落的筛选 一般先在带有抗生素的丰富培养基上初筛；再用酶切、PCR、电泳等方法进一步筛选出目的菌落。

本 章 小 结

遗传学和分子生物学的研究促成了基因工程技术的发展。广义的基因工程指 DNA 重组技术的产业化设计与应用，包括上游技术和下游技术两大方面。上游技术是将外源基因与载体在体外进行重组，然后转入受体细胞内进行克隆，表达出预期性状，也就是狭义的基因工程。而下游技术则是在上游技术的基础上，将含有重组外源基因的细胞进行大规模培养生产以及外源基因表达产物的分离纯化过程。基因工程的研究与应用，大大推动了人类的生产和研究。发展基因工程要密切关注其安全性问题。

基因工程工程的主要过程有分离目的基因、构建重组 DNA 分子、重组 DNA 分子导入受体细胞、筛选重组克隆，以及下游的扩大生产、分离提纯等过程。常用的目的基因分离方法有鸟枪射击法和化学合成法等。目的基因片段需要与载体进行连接，以实现在受体细胞中的自我复制。载体有多种类型，它们有各自的特点和优势。在与目的基因片段连接之前，限制性内切酶切割后的载体DNA需要用碱性磷酸酯酶处理，防止载体自我连接。重组DNA分子的构建，就是将含有目的基因的DNA片段和载体DNA相连接，其核心是DNA片段之间的体外连接。这需要限制性内切酶和DNA连接酶的催化。基因工程中常用到的DNA连接酶主要是大肠杆菌DNA连接酶和T4 DNA连接酶。在重组DNA分子构建好后，一般采用转化的方法将其导入到受体细胞中，进行复制、扩增和表达。目的基因导入受体细胞后，要经过筛选，才能确定含有目的基因的克隆。

复习思考题

1. 什么是基因工程？其主要过程是什么？
2. 请结合实际，谈谈基因工程的应用和安全性问题。
3. 基因工程的载体有哪些常见的载体类型？

第三部分
植物生物学

- 第八章　植物的组织与器官
- 第九章　植物的结构与功能
- 第十章　植物的类群

第八章　植物的组织与器官

植物是固着生存的生产者，依靠光合作用来制造有机物。这使得它们要有庞大的表面积来接受光能。这一特点决定了植物的基本结构要枝繁叶茂，根系庞大。植物体从胚胎发生至发育成根、茎、叶、和花、果实、种子的个体发育过程，是一幅植物体外部形态与内部结构的动态画卷。植物体的结构与功能是密切相关的（图 8-1）。

图 8-1　珍稀植物降落伞花

第一节　植物的组织

一、植物组织的概念

高等植物的植物体是由多个细胞组成的。为了适应环境，其体内分化出许多生理功能不同、形态结构相应发生变化的细胞组合，这些细胞组合之间有机配合，紧密联系，形成各种器官。这些形态、结构相似，在个体发育中来源相同，担负着一定生理功能的细胞组合，称为组织（tissue）。

二、植物组织的类型

植物体内各种组织在发展上具有相对的独立性，但各组织之间也存在着密切的相互关系，它们共同协调完成植物体的生理活动。

植物的组织结构是复杂的，按照其所执行的功能的不同，这些组织可以分为分生组织和成熟组织两大类。

（一）分生组织

位于植物的生长部位，具有持续或周期性分裂能力的细胞群，称为分生组织（meristem）。分生组织一般代谢活跃，细胞排列紧密，细胞壁薄，细胞核相对较大，细胞质浓，细胞器丰富。高等植物体的其他组织都是由分生组织经过分裂、生长、发育、分化而形成的。根据分生组织在植物体内的位置不同，可将分生组织分为顶端分生组织、侧生分生组织和居间分生组织三类（图 8-2）。

（1）顶端分生组织（apical meristem）顶端分生组织存在于根尖和茎尖的分生区部位，由短轴或近于等径的胚性细胞构成，细胞排列紧密，能较长时期地保持旺盛的分裂能力。

（2）侧生分生组织（lateral meristem）侧生分生组织包括维管形成层和木栓形成层，它分布于植物体的周围，平行排列于所在器官的边缘，细胞的形状为长轴形和等径状，其功能是使植物体变粗。维管形成层的活动时间较长，分裂出来的细胞，分化为次生韧皮部和较多的次生木质部。木栓形成层的分裂活动，则形成根、茎表面的周皮。侧生分生组织的分裂活动，结果使裸子植物和双子叶植物的根、茎得以增粗。单子叶植物中一般没有侧生分生组织，不会进行加粗生长。

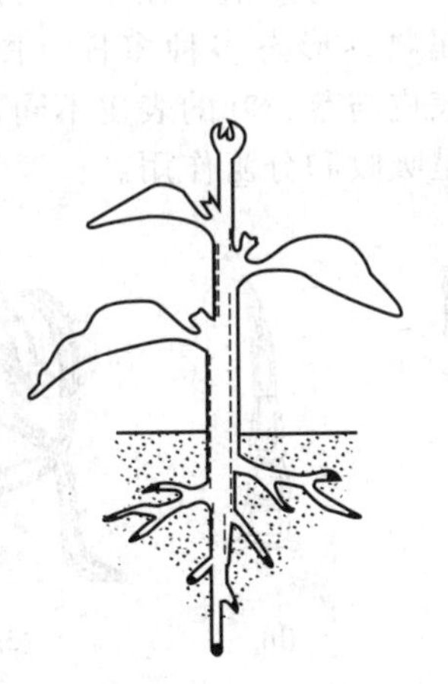

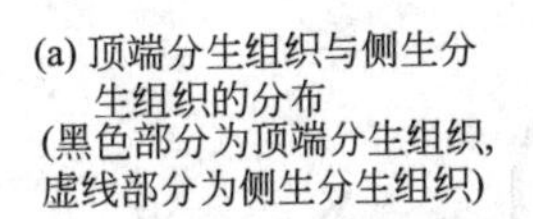

(a) 顶端分生组织与侧生分生组织的分布
(黑色部分为顶端分生组织，虚线部分为侧生分生组织)

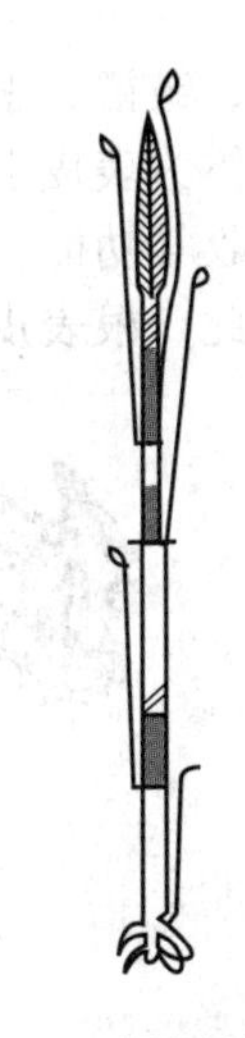

(b) 裸麦居间分生组织的分布图解
(茎杆黑色部分为居间分生组织)

图 8-2　分生组织在植物体内的分布
（引自陆时万等，2000）

（3）居间分生组织（intercalary meristem）　在有些植物发育的过程中，在已分化的成熟组织间夹着一些未完全分化的分生组织，称为居间分生组织。实际上，居间分生组织是顶端分生组织衍生、遗留在某些器官局部区域的分生组织。在玉米、小麦等单子叶植物中，居间分生组织分布在节间的下方，它们旺盛的细胞分裂活动使植株快速生长、增高。

（二）成熟组织

分生组织分裂产生的细胞，经生长、分化后，逐渐丧失分裂能力，形成各种具有特定形态结构和生理功能的组织，这些组织称为成熟组织（mature tissue）。根据生理功能的不同，成熟组织可以分为保护组织、薄壁组织、机械组织、输导组织和分泌组织（或称分泌结构）。

1. 保护组织（protective tissue）

保护组织覆盖于植物体的外表，由一至几层细胞组成，主要有防止水分过分蒸发，抵抗病虫害的侵袭等作用。植物体的保护组织有初生保护组织——表皮和次生保护组织——周皮两种。

（1）表皮　表皮由原表皮分化而来，通常是一层具有生活力的细胞组成，但也有少数植物有几层细胞构成的复表皮。例如在干旱地区生长的植物，叶表皮就常是多层的，这就有利防止水分的过度蒸发。表皮可包含表皮细胞、气孔的保卫细胞（图 8-3）和副卫细胞、表皮毛或腺毛等。表皮细胞大多扁平，形状不规则，彼此紧密镶嵌。表皮细胞细胞质少，液泡大，液泡甚至占据细胞的中央部分，而核却被挤在一边，一般没有叶绿体，有时含有白色体、有色体、花青素、单宁、晶体等。表皮细胞与外界相邻的一面，在细胞壁外表覆盖着一层角质膜，角质膜是由疏水物质组成，水分很难透过。角质膜也能有效地防止微生物的侵入。角质膜表面光滑或

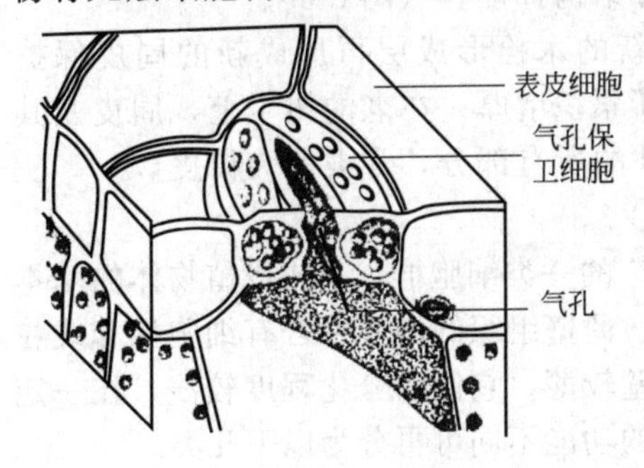

图 8-3　叶表皮

形成乳突、皱褶、颗粒等纹理，有些植物在角质膜外还沉积蜡质，形成各种形式的蜡被。

毛状体为表皮上的附属物，形态多种多样（图 8-4），由表皮细胞分化而来，具保护、分泌、吸收等功能。根的表皮与茎、叶的表皮不同，细胞壁角质膜薄，某些表皮细胞特化成根毛，因此，根表皮主要是吸收和分泌作用。

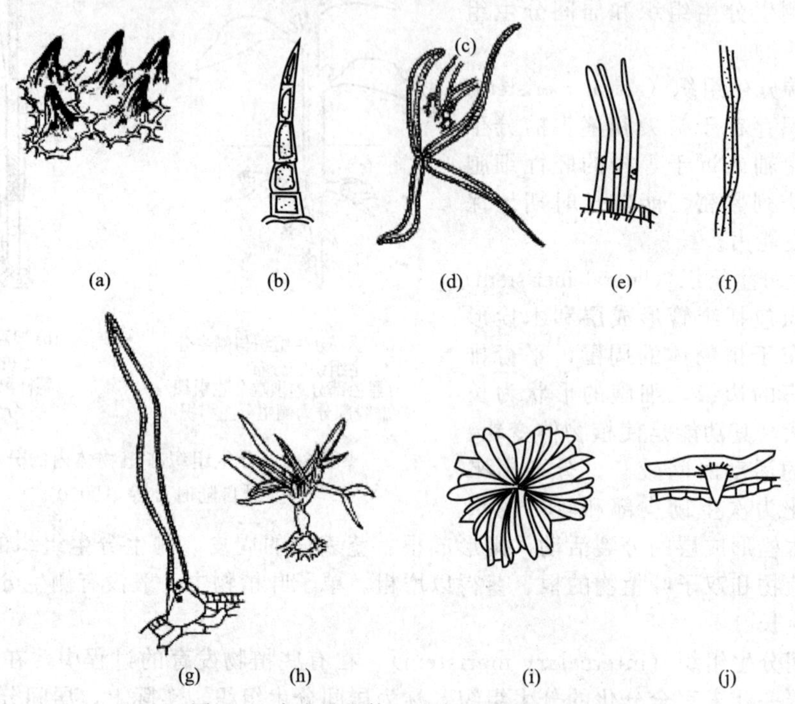

图 8-4 表皮毛状体（引自金银根，2006）

（a）三色堇花瓣上的乳头状毛；（b）南瓜的多细胞表皮毛；（c）、（d）棉属叶上的簇生毛；（e）棉属种子上的表皮毛（幼期）；（f）棉属种子上的表皮毛（成熟期）；（g）大豆叶上的表皮毛；（h）薰衣草属叶上的分枝毛；（i）橄榄的盾状毛（顶面观）；（j）橄榄的盾状毛（侧面观）

（2）周皮　在裸子植物、双子叶植物的根、茎等器官中，在加粗生长开始后，由于表皮往往不能适应器官的增粗生长而剥落，从内侧再产生次生保护组织——周皮，行使保护功能。

木栓形成层向外分裂出来的细胞形成木栓层，向内分裂产生栓内层。木栓层由多层细胞构成，细胞扁平，没有细胞间隙，细胞壁高度栓质化，原生质体解体，细胞内充满气体，具有控制水分散失、保温、防止病虫侵害，抵御逆境的作用。栓内层通常一层细胞，细胞壁较薄，细胞中常含叶绿体。木栓层、木栓形成层和栓内层共同构成周皮。在茎形成周皮时，常常出现一些孔状结构，能让水分、气体内外交流，这种结构称皮孔（图 8-5）。

周皮的内侧，往往还可产生新的木栓形成层，由新的木栓形成层再形成新的周皮保护层。每次新周皮的形成，其外方组织相继死亡，并逐渐累积增厚。在老的树干上，周皮及其外方的毁坏组织，以及韧皮部，也就是维管形成层以外的所有部分，常被称为树皮。

2. 薄壁组织（parenchyma）

在植物体中薄壁组织是最基本、最少特化、分布最广的一类细胞群，是构成植物体的基本成分，在植物体内所占的比例最大，因此也称基本组织。薄壁组织的细胞中含有细胞核和线粒体、质体等多种细胞器，细胞间隙明显，液泡大，初生壁较薄，它们的分化程度较浅，在一定的条件下，部分细胞可转化成其他组织。根据薄壁组织的功能不同可再分为以下几类。

（1）吸收组织　根尖外层的表皮，其细胞壁和角质膜均薄，且部分细胞的外壁突出形成

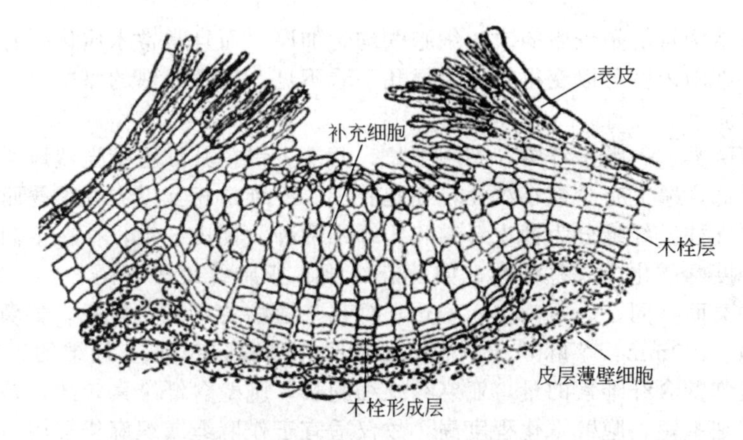

图 8-5　接骨木茎的皮孔（引自张守润等，2007）

根毛，具有明显的吸收作用。

（2）同化组织　能够进行光合作用的薄壁组织，它们的细胞中含有叶绿体，例如叶肉细胞。

（3）贮藏组织　根、茎、果实和种子的薄壁细胞中常贮藏有大量的淀粉、蛋白质、脂肪等营养物质，这类薄壁组织称为贮藏组织，如水稻、小麦种子的胚乳细胞。有些植物如仙人掌、龙舌兰等生于干旱环境，其中有些细胞具有贮藏水分的功能，这类细胞往往有发达的大液泡，其中溶质含量高，能有效地保存水分，这类细胞为贮水组织。

（4）通气组织　湿生和水生植物体内的薄壁组织有特别发达的细胞间隙，它们形成较大的气腔或曲折连贯的通气道，特称为通气组织。这类通气结构有利于气体交换，或适应于水中的漂浮生活，如水稻、莲等植物体内就有发达的通气组织。

（5）传递细胞　传递细胞是一种特化的薄壁细胞，它们具有内突生长的细胞壁和发达的胞间连丝。这种内突生长的细胞壁是由非木质化的次生壁向细胞腔内突生长而成。传递细胞的这种结构有利于它的短途运输功能。细胞质膜紧贴这种多褶的胞壁内突物，使细胞的吸收、分泌以及与外界交换物质的面积大大增加。它大多出现在溶质大量集中的、与短途运输有关的部位，例如小叶脉的输导分子周围、茎节、子叶节和花序轴节部的维管组织中；某些植物子叶的表皮，胚乳的内层细胞等处都有传递细胞的分化；在营分泌功能的各种细胞中，也发现有传递细胞存在。

3. 机械组织（mechanical tissue）

机械组织为植物体内的支持组织。植物器官的幼嫩部分，机械组织很不发达，甚至完全没有机械组织的分化，其植物体依靠细胞的膨压维持直立伸展状态。随着器官的生长、成熟，器官内部逐渐分化出机械组织。种子植物具有发达的机械组织。机械组织的共同特点是其细胞壁局部或全部加厚。根据机械组织细胞的形态及细胞壁加厚的方式，可分为厚角组织和厚壁组织两类。

（1）厚角组织　厚角组织是支持力较弱的一类机械组织，多分布在幼嫩植物的茎或叶柄等器官中，起支持作用。厚角组织的细胞长形，两端呈方形、斜形或尖形，彼此重叠连接成束。此种组织由活细胞构成，常含有叶绿体，可进行光合作用，并有一定的分裂潜能。植物的幼茎、花梗、叶柄和大的叶脉中，其表皮的内侧均可有厚角组织分布（图 8-6）。

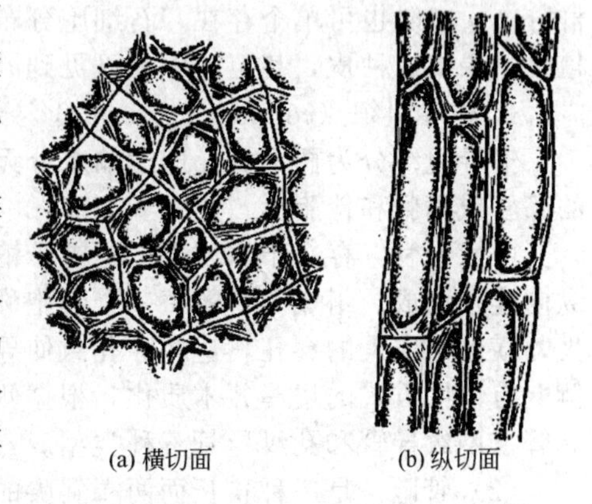

图 8-6　厚角组织（引自张守润等，2007）

（2）厚壁组织　厚壁组织是植物体的主要支持

组织。其显著的结构特征是细胞的次生细胞壁均匀加厚，而且常常木质化。有时细胞壁可占据细胞大部分，细胞内腔可以变得较小以至几乎看不见。发育成熟的厚壁组织细胞一般都已丧失生活的原生质体。

厚壁组织有两类。一类是纤维，细胞细长，两端尖锐，其细胞壁强烈地增厚，常木质化而坚硬，含水量低，壁上有少数小纹孔，细胞腔小。纤维常相互以尖端重叠而连接成束，形成器官内的坚强支柱。纤维分为韧皮纤维和木纤维两种。韧皮纤维，存在于韧皮部，细胞壁不木质化或只轻度木质化，故有韧性，如黄麻纤维、亚麻纤维等（图 8-7）。韧皮纤维细胞的长度因植物种类而不同，通常为 1～2mm，而有些植物的纤维也较长，如黄麻的可达 8～40mm，大麻 10～100mm，苧麻 5～350mm，最长的可达 550mm。纤维的工艺价值决定于细胞的长度与细胞壁含纤维素的量，亚麻纤维细胞长，胞壁含纤维素较纯，是优质的纺织原料，黄麻的纤维细胞短，胞壁木化程度高，故仅适宜于作麻绳或织麻袋等用途。木纤维，存在于木质部，细胞壁木质化，坚硬有力。

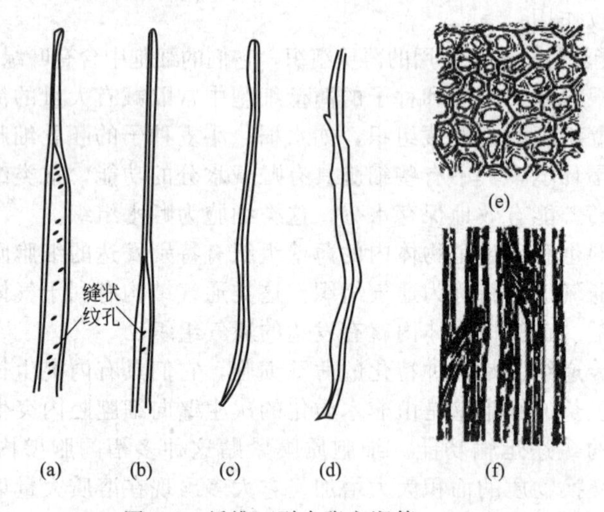

图 8-7　纤维（引自张守润等，2007）

(a) 苹果木纤维；(b) 白栎木纤维；(c) 黑柳韧皮纤维；(d) 苹果韧皮纤维；
(e) 向日葵韧皮纤维（横切面）；(f) 向日葵韧皮纤维（纵切面）

另一类是石细胞。石细胞的形状不规则，多为等径，但也有长骨形、星状毛状（图 8-8）。次生壁强烈增厚并木质化，出现同心状层次。壁上有分枝的纹孔道。细胞腔极小，通常原生质体已消失，成为仅具坚硬细胞壁的死细胞，故具有坚强的支持作用。石细胞往往成群分布，有时也可单个存在。石细胞分布很广，在植物茎的皮层、韧皮部、髓内，以及某些植物的果皮、种皮，甚至叶中都可见到。梨果肉中的白色硬颗粒就是成团的石细胞。

4. 输导组织（conducting tissue）

输导组织分为两大类，即运输水分无机盐的导管和管胞，以及运输溶解状态的同化产物的筛管或筛胞和伴胞。

（1）导管　存在于木质部，是被子植物所特有的，由许多长管状，细胞壁木化的死细胞纵向连接而成。组成导管的每一个细胞称为导管分子。分化成熟时，导管分子的原生质体消失，横壁形成大的穿孔，这些穿孔致使导管成为中空连续的长管，减少了水分运输的阻力。侧壁有不同方式的增厚并木质化，根据侧壁增厚方式导管可分为环纹导管、螺纹导管、梯纹导管、网纹导管和孔纹导管五种类型。

（2）管胞　是一种狭长而两端斜尖的细胞，与导管的主要区别是端壁不形成大穿孔而为具缘纹孔，彼此不连接成长管。在蕨类植物和裸子植物中，管胞是唯一的输水结构，在被子

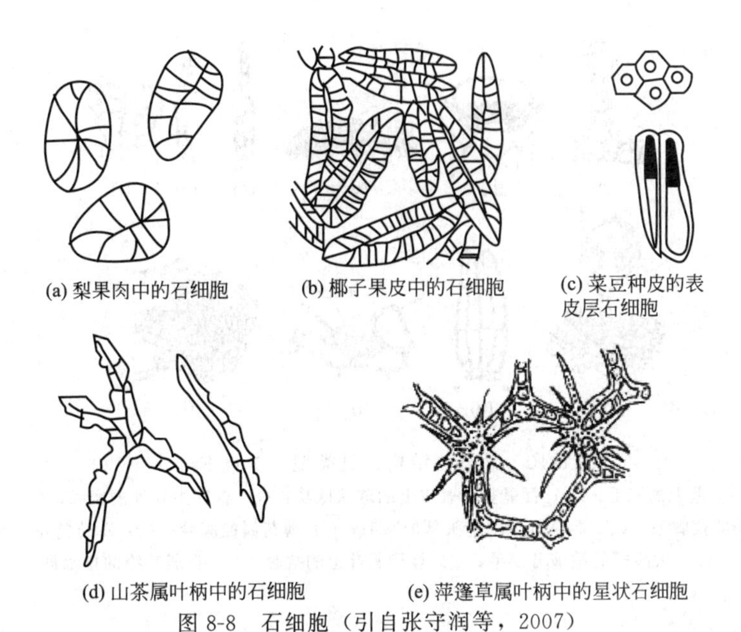

图 8-8　石细胞（引自张守润等，2007）

植物中，管胞和导管同时存在。

(3) 筛管　筛管（图 8-9）存在于被子植物韧皮部，是运输有机物的结构。它是由一些管状活细胞纵向连接而成的，组成该筛管的每一细胞称筛管分子。成熟的筛管分子中，细胞核退化，细胞质仍然保留。筛管的细胞壁由纤维素和果胶构成，在侧面的细胞壁上有许多特化的初生纹孔场，叫做筛域，其中分布有成群的小孔，这种小孔称为筛孔，筛孔中的胞间连丝比较粗，称联络索。而其末端的细胞壁分布着一至多个筛域，这部分细胞壁则称为筛板。联络索沟通了相邻的筛管分子，能有效地输送有机物。

(4) 筛胞　筛胞是绝大多数蕨类植物和裸子植物韧皮部的输导分子。成熟筛胞通常细长、两端尖斜，具有生活的原生质体，但没有细胞核。细胞壁为初生壁，侧壁和先端部分有不很特化的筛域，筛孔狭小，通过的原生质丝也很细小。筛胞在组织中互相重叠而生，物质运输是通过筛胞之间相互重叠末端的筛孔进行。

(5) 伴胞　伴胞（图 8-9）是和筛管并列的一种细胞，细胞核大，细胞质浓厚。伴胞和筛管是从分生组织的同一个母细胞分裂发育而成。二者间存在发达的胞间连丝，在功能上也是密切相关，共同完成有机物的运输。大多数被子植物中，筛管分子侧面紧邻着伴胞。

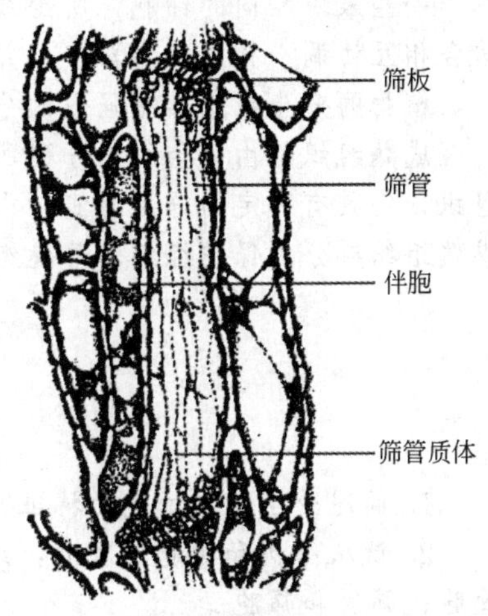

图 8-9　筛管和伴胞
（引自贺学礼，2008）

5. 分泌组织（secretory structure）

植物体中有一些细胞或一些特化的结构有分泌功能。这些细胞分泌的物质十分复杂，如会产生挥发油、树脂、乳汁、蜜汁、单宁、黏液、盐类等物质。有些植物在新陈代谢过程中，这些产物或是通过某种机制排到体外、细胞外，或是积累在细胞内。凡能产生分泌物质的有关细胞或特化的细胞组合，总称为分泌结构。分泌结构也多种多样，其来源、形态、分布不尽相同。如花中可形成蜜腺、蜜槽；有些植物（如天竺葵）叶表面往往有腺毛；松树的茎、叶等器官中有树脂道，能分泌松脂；橘子果皮上可见到透明的小点就是分泌腔，能分泌芳香油（图 8-10）。玉兰等花瓣有香气是因为其中有油细胞，能分泌芳香油。

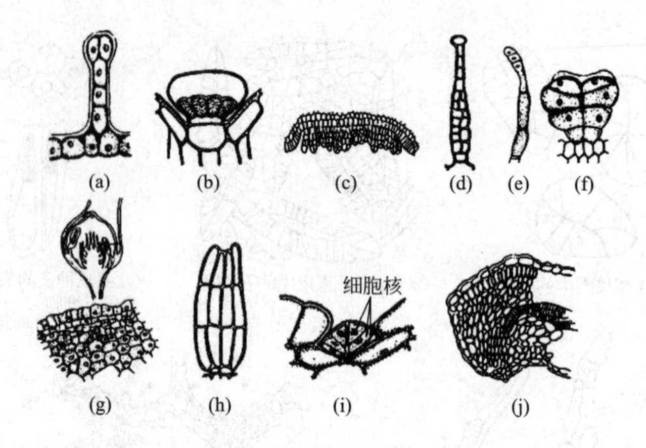

图 8-10 外分泌结构常见类型（引自 Esau）

（a）天竺葵茎上的腺毛；（b）百里香叶表皮上的球状腺鳞；（c）棉叶主脉处的蜜腺；（d）荨麻属花萼的蜜腺毛；（e）烟草具多细胞头部的腺毛；（f）薄荷属的腺鳞；（g）草莓的花蜜腺；（h）大酸模的黏液分泌毛；（i）柽柳属叶上的盐腺；（j）番茄叶缘的排水器

第二节 植物的器官

植物体一般由器官组成，而器官则由细胞分化而成的多种组织组成。不同的器官有不同的形态结构和生理功能。被子植物的主要器官有根、茎、叶、花、种子和果实。其中根、茎、叶与植物营养物质的吸收、合成、运输和贮藏有关，称为营养器官，而花、种子和果实与植物产生后代有关，称为繁殖器官。营养器官由种子发育而来。当种子萌发时，胚根突破种皮形成根系，而胚芽则发育成茎、叶（详见第九章）。

本章小结

一些来源相同的细胞群所组成的结构和功能单位，称为组织。植物体内的各种组织紧密结合相互协调，构成植物器官，并保证各项生理活动的正常进行。

植物的分生组织具有强烈的分裂能力，直接关系到植物的生长。

成熟组织是由分生组织分裂所产生的细胞经过生长、分化而形成的。分化程度浅的成熟组织，仍具有一定的分裂潜能，在一定条件下，还可恢复分裂。根据主要生理功能，通常将成熟组织再分为保护组织、薄壁组织、机械组织、输导组织和分泌组织等五类。

复习思考题

1. 简述分生组织细胞的特征。

2. 试从结构和功能上区别：厚角组织和厚壁组织；表皮和周皮；导管和筛管；导管和管胞；筛管和筛胞。

3. 传递细胞的特征和功能是什么？

4. 从输导组织的结构和组成来分析，为什么说被子植物比裸子植物更高级？

第九章　植物的结构与功能

陆生植物不能在有水的环境中进行有性生殖，所以出现了特殊的生殖器官和生殖过程（图 9-1）。植物除需要各种矿质营养外，也需要水分。和其他生物一样，植物对自身的生命活动也有一整套严谨完善的调控系统。由于植物没有神经系统，所以和动物的调控系统迥然不同。目前对植物的调控了解比较清楚的是其激素调控系统。本章对植物体的结构、生长、生殖、营养和调控系统及功能等作简要的介绍。

图 9-1　沙漠中的仙人掌

第一节　植物的生长、生殖

一、植物的生长

植物的生长是指植物在体积和重量上的增加，是一个不可逆的量变过程。生长是通过分生组织进行的，顶端分生组织存在于根尖和茎的顶芽和腋芽中。分生组织是由未特化的、能分裂的细胞组成。

（一）初生生长

由分生组织所造成的使高度增加的生长称为初生生长。

1. 根尖

根尖是指从根的顶端到着生根毛的部分。主根、侧根和不定根都有根尖，根尖在根的伸长生长、根的吸收、根的分枝以及根的组织分化中都起着十分重要的作用。根尖分为 4 个部分：根冠 、分生区、伸长区和成熟区（图 9-2）。

（1）根冠　位于根尖的最前端，是由薄壁细胞组成的一个保护根尖的帽状结构，覆盖在分生区之外，有保护幼嫩的分生区不受擦伤的作用。同时，根冠的外壁有黏液覆盖，使根尖易于在土壤颗粒间推进，减少阻力。此外，根冠细胞中常含有淀粉粒，可起到平衡石的作

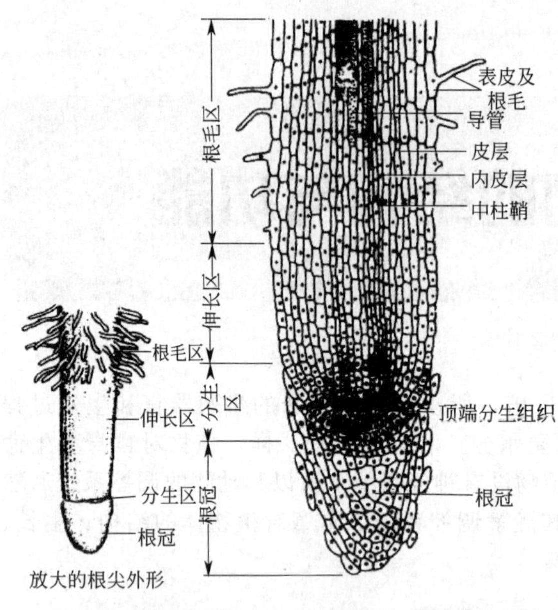

图 9-2 根尖的纵切面（引自陆时万等，2000）

用，使根的生长具有向地性。根冠细胞在根生长时，由于与土壤的摩擦，外部细胞不断脱落，而里面的分生区细胞不断地进行细胞分裂，从而维持根冠的形状和厚度。

（2）分生区　分生区位于根冠的内侧，是根内产生新细胞、促进根尖生长的主要部位，也称生长点或生长锥。分生区是根端的顶端分生组织，由一群排列紧密、细胞壁薄、细胞核相对较大，细胞质丰富、无明显液泡，且具分裂能力的分生组织组成。

在许多植物根尖分生组织中心，有一群分裂活动很弱的细胞群，它们合成核酸和蛋白质的速度缓慢，线粒体等细胞器较少，称为不活动中心。由于不活动中心的存在，人们认为，根尖顶端的原始分生组织的范围较大，其细胞分布于半圆形不活动中心边缘。不活动中心可能是合成激素的场所，也可能是贮备的分生组织。

（3）伸长区　伸长区基本上由初生分生组织组成，但向着成熟区分裂活动愈来愈弱，分化程度则逐渐加深，细胞普遍伸长，出现明显液泡。在靠近成熟区的原形成层部位有筛管和导管出现。由于伸长区细胞迅速同时伸长，再加上分生区细胞的分裂、增大，致使根尖向土层深处生长，有利根的吸收作用。

（4）成熟区（根毛区）　成熟区位于伸长区上方，此区内部细胞已停止伸长，形成了各种成熟组织。成熟区表面密被根毛，因此该区又称根毛区。根毛是表皮细胞向外形成的管状结构，其长度和数目因植物而异。由于根毛的形成扩大了根的吸收面积，吸收能力更强，因此，在农、林和园艺工作中，带土移栽或在移栽时充分灌溉和修剪部分枝叶，其目的就是减少根尖损害和植物蒸腾，防止过度失水，从而提高成活率。

2. 茎尖

植物的茎尖和根尖类似，顶端分生组织的细胞发生分裂，分裂区下面的细胞伸长，将顶芽向上推，伸长区下面是分化区，同样分化出不同的组织（图 9-3）。

（1）分生区　位于茎的顶端，即茎尖的生长锥由顶端分生组织构成。它的最主要特点是细胞具有强烈的分裂能力，茎的各种组织均由此分化而来。

（2）伸长区　位于分生区的下面，茎尖的伸长区较长，可以包括几个节和节间，其长度比根的伸长区长。该区特点是细胞伸长迅速。伸长区可视为顶端分生组织发展为成熟组织的过渡区域。

（3）成熟区　成熟区紧接伸长区，其特点是各种成熟组织的分化基本完成，已具备幼茎的初生结构。

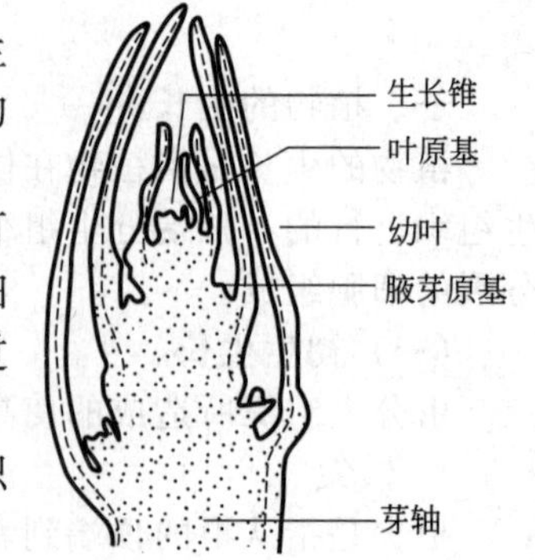

图 9-3 叶芽纵切面（引自张守润等，2007）

（二）次生生长

次生生长使植物长粗，这在乔木、灌木和藤本植物中非常明显，因为这些植物是多年生的，年复一年地使茎加粗，从而堆积了厚厚的一层死的木质部组织，就是木材。次生生长是由于维管形成层和木栓形成层两种分生组织中的细胞不断分裂生长的结果。图 9-4(b) 所示为木本植物茎的次生生长，这是刚刚开始进行次生生长树木的茎。从图中可以看到，维管形成层的细胞发生横向分裂，使两侧的细胞增多，茎长粗。维管形成层的内侧形成的是次生木质部，外侧形成的是次生韧皮部。树干长粗主要是由于次生木质部的增加。年复一年的生长使得一层一层的次生木质部逐步堆积起来，成为木材。由于维管形成层的活动在一年中有周期性（春季活动开始，冬季又停止），所以多年生植物的树干被锯开之后，上面就有一圈一圈的环状纹，称为年轮。

在靠近木栓处是木栓形成层，是由皮层的薄壁细胞组成的，其细胞分裂形成木栓。在图中木栓已成为茎的最外层，原有的表皮和表皮下面的皮层都已脱落。成熟的木栓细胞是死的，壁木质化，其中充满了栓质，起保护作用。

树木生长到第二年，就只有次生木质部和次生韧皮部了。以后增加的都是这两种组织。维管形成层分裂产生新的木栓形成层，产生新的木栓。

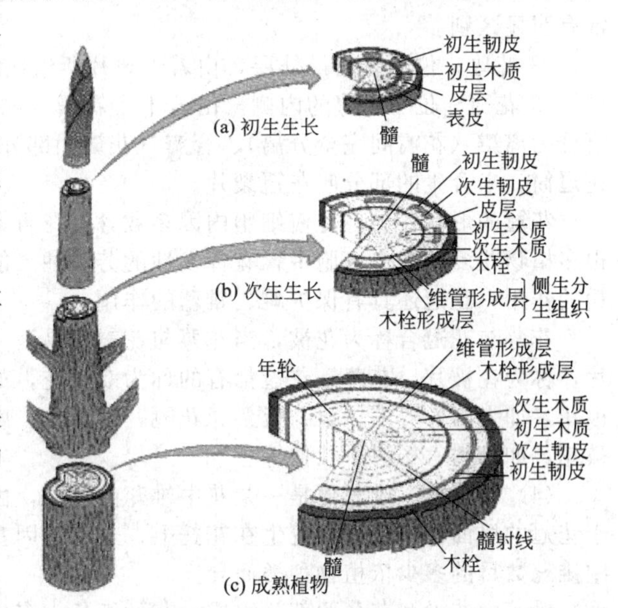

图 9-4　木本植物茎的生长示意图

二、植物的生殖

（一）植物生殖的类型

植物产生新个体的现象称繁殖。是植物最重要的生命活动之一。在植物系统发育中，经繁殖与自然选择，形成了种类繁多、性状各异的植物世界。

植物的生殖方式可分为营养生殖、无性生殖和有性生殖 3 种类型。

（1）营养生殖　营养生殖是植物利用其自身的组成部分，如鳞茎、块茎、块根和匍匐茎等增加个体数的一种繁殖方式。低等植物的藻殖段、菌丝段等和高等植物的孢芽、珠芽、根蘖均可用来营养繁殖，农林生产中广为应用的扦插、压条、嫁接和离体组织培养等也属于营养繁殖。

（2）无性生殖　无性生殖也称孢子生殖，是藻类、菌类、地衣、苔藓、蕨类等植物的一种普遍存在的繁殖方式。这些植物在生活史的某一阶段能产生一种具有繁殖能力的特化细胞——孢子，当孢子离开母体后，在适宜外界环境下便能发育成一新个体。

植物的营养生殖和孢子生殖都是无性的方式，不经过有性过程，其遗传物质来自于单一亲本，子代的遗传信息与亲代基本相同，有利于保持亲代的遗传特性。无性繁殖速度快，产生孢子的数量大，有利于大量快速地繁衍种族。但是，无性繁殖的后代均来自同一基因型的亲本，生活力往往会有一定程度的衰退。

（3）有性生殖　有性生殖是指植物在繁殖阶段产生两种生理、遗传等均不同的配子，经结合形成合子，再由合子发育成新个体的生殖（或繁殖）方式，故又称配子生殖。根据两配子体间的差异程度有性生殖可分为 3 种类型：同配生殖、异配生殖、卵式生殖。

（二）花

花是被子植物特有的繁殖器官，是缩短、特化的枝条，最终能产生花粉、果实和种子。只有被子植物才形成花，花是植物界高度进化的产物。

一朵完整的花由五部分组成，即花梗、花托、花被、雄蕊群和雌蕊群，其中不育的部分是花梗、花托和花被；能育的部分是雄蕊和雌蕊。

（1）花梗　花梗又称花柄，是花着生的小枝，它一方面支持着花，使其分布于一定的空间，另一方面又是花与茎连接的通道。当果实成熟时，花梗便成为果柄。花梗的长短，各种植物的情况不同，有的很长，有的很短，甚至没有。

(2) 花托　花托是花柄顶端膨大的部分，其节间极短，是花被、雄蕊群、雌蕊群着生之处。花托的形状各异，有的呈倒圆锥形，有的凹陷呈壶状，还有的呈盘状等。

(3) 花被　花被着生在花托的外缘，是花萼与花冠的统称。二者在形状、大小和作用上常有明显区别。

① 花萼　位于花的最外层，由若干萼片所组成，通常呈绿色，其结构与叶类似。

② 花冠　位于花萼的内侧，由若干个花瓣片构成花冠。根据花冠的生长情况，可将花冠分为离瓣（花瓣间完全分离）、合瓣（花瓣间部分或全部合生）。合瓣花冠中合生的部分叫花冠筒，未合生的部分叫花冠裂片。

花冠的形状各异，花瓣细胞内因多数含有花青素或有色体，故常呈现鲜艳的色泽，另外很多植物花瓣的表皮细胞中含有挥发性的芳香油，能放出特殊的香味，花冠具有招引昆虫传粉的作用；花冠还具有保护雌、雄蕊的作用。

花萼与花冠合称为花被，当花萼与花瓣不易区分时，也可通称为花被。这种花被的每一片，称为花被片。花萼、花冠都有的称为双被花，如豌豆、番茄等；仅有一轮花被的称为单被花，如大麻、荞麦、桑、板栗无花冠，郁金香、虞美人无花萼；完全不具花被的花称为无被花，如柳树、杨树、杜仲等。

(4) 雄蕊群　雄蕊群是一朵花中雄蕊的总称，由多数或一定数目的雄蕊所组成。雄蕊位于花冠的里面，一般直接着生在花托上，也有的因基部与花冠愈合而贴生在花冠上。一朵花中雄蕊数目的多少依植物种类而异。

雄蕊由花丝和花药两部分组成。花丝细长，多呈柄状，具有支持花药的作用，也是水分和营养物质通往花药的通道。花丝一般是等长的，但有些植物，花丝的长短不等，如十字花科。花丝有的聚合，有的分离。花药在花丝顶端，是产生花粉的地方，是雄蕊的主要部分，通常由4个或两个花粉囊组成，分为左右两半，中间以药隔相连。花粉囊里产生许多花粉粒，花粉粒成熟时，花粉囊破裂，散放出花粉粒。

① 花药的发育　在花器官发生过程中，雄蕊原基自花托上产生，并由此产生花药原始体。在花药原始体的4个角隅处的表皮以内形成4组孢原细胞。这些细胞核较大，细胞质浓。孢原细胞进行平周分裂，形成两层细胞，外层为初生壁细胞，此层细胞以后参与花粉囊壁的发育，内层是造孢细胞，以后发育成花粉母细胞（图9-5），后者进一步发育形成花粉。花药原始体中部的细胞将发育形成药隔和维管束。

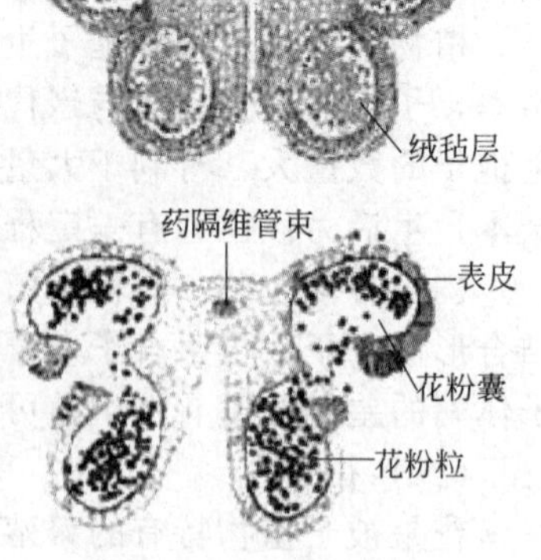

图 9-5　花药的发育与结构

② 小孢子的产生　花药中的造孢细胞呈多角形，造孢细胞进行几次有丝分裂，产生更多的造孢细胞，在最后一次有丝分裂后，发育形成了小孢子母细胞，也称花粉母细胞。小孢子母细胞体积较大，核大，细胞质浓厚，渐渐分泌出胼胝质的细胞壁，并开始进行减数分裂。在减数分裂开始前，小孢子母细胞核中的DNA已复制，小孢子母细胞经过两次连续的细胞分裂，染色体数目减半，形成4个单倍体的细胞，称小孢子。最初形成的4个小孢子集合在一起，称四分体。以后，四分体的胼胝质壁溶解，小孢子彼此分离。

从四分体中释放出的小孢子体积较小，无明显的液泡，细胞核位于中央，有薄的孢粉素外壁，以后逐渐形成液泡，细胞核偏向小孢子的一边，使小孢子具有了极性。有些植物的小孢子要经过几天、数周或数月的静止期后再进一步发育。北方有些木本植物如连翘在初秋就已形成小孢子，发育停滞处于休眠状态，到冬季结束时才继续发育。

③ 花粉（雄配子体）的发育　小孢子是配子体世代的开始，是雄配子体的第一个细胞。小孢子长大后，进行1次不等的有丝分裂，形成了2个细胞，称为花粉。由于小孢子具有极性，花粉中的两细胞1个大1个小，大的为营养细胞，小的为生殖细胞。营养细胞继承了小孢子的大部分细胞质与细胞器，由于营养细胞与花粉管的生长有关，故称为管细胞。生殖细胞最初呈凸透镜形状，贴在花粉壁上，与营养细胞相邻的细胞壁为很薄的胼胝质壁。以后生殖细胞向营养细胞质中延伸，渐渐脱离花粉壁，浸没于营养细胞质之中。生殖细胞的壁逐渐消失，细胞形状逐渐变圆，以后又变成纺锤形或长椭圆形。

④ 成熟花粉的结构与功能　花粉是被子植物的雄配子体，其功能是产生精子并运载雄配子使之进入雌蕊的胚囊中，以实现双受精（图9-6）。

被子植物的花粉粒直径多在15～20μm之间，南瓜属花粉的直径可达200μm以上。花粉表面具有萌发孔，在不同植物中萌发孔的数目、形状、在花粉粒上着生的位置等都有很大差异。花粉粒的形状大小及萌发孔的数目、位置、形态，以及花粉壁的雕纹等都有较强的种属特异性，这些特征被用来研究植物的系统分类、演化、地理分布等，并由此发展成一门学科，称为孢粉学。

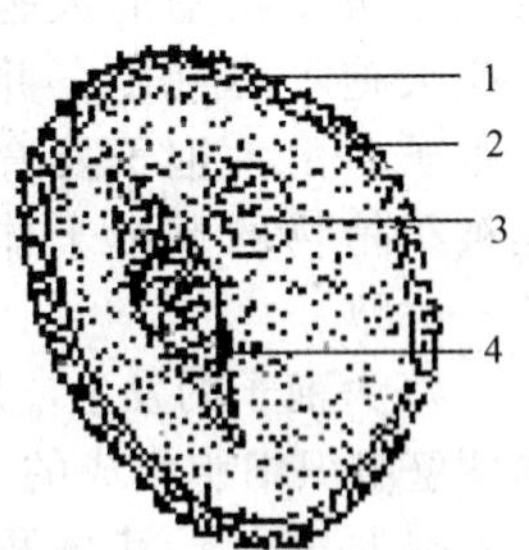

图9-6　花粉粒的结构

1—外壁；2—内壁；3—营养细胞；4—生殖细胞

a. 花粉壁　花粉壁分为花粉外壁和花粉内壁两个部分。花粉外壁较厚，主要成分是孢粉素，质地坚硬，能抗酸、碱和抗生物分解，因此可在地层中找到古代植物遗留的花粉。花粉内壁的主要成分是纤维素和果胶质，也含有蛋白质，其中一些蛋白质是水解酶类，与花粉萌发及花粉管穿入柱头有关，也有一些蛋白质在受精的识别中具一定作用。

b. 营养细胞　细胞核结构松散，染色较浅，细胞质中细胞器数量较多，花粉成熟时，营养细胞中贮有大量的淀粉、脂肪等，还有各种酶、维生素、植物激素、无机盐等。

c. 生殖细胞　在两细胞型的成熟花粉粒中生殖细胞多为纺锤形的裸细胞，细胞核相对较大，核内染色质凝集，具1～2个核仁。细胞质很少，其中有线粒体、高尔基体、内质网、核糖体和微管等细胞器，在多数植物中生殖细胞内无质体，如棉花、番茄等，少数植物的生殖细胞有质体，如天竺葵等。质体的有无可能会影响某些存在于质体的细胞质遗传基因的传递。生殖细胞中的微管与细胞的长轴平行，微管与维持生殖细胞的形状有关。

d. 精子　在三细胞成熟花粉中，生殖细胞经有丝分裂形成了1对精子。精子也是裸细胞，有纺锤形、球形、椭圆形、蠕虫形、带状等不同形状。精子具有很少的细胞质，有线粒体、高尔基体、内质网、核糖体等细胞器。

（5）雌蕊群　一朵花中所有的雌蕊总称为雌蕊群。雌蕊位于花的中央部分，是花的另一重要组成部分。雌蕊由心皮构成，即心皮是雌蕊的结构单位。而心皮实质上是具有生殖功能的变态叶。在一花中雌蕊仅由一个心皮组成的，称单雌蕊；多数植物雌蕊群有多个心皮，有的植物心皮彼此分离，称离生雌蕊（也属单雌蕊），有的植物仅一枚雌蕊，但雌蕊由多心皮联合形成，称合生雌蕊（复雌蕊）。发育完全的雌蕊，通常分化出柱头、花柱及子房三部分。

柱头位于花柱顶端，是承受花粉的地方。多数植物的柱头能分泌水分、糖类、脂类、酚类、激素和酶等物质，有助于花粉粒的附着和萌发。

花柱介于柱头和子房之间，是花粉管进入子房的通道。同时，花柱对花粉管的生长能提供营养及某些向化物质，有利于花粉管进入胚囊。

子房是雌蕊基部膨大的部分，外为子房壁，内为一至多个子房室。着生在子房内的卵形小体称胚珠，每一个子房内胚珠的数目，各种植物不同，由一到数十个不等。

① 胚珠的发育　胚珠包被在被子植物雌蕊的子房中，一般沿心皮的腹缝线着生，胚珠

具有珠被一或二层，包围珠心，在胚珠顶端形成一开口，称珠孔，胚珠以珠柄和胎座相连，珠柄中有维管束，沟通子房与胚珠。珠被、珠心、珠柄相结合的部位称合点。幼小的子房中，心皮腹缝处产生一团细胞，这些细胞分裂增生，发育形成珠心。在珠心基部外围有些细胞分裂快，形成了包围在胚珠周围的珠被，顶端留下了珠孔。在一些植物中，可产生内珠被和外珠被，如百合，其外珠被是在内珠被发生以后以同样的方式在其外侧发生的。在一部分植物中仅有一层珠被。

在多种植物中，由于胚珠在发育过程中各部分的细胞分裂和生长速率不同，形成了不同类型的胚珠（图 9-7）。

② 胚囊（雌配子体）的发育　珠心相当于被子植物的大孢子囊，在珠心中产生大孢子母细胞，并经减数分裂产生大孢子，由大孢子发育形成胚囊，胚囊是被子植物的雌配子体，其内产生雌配子——卵。

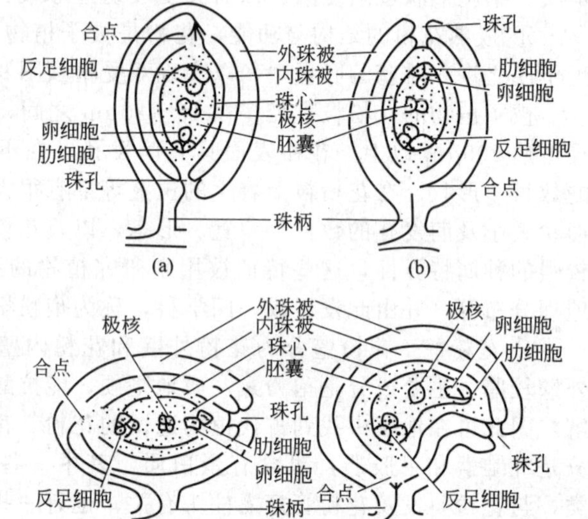

图 9-7　胚珠的结构和类型（引自张守润等，2007）
（a）倒生胚珠；（b）直生胚珠；（c）横生胚珠；（d）弯生胚珠

a. 大孢子的发生　胚珠的珠心是由一团薄壁组织细胞组成的，在早期的珠心中产生孢原细胞，其体积较大，细胞质浓厚，细胞核明显。在一些植物中孢原细胞经一次平周分裂，形成一个大孢子母细胞和一个周缘细胞；周缘细胞可经有丝分裂形成多层珠心细胞。有些植物的孢原细胞直接发育形成大孢子母细胞。

被子植物大孢子母细胞减数分裂产生大孢子或大孢子核的方式有 3 种：大孢子母细胞经减数分裂的连续两次细胞分裂后形成四个单倍体的大孢子，大孢子呈直线形排列，这 4 个大孢子中仅有一个参加胚囊的发育，其余 3 个都退化了。这种方式产生的胚囊称单孢子胚囊。蓼科植物常见；大孢子母细胞在减数分裂的连续两次分裂中，只发生细胞核的分裂，不进行细胞质分裂，形成 4 个单倍体的大孢子核，这 4 个大孢子核都参与胚囊的发育，这类植物产生的胚囊称四孢子胚囊，百合属植物属于这种类型；大孢子母细胞在减数分裂的第一次分裂后就发生细胞质分裂，形成 2 个单倍体的细胞，其中一个（多为珠孔端的）退化，另一个细胞的单倍体细胞核发生有丝分裂（相当于减数分裂的第二次分裂），形成 2 个单倍体的大孢子核，由这 2 个大孢子核参加胚囊的发育，属双孢子胚囊，如葱。

b. 胚囊（雌配子体）的发育　在 70％的被子植物中，胚囊是从 1 个大孢子发育而成的，称单孢型，由于在多蓼科植物中发现这种类型的胚囊，因而也称蓼型胚囊，小麦、水稻、油菜等植物均为蓼型胚囊，其发育过程如下（图 9-8）。

大孢子母细胞减数分裂后形成四个大孢子，呈直线排列，其中合点端的一个细胞发育，体积增大，其余 3 个都退化。这个增大的大孢子也称单核胚囊。大孢子增大到一定程度时，细胞核有丝分裂 3 次，不发生细胞质分裂，经 2 个核、4 个核与 8 个游离核阶段，然后产生细胞壁，发育成为成熟胚囊。

在 8 个游离核阶段，胚囊两端最初各有 4 个游离核。以后各端都有一核向中部移动，当细胞壁形成时，成为一个大的细胞，称中央细胞，其中有 2 个核，称极核，珠孔端所余的 3 个核，其周围细胞质中产生细胞壁，形成 3 个细胞，其中一个是卵，另两个是助细胞，由卵与2个助细胞组成了卵器。在合点端的3个核周围的细胞质也产生细胞壁，形成3个反足细胞。这样，就形成了具有7个细胞，8个核的成熟胚囊，即雌配子体。

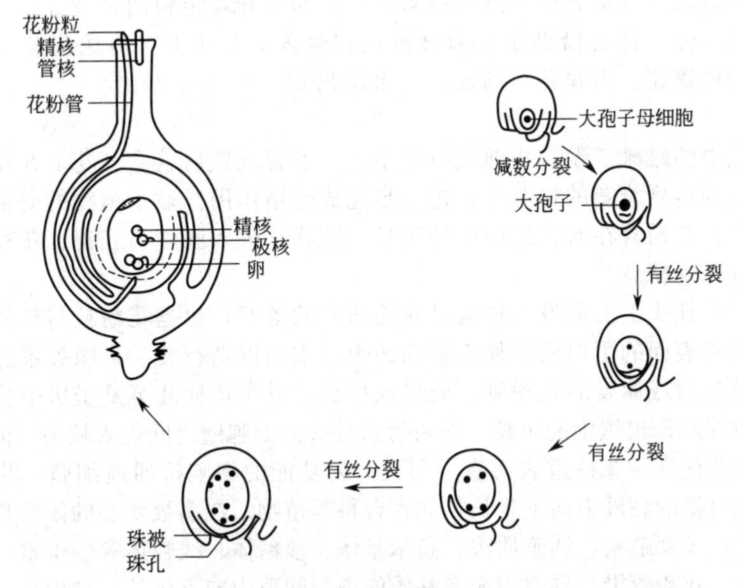

图 9-8　胚囊的发育

c. 成熟胚囊的结构与功能　被子植物的胚囊是雌配子体，能产生雌配子。胚囊的结构与其功能相适应。用电子显微镜观察研究了多种被子植物的胚囊，对胚囊的结构与功能有了一定的认识。多数植物的成熟胚囊有7个细胞，其精细结构和特点如下。

(a) 卵　呈洋梨形，大液泡在近珠孔端，卵核在近合点端，电镜观察表明，成熟的卵细胞合点端细胞壁消失或不连续，与中央细胞间仅具两层膜，此种结构与卵和中央细胞的受精有关。卵细胞中细胞器数量相对较少，反映出卵细胞的代谢活动相对较弱。

(b) 助细胞　细胞核位于近珠孔端，细胞质浓厚，液泡分布在珠孔端；在光学显微镜下还能看到助细胞的珠孔端有丝状的结构，称丝状器，与卵细胞有着明显的区别。助细胞的细胞器较丰富，成熟的助细胞在合点端的细胞壁消失，珠孔端的丝状器实为细胞壁的内突生长，因而助细胞具有传递细胞的特点。多方研究表明，助细胞有分泌物质以吸引花粉管向胚囊生长的作用，助细胞还能分泌酶等，有助于花粉管及其内含物进入胚囊，助细胞还有从珠心等处吸收转运营养物质的功能。从其超微结构特点看，助细胞的代谢活动较活跃。助细胞是短命的结构，在受精前后解体。

(c) 中央细胞　体积很大，有大液泡，有2个极核。在受精前，有些植物的2个极核融为一个次生核。极核或次生核也将受精。卵、助细胞与中央细胞在结构与功能上有密切的联系，因此也有人将其称为雌性生殖单位。

(d) 反足细胞　有些植物的反足细胞还分裂成多个，如小麦有几十个反足细胞，禾亚科植物中，反足细胞的数目可达100多个。反足细胞也是短命的结构，在受精前后退化。反足细胞的功能是向胚囊转运营养物质。

(三) 传粉与受精

当雄蕊中的花粉和雌蕊中的胚囊达到成熟的时期，或是二者之一已经成熟，这时原来由花被紧紧包住的花张开，露出雌、雄蕊，花粉散放，完成传粉过程。传粉之后，发生受精作用，从而完成有性生殖过程。

1. 传粉

由花粉囊散出的成熟花粉，借助一定的媒介力量，被传送到同一花或另一花的雌蕊柱头上的过程，称为传粉。

（1）传粉的方式　自然界中普遍存在着自花传粉与异花传粉两种方式。

（2）传粉的媒介　花粉借助于外力被传送到雌蕊的柱头上。传送花粉的外力有风、动物、水等。分为风媒花、虫媒花、鸟媒花、水媒花等。

2. 受精

被子植物花中的雌雄蕊发育成熟或有其中之一发育成熟后就会开花。开花后花粉通过风力或借助于昆虫等落到雌蕊的柱头上，进一步完成受精作用。被子植物的受精作用包括花粉在柱头上的萌发、花粉管在雌蕊组织中的生长、花粉管进入胚珠与胚囊、花粉管中的两个精子与卵和中央细胞受精。

（1）花粉粒在柱头上的萌发　柱头是花粉萌发的场所，也是花粉粒与柱头进行细胞识别的部位之一。花粉表面的蛋白质和柱头表面的蛋白质的识别有关。亲缘关系过远或过近的花粉在柱头上不能萌发或萌发后花粉管不能进入柱头，或在花柱甚至是子房中受到抑制。

（2）花粉管在雌蕊组织中的生长　花粉管从柱头的细胞壁之间进入柱头，向下生长，进入花柱。在空心的花柱内，花柱道表面有一层具分泌功能的细胞称通道细胞，花粉管沿着花柱道，在通道细胞分泌的黏液中向下生长，如百合科等植物。在多数实心的闭合型花柱中，引导组织的细胞狭长，排列疏松，细胞质浓，高尔基体、核糖体、线粒体等较丰富，胞间隙中充满基质，为果胶质。花粉管沿引导组织充满基质的细胞间隙中向下生长，如棉花、白菜等。

在花粉管生长过程中，两细胞花粉的生殖细胞进行有丝分裂，形成一对精子。由一对精子与营养核构成的雄性生殖单位作为一整体从花粉粒中移到花粉管的前端。

（3）花粉管到达胚珠进入胚囊　花粉管经花柱进入子房后通常沿子房壁或胎座生长，一般从胚珠的珠孔进入胚珠，这种方式称为珠孔受精。少数植物如核桃的花粉管是从胚珠的合点部位进入胚囊的，称合点受精，还有少数植物的花粉管从胚珠的中部进入胚囊，称中部受精。花粉管进入胚珠后穿过珠心组织进入胚囊。

双受精：双受精是指被子植物花粉粒中的一对精子分别与卵和中央细胞极核的结合。受精卵将来发育成胚，受精的极核将来发育成胚乳。双受精现象在被子植物中普遍存在，也是被子植物所特有的。花粉管进入胚珠后，花粉管顶端形成一孔，花粉管内容物从中释放，进入胚囊。进入胚囊的内容物包括一对精子，营养核和少量细胞质。精子释放出来后移向助细胞的合点端，营养核留在后面。一对精子是从卵和中央细胞无细胞壁的部分分别与卵和中央细胞结合的。在不同植物中，精子细胞质能否进入卵中是有所不同的。超微结构的研究发现，在棉花、大麦等植物中，精子的细胞质在受精时没有进入卵细胞，而是留在解体的助细胞中；在白花丹中，精子与卵以细胞融合的方式结合，精子的细胞质进入卵细胞质中。精子的细胞质是否进入卵细胞关系到父本细胞质遗传基因能否向下一代传递。

精核在卵中贴近卵核，以融合的方式进入卵核，精子的染色质在卵中分散，最终与卵的染色质混在一起，精核仁也与卵核仁融合，从而完成受精过程。精子的细胞质是能进入中央细胞的，精核与2个极核或次生核（指两个极核融合的产物）的融合形成初生胚乳核（亦称受精极核），在多数被子植物中，初生胚乳核和由此发育形成的胚乳是三倍体的。

双受精使单倍体的雌雄配子成为合子，恢复了二倍体的染色体数目；使父母亲本具有差异的遗传物质组合在一起，形成具有双重遗传性的合子，由此发育的个体有可能形成新的变异；在被子植物中胚乳也是经过受精的，多数被子植物的胚乳为三倍体，也具有父母亲本的双重遗传性作为新一代植物胚期的养料，能为之提供更好的发育条件与基础。双受精在植物界有性生殖中是最进化、最高级的形式。

(四) 种子的形成

被子植物受精作用完成后，胚珠发育成种子，子房（有时还有其他结构）发育成果实。种子中的胚由合子发育而成，胚乳由受精的极核发育而成，胚珠的珠被发育成种皮，多数情况下珠心退化不发育。

1. 种子的基本结构

植物种类不同，其种子的形状、大小、颜色差异很大，但种子的基本结构却是一致的。即种子一般都由胚、胚乳和种皮三部分组成，有的种子仅有胚和种皮两部分。

胚是构成种子的最主要部分，是新生植物的雏体。胚的各部分由胚性细胞组成，这些细胞体积小、细胞质浓厚、细胞核相对较大、具有很强的分裂能力。胚由胚根、胚芽、胚轴和子叶四部分组成。

胚乳是种子内贮藏营养物质的场所，储藏物质主要是淀粉、脂类和蛋白质。种子萌发时，胚乳中的营养物质被胚分解、吸收、利用；有些植物的胚乳在种子发育过程中已完全被胚吸收，营养物质转储在子叶中，所以这类种子在成熟时无胚乳存在。

种皮是种子外面的覆被部分，具有保护种子不受外力机械损伤和防止病虫害入侵的作用，常由好几层细胞组成，但其性质和厚度随植物种类而异。

2. 种子的主要类型

根据成熟种子是否具有胚乳，将种子分为有胚乳种子和无胚乳种子两类。双子叶植物中的蓖麻、番茄、烟草等植物的种子和单子叶植物中的水稻、小麦、玉米、洋葱等植物的种子，都属于有胚乳种子。双子叶植物如大豆、落花生、蚕豆、棉花、油菜、瓜类的种子和单子叶植物的慈姑、泽泻等的种子，都属于无胚乳种子。

3. 胚的发育

胚是新一代植物的幼体。从苔藓以上的植物就有了胚。被子植物的胚被包被在种子中，贮有丰富的营养供胚生长。

(1) 合子　胚的发育始于合子。合子通常需经过一段休眠期，休眠时间在不同植物中长短不一。水稻合子休眠 6h，小叶杨合子休眠期有 6～10d。

极性的出现是分化的前提。合子第一次分裂一般是横分裂，珠孔端的大细胞叫做基细胞，有明显的大液泡。合点端的细胞称顶细胞，细胞小，原生质浓厚，液泡小而少，富含核糖体等。

(2) 原胚阶段　荠菜的合子分裂形成的基细胞进一步横向分裂，形成一列细胞，其顶端的一个细胞参加胚体的发育，其余的都参与了胚柄的形成。胚柄的功能是从胚囊和珠心中吸取营养并转运到胚。有学者在菜豆属中进行实验，发现表明胚柄有合成赤霉素的功能，对早期的胚胎发育有作用。在原胚阶段，顶细胞先是纵向分裂再是多种方向的分裂，经 2 个、4 个、8 个等细胞阶段，形成了球形的胚体，荠菜的胚体中大部分细胞是由顶细胞发育的，胚体基部细胞来自于胚柄基细胞，这些细胞在后来的发育中形成胚根。这个阶段的原胚细胞具有丰富的多聚核糖体，蛋白质与核酸含量高，线粒体与质体也较多。细胞之间有胞间连丝。

(3) 胚的分化与成熟阶段　当球形的胚体体积达一定程度时，胚体中间的部位生长变慢，两侧生长快，渐渐突起形成了子叶原基，使胚呈心形。心形胚原表皮和基本分生组织细胞的质体也开始出现片层。心形胚的子叶原基进一步发育伸长成为子叶，使胚的形状类似鱼雷，故称鱼雷胚。这个时期，胚根端出现了原形成层，子叶内部出现了初步的组织分化，细胞中出现了叶绿体，胚呈绿色。在以后发育中胚的细胞分裂、扩大和分化，胚进一步发育形成胚根和茎端生长点，胚根、胚轴、子叶等继续生长，胚受到胚囊空间的限制，发生弯曲，

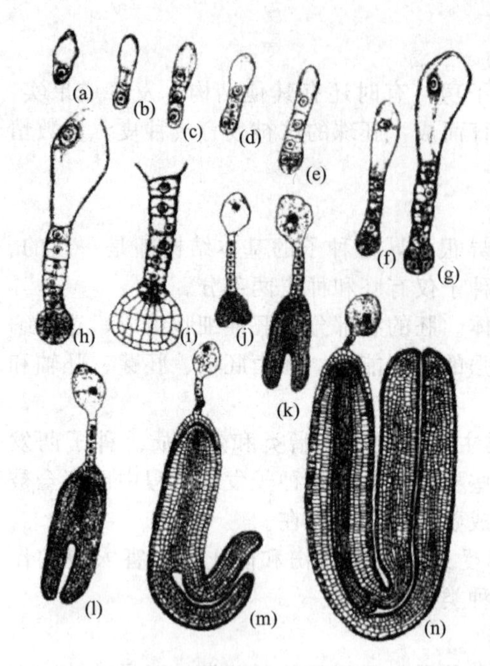

图 9-9　荠菜的胚胎发育过程
(引自陆时万等，2000)
(a) 合子的第一次分裂；(b)～(m) 胚继续发育；(n) 胚和种子逐步形成，胚乳消失

成熟时胚内积累了丰富的营养物质（图 9-9)。

单子叶植物胚的发育与双子叶植物胚的发育相比有共同之处，也有很多不同。以早熟禾胚的发育过程为例，合子的第一次分裂是横向的，分裂数次形成棒状胚。棒状胚的珠孔端是胚柄，胚柄与胚体间无明显的分界。不久，在棒状胚的一侧也出现一个小的凹刻，此处生长慢，其上方生长快，后来形成了盾片（子叶)，在以后的发育中胚分化形成了胚芽鞘、胚芽（它包括茎端原始体和几片幼叶)、胚根鞘和胚根。在胚上还有一外胚叶，位于与盾片相对的一侧。

4. 胚乳的发育

精核与 2 个极核融合后，一般不经休眠，初生胚乳核很快开始分裂和发育。胚乳的发育分为核型、细胞型和沼生目型 3 种类型。

(1) 核型胚乳　这是被子植物中较为普遍的胚乳发育形式。初生胚乳核在最初的一段发育时期进行细胞核分裂而细胞质不分裂，不形成细胞壁，胚囊中积累了许多游离核（图 9-10)。在胚乳发育的后期才产生细胞壁，形成胚乳细胞。胚乳游离核增殖的方式主要是有丝分裂，在分裂旺盛时也会进行无丝分裂。在胚乳与胚发育的过程中，胚囊的体积扩大，中央有很大的液泡，胚乳游离核沿胚囊的细胞质边缘排成薄的一层或数层。游离核的数目在不同植物中差异很大，不同植物胚乳游离核开始形成细胞壁的时间不同。

(2) 细胞型胚乳　这类胚乳发育过程中不形成游离核，自始至终的分裂都伴着细胞壁的形成，合瓣花类植物多是这类胚乳，如烟草、番茄、芝麻等。

(3) 沼生目型胚乳　这类胚乳存在于沼生目型植物中，是介于核型胚乳与细胞型胚乳之间的中间类型。这类胚乳的初生胚乳核第一次分裂形成 2 个室（细胞)，分别为合点室与珠孔室。珠孔室较大，进行多次游离核分裂，在发育的后期形成细胞壁。在合点室，始终是游离核状态。合点室的核也可能不再进行游离核分裂。

无胚乳种子的胚乳在胚发育的中后期消失，其营养物质转入胚的子叶中。在胚与胚乳发育的过程中，要从胚囊周围吸取养料，多数植物的珠心被破坏消失，少数植物的珠心始终存在，并发育成为贮藏组织，称外胚乳。甜菜、石竹等植物具外胚乳，而胚乳在发育中消失。胡椒、姜等植物的外胚乳和胚乳都存在于种子中。

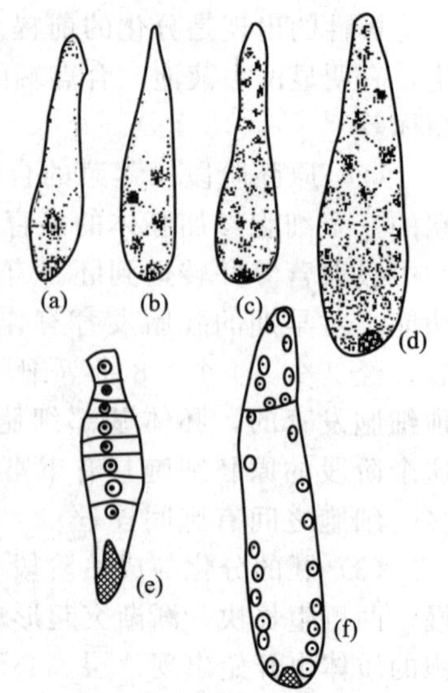

图 9-10　胚乳的发育类型
(a)～(d) 核型胚乳；(e) 细胞型胚乳；(f) 沼生目型胚乳

5. 种皮的形成

在胚与胚乳发育过程中，胚珠的珠被发育成种皮，胚珠的珠孔形成种子的种孔，倒生胚珠的珠柄与外珠被的愈合处

形成种子的种脊。在不同的植物中种皮发育情况不相同，种皮的结构和特点也各有不同。

（五）果实

1. 果实的形成与结构

受精后，胚珠发育为种子时，子房内新陈代谢活跃。整个子房迅速生长，发育为果实。

果实由果皮和种子组成，在果皮之内包藏着种子。果皮可分为外果皮、中果皮和内果皮。外果皮上常有气孔、角质、蜡被、表皮毛等。中果皮在结构上变化很大，有时是由许多富有营养的薄壁细胞组成，成为果实中的肉质可食部分，如桃、杏、李等；有时在薄壁组织中还含有厚壁组织；有些植物，如荔枝、花生、蚕豆等，果实成熟时，中果皮常变干收缩，成为膜质或革质，或为疏松的纤维状，维管束多分布于中果皮。内果皮的变化也很大，有的内果皮里面生出很多大而多汁的汁囊，像柑橘、柚子等果实；有的具有坚硬如石的石细胞，如桃、李、椰子等；有的在果实成熟时，细胞分离成浆状，如葡萄。

2. 果实的分类

果皮的结构、色泽以及各层的发达程度，因植物种类而异。

多数植物的果实，仅由子房发育而成，这种果实称为真果；但有些植物的果实，除子房外，尚有花托、花萼或花序轴等参与形成，这种果实称为假果，如梨、苹果等。此外，由一朵花中的单雌蕊发育成的果实称为单果；由一朵花中的多数离生雌蕊发育成的果实称为聚合果，如莲、草莓等；由一个花序发育形成的果实称为聚花果，如桑、凤梨等。

如果按果皮的性质来划分，有肥厚肉质的，称肉果；有果实成熟后，果皮干燥无汁的，称干果。肉果有多种类型，如浆果（番茄）、柑果（橘）、核果（桃）、梨果（苹果）、瓠果（西瓜）等。干果有多种类型，如荚果（绿豆）、蒴果（车前）、瘦果（向日葵）、颖果（小麦、玉米）、坚果（板栗）、翅果（榆、臭椿）等。

3. 单性结实

受精以后开始结实，这是正常的现象。但也有一些植物，可以不经过受精作用也能结实，这种现象叫单性结实。单性结实有两种情况：一种是子房不经过传粉或任何其他刺激，便可形成无籽果实，称为营养单性结实，如柑橘、柠檬的某些品种。另一种是子房必须经过一定的刺激才能形成无籽果实，称为刺激单性结实，如以马铃薯的花粉刺激番茄花的柱头，或用苹果的某些品种的花粉刺激梨花的柱头，都可以得到无籽果实。

单性结实在一定程度上与子房所含的植物生长激素的浓度有关，农业上应用类似内植物生长激素以导致单性结实。例如，用30～100mg/L的吲哚乙酸和2,4-D等的水溶液，喷洒番茄、西瓜、辣椒等临近开花的花蕾，或用10mg/L的萘乙酸喷洒葡萄花序，都能得到无籽果实。

单性结实必然产生无籽果实，但并非所有的无籽果实都是单性结实的产物。有些植物开花、传粉和受精以后，胚珠在发育为种子的过程中受到阻碍，也可以形成无籽果实。

第二节　植物的营养

植物也需要各种养分，其中最重要的养分是光合作用的产物——糖。但植物也和动物一样，所需要的有机物种类很多。不过植物以光合产物为原料，可以合成自身所需要的所有各种有机物。

一、根

（一）根的生理功能

根是植物体适应陆地生活分布于地下的营养器官。一株植物根的总和叫根系（图9-11）。

根的主要生理功能是吸收土壤中的水和溶解在水中的无机营养物，并能固定植物，同时，根还能合成多种氨基酸。

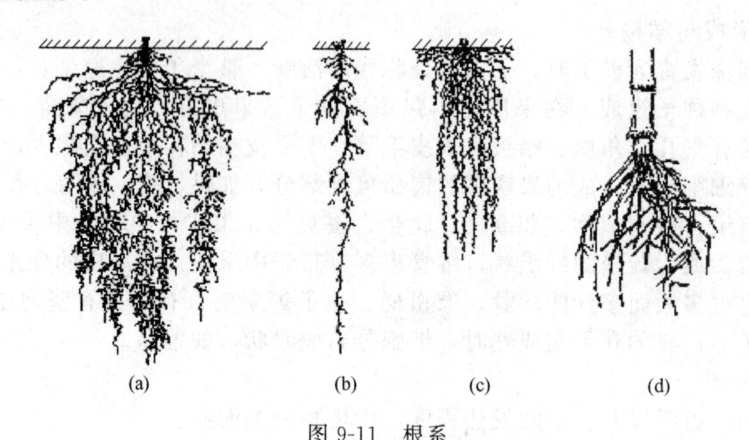

图 9-11　根系

(a) 菜豆直根系；(b) 深入土中，次生根很少的直根系；(c) 须根系（禾本科）；(d) 玉米须根系，示茎基部的不定根

(二) 根的类型和根系

1. 定根和直根系

(1) 定根　定根是指主根和侧根。当种子萌发时，胚根突破种皮，向下生长形成的根称为主根。主根生长到一定长度，就在一定部位产生分支，形成侧根，侧根上仍能产生新的分支。主根和侧根都有一定的发生位置，因此又称定根。

(2) 直根系　凡主根粗壮发达，主根和侧根有明显区别的根系称为直根系，如大多数双子叶植物和裸子植物的根系。

2. 不定根和须根系

(1) 不定根　植物除能由种子产生定根外，还能从茎、叶、老根和胚轴上产生根，这些根产生的位置不固定，统称不定根，不定根也可能产生侧根。

(2) 须根系　主根不发达或很早就停止生长，由茎基部产生的不定根组成的根系称为须根系。如水稻、小麦、玉米等单子叶植物的根系。

侧根、不定根的产生扩大了根的吸收面积，增强了根的固着能力。同时，直根系的植物，因其主根发达，根往往分布在较深的土层中，形式深根系，而须根系的植物主根一般较短，不定根以水平扩展占优势，分布于土壤表层，形成浅根系。

(三) 根的结构

1. 双子叶植物根的初生结构

根毛区内的各种成熟组织，是由原表皮、基本分生组织和原形成层 3 种初生分生组织细胞分裂、分化而来，属于初生组织。根的初生结构就是成熟区的结构，由初生分化组织分化而来。根的初生结构由外至内明显地分为表皮、皮层和中柱 3 个部分。

(1) 表皮　表皮包围在成熟区的最外面，由原表皮发育而来，常由一层细胞组成，细胞排列紧密，没有细胞间隙。细胞的长轴与根的纵轴平行。表皮细胞的细胞壁不角化或仅有薄的角质膜，适于水和溶质通过，部分表皮细胞的细胞壁还向外突出形成根毛，以扩大根的吸收面积。对幼根来说，表皮的吸收作用显然比保护作用更重要，所以根的表皮是一种吸收组织。

(2) 皮层　皮层位于表皮与中柱之间，由多层体积较大的薄壁细胞组成，细胞排列疏松，有明显的细胞间隙。皮层薄壁细胞由基本分生组织发育而来，有些植物细胞内可贮藏淀粉等营养物质成为贮藏组织。水生和湿生植物在皮层中可形成气腔和通气道等通气组织。

皮层最内一层排列紧密的细胞成为内皮层，在其细胞的径向壁和横向壁上有一条木质化和栓质化的带状加厚区域，称为凯氏带。凯氏带不透水。并与质膜紧密结合在一起，致使根部吸收的物质自皮层进入维管柱时，必须经过内皮层细胞的原生质体，而质膜的选择透性使根对所吸收的物质具有了选择性（图 9-12）。因此内皮层的这种特殊结构对于根的吸收作用具有特殊意义。

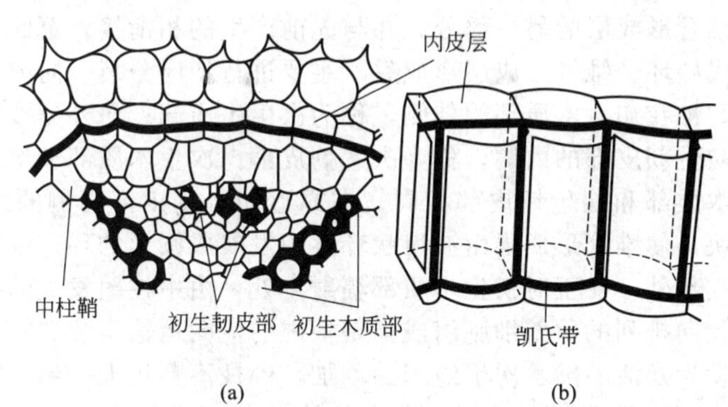

图 9-12　内皮层的结构（引自陆时万等，2000）

（a）根的部分横切面，示内皮层的位置，内皮层的壁上可见凯氏带；

（b）三个内皮层细胞的立体图解，示凯氏带在细胞壁上的位置

（3）中柱　中柱也叫维管柱，是内皮层以内的中轴部分，由原形成层分化而来，中柱由中柱鞘、初生木质部、初生韧皮部和薄壁细胞组成。

① 中柱鞘　位于中柱最外层，由一或几层排列整齐的薄壁细胞组成。这些细胞具有潜在的分生能力，由这些细胞可以形成侧根、不定根、不定芽以及木栓形成层和维管形成层的一部分。

② 初生木质部　初生木质部位于根的中央，主要由导管和管胞组成。横切面上呈辐射状，有几个辐射角就称为几原型的木质部。一般来说，多数植物根中木质部的辐射角是相对稳定的，如棉花根为四原型木质部。但少数植物因根的粗细不同也可发生变化，如花生的主根为四原型，侧根为二原型。初生木质部辐射角外侧的导管先分化成熟，主要由环纹、螺纹导管组成，称为原生木质部，内侧较晚分化成熟的导管主要是梯纹、网纹和孔纹导管，称为后生木质部。初生木质部这种由外向内逐渐成熟的方式称为外始式。根初生木质部的这种发育方式，缩短了水分横向输导的距离，提高了输导效率。

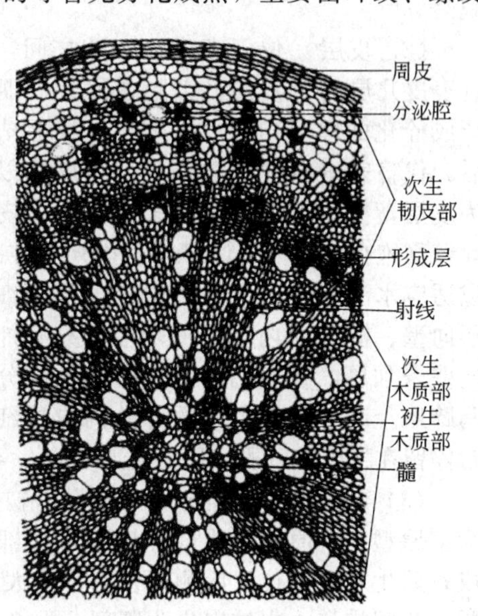

图 9-13　棉根次生构造横切面

（引自张守润等，2007）

③ 初生韧皮部　初生韧皮部形成若干束分布于初生木质部辐射角之间，也有原生韧皮部和后生韧皮部之分。原生韧皮部在外，一般由筛管组成，常缺少伴胞；后生韧皮部位于内侧，主要由筛管和伴胞组成，只有少数植物有韧皮纤维存在。

④ 薄壁细胞　薄壁细胞分布于初生韧皮部与初生木质部之间，在次生生长开始时，其中一层由原形成层保留下来的薄壁细胞，将来发育成维管形成层的主要部分。少数植物中央有髓，也由薄壁细胞组成。

2. 双子叶植物根的次生结构

大多数双子叶植物的根在完成初生生长形成初生结构后，开始出现次生分生组织——维管形成层

和木栓形成层，进而产生次生组织，使根增粗。这种由次生分生组织进行的生长，称为次生生长，所形成的结构称为次生结构（图 9-13)。

维管形成层的发生和活动在双子叶植物根的根毛区内，当根的次生生长开始时，位于初生韧皮部和初生木质部之间的薄壁细胞恢复分裂能力，形成维管形成层片层。随后，各段维管形成层逐渐向两侧扩展，直到与中柱相接。此时，正对原生木质部外面的中柱鞘细胞也恢复分生能力，成为维管形成层的另一部分，并与先前产生的相衔接。至此，维管形成层成为一连续波浪状的形成层环。维管形成层形成后，主要进行切向分裂，向内产生新细胞，分化后形成新的木质部，加在初生木质部的外侧，称为次生木质部；向外分裂所产生的细胞形成新的韧皮部，加在初生韧皮部的内侧，称为次生韧皮部。次生木质部和次生韧皮部的组成成分，基本上与初生木质部和初生韧皮部相同。在靠近初生韧皮部内侧的维管形成层发生较早，分裂活动也较快，使维管形成层由波浪状环逐渐发展成圆形的环。维管形成层除产生次生木质部和次生韧皮部外，在正对初生木质部辐射角处，由中柱鞘发生的维管形成层则分裂形成射线。射线由径向排列的薄壁细胞组成，是根内的横向运输系统。

木栓形成层的发生及活动随着次生组织的增加，中柱不断扩大，到一定的程度，势必引起中柱鞘以外的表皮、皮层等组织破裂。在这些外层组织破坏前，中柱鞘细胞恢复分裂能力，形成木栓形成层。木栓形成层形成后，进行切向分裂，向外和向内各产生数层新细胞。外面的几层细胞发育成为木栓形成层；内层的细胞则形成栓内层，再加上木栓形成层本身，三者合称周皮。

3. 单子叶植物根的结构

以禾本科植物为例，其根的结构也可分为表皮、皮层和维管柱三部分。但各部分结构均有其特点，特别是不产生形成层，没有次生生长和次生结构（图 9-14)。

(1) 表皮　表皮为最外一层细胞，也有根毛形成，但禾本科植物表皮细胞寿命一般较短，当根毛枯死后，往往解体而脱落。

(2) 皮层　位于表皮和中柱之间，靠近表皮几层为外皮层，细胞在发育后期常形成栓化的厚壁组织，在表皮、根毛枯萎后，代替表皮行使保护作用。外皮层以内为皮层薄壁细胞，数量较多，水稻的皮层薄壁细胞在后期形成许多辐射排列的腔隙，以适应水湿环境。内皮层的绝大部分细胞径向壁、横壁和内切向壁增厚，只有外切向壁未加厚，在横切面上，增厚的部分呈马蹄形。正对着初生木质部的内皮层细胞常停留在凯氏带阶段，称为通道细胞。

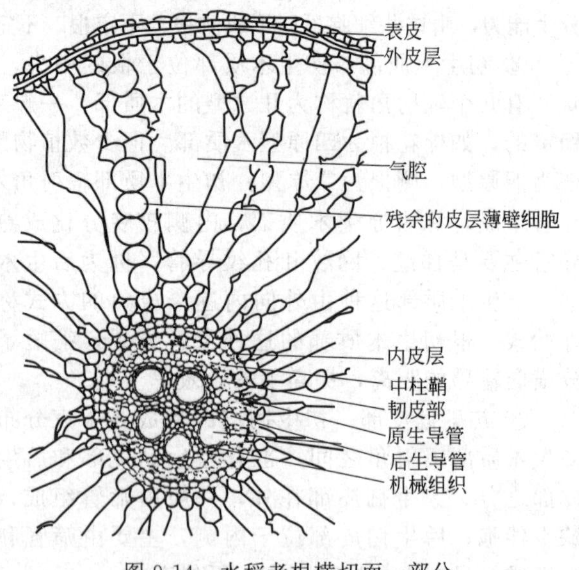

图 9-14　水稻老根横切面一部分
（引自张守润等，2007)

(3) 中柱　中柱也分为中柱鞘、初生木质部和初生韧皮部等几个部分。初生木质部一般为多原型，由原生木质部和后生木质部组成。原生木质部在外侧，由一到几个小型导管组成，后生木质部位于内侧，仅有一个大型导管。初生韧皮部位于原生木质部之间，与原生木质部相间排列。中柱中央为髓部，但小麦幼根的中央部分有时被 1 个或 2 个大型后生导管所占满。在根发育后期，髓、中柱鞘等组织常木化增厚，整个中柱既保持了输导功能，又有坚强的支持巩固作用。

(四) 植物根系对水分的吸收

根系是吸收水分的主要器官。根系吸水的部位主要是根尖，包括分生区、伸长区和根毛区。其中根毛区吸水能力最强。水分还可以通过皮孔、裂口或伤口处进入植物体。植物根系吸水的方式有主动吸水和被动吸水两种。

植物根系以蒸腾拉力为动力的吸水过程称为被动吸水。所谓蒸腾拉力是指因叶片蒸腾作用而产生的使导管中水分上升的力量。当叶片蒸腾时，气孔下腔周围细胞的水以水蒸气形式扩散到水势低的大气中，从而导致叶片细胞水势下降，这样就产生了一系列相邻细胞间的水分运输，使叶脉导管失水，而压力势下降，并造成根冠间导管中的压力梯度，根导管中水分向上输送，其结果造成根部细胞水分亏缺，水势降低，从而使根部细胞从周围土壤中吸水。

根系代谢活动而引起的根系从环境吸水的过程叫主动吸水。植物的吐水、伤流和根压都是主动吸水的表现。根系代谢活动而引起的离子的吸收与运输，造成了内外水势差，从而使水按照下降的水势梯度，从环境通过表皮、皮层进入中柱导管，并向上运输。主动吸水由于根系的生命活动，产生的把水从根部向上压送的力量。

水分从土壤到达根尖部位表皮后，便沿着质外体和共质体途径通过表皮和外、中部皮层。水分在质外体运输是一种自由扩散的形式，阻力小，运输速度较快。当水分到达内皮层时由于凯氏带的作用，使水分不能在质外体中继续径向运输，而只能通过内皮层细胞的原生质体，进行渗透性运输，阻力较大，运输速度较慢。水分通过内皮层后，经由维管柱的薄壁细胞向导管和管胞转移。

土壤水分状况与植物吸水有密切关系。土壤缺水时，植物细胞失水，膨压下降，叶片、幼茎下垂，这种现象称为萎蔫。如果当蒸腾速率降低后，萎蔫植株可恢复正常，则这种萎蔫称为暂时萎蔫。暂时萎蔫常发生在气温高湿度低的夏天中午，此时土壤中即使有可利用的水，也会因蒸腾强烈而供不应求，使植株出现萎蔫。傍晚，气温下降，湿度上升，蒸腾速率下降，植株又可恢复原状。若蒸腾降低以后仍不能使萎蔫植物恢复正常，这样的萎蔫就称永久萎蔫。永久萎蔫的实质是土壤的水势等于或低于植物根系的水势，植物根系已无法从土壤中吸到水，只有增加土壤可利用水分，提高土壤水势，才能消除萎蔫。

土壤温度直接影响根系的生理活动和根系的生长，所以对根系吸水影响很大。土壤温度过低，根系吸水能力明显下降。这是因为低温使根系代谢减弱，使水分和原生质的黏滞性增加，因而影响了根系对水分的吸收。温度过高，酶易钝化，根系代谢失调，对水分的吸收也不利。因而适宜的温度范围内土温愈高，根系吸水愈多。

根系通气良好，代谢活动正常，吸水旺盛。通气不良，若短期处于缺氧和高 CO_2 的环境中，也会使细胞呼吸减弱，影响主动吸水。若长时间缺氧，导致植物进行无氧呼吸，产生和积累较多的酒精，使根系中毒，以至吸水能力减弱。植物受涝而表现缺水症状，就是这个原因。

(五) 植物的矿质营养

将植物材料放在 105℃下烘干称重，可测得蒸发的水分约占植物组织的 10%～95%，而干物质占 5%～90%。干物质中包括有机物和无机物，将干物质放在 600℃灼烧时，有机物中的 C、H、O、N 等元素以 CO_2、H_2O、N_2、NH_3 和氮的氧化物形式挥发掉，一小部分硫为 H_2S 和 SO_2 的形式散失，余下一些不能挥发的灰白色残渣称为灰分。灰分中的物质为各种矿质的氧化物、硫酸盐、磷酸盐、硅酸盐等，构成灰分的元素称为灰分元素，它们直接或间接地来自土壤矿质，故又称为矿质元素。植物对矿质元素的吸收、运输和同化通称为矿质营养。

1. 植物必需的矿质元素

目前公认的植物必需元素有 17 种，它们是：C、H、O、N、P、S、K、Ca、Mg、Cu、

Zn、Mn、Fe、Mo、B、Cl 、Ni。其中前 9 种元素的含量分别占植物体干重的 0.1%以上，称大量元素，后 8 种元素的含量分别占植物体干重的 0.01%以下，称微量元素。这些营养元素都具备国际植物营养学会确定的植物必需元素的三条标准。必需元素在植物体内的生理作用有 3 个方面：①作为植物体结构物质的组成成分；②作为植物生命活动的调节剂，参与酶的活动，影响植物的代谢；③起电化学作用，参与渗透调节、胶体的稳定和电荷中和等。若缺乏某种元素，植物就会表现出专一的病症。

2. 植物体对矿质元素的吸收

植物必需的矿质元素在土壤中以土壤溶液、吸附在土壤胶体表面、土壤难溶盐 3 种形式存在。植物根系都可以利用土壤这 3 种形式的盐，其中土壤溶液是植物根系利用的主要方式。

(1) 吸收部位　用示踪元素实验表明，根尖各区都可吸收矿质元素，最活跃的部位是靠近根冠的分生区和根毛区，但由于分生区尚无输导组织的分化，吸收的矿质元素不能及时上运，所以分生对于吸收矿质元素的作用不大；根毛区有大量根毛，已有输导组织分化，内皮层有凯氏带，能有效地吸收矿质元素并及时上运，因此，根毛区是根系吸收矿质元素的主要部位。

(2) 吸收过程　根的呼吸作用放出 CO_2 和 H_2O，形成 H_2CO_3，H_2CO_3 解离为 HCO_3^- 和 H^+，这两种离子分别与土壤溶液和土壤颗粒表面的正负离子交换，吸附到根的表面。吸附在根表面的矿质元素可通过主动运输、被动运输或内吞作用跨膜进入细胞，通过胞间连丝，经内皮层进入导管。吸附在根表面的离子也可在质外体中扩散，到达凯氏带时再跨膜进入细胞，经由共质体途径继续移动，进入导管。

(3) 根系对矿质元素的吸收特点

① 对矿质元素和水分的相对吸收　由于根系对盐分和水分的吸收机制不同，吸收量不成比例。各有规律，相互联系，相互独立。水分随蒸腾流上升，矿质元素随之带到茎叶，根部木质部盐浓度降低，促进无机盐进入根系的速率，盐分的吸收又引起细胞渗透势的降低，又促进了细胞对水分的吸收。盐分的吸收以消耗代谢能量的主动吸收为主，需要载体，有饱和效应，所以吸收矿质元素又表现出相对的独立性。

② 离子的选择吸收性　根对某些离子吸收的多些，而对有些离子吸收少些或根本不吸收。不同植物对离子的选择吸收不同，可能与不同植物的载体性质与数量有关。植物对于同一种盐类中的阴阳离子也是选择吸收。

③ 单盐毒害和离子拮抗作用　把植物培养在单盐溶液中，即使是植物必需的营养元素，或浓度很低，植物生长都会引起异常状态并最终死亡，这种现象称为单盐毒害（可能是影响了原生质及质膜的胶体性质）。在发生单盐毒害的溶液中，少量加入不同价的金属离子，单盐毒害就会大大减轻甚至消除，离子间的这种作用叫离子拮抗作用。

根据盐类之间的关系和对植物的影响，把几种必要的元素按一定比例配制成对植物生长有良好作用的无毒害溶液，称为平衡溶液。

(4) 影响根系吸收矿质元素的因素　植物对矿质元素的吸收受环境条件的影响。其中以温度、氧气、土壤酸碱度和土壤溶液浓度的影响最为显著。

① 温度　在一定范围内，根系吸收矿质元素的速度，随土温的升高而加快，当超过一定温度时，吸收速度反而下降。这是由于土温能通过影响根系呼吸而影响根对矿质元素的主动吸收。温度也影响到酶的活性，在适宜的温度下，各种代谢加强，需要矿质元素的量增加，根吸收也相应增多。原生质胶体状况也能影响根系对矿质元素的吸收，低温下原生质胶体黏性增加，透性降低，吸收减少；而在适宜温度下原生质黏性降低，透性增加，对离子的吸收加快。

② 通气状况　土壤通气状况直接影响到根系的呼吸作用，通气良好时根系吸收矿质元素速度快。根据离体根的实验，水稻在含氧量达 3%时吸收钾的速度最快，而番茄必须达到 5%～10%时，才能出现吸收高峰。若再增加氧浓度时，吸收速度不再增加。但缺氧时，根系的生命活动受影响，从而会降低对矿质的吸收。因此，增施有机肥料，改善土壤结构，加强中耕松土等改善土壤通气状况的措施能增强植物根系对矿质元素的吸收。土壤通气除增加氧气外，还有减少 CO_2 的作用。CO_2 过多会抑制根系呼吸，影响根对矿质的吸收和其他生命活动。如南方的冷水田和烂泥田，地下水位高，土壤通气不良，影响了水稻根系的吸水和吸肥。

③ 土壤溶液浓度　据实验，当土壤溶液浓度很低时，根系吸收矿质元素的速度，随着浓度的增加而增加，但达到某一浓度时，再增加离子浓度，根系对离子的吸收速度不再增加。这一现象可用离子载体的饱和效应来说明。浓度过高，会引起水分的反渗透，导致“烧苗”。所以，向土壤中施用化肥过度，或叶面喷施化肥及农药的浓度过大，都会引起植物死亡，应当注意避免。

④ 土壤pH 值　土壤 pH 值对矿质元素吸收的影响，因离子性质不同而异，一般阳离子的吸收速率随 pH 值升高而加速；而阴离子的吸收速率则随 pH 值增高而下降。

二、叶

(一) 叶的主要生理功能和组成

1. 叶的生理功能

叶是绿色植物进行光合作用的主要器官。绿色组织通过叶绿体色素和有关酶类活动，利用太阳光能，把二氧化碳和水合成有机物，并将光能转变为化学能而贮存起来，同时释放氧气。叶又是蒸腾作用的主要器官，蒸腾作用是水分以气体状态从植物体内散失到大气中的过程，它是植物根吸收水和矿质元素的动力，并有调节叶温的作用。此外，叶还有吸收和分泌功能。少数植物的叶还有繁殖作用，如秋海棠。

2. 叶的组成

植物的叶一般由叶片、叶柄和托叶三部分组成。叶片是最重要的组成部分，大多为薄的绿色扁平体，这种形状有利于光能的吸收和气体交换，与叶的功能相适应。不同的植物其叶片形状差异很大，叶柄位于叶的基部，连接叶片和茎，是两者之间的物质交流通道，还能支持叶片并通过本身的长短和扭曲使叶片处于光合作用有利的位置；托叶是叶柄基部的附属物，通常细小，早落，托叶的有无及形状随不同植物而不同，如豌豆的托叶为叶状，比较大，梨的托叶为线状，洋槐的托叶成刺，蓼科植物的托叶形成了托叶鞘等等。具有叶片、叶柄和托叶三部分的叶，叫完全叶，如梨、桃和月季等。仅具其一或其二的叶，为不完全叶。无托叶的不完全叶比较普遍，如丁香、白菜等，也有无叶柄的叶，如莴苣、荠菜等；缺少叶片的情况极为少见，如我国的台湾相思树，除幼苗外，植株的所有叶均不具有叶片，而是由叶柄扩展成扁平状，代替叶片的功能，称叶状柄。

此外，禾本科植物等单子叶植物的叶，从外形上仅能区分为叶片和叶鞘两部分，为无柄叶。一般叶片呈带状，扁平，而叶鞘往往包围着茎，保护茎上的幼芽和居间分生组织，并有增强茎的机械支持力的功能。在叶片和叶鞘交界处的内侧常生有很小的膜状突起物，叫叶舌，能防止雨水和异物进入叶鞘的筒内。在叶舌两侧，由叶片基部边缘处伸出的两片耳状小突起，叫叶耳。叶耳和叶舌的有无、形状、大小和色泽等，可以作为鉴别禾本科植物的依据。

(二) 叶的结构

1. 双子叶植物叶的一般结构

(1) 叶柄的结构　叶柄的结构比茎简单，有表皮、基本组织和维管组织三部分所组成。

在一般情况下，叶柄在横切面上常成半月形、三角形或近于圆形。叶柄的最外层为表皮层，表皮上有气孔器，并常具有表皮毛，表皮以内大部分是薄壁组织，紧贴表皮之下为数层厚角组织，内含叶绿体。维管束成半圆形分布在薄壁组织中，维管束的数目和大小因植物种类的不同而有差异，有1束、3束、5束或多束。在叶柄中，进入的维管束数目可以原数不变，一直延伸到叶片中，也可以分裂成更多的束，或合并为1束，因此在叶柄的不同位置，维管束的数目常有变化。维管束的结构与幼茎中的维管束相似，木质部在近轴面，韧皮部在远轴面，两者之间有形成层，但活动有限，每一维管束外常有厚壁组织分布。

(2) 叶片的结构　被子植物的叶片为绿色扁平体，成水平方向伸展，所以上下两面受光不同。一般将向光的一面称为上表皮或近轴面，因其距离茎比较近而得名；相反的一面称之为下表面或远轴面。通常被子植物叶由表皮、叶肉和叶脉三部分构成。

① 表皮　表皮覆盖着整个叶片，通常分为上表皮和下表皮。表皮是一层生活的细胞，不含叶绿体，表面为不规则形，细胞彼此紧密嵌合，没有胞间隙，在横切面上，表皮细胞的形状十分规则，呈扁的长方形，外切向壁比较厚，并覆盖有角质膜，角质膜的厚薄因植物种类和环境条件不同而变化。表皮上分布有气孔器和表皮毛。一般上表皮的气孔器数量比下表皮的少，有些植物在上表皮上甚至没有气孔器分布。气孔器的类型、数目与分布及表皮毛的多少与形态因植物种类不同而有差别，如苹果叶的气孔器仅在下表皮分布，睡莲叶的气孔器仅在上表皮分布，眼子菜叶则没有气孔器存在。表皮毛的变化也很多，如苹果叶的单毛，胡颓子叶的鳞片状毛，薄荷叶的腺毛和荨麻叶的蜇毛。表皮细胞一般为一层，但少数植物的表皮细胞为多层结构，称为复表皮（multiple epidermis），如夹竹桃叶表皮为2～3层，而印度橡皮树的叶表皮为3～4层。

② 叶肉　上下表皮层以内的绿色同化组织是叶肉，其细胞内富含叶绿体，是叶进行光合作用的场所。一般在上表皮之下的叶肉细胞为长柱形，垂直于叶片表面，排列整齐而紧密如栅栏状，称为栅栏组织，通常1～3层，也有多层；在栅栏组织下方，靠近下表皮的叶肉细胞形状不规则，排列疏松，细胞间隙大而多，称为海绵组织，海绵组织细胞所含叶绿体比栅栏组织细胞少，又具有胞间隙。所以从叶的外表可以看出其近轴面颜色深，为深绿色，远轴面颜色浅，为浅绿色，这样的叶为异面叶（dorsi-ventral leaf，bifacial leaf），大多数被子植物的叶为异面叶。有些植物的叶在茎上基本呈直立状态，两面受光情况差异不大，叶肉组织中没有明显的栅栏组织和海绵组织的分化，从外形上也看不出上、下两面的区别，这种叶称等面叶（isobilateral leaf），如小麦、水稻等的叶。

③ 叶脉　叶脉是叶片中的维管束，各级叶脉的结构并不相同。主脉和大的侧脉的结构比较复杂，包含有一至数个维管束，包埋在基本组织中，木质部在近轴面，韧皮部在远轴面，两者间常具有形成层，不过形成层活动有限，只产生少量的次生结构；在维管束的上、下两侧，常有厚壁组织和厚角组织分布，这些机械组织在叶背面特别发达，突出于叶外，形成肋，大型叶脉不断分支，形成次级侧脉，叶脉越分越细，结构也越来越简单，中小型叶脉一般包埋在叶肉组织中，形成层消失，薄壁组织形成的维管束鞘包围着木质部和韧皮部，并可以一直延伸到叶脉末端，到了末梢，木质部和韧皮部成分逐渐简单，最后木质部只有短的管胞，韧皮部只有短而窄的筛管分子，甚至于韧皮部消失，在叶脉的末梢，常有传递细胞分布。

2. 单子叶植物叶的一般结构

下面以禾本科植物的叶为例，说明其结构。由表皮、叶肉和叶脉3部分构成。

(1) 表皮　表皮细胞一层，形状比较规则，往往沿着叶片的长轴成行排列，通常有长、短两种类型的细胞构成。长细胞为长方形，长径与叶的长轴方向一致，外壁角质化并含有硅质；短细胞为正方形或稍扁，插在长细胞之间，短细胞可分为硅质细胞和栓质细胞两种类型，两者可成对分布或单独存在，硅质细胞除壁硅质化外，细胞内充满一个硅质块，栓质细胞壁栓质化。长细胞和短细胞的形状、数目和分布情况因植物种类不同而异。在上表皮中还分布有一种大型细胞，称为泡状细胞，其壁比较薄，有较大的液泡，常几个细胞排列在一起，从横切面上看略呈扇形，通常分布在两个维管束之间的上表皮内，它与叶片的卷曲和开张有关，因此也称为运动细胞。

禾本科植物叶的上下表皮上有纵行排列的气孔器，与一般被子植物不同，禾本科植物气孔器的保卫细胞成哑铃形，含有叶绿体，气孔的开闭是保卫细胞两端球状部分胀缩的结果。每个保卫细胞一侧有一个副卫细胞，因此禾本科的气孔器由两个保卫细胞、两个副卫细胞和气孔构成。气孔器的分布在脉间区域和叶脉相平行。气孔的数目和分布因植物种类而不同。同一株植物的不同叶片上或同一叶片的不同位置，气孔的数目也有差异，一般上下表皮的气孔数目相近。此外，禾本科植物的叶表皮上，还常生有单细胞或多细胞的表皮毛。

(2) 叶肉　叶肉组织由均一的薄壁细胞构成，没有栅栏组织和海绵组织的分化，为等面叶；叶肉细胞排列紧密，胞间隙小，仅在气孔的内方有较大的胞间隙，形成孔下室。叶肉细胞的形状随植物种类和叶在茎上的位置而变化，形态多样。叶脉内的维管束平行排列，中脉明显粗大，与茎内的维管束结构相似。在中脉与较大维管束的上下两侧有发达的厚壁组织与表皮细胞相连，增加了机械支持力。维管束均由1～2层细胞包围，形成维管束鞘，在不同光合途径的植物中，维管束鞘细胞的结构有明显的区别。在水稻、小麦等碳三（C_3）植物中，维管束鞘由两层细胞构成，内层细胞壁厚而不含叶绿体，细胞较小，外层细胞壁薄而大，叶绿体与叶肉细胞相比小而少。在玉米、甘蔗等碳四（C_4）植物中，维管束鞘仅由一层较大的薄壁细胞组成，含有大的叶绿体，叶绿体中没有或仅有少量基粒，但它积累淀粉的能力远远超过叶肉细胞中的叶绿体，碳四植物维管束鞘与外侧相邻的一圈叶肉细胞组成“花环”状结构，在碳三植物中则没有这种结构存在。碳四植物的光合效率高，也称高光效植物。实验证明碳四植物玉米能够从密闭的容器中用去所有的CO_2，而碳三植物则必须在CO_2浓度达到0.04μL/L以上才能利用，碳四植物可以利用极低浓度的CO_2，甚至于气孔关闭后维管束鞘细胞呼吸时产生的CO_2都可以利用。碳四植物不仅存在于禾本科植物中，在其他一些双子叶植物和单子叶植物中也存在，如苋科、藜科植物，其叶的维管束鞘细胞也具有上述特点。

(3) 叶脉　叶内的维管束一般平行排列，较大的维管束的上下两端与上下表皮间存在着厚壁组织。维管束外往往有1层或2层细胞包围，组成维管束鞘。外层细胞是薄壁的，较大，含叶绿体较叶肉细胞少，内层是厚壁的，细胞较小，几乎不含叶绿体。

(三) 植物的蒸腾作用

植物体内的水分通过体表向外以水蒸气状态散失的过程称为蒸腾作用。这个过程既受外界因子的影响，也受植物体内部结构和生理状态的调节，是植物适应陆地生存的必然结果。

水是植物生命活动不可缺少的重要成分。水分的过度散失对植物有不利的影响，但是正常的蒸腾作用对植物有积极的意义。蒸腾作用产生的蒸腾拉力是植物吸收和运转水分的主要动力，对矿质元素和有机物的吸收和运输也有重要作用；蒸腾作用可降低植物体和叶面温度，使植物体内的许多生理活动得以正常进行。

植物的蒸腾作用绝大部分是通过叶片进行的，叶表面有角质膜覆盖，不易使水通过，不过角质膜上还是有孔隙可以让水分通过，但蒸腾的数量很少，仅占叶片总蒸腾量的5%～10%。

水分通过气孔蒸腾是蒸腾作用的主要形式。气孔蒸腾是指水分通过叶表面的气孔向外蒸腾。气孔是蒸腾作用的主要出口，也是光合作用吸收CO_2、呼吸作用吸收O_2的主要入口，植物体与外界环境发生气体交换的“大门”。

气孔按照一定的规律开张和关闭，并且通过保卫细胞来调节。保卫细胞体积小，其中含有叶绿体，细胞壁薄厚不均匀，靠气孔腔的内壁厚，背气孔腔的外壁薄。双子叶植物的保卫细胞呈半月形，当保卫细胞吸水膨胀时，细胞体积增大。由于保卫细胞薄厚不同的壁伸展程度不同，所以一对保卫细胞都向外弯曲，气孔张开，水分蒸发。

光合作用引起 CO_2 浓度降低，pH 值增高到 7.0 左右，此时的 pH 值利于淀粉磷酸化酶活性增高，淀粉最终转化为葡萄糖，保卫细胞的渗透势下降，从临近的表皮细胞吸水，导致细胞膨胀，气孔张开，夜间相反。

在一定范围内，温度升高促进蒸腾作用，这是因为温度升高时，叶内饱和蒸汽压的数值也提高，这就增大叶内外的蒸汽压差，促进蒸腾作用。温度过高（≥30～35℃），叶片过度失水，影响光合作用，但此时呼吸作用却增强很多，使细胞间隙内 CO_2 浓度增大，气孔反而关闭。

微风可将密集在叶面上的水蒸气吹散，而代之以湿度相对低的空气，增大叶内与大气间的蒸汽压差，加速蒸腾。强烈的大风会使叶片温度降低，饱和蒸汽压下降，减少气孔内外蒸汽压差，降低蒸腾作用。

三、茎

（一）茎的生理功能

茎是植物体联系根和叶的营养器官，少数植物的茎生于地下。茎上通常着生有叶、花和果实。由于多数植物体的茎顶端具有无限生长的特性，因而可以形成庞大的枝系。

茎是植物体物质运输的主要通道，根部从土壤中吸收的水分、矿质元素以及在根中合成或贮藏的有机营养物质，要通过茎输送到地上各部；叶进行光合作用所制造的有机物质，也要通过茎输送到体内各部以便于利用或贮藏。

茎也有贮藏和繁殖的功能。有些植物可以形成鳞茎、块茎、球茎和根状茎等变态茎，贮存大量养料，并可以进行自然营养繁殖。某些植物的茎、枝容易产生不定根和不定芽，人们常采用枝条扦插、压条、嫁接等方法来繁殖植物。此外，绿色幼茎还能进行光合作用。

（二）茎的基本形态

植物的茎常呈圆柱形，这种形状最适宜于茎的支持和输导功能。有些植物的茎外形发生变化，如莎草科的茎为三棱形；薄荷、益母草等唇形科植物的茎为四棱形；芹菜的茎为多棱形，这对茎加强机械支持作用有适应意义。

茎上着生叶的部位，称为节。两个节之间的部分，称为节间。着生叶和芽的部分称为枝条。枝条顶端生有顶芽，枝条与叶片之间的夹角称为叶腋，叶腋内生有腋芽也叫侧芽，多年生落叶乔木或灌木的枝条上还可以看到叶痕、叶迹、芽鳞痕和皮孔等（图 9-15）。叶痕是叶片脱落后在茎上留下的痕迹。叶痕内的点线突起是叶柄和茎内维管束断离后留下的痕迹，称为维管束痕或叶迹。有些植物茎上还可以见到芽鳞痕，这是鳞芽开展时，其外的鳞片脱落后留下的痕迹。可以根据茎表面的芽鳞痕来判断枝条的年龄。枝条的周皮上还可以看到各种不同形状的皮孔，它们是木质茎进行气体交换的通道。

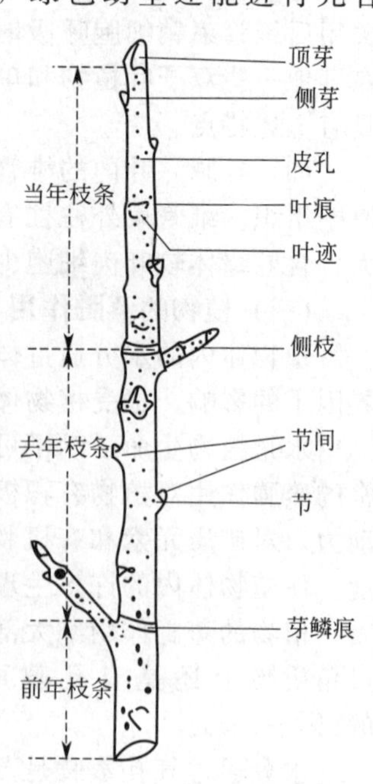

图 9-15　胡桃冬枝的外形

（引自张守润等，2007）

（三）双子叶植物茎的初生结构

茎尖成熟区横切面的结构就是茎的初生结构，它由初生分生组织衍化而来。茎的初生结构，从外向内分为表皮、皮层和

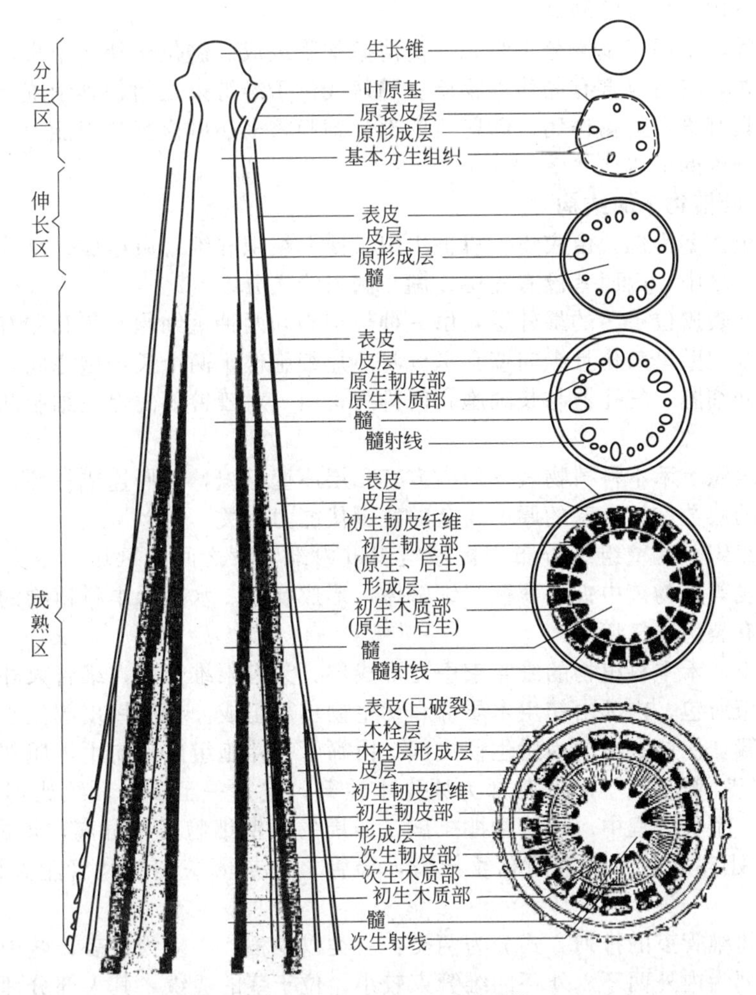

图 9-16　茎尖的分区（引自陆时万等，2000）

维管柱（中柱）三部分（图 9-16）。

（1）表皮　表皮由原表皮发育而来，是茎的初生保护组织，由一层细胞组成，细胞形状比较规则，呈矩形，长径与茎的长轴平行，外壁较厚，并角化形成角质膜，表皮常有气孔和表皮毛。

（2）皮层　皮层位于表皮和中柱之间，主要由薄壁细胞组成。但在表皮的内方，常有几层厚角组织细胞，担负幼茎的支持作用，厚角组织中常含叶绿体，使幼茎呈绿色。一些植物茎的皮层中，存在分泌结构（棉花、松等）和通气组织（水生植物）。茎的皮层一般无内皮层分化，有些植物皮层的最内层细胞富含淀粉粒，称为淀粉鞘。

（3）维管柱（中柱）　维管柱是皮层以内的中轴部分，由维管束、髓射线和髓三部分组成。

维管束来源于原形成层，呈束状，排成一圆环。由初生韧皮部、束内形成层和初生木质部组成。多数植物的韧皮部在外，木质部在内，但也有少数植物如葫芦科植物在初生木质部的内外方都有韧皮部。初生韧皮部由筛管、伴胞、韧皮薄壁细胞和韧皮纤维组成，分为外侧的原生韧皮部和内侧的后生韧皮部。初生木质部位于维管束内侧，由导管、管胞、木薄壁细胞和木纤维组成，由内部的原生木质部和外方后生木质部两部分组成。其发育方式为内始式。束中形成层位于初生韧皮部与初生木质部之间由原形成层保留下来的一层分生组织组成，它是茎进行次生生长的基础。

髓和髓射线均来源于基本分生组织，由薄壁细胞组成。髓位于幼茎中央，其细胞体积较大，常含淀粉粒，有时也含有晶体等物质。髓射线位于维管束之间，其细胞常径向伸长，连接皮层和髓，具有横向运输作用。髓射线的部分细胞将来还可恢复分裂能力，构成束间形成层，参与次生结构的形成。

（四）单子叶植物茎的结构

以禾本科植物茎为例，由表皮、机械组织、薄壁组织和维管束组成，维管束散生在薄壁组织和机械组织之中，因而茎没有皮层、髓和髓射线之分。

（1）表皮　表皮位于茎的最外层，由一种长细胞和两种短细胞和气孔器有规律的排列而成。长细胞的细胞壁厚角化且纵向壁常呈波状。短细胞位于两个长细胞之间，分为栓化的栓细胞和硅化的硅细胞。气孔器与长细胞相间排列，由一对哑铃形的保卫细胞和一对长梭形的副卫细胞构成。

（2）机械组织　禾本科植物表皮的内方有几层厚壁组织，它们连成一环，主要起支持作用。厚壁细胞的层数和细胞壁的厚度与茎的抗倒伏能力有关。

（3）薄壁组织　薄壁组织分布于机械组织以内维管束之间的区域，由大型薄壁细胞组成。水稻、小麦等植物茎中央的薄壁组织解体，形成髓腔。水生禾本科植物的维管束之间的薄壁组织中还有裂生通气道。

（4）维管束　禾本科植物的维管束中无形成层，为有限维管束，维管束外围均被厚壁组织组成的维管束所包，内部由初生木质部和初生韧皮部组成。初生韧皮部位于外侧，其原生韧皮部常被挤毁，保留下来的为后生韧皮部，由筛管和伴胞组成。初生木质部位于内侧，在横切面上呈“V”形，“V”形的基部为原生木质部，包括一至多个环纹或螺纹导管以及少量的薄壁细胞。生长过程中，导管常被拉破，四周的薄壁细胞互相分离，形成一个大气隙。“V”形的两臂处各有 1 个大型的孔纹导管，导管之间是薄壁细胞和管胞共同组成后生木质部。

禾本科植物维管束的排列方式分为两类：一类以水稻、小麦为代表，茎中央有髓腔，维管束大体上排列为内外两环。外环的维管束较小，位于茎的边缘，其大部分埋藏于机械组织中；内环的维管束较大，周围为基本组织。另一类如玉米、甘蔗等植物茎中央无髓腔，充满基本组织，各维管束分散排列其中。从外围向中心，维管束越来越大，相互之间的距离也较远。

（五）双子叶植物茎的次生结构

双子叶植物的茎，在初生生长的基础上能进行次生生长，形成次生结构，使茎增粗。茎的次生生长也是维管形成层和木栓形成层活动的结果。

1. 维管形成层的发生及活动

在原形成层分化为维管束时，在初生木质部和初生韧皮部之间，保留了一层具分生潜能的束中形成层，在次生生长开始时，连接束中形成层的那部分髓射线细胞，恢复分裂能力，变为束间形成层，这样束间形成层和束中形成层连成一环，它们共同构成维管形成层。维管形成层由纺锤状原始细胞和射线原始细胞组成，前者细胞长而扁，两端尖斜；而后者细胞近乎等径，分布于纺锤状原始细胞之间。

维管形成层形成后，其纺锤状原始细胞随即进行平周分裂，向外形成的细胞发育成次生韧皮部，加添在初生韧皮部的内方，向内形成的细胞发育为次生木质部，加添在初生木质部的外方。与此同时，射线原始细胞也平轴分裂，向内产生木射线，向外产生韧皮射线。木射线和韧皮射线均由径向排列的薄壁细胞组成，是茎内进行横向运输的次生结构。维管形成层在不断产生次生结构的同时，也进行径向或横向分裂，增加原始细胞扩大本身周径以适应内方次生木质部的不断增加。

维管形成层的活动受环境条件影响，在温带的春季，气候逐渐变暖，形成层的活动也随之增强，形成的导管、管胞口径大而壁薄，木材的颜色较浅，材质也较疏松，称为早材或春材。在夏末秋初，气候条件逐渐不适宜于树木生长，形成层活动减弱，形成的导管、管胞直径小而壁厚，木材较紧密且颜色较深，称为晚材或秋材。同一年的早材和晚材构成一个年轮，年轮一般一年一轮。因此，年轮的数目通常可作为推断材木年龄的参考。次生木质部由导管、管胞、木薄壁细胞和木纤维组成，是茎输导水分的主要结构。随着茎不断增粗，靠近中央部分的次生木质部导管被侵填体堵塞，失去输导功能，这部分木材形成较早，颜色也较深，成为心材；而靠近树皮的次生木质部，颜色较浅，导管有输导功能，称为边材。形成层每年都产生新的边材，同时原来边材的内侧部分则逐渐转变为心材。

次生韧皮部位于形成层的外方，由筛管、伴胞、韧皮薄壁细胞和韧皮纤维组成。由于维管形成层向外产生的细胞比向内产生的细胞少，因此次生韧皮部比次生木质部要少。随着次生韧皮部的不断产生，初生韧皮部和先期产生的次生韧皮部中的一些筛管和薄壁细胞被挤毁，同时部分衰老的筛管分子由于筛板上形成胼胝体堵塞筛孔，失去输导作用。次生韧皮部筛管输导作用的时间较短，通常只有1～2年。

2. 木栓形成层的发生及活动

维管形成层的活动，产生大量的次生维管组织，使茎不断增粗。双子叶植物茎适应内部细胞不断增多，由表皮或部分皮层细胞恢复分裂能力，形成了木栓形成层。木栓形成层形成后，向外分裂分化形成木栓层；向内分裂形成少量的栓内层，组成周皮，代替表皮的保护作用。

多数植物木栓层的活动有一定期限，当茎继续加粗时，原有的周皮破裂而失去作用，在其内方又产生新的木栓形成层，形成新的周皮。这样，木栓形成层的起生部位则依次内移，直至次生韧皮部。随着新周皮的形成，其外方的各种细胞由于水分和营养物的供应中断，就相继死亡形成树皮。

在形成周皮过程中，在原来气孔位置下面的木栓形成层不形成木栓细胞，而产生一团圆球形、排列疏松的薄壁细胞，称补充细胞。由于补充细胞增多，向外胀大突出，形成裂口，因而在枝条的表面形成许多皮孔，通过皮孔，茎内细胞可与外界进行气体交换。

当水分进入导管和管胞后，便进行纵向的长距离运输，从地下的根部到达地上的茎叶，供应沿途各部分细胞。由于导管和管胞都是纵向延长的管状死细胞，且导管分子的横臂上已形成了穿孔，对水分运输的阻力小，适于长途运输。进化使蕨类和裸子植物有了管胞、被子植物有了导管，植物体才可以高达几米甚至百米。

水分沿导管和管胞上升的动力有根压和蒸腾拉力两种。

第三节　植物的调控

植物的生长主要靠细胞数目增多、细胞体积的增大和伸长来完成。而植物的发育是指植物体的构造和机能由简单到复杂的变化过程。植物的生长和发育始终都受到一系列外部和内部因素的控制。

一、植物激素对生长发育的调控

植物激素是一些在植物体内合成的微量的有机生理活性物质，它们能从产生部位运送到作用部位，在低浓度（<1mmol/L）时可明显改变植物体某些靶细胞或靶器官的生长发育状态。植物激素对植物体的生长、细胞分化、器官发生成熟和脱落等多方面具有调节作用。

大约有300多种由微生物和植物产生的次生代谢物对植物的生长发育具有调节活性。

公认的5大类植物激素包括：生长素类、细胞分裂素类、赤霉素类、脱落酸和乙烯。一般说来，前三类是促进生长发育的物质，脱落酸是一种抑制生长发育的物质，乙烯主要是促进器官成熟的物质。

人们根据植物激素的分子结构，人工合成出一些与其结构相似或完全不同，但具有植物激素生理功能的物质，如吲哚丁酸（IAA）、萘乙酸（NAA）、矮壮素等，称为植物生长调节剂。

1. 生长素

生长素（IAA）在高等植物中分布很广，根、茎、叶、花、果实及胚芽鞘中均存在。且大多集中在生长旺盛的部分，如胚芽鞘、根尖和茎尖、形成层、幼嫩种子和谷类的居间分生组织等，而在衰老的组织和器官中则很少。从生物体分离得到的生长素是吲哚乙酸（IAA）。

生长素的生理作用是广泛的，它的主要生理作用是影响细胞的伸长、分裂和分化；影响营养器官和生殖器官的生长、成熟和衰老。对雌花形成、单性结实、子房壁生长、细胞分裂、维管束分化、叶片扩大、形成层活性、不定根形成、侧根形成、种子和果实生长、伤口愈合、坐果、顶端优势、伸长生长有促进作用。对幼叶、花、果脱落、侧枝生长、块根形成有抑制作用。生长素对生长的作用具有双重作用的特点，即低浓度促进生长，高浓度抑制生长。在低浓度的生长素溶液中，根切段的伸长随浓度的增加而增加；当生长素浓度超过一定临界点时，对根切段伸长的促进作用逐渐减少；当浓度继续增加时，则对根切段的伸长表现出明显的抑制。

生长素不仅能促进根和茎的伸长，也能促进茎长粗，因为它能引起维管分生组织中细胞的分裂从而引起维管组织的发育。发育中的种子也产生IAA，从而促进果实的生长。

由于生长素是最早发现的植物激素，所以研究得比较多，在实际应用上也比较广泛，如使一些不易生根的插枝顺利生根，可使用NAA、2,4-D；阻止器官脱落可使用NAA、2,4-D；促进结实可使用2,4-D；促进菠萝开花可使用NAA、2,4-D。喷洒人工合成的类似生长素物质，可以不经过受精作用而形成果实，用这种办法可以获得番茄、黄瓜、茄子等的无子果实。

2. 赤霉素

1926年日本病理学家黑泽在水稻恶苗病的研究中发现水稻植株发生徒长是由赤霉菌的分泌物所引起的。1935年日本学者薮田从水稻赤霉菌中分离出一种活性制品，并得到结晶，定名为赤霉素（GA）。第一种被分离鉴定的赤霉素称为赤霉酸（GA_3），现已从高等植物和微生物中分离出70多种赤霉素。因为赤霉素都含有羧基，故呈酸性。内源赤霉素以游离和结合型两种形态存在，可以互相转化。

赤霉素在植物体内的形成部位一般是嫩叶、芽、幼根以及未成熟的种子等幼嫩组织。不同的赤霉素存在于各种植物不同的器官内。幼叶和嫩枝顶端形成的赤霉素通过韧皮部输出，根中生成的赤霉素通过木质部向上运输。

赤霉素中生理活性最强、研究最多的是GA_3，它能显著地促进茎、叶生长，特别是对遗传型和生理型的矮生植物有明显的促进作用；能代替某些种子萌发所需要的光照和低温条件，从而促进发芽；可使长日照植物在短日照条件下开花，缩短生活周期；能诱导开花，增加瓜类的雄花数，诱导单性结实，提高坐果率，促进果实生长，延缓果实衰老。除此之外，GA_3还可用于防止果皮腐烂；在棉花盛花期喷洒能减少蕾铃脱落；马铃薯浸种可打破休眠；大麦浸种可提高麦芽糖产量等。

赤霉素很多生理效应与它调节植物组织内的核酸和蛋白质有关，它不仅能激活种子中的多种水解酶，还能促进新酶合成。研究最多的是GA_3诱导大麦粒中α-淀粉酶生成的显著作用。另外还诱导蛋白酶、β-1,3-葡萄糖苷酶、核糖核酸酶的合成。促进麦芽糖的转化（诱导α-淀粉酶形成）；促进营养生长（对根的生长无促进作用，但显著促进茎叶的生长），防止器官脱落等。

赤霉素对许多植物的种子萌发也很重要。有些需要经过特殊的低温处理才能萌发的种子，用赤霉素处理后不需低温便可萌发。种子中的赤霉素可能是环境信号和代谢作用之间的纽带，它能在环境条件适当时调动休眠胚中的代谢过程，使胚恢复生长。例如，一些禾谷类的种子，在水分条件改善时便会产生赤霉素，利用贮藏的养分以促进萌发。有些植物中，赤霉素和别的激素（如脱落酸）之间有对抗作用。脱落酸维持种子的休眠，而赤霉素则相反。

3. 细胞分裂素

1955 年斯库格（F. S. Skoog）和崔澂培养烟草髓部组织时发现，在培养基中加入酵母提取液可促进髓的细胞分裂，后来分离出这种物质，化学成分是 6-呋喃氨基嘌呤，被命名为激动素，其后发现玉米素、玉米素核苷、二氢玉米素、异戊烯基腺苷等都有促进细胞分裂的作用，把这些物质统称为细胞分裂素。

细胞分裂素为腺嘌呤的衍生物，主要在根尖，成长中的种子和果实中合成。其生理作用是促进细胞分裂、诱导芽分化、侧芽生长、叶片扩大、气孔开张、偏上性生长、伤口愈合、种子发芽、形成层活动、根瘤形成、果实生长、某些植物坐果。抑制不定根形成、侧根形成、延缓叶片衰老。在进行组织培养时，向培养基中加入细胞分裂素会促进细胞的分裂、生长和发育。细胞分裂素能延迟花和果实的衰老。

在植物体内，细胞分裂素的作用常受生长素浓度的影响。可以用去掉顶芽（打顶）的办法进行一项简单的实验。取两株年龄相同的植物（例如烟草），一株打顶，一株不打顶。数周后打顶的植株会长出许多分枝，显得繁茂，而未打顶的植株则长得比较紧凑，没有分枝，这是因为顶芽产生的生长素抑制了侧芽的生长，而去掉顶芽的植株，则来自根的细胞分裂素促进了侧枝的发育。

有些植物即使顶芽存在，侧枝也会发育，这是由生长素和细胞分裂素二者的比例决定的。来自顶芽的生长素和来自根的细胞分裂素相互对抗，于是出现了不同的生长型式。常常见到植株下部的侧芽先开始生长，就是因为在植株下部生长素与细胞分裂素之比较小。

生长素与细胞分裂素的对抗作用可能是植物协调其根部和地上部分生长的一种办法。随着根的发育，就会有越来越多的细胞分裂素运至地上部分，给地上部分以形成更多分枝的信号。

4. 脱落酸

1964 年阿迪科特（F. T. Addicott）从将要脱落的未成熟的棉桃中提取出一种促进棉桃脱落的物质，称为脱落素Ⅱ。1963 年韦尔林（P. F. Wareing）从将要脱落的槭树叶子中提取出一种促进芽休眠的物质，称为休眠素，后来证明，脱落素Ⅱ和休眠素为同一种物质，统一称之为脱落酸（ABA）。

脱落酸为含 15 个碳原子的倍半萜化合物。合成部位是成熟叶片和根冠中（特别是在水分亏缺条件下），种子和茎等处也可合成。其生理作用是促进叶、花、果脱落，气孔关闭，侧芽、块茎休眠（与日照有关），叶片衰老，光合产物运向发育着的种子，果实产生乙烯，果实成熟。抑制种子发芽，IAA 运输，植株生长（主要是抑制了萌发所需的水解酶的合成）。对于一年生植物，种子休眠特别重要，因为在干旱和半干旱地区，萌发后没有适当的水分供应就意味着死亡。这类植物的种子在土壤中处于休眠状态，只有大雨将其中的 ABA 洗净后才开始萌发。

如前所述，赤霉素促进种子萌发。决定着种子是否萌发的因素是赤霉素与脱落酸之比，而不是它们的绝对浓度。芽的休眠也是由于这两种物质的比例决定的。例如，苹果正在生长的芽中，ABA 的浓度比休眠芽中的为高，但其中赤霉素的浓度也很高，所以 ABA 不能起抑制作用。除去在休眠中起作用外，ABA也起着“胁迫激素”的作用，帮助植物协调不利的环境。例如，因干旱而植物失水时，ABA就在叶中积累，使气孔关闭。这就减少了蒸腾作用，即减少了水分的损失；同时也降低了光合作用，减少了糖的产生。

5. 乙烯

20世纪初，人们发现煤气中的乙烯有加快果实成熟的作用，1934年甘恩（Gane）证实乙烯是植物的天然产物，1935年克罗克（W. Crocker）认为乙烯是一种果实催熟激素，1965年伯奇（Burge）提出乙烯是一种植物激素，后得到公认。乙烯在植物体各部分均可产生（特别在逆境条件下），正在成熟的果实、萌发的种子及伸展的芽和叶片中含量高。

乙烯的生理作用是促进解除休眠、地上部分和根的生长和分化、不定根形成、叶片和果实的脱落、某些植物花诱导形成、两性花中雌花形成、开花、花和果实衰老、果实成熟、茎增粗、萎蔫。乙烯还能抑制某些植物开花、生长素的转运、茎和根的伸长生长。在农业生产上应用乙烯利（液体乙烯）催熟和改善果实品质，如番茄、香蕉、苹果、葡萄、柑橘等。还可促进次生物质排出，如橡胶树、漆树、松树、印度紫檀等，以及促进开花，如菠萝。

在果实中形成的乙烯，因为它是气体，所以很容易在细胞之间扩散，也能通过空气在果实之间扩散。在一箱苹果中，如果有一个苹果过熟而变质了，那么一箱中的所有苹果都会很快成熟随后变质。如果将未成熟的果实放在一个塑料袋内，它们很快就会成熟，因为乙烯在袋中积累，加速果实的成熟。采摘未成熟果实催熟时，可施用乙烯，使果实成熟。反之，也可以施用CO_2，以去除乙烯的作用。用这种方法，可以将秋季采摘的苹果贮存到来年夏季。

二、植物营养生长的调控

种子萌发是包裹在种皮内的幼小的植物体——胚从静止状态转变为活跃状态，恢复正常生命活动的过程。当种子内部生理条件和外界环境条件适宜时，开始萌发，首先胚根突破种皮，向下生长，逐渐形成庞大的根系。继胚根伸出，胚芽露出土面，发育成幼苗的茎叶系统。

形态变化是建立在生理生化变化基础之上的。种子萌发时，首先吸水，水分提供了各种生化反应的介质，呼吸强度急剧上升，各种酶的活性提高，有些酶是萌发过程中合成的，如α-淀粉酶，有的是早已存在种子内的酶原转变为有活性的酶。有了酶和呼吸作用提供的能量就为种子内储藏物质的转化提供了必需的条件。

淀粉类种子内贮藏的淀粉多，淀粉在淀粉酶作用下，逐渐被水解为较小的分子，顺序产生分子量由大到小的各种糊精，最后形成麦芽糖，麦芽糖在麦芽糖酶作用下转变成葡萄糖，供细胞代谢之用，或转变为蔗糖，运送到胚芽和胚根，在那里再水解为单糖，作为呼吸原料或再转变为淀粉、脂肪、蛋白质等。

油料种子含油多，脂肪在脂肪酶的作用下水解为甘油和脂肪酸。甘油在酶的作用下形成磷酸甘油，再转变为磷酸二羟基丙酮参加糖酵解反应，或转变为葡萄糖或蔗糖等；脂肪酸经氧化分解为乙酰辅酶A，再通过一系列变化转变为糖。油料种子萌发过程中，脂肪含量下降，糖类增多，种子直接利用糖作为生长和呼吸消耗的原料。

豆类种子含蛋白质较多。蛋白质在蛋白质酶催化下分解，产生氨基酸，再在转氨酶作用下产生多种氨基酸。它们主要以酰胺（谷氨酰胺和天冬酰胺）形式进行运输，运到新合成的器官中，再合成蛋白质。

种子萌发过程中，内源激素起着重要作用。束缚生长素被水解分离出自由生长素；细胞分裂素也逐渐增多，与生长素一起共同调节胚芽和胚根细胞分裂和生长。赤霉素含量也同时升高，对细胞伸长、胚根突破种皮过程起重要作用。上述这些激素共同配合，促进种子萌发。

ABA有促进休眠和抑制萌发的作用。在种子形成过程中，ABA含量上升，刺激种子储藏蛋白的合成，促进种子休眠，阻止种子在未完全成熟时就萌发。种子萌发时 ABA 含量减少，有利于打破休眠。玉米的一种单基因突变体，丧失合成 ABA 的能力，它的种子不能进入休眠状态，而在果穗上就开始萌发。

种子内储藏物质分解，供应幼苗生长，是种子萌发时重要的物质转化过程，激素的作用研究得比较清楚的是大麦种子内赤霉素对 α-淀粉酶合成的调控。大麦及其他禾本科植物种子内胚乳发达，储藏以淀粉为主的大量营养物质。胚乳最外 1～2 层细胞中充满糊粉粒，称为糊粉层。当种子吸水萌动时，胚中合成赤霉素，扩散至糊粉层，诱导一些酶的合成，其中之一就是 α-淀粉酶，它被分泌到胚乳细胞，使淀粉水解。赤霉素还诱导生成蛋白酶、核糖核蛋白酶、磷酸化酶和酯酶等，它们使储藏在胚乳中的各种营养物质分解成小分子，由盾片（子叶）吸收并转运到胚的各个生长区域。

种子萌发后，由于细胞分裂、生长和分化，幼苗长大，各种器官不断形成，长成成年植株。植物体生长实际上就是细胞数目的增加和体积的增大，是一个体积和重量不可逆的增长过程。在整个生活过程中，植物的茎尖和根尖保留着生长点，不断地进行细胞分裂，形成新的器官。

生长素对茎的伸长有明显的作用。茎尖合成的生长素下运，刺激节间伸长。赤霉素也有刺激茎伸长的作用，在矮生植物上表现得最明显。外施赤霉素往往使植物体内生长素增加，因为赤霉素可促进合成生长素的前体——色氨酸进一步合成 IAA；赤霉素还可提高蛋白酶的活性，加速蛋白质水解，从而使色氨酸的积累增多，有利于 IAA 的合成；赤霉素又可抑制 IAA 氧化酶的活性，抑制 IAA 的氧化分解；赤霉素还可使体内束缚态 IAA 转变为自由态 IAA。由此可见，赤霉素从多方面提高体内生长素的水平，这说明茎的伸长是由生长素和赤霉素共同作用的结果。

有一类化学物质，具有抑制赤霉素合成的作用，如矮壮素、多效唑，可应用于禾谷类作物，防止倒伏和减产；缩节胺用于棉花可防止枝条徒长，控制株形，减少蕾铃脱落。

三、植物生殖生长的调控

植物必须达到一定年龄或生理状态时就会从营养生长转入生殖生长。植物体能够对形成花所需条件起反应而必须达到的某种生理状态称为花熟状态。植物达到花熟状态之前的时期称为幼年期。植物体一旦达到花熟状态，就能在适宜的条件下诱导成花。低温和适宜的光周期是诱导成花的主要环境条件。

（一）低温和花的诱导

有些植物必须经过一定时间的低温处理，才能诱导开花，如冬小麦、冬黑麦、芹菜、胡萝卜、白菜等。这种经一定时间的低温处理才能诱导或促进开花的现象，称春化作用。

一般需要春化的植物，在种子萌发后到营养体生长的苗期均可接受低温而完成春化作用。在种子萌动时可接收低温的植物，以萌发早期胚正在迅速分裂时效果最好。研究表明冬小麦还可在母体上由受精后 5d 正在发育的幼胚体接受低温。很多植物的春化作用是以营养体状态进行的，像胡萝卜、甘蓝、芹菜和甜菜等在幼苗长到一定大小时，才能进行春化作用。

低温是春化作用的主要条件。有效温度的范围和低温持续的时间因植物种类和品种而不同。不同植物所要求的低温条件及其低温持续的时间有所不同，多数植物要求的低温条件是 1～7℃，谷类为－6～0℃，热带植物为 7～13℃；低温持续时间一般为 1～3 个月。同时，在一定范围内，春化效应随低温处理时间而增加。如冬黑麦、冬小麦，在春化处理延长时，从播种到开花的时间就缩短；但当春化处理时间缩短时，从播种到开花的时间就会延长。

在植物春化过程完结之前，将正在接受低温处理的植物放在 25～40℃ 的高温条件下，低温的效果就会减弱或者消失，这种高温解除春化的现象称为去春化作用。春化效应消失的程度与高温处理的时间成正比，与低温处理的时间成反比。去春化的植物再回到低温时，可再重新春化，并且低温的效应还可以累加。这种解除春化之后，再进行的春化作用称为再春化作用。春化过程完成以后，春化效应就稳定下来，在高温下也不会发生去春化作用。

大多数植物感受春化作用的部位是茎尖生长点。研究结果表明芹菜或甜菜生长在温度较高的温室中，用细胶管缠绕在顶端，胶管中不断通过冰水使茎尖接受低温条件，其他部分处于高温条件，此条件下的植株在适宜的光照条件下就能开花，但是把芹菜或甜菜放在低温温室中，茎尖缠绕的细胶管通以25℃温水，虽然其他部分处于低温中，即使在适宜光照条件下也不能开花。但也有少数植物，如缎花的叶柄或具有细胞分裂能力的叶基部，可以完成春化作用。总之，感受春化作用的部位因植物种类而异。一般认为，春化作用感受低温的部位是分生组织和某些能进行细胞分裂的部位。

某些植物春化作用的效应可通过嫁接传递给未春化的植株，使未春化的植株开花。这种可以传递的由春化作用产生的物质，称为春化素。经春化作用处理的植物中赤霉素、类玉米赤霉烯酮含量增加。

春化作用是活跃的代谢过程，除需要一定的低温和持续的时间外，还需要适当的水分、氧气、呼吸底物（糖）等条件。研究表明：风干的冬性谷类种子，必须吸收40%的水分后，才能感受低温作用，干燥种子或刚浸入水中的种子不能接受春化处理。缺乏氧气和糖等呼吸作用底物，春化作用将不能进行。

有些植物在完成春化作用后，还必须经过适宜的光周期才能开花，如天仙子经过春化作用后还必须经过长日照诱导才能开花，在短日照条件下不能开花。因此，春化作用只是对开花起诱导作用，还不能直接导致开花。

（二）光周期和花诱导

许多植物在经过适宜的低温处理后，还要经过适宜的日照处理，才能诱导成花。影响植物开花的决定性因素是昼夜相对长度的变化。在一天之中，白天与黑夜的相对长度，称为光周期。植物对昼夜相对长度变化发生反应的现象称为光周期现象。在各种生态因子中，昼夜长度变化是最可靠的信号。植物在长期适应和漫长的进化过程中，植物的生理现象如开花、休眠、落叶、色素和地下贮藏器官的形成等都对昼夜长度的季节变化发生相应的反应，研究最广泛的是植物成花时对光周期的反应。

(1) 植物的光周期反应的类型　根据植物开花对日照长短的反应，植物的光周期反应类型主要有以下三种：短日植物、长日植物和日中性植物。长日植物与短日植物的确定取决于对临界日长的正负反应。长日照植物对一天中日照长度有最低极限要求，日照达不到此极限则不能开花，超过此极限可促进开花。短日照植物对一天中日照长度有最高极限要求，日照超过此极限则不能开花，适当缩短可促进开花。日中性植物成花对日照长度不敏感，只要其他条件满足，在任何日照长度下都能开花。此外还有的植物只有在中等长度的日照条件下才能开花，而在较长或较短日照下均保持营养生长状态的植物，如甘蔗。

(2) 光周期诱导　光是控制植物生长发育的最重要的环境因子。开花需要光周期诱导的植物只有经过适宜的光周期诱导后才能成花。诱导周期数就是光周期敏感植物开花诱导所需的光周期数（天数）。但这种光周期处理并不需要一直持续到花芽分化。植物在进行花芽分化之前，只有得到足够天数的适宜光周期，以后即使处于不适宜的光周期条件下，也能促进花的发端。植物经过适宜的光周期处理以后，产生的诱导效应可以保留在体内而导致开花，这种诱导效应叫光周期诱导。

植物感受光周期刺激的部位是叶片。当叶片感受到刺激后，被诱导的叶片中形成了刺激开花的物质，把这种效应传导至茎的生长点才导致开花。

不同的植物光诱导周期不同。像苍耳、菠菜、水稻和浮萍等只要一个光周期（1d）处理，就能够完成诱导作用。大多数植物需要几天甚至几十天，如天仙子需要 2～3d，大麻 4d，一年生甜菜 13～15d，胡萝卜 15～20d。

(3) 光暗交替的重要性　为了研究光周期现象中光期和暗期的作用，通过实验。发现如果在光期中用短时间的黑暗打断光期，并不影响光周期诱导；但如果在暗期中间用短时间的光照打断暗期，则会使短日植物继续营养生长（开花受到阻碍），而促进了长日植物开花。这说明不管光期的长短，短日植物只有在超过一定的暗期长度时开花，而长日植物是在短于一定的暗期长度时开花。即暗期比光期更为重要。

在自然条件下，由于一天 24h 的光暗循环，光期长度和暗期长度是互补的。因此有临界日长，必然有对应的临界夜长。用人为地改变暗期长度的方法也可观察到临界夜长的存在。临界夜长是指光周期中长日植物能开花的最大暗期长度或短日植物能开花的最小暗期长度。因此短日植物又称长夜植物，其暗期长度长于临界夜长时开花；而长日植物又称短夜植物，其暗期长度短于临界夜长时开花。应该说明的是光期对短日植物也是有作用的，光期可供应光合作用的能量来源，增强光合作用，增加花的数量。

(4) 红光、远红光的可逆现象　为了研究光质在光周期诱导中的作用，人们用不同波长的光进行暗期间断实验。结果发现抑制短日植物开花，红光最有效。如果在红光照射以后，再用远红光照射，就不能发生暗期间断的效果。也就是说红光的作用可以被远红光所抵消。这个反应可以反复逆转多次，而开花与否决定于最后照射的是红光还是远红光。可以看出：对短日植物来说，红光不能使植物开花，而远红光能使植物开花；对长日植物来说，红光能使植物开花，而远红光不能使植物开花。红光与远红光的这种对开花的可逆现象与体内存在的光敏色素有关。

(三) 光受体

(1) 光敏色素的性质和特点　光敏色素存在于高等植物的所有部分，是植物体本身合成的一种调节生长发育的色蛋白。由蛋白质及生色团两部分组成，从不同植物中分离出的光敏色素，有两种类型：一为红光吸收型（Pr），最大吸收峰在 660nm；另一为远红光吸收型（Pfr），最大吸收峰在 730nm，两者可以很快的相互转变，Pr 为生理活跃型。它以 Pr 状态合成，并在黑暗中积累，所以黄化幼苗中有 Pr 无 Pfr。在红光或白光照射下，大多数 Pr 转变为 Pfr。Pfr 可发生降解、在暗中缓慢的逆转为 Pr 及参与反应。

(2) 光敏色素在成花诱导中的作用　光敏色素在成花诱导中的作用，通常认为不决定于 Pr 和 Pfr 的绝对量，而是决定于 Pfr/Pr 的比值。短日植物要求低的 Pfr/Pr 比值；长日植物要求高的 Pfr/Pr 比值。在光期结束时，无论是长日植物还是短日植物，光敏色素主要呈 Pfr 型，因此，Pfr/Pr 的比值高。转入暗期后，由于 Pfr 逆转为 Pr 或 Pfr 代谢分解，Pfr/Pr 比值逐渐减少，当暗期长度逐渐增加并使 Pfr/Pr 的比值降低到一定阀值时，就会导致短日植物开花刺激物形成而促进开花。长日植物要求高的 Pfr/Pr 比值才能形成开花刺激物，促进开花，因此，长日植物开花需要短暗期。对短日植物来说，用红光或白光中断暗期，Pfr 水平提高，Pr 降低，Pfr/Pr 比值提高，因此，抑制了短日植物开花。若用远红光再照射时，Pfr 又转变为 Pr，这时 Pfr/Pr 的比值又降低，短日植物开花了，长日植物开花受到抑制。

四、植物成熟、衰老的调控

1. 种子的成熟及调控

种子成熟过程，实质就是胚从小长大，以及营养物质在种子中变化和积累的过程。

种子成熟过程中的这些变化受着多种植物激素的调控。例如小麦种子受精后到收获前一周，籽粒内赤霉素和生长素含量的增加正好与有机物向籽粒的运输、转化和积累有关；而籽粒成熟时，ABA 的增加又正好与抑制胚的生长，促进籽粒休眠有关。各种外界条件都会影响种子的成熟过程和种子的化学成分。

2. 果实的成熟及调控

果实生长发育的过程称为成熟。把充分成长的果实从不可食状态转变成可食状态的过程称为后熟。果实成熟过程中要发生一系列物质的转化，这种转化与光照、温度、湿度等都有密切的关系。

在果实成熟的过程中，淀粉转化成可溶性糖（蔗糖、葡萄糖、果糖），有机酸转化为糖或作为呼吸作用底物被消耗，果胶转化为果胶酸或半乳糖醛酸等，单宁分解或凝结成不溶性物质，脂类物质转变为乙酸戊酯、柠檬醛等香味物质。物质转化的同时果实呼吸强度也发生了变化：成熟初期呼吸强度下降，进入完熟期呼吸强度突然明显升高（呼吸跃变）出现一个高峰后又再次下降。呼吸跃变前后果实内乙烯含量明显上升（ABA 积累→诱发乙烯生成→促进成熟与衰老），乙烯是诱导果实成熟的激素。

实践中可通过调节呼吸高峰的出现以提前或延迟果实成熟。低温、低氧、高 CO_2 浓度可推迟成熟，温水浸泡、熏烟、喷乙烯利可促进果实成熟。

3. 植物的衰老及调控

植物的衰老是植物生命功能衰退，并最终导致死亡的过程。植物的衰老可发生在整株、器官及细胞等不同水平上。植物的衰老是个复杂的生物学问题，对于它的机理见解不一。有人以营养亏缺来解释——有性生殖耗尽植株营养；有人认为自由基是衰老的根源；又有些科学家认为衰老是遗传控制的过程；有些植物学家则认为衰老是由激素调控的。植物的衰老是无法避免的，但是可以调节的。植物生理学研究已积累了许多关于激素调控衰老的知识。

激素调控理论认为，五大类激素中，细胞分裂素、生长素和赤霉素可以延缓衰老，脱落酸和乙烯则促进衰老。细胞分裂素对延缓衰老有明显的作用，植株营养生长时，根系合成细胞分裂素运往叶片，推迟植株衰老，开花结实时，根系合成的细胞分裂素少，而花和果实中产生的脱落酸和乙烯运往叶片，因而促进了叶片的衰老。

赤霉素对许多植物离体叶的衰老没有影响，但对酸模、蒲公英、旱金莲等草本植物有推迟衰老的作用。生长素对延缓落叶树（如樱桃叶）和矮生菜豆果皮的衰老有效，对推迟草本植物叶的衰老没有作用。脱落酸和乙烯有促进衰老的作用。脱落酸能抑制叶绿素、蛋白质和核酸的合成，促进蛋白质、核酸降解，气孔关闭。脱落酸还可以提高膜的透性，使细胞内的一些物质泄露。脱落酸通过这些生理作用而促进衰老。在逆境（水涝、盐渍、黑暗等）条件下，叶片内脱落酸增加，加速衰老。脱落酸含量可作为植物对逆境反应的一种指标。乙烯可使果实提早成熟，在促进花、果实衰老的作用方面已确定无疑，对叶片的衰老也有促进作用。

讨论激素的作用时，必须考虑到各种激素的相互作用。植物的衰老是植物体各部分合成的多种激素相互作用的结果。

本章小结

植物的生长是指植物在体积和重量上的增加，是一个不可逆的量变过程。生长是通过分生组织进行的，由顶端分生组织所造成的使高度增加的生长称为初生生长。由侧生分生组织维管形成层和木栓形成层所造成的使植物长粗的生长称为次生生长。通过根吸收土壤中的水分和无机盐，通过叶制造有机物，通过茎有机物向上向下运输，各部分的结构与其功能相适应。

植物产生新个体的现象称繁殖。繁殖使植物延续种族，是植物最重要的生命活动之一。植物的繁殖方式可分为营养繁殖、无性生殖和有性生殖三种类型。雄蕊是被子植物的雄性生殖器官，包括花药和花丝。花粉由花粉囊壁、花粉囊和药隔组成。花粉囊是产生花粉粒的地方。雌蕊包括柱头、花柱和子房三部分，子房内有胚珠，胚珠由珠心、珠被、珠孔、合点和珠柄等几部分构成，在多种植物中，由于胚珠在发育过程中各部分的细胞分裂和生长速率不同，形成了不同类型的胚珠。

被子植物的果实和种子也属于生殖器官。双受精分别形成合子和初生胚乳核。合子发育成胚，胚的发育成熟经历原胚期、胚的分化和成熟阶段。果实主要包括果皮和种子两部分。果皮由外果皮、内果皮和中果皮组成。以果实成熟时果皮的性质，分为肉质果和干果，肉果和干果又可分为多种类型。

植物激素是一些在植物体内合成的微量的有机生理活性物质，植物激素对植物体的生长、细胞分化、器官发生成熟和脱落等多方面具有调节作用。公认的五大类植物激素包括：生长素类、细胞分裂素类、赤霉素类、脱落酸和乙烯。

复习思考题

1. 简述根的主要结构与生理功能。
2. 简述双子叶植物茎的次生生长与次生构造。
3. 叶的表皮细胞一般透明，细胞液无色，这对叶的生理功能有何意义？
4. 一般植物叶下表面气孔多于上表面，这有何优点？沉水植物叶为什么往往不存在气孔？
5. 植物繁殖的类型有哪些？
6. 列表说明花药的发育及花粉粒的形成过程。
7. 试述双受精的过程及其生物学意义。
8. 简述植物激素对生长发育的调控。

第十章　植物的类群

地球上现存近50万种植物，分布极广。无论平原、高山、丘陵、荒漠、或是河海；无论温带、还是赤道、极地，都有各种各样的植物种类生长繁衍，它们形态各异，并具有不同的生活史特点。根据植物体的形态、结构以及它们的生殖和生活方式，可以把植物分为：藻类植物、地衣、苔藓植物、蕨类植物、裸子植物和被子植物等。藻类、地衣、苔藓、蕨类用孢子繁殖为孢子植物，由于不开花、不结果所以又为隐花植物，裸子植物和被子植物用种子繁殖所以为种子植物。藻类、地衣合称为低等植物，苔藓、蕨类、裸子和被子植物合称为高等植物。藻类植物具有光合色素，属自养植物，根据营养方式的不同，藻类植物又称绿色低等植物。苔藓植物和蕨类植物的雌性生殖器官均以颈卵器的形式出现，而在裸子植物中，也有颈卵器退化的痕迹，因此这3类植物合称颈卵器植物。低等植物在形态上无根、茎、叶的分化（又叫原植体植物），苔藓植物、蕨类植物和种子植物，植物体结构复杂，大多有根、茎、叶的分化（又叫茎叶体植物），构造上有组织分化，生殖器官多细胞，合子在母体内发育形成胚，故又称有胚植物。

从蕨类植物开始植物有了维管组织，蕨类植物、裸子植物和被子植物又称为维管植物。被子植物是目前地球上进化程度最高、植物体结构最复杂、种类也最多的类群，在植物发展史上出现的时间也最晚。

植物有许多共同特征，如为光合自养的生物；叶绿体的色素成分和比例相同（藻类除外）；细胞均具纤维素的壁；高等植物在生活史中都有明显的世代交替，都有卵式生殖。高等植物的受精卵发育成孢子体的过程中经过胚（幼孢子体）的阶段。

第一节　藻 类 植 物

藻类（Algae）是一群具有叶绿素和其他辅助色素的低等自养植物。植物体一般构造简单，没有真正的根、茎、叶的分化，为单细胞、群体或多细胞。藻类植物种类繁多，在自然界分布极广。它们大多数是水生的，淡水或海水，而在潮湿的土壤表面，墙壁和树皮，甚至岩石上等其他潮湿的地方也都有它们的分布。有些蓝藻、绿藻还能与真菌共生形成地衣。

藻类植物都具以下特征。

（1）具有光合色素，能进行光合作用，是一类能独立生活的自养生物。

（2）由于没有真正的根、茎、叶的分化，整个个体都有吸收养分、制造营养物质的功能。

（3）全部细胞都直接参加生殖作用，不像高等植物那样分化成能育细胞（如胚珠内的卵细胞和花粉粒内的精子）和不育细胞（如珠被和花粉的壁细胞）；藻类的生殖器官多为单细胞，少数藻类除外，它们的生殖器官具多细胞的构造，如水云属（*Ectocarpus*）的多室配子囊。

（4）藻类植物为无胚植物。也就是说配子结合成合子不在母体内发育成胚，而是脱离母体后发育成后代。藻类的无性生殖细胞是各种孢子，有性生殖细胞是配子。

藻类是一群古老的植物，在进化上起源较早，在35亿～33亿年前，水体中首先出现了原核蓝藻。地球上约有藻类3万余种。藻类分门的主要依据是光合作用色素和贮藏养分的不同，其次是鞭毛的有无、数目、着生位置和类型，细胞壁的成分，生殖方式和生活史等。本书将其分为蓝藻门、甲藻门、金藻门、裸藻门、绿藻门、轮藻门、褐藻门和红藻门8门（表10-1）。书中详述蓝藻门、绿藻门、红藻门和褐藻门，其余4门仅作简单介绍。

表10-1　藻类植物各门主要形态特征的比较

门类	颜色	主要色素	光合产物	鞭毛	细胞壁	分布
蓝藻门	蓝绿色	叶绿素a,藻红素,藻蓝素,类胡萝卜素,叶黄素	蓝藻淀粉,蓝藻颗粒体	无	黏肽,果胶酸,黏多糖	海、淡水产、陆生
轮藻门	常绿色	叶绿素a,叶绿素b,类胡萝卜素	淀粉	2条或更多,顶生或近顶生	纤维素	淡水产
甲藻门	黄绿色或棕黄色	叶绿素a,叶绿素c,β-胡萝卜素,叶黄素	淀粉、油滴	1条侧生,1条后生	由纤维素质的板片组成	海、淡水产,海产种类多
金藻门	常黄色或金棕色	胡萝卜素和叶黄素占优势	金藻淀粉、油滴	1条或2条,硅藻仅精子具1条	果胶质,含硅质	主要淡水产硅藻淡、海水均分布
裸藻门	常绿色	叶绿素a,多叶绿素b,类胡萝卜素,叶黄素	裸藻淀粉	1～3条,顶生	无细胞壁	主要淡水产
绿藻门	常绿色	叶绿素a,叶绿素b,类胡萝卜素、叶黄素	淀粉	2条或更多,顶生或近顶生	纤维素	多淡水产
褐藻门	常褐色或褐绿色	叶绿素a,叶绿素c,β-胡萝卜素,叶黄素	褐藻淀粉、甘露糖	仅精子具2条,侧生	纤维素、藻胶	几乎全海产
红藻门	紫红色或红色	叶绿素a,叶绿素d,胡萝卜素,叶黄素,藻胆素	红藻淀粉	无	纤维素、藻胶	多为海产

一、蓝藻门（Cyanophyta）

蓝藻又称蓝细菌或蓝绿藻。蓝藻在自然界中分布极广，从两极至赤道，从高山到海洋，到处都有它们的踪迹。主要存在于淡水中，海洋中也有。

蓝藻甚至能生活于水温高达40～90℃的温泉中。蓝藻还可与其他生物共生，如项圈藻属（*Anabaena*）共生于蕨类满江红（又名红萍或绿萍，*Azolla*）的叶中，起固氮作用。

（一）主要特征

（1）蓝藻植物体有单细胞的，如管孢藻属（*Chamaesiphon*）为棒形单细胞体；有群体的，如微囊藻属（*Microcystis*）为浮游性群体；有丝状体的，如颤藻属（*Oscillatoria*）。和细菌一样，蓝藻具有原核细胞的结构特点。

（2）蓝藻细胞壁含有肽聚糖，也含有纤维素；壁外面有由果胶酸和黏多糖构成的胶质鞘，有时细胞外胶质甚多，故蓝藻又称黏藻植物。

（3）植物细胞里的原生质体分化为中心质和周质两部分。中心质又叫中央体，居细胞中央，其中含有核质。核质呈颗粒状或相互连接成网状，无核膜和核仁的结构，但具核的功能，故称原始核。由于蓝藻和细菌都是原始核，而不具真核，故称它们为原核生物。周质又叫色素质，位于中心质四周。蓝藻细胞没有载色体，仅有由一个单位膜构成的片层，有规则地分散在周质中。片层含有叶绿素a、胡萝卜素、藻蓝素、藻红素及一些黄色色素等光合色素，是光合作用场所，故被称为光合作用片层。蓝藻的光合作用产物为蓝藻淀粉和蓝藻颗粒体。

（4）丝状体蓝藻的藻丝上常含有异形胞，异形胞是因营养细胞的光合作用片层被破坏而形成的，一般比营养细胞大，异形胞的内含物较均匀透明，其细胞壁比一般营养细胞的细胞壁厚。蓝藻全部生活史中无鞭毛，但有些丝状种类能前后移动和左右摆动，如颤藻。

（5）蓝藻以无性繁殖为主，包括直接分裂、断裂和形成段（或藻殖体）进行繁殖。此外，少数种类的孢子繁殖；许多丝状体种类能形成厚壁孢子，这种孢子可长期休眠以渡过不良环境，条件适宜时可萌发产生新个体。

（二）分类及经济价值

约有150属，1500～2000种，一般分3目：色球藻目（Chroococcales）、管孢藻目（Chamaesiphonales）和颤藻目（Osillatoriales）。

（1）食用　著名的蓝藻有发菜、螺旋藻等，另外还有普通念珠藻，如葛仙米俗称地木耳（图10-1）。

（2）放氢　有些蓝藻在缺氧的条件下，固氮酶可以催化释放出人类理想的燃料——氢气。

（3）固氮　目前已知的固氮蓝藻达150多种，中国已有报道的30多种，能与其他生物共生的蓝藻主要分布在鱼腥藻属和含珠藻属，它们可以与真菌、苔藓、蕨类植物及高等植物共生固氮。如蓝藻与浮萍共生固氮，形成很好的绿肥。

图10-1　葛仙米（引自中国科学院水生生物研究所，1983）

二、绿藻门（Chlorophyta）

绿藻门植物种类繁多，是最常见的藻类，以淡水生活为主，约占90%，各种流动的、静止的水体中都有，在潮湿的土壤上，粗糙的树皮上，阴湿的墙壁和岩石上，花盆壁的四周都会有绿藻生存。海产绿藻种类少，藻体一般比淡水绿藻要大些，主要生长在潮间带。绿藻门植物气生种类也不少，绿藻门植物还有寄生在动物体内外的，如绿水螅即为水螅体内有单细胞绿藻寄生；有的绿藻能与真菌共生成地衣。

（一）主要特征

（1）绿藻门植物的体形多种多样，有单细胞、群体、丝状体、叶状体、管状体等。细胞壁内层主要成分为纤维素，外层是果胶质，常黏液化。绿藻植物为真核生物，细胞核一至多数。

（2）单核种类的细胞核常位于中央，悬在原生质丝上，如水绵属。多核种类的细胞核常位于靠细胞壁的原生质中。原始种类的细胞内充满原生质，或在原生质中形成很小的液泡，气生类型细胞中无中央大液泡，高级种类细胞中央具大液泡。

（3）细胞内所含的载色体类型因种而异，有杯状、带状、星状、网状和片状的载色体。光合色素以叶绿素a、叶绿素b两种最多还有β-胡萝卜素、叶黄素。光合作用产物主要是淀粉，其次是油。运动细胞一般具2条或4条顶生等长鞭毛。运动种类具红色眼点，眼点由含红色类胡萝卜素的脂类颗粒体组成，具趋光性。

（4）绿藻植物的繁殖有无性繁殖（营养繁殖、孢子生殖）、有性生殖（图10-2）。绿藻无性生殖时营养细胞可转化形成孢子，每个孢子都能直接发育成一个新藻体。绿藻门植物的有性生殖方式有同配生殖、异配生殖、卵式生殖和接合生殖4种。

由于绿藻的一些特征与高等植物相似，大多数植物学家认为高等植物是由类似于现代绿藻的祖先进化而来的。

（二）分类及常见种类

绿藻是藻类中最大的1门，约有350属，8600余种。2纲，即绿藻纲（Chlorophyceae）和接合藻纲（Conjugatophyceae）。常见的单细胞有衣藻；多细胞绿藻失去游动的有刚毛藻、水网藻、羽藻、刚毛藻等；行固着生活的有石莼、毛枝藻等。

三、红藻门（Rhodophyta）

绝大多数海产，淡水产的约有50余种，分布在急流、瀑布和寒冷的山地流水中。海产种由海滨一直到深海100m，甚至200m的海底都有分布，这和红藻含有藻红素有关，藻红

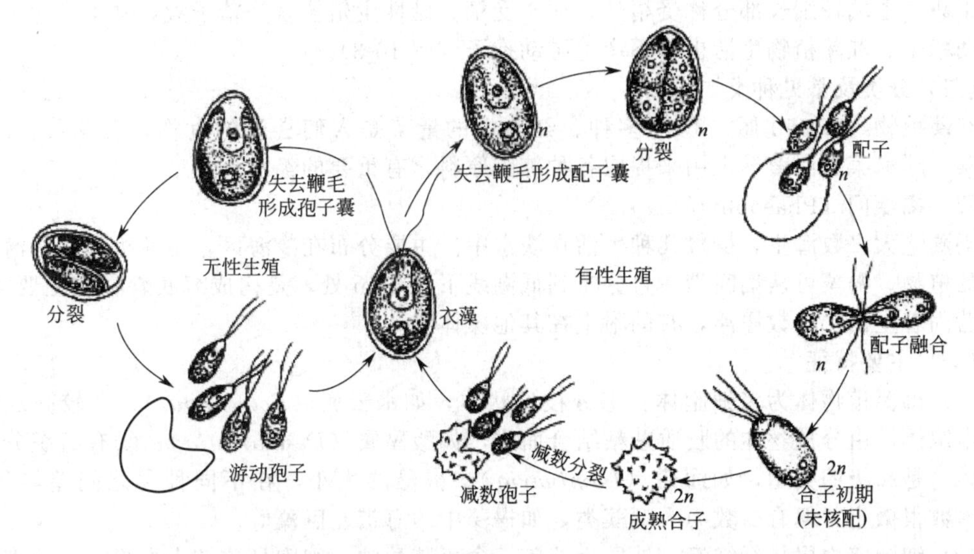

图 10-2　衣藻的无性生殖和同配生殖过程（引自周云龙，2004）

素可有效地利用透进深海中的蓝色光。水生红藻生长的基质主要是岩石，少数营附生或寄生生活。气生红藻生长在潮湿土壤的表面。

（一）主要特征

（1）多数种类呈红色以至紫色，少数为蓝绿色。藻体多为多细胞构成的丝状体、叶状体或树枝状等多种类型。细胞壁内层为纤维素质的，外层由果胶质构成。细胞内一般只有1核，有的种，细胞幼年时1核，老年期则含数核，核内核仁明显。细胞中央有液泡。载色体中除含有叶绿素a、叶绿素d，胡萝卜素，叶黄素外，还含有藻胆素（藻红素和少量藻蓝素，一般是藻红素占优势，故藻体多呈紫红色或红色）。载色体一至多数，颗粒状。原始类型的载色体1枚，中轴位，星芒状，蛋白核有或无。贮藏养分是红藻淀粉和红藻糖。绝大多数种类的生活史较复杂，具有世代交替。

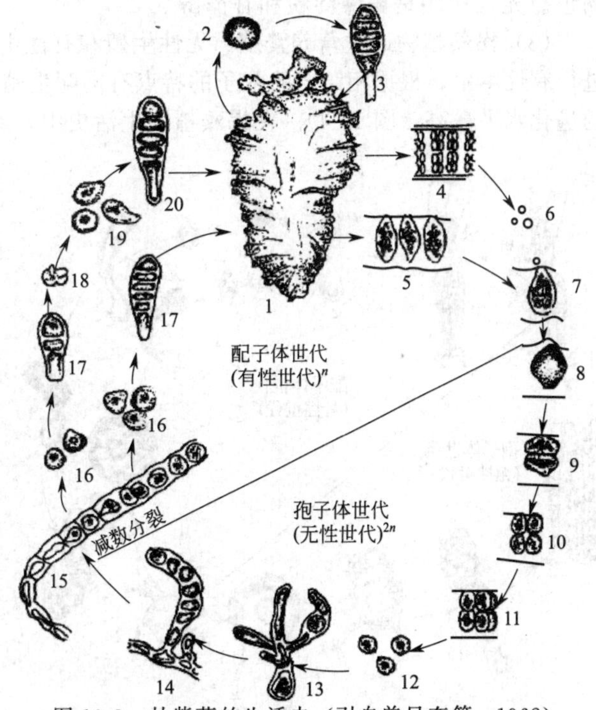

图 10-3　甘紫菜的生活史（引自曾呈奎等，1962）

1—植物体（配子体，n）；2，19—单孢子；3—单孢子萌发；4—精子囊切面；5—果孢切面；6—不动精子；7—受精的果胞；8—减数分裂；9～11—果孢子形成；12—果孢子；13—萌发初期的丝状体壳斑藻幼体（幼孢子体，$2n$）；14—具孢子囊的壳斑藻（成熟孢子体，$2n$）；15—壳孢子的形成和释放；16—壳孢子；17—壳孢子萌发；18—小紫菜（配子体）；20—单孢子萌发

（2）红藻的繁殖方式有营养繁殖、无性生殖和有性生殖。红藻植物仅有少数种类以细胞分裂的方式进行营养繁殖，如土生的紫球藻属（*Porphyridium*）；无性生殖产生的孢子主要有单孢子、果孢子、四分孢子、壳孢子等，如紫菜属（*Porphyra*）；有性生殖为卵式生殖。雌性生殖器叫做果胞，其与卵囊相似而又不尽同。果胞一般呈烧瓶形，内

只含 1 卵，上端较细长部分称受精丝，便于受精。雄性生殖器官为精子囊，其中产生无鞭毛的不动精子。红藻植物生活史中不产生游动孢子（图 10-3）。

（二）分类及常见种类

红藻植物约有 550 属，3700 多种。红藻中的紫菜是人们喜爱的食物，石花菜、江篱、角叉菜、麒麟菜、海萝等也用来提取各种琼胶原料，有重要的经济价值。

四、褐藻门（Phaeophyta）

褐藻绝大多数海生，少数几种生活在淡水中。主要分布在冷海区，是北极和南极海中占优势的植物。褐藻可从潮间带一直分布到低潮线下约 30m 处，是构成海底森林的主要类群。一般营固着生活，少数漂浮，有的附生在其他藻体上。

（一）主要特征

（1）褐藻植物体为多细胞体：①分枝丝状体，如水云属（*Ectocarpus*）；②较高级的假薄壁组织体，由分枝丝体的胶质贴粘结合而成，如酸藻属（*Desmarestia*）；③有组织分化的植物体，是高级的类型，如海带（*Laminaria*）。褐藻的大小，在不同种类之间差异很大。绝大多数很微小，但有少数为大型藻类，如褐藻中的海带、巨藻等。

（2）细胞壁内层是纤维素，外层为藻胶，含藻胶酸钠。细胞具单核中央具 1 个或多个液泡。载色体一至多个，粒状或小盘状，有或无蛋白核。载色体内含叶绿素 a、叶绿素 c，β-胡萝卜素和 6 种叶黄素。叶黄素中的墨角藻黄素含量超过了叶绿素 a、叶绿素 c，使藻体呈褐色。光合作用是褐藻淀粉和甘露醇。

（3）褐藻植物通过营养繁殖、无性生殖和有性生殖方式繁殖后代。绝大多数的藻类植物均进行有性生殖，根据相结合的配子的特点有同配生殖、异配生殖和卵式生殖。其中以卵式生殖的进化水平最高（图 10-4）。在褐藻植物生活史中，除鹿角菜目外都是具世代交替的植物。

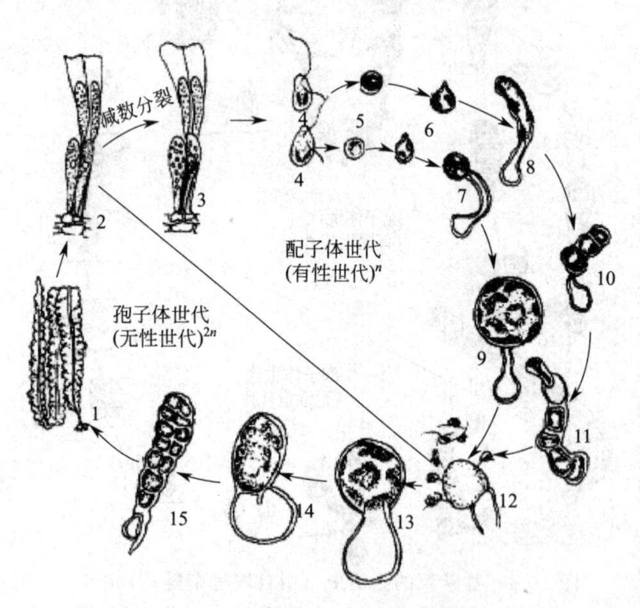

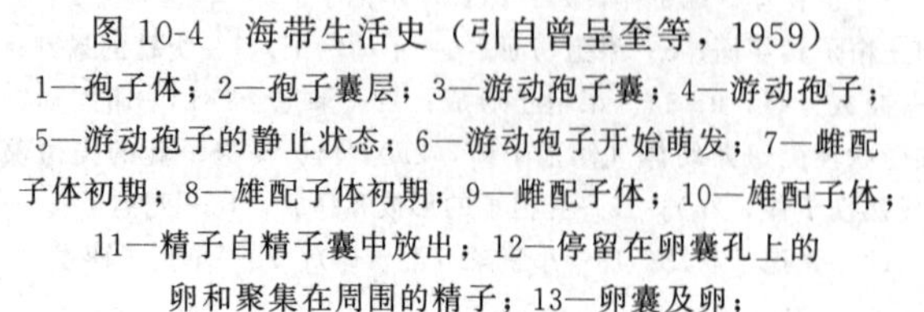
图 10-4 海带生活史（引自曾呈奎等，1959）

1—孢子体；2—孢子囊层；3—游动孢子囊；4—游动孢子；5—游动孢子的静止状态；6—游动孢子开始萌发；7—雌配子体初期；8—雄配子体初期；9—雌配子体；10—雄配子体；11—精子自精子囊中放出；12—停留在卵囊孔上的卵和聚集在周围的精子；13—卵囊及卵；14—合子开始分裂；15—幼孢子体

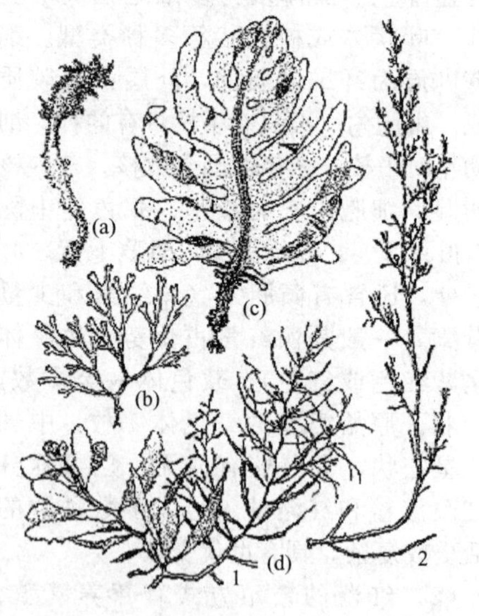

图 10-5 常见褐藻（引自金存礼，1991）

（a）黑顶藻属；（b）网地藻属；（c）裙带菜；（d）马尾藻属

1—海蒿子；2—鼠尾藻

（二）分类及常见种类

褐藻门大约有250属，1500种。根据它们的世代交替的有无和类型，一般分3纲，即等世代纲（Isogeneratae）、不等世代纲（Heterogeneratae）和无孢子纲（Cyclosporae）。常见的种类有裙带菜、鹿角菜、马尾藻等褐藻都可食用（图10-5）。有些褐藻可用于制碘、制褐藻胶等。

五、其他各门藻类

（一）裸藻门（Euglenophyta）

主要生活于淡水，生于有机质丰富的静水或缓慢的流水中，是水质污染的指示植物。25℃以上裸藻繁殖最快，使水呈深绿色，并可形成水华，此时水质污染更为严重。少数生长在半咸水中，仅个别种生活于海水中。

裸藻门细胞都是无细胞壁的裸细胞。细胞为梭形，前钝后锐。前端稍偏处为胞口，有一条鞭毛从胞口伸出。胞口和下面的胞咽都不起吞食的作用，而是废物的出路。胞咽下面是1个袋状的伸缩泡，其背侧有1红色眼点，有感光性。伸缩泡收集细胞里面的废物运到储蓄泡里，再经胞咽及胞口排出体外。细胞内有1大的细胞核和许多绿色载色体，载色体内含叶绿素a、叶绿素b，β-胡萝卜素和叶黄素。储藏物质为裸藻淀粉。

裸藻没有无性生殖，有性生殖亦尚未能确定。它是以细胞纵裂的方式进行营养繁殖。环境不适时，细胞失去鞭毛，变圆，分泌厚膜成为胞囊。裸藻具载色体，能行光合作用，但无细胞壁，并能吞噬食物。裸藻门约有40属，800多种。常见种类有裸藻属（Euglena），也称眼虫藻属。

（二）轮藻门（Charophyta）

轮藻门植物主要为淡水生，极少数为半咸水生。轮藻藻体大，可做绿肥。在细胞构造、光合作用色素和贮存养分上与绿藻门和有胚植物大致相同，与高等植物比较接近，但这仅是轮藻与高等植物在进化上的趋同现象。因为轮藻合子萌发时为减数分裂，不形成二倍体的营养体，只有核相交替，没有世代交替，所以高等植物不可能起源于轮藻。一般认为轮藻是绿色植物从低等到高等进化发展路线上分出的一个特化的旁支。

现存的轮藻门植物约400种，中国有152种和39个变种，其中有69种是在我国发现的新种。常见的属有轮藻属（Chard）。

（三）金藻门（Chrysophyta）

金藻门植物广布与淡水、海水及潮湿土壤上，是淡水和海洋动物直接或间接的饵料。金藻门植物由于色素体内含有的胡萝卜素和叶黄素占优势，故藻体呈现黄绿色至金棕色。光合作用产物是金藻淀粉和油。细胞壁通常由两个互相套合的半片组成。壁上有硅质沉积。藻体有单细胞、定型群体、不定型群体和丝状体多种。营养细胞具鞭毛或无鞭毛。无性生殖以游动孢子或不动孢子进行。有性生殖多为具鞭毛或不具鞭毛的配子的同配生殖，也有异配或卵式生殖。

金藻门植物约有6000多种，300属。常见种类有黄藻纲的无隔藻属（*Vaucheria*）和硅藻纲的硅藻类（Diatoms）。

无隔藻藻体为管状分枝的单细胞多核体，基部具少数假根使其附着于泥中。细胞壁薄，细胞中央有个大液泡，颗粒状载色体多数。有无性生殖和有性生殖。

硅藻种类很多，淡、海水中广泛分布，少数种可生活于潮湿的土表，使土呈棕褐色。硅藻是一类单细胞植物，许多种类可以连成各式各样的群体。细胞形似小盒，由上壳和下壳组成。细胞壁是由两个套合的半片所组成，外面的半片为上壳，里面的半片为下壳，细胞壁成分为果胶质和硅质，硅质在最外层，没有纤维素。据壳面花纹的排列方式分为2个目：中心目，花纹辐射状排列；羽纹目，花纹多为两侧排列（图10-6）。

(四) 甲藻门（Pyrrophyta）

甲藻分布较广，淡水、半咸水、海水中都有，但多数种生活在海洋中，为主要浮游藻类之一，和硅藻共同组成海产动物的主要饵料。甲藻对水温的要求较其他藻类明显，水温恒定的水层与水温变化的水层分布的种类不同。甲藻能够在光照和水温适宜时短时间内大量繁殖，作为“海洋牧草”与硅藻一样为海洋动物的主要饵料。但如果甲藻过量繁殖、突然死亡而造成毒害，形成“赤潮”对水产养殖不利。甲藻也有寄生在鱼、桡足类或其他无脊椎动物体内的，有些种与腔肠动物共生。

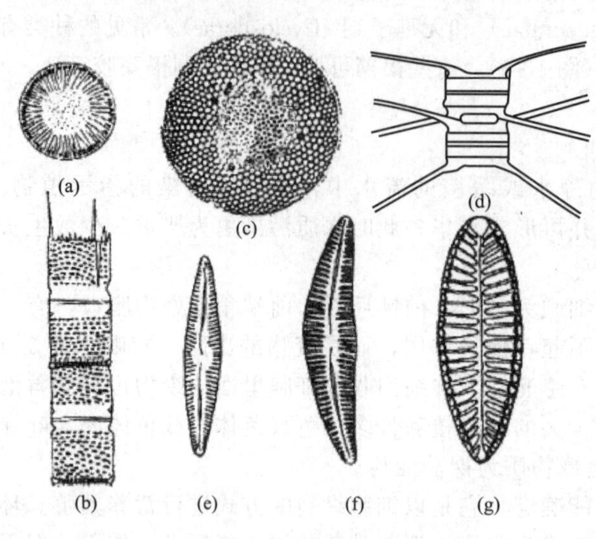

图 10-6　硅藻（引自周云龙，2004）
(a)～(d) 中心硅藻纲 [(a) 小环藻属；(b) 直链藻属；(c) 圆筛藻属；(d) 角藻属]；(e)～(g) 羽纹硅藻纲 [(e) 舟形藻属；(f) 桥弯藻属；(g) 双菱藻属]

甲藻门植物一般为单细胞，少数为群体或分枝丝状体。多数有 2 条不等长的鞭毛。细胞呈球形、针形、三角形、左右略扁或前后略扁，前后常有突出的角。除少数裸型种类外，都有由纤维素构成的细胞壁，称为壳。可分上壳和下壳两部，之间有 1 横沟，和横沟垂直有 1 纵沟。两沟相遇之点，生出环绕横沟的横鞭毛和沿着纵沟伸向体后的纵鞭毛。载色体呈黄绿色或棕黄色，含较多叶黄素和叶绿素 a、叶绿素 c 和 β-胡萝卜素，也有不含色素的种类。淡水产的种类储藏物为淀粉，海水产的种类储藏物为油。

甲藻门约有 135 属，1500 种左右。常见种类有角甲藻属（*Ceratium*）和多甲藻属（*Peridinium*）。角藻属和多甲藻属在海水、淡水中都常见（图 10-7）。

六、藻类植物在国民经济中的意义

藻类植物和人类有直接或间接的关系，在我国经济发展中起着重要的作用。

(1) 与渔业的关系　藻类植物与水中的经济动物，特别是鱼类的关系非常密切。在各种水域中生长的藻类，特别是小型藻类，都直接或间接是水中鱼、虾的饵料。在海边沿岸生长的藻类既是鱼类饵料，又是鱼类极好的产卵场所。

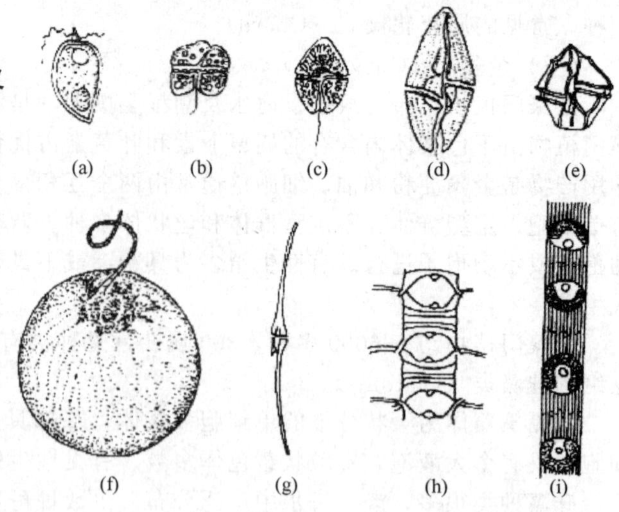

图 10-7　常见赤潮生物示例（引自周云龙，2004）
(a)～(g) 甲藻类 [(a) 海洋原甲藻；(b) 短裸藻；(c) 光亮裸甲藻；(d) 蓝裸甲藻；(e) 多边膝沟藻；(f) 夜光藻；(g) 棱角藻]；(h)、(i) 硅藻类 [(h) 双突角刺藻；(i) 骨条藻]

(2) 食用　藻类植物在我国是普通的食品，营养价值很高，含有大量糖类、蛋白质，脂肪、无机盐、有机碘和维生素 C、维生素 D、维生素 E、维生素 K 及丰富的微量元素，如硼、钴、铜、锰、锌等。人们常食用的蓝藻有葛仙米、发菜；绿藻有石莼、礁膜、浒苔；红藻有紫菜、石花菜、江篱、海萝等；褐藻有海带、裙带菜、羊栖菜、鹿角菜。

(3) 工业上的应用　硅藻土疏松多孔容易吸附液体，生产炸药时，用作氯甘油的吸附剂。又因硅藻土的多孔性不传热，可作热管道、高炉、热水池等耐高温的隔离物质。从褐藻和红藻中可提取许多物质，如藻胶酸、琼脂、卡拉胶、酒精、碳酸钠、醋酸钙、碘化钾、氯化钾、丙酮、乳酸等。藻胶酸可制造人造纤维，这种人造纤维比尼龙有更强的耐火性。

(4) 农业上的应用　藻类大量死亡后沉到水底，年复一年，形成大量有机淤泥，农业上可挖掘用作肥料。人们还利用有固氮作用的藻类固氮，以提高土壤肥力。

(5) 医药上的应用　从褐藻中提取的碘，可治疗和预防甲状腺肿。藻胶酸在牙科可作牙模型原料。琼脂在医学和生物学上可作各种微生物和植物的组织培养基。琼脂是一种有效的通便剂。鹧鸪菜有驱除蛔虫的作用。

随着人们对藻类植物的深入研究，对其认识、利用也会越来越广泛和深入。如用藻类光合放氧作用作为能源，也是淡水藻利用方面的一项重要研究成果。

第二节　菌类植物

菌类（Fungi）不是一个具有自然亲缘关系的类群，但它们一般都具有缺乏光合色素，依靠现存有机物质生活，为单细胞或菌丝体，有细胞壁，能产生孢子等特征。根据细胞核的有无又分为细菌和真菌。林奈（C. Linnaeus）两界系统中把它们和藻类、地衣一起归入低等植物的大类中。魏泰克（Whittaker）于 1969 年提出按营养方式（自养、异养、吞食）将多细胞真核生物分为三大界，其中“异养的”真核生物归为真菌界。目前大多数学者赞成将真菌独立为界。本书按照两界系统编写，我们只是把菌类按照传统的分类提及，目的是把重点放在动植物的结构功能与分类上。以下菌类按细菌门、黏菌门、真菌门做扼要介绍。

一、细菌门（Bateriophyta）

细菌为微小的单细胞植物，在高倍显微镜或电子显微镜下才能够观察清楚。有细胞壁，但不含纤维素，而主要由含胞壁酸的肽聚糖（peptidoglycan）组成。无细胞核结构，属于原核生物。细菌的繁殖方式以细胞分裂方式进行，无有性生殖。

细菌分布广，几乎分布在地球的各个角落。其中有些细菌能导致严重的疾病，如霍乱、破伤风、猩红热、伤寒、鼠疫、结核等。尽管如此，细菌在自然界的生态系统中具有不可替代的作用，它是物质循环中不可缺少的一员，同时细菌在农业（如生物固氮）和工业（如细菌发酵）生产中也具有十分重要的作用。

放线圈是细菌的高级类型。细胞呈杆状，菌体里呈简单的丝状分枝。放线菌本身分解有机物的能力很强，参加土壤有机物质的转化作用，提高土壤肥力。放线菌还能产生抗菌物质。

细菌在工业上的应用有重要的价值。例如，利用专门在油田地区生长的细菌进行石油勘探；利用城市污水中的细菌分解有毒物质使其变为污泥肥料；我们日常食用的酱油、醋、泡菜和酸菜以及乙醇、丙酮和醋酸等工业产品，都是利用细菌制成的；冶金、造纸、制革等工业也都和细菌的活动分不开。

二、黏菌门（Myxomycota）

黏菌在生长期或营养期为裸露的无细胞壁、多核的原生质团，称变形体（plasmodium），其营养体的构造、运动和摄食的方式，与原生动物的变形虫很相似，具有运动性的特点。但在繁殖时营固着生活，能产生具有纤维素细胞壁的孢子，又具有植物性的特点。

黏菌大多数为腐生，生于潮湿的环境，但有少数寄生，使植物发生病害，例如，白菜、芥菜、甘蓝根部组织受黏菌寄生，根部膨胀，植物生长不良，甚至死亡。

三、真菌门（Eumycota）

真菌是典型的真核异养生物，真菌的细胞内不含叶绿素，也没有质体，营寄生或腐生生活。真菌贮存的养分主要是肝糖，还有少量的蛋白质、脂肪以及微量的维生素。一般低等真菌的细胞壁多由纤维素组成，而高等真菌以几丁质为主。除少数单细胞真菌（如酵母）外，绝大多数真菌由菌丝（hyphae）构成。真菌主要利用菌丝吸收养分，吸取养料的过程是首先借助多种水解酶（均是胞外酶），把大分子物质分解为可溶性的小分子物质，然后借助较高的渗透压吸收。

真菌在繁殖或环境条件不良时，菌丝常相互密结，再构成菌丝组织体，子实体（sporophore）也是一种菌丝组织体，为含有或产生孢子的组织结构。能形成子实体的真菌，人们称为大型真菌。担子菌亚门中如香菇、猴头、灵芝、平菇等，都是大型真菌，是营养丰富的食用菌。

真菌是生物界中很大的一个类群，约12万种，通常分为5个亚门，即鞭毛菌亚门、接合菌亚门、子囊菌亚门、担子菌亚门和半知菌亚门。

早在4000多年前，我们的祖先就已开始利用酵母、曲霉和根霉等菌种酿酒制酱。近代真菌广泛应用于甘油、有机酸、造纸、制革、石油脱蜡等工业领域以及用于制作面包、馒头等发酵食品。如香菇、猴头菌、木耳、银耳、羊肚菌等食用菌中含有大量维生素和丰富的总脂肪酸，是人体必需的营养物质，也是健康食品的重要组成，是人类的美味食品。黄青霉、点青霉等真菌，是人类制取青霉素的重要材料，猴头菌、灵芝、冬虫夏草、香菇在制取抗癌药物方面有很好的开发前景。

第三节　地衣植物

一、主要特征

（1）地衣（Lichens）是藻类和真菌共生的复合原植体植物。构成地衣的藻类是蓝藻和绿藻。共有二十几个属，主要是绿藻中的共球藻属、橘色藻属和蓝藻门的念珠藻属，这3属占全部地衣共生藻类的90%，而共球藻属又是其中最主要的一属。

（2）真菌在地衣构造上占主要成分。构成地衣的真菌大多数为子囊菌，少数为担子菌，个别为藻状菌。地衣原植体的形态几乎完全是由共生的真菌决定的，藻类分布于地衣植物的内部，成一层或若干团。

（3）藻细胞进行光合作用为整个地衣植物体制造有机养分，而菌丝吸收水分和无机盐，为藻类行光合作用提供原料，并使藻细胞保持一定湿度，不致干死。故构成地衣的藻、菌间是互惠互利的共生关系。

（4）地衣的原植体可分为3大类：壳状地衣，地衣体是颜色深浅多种多样的壳状物，以髓层菌丝与基质紧密相连接，有的还生假根伸入基质中，因此很难剥离，壳状地衣约占全部地衣的80%；枝状地衣，地衣体直立或下垂，呈树枝状或柱状，多数具分枝，仅基部附着于基质上；叶状地衣，地衣体扁平，有背腹性，呈叶片状，四周有瓣状裂片，以假根或脐固着在基物上，易与基质剥离（图10-8）。

（5）地衣的构造可分为上皮层，藻胞层，髓层和下皮层。上、下皮层是由横向分裂的菌丝紧密交织而成，特称为假皮层。藻胞层是在上皮层之下由藻类细胞聚集成的一层。髓层介于藻胞层和下皮层之间，由无色的蛛网状菌丝组成，通常呈微弱的胶质化，并具较大的细胞，菌丝间有许多大的空隙，髓层的主要功能是贮存空气、水分和养分，也是多数地衣酸所沉积的部位。

根据藻类细胞在地衣体内部分布情况，通常又分为两种类型：同层地衣的藻细胞在髓层中均匀分布，无单独的藻胞层，如猫耳衣属；异层地衣是在上皮层之下，集结多数的藻细胞，成藻胞层，其下方为髓层，最下面为下皮层，如梅衣属和蜈蚣衣属。

（6）地衣的繁殖方法主要为营养繁殖和有性生殖。营养繁殖是地衣最普通的繁殖方式，主要是以原植体的断裂，一个原植体分裂为数个裂片，每个裂片均可发育为新个体；有性生殖是由地衣体中的子囊菌和担子菌进行的，产生子囊孢子和担孢子。前者称子囊菌地衣，占地衣种类的绝大部分；后者为担子菌地衣，占少数。

二、分类及常见种类

本门植物全世界有500余属，25000余种。地衣的分类是依据构成地衣体的真菌的种类，一般分为3纲。子囊衣纲（Ascolichenes）、担子衣纲（Basidiolichenes）和藻状菌衣纲（Phycolichenes）。

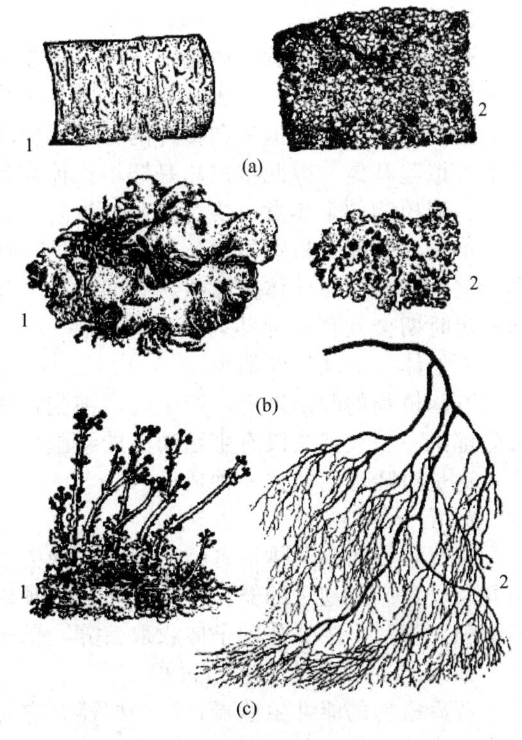

图10-8 地衣的形态（引自金存礼等，1991）
（a）壳状地衣（1—文字衣属；2—茶渍衣属）；（b）叶状地衣（1—地卷衣属；2—梅衣属）；（c）枝状地衣（1—石蕊属；2—松萝属）

三、地衣在自然界中的作用及经济价值

（1）地衣植物是自然界的先锋植物　地衣植物生长于峭壁和岩石上的地衣，能分泌地衣酸，腐蚀岩石，促使岩石变为土壤，为高等植物分布创造了条件，故可称地衣为自然界的先锋植物。

（2）工业上的用途　工业上用石蕊科、牛皮衣科、梅花衣科和松萝科地衣作为制造香水和化妆品的原料。冰岛衣和石蕊可制造酒精。染料衣用于提取石蕊制备石蕊试纸，作为化学指示剂。冰岛衣、脐衣、梅花衣、扁枝衣等都曾被用作自然染料。

（3）食用　地衣含地衣淀粉可供饲料，如在北极和高山的苔原带，分布着面积数十里至数百里的地衣群落为鹿群的主要食料。石耳属、石蕊属及冰岛衣属中某些种含较高糖类，可食用。

（4）药用　具经济价值的地衣很多，如石蕊、松萝等可供药用。地衣酸有抗菌作用，多种地衣体内的多糖有抗癌能力。

（5）指示植物　多种地衣对SO_2反应敏锐，可用作对大气污染的监测指示植物。

地衣也有其有害的一面，如森林中松萝属常挂满云杉、冷杉树冠，使树木致死。某些地衣以假根状的菌丝穿入茶树和柑橘类体内，妨碍寄主的生长。

第四节　苔藓植物

一、主要特征

苔藓植物（bryophyta）是一群小型的较原始的高等植物，分布很广，绝大多数陆生，但多生于阴湿环境中，在阴湿的石面、土表、树干上等常成片生长，在云雾常存的高山林地生长尤为繁茂。

1. 配子体

苔藓植物的绿色营养体是配子体，体态一般很小，如丛藓科。大者也仅有十几厘米，如大金发藓属、万年萝属、大叶藓属，及几十厘米长的如蔓藓科（Meteoriaceae）。

配子体有假根、拟茎和拟叶的分化，简单的种类呈扁平的叶状体；体内无维管组织，实质上为拟茎叶体，因此植物总是矮小，体高仅几厘米。

苔藓植物的个体发育要经过原丝体阶段。原丝体是由孢子发育成配子体的第一个发育阶段。绝大多数藓类植物的原丝体为分枝的丝状体，形似丝状绿藻，细胞内含叶绿体。少数藓类和整个苔类的原丝体呈片状，有的藓类原丝体还有呈囊状、带状或漏斗状的。原丝体生长到一定时期会发育成芽体，由芽体进一步发育成具根、茎、叶分化的配子体。配子体生成后，原丝体一般就逐渐消失。

苔藓植物的配子体上，产生由多细胞构成的有性生殖器官精子器和颈卵器。它们的生殖细胞都由一层或多层没有生殖功能的细胞包围。生殖器官开始出现了由不育细胞组成的保护层，这是对陆地生活的一种适应。

2. 孢子体

苔藓植物的孢子体形态结构独特，绝大多数是由孢蒴、蒴柄和基足 3 部分构成。孢蒴结构复杂，是产生孢子的器官，生于蒴柄的顶端，细嫩时为绿色，成熟后多为褐色或棕红色。不能独立生活，主要从配子体收取营养，仍寄生在配子体上。

3. 有性生殖器官和生殖过程

苔藓植物的雌性生殖器官称颈卵器，它是由一细长颈部和膨大的腹部组成，外面由不育细胞构成的壁保护着。颈部壁内有一串颈沟细胞，腹部壁内有 1 个大的卵细胞，在卵细胞与颈沟细胞之间还有 1 个腹沟细胞。苔藓植物的雄性生殖器官称精子器，一般呈棒形、卵形或球形，基部具 1 柄，外围 1 层不育细胞构成的精子器壁，成熟时壁内有许多精子，精子形状是长而卷曲，有两条鞭毛。颈卵器的出现是植物界系统演化中的一大进步，有了它，使得卵细胞和发育早期的受精卵能得到很好的保护。

在整个植物界中，从苔藓植物开始有了胚的结构，但苔藓植物的胚是高等植物中结构最简单的类型。它是由受精卵经过横裂和纵裂而形成的 2～8 个细胞组成的原始胚，由原始胚发育成孢子体。

4. 生活史

世代交替现象在藻类植物中虽已出现，但不普遍，藻类植物的孢子体和配子体是能独立生活的植物体，不存在相互依赖的关系。苔藓植物的世代交替是一种极普遍的现象，孢子体寄生在配子体上。

苔藓植物的生活史为孢子减数分裂，异形世代交替，配子体占优势，孢子体不能独立生活，而其他所有的高等陆生植物正好与苔藓植物相反，均为孢子体发达的异形世代交替。此外，苔藓植物的孢子首先萌发产生绿色的丝状体即原丝体，再由原丝体发育成配子体，这是苔藓植物生活史的另一个特点。

综上所述，苔藓植物应属高等植物范畴，前面所学的藻类属低等植物范畴（表 10-2）。

表 10-2　低等植物与高等植物的区别

项　　目	低等植物	高等植物
分类	藻类、地衣	苔藓、蕨类、裸子、被子植物
体型	无根、茎、叶分化	通常有根、茎、叶分化
胚	无	有
生殖方式	同配、异配、卵配	卵配
生境	大多数水生，少数陆生	大多数陆生，少数水生（次生性适应）

二、分类及常见种类

苔藓植物在全世界约有 23000 种，我国约有 2800 种。苔藓植物门分为 3 纲，即苔纲、角苔纲和藓纲，它们主要特征比较见表 10-3。

表 10-3 苔藓植物 3 纲的主要特征比较

项目		苔纲	藓纲	角苔纲
配子体	形态	叶状体或茎叶体 背腹之分，两侧对称	茎叶体 叶螺旋排列，辐射对称	叶状体
	假根	单细胞，单列，具有分枝	单细胞	单细胞
	中肋	无	有	无
	叶绿体数	多数	多数	少，一至数个数
	蛋白核	无	无	有
孢子体	组成	孢蒴、蒴柄、基足	同苔纲	孢蒴、基足
	蒴柄	在孢蒴成熟之后伸长	在孢蒴成熟之前伸长	无
	孢蒴开裂方式	多为纵裂	多为盖裂	自上而下二瓣裂
	孢蒴中轴	无	多具中轴	具纤细中轴
	蒴盖	无	有	无
	蒴齿	无	有	无
	环带	无	有	无
	弹丝	有	无	具假弹丝
	原丝体	不发达，1 原丝体生 1 配子体	发达，1 原丝体生多配子体	同苔纲

葫芦藓（*Funaria hygromerica* Hedw.）为藓纲代表植物，多生于有机质丰富，含氮丰富的阴湿土上，在房屋四周、校园、农田等阴湿处或火烧迹地上常可发现它们，而在荒无人烟的深山老林反而罕见它们的踪迹，故有“伴人”植物之称（图 10-9）。

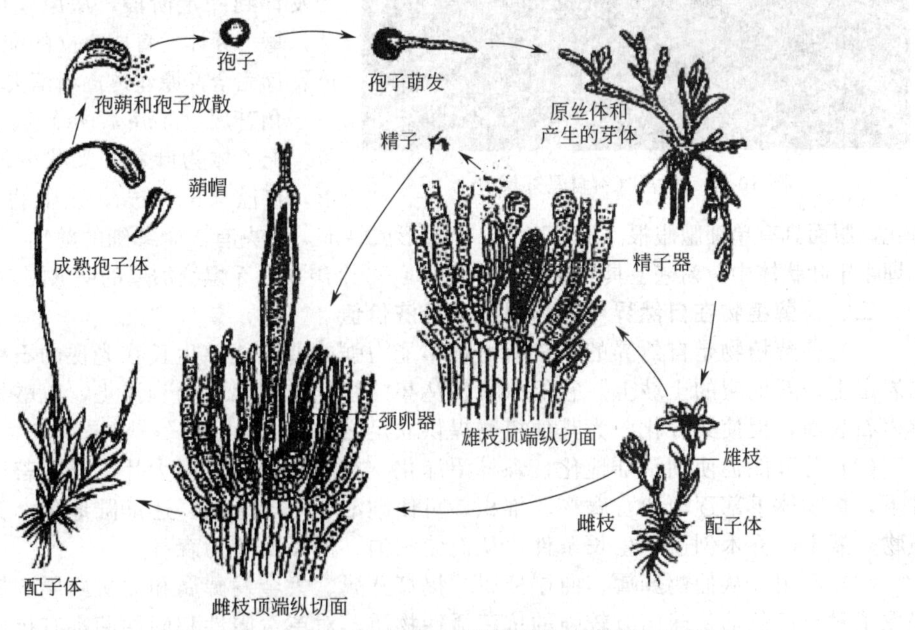

图 10-9 葫芦藓的生活史（引自中国科学院植物研究所，1972）

1. 配子体

矮小，高 1～3cm，直立，呈茎、叶形，丛生，无真正的根、茎、叶分化，茎下多生假根，假根棕色，由单列细胞构成，细胞端壁斜生。茎的构造比较简单，由表皮、皮层和中轴构成。

葫芦藓是雌雄同株、异枝植物，生殖时雌枝茎顶叶子紧包呈顶芽状，其中有数个具柄的颈卵器，通常只有1个颈卵器中的卵能受精，发育成孢子体。雄枝生于顶枝，花蕾状，橘红色，在精子器之间夹生有单列细胞组成的侧丝，其功用是保存水分和保护精子器。葫芦藓生殖器官成熟时，精子从精子器逸出，借助水游到颈卵器附近，沿颈沟到腹部与卵受精，形成合子（受精卵）。合子不经休眠在颈卵器内发育胚，胚逐渐分化形成具孢蒴、蒴柄和基足的孢子体。基足伸入母体（雌配子体）吸收养料。蒴柄细胞分裂、生长将孢蒴顶出颈卵器外，被撕破的颈卵器壁的上部，附着在孢蒴外面，形成蒴帽。蒴帽虽戴在孢子体的孢蒴上，但它来自颈卵器，属于单倍的配子体部分。蒴帽于孢蒴成熟后即行脱落。

2. 孢子体

由孢蒴、蒴柄和基足构成。孢蒴细长，幼时绿色，老时红棕色，干时扭转。孢子体的主要部分是孢蒴，孢蒴梨形或葫芦状。由蒴盖、蒴壶和蒴台组成。蒴盖是孢蒴顶端圆碟状的盖。外面有由表皮细胞加厚构成的环带，内侧有蒴齿。蒴盖脱落后，蒴齿露在外面，能行干湿性伸缩运动，孢子借蒴齿的屈伸运动弹出体外。蒴壶构造较复杂，由表皮、蒴壁、孢原组织、蒴轴组成。最外层为表皮细胞，表皮内侧为蒴壁，由多层细胞构成，其中有大的胞间隙即为气室，气室中有绿色营养丝。孢子母细胞来源于胞原组织，孢子母细胞经减数分裂后形成孢子。在蒴壶的正中央有薄壁细胞构成的圆柱状蒴轴。在孢蒴的最下部，表皮上有较多的气孔，气孔总是开放的，不能关闭。蒴台表皮内为几层含叶绿体的薄壁细胞，能进行光合作用。

3. 原丝体

孢蒴成熟后，散出蒴外，孢子在适宜环境中首先形成绿色的丝状体，称为原丝体。原丝体是分枝丝状体，细胞内含有叶绿体。当发育到一定阶段，从原丝体上产生多个芽，每一芽体发育成直立的配子体，待配子体发育完全，原丝体逐渐消失。

图 10-10　角苔（引自马炜梁）

角苔属（*Anthoceros*）属于角苔纲角苔科。配子体为叶状，叉状分瓣呈不规则圆形，直径0.5～3cm。无中肋、气室、气孔分化，腹面具有单细胞假根。孢蒴直立，呈棒形或针形，中央有1个纤细的蒴轴，无蒴柄，基足仍埋生于叶状体中。蒴壁上具气孔。假弹丝由4～5个组成，无螺纹加厚的壁（图10-10）。

三、苔藓植物在自然界中的作用及其经济价值

（1）苔藓植物是自然界的拓荒者　耐旱能力强的藓类能够生长在光裸的石壁上、新断裂的岩层上、新崩裂的土坡上。它们以紧密丛集的植物体积累水分和浮土，以酸性代谢产物分解岩石表面，促使其分化。为其他植物提供立足之地。

（2）苔藓能促使湖沼陆地化，森林沼泽化　在湖边和沼泽中大片生长的苔藓，在适宜条件下，植物体下部逐渐死亡腐朽、堆积，可使湖泊、沼泽干枯，逐渐陆地化，为陆生的草本植物、灌木、乔木创造了生长条件，从而使湖泊、沼泽演替为森林。

（3）药用　从仙鹤藓属、曲尾藓属、提灯藓属、大金发藓属和泥炭藓属5属的一些种中提取了对金黄色葡萄球菌有较强的抗菌活性物质，对革兰阳性和阴性菌都有抗菌作用。

（4）指示植物　有些苔藓植物对大气中的SO_2尤为敏感，常可作为监测大气污染的监测植物。

（5）保水能力　泥炭藓和多种真藓类（如灰藓、青藓、羽藓等）的茎、叶吸水和保水能力很强，常在苗木运输过程中用以包裹根部，或用作插条、播种后种子萌发的覆盖物，以免水分迅速蒸发枯死。

苔藓植物因个体矮小，生长量不大，它的利用价值常不被人们重视。近年来随着对苔藓植物研究的深入，已有许多种类被用于医药和工农业生产原料方面。

第五节 蕨类植物

蕨类植物（pteridophyte）和苔藓植物的最大的区别是孢子体内有了维管组织的分化，在形态上具有了真正的根、茎、叶。同种子植物一起总称为维管植物，但又不产生种子，这是同种子植物最大的区别之一。蕨类植物的有性生殖器官为精子器和颈卵器，和苔藓植物、裸子植物一起统称为颈卵器植物。是介于苔藓植物和裸子植物之间的一群植物，它比苔藓植物进化，但比裸子植物原始。

一、主要特征

1. 孢子体

蕨类植物的孢子体发达。除少数种类如桫椤属（*Cyatyea*）的树蕨为木本外，大多数为多年生草本。除松叶蕨亚门外，所有的蕨类植物均有真正的根、茎、叶的分化。主根较不发达，通常为不定根。茎有地上茎和地下的根状茎之分。高等蕨类植物绝大多数具有根状茎，低等蕨类多具有地上气生茎。

叶有小型叶和大型叶两类。小型叶较原始，由茎表皮突出而成，较小，不如茎发达，无叶隙和叶柄，叶脉不分枝，如松叶蕨、石松、木贼等。低等蕨类植物均为小型叶类型。大型叶在起源上是顶枝扁化而成，比根状茎发达，有叶隙或无，有叶柄，叶脉多分枝。

从形态上可分为单叶和复叶。单叶是在叶柄上仅具一个叶片。复叶是由叶柄、叶轴、羽片和羽轴组成自叶柄顶端延伸成的叶轴上有多个叶片（羽片）。

从功能上叶又可分为营养叶和孢子叶。前者仅具有通过光合作用制造营养的功能，无生殖功能，也称不育叶；后者可以产生孢子囊和孢子进行繁殖，也称能育叶。有些蕨类植物同一叶片既有营养功能，又具有繁殖功能，这种叶称为同型叶；另有些蕨类植物具有两种不同功能的叶，即营养叶和孢子叶，二者在形态上也常明显不同，称为异型叶。从系统发育来说，小型叶和同型叶原始，大型叶和异型叶比较进化；小型叶多螺旋状排列，而大型叶则为簇生、近生或远生于根状茎上；大型叶形态比较复杂。

小型叶蕨类的孢子囊着生在孢子叶的叶腋或腹面基部，孢子叶常密集于枝顶呈球状或穗状，分别称孢子叶球或孢子叶穗；大型叶蕨类的孢子囊集生成孢子囊群，通常集生在叶背的边缘、主脉两边、或沿主脉着生，或集生于特化的孢子叶上。水生蕨类的孢子囊群则着生在特化的孢子囊果中，如苹、槐叶苹等。

大多数蕨类植物产生的孢子大小形态相同，称同型孢子，而卷柏和少数水生蕨类孢子有大小之分，称异型孢子。孢子在形态上可分为两类，一类为肾形，两侧对称的两面型孢子；另一类为圆形或钝三角形，辐射对称的四面型孢子。大孢子将萌发产生雌配子体，小孢子则萌发产生雄配子体。

2. 配子体

绝大多数蕨类植物的配子体绿色，是由单倍体的孢子直接萌发产生的。配子体小型，结构简单，生活期较短，无根、茎、叶的分化，具有单细胞的假根。蕨类植物的配子体又称为原叶体。有背腹之分的叶状体（原叶体），在腹面产生精子器和颈卵器。颈卵器的特点，在于其腹部（包含有腹沟细胞和卵）通常埋在配子体的组织中，短的颈部则露出配子体的表面。配子体上的精子器产生许多具鞭毛的精子，颈卵器产生1个卵子。从营养方式上配体可分为两类：一类不含叶绿素，埋在土中或部分埋在土中，依靠共生的真菌取得养料，如松叶蕨，其配子体长约几毫米，直径仅0.5～2mm，褐色，柱状，具假根。另一种类型为绿色光合自养的配子体，可以独立生活。

精子多鞭毛，借水作媒介，游到颈卵器与卵结合，受精卵逐渐发育成胚，即幼孢子体。所以蕨类植物的生活史中有明显的世代交替现象。以孢子体占优势（苔藓植物是以配子体占优势），而且朝着配子体逐渐退化而孢子体逐渐发达的方向发展。

蕨类植物的孢子体具有维管系统，起着输导和支持作用，另外，蕨类植物的孢子体有根，能深入土壤吸收水分和矿质元素；有发达的叶，能进行光合作用。这些特性都使蕨类植物能较好地适应陆生生活。但蕨类植物的配子体远不及苔藓植物。

蕨类植物的生活史如图10-11所示。

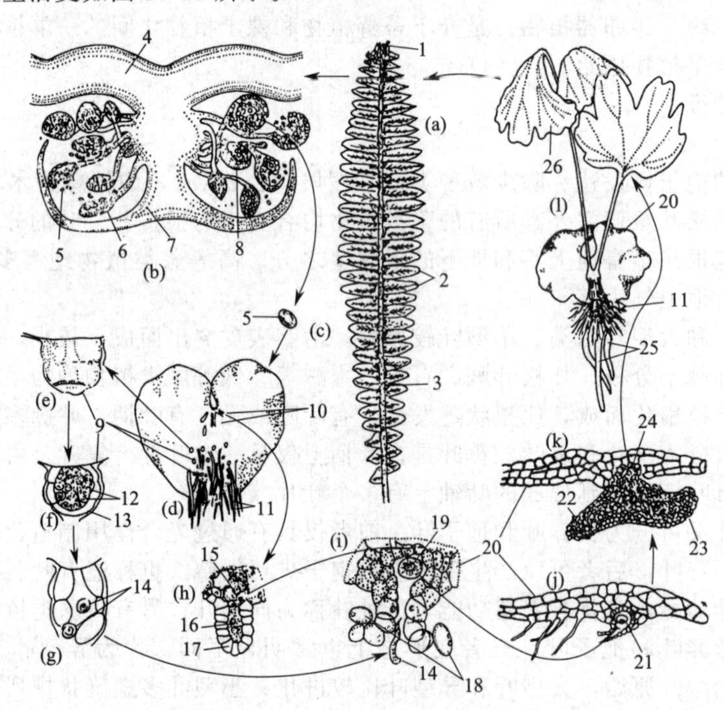

图10-11　蕨类植物的生活史

(a) 孢子体叶片；(b) 囊群的切面；(c) 孢子；(d) 配子体；(e) 精子器；(f) 精子器切面；(g) 精子器放出精子；(h) 颈卵器；(i) 精子进入颈卵器；(j) 配子体切面，示合子；(k) 带有胚的配子体切面；(l) 具有幼小孢子体的配子体

1—拳卷的幼叶；2—羽片；3—叶轴；4—叶；5—孢子；6—环带；7—囊群盖；8—孢子囊；9—精子器；10—颈卵器；11—假根；12—精子；13—不育细胞；14—成熟精子；15—卵细胞；16—颈沟；17—颈；18—盖细胞；19—成熟卵；20—配子体；21—合子；22—根；23—第一片叶；24—基足；25—孢子体的根；26—幼小孢子体

3. 生境和分布

蕨类植物分布很广，除海洋和沙漠不见其踪迹外，在高山、沟溪、山地、森林和淡水中均有生长，但多喜生于潮湿的陆地，现代蕨类约有12000种，我国约有2600种，以热带和亚热带的数量较多。我国以西南地区和长江以南各省的种类最多，仅云南就有1000多种，在我国有“蕨类王国”之称。蕨类虽已出现真根和维管组织，适应陆生比苔藓植物强得多，但维管组织不够完善，受精过程又要借水作媒介，因此大多数种类喜生林下、沟谷等阴湿环境中，分布上远不如种子植物。

二、分类及常见种类

中国学者秦仕昌于1978年提出的分类系统包括的科属仅为中国产的。他把现代蕨类作为1个门，即蕨类植物门，下分为5个亚门：松叶蕨亚门、石松亚门、水韭亚门、楔叶亚门和真蕨亚门（表10-4）。在蕨类植物5个亚门中，以松叶蕨亚门的种类最少，只有松叶蕨属和梅溪蕨属。前者有2种，我国仅有1种即松叶蕨，产于热带和亚热带。后者仅有梅溪蕨。

表10-4　蕨类植物5个亚门主要特征比较

特征		松叶蕨亚门	石松亚门	水韭亚门	楔叶亚门	真蕨亚门
孢子体	根	假根	真根	真根	真根	真根
	茎	具有根状茎和地上气生茎	具有地上气生茎	粗壮似块茎	具有根状茎和气生茎，节间和节明显，节间中空	绝大多数仅具有根状茎，极少种类具有木质气生茎
	叶	小型叶	小型叶，具有1条叶脉	小型叶，细长条形，具有叶舌	小型叶，鳞片状，轮生，侧面彼此联合成鞘齿状。非绿色，1条叶脉	大型叶，幼叶拳卷，具有各种类型的脉序，一部分为单叶，多为复叶
	孢子囊	厚孢子囊，2个或3个形成聚囊	厚孢子囊，单生孢子叶叶腋基部，孢子叶密集。枝端形成孢子叶球	生于孢子叶基部特殊的凹穴中，厚孢子囊	厚孢子囊，5～10个生于孢囊柄六角形盘状体下面，孢囊柄聚集枝端形成孢子叶球	极少为厚孢子囊，绝大多数为薄孢子囊。孢子囊聚集成囊群，生于孢子叶背面或背缘，多具有囊群盖
	孢子	孢子同型	有的为孢子同型（石松目），有的为孢子异型（卷柏目）	孢子异型	孢子同型，具有弹丝	孢子多同型，少数水生蕨类孢子异型
配子体	形态和营养方式	柱状，有分枝，不含叶绿素，与真菌共生，体内有断续维管组织	柱状，不规则块状等无叶绿素与真菌共生；有的则为绿色自养	在大、小孢子壁内发育	绿色，垫状，自养	绿色自养，多为心形
	精子	螺旋形，具有多条鞭毛	纺锤形或长卵形，具有2条鞭毛	螺旋形，具有多条鞭毛	螺旋形，具有多条鞭毛	螺旋形，具有多条鞭毛

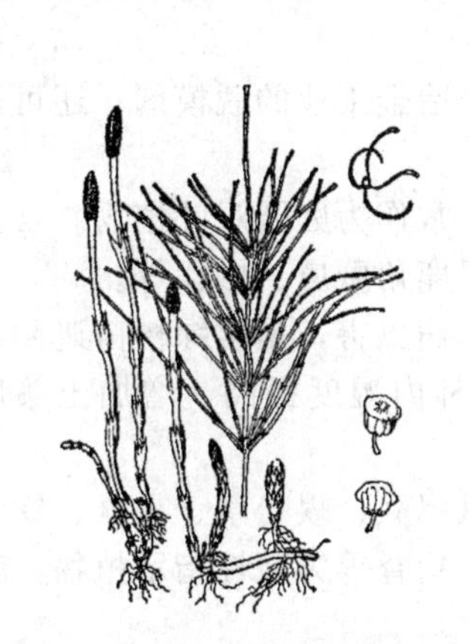

图10-12　问荆（引自中国科学院植物研究所，2002）

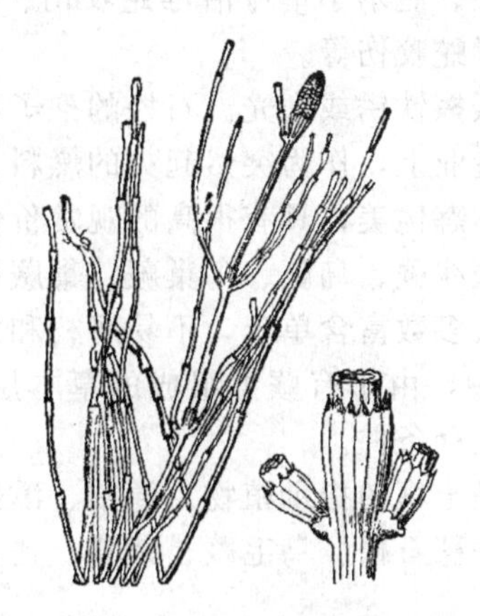

图10-13　节节草（引自中国科学院植物研究所，2002）

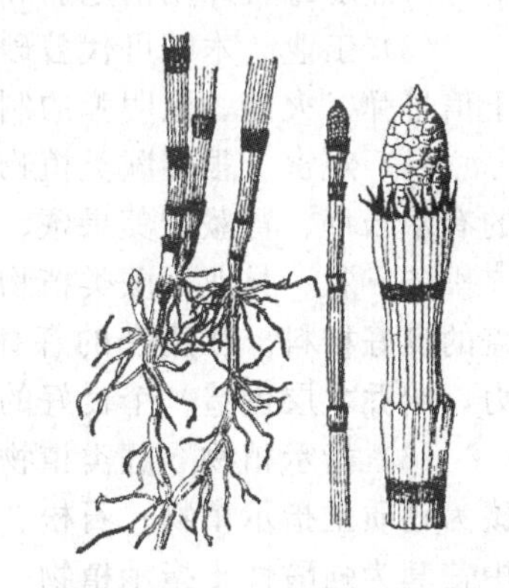

图10-14　木贼（引自中国科学院植物研究所，1972）

1. 问荆（*E. arvense* L.）

属于楔叶亚门木贼属木贼科。孢子体为多年生草本。具有地下根状茎和地上气生茎（图10-12）。地上气生茎有营养茎和生殖茎两种。问荆营养茎为绿色，具有轮生分枝。茎表皮富含硅质，节和节间明显，节上轮生鳞片状叶，节间外表有许多纵肋（脊），肋间有槽（沟）。问荆生殖枝紫褐色，但没有轮生分枝。营养枝和生殖枝的叶鞘无木贼的2个黑圈。

问荆为田间杂草，多生于沙性土壤或溪边。幼嫩的生殖茎可食。全国大部分省区有分布，全草有利尿、止血、清热的功效。其他常见种类有节节草（*Equisetum ramosissimum* Desf.）（图10-13）、木贼（*E. hiemale* L.）（图10-14）等。

2. 蕨［*Pteridium aquilinum*（L.）Kuhn var. *Latiusculum*（Desv.）Underw.］

属于真蕨亚门薄囊蕨纲蕨科蕨属。孢子体为高约1m的多年生草本，根状茎粗壮横走，被褐色茸毛或棕色鳞片，具有二叉状分枝，生有许多不定根。叶幼时拳卷，成熟后平展，2～4回羽裂。

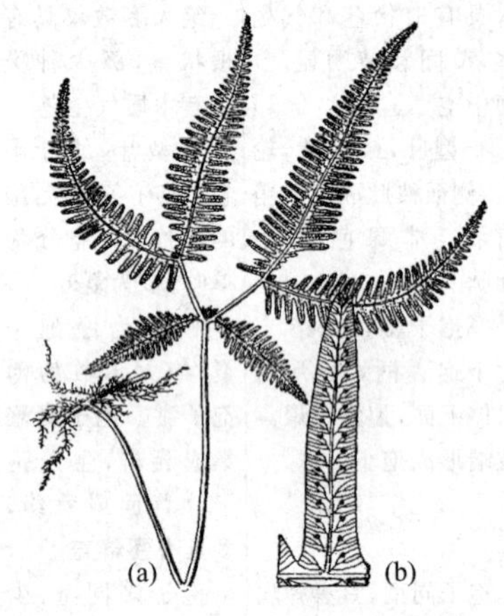

图10-15 芒萁（引自中国科学院植物研究所，1972）
(a) 植株；(b) 一枚裂片，示叶脉和孢子囊群着生的位置

真蕨类植物很多，其他常见种类有海金沙［*Lygodium japonicum*（Thunb.）Sw.］、芒萁［*Docranopteris dichotoma*（Thunb.）Bernh.］（图10-15）、井口边草（*Pteris multifida* Poir.）、铁线蕨（*Adiantum capillus-veneris* L.）、乌毛蕨（*Blechnum orientale* L.）、贯众（*Cyrtomium fortunei* J. Sm.）、桫椤［*Alsophila spinulosa*（Hook.）Tryon］、瓦韦［*Lepisorus thunbergianus*（Kaulf.）Ching］、槐叶苹属［*Salvinia natans*（L.）All.］、满江红［*Azolla imbricata*（Roxb.）Nakai］、石韦［*Pyrrosia lingua*（Thunb.）Farwell］等。

三、蕨类植物的经济价值

现代蕨类与人类关系密切，经济价值较大的在于观赏。另外，有的可食，有的可入药，有的直接作燃料，有的可作工业原料，有些种在农、林业方面也起着一定的作用。

（1）食用　不少种类如菜蕨、紫荚、水蕨、蕨、乌毛蕨等的嫩叶可食，俗称蕨菜。

（2）药用　据丁恒山的《中国药用孢子植物》中记载，蕨类植物中100多种有药效。如深绿卷柏可抗癌、木贼可治眼疾、瓶尔小草可治毒蛇咬伤、槐叶苹可治虚痨发热和湿疹等、苹有清热解毒可外用治疮痛和毒蛇咬伤等。

（3）工业　木贼可代替砂纸擦铁锈或磨光。石松的孢子可作冶金工业的脱模剂；还可用于信号弹、火箭、照明弹的制造业上，作为突然起火的燃料。

（4）观赏　很多蕨类植物体态优美，具有很高的观赏价值，常作为庭园观叶植物。常见的有翠云草、肾蕨、荚果蕨、铁线蕨、乌蕨、鸟巢蕨、巢蕨属、鹿角蕨属、桫椤等。

（5）农、林业　蕨类植物大多数富含单宁，不易腐朽和发生病虫害，是常绿树苗遮阳覆盖的良好材料。在茂密的森林中，由于有蕨类组成的草本层，林内湿度提高，增加土壤肥力，给乔木层创造一个良好的生存条件。

（6）指示植物　蕨类植物是土壤的指示植物。卷柏、溪边凤尾蕨、蜈蚣草、贯众、铁线蕨为钙质土指示植物；石松、垂穗石松、乌毛蕨、紫萁、芒萁、狗脊等为酸性指示植物，其中芒萁为强酸性土指示植物。

第六节　裸子植物

裸子植物（gymnosperm）的孢子体非常发达，大多数为单轴分枝的高大乔木。分枝常有长短枝之分，长枝细长，叶在枝上螺旋状排列；短枝粗短，生长缓慢，叶簇生枝顶。中柱为真中柱，具有形成层和次生生长。木质部大多数只有管胞，极少数具有导管；韧皮部只有筛胞而无伴胞。虽然具有花粉管和种子，但胚珠裸露，花粉粒直接落在胚珠上，仍然在雌配子体中保留了颈卵器，胚乳是没有经过受精而来的雌配子体，种子不为大孢子叶所包裹，造成胚珠和种子裸露，故名裸子植物。裸子植物也没有真正的花和果实。在植物界中，是介于蕨类植物和被子植物之间的维管植物。

在现代植物中，体形最高大、年龄最大的代表，均可以在裸子植物中找到。生长在美国加利福尼亚的巨红杉，又称“世界爷”，高可达 81.6m，胸围达 23.7m。一种长在海岸的红杉，其高为 114m。一株长在北美的硬毛松，由其年轮测知它已生活了 4900 年。有少数种类如麻黄是无叶的灌木，百岁兰茎成块状体，买麻藤为大型的木质藤本。

裸子植物比被子植物原始，发生于 4 亿年前上泥盆纪，繁盛于 1.8 亿年前的侏罗纪，遍布全世界，后因气候的变化，逐渐衰退，到 1.3 亿年前的白垩纪，其优势终于为被子植物所代替。平日常见的苏铁、松、柏、杉等都是裸子植物。在系统发育中，裸子植物之所以能取代蕨类植物，而在陆地上占有一定的地位，则与其所具有的特征有关。

一、主要特征

(1) 种子裸露，不形成果实　裸子植物的胚珠裸露，不为大孢子叶形成的心皮所包被。胚珠由珠心和珠被组成，珠心相当于蕨类植物的大孢子囊，珠被是珠心外的保护结构，在裸子植物中为单层。胚珠成熟后形成种子，外面没有果皮包被，故称裸子植物。这是裸子植物比被子植物原始的特征。种子由胚、胚乳和种皮组成，包含有 3 个不同的世代：胚来自受精卵，是新的孢子体世代；胚乳来自雌配子体，是配子体世代；种皮来自珠被，是老的孢子体世代。

(2) 孢子体发达　裸子植物的孢子体比蕨类植物的孢子体发达，均为木本植物，多为乔木。主根发达，形成强大的根系；维管系统发达，具有形成层和次生生长；木质部大多数只有管胞，韧皮部只有筛胞而无筛管和伴胞；叶多为针形、条形、或鳞形，稀阔叶型；叶背常具粉白色气孔带。

(3) 孢子叶聚生成球花　裸子植物的孢子叶大多聚生成球果状，称为球花或孢子叶球。雄球花又称小孢子叶球，由小孢子叶聚生而成，每个小孢子叶下面生有小孢子囊（花粉粒）。雌球花又称大孢子叶球，由大孢子叶丛生或聚生而成。大孢子叶为羽状（苏铁）或变态为珠鳞（松柏类）、珠领（银杏）、珠托（红豆杉）、套被（罗汉松）。大孢子叶的腹面生有一至多个裸露的胚珠。

(4) 配子体退化，寄生在孢子体上　雄配子体是由小孢子发育成的花粉粒，在多数种类中仅由 4 个细胞组成：2 个退化的原叶细胞、1 个生殖细胞和 1 个管细胞。雌配子体由大孢子发育而来，裸子植物多数具颈卵器。大多数裸子植物雌配子体近珠孔处产生颈卵器。颈卵器内只有 1 个卵细胞和 1 个腹沟细胞，而无颈沟细胞，较蕨类植物的颈卵器更为退化。配子体不能独立生活，寄生在孢子体上，此特点比蕨类植物进化。

(5) 花粉发育形成花粉管，受精作用不再受水的限制　裸子植物的雄配子体即花粉粒，花粉为单沟型，借风传播，经珠孔直接进入胚珠，在珠心上方萌发，形成花粉管，进入胚囊，将精子直接送到颈卵器内与卵细胞结合，完成受精作用。因此，受精作用不再受到水的限制。

(6) 具多胚现象　裸子植物大多数具多胚现象。雌配子体几个颈卵器同时受精形成多个胚，或 1 个受精卵在发育过程中分裂为几个胚。

在裸子植物中常有两套名词并用或混用。现将两套名词对照如下：花（球花）—孢子叶球；雄蕊—小孢子叶；花粉囊—小孢子囊；花粉母细胞—小孢子母细胞；花粉粒（单核期）—小孢子；花粉粒（2 细胞以上）—雄配子体；心皮—大孢子叶；珠心—大孢子囊；胚囊母细胞—大孢子母细胞；成熟的胚囊—雌配子体；胚乳（裸子植物）—部分雌配子体。

二、裸子植物的生活史

以松属（*Pinus*）的生活史为例介绍裸子植物的生活史。

1. 孢子体和球花

孢子体多为常绿乔木，长枝无限生长；短枝不发达，生于长枝鳞叶叶腋，顶部束生针形，每束 2 个、3 个、5 个，基部包以叶鞘。当孢子体生到一定的年龄时，在孢子体上生出雄球花和雌球花。

松属植物花单性，雌雄同株。小孢子叶球簇生于当年新生的长枝条基部，由无数螺旋排列的小孢子叶组成。每一小孢子叶背面有 2 个小孢子囊，其中的每个小孢子母细胞经减数分裂形成 4 个小孢子（单核花粉粒），小孢子具 2 个气囊，有利于风力传播（图 10-16）。

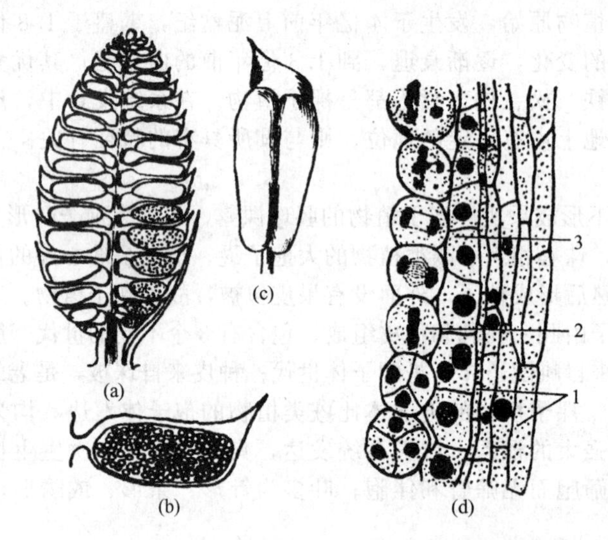

图 10-16 松属的小孢子叶球（引自周龙云，2004）

（a）雄球花纵切面；（b）小孢子叶切面观；（c）小孢子叶背面观；（d）小孢子囊部分切面

1—小孢子囊壁；2—小孢子母细胞；3—绒毡细胞

雌球花着生于当年新枝条的顶部或近顶部，初生时呈红色或紫红色，后变绿。每个雌球花由无数螺旋排列的苞鳞和珠鳞组成；珠鳞位于苞鳞腋内，基部着生 2 个胚珠。胚珠仅一层珠被，并在胚珠的顶端形成珠孔。珠心的大孢子母细胞经过减数分裂形成 4 个大孢子，排列成 1 列称为“链状四分体”。通常只有合点端的 1 个大孢子发育成雌配子体，其余 3 个退化。

2. 雄配子体

雄配子体是由小孢子发育而成。小孢子经过 3 次不等的细胞分裂，形成 1 个生殖细胞、1 个管细胞和 2 个营养细胞（又叫原叶细胞，不久退化）的 4 个细胞的花粉粒，即雄配子体。小孢子囊破裂，花粉粒散出，雄配子体借风传播（图 10-17）。

3. 雌配子体

由大孢子在珠心内发育而成。大孢子发育时，先形成胚乳，到第二年春天才形成在其上端具有 2～7 个颈卵器的雌配子体。颈卵器中有 1 个大型的卵细胞、4 个颈细胞和 1 个腹沟细胞。

4. 传粉和受精

传粉时，珠鳞、苞鳞和珠被同时张开，雄配子体进入后又复原。雄配子体借珠孔黏液的干涸而被吸进珠孔内，此时，其中生殖细胞分裂为 2，形成 1 个柄细胞和 1 个体细胞（精原细胞）；管细胞也开始伸长，形成花粉管。雄配子体进入珠心不远处即休眠，直到第二年春

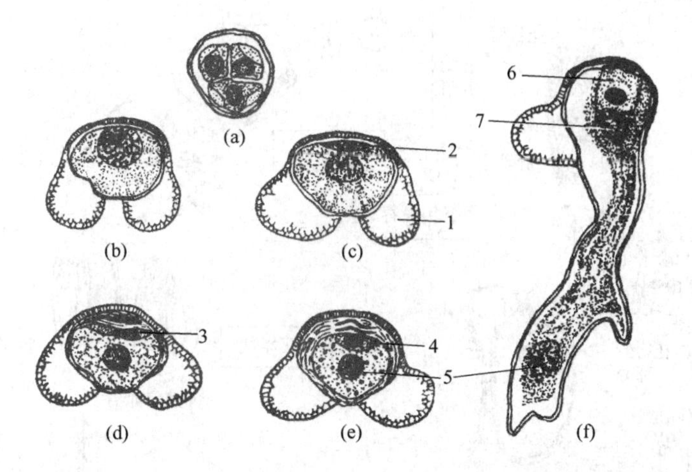

图 10-17　松属雄配子体的发育（引自周龙云，2004）

(a) 小孢子四分体；(b) 小孢子核第一次分裂的前期；(c) 分出第一个营养细胞后，小孢子核准备再分裂；(d) 形成第二个营养细胞；(e) 小孢子核已分裂，形成管细胞和生殖细胞；(f) 进一步发育形成花粉粒

1—气囊；2—第一原叶细胞；3—第二原叶细胞；4—生殖细胞；5—管细胞；6—柄细胞；7—体细胞

季或夏季颈卵器形成后花粉管才继续伸长，体细胞分裂成 2 个精子。

受精多在传粉后 13 个月才进行，这时大孢子叶球成为球果，体积相当大，颈卵器已发育成熟。花粉管直达颈卵器，其先端破裂，2 个精子、管细胞及柄细胞均流入卵细胞的细胞质中，其中 1 个具功能精子与卵核结合，逐渐形成受精卵，这个过程称为受精。受精完成后，较小的精子、管细胞和柄细胞最后解体。

5. 胚胎发育和成熟

胚的发育成熟过程较为复杂，通常可以将其分为原胚阶段、胚胎选择阶段、胚的组织分化和成熟、种子的形成 4 个阶段（图 10-18）。

受精卵经过 5 次分裂，形成具 4 个细胞层的原胚。原胚第一层上层和第二层莲座层不久即解体消失；第三层胚柄层的 4 个细胞称初生胚柄，它只伸长，不再分裂。紧接其后的第四层胚细胞层的胚细胞进行分裂并强烈伸长，称次生胚柄，而由胚细胞层最前端的 4 个细胞各自发育形成胚。雌配子体上几个颈卵器都可受精，即多胚现象。通常只有 1 个胚正常分化、发育成为种子中成熟的胚，其余的败育消失。

成熟的胚由胚根、胚轴、胚芽和子叶（通常 7～10 枚）组成，包在胚乳中。珠被发育成种皮。由胚、胚乳和种皮构成种子。珠被发育成种皮。由胚、胚乳和种皮构成种子。这样裸子植物的种子是由 3 个世代的产物组成的，即胚为新生的孢子体世代（$2n$），胚乳为雌配子体世代（n），种皮为老的孢子体世代（$2n$）。

受精后，珠鳞木质化而成为种鳞。珠鳞部分表皮形成种子的翅，以利风力传播。

三、分类及常见种类

裸子植物可以划分为 5 个纲：苏铁纲、银杏纲、松柏纲、紫杉纲和买麻藤纲。其中银杏科，银杉属、金钱松属、水杉属、杉属、水松属、侧柏属、白豆杉属等为我国特产的科属。我国有不少称为活化石的植物，如银杏、银杉、水杉等。

1. 苏铁纲（Cycadopsida）

苏铁植物在古生代的末期（二叠纪）兴起，在中生代的三叠纪，即距今天 2.48 亿年，是苏铁植物发展的鼎盛时代，三叠纪又称为“苏铁时代”，少数的苏铁在热带地区被保存下

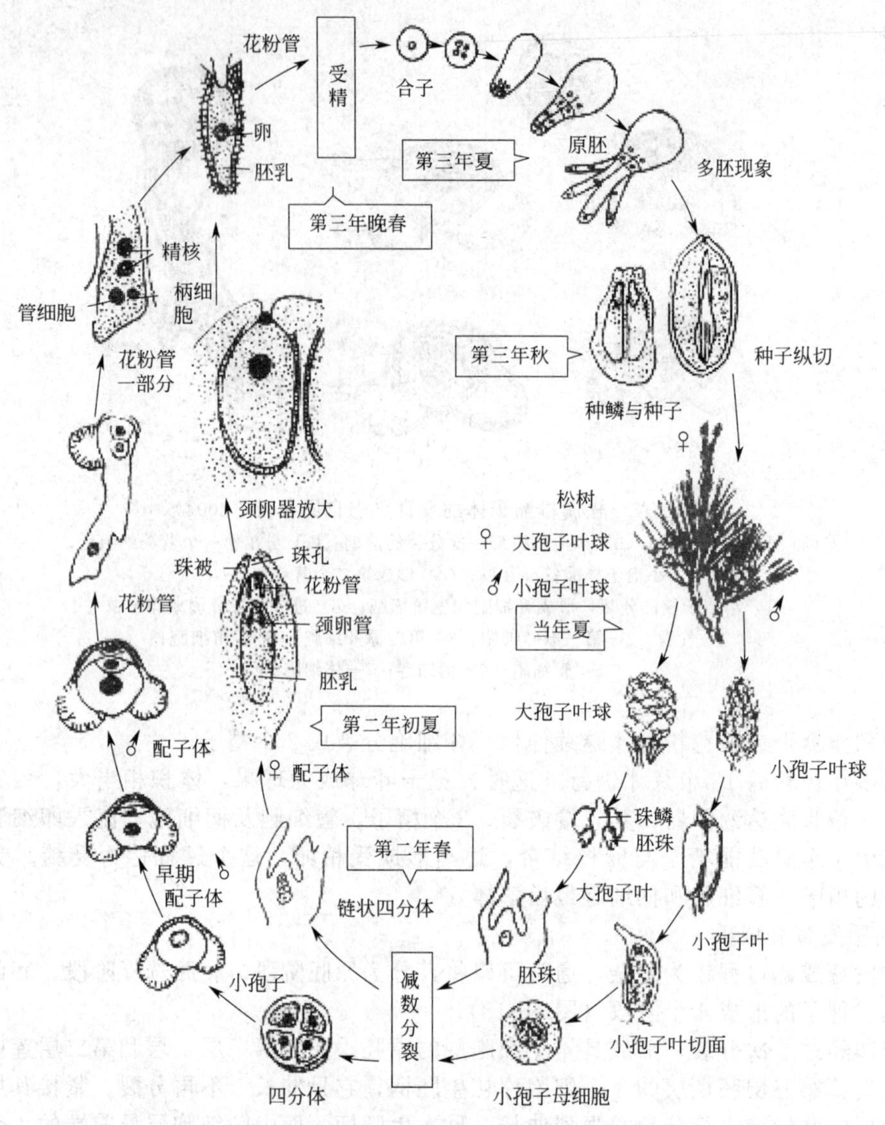

图 10-18 松属的生活史图解（引自周云龙，2004）

来，被称为活化石。

现存苏铁有 1 科 10 属，约 120 种，分布在热带和亚热带地区。我国只有苏铁属（Cycas）1 属，9 种，产于华南、西南各省，其中常见的有苏铁（*C. Revoluta* Thunb.）、篦齿苏铁（*C. pectinata* Griff）和攀枝花苏铁（*C. panzhihuaensis* L. Zhou et S. Y. Yang）。

2. 银杏纲（Ginkgopsida）

银杏植物只有一种，这就是银杏（*Gingko biloba* L.）。中生代银杏化石几乎遍布全世界，其叶与现代的银杏非常相似。银杏又叫白果，原产中国，现已被引种到世界各地。银杏从种植到结果需要较长时间，又被称为“公孙树”。在中国银杏作为药食兼用的植物已经栽培了很长时间，种子有敛肺止咳功效，银杏叶亦由近代医学证明具有扩张血管，治疗脑血管病的作用。野生银杏在浙江天目山等地被发现。

3. 松柏纲（球果纲）（Coniferopsida）

常绿或落叶乔木，稀为灌木，常含树脂。茎枝发达有长枝、短枝之分。叶单生或成束，多为条形、针形、钻形或鳞形，花单性，雌雄同株或异株，大、小孢子叶排成球果状，故名球果植物，本纲因叶常为针形故名针叶植物。精子无鞭毛。

松柏植物包括了松科、杉科、柏科及南洋杉科 4 个科，438 种，全部皆为木本植物，是现代裸子植物中数目最多，分布最广的一个类群（表 10-5）。

表 10-5 松科、杉科和柏科特征比较

特征	松科	杉科	柏科
叶形	针形或条形	条形、披针形、钻形或鳞形	鳞形或刺形
叶、孢子叶着生方式	螺旋状排列	螺旋状排列(仅水杉对生)	交互对生或 3～4 枚轮生
小孢子囊(叶)数	2	常 3～4	2～6
胚珠数/珠鳞	2	2～9	1～∞
珠鳞与苞鳞	离生	完全合生	完全合生

松柏植物因其美丽的外形，而作为庭园风景树，如金钱松（*Pseudolarix amabilis*）、雪松（*Cedrus deodara*）、水松（*Glyptostrobus pensilis*）、水杉（*Metasequoia glyptostroboides*）、落叶松（*Taxodium mucronatum*），各种柏树、侧柏（*Biotaorientalis*）、圆柏（*Juniperus chinensis* cv）、福建柏（*Fokienia hodginsii*），以及南洋杉（*Araucaria excelsa*）等均是常见的观赏树木或作为圣诞装饰树。

4. 红豆杉纲（Taxopsida）

又称紫杉纲，常绿木本，多分枝。叶多为条形、披针形。球花单性，雌雄异株。我国 3 科（罗汉松科、三尖杉科和红豆杉科），7 属，33 种。

小叶罗汉松［*Podocarpus macrophylla*（Thunb.）D. Don.］是常见的栽培观赏植物，种子成熟时紫黑色，其下的种托膨大成肉质，呈紫红色，种子完全为假种皮所包裹，黑色。香榧（*Torreya grandis* Fort）是我国特有种，分布我国的华东、湖南及贵州等地，很早就栽培，其种子称“香榧”，为有名的食用干果。红豆杉（*Taxus chinesis* Pilger Rehd.）是我国特有树种，分布我国中西部，木质优良。该属多种树皮含紫杉醇，供制抗癌药物。三尖杉（*Cephalotaxus fortunei* Hook. f.）为我国特有种，枝、叶、根、种子可提取多种生物碱，供制抗癌药物。

5. 买麻藤纲（Gnetopsida）

买麻藤属是广布于热带和亚热带的木质大藤本，也有分布于南美的小乔木。叶对生，阔叶状，具网状脉。麻黄属常为灌木，生长于沙漠和干旱地带，在外形上和木贼很相似，叶轮生，退化成鳞片状，小枝绿色，分布于亚洲、欧洲东南、非洲北部的干旱荒漠地区。

本纲有 3 目，3 科，3 属，约 80 种。我国有 2 目，2 科，2 属，19 种，4 变种。分布西北各省以及云南、四川、内蒙古等地。买麻藤纲包括 3 个形态上很不相同的属，是买麻藤属（*Gnetum*）、麻黄属（*Ephedra*）和百岁兰属（*Welwitschia*）。其中麻黄为重要药用植物。

四、裸子植物经济价值

（1）工业应用　多数松杉类植物可提炼松节油等副产品，树皮可提制拷胶。裸子植物的木材可作为建筑、飞机、家具、器具、舟车、矿柱及木纤维等的工业原料。

（2）观赏和庭院绿化　大多数的裸子植物都为常绿树，树形优美，寿命长，是重要的观赏和庭院绿化树种，如苏铁、雪松、油松、白皮松、银杏、水杉、金松、侧柏、华山松、圆柏、南洋杉、金钱松、罗汉松等，其中雪松、金松、南洋杉被誉为世界三大庭院树种。

（3）林业生产中的作用　裸子植物一般耐寒，对土壤的要求也不苛刻，枝少干直，易于经营，因此，我国目前的荒山造林首选针叶树，冷杉、云杉、杉木、油松、马尾松等已成为重要的人工造林树种。

（4）食用和药用　许多裸子植物的种子可食用或榨油，如华山松、红松、香榧及买麻藤等的种子，均可炒熟食用。苏铁的种子除食用（微毒）外，可药用；银杏和侧柏的枝叶及种子、麻黄属植物的全株均可入药；从三尖杉和红豆杉的枝叶及种子中分离出的三尖杉酯碱、紫杉醇等具有抗癌活性的多种生物碱，可抗癌。

第七节 被子植物

被子植物（angiosperm）是植物界中进化最高级，适应性最强，种类最多，分布最广的一类。现知被子植物有1万多属，20多万种，我国有2700多属，约3万种。被子植物能有如此繁多的种类，有极其广泛的适应性，这与它具有下面一些特征有关：①胚珠包被在心皮内，受到了很好的保护；②生殖过程的双受精作用加强了后代个体的生活力和适应性；③被子植物有比裸子植物完善的输导组织。正是由于被子植物的这些适应陆生环境特征，才使得被子植物在地球上得到了飞速的发展，成为植物界最繁茂的类群。

一、主要特征

（1）具有真正的花　被子植物典型的花通常由花梗、花托、花被（花萼、花冠）、雄蕊群和雌蕊群几部分组成。花萼、花冠的出现提高了传粉的效率，为异花传粉创造了条件。被子植物花的各部在数量上、形态上、在进化过程中，适于虫媒、鸟媒、风媒或水媒的传粉方式，被自然界选择、保留，从而使被子植物适应不同的生活环境。

（2）具有雌蕊，形成果实　雌蕊由1个或多个心皮组成，包括柱头、花柱和子房3个部分。胚珠着生在子房内，受精后，整个子房发育成果实，胚珠发育为种子，它得到了果实的保护。果实又具有不同的色、香、味，多种开裂方式，果皮上常具有钩、毛、刺、翅。果实的这些特点，对于保护种子成熟，帮助种子散布方面起着重要作用。

（3）具有双受精现象　在被子植物中出现1个精子与卵细胞结合形成合子，另1个精子与2个极核结合，形成$3n$染色体，发育为胚乳的双受精现象。这种具有双亲特性的胚乳使后代个体的生活力更强，适应性也更广。

（4）孢子体高度发达和分化　被子植物的孢子体占绝对优势而又高度分化，使其愈加适应于在陆地的环境生长和繁荣。在形态上，有合轴式的分枝、大而阔的叶片。从生活型来看，有陆生、水生、盐碱生和沙漠等不同生境的植物。在解剖构造上，被子植物的次生木质部有导管，韧皮部有伴胞，输导组织完善化。这些特性使被子植物的输导能力，植物体的高度以及受光面积等方面都得到了加强。

（5）配子体进一步退化　被子植物配子体达了最简单的程度。小孢子即成熟的单核花粉粒发育成的雄配子体，一般只有2个细胞（2核花粉粒），其中1个为营养细胞1个为生殖细胞。少数植物在传粉前生殖细胞就分裂1次，产生两个精子，这类植物的成熟花粉粒有3个细胞。成熟的雌配子体（胚囊）是由3个反足细胞、2个极核、2个助细胞和1个卵，共8个细胞构成，无颈卵器结构。

以上列举的被子植物的5个方面的进化特征，是与裸子植物相比较而得出的，至于能产生种子、精子靠花粉管传递、有胚乳等种子植物共有的特征，就不在此赘述了。

二、被子植物的分类原则和演化趋向

被子植物的分类，不仅要把几十万种植物安置在一定的位置（纲、目、科、属、种），而且还要建立起一个分类系统，并在分类系统中反映出它们之间的亲缘关系。但是这方面的工作是很困难的，这是因为地球上的被子植物几乎是在距今1.3亿年前的白垩纪突然地同时兴起的，这就难以根据化石的年龄，论定谁比谁更原始。

其次，花的特点是被子植物分类的重要依据，但几乎找不到任何花的化石，这就把整个进化系统割裂为片段。植物分类学家根据现有的资料进行分类，并尽可能地反映出它的起源与演化关系。基于大多数学者对植物形态特征演化趋势的认识，一般公认的被子植物的分类原则和演化趋向如表10-6。

表10-6 被子植物形态构造的演化规律和分类原则（引自周云龙，2004）

项目	初生的、原始的性状	次生的、较完整的性状
茎	1. 木本 2. 直立 3. 无导管，只有管胞 4. 具有环纹、螺纹导管	1. 草本 2. 缠绕 3. 有导管 4. 具有网纹、孔纹导管
叶	5. 常绿 6. 单叶全缘 7. 互生(螺旋状排)	5. 落叶 6. 叶形复杂化 7. 对生或轮生
花	8. 花单生 9. 有限花序 10. 两性花 11. 雌雄同株 12. 花部呈螺旋状排列 13. 花的各部多数而不固定 14. 花被同形，不分化为萼片和花瓣 15. 花部离生(离瓣花、离生雄蕊、离生心皮) 16. 整齐花 17. 子房上位 18. 花粉粒具有单沟 19. 胚珠多数 20. 边缘胎座、中轴胎座	8. 花形成花序 9. 无限花序 10. 单性花 11. 雌雄异株 12. 花部呈轮状排列 13. 花的各部数目不多，有定数(3个、4个或5个) 14. 花被分化为萼片和花瓣，或退化为单被或无被花 15. 花部合生(合瓣花、具有各种形式结合的雄蕊、合生心皮) 16. 不整齐花 17. 子房下位 18. 花粉粒具有3沟或多孔 19. 胚珠少数或1个 20. 侧膜胎座
果实	21. 单果、聚合果 22. 真果	21. 聚花果 22. 假果
种子	23. 种子有发育的胚乳 24. 胚小，直伸，2子叶	23. 无胚乳，种子萌发所需的营养物质贮藏在子叶中 24. 胚弯曲或卷曲，1子叶
生活型	25. 多年生 26. 绿色自养植物	25. 一年生 26. 寄生、腐生植物

三、被子植物分类的论据

(1) 形态学资料　主要通过形态学的资料进行的。在植物的各种形态特征中，花、果的形态特征要比根、茎、叶的形态特征重要，尤其是花的形态特征最为重要。形态学资料是一种为肉眼所能观察到的性状，在实际应用中最为方便，所以在分类实践中应用最广、价值最大，是被子植物分类学的基础。

(2) 细胞学资料　对细胞有丝分裂时染色体的数目、大小和形态进行比较研究。染色体的数目以及染色体组型中的各染色体的绝对大小作为分类性状的价值在于它在种内相对恒定。减数分裂时染色体的行为方式表明了不同亲本的染色体组之间配对的程度，因而常用来揭示种间的关系。

(3) 化学资料　以植物体内的化学成分作为分类的一项重要指标，研究植物类群之间的亲缘关系和演化规律。因为植物的化学组成随种类而异，在分类学上有用的化学物质主要是一些次生代谢产物，如糖类、糖苷、黄酮类化合物、植物碱、萜类化合物、酚类化合物以及挥发油等，以及带信息的大分子化合物，如蛋白质、核酸、酶等。

蛋白质（酶）作为化学分类特征，还可以直接用电泳法分析蛋白质，以比较植物种类之间的异同。不同的植物种类含有的蛋白质不同，因此出现的谱带也不同，由此来评价不同种类植物之间的亲缘或演化关系。血清学方法是一种既方便又快速，可以广泛用于植物分类的方法。此方法多采用沉淀反应，某一种植物中提纯的某一种蛋白质在动物体内产生抗血清后，用抗血清与要实验的另一种植物的蛋白质悬浊液（抗原）进行凝胶扩散或免疫电泳，观察其产生的沉淀反应来评价物种相似程度，相似程度愈高则沉淀反应愈明显。

（4）分子生物学资料　染色体上基因差异可造成表型差异，因此，可以直接从染色体的DNA结构上寻找分子水平上的差异作为分类学上的资料。每个物种的DNA都有其特定的G+C含量，不同物种的G+C的含量是不同的，亲缘关系愈远，其G+C的含量差别就愈大，所以这是一个新的能反映属种间亲缘关系的遗传学特征。

（5）超微结构和微形态学方面的资料　通过电子显微镜技术研究植物的微观结构，为一些植物类群的研究提供了新的有价值的分类资料。采用透射电子显微镜技术研究最多的是植物的韧皮部或与韧皮部有关的特征，如筛分子质体、P-蛋白质、核蛋白质晶体、内质网膨大潴泡等；通过扫描电子显微镜技术研究表明，植物的表皮，包括根、茎、叶、花、果实、种子的表皮以及花粉的外壁，在表皮细胞的排列、表面纹饰、角质层分泌物等方面都有极其多样的分化特征。

总之，凡是具有种间差异的特征都可以作为被子植物分类的依据。能用于分类的性状很多，近年来，通过新的研究技术和方法，人们已经发现了许多有价值的资料，补充和完善了传统分类中许多不足之处。但是形态学特征还是较普遍地用于高等植物和各个分类等级中。

四、分类及常见种类

被子植物分成双子叶植物（dicotyledoneae）和单子叶植物（monocotyledonae）两个纲。木兰、山毛榉、蔷薇、仙人掌、柑橘、苹果、向日葵都是双子叶植物，棕榈、禾草、墨兰、百合都是单子叶植物。比较起来，双子叶更为多种多样。它们的主要区别如表10-7所示。

表10-7　双子叶植物纲和单子叶植物纲的主要区别

双子叶植物纲(木兰纲)	单子叶植物纲(百合纲)
胚具子叶2枚	胚含1枚子叶
主根发达,多为直根系	主根不发达,多为须根系
茎内维管束环状排列,具形成层	茎内维管束散生,无形成层
叶多为网状叶脉	叶多为平行叶脉或弧形叶脉
花基数多为5或4	花基数通常为3
花粉常具3个萌发孔	花粉常具1个萌发孔

（一）双子叶植物

1. 木兰科（Magnolianceae）

本科约18属，300种，分布于亚洲和美洲的热带和亚热带地区；我国有11属，120多种，大多产于西南部。木本，常绿或落叶，树皮、枝、叶、花皆有挥发油香气，单叶互生，托叶大，包裹叶柄和幼芽，早落，在节上留有托叶环。花大，单生，常两性，花被不分化，同形或异形，雄蕊和雌蕊多数、分离、螺旋状排列于显著伸长的花托上。雄蕊花丝短，花药长。雌蕊花柱和柱头的分化不彻底，柱头面在心皮腹缝线的上部。蓇葖果或聚合蓇葖果。胚小、胚乳丰富。

代表植物：望春玉兰（*Magnolia biondii* Pamp.）（图10-19），原产我国，花大，栽培作观赏。荷花玉兰（洋玉兰）（*M. grandiflora* L.），常绿乔木，叶革质，叶背密被锈色绒毛。花大，白色，花被3轮。原产北美大西洋沿岸，芳香，广植世界各地，我国南北均有栽培，有不同的品种。厚朴（*M. officinalis* Rehd et Wils）我国特产，树皮、花、果药用。辛夷（木兰，紫玉兰）（*M. liliflora* Desr）花先叶开放，紫色，花蕾入药，原产湖北，我国各地有栽培。

图 10-19　木兰科植物（邓盈丰绘）

1～10 为望春玉兰：1—枝叶；2—花；3—佛焰苞状苞片；4—外轮花被片；5—中轮花被片；6—内轮花被片；7—雌蕊群和雄蕊群；8—雄蕊；9—聚合果；10—去皮的种子；11～13 为罗田玉兰：11—叶和顶芽；12—雌蕊群和雄蕊群；13—雄蕊

2. 樟科（Lauraceae）

木本，常具油细胞。单叶互生，无托叶，三出脉或羽状脉。花两性稀单性，花被同形，花药4室或者2室，瓣裂，花粉无萌发孔，心皮连生，子房1室，胚珠1枚，核果，种子无胚乳。

代表植物：樟科具有许多有重要经济价值的种类，如樟树［*Cinnamomoum comphora*（L.）Presl］，我国特产，分布长江以南各省，为我国珍贵木材和芳香油树种，樟脑油是我国的大宗出口产品。肉桂（*C. cassia* Presl）树皮可作药用，或提取肉桂油，又作芳香调味品。油丹（*Alseodaphne hainanensis* Merr）特产海南，木材优良。楠木（*Phoebe zhennan* S. Lee et F. N. Wei）为著名材用树种。檫木［*Sassafras tsumu*（Hemsl）Hemsl.］，叶3裂，产长江以南，为速生造林树种。山苍子［*Litsea cubeba*（Lour.）Pers.］花、叶、果是提取山苍子油和柠檬醛的原料，果实用于腌菜。

3. 金梅科（Hamamelidaceae）

木本，单叶，互生，有托叶，树皮和枝、叶有香气。花两性或单性同株，总状花序或柔荑花序，异被，单被或缺；雄蕊多数至定数；子房上位至下位，心皮1至多数，离生或合生。蒴果木质化，有宿存花柱，所以称为“二喙果”。

代表植物：枫香树（*Liquidambar formosana* Hance），落叶大乔木，叶互生，掌状3

裂，花两性，头状花序。树脂可提取苏合香，根、叶、果入药。阿丁枫（*Altingia chinensis* Oliv.）又称蕈树，常绿，枝、叶有较强烈香气。多种金缕梅科植物可用于培植香菇。

4. 桑科（Moraceae）

本科约 67 属，1400 种，主要分布在热带、亚热带。我国有 6 属，160 余种，主产长江流域以南各省区。

灌木或乔木或藤本，常有乳状液汁。单生、互生。花小，单性，同株或异株。常密集为葇荑花序，隐头花序，有的集成头状花序或穗状。单被花，萼片 4 个，雄花的雄蕊与萼片同数且对生；花的雌蕊由 2 心皮组成 1 室，1 胚珠，上位子房。小瘦果或核果，由宿存的肉质花被包裹，并集生成聚花果，或许多小瘦果着生于肥大而中空的花序托内壁上形成隐花果。

代表植物：桑（*Morus alba* L.）为落叶乔木，单叶互生，花单性，穗状花序，花丝在芽中内弯；子房被肥厚的肉质花萼所包。坚果被以肥厚花萼，再聚集合成紫圆黑色的聚花果，全国各地有栽培。桑葚、桑枝、桑白皮（根内皮）皆入药。细叶榕（*F. microcarpa* L.）是岭南常见的大乔木。菩提树（*F. religiosa* L.）为落叶大乔木，原产印度，我国佛教盛行时引种，多在寺庙栽植。

5. 山毛榉科（Fagaceae）

双子叶植物纲，壳斗目。本科有 8 属 900 种，我国 6 属 300 种。常绿或落叶乔木或灌木。单叶互生，常为革质，羽状脉，托叶早落。花单性，雌雄同株；雄花成柔荑花序，花萼裂片 4～5 片，无花瓣；雌花单生或 2～3 朵簇生于花后增大的总苞内，花萼 4～8 裂，无花瓣；萼片与下位子房合生，3～6 室，每室具有 2 个胚珠，常仅有 1 个发育。坚果外包壳斗，或称为总苞；形状有的像碗，有的是闭合的；总苞的外面有鳞片或刺。

代表植物：水青冈（*Fsgus ongipetiolata* Seem）为落叶植物，总苞具软刺，分布长江以南。红椎（*Castanopsis hystrix* A. DC），总苞具锐利的刺。椆［*Lithocarpus glabe* (Thunb.) Nakai］，总苞无刺，鳞片覆盖瓦状排列，皆为常绿乔木。麻栗（*Quercus acutissima* Carr.）为落叶植物，广布种。栓皮栎（*Q. variabilis* BI.），木栓层厚达 10cm，主产我国东北、北部地区。板栗（*Castanea mollissima* BI.），总苞外具长刺，栽培，果实是著名的食用坚果。

6. 蔷薇科（Rosaceae）

本科是一个大科，有 4 个亚科，约 115 属，3200 种，广布于全世界。我国有 55 属，1000 多种。草本、灌木或乔木。单叶或复叶，常有托叶。花两性，辐射对称。花托突起，或下陷成壶状、杯状，或平展为浅盘状，或下陷而与子房相结合。花下位、周位或上位。萼裂片、花瓣常为 5 片。雄蕊常多数，并与花萼、花瓣联合着生于花托边缘，形成蔷薇型花。雌蕊由一至多数心皮，分离或联合，上位或下位子房。果实为核果、梨果、瘦果、蓇葖果等。

代表植物：梨属（*Pyrus*），有两种最重要的梨品系，南方的沙梨品系和北方的白梨品系。苹果属（*Malus*），提供了苹果、海棠等水果，苹果的著名品种有麻皮、红帅（红香蕉）、金冠（黄香蕉）、白龙（青香蕉）、红玉、国光、黄魁、红魁、富士等。李、桃、梅、杏、枇杷、山楂、木瓜均是著名水果和药材。蔷薇属（*Rosa*），有刺灌木，玫瑰、月季品种繁多，是世界的著名观赏花卉。玫瑰花提取的精油，用于化妆品。

7. 含羞草科（Mimosaceae）

本科有 50 属 3000 种，分布于热带和亚热带地区。我国有 13 属 30 余种。花辐射对称，花瓣镊合状排列，雄蕊多数。

代表植物：含羞草（*Mimosa pudica* L.），叶遇触动即闭合下垂，热带地区地常见，北方盆栽观赏。

8. 苏木科（Caesalpiniaceae）

约150属2200种，分布于热带和亚热带地区。我国有20属100余种。花瓣常成上升覆瓦状排列，即最上一瓣在内，形成假蝶形花冠，雄蕊5枚或10枚。

代表植物：红花羊蹄甲（*Bouhinia blakeana* Dunn.），花粉红或白色，常作行道树，为香港市花。凤凰木（*Delonix regia* Bojea Raf），落叶植物，原产非洲，我国南方引种为行道树，叶羽毛状，花红色，美丽。

9. 蝶形花科（Papilonceae，Fabaceae）

约600属12000种，分布于全世界。我国114属1000余种。草本，灌木或乔木，有时为藤本。羽状复叶或三出复叶，稀为单叶，具托叶和小托叶，叶枕发达，顶端小叶有时形成卷须。蝶形花冠，下降覆瓦状排列，最上1片为旗瓣在最外方，两侧两片为翼瓣，最内两片稍合生为龙骨瓣；

代表植物：花生（*Arachis hypogaea* L.）、豌豆（*Pisum sativum* L.）、蚕豆（*vicia faba* L.）、豇豆［*Vigna sinensis*（L.）Savi］、眉豆［*V. cylindria*（L.）Skeels］、菜豆（*Phaseolus vulgaris* L.）、赤豆（红豆）（*P. angularis* Wight）、绿豆（*P. rodiatus* L.）。药用种类有250余种，最著名的是甘草（*Glycyrrhiza uralensis* Fisch.），产于我国西北等地，根茎入药，又可作黄色食用色素。有许多重要的材用树种如紫檀（*Pterocarpus indicus* Wilid.），心材红色，又称“红木”；花榈木（*Ormosia henryi* Prain）、黄檀（*Dolbergia hupeana* Hance）均为贵重的木材。黄芪（*Astrogoafus* spp.）、鸡血藤（*Millettis dielsiana* Harms ex Diels），根茎有补血行血，通经活络作用。

10. 桃金娘科（Myrtaceae）

无草本，单叶对生，全缘，具有透明油点。花两性、完全，辐射对称，萼与瓣在一些种类中连成帽状体，花开时一起脱落，花盘显著，雄蕊多数，子房下位。桃金娘科植物主要分布于热带，其中桉属（*Eucalyptus*）的一些种，如 *E. regnans* 高可达100m。桉属植物原产澳大利亚，我国引种80余种，可作速生用材林树种，枝、叶可提取芳香油，用于工业和医药。桃金娘［*Rhodomyrtus tomentosa*（Ait.）Hassk.］产我国南部，野生，花浅红，美丽，浆果熟时紫黑色，味甜可食。

11. 大戟科（Euphorbiaceae）

本科有300属、8000种，我国有61属、364种，主要分布于长江流域以南各省区。草本、灌木或乔木，有时成肉质植物，常含有乳汁；单叶互生，多具托叶，叶基部常有腺体。花多单性，雌雄同株，成聚伞花序，或杯状聚伞花序；萼片3～5片，常无花瓣，有花盘或腺体；雄蕊一至多数；雌蕊由3心皮合成，上位子房，3室，中轴胎座。果实为蒴果。

代表植物：油桐［*Vernicia fordii*（Hemsl.）Airy Shaw］产于我国长江以南，种仁油称为桐油，是我国大宗产品，用于油漆、涂料等。橡胶（*Hevea brasiliensis* Muell. Arg.）原产巴西，热带地区引种，马来西亚是天然橡胶的最大生产国。我国海南、广东、广西南1950年后开始引种橡胶，现已基本达到自给。蓖麻（*Ricinus communis* L.）原产非洲，种子油供工业及医药用。一品红（*Euphorbia pulcherrima* Willd.）栽培供观赏。

12. 无患子科（Sapindaceae）

常具有复叶，花4～5基数，多为辐射对称，萼、瓣分离，具有明显的花盘，子房3室，上位。果球形，不开裂，无假种皮。

代表植物：荔枝（*Litchi chinensis* Sonn.）和龙眼（*Dimocarpus longan* Lour.）是岭南著名果，果肉为珠柄突起的假种皮。龙眼又称桂圆，果肉入药有安神滋补作用。

13. 芸香科（Rutaceae）

本科约100属，1000种，主要分布于热带亚热带。我国约有24属，150种。以柑橘类果树最为有名。植物体常含挥发油，常绿乔木或灌木，常具刺，少为草本。叶为单叶或复叶，常具透明油点，无托叶。两性，稀单性，辐射对称，萼片4～5片，常合生。花瓣4～5片，分离，雄蕊与花瓣同数、2倍或多数。花丝分离或合生，着生于环状的肉质花盘周围。上位子房，有显著的花盘。果多为柑果、浆果或核果。

代表植物：芸香科有很多重要的水果植物，柑橘属（*Cifrus*）的柑（*C. Reticulata* Blanco）、橙［*C. sinensis*（L.）Obeck］、柚［*C. grandis*（L.）Osbeck］、柠檬［*C. limon*（L.）Bumf.］、佛手［*C. media* var. *sarxodactylis*（Noot.）Swingle］等都是我国长江以南各省区的重要水果，除果肉食用之外，果皮可用以提取果皮油，作药用或调味品等用，干燥后药用，称陈皮。枳（枸橘）［*Poncirus trifolia*（L.）Raf］、黄檗（柏）（*Phellodendron arurense* Rupr.）产于东北、华北，栽培专用于药材。花椒（*Z. buyngeamum* Maxim.）果实作调味品。

14. 伞形科（Umbelliferae，Apiaceae）

本科约255属，2850多种，多产于北温带。我国有90属，600种，主要供蔬菜和药用。草本植物，茎常中空；叶茎生，常为羽状复叶或裂叶，多有挥发油香味，叶柄扩大成鞘状。花成伞形花序。果为双悬果，果上有棱，两侧压扁或背腹压扁。花小，两性，花多为辐射对称。花序的边花有时两侧对称。萼片5，很小或不明显，花瓣5，分离，雄蕊5，2心皮，花柱为2，下位子房，有上位花盘。果实由2个有棱或有翅的心皮构成，成熟时沿2心皮合生面分离成二分果，顶部悬挂于细长丝状的心皮柄上，为双悬果，果实有肋或翅。

代表植物：有许多药用植物，如当归［*Angeelic asinesis*（Oliv.）Diels.］、白芷［*A. dahurica*（Fisch.）Benth. & Hook.］为妇科良药，具补血作用。柴胡（*Bupleurum chinense* DC.）、前胡（*Peueedanum praeuplorum* Dunn.）、防风［*Saposhnikovia divaricata*（Turcz.）Schischk.］、川芎（*Liguslicum chuanxiong* Hort.）等多种亦是重要药材。胡萝卜（*Daucus carota* var. Sativa DC.）含丰富的维生素A，芹菜（*Apium graveliens* L.）、芫妥（*Coriandrum sativum* L）、茴香（*Foeniculum vulgare* Mill.）为辛香蔬菜。

15. 石竹科（Caryophylliaceae）

本科约70属，2000种，广布于世界各地。我国有32属，近400种，全国各地均有分布。草本，茎节膨大；单叶对生，全缘，常在基部连成一横线；花辐射对称，两性；花瓣4～5；雄蕊为花瓣的2倍；萼片4～5，分离或连合成筒；子房上位，1室，少数2～5室；特立中央胎座。果实为蒴果，少为浆果。

代表植物：石竹（*D. chinensis* L.）原产我国，花色多样。康乃馨（*D. caryophyllus* L.）为常见切花。

16. 蓼科（Polygonaceae）

本科有32属1200种，我国32属200种。一年生或多年生草本，节部膨大；单叶互生，全缘，少分裂，托叶鞘状膜质，包茎形成托叶鞘。花小型，常两性，花序穗状或圆锥状；花被片3～6个，花瓣状，宿存；雄蕊8个，常与花被片对生；子房上位1室，1胚珠，基生，花柱2～3个，常分离。瘦果，双凸镜状、三棱形或近圆形，全部或部分包于宿存花被内；种子胚乳丰富。

代表植物：何首乌（*Polygonum multiflorum* Thunb.），块根是著名中药，有固肾乌发等功效，茎称夜交藤，能入药，有安神作用。大黄（*Rheum officinale* Baill.）根茎作泻药。荞麦（*Fagopyrum esculentum* Moench）是山区常见的粮食作物，但产量不高。

17. 苋科（Amaranthaceae）

通常为草本，单叶互生或对生，无托叶。花小，常两性，单生或密集簇生为穗状、头状或圆锥状的聚伞花序；单被花，萼片3～5，干膜质，花下常有1枚干膜质苞片和2枚小苞片；雄蕊1～5，与萼片对生，花丝基部常连合；子房上位，由2～3心皮组成，1室，胚珠

1个。常为胞果，种子有胚乳，胚环形。

代表植物：青葙属（*Celosia*），草本，叶互生，苞片和萼片均为干膜质，粉红色，蒴果盖裂，具多数种子。苋属（*Amaranthus*），一年生草本。

18. 藜科（Chenopodiaceae）

本科有100属1500种，我国有39属186种。多为草本，常具粉粒状物；单叶互生，常肉质，无托叶。花小，两性花，萼片2～5裂，常为绿色，花后常增大而宿存，无花瓣；雄蕊与萼片同数而对生；子房上位，胚珠1个；花常密集簇生，形成穗状或圆锥状花序；胞果，包于宿萼内。胚弯曲或螺旋状，具外胚乳。

代表植物：甜菜（*Beta vulgaris* L.），块根含糖，供制糖，原产欧洲，现各国栽培。菠菜（*Spinucia oleracea* L.），原产伊朗，栽培作蔬食。

19. 山茶科（Theaceae）

本科有28属，700种，主要分布于东亚。我国有15属，400余种，广泛分布于长江及南部各省的常绿林中。木本植物，多为常绿，叶互生，有锯齿，完全花，辐射对称，有些类群苞片与萼片的分化不彻底。

代表植物：茶［*C. sinensis*（L.）O. Ktze］和普洱茶［*C. assamica*（Mast.）Chang］，嫩芽可制茶叶。我国是茶的原产地和饮茶的故乡，其他国家的茶都是从中国引种的。山茶（*C. japonica* L.）和滇山茶（*C. reticulata* Lindl.）是世界性的木本观赏花卉。金花茶（*C. nitidissima* Chi）具有金黄色的花瓣，为培育黄色茶花的重要种质资源。木荷（*Schima superba* Garden），常为亚热带和热带森林的上层树种。

20. 锦葵科（Malvaceae）

本科约75属，1000多种，分布于温带和热带。我国有16属，80多种。草本或木本，常披星状毛或鳞片状毛，茎皮常含黏液。单叶互生，有托叶。花两性，辐射对称；萼片5，常有副片（苞片，俗称三角苞），花瓣5片，旋转状排列。雄蕊连合成单体雄蕊管，花柱从中穿出。上位子房，2至多室。心皮彼此结合，中轴胎座，每室1至多数倒生胚珠。果为蒴果或分果。本科中有许多著名纤维植物，如棉花、麻、洋麻，此外，还有许多观赏植物，如锦葵、蜀葵等。本科最为重要性的栽培作物是棉花。

代表植物：草棉（*G. herbaceum* L.）、陆地棉（*G. hirautum* L.）、海岛棉（*G. barbadense* L.）、树棉（*G. argoreum* L.）。木槿属（*Hibiscus*）多种作为观赏植物栽培，如大红花（*H. rosa-sinensis* L.）和木芙蓉（*G. mutablis* L.）。

21. 葫芦科（Cucurbjtaceae）

本科约100属，800种，主要产于热带和亚热带地区。我国有20属，130种，南北均有分布。一年生或多年生草质藤本，植株被毛、粗糙，常有卷须。单叶、互生，常掌状分裂。单性花，同株或异株。花瓣5，多合生。雄蕊5条，常两两连合，一条单独，或为3组，或完全联合。花药常弯曲成S形，子房下位，侧膜胎座，果为瓠果。

代表植物：本科植物一些种类作为水果，甜瓜（*Cucumis melo* L.）有许多栽培品种，如哈密瓜、香瓜等，黄瓜（*Cucumis sativus* L.）、西瓜［*Citrullus lanatus*（Thunb.）Mansfeld.］，有果用和籽用两种类型。很多种作蔬食，丝瓜［*Luffa cylindrica*（L.）Roem.］、冬瓜［*Benincasa hispida*（Thunb.）Cogn］、南瓜（*Cucurbita moschata* Duch. Poir.）。还有一些作药用，如罗汉果（*Momordica grosvenori* Swingle），有润肺止咳功效，木鳖［*M. cochichinensis*（Lour.）Spreng.］、瓜蒌（括蒌）（*Trichosanthes kirilowii* Maxim）根的制品称天花粉。

22. 十字花科（Cruciferae）

本科约300属，3000种，广布于世界各地，以北温带为多。我国有95属，425种。一年生、二年生或多年生草本，叶互生，基生叶呈莲座状无托叶；叶全缘或羽状深裂。花两性，辐射对称，排成总状花序。萼片4；花瓣4，呈十字形花冠；雄蕊6个，外轮2个花丝短，内轮4个花丝长，为四强雄蕊。雌蕊由2心皮组成，被假隔膜分为假2室，侧膜胎座。果实为角果（有长角果和短角果）。

代表植物：十字花科芸苔属（*Brassica*）是重要的蔬菜来源，如卷心菜（椰菜）（*B. oleracea* var. *capitata* L.）、花菜（*B. olerocea* var. *botrytis* L.）、芥蓝（*B. alboglabra* L. H. Bailey)、大白菜［*B. pekingensis*（Lour.）Rupr.］、青菜（白菜）（*B. chinensis* L.）、甘蓝（*B. caulorapa* Pasq.）。芜青（*B. rapa* L.）食用块根供腌制，芥菜［*B. junca*（L.）Czern. & Coss.］供腌咸酸菜，油菜（*B. campestris* L.）种子供榨油食用，是长江流域及北方居民食用油的主要来源。萝卜（*Raphanus sativus* L.）品种很多，根供鲜食或腌制。

23. 杜鹃花科（Eriaceae）

本科有75属，1300余种，广布于全球，主产于温带和亚热带，也产于热带高山。我国有六属，700余种，南北均产，以西南山区种类最多。常为灌木，稀乔木或草本。单叶互生，花5轮5数，常大而显著，萼瓣分离，雄蕊常为花瓣的倍数，插生于花托，花药孔裂，是极重要的木本花卉植物。

代表植物：杜鹃（映山红）（*R. simsii* Planch.）广布于长江流域及南部地区。吊钟花（*E. quinqueflorus* Lour.）为喜庆观赏花卉。

24. 茄科（Solanaceae）

双子叶植物纲，茄目。本科约80属，3000种，广布于温带、亚热带和热带。南美洲种类最多。中国24属，约115种，南北各地都有分布。多数草本，少数灌木。小乔木，有时为藤本。植物体有特殊气味（叶含麻醉性植物碱）。叶互生，无托片。花两性，常两性，常辐射对称，花单生、簇生或聚伞花序。花萼具5裂片，宿存（花开萼不掉）。花冠通常5裂，花冠镊合或折叠式。轮状（茄）、钟状（曼陀罗）或漏斗状（烟草）。雄蕊5枚，为冠生雄蕊，花丝着生在花冠筒基部，并与花冠裂片同数互生。花药开裂方式多种：多数孔裂，如茄、马铃薯，少数纵裂，如番茄、辣椒。子房由2个心皮合生而成2室，或因假隔膜而成3～5室，上位子房，中轴胎座。果实浆果或蒴果。

代表植物：马铃薯（*S. tuberosum* L.）块茎食用，是主要的粮食作物。茄（*S. melongena* L.）果作蔬菜。辣椒（*Capsicum annuum* L.）果辛辣作调味品，其变种灯笼椒（*C. cannuum* var. *grossum* L. Sendt）果如灯笼，无辣味。番茄（*Lycopersicon esculentum* Mill.）原产南美，今广为栽培。烟草（*Nicotiana tabacum* L.）含尼古丁，叶为卷烟材料，嗜好品。枸杞（*Lycium barbarum* L.）产我国西北、华北，果为滋补品，嫩叶在广东被居民食用，有明目作用。颠茄（*Atropa belladoma* L.）可提取镇痛止痉药。

25. 旋花科（Convolvulaceae）

本科约有50属，1500余种，多数产于热带和亚热带。我国有22属，约120余种，南北均有分布。多为缠绕草本，常具乳汁。叶互生，无托叶。花两性，辐射对称，常单生或数朵集成聚伞花序。萼片5，常宿存，花冠常漏斗状，大而明显。雄蕊5个，插生于花冠基部。雌蕊多为2个心皮合生，子房上位，2～4室。果实多为蒴果。

代表植物：番薯［*Ipomoea batatas*（L.）Lam.］原产美洲，全球栽培，块根食用。雍菜（*I. aquatica* Forsk.）茎中空，水生或旱生，供食用。牵牛［*Pharbitis nil*（L.）Choisy］种子有黑褐、米黄二色，称“黑丑”和“白丑”，供药用，有利尿等作用。茑萝［*Quanmoclit pennata*（Lam.）Bojer］等供观赏。菟丝子（*Cuscuta chinensis* Lam.）寄生草本，种子是重要中药材。

26. 唇形科（Labiatae，Lamiaceae）

本科约220属，3500余种，广布于全世界，我国约有99属，800余种，全国均有分布。多草本少灌木，茎方形，四棱，单叶对生或轮生，常含挥发性芳香油，有香味。花于叶腋形成聚伞花序或轮伞花序，然后再成总状、圆锥状排列。花两性，两侧对称（稀近辐射对称）。萼片合生5裂，少数4裂，常2唇状宿存。花冠2唇形，合瓣，雄蕊4枚，2长2短，二强雄蕊（A_{2+2}）有时退化成2个（鼠尾草属），雄蕊与花冠裂片互生，着生在花冠筒上。雌蕊为2心皮合生，上位子房，子房深4裂，每室1个胚珠，花柱1个，插生于分裂子房的基部，柱头浅裂，花盘明显。果实为4个小坚果，种子无胚乳或有少量胚乳。本科植物160余种是芳香油植物及药用植物资源。

代表植物：黄芩（*Scutellaria baicalensis* Georgi）根入药，有解热、清火等作用。藿香［*Agastacherugosus*（Fisch&Mey.）O. Ktze］草入药，有健胃化湿作用。夏枯草（*Punella vulgaris* L.）有清肝明目作用。益母草［*Leonurus Artemisia*（Lour.）S. Y. Hu］全草药用，活血调经，为妇科良药。薄荷（*Mentha haploalyx* Briq.）提取薄荷油和薄荷脑，我国薄荷油产量世界第一。留兰香（*M. spicata* L.）提取芳香油供医药及化妆品用。罗勒（*Ocimum basilicum* L.）、百里香属（*Thymus*）、薰衣草属（*Lavandula*）、迷迭香属（*Rosmarinus*）多种可提取芳香油。荆芥［*Schizonepeta tenuifolia*（benth.）Briq.］、紫苏（*Perilla frutescens* L. Britl.）药用。

27. 茜草科（Rubiaceae）

本科约450属，约5000种，主要分布于热带地区，少数产温带，我国有75属，约477种，我国分布于西南和东南地区。木本或草本，有时攀援状。单叶对生或轮生，全缘，托叶成对，多宿存。花两性，辐射对称，4基数或5基数，子房下位，种子有胚乳。蒴果、浆果或核果。

代表植物：栀子（*Gardenia jasminoides* Ellis）果药用，有清热解毒、凉血止血作用，花供观赏。钩藤［*Uncaria rhynxhophylla*（Miq.）jacks.］具柄间托叶4枚，不发育总花梗变态为钩，攀援其他植株，茎枝入药，有平肝息风作用。金鸡纳树（*Cinshona ledgeriana* Moens）原产秘鲁，树皮含奎宁，用于治疗疟疾。白花蛇舌草（*Hedyotis diffusa* Willd.）在我国东南至西南广泛分布，有消炎解毒作用。巴戟天（*Morinda officinalis* How）、鸡矢藤［*Paederia scandens*（lour.）Merr.］均作药用。栀子果实又用于提取黄色素。咖啡（*Coffea arabica* L.）原产埃塞俄比亚，与本属其他种的种子经发酵后烘烤制成饮料，有兴奋神经作用。

28. 菊科（Compositae，Asteraceae）

菊科是被子植物最大的一个科。约有1000多属，3万余种，广布于全世界。我国200多属，2000余种全国均有分布。草本，有的具乳汁。单叶，多互生，无托叶。头状花序，花序基部有多数总苞片；花多两性，少单性或中性。萼片5，变为冠毛或鳞片，花冠裂片5或3；花有辐射对称的管状花和两侧对称的舌状花；另含有钟状花冠等。雄蕊5个，聚药雄蕊；二心皮构成子房，柱头2，下位子房。果为瘦果。

代表植物：艾纳香（*Blumea balsamifera* L. DC.）可提取机制冰片，以代替从龙脑香植物中提取的冰片。青蒿（*Artemisia annua* L.）（图10-20）地上部分具有清热解暑、除蒸、截疟的作用，提取的青蒿素是有效的抗疟疾药物。茵陈蒿（*Artemisia capillaris* Thunb.）、白术（*Atractylodes macrocephala* Koidz.）、苍术（*A. chinensis* Koidz.）有健胃化湿的作用。红花（*Canthamus tinctorinus* L.）有活血作用。莴苣（*Lactuca sativa* L.）与茼蒿（*Chrysanthemum coronarium* var. *spatiosum* Bail）是常见蔬菜。向日葵（*Helianthus annuus* L.）籽实作干果，榨油供食用。菊芋（*H. tuberosus* L.）地下块茎供提取淀粉。菊花［*Dendranthema morifolium*（Ramat）Tzvel］是最常见的观赏植物，品种很多。大丽花（*Dahlia pinata* Cav.）原产墨西哥，现全国地各有栽培。

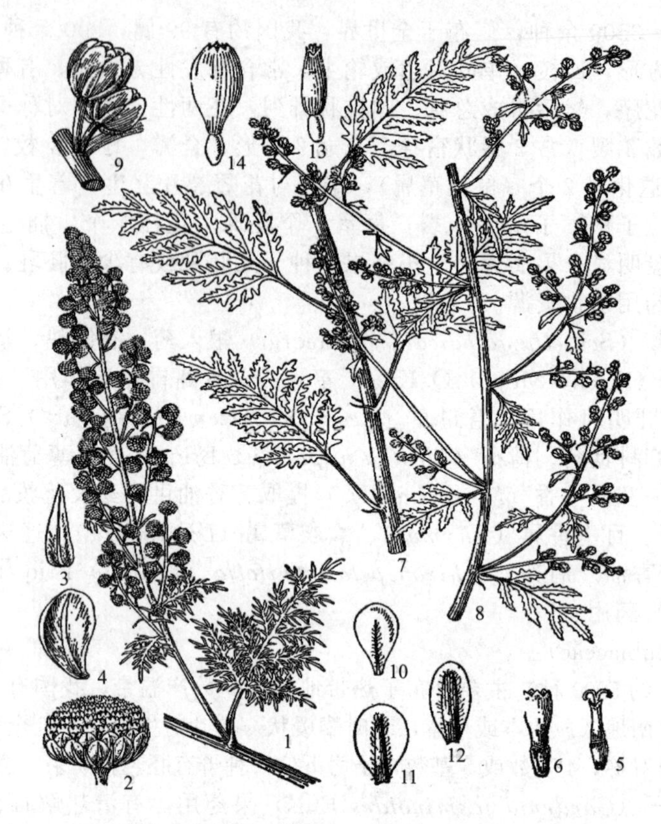

图 10-20　菊科植物（余汉平 邓盈丰绘）

1～6 为甘新青蒿：1—花序枝一部分；2—头状花序；3～4—外、中层总苞片；5—雌花；6—两性花；
7～14 为白莲蒿：7—茎中部，示叶着生；8—花序枝一部分；9—头状花序；
10～12—外、中、内层总苞片；13—雌花；14—两性花

(二) 单子叶植物

1. 泽泻科（Alismataceae）

本科有 12 属，750 种，广布全球。我国有 5 属 13 种，南北均产。水生或沼生草本，有根茎和块茎。叶常于茎上基生，有鞘，叶形变化较大。花两性或单性，常轮生于花茎上。萼片和花瓣均 3 枚，雄蕊 6 至多数，稀 3 枚；雌蕊的心皮 6 至多数，离生，螺旋状排列于延长的花托上；胚珠 1～2 个。聚合瘦果。

代表植物：泽泻（*Alisma orientale* Sam. Juzepcz.），沼生植物，球茎药用，有清热、利尿、渗湿之效。慈菇（*Sagittria sagittfolia* L.），水生草本，栽培，球茎供食用。

2. 棕榈科（Arecaceae）

本科约 215 属，250 余种，以热带美洲和热带亚洲为分布中心。我国约 22 属，60 余种，分布于南部至东部各省，多为重要纤维、油料、淀粉及观赏植物。棕榈科（Arecaceae）是棕榈亚纲的代表植物，许多种类是高大的乔木，也有灌木或攀援灌木，叶常聚生于树顶，形成特有的棕榈型树冠，具有叶鞘。花具有火焰状的总苞。种子胚乳丰富。

代表植物：椰子（*Cocos mucifera* L.），广布热带海岸，果实大型，外果皮革质，中果皮纤维质，内果皮硬骨质，能浮于海水历数月，遇适宜地方即萌发。胚乳可供食用或提取油脂，或饮用和制成饮料。椰子的经济价值甚高。槟榔（*Areca cathecu* L.）种子有驱虫作用，幼果为当地居民的嗜好品，将幼果舂烂后加少许石灰，卷以蒌叶（*Piper betle* L.）咀嚼，有固齿作用。棕榈［*Trachycarpus fortunei*（Hook. f.）H. Wendl.］分布长江以南，栽培，

叶鞘纤维供制刷、绳索、蓑衣等。蒲葵［*Livistona chinensis*（Jacq.）R. Br.］叶供制扇、船篷等。有许多观赏植物作风景树，如王棕［*Roystonea regia*（H. B. K.）O. F. Cook］、散尾葵（*Chrysalidocarpus lutescens* Wendl.）等。

3. 莎草科（Cyperaceae）

本科约96余属，9300多种，广布于世界各地。我国有31属，670多种，其中许多为农田杂草。草本，多数具根状茎，少数块茎或球茎，茎常三棱形，多实心，无明显的节和节间。叶常3裂，狭长，叶鞘闭合。花小，数朵排列成很小的穗状花序，下具鳞片多数，称为小穗，再由小穗排成各种花序。每花具1苞片（鳞片或颖片）花被退化为下位刚毛或鳞片，或缺如。花多两性，雄蕊多为3；雌蕊由3心皮或2心皮组成，子房上位，1室，1胚珠，柱头3。小坚果。

代表植物：莎草（香附子）（*Cyperus rotundus* L.）华南地区常见，根状茎含有芳香油，提取作药用。咸水草（*C. malaccensis* var. *bervifolius* Bocklr.）分布四川、华东到华南，秆用以编织草席、草帽等。乌拉草（*Carex meyeriana* Kunth.）分布于东北，茎可充填在靴子里作保暖材料。荸荠（*Eleocharis dulcis* Burm. f. Trin. ex Henschel.）茎圆柱形，根状茎顶端膨大成球，是为食用部分，广东又称之为“马蹄”，长江流域各省均有栽培，尤以江苏、浙江、广东等省栽培最盛。

4. 禾本科（Gramineae，Poaceae）

本科是被子植物中的1个大科，约有620余属，1万余种。我国约有190余属，1200多种。广布全球，是被子植物的第四大科，常划分为竹亚科（Bambusoideae）和禾亚科（Agrostidoideae）两个亚科。本科是经济价值最高的一科，如稻、麦、玉米、粟（小米）、高粱等人类的主要粮食作物，甘蔗糖料作物以及牧草、竹类等均属本科。其他如造纸、纺织、铺建草皮、保提护岸、水土保持等方面，禾本科植物也占有相当重要的地位。

一年生、二年生或多年生草本，少亦有木本。茎常称为禾秆，圆柱形，节与节间区别明显，节间常中空。常于基部分枝，称为分蘖。单叶互生，成2裂，叶鞘包围秆，边缘常分离而覆盖，少有闭合。叶舌膜质或退化为一圈毛状物，很少没有。叶耳位于叶片基部的两侧或没有。叶片常狭长，叶脉平行。花序由多数小穗组成，以小穗为基本单位，在穗轴上再排成穗状、指状、总状或圆锥状；小穗有一个小穗轴，基部常有1对颖片（外颖和内颖），小穗轴是生有1至多数小花，每一小花外有苞片2，称外稃和内稃，外稃具芒，内稃无芒，外稃内方有浆片2个，少有3个（相当于花被），雄蕊3个，少有1个、2个或6个，柱头2个，多羽毛状，子房1室，上位，内有1个弯生胚珠；果实多为颖果。

代表植物：禾本科具有丰富的植物资源，常见的经济植物有小麦（*T. aestivum* L.）、玉米（*Zea mays* L.）、高粱（*S. vulgare* Pers.）、甘蔗（*S. sinensis* Roxb.）、大麦（*Hordeum vulgare* L.）、燕麦（Avena sativa L.）、粟［*Setaria italica*（L.）*Beauv*］；香茅（*Cymbopogon citratus* DC. Stapf）茎、叶用以提取香料，被称为香料之母。芦苇（*Phragmites communis* Trin.）生于湿地，根入药。薏米（*Coix lacryma-jobi* L.）、淡竹叶（*Lophatherum gracile* Brongn.）等药用。

5. 姜科（Zingiberaceae）

本科约49属，1000种以上，广布于热带及亚热带地区。我国约17属，110种，主要分布于西南部至东部。

姜科植物为芳香草本，茎短，由叶鞘组成假茎，正常的花瓣合生成管，不甚显著，而由内轮2枚雄蕊连合变态的唇瓣常极显著，内轮另1枚雄蕊发育，花丝有槽，外轮3枚雄蕊全部退化。雌蕊由3心皮组成，子房下位，3室或1室，胚珠多数，花柱由花丝槽穿出花药，柱头头状。常具假种皮。

代表植物：姜（*Zingiber officinale* Rosc.），其根状茎呈指状，作调味品，又作药用，能驱寒，温中止呕；砂仁（*Amomum villosum* Lour.）果为健胃、祛风药；郁金（*Curcuum aromatica* Salish.）产东南到西南，块根供药用；沙姜（山萘）（*Kaempferia galanga* L.）根茎芳香，广东居民作盐焗鸡的作料；姜黄（*C. domestica* Valet.）根可提取姜黄色素；艳山姜（*Alpinia speciosa* K. Schum.）花黄中带红，美丽，观赏，种子亦作药用；姜花（*Hedychium coronarium* Koenig）花白，清香，广州地区作瓶插花。

6. 百合科（Liliaceae）

本科约 240 属，4000 种，广布全世界，主产于温带和亚热带地区，我国有 60 属，约 600 种各省均有分布。常为草本植物，茎直立或攀援。叶为单叶互生、基生，少有轮生，叶有时退化为膜质鳞片，以枝行使叶的作用。常具根状茎、鳞茎或块根。花两性，两侧对称，单生或组成穗状、总状或圆花序；花被花瓣状，排列为两轮，通常 6 片，辐射对称；雄蕊 6 枚，与花被片对生。花药纵裂；雌蕊 3 心皮构成，子房 3 室、上位、下位或半下位。中轴胎座。蒴果或浆果。

代表植物：郁金香（*Tulipa generiana* L.）和萱草属（*Henerocallis*）为著名观赏植物。天门冬［*Aspragus cochinchinensis*（Lour.）Merr.］与麦冬［*Ophiopogon japonicus*（L. F.）Ker-Gawl.］块根润肺止咳。百合（*L. brownii var. viridulum* Baker）分布于长江流域和黄河流域，鳞茎供食用，提取淀粉，入药有润肺止咳功效。川贝母（*Fritillaria cirrhosa* D. Don.）鳞茎入药，止咳化痰。

7. 兰科（Orchidaceae）

兰科（图 10-21）为种子植物第二大科，约有 730 属，2 万种，广布于热带、亚热带地区。我国约有 150 属，1000 余种，主要分布于长江流域和以南各省区。兰科有很多是著名的观赏植物，各地多栽培，供观赏和药用。

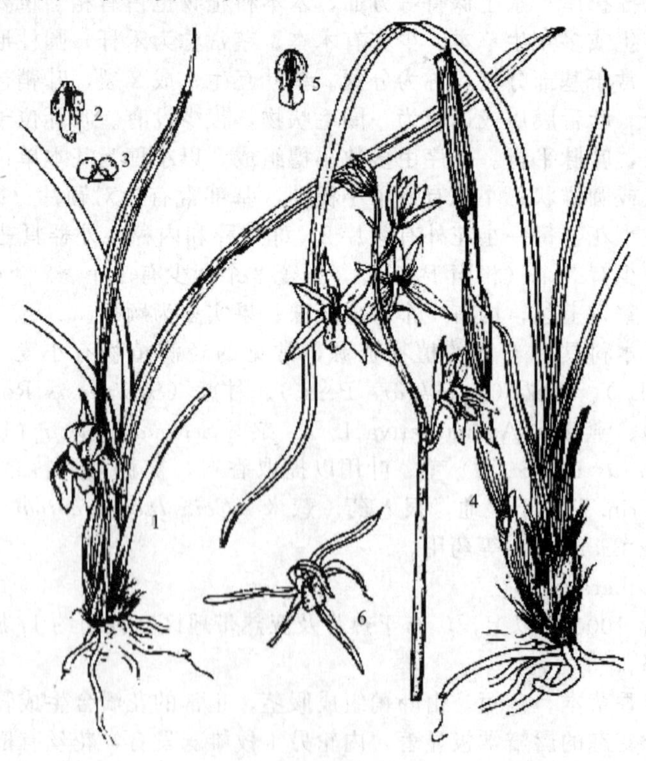

图 10-21　兰科植物（刘平绘）

1～3 为春兰：1—植株；2—唇瓣；3—花粉块；4～5 为蕙兰：4—植株；5—唇瓣；6 为寒兰：花

陆生，附生或腐生草本。叶互生或退化为鳞片。花两性，两侧对称，花被片6个，2轮，雄蕊2或1个，与花柱、柱头连合为蕊柱，下位子房，1室，侧膜胎座。蒴果，种子极小，无胚乳，胚不分化。

代表植物：药用的种类有石斛（*Dendrobium nobile* Lindl.）、白芨［*Blentilla strista* (Thunb.) Rehd. f.］、天麻（*Gastrodia elata* Bl.）等。常见观赏种类有建兰（*C. ensifolium* L. Sw.）、春兰［*C. goeringii* (Reichb. f.) f. (Reichb. t)］、蕙兰（*C. faberi* Rolfe）、寒兰（*C. kanran* Makino）等（图10-21）。兰属（Cymbidium）有各种栽培种，并由此产生许多栽培变种，栽培兰花均有幽幽暗香，叶雅花香色美，历来为养兰者所重视。

本章小结

植物界发展的总规律是：在形态结构方面植物体由单细胞、群体到多细胞，由简单到复杂，并逐渐分化形成各种组织和器官；在生态习性方面植物体由水生到陆生，最原始类型的藻类全部生命过程都在水中进行；到了苔藓植物已能生长在潮湿的环境中；蕨类植物能生长在干燥环境，但精子与卵结合还需借助于水；种子植物不仅能生长在干燥环境，其受精过程已不需要水的参与；在繁殖方式方面由无性的营养繁殖、孢子繁殖到有性生殖。有性生殖由同配、异配到卵式生殖。

人们根据各大类植物在不同地质时期的繁盛期，把植物进化发展的历史划分为菌藻时代、裸蕨时代、蕨类植物时代、裸子植物时代和被子植物时代共5个时代。

在植物界中，多细胞藻类多生活在水湿环境中，尚未有维管组织分化，也无颈卵器发生。由于多细胞绿藻中细胞所含色素、细胞壁成分和贮藏养分与高等植物十分相似，因此，不少学者认为该类群是高等植物的祖先。

苔藓植物无维管系统，没有真根和输导组织，受精作用又离不开水，受到地球环境的许多的限制，所以，它们虽分布较广，但仍然多生于阴湿环境，对陆生环境的适应能力不如维管植物。至今尚未发现它们进化出高一级的新植物类群。一般认为苔藓植物是植物界进化中的一个侧支。

孢子体占优势的蕨类植物，体内逐步发展出较完善的输导组织和真根，因此能适应陆地环境而繁衍。在进化历史上蕨类曾一度十分繁盛。以后，地球环境再度变化，由蕨类植物进化到裸子植物，其中最著名的代表即为种子蕨，其外部形态和内部结构很像真蕨，但却产生了种子，它是最古老的裸子植物。可见，种子蕨是介于蕨类和裸子植物间的过渡类型。

裸子植物的出现比蕨类植物更能适应陆地环境。特别是生活史中其配子体十分简化，寄生于孢子体上，其有性生殖效率更高。花粉管的出现，使受精摆脱了水的限制。同时种子的产生，使胚能安全地渡过不良环境。

被子植物孢子体的维管组织比裸子植物更加完善，配子体更加简化。出现双受精，三倍体的胚乳营养更丰富。被子植物产生了花的结构，子房发育成果实，使幼小植物体——胚得到更为完善的保护。因此，被子植物被认为是整个植物界中最进化和最高级的类群。

复习思考题

1. 名词解释

赤潮、水华、藻殖段、同配生殖、异配生殖、卵式生殖、接合生殖、原核、真核、同层地衣、异层地衣、同层地衣、异层地衣胞芽、颈卵器、精子器、假根、拟根、似叶、原丝体、大型叶、小型叶、异型叶、根托、异型孢子、孢子叶穗、孢子囊群、无孢子生殖、无配子生殖、球果、球花、雄球花、雌球花、珠鳞、种鳞、苞鳞、珠领、托、套被、盖被、裂生多胚现象、简单多胚现象、鳞盾、鳞脐、假种皮、被子植物、托叶鞘、托叶环、假鳞茎、花萼花瓣状、聚药雄蕊、花盘、花粉块、合蕊柱、壳斗

2. 简述藻类分门的主要依据？

3. 从蓝藻植物形态、结构、繁殖方式简要说明蓝藻植物的原始性。

4. 从绿藻植物的生境、体型、载色体说明绿藻植物的多样性？

5. 具有有性生殖的真核藻类的生活史可分为几种主要类型？说明每种类型的特点。

6. 何谓地衣，为什么说地衣是一个独立的类群？

7. 按其结构，地衣可分为哪几类？

8. 地衣分类的主要依据是什么？

9. 为什么苔藓植物应属于高等植物范畴？

10. 从苔藓植物的形态结构及其生态适应分析苔藓植物是从水生向陆生生活的过渡类型？

11. 蕨类植物的主要特征是什么？它和苔藓植物及种子植物的特征有什么异同？

12. 哪些蕨类植物已经绝迹？

13. 蕨类植物生活史有几种类型？

14. 裸子植物的主要特征是什么？与苔藓植物和蕨类植物相比，其进化之处表现在什么地方？

15. 为什么说裸子植物的种子是三个世代的产物？

16. 请总结裸子植物的两套名词。

17. 以松属植物为例说明裸子植物的生活史过程。

18. 观察校园裸子植物的球花及球果的形成过程，认识不同种类裸子植物的球花及球果形成的物候差异？

19. 裸子植物的种子在结构和来源上与被子植物的种子有何主要异同？

20. 裸子植物的生活史和被子植物生活史相比有何异同？

21. 与苔藓植物和蕨类植物相比，裸子植物在适应陆生生活方面有哪些进步的特征？三者间的最主要的区别在什么地方？

22. 被子植物分哪两纲？它们的主要区别是什么？

23. 木兰科有什么主要特征？有哪些重要经济植物？

24. 十字花科有哪些重要蔬菜和油料植物？它们的共同特征是什么？

25. 常见的柑橘类植物有哪些？如何识别芸香科植物？

26. 伞形科与五加科的主要区别是什么？试举出伞形科与五加科的重要药用植物。

27. 菊科为什么能成为被子植物第一大科？

28. 禾本科的主要特征是什么？有哪些重要经济植物？

29. 百合科有什么主要特征？有哪些重要经济植物？

30. 兰科最突出的特征是什么？比较兰科与百合科的异同点。

31. 我国重要农作物分属于哪些科？

第四部分

动物生物学

第十一章　动物的组织器官与系统

单细胞生物全身只有一个细胞，这个细胞是一个完整的生物体。而多细胞生物一般是由一个受精卵发育而来，在发育过程中出现分化，细胞在形态结构和功能上产生了差异，生成多种不同功能的细胞，再由这些细胞构成组织、器官和系统，最后发展为多细胞生物体。

第一节　动物的组织

多细胞动物由不同形态和机能的组织构成。组织（tissue）是由形态相似功能相关的细胞与细胞间质结合而成的细胞集体。细胞间质是细胞的产物，对细胞有黏着作用。每种组织各执行一定的功能。高等动物体（或人体）具有很多不同形态和不同机能的组织，通常把这些组织归纳起来分为四大类基本组织，即上皮组织、结缔组织、肌组织和神经组织。

一、上皮组织

上皮组织（epithelial tissue）由密集排列的上皮细胞和少量的细胞间质构成。它一般呈膜状分布在动物体的管、腔、囊的表面。对动物体有保护、分泌、排泄、吸收和感觉等功能。因其分布位置不同，功能有所侧重。上皮组织有极性，可分为游离面与基底面。上皮的基底面附着于基膜，并通过基膜与结缔组织相连。上皮组织中含有丰富的游离神经末梢，但无血管，其营养由结缔组织供给。根据上皮组织的结构和功能特点，可将上皮组织分为三类，即被覆上皮、腺上皮和特殊上皮。无脊椎动物的上皮组织一般只有一层细胞（单层上皮），脊椎动物的上皮组织有单层的，也有复层的。

（一）被覆上皮

根据上皮细胞排列的层次和形态将被覆上皮分为两大类，即单层上皮和复层上皮。

（1）单层扁平上皮　单层扁平上皮（simple squamous epithelium）由一层扁平的细胞组成。表面观单层扁平上皮细胞呈多边形，边缘呈锯齿状，相邻细胞彼此嵌合（很像鱼鳞所以又叫单层鳞状上皮）。细胞核呈扁卵圆形，侧面看，细胞呈梭形，细胞核突向管腔（图 11-1）。分布在心脏、血管、和淋巴管腔面的单层扁平上皮称内皮。它的表面很光滑可以减少血流的阻力。分布在胸膜、腹膜和心包膜表面的单层扁平上皮称为间皮。

（2）单层立方上皮　单层立方上皮（simple cuboidal epithelium）由一层立方形细胞构成，表面观细胞呈多边形，侧面观近似立方形，核圆形位于细胞中央（图 11-2）。这种上皮主要分布在肾小管和甲状腺等处。具有吸收和分泌功能。

（3）单层柱状上皮　单层柱状上皮（simple columnar epithelium）由一层棱柱状细胞组成。表面观细胞为多边形，侧面观细胞近似长方形，核卵圆形，位于细胞基底部（图 11-3）。此种上皮分布于胃、肠、子宫、输卵管等处。主要有吸收和分泌功能。大肠和小肠的单层柱状上皮内常夹有杯状细胞，杯状细胞形似高脚酒杯状，核染色深呈三角形，位于细胞基底部，核上方充满黏原颗粒。杯状细胞可分泌黏液，具有润滑保护作用。

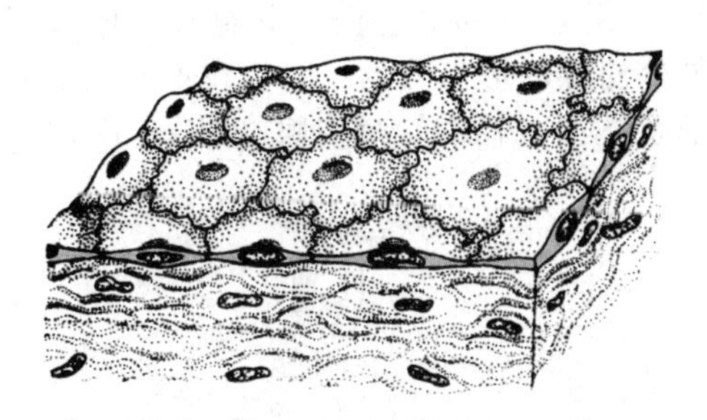

图 11-1　单层扁平上皮模式图
(引自上海第一医学院，1981)

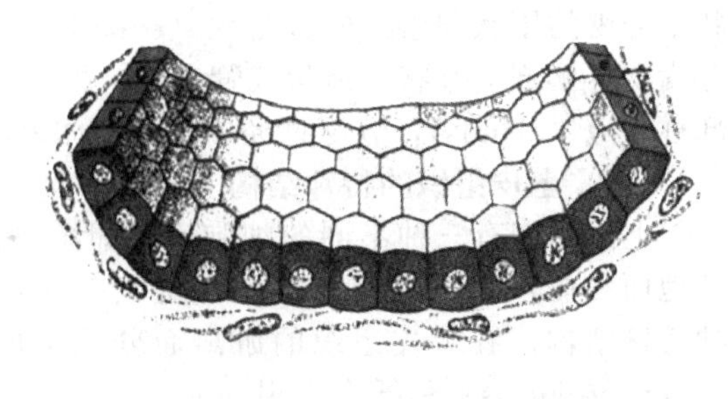

图 11-2　单层立方上皮模式图
(引自上海第一医学院，1981)

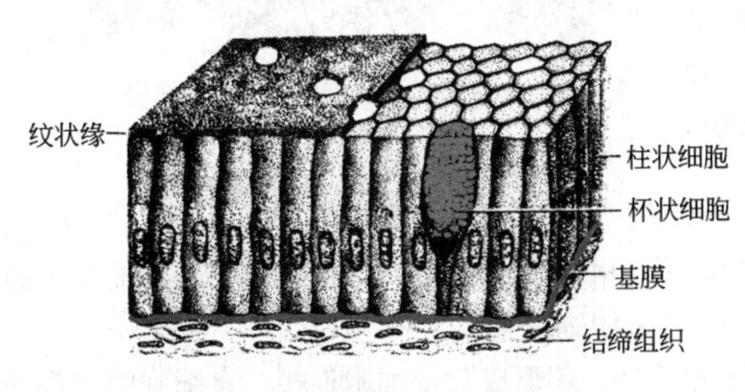

图 11-3　单层柱状上皮模式图
(引自上海第一医学院，1981)

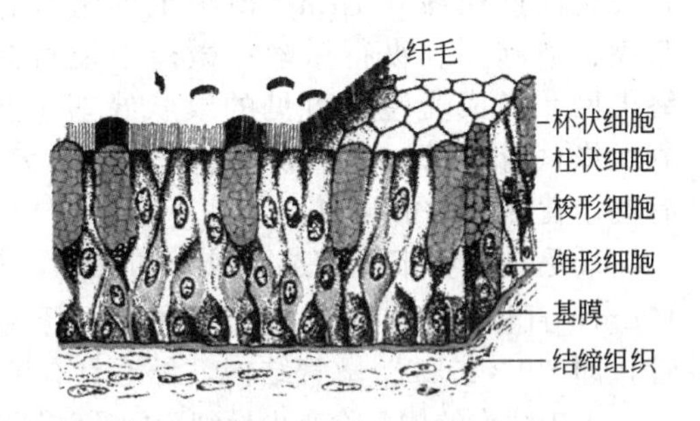

图 11-4　假复层纤毛柱状上皮模式图
(引自布鲁姆，1984)

(4) 假复层纤毛柱状上皮　假复层纤毛柱状上皮（simple columnar epithelium）由柱状细胞、梭形细胞、杯状细胞和椎体形细胞构成。这些细胞的基部均附着在基膜上，但只有柱状细胞和杯状细胞的顶端伸达上皮游离面。由于细胞的形态不同，高矮不等，细胞核的位置也有高低之分，外观似复层，实际为单层，故称为假复层纤毛柱状上皮（图 11-4）。在柱状细胞的游离面上有纤毛，纤毛可呈波浪状摆动，将黏附在上皮表面的灰尘颗粒排出。

(5) 复层扁平上皮　复层扁平上皮（stratified squamous epithelium）由多层细胞构成，浅层细胞扁平呈梭形，中间层细胞为多边形，基底层细胞呈低柱状。基底层细胞胞质嗜碱性较强染色深，属于定向干细胞，能不断分裂增生向表层推移，替换表面衰老和损伤脱落的细胞。复层扁平上皮的基底部借基膜与疏松结缔组织相连，连接处凹凸不平，此种上皮可分布于皮肤、口腔、食管和肛门。分布在皮肤的复层扁平上皮表层细胞常有角化，称为角化复层扁平上皮。分布在口腔、食管和肛门等处的复层扁平上皮，浅层细胞不角化，称未角化的复层扁平上皮。复层扁平上皮能耐受摩擦，防止异物侵入（图 11-5）。

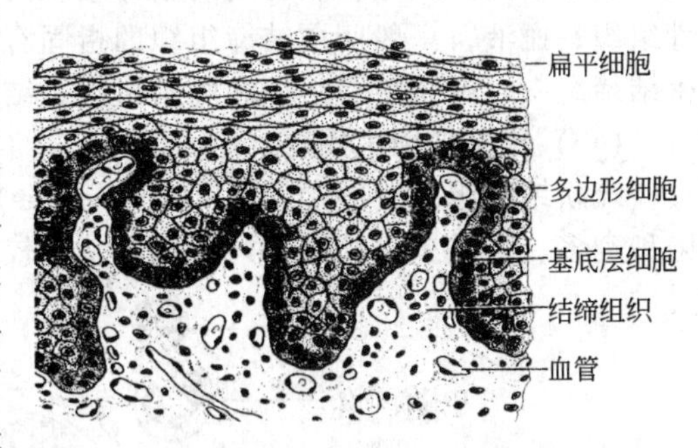

图 11-5　复层扁平上皮模式图
(引自上海第一医学院，1981)

变移上皮和复层柱状上皮亦属于复层上皮，由多层细胞构成，变移上皮分布于肾盏、肾盂、输尿管、膀胱。复层柱状上皮分布于男性尿道。

(二) 腺上皮

以分泌功能为主的上皮称腺上皮（glandular epithelium）。以腺上皮为主要成分构成的器官称为腺体（gland）。根据腺体有无导管，将其分为内分泌腺（endocrine gland）和外分泌腺。内分泌腺无导管，分泌物释入血液，由血液将其带到全身各器官，而发挥作用，如甲状腺分泌的甲状腺素。外分泌腺（exocrine gland）由分泌部和导管两部分组成，导管可有分支，分泌部呈管状、泡状或管泡状，据此进行外分泌腺的形态分类。泡状和管泡状的分泌部称腺泡（acinus），分泌物经导管排至体表或器官腔内，如汗腺、唾液腺（图 11-6）。

（三）上皮组织的特殊结构

上皮细胞有三种不同的细胞面，即游离面、基地面和侧面。在这三种细胞面上又分化出多种特殊结构。在上皮组织的游离面分化出微绒毛（microvillus）和纤毛（cilium）。

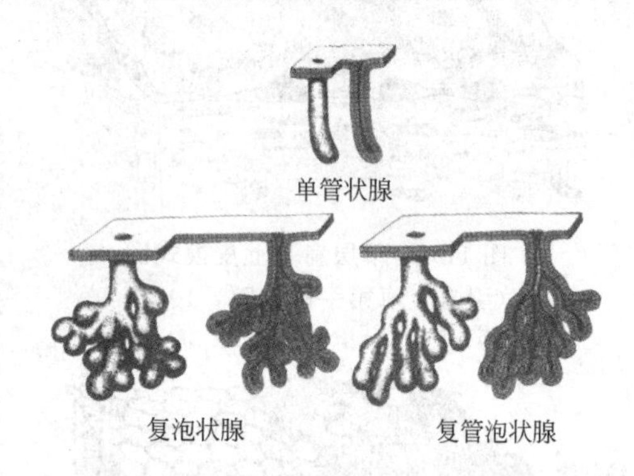

图 11-6 外分泌腺的形态分类
（引自上海第一医学院，1981）

微绒毛是上皮细胞向表面伸出的微细的指状突起，直径约 0.1μm。微绒毛的组成包括细胞膜、细胞质、纵行微丝；微丝下端可附着于终末网，形成光镜下可见的纹状缘（小肠）和刷状缘（肾小管），微绒毛能增加细胞表面积，有利于营养物质的吸收。

纤毛是上皮细胞游离面较长的突起，长 5～10μm，直径约 0.2μm，电镜下可见，纤毛周围有 9 组二联微管，中央是 2 条单独排列的微管，即“9×2＋2”微管结构，纤毛具有节律性定向摆动功能。

上皮细胞的侧面除有少量细胞间质和钙离子黏着外，还形成几种细胞连接。自细胞的游离面至基底面依次可有紧密连接、中间连接、桥粒、间隙连接。在上皮细胞的基底面有基膜、质膜内褶、半桥粒等特殊结构。基膜是上皮基底面与深部结缔组织共同形成的薄膜，属于半透膜，有利于物质交换；并起支持和固着作用，还能引导上皮细胞移动并影响细胞分化。

二、结缔组织

结缔组织（connective tissue）由细胞和大量的细胞间质构成。细胞间质又可分为纤维和基质，基质为均质状，纤维呈细丝状，细胞分散于细胞间质之中。结缔组织在体内分布广泛，起源于间充质（胚胎时期的结缔组织）。广义的结缔组织包括固有结缔组织、软骨组织、骨组织、血液。一般所谓结缔组织即指固有结缔组织。固有结缔组织包括疏松结缔组织、致密结缔组织，网状结缔组织和脂肪组织。结缔组织具有连接、支持、营养和保护功能。

（一）疏松结缔组织

疏松结缔组织（loose connective tissue）由细胞、纤维和基质构成。它的结构特点是细胞种类多、数量少，纤维排列松散，基质较多，填充在纤维和细胞之间（图 11-7）。

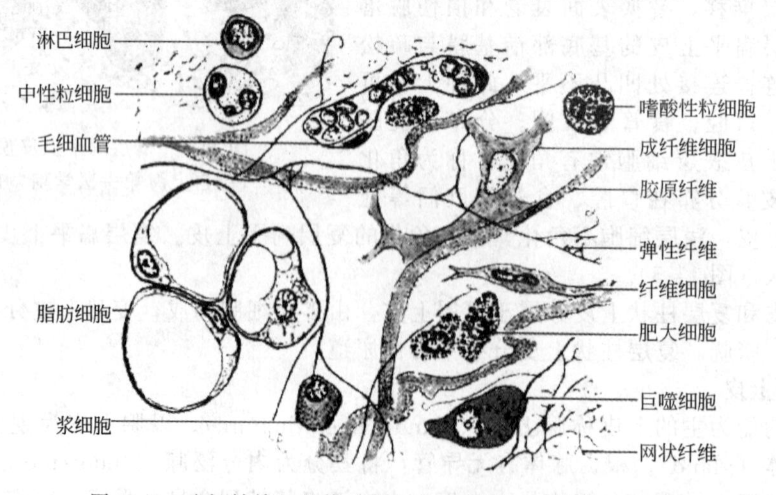

图 11-7 疏松结缔组织模式图（仿上海第一医学院，1981）

1. 细胞

疏松结缔组织中散在有成纤维细胞、巨噬细胞、肥大细胞、浆细胞、脂肪细胞、未分化的间充质细胞。

（1）成纤维细胞　是疏松结缔组织最为常见的一种细胞，其形态扁平多突起，胞质嗜碱性，胞质中粗面内质网发达；核椭圆形，核仁明显。成纤维细胞能分泌胶原蛋白、弹性蛋白和蛋白多糖，形成纤维和基质。

（2）巨噬细胞　巨噬细胞形态不规则，表面有粗短的突起。细胞核小染色较深，胞质嗜酸性，含各种溶酶体、吞饮泡、吞噬体、微管、微丝等。巨噬细胞来自血液的单核细胞。巨噬细胞表面有各种识别因子，有趋化性，能做变形运动，有较强的吞噬功能。巨噬细胞还有分泌功能，可分泌溶菌酶、干扰素、肿瘤坏死因子、白细胞介素1、血管生成因子、造血细胞集落刺激因子、血小板活化因子，参与和调节免疫应答。

（3）肥大细胞　肥大细胞呈卵圆形，核小而圆，胞质丰富含各种细胞器，胞质中还含有膜包围的异染颗粒（颗粒中含肝素、组织胺、白三烯、嗜酸粒细胞趋化因子等）。肥大细胞的主要功能是与变态反应有关。

（4）浆细胞　浆细胞由B淋巴细胞分化形成，胞体呈圆形或椭圆形，胞质嗜碱性，核异染色质附于核膜边缘，呈车轮状排列。胞质内可见大量平行排列的糙面内质网、丰富的游离核糖体、发达的高尔基复合体。浆细胞能合成和分泌免疫球蛋白。

（5）脂肪细胞　脂肪细胞体积大呈圆球形，胞质内充满脂滴，常将细胞核挤向一侧，脂肪细胞能合成和贮存脂肪。

（6）未分化的间充质细胞　未分化的间充质细胞是一种分化程度较低的干细胞，在某些条件下，可分化为各种结缔组织细胞（如成纤维细胞）。

2. 细胞间质

疏松结缔组织的细胞间质包括纤维和基质。在疏松结缔组织中含有三种纤维，即胶原纤维、弹性纤维和网状纤维。

（1）胶原纤维　胶原纤维是疏松结缔组织中主要的纤维成分，新鲜时呈白色，HE染色呈粉红色。胶原纤维由更细的胶原微纤维构成，胶原微纤维由胶原蛋白构成。胶原纤维的韧性大，抗拉力强。

（2）弹性纤维　数量比胶原纤维少而且细，由弹性蛋白构成，有弹性。

（3）网状纤维　网状纤维在疏松结缔组织中数量最少，纤维细有分支，其主要化学成分为胶原蛋白。常参与构成淋巴结、脾脏等淋巴器官的支架。其韧性较胶原纤维小，较弹性纤维大。

（4）基质　疏松结缔组织的基质较多，呈胶体状，充满于纤维与细胞之间，其化学成分主要为蛋白多糖和水。蛋白多糖中的多糖成分为透明质酸，硫酸软骨素A、硫酸软骨素C，硫酸角质素和肝素等。其中以透明质酸含量最多。透明质酸是长链大分子，借蛋白质分子与多糖相连，共同形成带有许多微孔的分子筛。分子筛只能允许小于其微孔的水溶性物质通过（如营养物质、代谢产物等）。基质中含有不断循环的组织液。

（二）致密结缔组织

致密结缔组织（dense connective tissue）由密集的胶原纤维或弹性纤维及成纤维细胞构成，常分布于肌腱、真皮等处。分布于肌腱和韧带中的致密结缔组织，纤维平行排列，纤维之间可见成行排列的成纤维细胞或腱细胞。分布于真皮及器官的致密结缔组织，纤维常交织排列，以增加其韧性。

（三）脂肪组织

脂肪组织（aipose tissue）是含大量脂肪细胞的疏松结缔组织。疏松结缔组织将成群的脂肪细胞分割成脂肪小叶，结缔组织小隔中含有丰富的毛细血管网。脂肪细胞呈圆形或多边形，胞质内充满脂肪滴，常将细胞核挤向细胞一侧，HE染色片上，脂肪被溶剂溶解，因此脂肪细胞常呈空泡状，脂肪组织可贮存脂肪（图 11-8）。

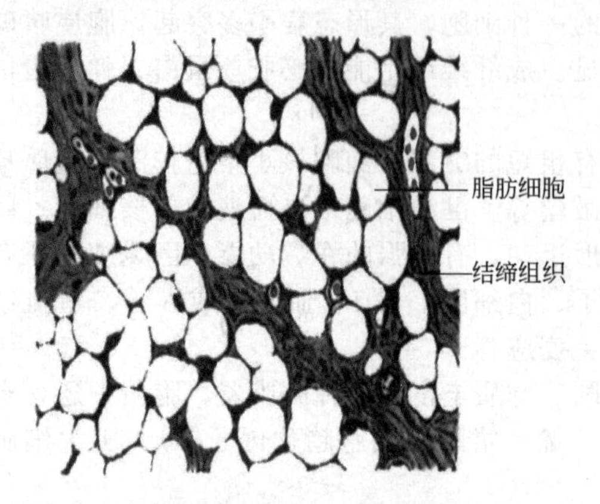

图 11-8　脂肪组织结构图（仿何泽涌，1983）

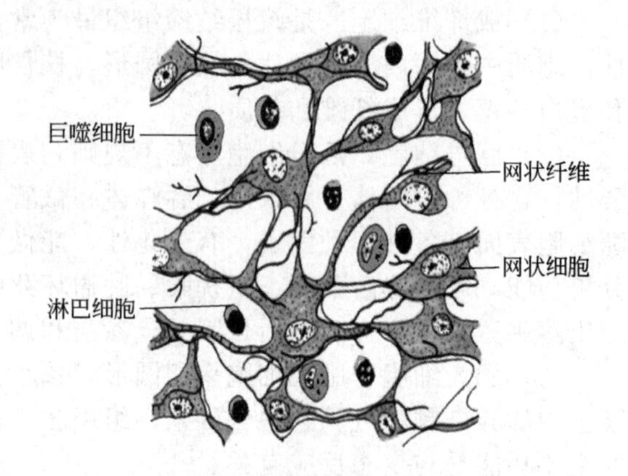

图 11-9　网状组织模式图（仿何泽涌，1983）

（四）网状组织

网状组织（reticular tissue）主要由网状细胞、网状纤维、基质及少量巨噬细胞构成。网状细胞突起彼此互相连接，网状纤维沿网状细胞分布，共同构成网架。网状组织常构成淋巴器官及骨髓的支架。网状组织在造血器官内，可提供血细胞发育所需要的微环境（图 11-9）。

（五）软骨组织

软骨组织（cartilage tissue）由软骨细胞和软骨间质构成。软骨间质呈均质状，由半固体的凝胶状基质和纤维构成。基质的主要成分是水和蛋白多糖。软骨间质常形成软骨陷窝，内有软骨细胞分布。软骨细胞呈圆形或椭圆形，胞质嗜碱性，核圆，可合成纤维和基质，使软骨得到生长。软骨间质中没有血管、神经和淋巴和神经，软骨细胞所需要的营养由软骨膜血管渗出供给，软骨表面由软骨膜覆盖。

根据软骨基质中纤维成分的不同，通常将软骨分为透明软骨、弹性软骨和纤维软骨。透明软骨的软骨间质中含有的纤维是胶原原纤维。弹性软骨含有的弹性纤维，透明软骨常分布于气管、肋软骨、关节软骨（图 11-10）。

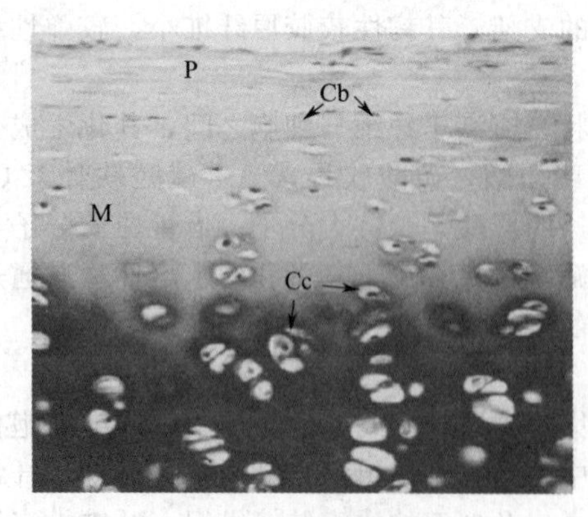

图 11-10　透明软骨
（引自上海第一医学院，1983）
P—软骨膜；Cb—成软骨细胞；
M—软骨基质；Cc—软骨陷窝内的软骨细胞

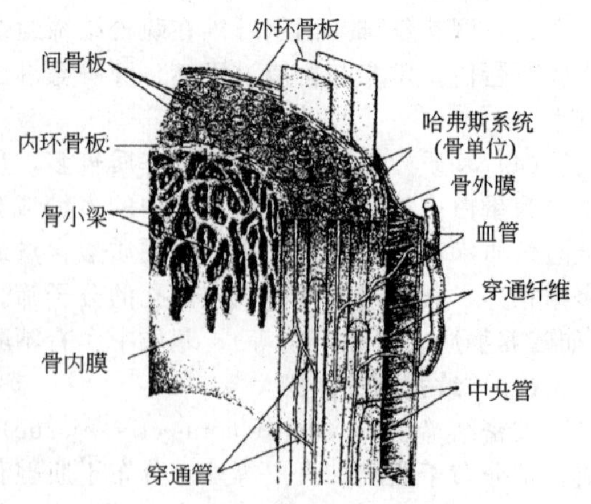

图 11-11　长骨骨干结构模式图
（引自上海第一医学院，1983）

(六) 骨组织与骨

骨组织（osseous tissue）由骨细胞和坚硬的细胞间质构成。细胞间质由基质和纤维构成。骨组织中的纤维为胶原纤维。在形成骨骼时，胶原纤维被黏蛋白黏合在一起，并有钙盐沉积称为骨板，骨板之间有由基质形成的小腔，称骨陷窝，内有骨细胞分布。骨陷窝周围有成放射状排列的细小管道，称为骨小管，相邻陷窝内的骨小管相互通联。

骨是一种器官，由骨组织、骨膜、骨髓及血管神经等构成（图 11-11）。

血液也属于结缔组织，由血细胞和血浆构成。血浆（plasma）中含有水、血浆蛋白、脂蛋白、酶、激素、维生素、无机盐和各种代谢产物，血液凝固后析出的淡黄色、清亮液体称血清（serum）。血细胞包括红细胞、白细胞和血小板。

三、肌组织

肌组织（muscular tissue）主要由肌细胞构成。肌细胞是特殊分化的细胞，具有舒缩功能。因肌细胞比较细长，故又称肌纤维。肌细胞中含有大量成束排列的肌丝，是肌纤维舒缩的物质基础。肌纤维间有少量疏松结缔组织、血管、神经和淋巴管分布。根据肌纤维的形态和功能特点，将肌组织分为三类：骨骼肌、心肌和平滑肌。骨骼肌分布于骨骼，心肌分布于心脏，平滑肌分布于内脏和血管。

(一) 骨骼肌

骨骼肌（skeletal muscle）细胞呈细长圆柱状，直径 10～100μm，长 1～40mm。骨骼肌细胞有数十至数百个细胞核，呈椭圆形位于细胞周边。细胞质中含有各种细胞器并充满肌原纤维（图 11-12）。肌原纤维与肌纤维长轴平行排列，光学显微镜下可见肌原纤维由染色浅的明带和染色深的暗带交替排列构成。明带又称 I 带，暗带又称 A 带。明带中央有一条染色深的线，称 Z 线。暗带中央有一染色稍浅的区域称 H 带，H 带中央又有一染色深的线称 M 线。相邻两条 Z 线之间的一段肌原纤维称肌节。一个肌节包括 1/2 I 带＋A 带＋1/2 I 带。肌纤维静止时每一肌节的长度为 2～3μm。肌节是肌原纤维的结构功能单位。许多肌节依次排列构成肌原纤维。各条肌原纤维的明带和暗带整齐的平行排列于同一平面上，使肌纤维显示出明暗相间的周期性横纹，因此骨骼肌又称横纹肌。

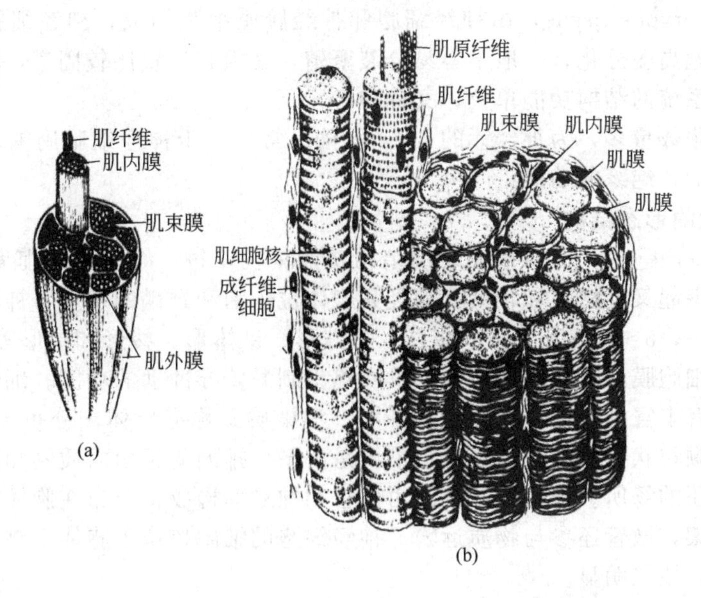

图 11-12 骨骼肌结构模式图（仿 W. bloom，1984）

(a) 一块骨骼肌模式图，示肌外膜、肌束膜；(b) 骨骼肌纤维纵横切面

（二）心肌

心肌（cardiac muscle）细胞呈短圆柱状有分支，其分支互连成网。有1～2个细胞核，呈卵圆形居中。心肌细胞有周期性横纹，肌原纤维位于周边，核周胞质染色浅；相邻心肌细胞之间有闰盘相连（图11-13）。闰盘横位部分有中间连接和桥粒；纵位部分存在缝隙连接，便于细胞间化学信息交流和电冲动传递，使心肌舒缩同步化。细胞质中线粒体丰富并有粗肌丝、细肌丝和肌节。心肌分布于心脏，收缩具自动节律性。是脊椎动物所特有。

（三）平滑肌

平滑肌（smooth muscle）细胞呈长梭形，大小和形状因所在部位和器官的功能状态而异；纵切面观察平滑肌无横纹，胞质嗜酸性，只有一个细胞核，呈杆状或椭圆形，切片中常呈扭曲状。平滑肌一般成层排列，分布于中空性器官管壁内，可进行缓慢的节律性收缩，使脏器产生蠕动。无脊椎动物体以平滑肌（如软体动物）和横纹肌（如昆虫）为主（图11-13）。

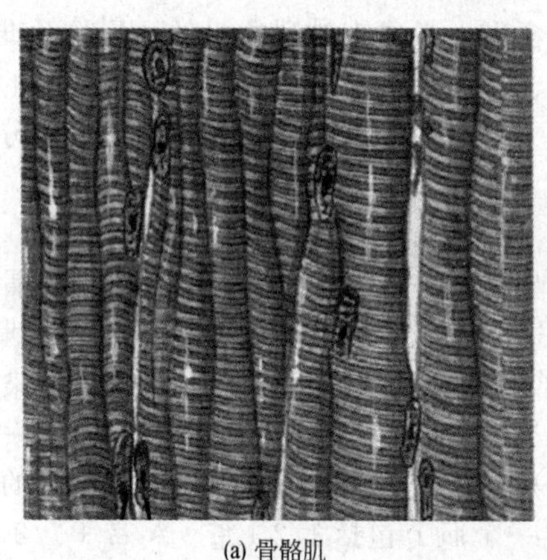
(a) 骨骼肌

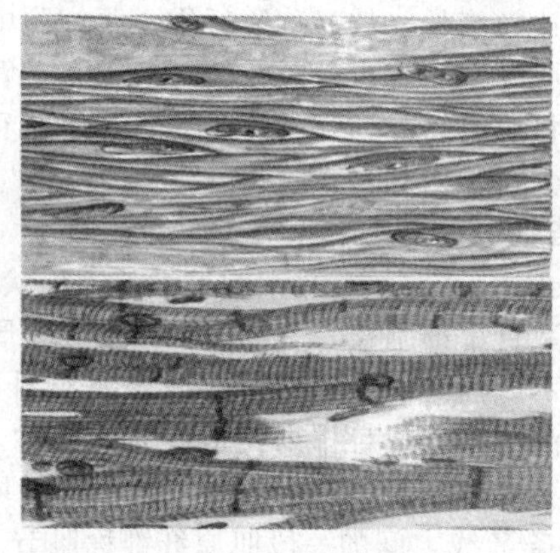
(b) 平滑肌
(c) 心肌

图11-13　三种肌组织结构模式图（仿何泽涌，1983）

四、神经组织

神经组织（nervous tissue）由神经细胞和神经胶质细胞构成。神经细胞能感受刺激传导冲动。神经细胞高度分化，一般不容易分裂繁殖，又因其位置比较固定，所以常把神经细胞看作整个神经系统的结构功能单位，又称神经元。

神经胶质细胞数量多，为神经元的10～50倍。常分布于神经细胞周围，对神经细胞起支持、营养、保护、绝缘的功能。

（一）神经元的形态结构

神经细胞（nerve cell）是神经系统的结构功能单位，每一个神经细胞都由细胞体和突起两部分构成，突起又分树突和轴突。神经元胞体位于脑和脊髓的灰质，神经节和感觉器官内。胞体大小不一，5～100μm，形状多样，有球形、锥体形、梭形和星形等（图11-14）。

神经细胞的细胞膜，是一层单位膜，具有感受刺激传导冲动的功能。细胞质中除含有各种细胞器外，尚有丰富的嗜染质和神经元纤维。嗜染质又称尼氏体，分布于胞体和树突中。为嗜碱性块状或颗粒状物质，电镜观察嗜染质是由平行排列的粗面内质网和游离核糖体构成的，是合成蛋白质的场所。神经元纤维是由微管和神经丝构成，分布在胞体和突起中，构成神经元的细胞骨架，微管还参与物质运输。神经细胞的细胞核位于胞体中央大而圆，常染色质多，故着色浅，核仁明显。

每个神经元有一至多个树突（dendrite），从树突干发出许多分支，树突内胞质的结构与胞体相似，在分支上有大量棘状的短小突起，称树突棘（dendritic spine），树突的分支使神经元极大地扩展了接受刺激的表面积。

每个神经元有一条轴突（axon），由轴丘发出，比树突细，直径均一，有侧支呈直角分出，无尼氏体。轴突末端的分支较多，形成轴突终末胞膜称轴膜，起始段轴膜厚，产生神经冲动，沿轴膜向终末传递，接受刺激、整合信息和传导冲动，将冲动传离胞体。

神经元之间的连接叫突触。突触是指一个神经元的轴突末端和另一个神经元的树突末端或细胞体形成的结构。

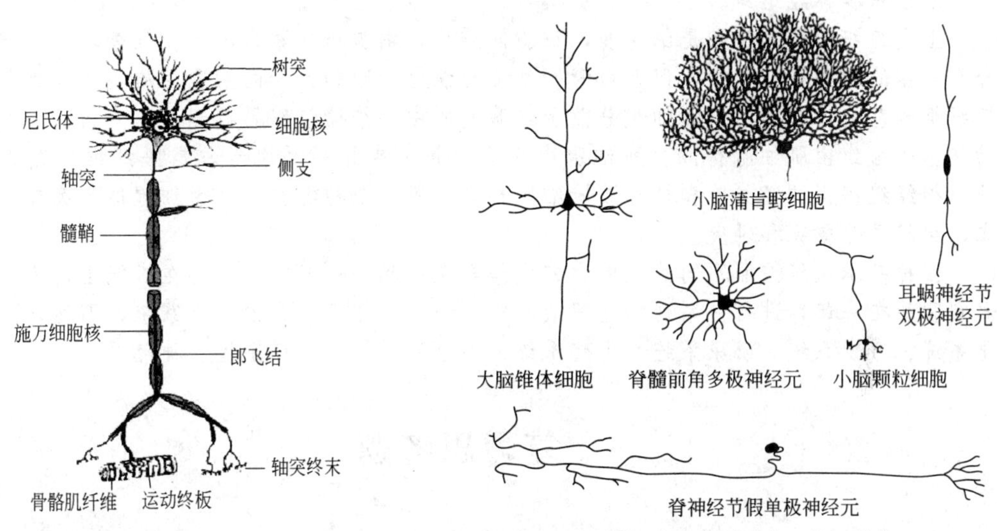

图 11-14　运动神经元结构模式图（仿邹仲之，2001）　　图 11-15　神经元的主要形态（仿邹仲之，2001）

（二）神经元的分类

根据神经元的突起多少，可将神经元分为三类，即多极神经元，一个轴突和多个树突；双极神经元，一个树突和一个轴突；假单极神经元，从胞体发出一个突起，然后呈“T”形分为两支，周围突和中枢突。根据神经元的功能将神经元分为三类，即感觉神经元，又称传入神经元，多为假单极神经元；运动神经元，又称传出神经元，一般为多极神经元；中间神经元，主要为多极神经元，位于前两种神经元之间，加工和传递信息，占神经元总数 99% 以上（图 11-15）。

（三）神经胶质细胞

神经胶质细胞分布在神经元与神经元之间，神经元与非神经细胞之间，除突触部位以外，都被神经胶质细胞分隔、绝缘，以保证信息传递的专一性和不受干扰。中枢神经系统的神经胶质细胞有四种，即室管膜细胞，星形胶质细胞，少突胶质细胞，小胶质细胞。

第二节　动物的器官与系统

四种基本组织按照不同的比例和不同的方式结合在一起构成器官。器官（organ）具有一定的形态特征，能进行一定的生理活动如心脏、胃等。一些在机能上有密切相关的器官联系在一起，进行一系列的生理活动，叫系统（system）。人体可以分为 8 个系统，即运动系统、消化系统、呼吸系统、泌尿系统、生殖系统、内分泌系统、循环系统、神经系统（有关动物体各器官系统的结构与功能详见第十二章）。

本章小结

多细胞动物由不同形态和机能的组织构成。组织是由形态相似、功能相关的细胞与细胞间质结合而成的细胞集体。动物在进化过程中分化出四种基本组织，即上皮组织、结缔组织、肌组织和神经组织。

上皮组织的结构特点是细胞多，细胞间质少，细胞排列紧密，有极性表现。上皮组织中含有丰富的游离神经末梢，但无血管。结缔组织由细胞和大量的细胞间质构成。细胞间质包括纤维和基质，结缔组织的细胞分散于细胞间质中。结缔组织具有连接、支持、营养和保护功能。肌组织由肌细胞构成。肌细胞中含有大量成束排列的肌丝，是肌纤维舒缩的物质基础。神经组织由神经细胞和神经胶质细胞构成。每一个神经细胞都由细胞体和突起两部分构成，突起又分树突和轴突。

四种基本组织按照不同的比例和方式结合在一起构成器官。一些在机能上有密切相关的器官联系在一起，进行一系列的生理活动叫系统。人体可以分为8个系统，即运动系统、消化系统、呼吸系统、泌尿系统、生殖系统、内分泌系统、循环系统、神经系统。

复习思考题

1. 上皮组织有哪些结构特点和功能？
2. 疏松结缔组织有哪些细胞成分？各有何形态特点和功能？
3. 试述三种肌组织的形态和功能异同点。
4. 按照神经元的突起多少可以将其分为哪些类？
5. 人体可分为哪些系统？

第十二章　动物的结构与功能

地球上三分之二的生物种类属于动物界，人类作为动物界的成员之一，自然对自身和本界的其他各类动物非常感兴趣。我们许多人都去过动物园，并常常对各种动物独特的习性、奇异或美丽的外形产生兴趣。多细胞、异养、有性生殖和具胚胎发育过程、具有捕食和消化功能等是大多数动物共同的特征。本章重点介绍动物的皮肤、运动、消化、循环、呼吸、排泄、神经、内分泌和生殖等系统的组成、结构和功能。比较上述各个系统从低等到高等各个动物门类的演化过程，并总结进化发展的特点和适应生活环境的特点，树立生物体形态结构与功能相适应的观点，形态、结构、功能与环境相适应的观点以及进化的观点。

第一节　动物的保护、支持与运动

一、皮肤及其衍生物

皮肤被覆于动物体表面，包括皮肤和所有由皮肤衍生的结构，是动物体最大的器官之一。皮肤保护着机体和器官，避免身体和器官的磨损，防止体内水分过度蒸发，预防机械、化学、温度和光线的刺激，防御微生物侵袭。皮肤具感觉机能，皮肤中的神经末梢非常丰富，在表皮中形成游离末梢或在真皮、皮下形成各种感觉小体，分别感受冷、热、痛、触、压等刺激。皮肤产生的各种衍生物，使皮肤还具有分泌（黏液腺、皮脂腺、乳腺）、调节体温（毛、羽、汗腺、脂肪层）、排泄（汗腺）、贮藏能量（皮下脂肪）、呼吸、运动（鳍膜、鸟羽、趾间蹼、蝙蝠的皮翼等）以及辅助生殖等机能。

动物由单细胞到多细胞、由简单到复杂的进化过程中，其皮肤在结构和功能上经历了相应变化。

（一）原生动物的皮肤

其保护性覆盖是细胞膜，但有一些特化以提供保护。眼虫体表细胞膜内蛋白质增加厚度和弹性形成皮膜，使身体保持一定形状；纤毛虫类体表有一层去表膜。

（二）多细胞无脊椎动物的皮肤

多细胞无脊椎动物均有一层表皮覆盖体表。低等动物如水螅、涡虫等的表皮仅有一层细胞，在较复杂的无脊椎动物如寄生的蛔虫、环节动物蚯蚓，表皮分泌角质层作为保护。软体动物的河蚌、扇贝等，身体有外套膜覆盖，其外层的表皮细胞向外分泌碳酸钙，形成一个或两个外壳包围整个身体。乌贼、章鱼等软体动物的外套膜加厚并肌肉质化。节肢动物如蝗虫、

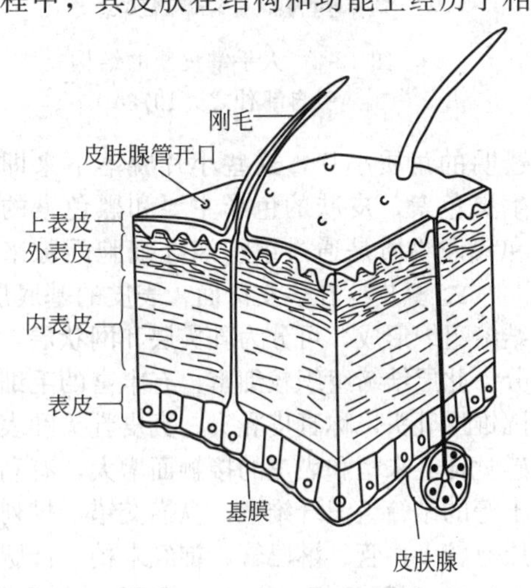

图 12-1　节肢动物的皮肤
（引自许崇任等，2008）

虾的体壁为一层上皮细胞，由此向外分泌坚实的表皮层即外骨骼作为保护和支持（图 12-1）。这层外骨骼主要由几丁质、蛋白质和一些沉积的钙盐组成，结实而柔韧，但也限制了动物的生长，因而节肢动物出现周期性蜕皮，旧表皮裂开，脱去旧的外骨骼，换上新的更大些的外骨骼。

（三）脊椎动物的皮肤

脊椎动物的皮肤由上皮组织的表皮和结缔组织的真皮组成，具有保护机体免受外伤、细菌的入侵、紫外线的辐射和防止体内水分丢失，皮肤内分布着丰富的感觉神经末梢还使皮肤成为一个巨大的感受器。皮肤内的汗腺分泌汗液可调节体温，并排泄部分代谢产物。两栖动物如蛙的皮肤具有气体交换、辅助呼吸的功能。皮肤衍生物具有保护、运动、分泌、排泄等功能。

伴随着脊椎动物生存环境的改变，其皮肤的结构也发生变化。鱼类表皮薄，有大量黏液腺的分泌，可减少阻力，辅助游泳。开始走向陆地的两栖类其表皮开始出现轻微角质化，以防止水分散失。高等动物皮肤出现高度角质化，皮肤产生多种衍生物。表皮衍生物包括鱼类和两栖类的黏液腺，爬行动物如蜥蜴的角质鳞，鸟类的羽毛、爪，哺乳类的毛、蹄、指甲等以及发达的皮脂腺、汗腺、乳腺、气味腺。真皮衍生物较少，包括鱼类的鳞片、鳍条，爬行类的骨板，哺乳类的鹿角等。

（四）人体的皮肤

皮肤是由表皮和真皮两层组成，两层紧密结合，借皮下组织与深部的组织相连。真皮与皮下组织之间没有明显的界限，所以有时将皮下组织也作为皮肤的一部分。人体各部的皮肤结构基本相同，但不同部位的皮肤具有不同的功能而有厚薄之分，手掌、足底为无毛厚皮肤，身体其余部分为有毛薄皮肤。此外皮肤还有丰富的血管、淋巴管、神经、毛、汗腺、皮脂腺等附属器官（图 12-2）。

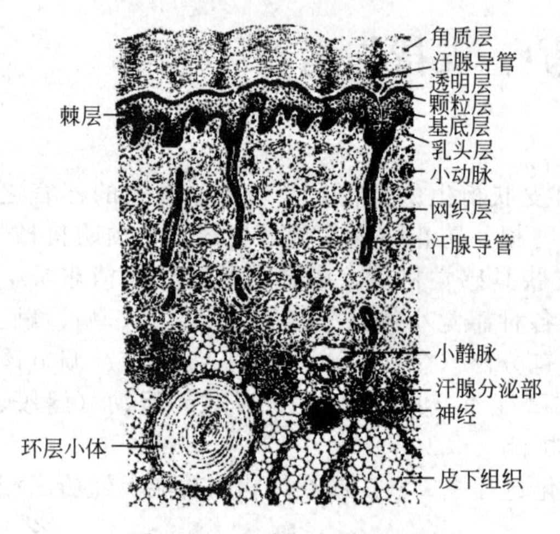

图 12-2　人手掌皮肤的结构
（引自邹仲之，1978）

1. 表皮　是皮肤的最外一层，为复层扁平上皮。厚的表皮可明显地分为 5 层结构，由深向浅依次为基底层、棘层、颗粒层、透明层和角质层。薄的表皮只有基底层和角质层，其余二层不明显。表皮的基底层细胞分裂能力强，增生的细胞逐渐向表面推移，细胞的形状逐渐由低柱状、多角形而变成扁平状，细胞结构也逐渐退化，最表面的细胞（角质层）已退化为透明的角质小片，这些小片脱落下来即成皮屑。基底层的基层细胞之间有黑色素细胞，能产生黑色素，皮肤的色泽主要和黑色素的含量多少有关。表皮中没有血管的分布，营养的供应和代谢物质是通过组织液经细胞间隙来进行交换的。

2. 真皮　在表皮深面，表皮的基底层细胞借基膜与真皮相连，真皮由排列比较紧密的致密结缔组织形成，可分为乳头层和网状层，两层之间并无明显的分界。乳头层是与表皮相接触的部分。此层结缔组织较细密，有丰富的毛细血管和神经末梢，乳头层的浅部伸向表皮深面形成许多圆锥形乳头，称真皮乳头。真皮乳头和表皮相互镶嵌，结合牢固，并使乳头内丰富的毛细血管或感觉神经末梢和表皮的接触面增大，有利于供血和感觉。网状层在乳头层的深部，含有大量粗细不等的结缔组织纤维束，纵横交错，排列成紧密的网状结构，使皮肤具有很大的弹力和韧性。此层有较多血管、淋巴管、神经末梢、汗腺、毛囊、皮脂腺，平滑肌等结构。

3. 皮下组织　在真皮深面，主要由疏松结缔组织组成，并含有大量脂肪组织。皮下组织是连接皮肤和肌肉之间的组织，对体温的维持和缓冲外来压力具有一定作用。

二、骨骼系统

动物的骨骼系统是一种坚硬的结构系统，提供肌肉附着的表面以及保护体内脆弱的器官，保持机体特定的形状。

（一）动物骨骼

动物界中支持骨架有三种形式：流体静力骨骼、外骨骼和内骨骼。

1. 流体静力骨骼　这里所指的骨骼并不都是坚硬的。原生动物、蠕虫、腔肠动物、软体动物和环节动物等具有流体静力骨骼，即是一个小液体充满的囊，液体不能被压缩，囊壁收缩就会产生巨大的膨胀压，起到支持身体、维持体形和参与运动的作用。如蚯蚓在运动时，当环肌收缩，纵肌因体内液体的压力而伸展，身体变长；然后纵肌和环肌交替收缩，身体向前运动。

2. 外骨骼　外骨骼由外胚层表皮分泌的非生物活性物质构成。如软体动物的外套膜向外分泌形成碳酸钙成分的外壳，以及节肢动物如蜘蛛、甲壳动物、昆虫等具有以几丁质为主要成分的外骨骼，其厚度和坚硬度因动物而异。具有外骨骼的动物的肌肉附着在外骨骼的内表面。节肢动物由于身体分节，外骨骼也是分节和可活动的，在附肢的关节处薄而柔韧，使附肢得以运动。

3. 内骨骼　由中胚层发生的结缔组织构成内骨骼，构成身体骨架，伴随动物进化，骨的形态结构、功能更趋完善。内骨骼由软骨和硬骨组成，不仅支持保护身体和内部器官，也是机体最大的钙库。骨骼和肌肉协同作用产生运动。

在以脊索为主要支持结构的圆口类中出现了雏形脊椎骨。鱼类开始具有典型脊柱，从而代替了脊索。两栖类开始具有典型的五趾型四肢，爬行类出现胸廓，直至哺乳类，脊索在所有脊椎动物胚胎期中存在，在一些成体动物中仍留有残余。陆生脊椎动物四肢经历了扭转的过程，将身体逐渐脱离地面，至哺乳类扭转过程完成，因而运动速度大为增加。但如果动物身体过于庞大，四肢会因为承重变得粗壮而失去速度。

（二）人体的骨骼

成人共有 206 块骨。每块骨都具有一定形态、结构和功能，坚硬而有弹性。骨和骨之间的连接装置称为骨连接。全身各骨通过骨连接构成骨骼，成为人体的支架。骨骼肌附着于骨骼，收缩时牵引骨移动位置，产生运动。骨与骨骼肌共同赋予人体的基本形态，并构成体腔的壁（如颅腔、胸腔、腹腔等），保护心、脑、肝、肾等内脏器官。骨、骨连接、骨骼肌组成人体的运动系统。

全身各部的骨由于位置和功能的不同而形态各异，根据其形态可分为长骨、短骨、扁骨和不规则骨。骨是由骨质、骨的细胞成分、骨膜、骨髓及血管神经等构成。骨的细胞成分包括骨原细胞、成骨细胞、破骨细胞和骨细胞。骨按部位可分为颅骨、躯干骨、四肢骨。四肢骨又分为上肢骨和下肢骨。

1. 颅骨

成人有 23 块颅骨，另有 3 对听小骨未计入（位于中耳）。除下颌骨和舌骨外，都借缝或软骨牢固地结合在一起，构成颅。颅骨可分为脑颅骨和面颅骨。脑颅骨共 8 块，计有额骨、枕骨、蝶骨和筛骨各 1 块；颞骨、顶骨各 2 块。脑颅骨围成颅腔，其形态与脑相适应，可保护大脑。面颅骨共 15 块，计有下颌骨、舌骨和犁骨各 1 块；上颌骨、腭骨、颧骨、鼻骨、泪骨和下鼻甲各 2 块。面颅骨的形态各异，参与围成眼眶、鼻腔、口腔。

2. 躯干骨

成人的躯干骨共 51 块，包括椎骨 26 块、肋 12 对和胸骨 1 块。据椎骨所在位置，由上而下依次可将椎骨分为颈椎 7 块、胸椎 12 块、腰椎 5 块、骶骨 1 块、尾骨 1 块。骶骨由 5 块骶椎愈合而成，尾骨由 4～5 块尾骨愈合而成。

椎骨的前部呈矮圆柱形称椎体，后部的弓状骨板称椎弓。椎弓与椎体围成椎孔。所有椎骨的椎孔相连形成椎管。其内容纳脊髓。椎弓与椎体相接的地方缩细成椎弓根，椎弓的后部称椎弓板。椎弓根上、下缘各有一切迹，相邻椎骨的上、下切迹围成椎间孔，孔内有脊神经及血管通过。从椎弓板上伸出 7 个突起，其中向后伸的 1 个称棘突，向两侧伸的 1 对为横突，向上、下各伸出的 1 对分别称为上、下关节突（图 12-3）。

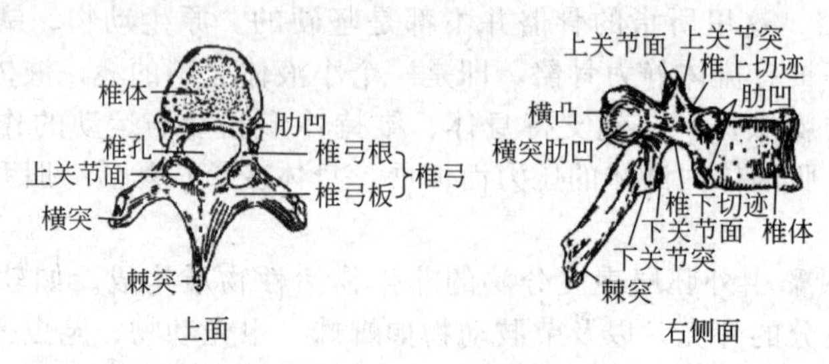

图 12-3　胸椎（引自严振国，2000）

躯干骨通过骨连接构成脊柱和胸廓。脊柱有 26 块分离的椎骨借椎间盘、韧带和关节紧密连接而构成。椎间盘是连接相邻两个椎体的纤维软骨盘。由髓核和纤维环两部分构成，髓核位于椎间盘的中央部，为柔软富有弹性的胶状物。纤维环环绕在髓核周围，由多层同心圆排列的纤维软骨环构成。可牢固连接相邻椎体。椎间盘既坚韧又富有弹性，可缓冲震荡。

脊柱位于躯干骨的正中，形成躯干的中轴，上承颅骨，下接髋骨，中附肋骨，参与构成胸腔、腹腔和骨盆腔的后壁。从侧面观脊柱，可见 4 个生理弯曲，即：颈曲、胸曲、腰曲、骶曲。颈曲和腰曲向前突出，而胸曲和骶曲向后突出。脊柱的生理弯曲使脊柱更具有弹性，可减轻震荡并与维持人体的重心有关。同时，生理弯曲的出现，还扩大了胸腔和盆腔，便于容纳众多的脏器。脊柱除具有支撑体重，传递重力，保护脊髓的功能，还是躯干运动的中轴和枢纽，可进行前屈、后伸、侧屈、旋转和环转等多种形式的运动。

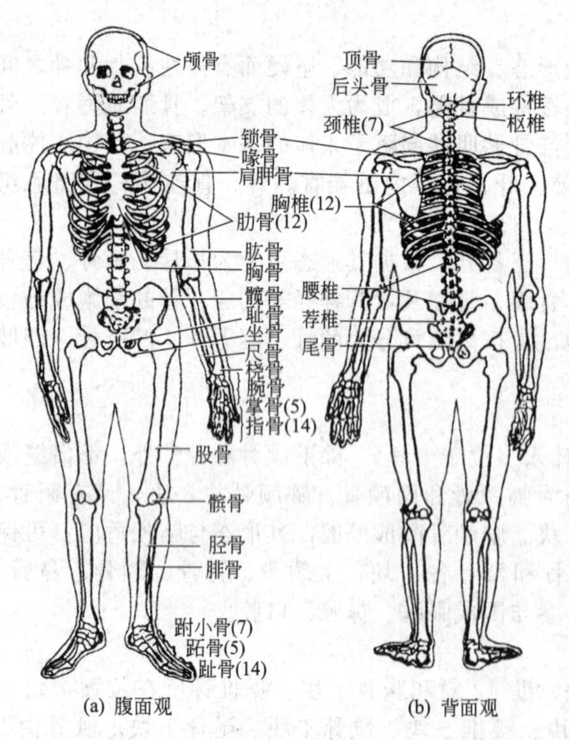

图 12-4　人的骨骼（引自陈小麟，2006）

3. 四肢骨

四肢骨包括上肢骨和下肢骨。上肢骨每侧 32 块，包括：锁骨、肩胛骨、肱骨、桡骨、尺骨、手骨。肩胛骨和锁骨与躯干骨连接。上肢骨轻小，关节灵活可进行多种运动。下肢骨每侧 31 块，依次有髋骨、股骨、髌骨、腓骨、胫骨、足骨。髋骨由耻骨、坐骨、髋骨愈合而成（图 12-4）。

三、肌肉系统

肌肉系统由躯干、附肢和内脏的肌肉组织器官构成，通过肌肉细胞的收缩和舒张，完成身体或内脏的运动、保持姿势或增加代谢活动以产生热量。无脊椎动物具有平滑肌和骨骼肌，脊椎动物具有平滑肌、骨骼肌和心肌。心脏分布的是心肌，内脏器官主要是平滑肌，骨骼肌则多附在骨骼上。骨骼肌承担躯干、附肢、眼、鼻、口腔等器官的运动，常常以结缔组织包裹成束状，并由肌腱与骨骼相连接。

（一）脊椎动物的肌肉

头索动物、圆口类和鱼类身体肌肉保持分节现象，鱼类已开始分化出背肌和侧肌及偶鳍肌。从两栖类开始，体肌的分化日趋复杂，分节现象也趋消失。水生脊椎动物鳃肌和颌肌都存在，陆生种类颌肌演变为咀嚼肌和颜面肌，鳃肌退化，舌下肌肉随着舌的发达而发展复杂。从爬行类开始出现皮肌，这是位于皮下而附于表皮上的肌肉。哺乳类的皮肌最发达，体内还分化出特有的膈肌，它与上皮、结缔组织等组成横膈膜，把体腔分成胸腔和腹腔两部分。膈肌参与呼吸活动，并与腹部肌肉配合在排粪时参与腹部的挤压作用。

（二）人体的肌肉

运动系统的肌，全部是骨骼肌，骨骼肌主要由骨骼肌纤维组成，是运动系统的动力部分。骨骼肌多附于骨上，至少跨过一个关节，在神经系统支配下，通过收缩，使骨骼以关节为枢纽，产生运动。由于骨骼肌运动多受意识支配，故亦称为随意肌。人体全身约有600余块骨骼肌，占体重的40%左右。肌形态各异，大致可分为长肌、扁肌、短肌和轮匝肌四类。每块骨骼肌都是由肌腹和肌腱构成。全身的骨骼肌，根据所在部位的不同，可分为：躯干肌、头颈肌、上肢肌和下肢肌。

1. 躯干肌

全身的躯干肌可分为背肌、胸肌、腹肌、膈及会阴肌。背肌位于躯干后面，分为深浅两层，浅层主要有斜方肌、背阔肌、肩胛提肌和菱形肌。深层主要有竖脊肌。胸肌可分为胸上肢肌和胸固有肌。胸上肢肌均起自胸廓外面，止于上肢带骨或肱骨，主要有胸大肌、胸小肌、前锯肌。腹肌可分为前外侧群和后群。前外侧群主要有腹直肌、腹外斜肌、腹内斜肌和腹横肌。图12-5为人体全身肌的配布。

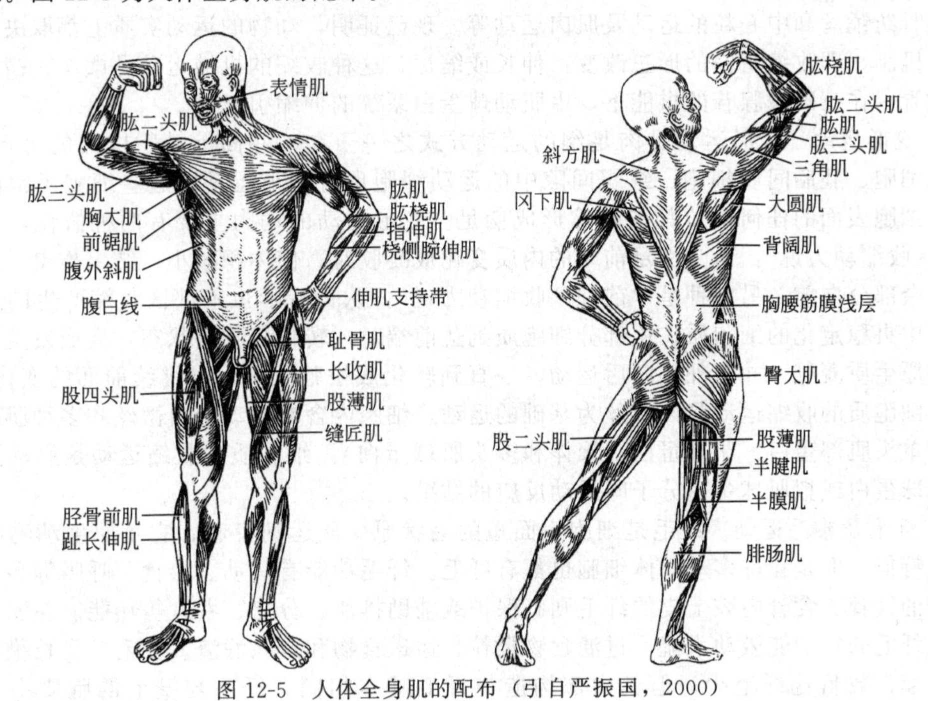

图12-5　人体全身肌的配布（引自严振国，2000）

2. 头颈肌

头肌分为咀嚼肌和面肌两部分。面肌主要有枕额肌、眼轮匝肌和口轮匝肌。面肌收缩时使面部孔列开大或闭合，牵动皮肤，产生各种表情。咀嚼肌主要有颞肌和咬肌。

颈肌分深浅两群。前群主要有胸锁乳突肌和舌骨上、下肌群。一侧的胸锁乳突肌收缩，可使头歪向同侧，面转向对侧。

3. 上肢肌

上肢肌可按所在部位分为肩肌、臂肌、前臂肌和手肌。肩肌主要有三角肌、冈上肌、冈下肌等。臂肌分前后两群，前群为屈肌，后群为伸肌。前群主要有肱二头肌、喙肱肌、肱肌。前臂肌的前群屈肌主要有肱桡肌、旋前圆肌、桡侧腕屈肌、掌长肌、指浅屈肌、尺侧腕屈肌等。

4. 下肢肌

可分为髋肌、大腿肌、小腿肌和足肌。髋肌分前群和后群，后群有臀大肌、臀中肌、臀小肌、梨状肌等（图 12-5）。

大腿肌位于股骨周围，分为前群、后群和内侧群。前群位于股骨前方，有缝匠肌和股四头肌。缝匠肌是全身最长的肌，呈扁带状，起自髂前上棘，经大腿前面转向内下侧，止于胫骨上端的内侧面。缝匠肌的作用是屈髋关节和膝关节，并使小腿旋内。股四头肌是全身中体积最大的肌，有四个头，分别称为股直肌、股内侧肌、股外侧肌和股中间肌。股四头肌是膝关节强有力的伸肌，股直肌还有屈髋作用。当小腿屈曲，叩击髌韧带，可引起膝跳反射（伸小腿动作）。

小腿肌分为前群、外侧群和后群。前群主要有胫骨前肌、拇长伸肌、趾长伸肌，后群有腓肠肌、比目鱼肌等。足肌可分足背肌和足底肌。足背肌协助伸趾，足底肌协助曲趾和维持足弓。

四、动物的运动方式

运动是动物独有的特点，动物的运动有各种类型，包括细胞质流动、线粒体的膨胀和细胞分裂时纺锤丝和中心粒的运动及肌肉运动等。现已证明，动物的运动实质上都取决于单一的基本机制，即收缩蛋白的形态改变：伸长或缩短，这种收缩的机械运动是微丝、横纹肌纤维或微管，在三磷酸腺苷的供能下，由肌动球蛋白系统的伸缩引起的。

1. 变形运动　变形运动是肉足纲的运动方式之一。在一些高等动物体内的游走细胞，如白血细胞、胚胎间质细胞、组织间隙中的运动细胞也有变形运动。这些细胞经常改变形状，从细胞表面的任何部位都能伸缩形成伪足。变形运动的动力主要有两种假设，一种是“尾部区收缩动力说”，认为伪足前端的内质变化成凝胶时，使体积减小，结果拖曳了内质和细胞其余部分向前；另一种是“前部区收缩动力说”，认为变形虫前部区收缩产生的运动力拖曳了中央稳定化的细胞质，这部分细胞质到达前端时，转化成收缩状态，变成发生着横向运动的原生质凝胶，并由外侧向后运动，一直到转化成松弛状态，再继续前面的变化过程。变形虫细胞质的收缩运动是以微丝为基础的运动，细胞内含有肌动蛋白微丝和多种肌球蛋白分子（单头肌部蛋白、肌球蛋白二聚体和多头肌球蛋白），细胞质的收缩运动是肌动蛋白微丝和肌球蛋白或拟肌球蛋白分子间滑动反应的结果。

2. 纤毛及鞭毛运动　纤毛是细胞表面短的毛状原生质运动突起。它是原生动物纤毛类的明显特征。但是在许多动物体细胞也都有纤毛。纤毛功能有运动、摄食、呼吸等多种。脊椎动物的气管、食管内腔上皮的纤毛则有保护或辅助排泄、分泌、吞食等功能。在滤食性动物中，纤毛的打动能激动水流，过滤食物颗粒、运送食物和排除滤渣。鞭毛是呈长鞭状的细胞质突起，数目比纤毛少，但其内部构造与纤毛基本相同。纤毛与鞭毛的胞质中，都有“9×2+2”的微管结构。

关于鞭毛或纤毛的运动，目前一般都接受“滑动微管模型”，即鞭毛或纤毛的运动是由于二联体微管互相滑动，引起纤毛或鞭毛局部弯曲，才使其发生运动。运动所需的能量是靠在纤毛附近的线粒体所产生的 ATP 来提供的。

3. 肌肉运动　骨骼肌受神经支配，接受运动神经传来的信息而收缩。运动神经元的轴突伸入肌肉时，末梢伸出髓鞘之外分成多支，每支的末梢与肌纤维以突触的形式相连，形成一个神经肌肉节点（图 12-6），也称运动终板。当神经冲动传到神经轴突末梢，引起神经末梢释放神经递质（乙酰胆碱），与突触后膜（终膜）上的受体结合，激活了受体的离子通道，导致离子通道开放，正离子循电化学梯度从通道流入细胞，产生突触电流，形成终板电位。终板电位超过阈电位则引发肌膜上的动作电位。动作电位沿着横管传到肌纤维深部，使肌质网释放 Ca^{2+}。骨骼肌的肌肉由许多单个的肌纤维组成，每一肌纤维是一个多核细胞，每一细胞中有 1000～2000 条紧密平行排列的细丝，即肌原纤维。电子显微镜观察和生物化学研究揭示，每一肌原纤维是由许多纵向、更细的肌丝所组成，肌丝有粗细两种。细肌丝主要由肌动蛋白组成，肌动蛋白单体为球型称为 G-肌动蛋白，G-肌动蛋白形成两条单体链，两条单体链绞合成双螺旋结构形成纤维型肌动蛋白即 F-肌动蛋白。纤维状的原肌球蛋白分子首尾相接地嵌在两条单体链形成的凹槽中。每一个原肌球蛋白分子还与一个肌钙蛋白复合体相连。沿细肌丝每隔 40nm 有一个肌钙蛋白复合体，粗肌丝由肌球蛋白的单体聚合而成。肌球蛋白分子平均长 150nm，宽约 2nm，一端形成双环球“头部”，厚约 4nm，宽约 20nm，肌球蛋白分子的细长部分又分为“颈部”与“尾部”。用胰蛋白酶处理肌球蛋白分子，可将该分子分解成轻型酶解肌球蛋白（LMM）和重型酶解肌球蛋白（HMM），LMM 构成“尾部”，HMM 包括球形“头部”和“颈部”。“头部”具有 ATP 分解酶的活性还有与肌动蛋白结合的能力。肌球蛋白分子的“尾部”以“M”线为对称轴，聚集成束，“头部”分别朝向相反的方向突出。用 X 射线衍射法的研究表明，横桥在粗肌丝表面的分布位置是十分规则的，即在粗肌丝的同一周径上只能有两个相互隔开 180°的横桥伸出，每隔 14.3nm 出现一对，但与前一对成 60°的夹角，到第四对时又与第一对相平行，且与第一对相距 42.9nm（图 12-7）。

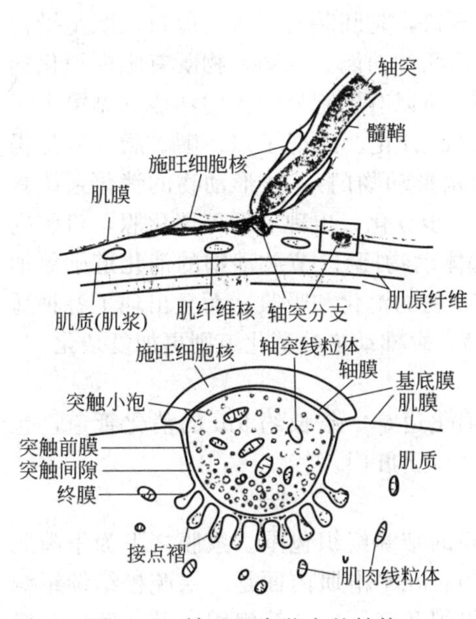

图 12-6　神经肌肉节点的结构

（引自陈小麟，2006）

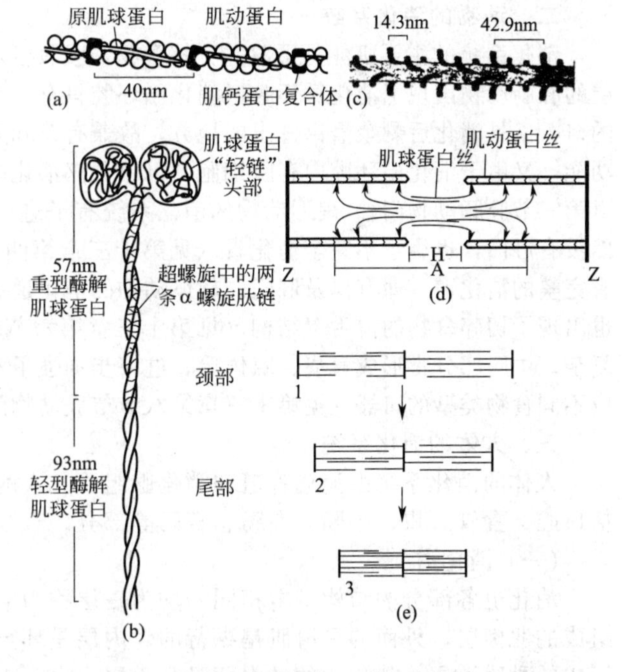

图 12-7　骨骼肌收缩图解（引自陈小麟，2006）

（a）肌动蛋白丝（细肌丝）；（b）肌球蛋白分子；

（c）横桥在粗肌丝上的排列；（d）粗细肌在肌节中的排列，注意肌球蛋白的头与肌动蛋白丝构成桥；

（e）收缩图解

在粗肌丝的主干外面形成横桥。当肌肉静止时，横桥由粗肌丝表面突出约 6nm，与主干方神经冲动从神经—肌肉接点传到肌膜，引起肌膜去极化。产生动作电位，导致肌质网迅速释放大量 Ca^{2+}，Ca^{2+} 和肌钙蛋白结合而使肌钙蛋白构象发生变化。使原肌球蛋白移动位置，结果肌动蛋白分子上与肌球蛋白“头部”结合的位点暴露出来。使肌球蛋白的“头部”得以结合上去，横桥作用于肌动蛋白丝上所产生的力，即横桥的摆动将肌动蛋白丝划向肌小节中心。使粗、细肌丝产生相互滑行，导致肌肉收缩，在横桥与肌动蛋白结合。摆动、解离和再结合的周期性过程中，ATP 不断被消耗，要注意的是 ATP 并不是直接用于产生横桥力，而是先附着于肌球蛋白头部使之与肌动蛋白丝分离，ATP 水解产生的能量贮存在分离的肌球蛋白头部。然后肌球蛋白头部才能更新附着于肌动蛋白。利用这些能量重复这种周期性的活动，使粗细肌丝一小步一小步地产生主动滑行。

第二节　动物的营养与消化

一、营养与摄食

无论动物、植物和微生物，都必须从环境中取得所需的物质才能正常生活、生长、繁殖。也就是说，所有生物都有一定的营养要求。

动物无法通过光合作用自己制造营养物质，必须依赖已经合成的有机物来满足机体的营养需要。因此需要经常摄食，从食物中取得能源以进行各种生命活动，又从食物取得蛋白质等原料以建造自己的身体和修补损耗的或被破坏的组织。因此，动物的营养方式是异养型。食物的营养成分包括蛋白质、碳水化合物（糖）、脂类、纤维素、水、矿物质和膳食纤维等七大类。

二、动物的消化系统

消化系统的主要机能是摄取并分解食物，吸收营养物质，排出食物中的残渣。动物从二胚层的腔肠动物出现了消化循环腔，消化循环腔只有 1 个开口，是胚胎发育时的原口，既是摄食的口，又是消化后剩余渣滓排出的地方，故兼有口和肛门两种功能。腔肠动物既有胞内消化的功能，又由于消化循环腔内有腺细胞，可以分泌消化酶，所以有了胞外消化的功能（见第十三章第三节腔肠动物门）。扁形动物的消化系统有了进一步的分化，出现了口、咽、肠，但是仍然没有肛门，也属于不完全消化管（见第十三章第四节扁形动物门）。线形动物的消化系统具有完整的消化道，即有口及肛门。软体动物的消化道进一步分化，出现了肝等消化腺，口腔内也出现了切碎食物的齿舌等结构（见第十三章第六节软体动物门）。节肢动物的消化道则更加复杂，中肠部分常形成盲囊、腺体等，进一步加强了对食物的消化和吸收。而且出现了各种适应不同食物类型的口器（见第十三章第八节节肢动物门）。脊椎动物的消化道则更加复杂化。

三、人体的消化系统

人体的消化系统由消化管道和消化腺组成。人的消化道是一条长约 9m 的消化管道，包括口腔、食管，胃、小肠、大肠、直肠等部分。直肠开口于肛门。

（一）消化道

消化道各部分的结构基本相同，均为一层称为浆膜的结缔组织包围。浆膜之下为平滑肌组成的肌肉层，外面的平滑肌是纵行的，内层是环行的。在平滑肌内面是一层疏松结缔组织形成的黏膜下层。消化道的最内面是黏膜层，由上皮组织和其下的结缔组织以及一薄层黏膜肌层所构成。在肠和胃部分的黏膜层有大量的腺细胞，可以分泌消化液。

1. 口腔　口腔中有牙齿、舌和唾液腺。各种哺乳动物的牙齿，外形虽有不同，内部结构基本一样。人的牙齿分门齿，上下各四个。门齿之后是犬齿，上下每侧各一个。犬齿之后上下每侧是两个前臼齿和三个臼齿，主要功能是切碎、研磨食物。口腔内的舌是味觉器官。

舌上有味蕾，能够辨别味道，还可以协助搅拌食物和辅助吞咽。

2. 食道　食道是食物从口进入胃的通道，没有消化和吸收的功能。

3. 胃　胃接于食道后，位于腹腔上方。胃的收缩能力很强，能对食物进行机械搅拌等物理作用，同时胃内有腺体能够分泌胃液。胃的前端为贲门，后端为幽门，通入小肠。幽门有括约肌控制，食物在胃内消化为粥样食糜后即通过幽门而入小肠。

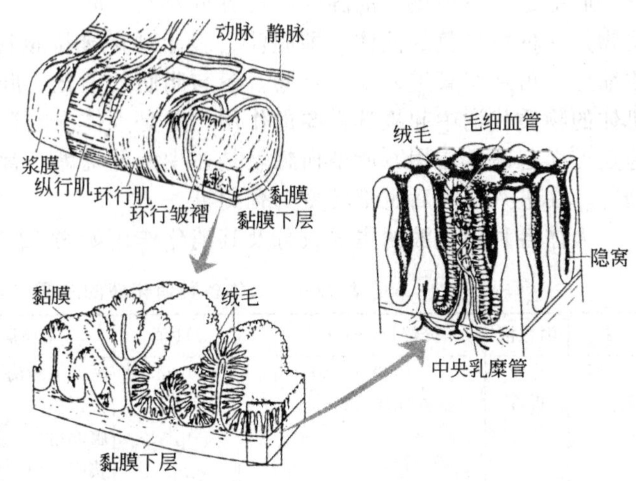

图 12-8　小肠的结构（引自许崇任等，2008）

4. 小肠　小肠肌肉发达，能做有节律的蠕动，使食物和消化液混匀，还能将消化后的残渣推向大肠，其结构如图 12-8 所示。小肠是主要的消化和吸收器官，提供胆汁的肝脏和分泌多种水解酶的胰脏都通入十二指肠，即小肠连接胃的一段。小肠处的黏膜有大量褶皱，并有大量小肠绒毛，绒毛长 0.5～1.5mm，表面有一层柱状上皮细胞，在柱状上皮细胞的端部，细胞膜突起形成微绒毛。具估计，黏膜的褶皱、绒毛和微绒毛可以使小肠的吸收面积增加 600 倍以上，极大地增加了黏膜层与消化道内食物的接触面积，提高了小肠消化和吸收的效率。

5. 大肠　大肠能蠕动，主要功能是回收食物残渣中的水分。这样既保持了体内水量的平衡，也使得粪便成形，便于排出。大肠还能排除体内过剩的钙盐和铁盐。大肠中细菌极多，形成了一个微生态系统，多种维生素如核黄素、烟酸、维生素 B_{12}、维生素 K 等都是大肠细菌合成的。结肠在小肠之后。人小肠与结肠相连接处位于腹腔的右下部。在这里结肠伸出个盲管，即盲肠。盲肠的顶端有一个手指状的附属物称为阑尾。阑尾是退化器官，没有消化食物的功能。人的盲肠小，草食动物的盲肠则很大，其中还共生多种细菌和原生动物，可以帮助草食动物消化纤维素。直肠是大肠的最后部分，粪便从肛门排出。

（二）消化腺

消化管中存在很多分泌消化液的腺体。它们主要有唾液腺、胰腺、肝等。

人有三对唾液腺，一对为腮腺，埋于两耳前下方的颊部组织中，开口于口腔内颊黏膜上一对为颌下腺，位于下颌骨的内面、黏膜下方的结缔组织中；另一对为舌下腺，位于口腔底部黏膜深处。颌下腺以及舌下腺共同开口于舌下。唾液腺分泌唾液，它的主要功能是湿润口腔、稀释食物。唾液中有消化淀粉的酶，能将淀粉消化为麦芽糖。但食物在口腔中的消化是很有限的，唾液的分泌受神经系统的调节控制。

胃能分泌胃液，胃液酸性 pH 1.5～2.5，胃液还含有一种消化蛋白质的胃蛋白酶。胃蛋白酶只存在于酸性环境中，而无脊椎动物的蛋白酶存在于碱性环境下。哺乳动物胃液中还有凝乳酶，能使乳中蛋白质凝聚成乳酪，乳酪易为各种蛋白质酶所消化。凝乳酶只是提高蛋白质酶的效率，实际不算做酶。哺乳类以外的动物因为不食乳，所以很少存在凝乳酶。

胰脏是一个位于胃和十二指肠之间的腺器官，以胰液管和十二指肠相通。胰脏分泌胰液，在小肠中发挥消化作用，胰液为碱性，含有多种酶，能消化糖类、脂肪和蛋白质。此外，胰液中还含有消化核酸的酶。

小肠腺是分散在小肠绒毛基部的消化腺，数量很多，能分泌消化蛋白质的酶和消化糖类的酶。此外，小肠腺还分泌多种其他肽链外切酶。

肝脏是人体中最大的腺体。肝脏分左右二叶，位于腹腔中，左叶小、右叶大。肝脏的分泌物是一种黄褐色的液体，即胆汁。胆汁可直接从胆管流入十二指肠，也可储存于胆囊中，浓缩后，再从胆管进入十二指肠，参与脂肪的消化。肝脏不只是为脂肪消化提供胆汁，还在机体的物质代谢中起极其重要的作用。肝是人体内贮存糖的最主要器官，在维持血糖水平的稳定方面起决定作用，所谓血糖就是血中的葡萄糖。食物消化后产生葡萄糖以及果糖、半乳糖等，在进入血液后也都转变为葡萄糖。

人体各种消化液的主要成分及其消化作用如表 12-1 所示。

表 12-1　人体各种消化液的主要成分及其消化作用

来源	消化液	分泌量/mL·d^{-1}	pH 值	主要消化酶	消化作用
唾液腺	唾液	1000～1500	6.6～6.7	唾液淀粉酶	淀粉→麦芽糖、麦芽三糖、糊精
胃	胃液	1500～2500	0.9～1.5	胃蛋白酶	蛋白质→多肽
胰腺	胰液	1000～1500	7.8～8.4	胰淀粉酶	淀粉→麦芽糖、麦芽三糖、糊精
				胰脂肪酶	脂肪→脂肪酸、甘油二酯
				胰蛋白酶	
				糜蛋白酶	
				羧肽酶 A	蛋白质、多肽→短肽、氨基酸
				羧肽酶 B	
				弹性蛋白酶	
				胆固醇酯酶	胆固醇酯→胆固醇
				RNA 酶	RNA→核苷酸
				DNA 酶	DNA→核苷酸
				磷脂酶	磷脂→脂肪酸、溶血磷脂
小肠腺	小肠液	1000～3000	7.6	肠激酶	胰蛋白酶原→胰蛋白酶
				肠淀粉酶	淀粉→麦芽糖等

（三）营养物质的吸收

吸收是食物的消化产物、水分和无机盐透过消化管的黏膜的上皮细胞，进入血液和淋巴的过程。由于消化管各段的结构不同，因此，对营养物质的吸收能力和吸收速度也不同。食物在口腔和食管不被吸收。胃也只能吸收酒精和少量的水分，小肠则是吸收营养物质的主要部位。一般而言，蛋白质、脂肪和糖的消化分解产物，大部分在十二指肠和空肠被吸收，胆盐和维生素 B_{12} 在回肠被吸收。食物经过小肠后，吸收已基本完成。大肠吸收剩余的水分、无机盐类（主要是钠盐）和某些维生素。

糖类物质被消化成单糖，才能透过小肠黏膜上皮细胞吸收入血。主要单糖有葡萄糖、半乳糖和果糖等，其中 80％是葡萄糖。蛋白质吸收的主要形式是氨基酸，氨基酸被吸收的途径是血液。脂肪吸收的主要形式是甘油、甘油一脂、脂肪酸和胆固醇。甘油溶于水，同单糖一起被吸收，其余不溶于水的物质，必须先与胆盐结合形成水溶性的混合微胶粒，才能透过水层到达细胞膜。

成年人每日摄入的水分为 1～2L，由消化腺分泌的液体为 6～7L，所以每日由胃肠黏膜吸收的水可达 8L 之多。随粪便排出的水仅 0.1～0.2L。水的吸收是被动的，各种溶质特别是 NaCl 吸收后产生的渗透压梯度是水吸收的主要动力。

第三节　动物的循环与免疫

血液循环是指血液在全身心血管系统内周而复始地循环流动。循环系统是动物运送血液和淋巴，使之运行于器官组织之间的管道系统。循环系统使身体各部分组织获得 O_2 和营养物质，排出 CO_2 和其他代谢产物，并有输送激素、调节体温等功能，从而保持机体的动态平衡，使体内的代谢和化学调节顺利进行，保持物质、能量、信息的交流畅通，内外协调。

一、无脊椎动物的循环系统

原生动物到线形动物都没有专门的循环系统，细胞与细胞之间的物质运输以扩散方式进行。纽形动物出现背血管、侧血管和横血管，血液流动借身体的伸缩运动来完成，血流不定向。环节动物开始出现循环系统。动物的循环系统分为两大类，一类是开管式循环系统，另一类是闭管式循环系统。开管式循环系统中的血液从心脏搏出进入动脉，再散布到组织间隙，血流直接与组织细胞接触，然后再从静脉流回心脏，即血液不是完全封闭在血管里流动，在动脉和静脉之间往往有血窦。开管式循环由于血液在血腔或血窦中运行，压力较低。可避免附肢折断引起的大量失血。软体动物、多数节肢动物、棘皮动物、半索动物、尾索动物等都属于开管式循环。闭管式循环系统中的血液从心脏搏出到动脉，经毛细血管到静脉回心，完全封闭在血管系统中流动。这种循环方式效率高，血液不积于组织间隙中。闭管式循环系统伴有淋巴系统，它收集由微血管壁滤出的组织液回到血液循环系统中去。环节动物、软体动物的头足类以及头索动物和脊椎动物均为闭管式循环系统。

二、脊椎动物的血液循环系统

脊椎动物循环系统都是心脏、动脉（大动脉、动脉和小动脉）、毛细血管、静脉（小静脉、静脉和大静脉）和血液等部分所组成，形态结构属于同一类型。依脊椎动物各个主要纲的进化程度不同，其心脏的结构也有所显差别（图 12-9）。

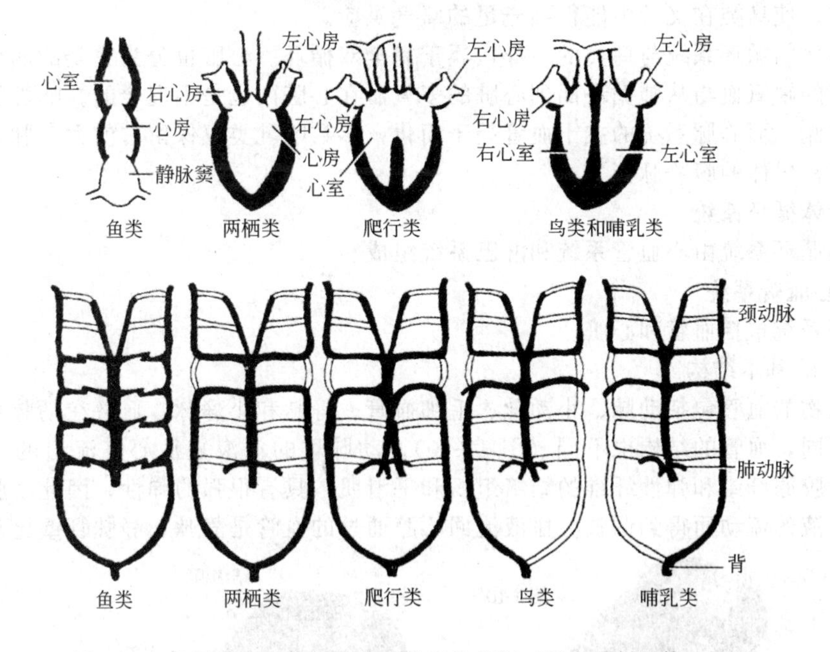

图 12-9　各纲脊椎动物心脏和动脉弓比较图（引自叶创兴等，2006）

鱼类心脏简单，位于围心腔内，由静脉窦、一心房、一心室、动脉圆锥（或动脉球）组成。软骨鱼类的动脉圆锥是心室的延伸，可主动收缩；硬骨鱼类的动脉球是腹大动脉基部的膨大，无收缩能力。鱼类的血液循环由心室压出的缺氧血经入鳃动脉进入鳃部进行气体交换，出鳃的多氧血经出鳃动脉不再回心脏而是直接沿背大动脉流到全身，从各组织器官返回的缺氧血经主静脉系统再流回心脏。这样鱼的血液每循环一周，只经过心脏一次。

两栖类的成体用肺呼吸，循环系统发生很大变化。由鱼类的一心房一心室形式成为二心房一心室。但是仍存在静脉窦和动脉圆锥。心房内出现了完全或不完全的间隔，被分为左、右心房。左心房接受从肺静脉返回的多氧血；右心房接受从体静脉返回的缺氧血以及皮静脉返回的多氧血，缺氧血和多氧血最后均进入了心室。这样心脏就容纳了从全身返回的缺氧血和由肺静脉返回的多氧血。循环路线由鱼类的单循环演变为体循环和肺循环 2 个循环，即血液完成一个循环要通过心脏二次。但是由于心室不分隔，所以体循环来的缺氧血与肺循环来的多氧血不能完全分开，所以称为不完全的双循环。体循环的路径为：大动脉、颈动脉、动脉、动脉毛细血管、静脉毛细血管、静脉、静脉窦、右心房、心室、动脉圆锥。肺循环的路径为：动脉圆锥、肺皮动脉、肺动脉、肺、肺静脉左心房、心室、颈动脉、大动脉。

爬行类的血液循环仍为不完全的双循环，心脏包括两个心房和一个心室。虽然心脏分为完全的两个心房，但是多氧血和缺氧血最后仍然在心室内有一定的混合，尽管多氧血和缺氧血在心脏内的混合程度较两栖类低。鳄类的心室出现完全的心室间隔，分为左、右心室，但是其他爬行类心腔有一垂直隔和一水平隔而被分为彼此相通的三个腔。爬行类的心室收缩期间，由于血压的变化而使由心房进入心室的缺氧血被压入肺动脉进入肺循环，从左心房进入的多氧血被压入颈动脉和体动脉而进入头部和体循环，彼此混合很少。此外，爬行类的静脉循环系统中肾门静脉开始退化，血液回心脏的流速和血压增大。而且可以借助于胸廓的扩张和缩小，使肺内和呼吸道中的气压与外界大气压产生差别，辅助气体吸入或排出。

鸟类的心脏已经分为完全的四个腔了，即左心房、右心房、左心室、右心室。这样的结构使得通过体循环的缺氧血与从肺循环来的多氧血在心脏内完全不混合。鸟类的右体动脉弓保留，而左体动脉弓退化。另外由于肾门静脉明显退化使得血压和血流速度提高，循环加速，心跳快，使鸟类在飞行中能得到充足的氧气供应。

哺乳动物的循环系统与鸟类的一样，属于完全双循环。心脏也分为完全的四个腔。体循环回到心脏的缺氧血与从肺循环回到心脏的多氧血在心脏内也是不混合的。哺乳类体动脉弓只保留了左侧，而静脉系统的主干血管趋于简化，多数哺乳类仅保留右前大动脉，肾门静脉则完全退化，成体的腹静脉消失。

三、人体循环系统

人体的循环系统由心血管系统和淋巴系统组成。

(一) 心血管系统

心血管系统包括血管和心脏。

1. 血管的基本结构

哺乳动物的血管包括动脉、小动脉、毛细血管、静脉和小静脉。血液在动脉和静脉中的流动方向不同，血管的结构也不同（图 12-10）。动脉里的血液是从心脏流出的，动脉管壁有发达的含胶原纤维和弹性纤维的结缔组织和平滑肌，具有很强的弹性，因此动脉管腔的大小可以随血液的流动而得到调整。血液流回心脏通过的血管是静脉。静脉管壁比动脉薄，其

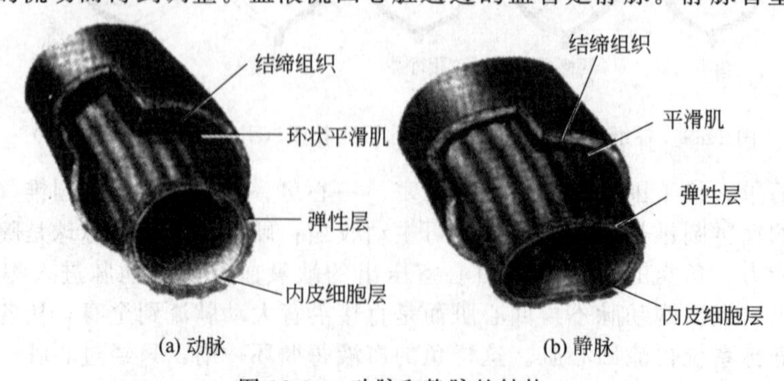

图 12-10　动脉和静脉的结构

承受的压力也比动脉管壁小。静脉内壁上有瓣膜，其作用是阻止血液逆流。毛细血管的管腔直径为4～12μm，管壁是一层细胞，其外有结缔组织的细胞。血液与周围组织的物质交换就是通过毛细血管进行的。毛细血管分支而成血管网，密布全身各处组织中而与细胞直接接触；毛细血管分支极多，每$1cm^2$横纹肌组织切面上约有60000个毛细血管，由于它们与细胞接触的面积大，对于血液和组织的物质交换十分有利。毛细血管中的血浆可通过管壁而进入身体的组织中，成为组织液。

2. 心脏的基本结构

心脏位于胸腔的围心腔中。围心腔是由一层围心膜构成的腔，它的内面是一薄层类似于上皮细胞的间皮组织。心脏的壁分内、中、外三层，内层的最内面是一层是内皮细胞，内皮细胞再下是结缔组织。中层是肌肉层，由心脏肌构成，也含有结缔组织。外层除结缔组织外，还有一层间皮（属上皮组织），盖在心脏的最外面。心脏的间皮和围心膜的间皮是相连的。两者之间就是围心腔。

人的心脏分为左、右心房和左、右心室。左心房和左心室的血液是从肺流回的含氧多的血，右心房和右心室的血液是从大静脉流入的含氧少的血。在两个心房间的隔膜（房间隔）上有一个卵圆形的小凹，在胎儿期这原是一个孔，名为卵圆孔。在胎儿期左、右心房血是相通的，待肺发育建立了肺循环后，这个孔才关闭，左、右心房的血才不相通。

心脏中血液的流动是有固定方向的，而心脏中的瓣膜决定了血流的方向。心房和心室间的瓣膜名为房室瓣；左心房和左心室之间的瓣膜名为左房室瓣（二尖瓣），右心房和右心室之间的瓣为右房室瓣（三尖瓣）。当心房收缩时，心房内的血液压开瓣膜而流入心室，心室收缩时，受心室血液压迫，瓣膜将房室间的通路关闭，使血液不能逆流回心房。左心室和大动脉之间、右心室和肺动脉之间也有称为半月瓣的瓣膜。半月瓣的作用也是使血液单向流动。心室收缩时，血液可通过半月瓣流入动脉。而当心室舒张，心房血液流入心室时，此时虽然大动脉和肺动脉的血压很高，但是由于半月瓣受大动脉血的压迫，把动脉和心室间的通路关闭而使血液不能逆流。

（二）淋巴系统与免疫

免疫是指动物机体抵御入侵异物的防护反应，机体的免疫力来自免疫系统。免疫系统是由一系列器官（骨髓、胸腺、腔上囊、淋巴结等）、组织（淋巴组织）、细胞（淋巴细胞、巨噬细胞、T细胞、B细胞等）以及免疫分子（抗原、抗体、细胞因子等）所构成的防御网络，使机体能够对入侵的微生物、寄生动物以及其他外来物质产生应答反应。免疫系统保证机体免受感染，对再次感染建立长久的特异性免疫，并且能够对移植组织或器官中的外来细胞产生识别和排斥。免疫包括非特异性免疫（或称为先天性免疫）和特异性免疫（或称为适应性免疫）。非特异性免疫通过体液中存在的非特异性细胞和分子系统攻击入侵的异物，这些非特异性细胞和分子包括非特异性的吞噬细胞如巨噬细胞、组织溶菌酶与抗病毒的干扰素等。特异性免疫是由于以往感染所获得的或由于疫苗所诱导产生的免疫反应。特异性免疫补充了非特异性免疫的不足，两者构成一个完整的防御整体。

1. 动物免疫的基本概念

(1) 淋巴细胞

动物成体血液和淋巴中的各种细胞都是由骨髓中的造血干细胞分化形成的。其中能够产生淋巴细胞的淋巴母细胞，一部分通过血液进入胸腺，经胸腺的作用分裂分化成T淋巴细胞；人和哺乳动物的造血干细胞在骨髓中分裂分化成B淋巴细胞。而鸟类的B淋巴细胞则是造血干细胞进入鸟类腔上囊后分裂分化成的。T淋巴细胞和B淋巴细胞通过血液和淋巴液在体内流动，并转移到淋巴结、脾、扁桃体等处。

淋巴细胞的表面带有各种受体分子，而受体分子的构象与相应的抗原分子的抗原是互补的，能与抗原结合。由于不同的淋巴细胞表面带有不同的受体分子，而淋巴细胞又能穿过微血管壁，到达细胞组织间的组织液中，所以能在身体各处分别和不同的抗原分子结合，发生免疫反应。

B淋巴细胞与T淋巴细胞在未被抗原活化前，形态上区别不大，但是它们细胞表面的蛋白则有很大不同，据此可以将这两种细胞分离开。B淋巴细胞大多分布在淋巴结等器官中，T淋巴细胞则主要分布血液和淋巴液中。此外，B淋巴细胞的寿命仅有几天到一两周，而T淋巴细胞的寿命可达10年。当然二者的主要区别为：B淋巴细胞的功能是体液免疫，而T淋巴细胞是细胞免疫。细胞免疫和体液免疫的关系是相当复杂的，它们的作用不是孤立的。

(2) 抗原和抗体

凡是进入动物体内的非自身物质，并能与抗体结合，或与淋巴细胞表面的受体结合，引起免疫反应的称为抗原。蛋白质或多糖类大分子是抗原，而只含2～10个单糖的寡糖或低聚糖、脂类、核糖分子等都没有抗原性，不能使动物产生抗体。一般相对分子质量在10000以上的可以引起抗体产生，而相对分子质量小于6000的就难以引起免疫反应。细菌等微生物之所以可成为抗原，是因为其表面带有抗原分子，另外它们生长中分泌的毒素大多是蛋白质，所以也具有抗原性。病毒具有蛋白质的外壳，所以病毒也是抗原。此外，由于细胞膜的表面都有蛋白质和糖蛋白，因而非自身的细胞或组织都是抗原。花粉过敏症也是抗原反应，花粉起着抗原的作用。抗体有很强的特异性，一种抗体往往只针对一种抗原起作用。抗体的特异性取决于抗体与抗原结合部位的构象，只有分子构象能与抗体结合部位的分子构象互补的抗原才能与该抗体结合。人类就是利用这种特异性反应来制造各种疫苗预防疾病的。

免疫反应中有这样的情况，有的分子本身不是抗原，不能引起免疫反应。一旦它们和蛋白质分子等结合起来，就有了抗原性，使动物产生特异性的抗体。这种本身无抗原性，与载体蛋白结合后有了抗原性的物质，称为半抗原或不全抗原。吗啡就是一种典型的半抗原。吗啡和蛋白质结合就有了抗原性，能刺激细胞产生对吗啡特异的抗体。用提取的特异性抗体与血液样品反应，就可根据抗体抗原反应而确定血液中是否含有吗啡。

免疫系统受抗原刺激后产生的，并能与相应抗原特异性结合的球蛋白称为抗体。抗体主要存在于血清中，淋巴液及外分泌液中也有。但是有些情况下抗体不是受抗原刺激后产生的，例如B淋巴细胞膜表面的抗原受体，就不是抗原刺激产生的，但因其结构与抗体相似，因而称为膜表面免疫球蛋白。随着对抗体结构、性质及免疫化学的了解，现在将具有抗体活性化学结构与抗体相似的球蛋白统称为免疫球蛋白。如有些免疫性疾病，如骨髓瘤患者血清中出现的球蛋白无抗体活性，但也因结构与抗体相似，所以也将其归于免疫球蛋白。因此可这样理解，抗体是免疫球蛋白，而免疫球蛋白不一定都是抗体。抗体是指其生物功能，而免疫球蛋白指其化学结构。

(3) 体液免疫与细胞免疫

体液免疫指B淋巴细胞在抗原刺激下活化，一部分分化产生浆细胞，浆细胞主要在淋巴结处，可以分泌抗体，但寿命短，产生的抗体随血液和淋巴液到身体各部位清除抗原。另一部分在巨噬细胞和T淋巴细胞参与下成为记忆细胞。记忆细胞寿命长，也能分泌抗体，可以对入侵的抗原产生“记忆”。当相同的抗原再次入侵时，就会立刻发生免疫反应消灭抗原。这就是人或动物具有终身免疫能力的原因。

细胞免疫是指主要由T细胞参与的特异性免疫过程。与体液免疫的一个区别是细胞免疫不是依靠产生游离的抗体清除抗原，而是由T细胞直接完成免疫反应。另一个区别是T细胞可识别不同于自身的糖蛋白分子，由于细胞表面都有糖蛋白分子，所以当病毒等侵入细胞后，细胞表面就会出现来自病毒的小分子蛋白质抗原与细胞表面的糖蛋白分子结合成的复合物，这时T淋巴细胞就能进行识别，并对识别的细胞进行攻击。器官移植发生的被排斥现象，也是由于T淋巴细胞识别出自身的糖蛋白分子，进行攻击的结果。

可见这两种免疫的关系非常密切、互相影响，两者都要依靠淋巴细胞，但是所依靠的淋巴细胞属于不同的类型。体液免疫是利用B细胞在抗原刺激下活化产生的抗体，消灭进入体内的病原等异物；而细胞免疫则是在一旦病毒等侵入细胞或被巨噬细胞等细胞吞噬后，体液免疫的抗体不能发挥作用的情况下，细胞免疫则可以识别被入侵的细胞，并发挥作用。体液免疫和细胞免疫共同完成免疫机能，使动物体能够正常生存。

2. 无脊椎动物的免疫系统

很多原生动物以吞噬异物作为一种防御的手段，例如单细胞的变形虫就具有吞噬能力。海绵动物、腔肠动物等低等无脊椎动物只有初级的变形细胞有吞噬能力，这和脊椎动物的巨噬细胞和白细胞的作用是一样的。而软体动物、环节动物以及节肢动物等具有体腔的动物中，血液中已经有类似白细胞的细胞。如昆虫血淋巴内有多种血细胞，可是由于许多细胞在结构上不固定，而且性质上也是多功能的，所以很难区分。但是有一类浆血细胞，也称为吞噬细胞，这类细胞的形状和大小变化很大，有伪足，可以做变形运动。还有一类为粒血细胞，这两类细胞有吞噬能力，它们在对病原物的防御、创伤的修复和免疫方面有重要作用。此外它们还能将进入体内的较大异物，如寄生物等包裹起来分解、消化。具体腔的无脊椎动物的血液或体腔液中，还有一些能杀死细菌或使细菌失去活动能力的物质，同时还能作用于外源的细胞使之凝聚。这种现象与脊椎动物免疫系统中抗体的作用有些类似，但由于这些物质没有特异性，所以不能称之为抗体。

值得注意的是无脊椎动物没有相当于淋巴组织的器官，它们的免疫应答是原始型的反应。无脊椎动物非特异性免疫的重要成分包括吞噬细胞和变形细胞。但许多无脊椎动物体液中也存在着一些体液因子，如凝集素及杀菌素等。这些体液因子包围抗原后，可以增强吞噬作用。在无脊椎动物中还尚未发现免疫球蛋白分子。对无脊椎动物免疫细胞的非自身识别问题目前研究的还不多，其小的分子机制、体液因子在防御中的作用还无法解释。

3. 脊椎动物的免疫系统

脊椎动物则出现了各种淋巴器官和逐步完备的免疫功能。例如，圆口类的动物已经具有原始胸腺和脾，可以产生淋巴细胞；出现初步的过敏反应和对同种移植物的排斥现象；体内有Ig型的大分子抗体；具有免疫的基本特征——免疫记忆。两栖动物已经存在多种T淋巴细胞的功能，至少存在IgM与IgG等免疫球蛋白类型。爬行动物中则具有免疫球蛋白和淋巴组织的多样性。鸟类出现了产生T淋巴细胞和B淋巴细胞的中枢性免疫器官胸腺和腔上囊。哺乳动物具备了结构复杂、功能完备的免疫系统，具有明显的细胞免疫和体液免疫。人体中的免疫器官包括胸腺、骨髓、脾、淋巴结等。在人类的个体发育中，先有细胞免疫，后有体液免疫。胎儿从发育第8周开始出现吞噬细胞和淋巴细胞，细胞免疫发育成熟在第20周时，之后开始产生IgM，以后又依次出现IgG、IgA、IgE和IgD。

动物在长期的生存竞争中发展了完善的防御体系。动物免疫系统出现的一般规律是：动物越低等，它们的免疫机能也就越简单。低等无脊椎动物只有简单的吞噬作用，没有特异的免疫反应。而越高等的动物，其免疫机能也就越复杂，不仅形成免疫记忆，抗原刺激后还会产生特异性抗体，并出现依赖于胸腺的淋巴细胞而建立起细胞免疫，还可以产生大分子的抗体IgM，继而出现了IgA、IgG等分子较小的免疫球蛋白，具有体液免疫的功能。表12-2显示了无脊椎动物与脊椎动物免疫系统的主要区别。

表 12-2　无脊椎动物与脊椎动物的免疫系统

无脊椎动物	脊椎动物
1. 吞噬作用消灭非自身物质，原始的细胞免疫开始发生 2. 在某些腔肠动物中存在体液免疫(可诱导产生对抗小体) 3. 免疫细胞的类型，包括变形细胞、白细胞、体腔细胞及初级的淋巴细胞 4. 免疫细胞抗原受体的性质还不清楚	1. 具有细胞免疫和体液免疫 2. 几乎都有 IgM 及其他类型免疫球蛋白(IgA,IgG,IgD,IgE) 3. 都有 T 淋巴细胞及 B 淋巴细胞或更复杂的淋巴组织，鱼类、两栖类、鸟类和哺乳动物的淋巴细胞存在机能上的异质性 4. 免疫细胞有明确的抗原受体

四、血液

血液是在动物进化过程中出现的。生命最初出现在海洋中，而当在远古的海洋中出现比较复杂的多细胞生物时，机体的部分细胞已不可能与浸浴着整个机体的海洋环境直接接触，这时，机体内开始出现了细胞外液，它一方面作为细胞直接生活的内环境，同时又是机体与外环境进行物质交接的媒介。可以认为在进化中，最初的细胞外液可能是由包绕在机体内部的那部分海水形成的，因而它主要是一种盐溶液，其基本成分可能与远古的海水十分相似。以后，机体内出现了循环系统，细胞外液也进一步分化成为血管内的血浆和血管外的组织间隙液（简称组织液）。组织液仍然主要是盐溶液，是直接浸浴着绝大部分机体细胞的液体环境；而血管内的液体则又溶入了多种蛋白质，并逐步出现了各种血细胞，于是形成了血液。

（一）血液的组成

血液是流动在心脏和血管内的不透明有色液体，主要成分为血浆、血细胞和血小板三种，血细胞又分为红细胞和白细胞。高等动物血液中含血红蛋白。除了血红蛋白之外，动物界还存在有不同的呼吸色素蛋白，有色褐蛋白（腕足动物、环节动物）、血绿蛋白（环节动物）、血蓝蛋白（软体动物、节肢动物）。还有许多无脊椎动物没有呼吸色素蛋白。血蓝蛋白是一种含铜的呼吸色素蛋白，许多性质与血红蛋白相似。血蓝蛋白的氧合形式是淡蓝色的，而脱氧形式是无色的，与血红蛋白不同，血蓝蛋白悬浮在血液中而不是包藏在血细胞内。

1. 血浆

血浆中含有 90%～92%的水分、8%～10%的溶质。溶质中含量最大的是血浆蛋白，占血浆的 6.2%～7.9%，其余为非蛋白质的有机物。血浆的这些成分有的是从消化管吸收的，如葡萄糖等；有的是从组织细胞排出的，如尿素、CO_2 等。

血浆蛋白是多种蛋白质的总称，用盐析法可将其分为白蛋白、球蛋白、纤维蛋白。白蛋白分子量小，但含量最多，它的主要机能是维持血浆胶体渗透压。球蛋白主要起抗体作用。用纸电泳法可将球蛋白分为 α_1、α_2、β、γ 等，γ 球蛋白含有多种抗体，它们能和一些致病因素如细菌、病毒起反应而破坏致病因素，故对机体有保护作用。纤维蛋白原分子量大，与血液凝固有关。

血浆中还有蛋白质以外的含氮化合物，主要包括尿素、肌酸、氨基酸、多肽、氨、胆红素等。

血浆中还含有多种无机盐，主要以离子状态存在，其中重要的有 Na^+、K^+、Ca^{2+}、Mg^{2+}、Cl^-、HCO_3^-、HPO_4^{2-}、SO_4^{2-} 等。这类物质总称为电解质，维持血液渗透压、酸碱平衡、神经肌肉的兴奋性。

2. 血细胞

血细胞包括红细胞和白细胞。

(1) 红细胞　人和哺乳动物的成熟红细胞没有细胞核，呈中央双凹的圆盘状。红细胞的这种形态能最大限度地增加表面积。红细胞是血液中数量最多的血细胞，正常男性血液中红细胞数为 450 万～550 万个/mm^3，平均约为 500 万个/mm^3；女性为 380 万～460 万个/mm^3，平均约为 420 万个/mm^3。红细胞的功能是运输 O_2 和 CO_2。

在正常情况下，红细胞内的渗透压与其周围血浆的渗透压相等。如果将红细胞置于高渗溶液中，将引起红细胞内的水分向高渗溶液渗透，使红细胞失水而皱缩；反之，如果将红细胞置于低渗溶液中，则水分将过多地进入红细胞，引起红细胞膨胀；当进一步降低盐溶液的浓度时，部分红细胞膜将由于过度膨胀而破裂，释放出血红蛋白，这种现象称为渗透性溶血。某些溶血性疾病患者的血浆渗透压高于正常人，这表明溶血性病人的红细胞对低渗溶液的抵抗力比正常人的小。通常将红细胞所具有的抵抗低渗溶液的特性，称为红细胞脆性。红细胞对低渗溶液的抵抗能力小，表明脆性大，红细胞易于破裂；反之，红细胞脆性小。

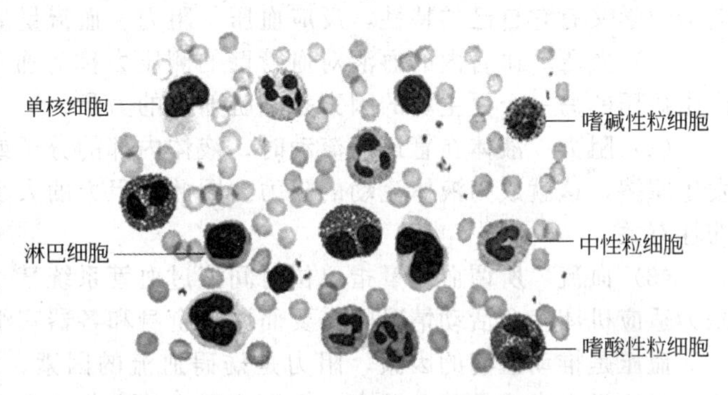

图 12-11　白细胞的分类

(2) 白细胞　与红细胞不同，白细胞含有细胞核和线粒体等细胞器，是血细胞中真正具有细胞结构的细胞。一般成年人的白细胞数在 5000 万～10000 万个/mm^3 血液的范围内变动。白细胞的数量随不同的生理状态改变而发生较大的波动。如在运动、失血、妊娠及炎症等情况下，白细胞的数量均会增加。白细胞能作阿米巴样的变形运动，可穿过毛细血管壁上的孔道，移动到相应的感染区，这一过程称为血细胞渗出。

根据白细胞的染色特征，可将其分为两大类：一类称为颗粒白细胞，简称粒细胞，包括中性粒细胞、嗜酸性粒细胞和嗜碱性粒细胞；另一类称为无颗粒白细胞，包括淋巴细胞和单核细胞（图 12-11）。

中性粒细胞中的颗粒能够同时染上嗜酸性（红色）和嗜碱性（蓝色）两种颜色，故称为中性粒细胞。中性粒细胞约占白细胞总数的一半以上。通常的白细胞计数只反映了这部分中性粒细胞的数目。中性粒细胞在机体的非特异性细胞免疫中起着重要作用。

嗜酸性粒细胞内含有较大的、染色很深的橘红色或黄色颗粒，其细胞核分为两叶，多呈哑铃型。嗜酸性粒细胞约占白细胞总数的 1%～4%，嗜酸性粒细胞的最重要功能是对寄生虫的免疫反应。

嗜碱性粒细胞只占白细胞总数的 0.5%～1%，一般含有两个或两个以上的核，胞质中含有着色较深的蓝紫色颗粒。

在所有种类的白细胞中，单核细胞的体积最大，数量约占白细胞总数的 4%～8%，具有一个肾形或马蹄形的核，胞质内无颗粒。

淋巴细胞占白细胞总数的 25%～33%，含有较少的细胞质和一个较大的核。

(3) 血小板　血小板是骨髓巨核细胞裂解后脱离下来的小块细胞碎片，形状不规则，无细胞核。正常人血小板的数量为 10 万～30 万个/mm^3，血小板在血液凝固中发挥极其重要的作用。

(二) 输血与血型

人类红细胞膜上存在不同的特异糖蛋白抗原，称为凝集原，而血浆中存在着能与红细胞膜上相应凝集原发生反应的抗体，称为凝集素。如果将含有不同凝集原的血混合，将会发生红细胞聚集成簇，同时伴有溶血发生，这种现象称为红细胞凝集。凝集反应是红细胞膜上的凝集原和血浆中相应的凝集素发生了抗原抗体反应造成的。由于红细胞可发生凝集反应，因此在输血时必须遵循的原则是：供血者和受血者红细胞膜上的凝集原类型必须匹配，才能进行输血。

ABO 血型系统由红细胞膜上的凝集原 A 和凝集原 B 原决定，这两种凝集原可组合为 4 种血型。红细胞膜上只含有凝集原 A，则血型 A 型；只存在凝集原B，则血型 B 型；若同时存在两种的凝集原的为 AB 型；两种凝集原均不存在的为 O 型。

（三）血液循环的动力

血管是血液流功的通路，血液在血管内流动的力学称为血流动力学。一般流体力学中的基本的关系是压力、阻力和流量之间的关系，这个基本规律也适用于血流动力学，但血管有弹性、其口径又常随机体活动情况而变化，在血管内流动的血液也不是“理想流体”，故血流动力学又有它自己的特性，反应血压、阻力、血流量的关系。

（1）血压　血管内的血液对血管壁的侧压力称为血压。血压的来源之一是血液充盈压，产生血压的另一个更主要的因素是心脏射血的力量。

（2）阻力　液体在管道内流动时，液体内部的分子或颗粒之间以及液体与管壁之间都要发生摩擦，这就成为液体流动的阻力。因此，阻力的大小与管道的口径和长度以及液体的黏滞性有关。

（3）血流　所谓血流量指单位时间流过血管系统某一截面的血量。血液循环的根本问题是为适应机体生命活动情况的需要而调整全身和各器官组织的血流量。

血压是推动血流的因素，阻力是妨碍血流的因素，二者的对立统一就造成了一定的血流。无论是全身或是某一器官，血压或阻力的变化都会引起血流的改变。

第四节　动物的呼吸

动物体所需要的能量来自生物氧化，即细胞呼吸。对于绝大多数的动物来说，必须有足够的氧的供应、要使细胞呼吸持续进行，O_2 的供应、CO_2 的排除二者之间必须保持稳定。但是动物只能在血液和组织液中贮藏少量的 O_2，因此，动物需要不断地获得 O_2，并排除所产生的 CO_2，这个过程称为呼吸。

一、呼吸形式

动物在进化过程中，从无脊椎动物到脊椎动物，体型增大导致对氧需求的增加，使呼吸器官的结构不断复杂和完善，动物的生活环境多样，水生、陆生、穴居生活、飞行生活等导致动物呼吸形式的多样，大致有以下几类。

（1）皮肤呼吸　原生动物、海绵、刺胞动物和许多蠕虫，没有专门的呼吸器官，气体靠皮肤以扩散方式直接从周围环境吸收 O_2 和排出 CO_2。对于这些个体较小、结构较原始、代谢水平较低的动物而言，通过扩散能满足气体的需要。一些个体较大，代谢水平较高的动物如鱼类、两栖类等，皮肤呼吸常常作为鳃、肺的辅助方式，鳗鲡的呼吸中有 60%的 O_2 和 CO_2 是通过皮肤交换的。冬眠期的蛙几乎全部呼吸的气体都是通过皮肤交换的。皮肤呼吸的动物，皮肤上通常没有鳞、甲等衍生物，多是裸露的皮肤中富有微血管，皮肤表面多有黏液等保持湿润状态。

（2）鳃呼吸　鳃是水生动物的最有效的呼吸器官。可以扩大呼吸表面，表面有丰富的血管。鳃丝中的微血管血流动和水流方向相反，这种逆向流动有利于气体交换。水中生活的软体动物，都具有由外套腔内壁皮肤伸张而成的鳃，称为栉鳃。整个鳃的表面密生纤毛，与外套膜表面的纤毛同时摆动，激动水流进入外套腔内，按一定的路线流动。水生节肢动物的鳃是体壁的外突造，常呈薄膜状，其中富有血管，有相当大的表面积。每个鳃上具有一个腮轴及许多分枝的鳃丝。鲎的鳃呈 150～200 页的薄板状，称书鳃。棘皮动物中，海胆的口缘附近有鳃。海星的管足和皮鳃有呼吸作用。海参体内的树状鳃充满水，这些水由肛门进入排泄腔，当排泄腔收缩时将海水压入鳃内，进行气体交换。圆口类的鳃呈囊状，称鳃囊。腮囊是消化道从口腔后部向腹面分出一支盲管，管的左、右两侧，各有内鳃孔。每个鳃孔通入一个鳃囊，囊中有许多由内胚层演变而来的鳃丝。鳃囊经外鳃孔与外界相通。鱼类的鳃丝起源于外胚层。软骨鱼类的鳃裂直接开口于体外，鳃隔发达。硬骨鱼类的鳃裂，在外侧另有鳃盖保护，鳃隔已退化。两侧各有四条鳃弓，在每一个鳃弓上有两列鳃丝，形成鳃瓣。当鱼活动时，鳃丝上的缩肌收缩，使两叶腮瓣分开，更便于水流过。有的鱼类也可用鳔吸收。

(3) 气管呼吸　昆虫和其他一些陆生节肢动物（蜈蚣、马陆、蜘蛛）具有气管系统，气管是由外胚层向内凹陷延伸而成，并反复分枝。最后以极细的盲管插入组织细胞之间。气体通过气管在体侧的开口——气门进入气管系统，扩散到全身各部的组织和细胞，进行气体交换，产生的 CO_2 沿相反的方向扩散到体外。气管内壁有一层几丁质，以防止气管坍陷。气门处往往有瓣膜以防止过分失水。

(4) 肺呼吸　肺是陆生动物进行空气呼吸的器官。无脊椎动物中如蜗牛的外套腔形成肺，外套腔的顶部血管很丰富，通过一个狭窄的肌肉孔与外界相通；蜘蛛的书肺是由一个向腔内突出 15～20 片书页状薄片的囊构成，薄片内有血液流过。脊椎动物的肺结构复杂，换气效率高，称为换气肺，最原始的肺是肺鱼的肺。当干旱时，肺则成辅助呼吸器官。两栖类也有简单的囊状肺，囊腔中有许多网状隔膜，成形肺泡，肺泡壁上密布微血管。这种囊状肺气体交换效率不高，无法满足动物呼吸之需，蛙的皮肤成为重要的辅助呼吸器官。鸟类和哺乳类是真正陆生动物，肺的结构呼吸机能逐步完善。据统计，人的肺有七亿个小肺泡，总面积达 60～120m^2，相当于人体面积的 60 倍，肺内微血管总长度达 1600km（图 12-12）。鸟类还有气囊系统，在吸气和呼气时都有气体流经肺部。都能进行气体交换，起到双重呼吸的作用。这种精致的鸟肺是飞行生活的适应及其带来更高新陈代谢的自然选择结果。

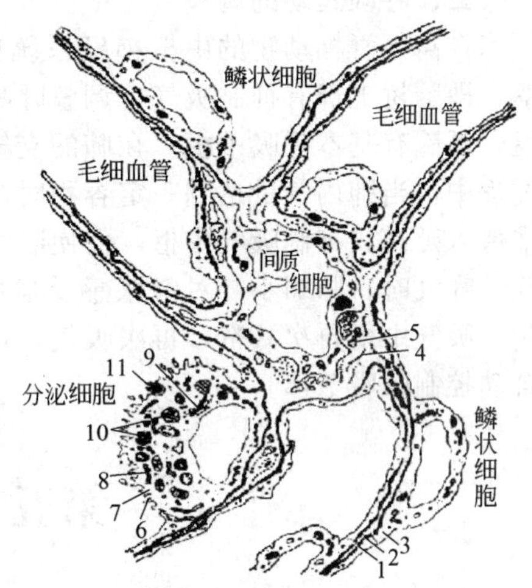

图 12-12　电子显微镜下肺泡壁的结构（引自陈小麟，2006）

1—毛细血管内皮细胞的胞质；2—基膜；3—鳞状细胞的胞质；4—胶原纤维；5—弹性硬蛋白团块；6—微绒毛；7—核蛋白体；8—粗面内质网；9—高尔基体；10—板层小体；11—分泌出的板层小体

哺乳动物肺处于胸腔中。胸腔具双层膜，胸腔壁一侧的壁层紧贴在胸壁内表面，脏层紧贴在肺外，两层胸膜之间形成了密闭的胸膜腔。正常情况下，两层胸膜贴紧，内有少量胸腔液。肺是个弹性结构（肺泡之间有弹性纤维）。由于肺的弹性回缩，胸膜腔内的压力始终低于肺内压，造成胸膜腔内负压。由于这个负压的存在，限制了肺的进一步回缩。使肺保持某种扩张状态。若胸腔膜破裂，空气进入胸膜腔，则胸内负压消失，肺的弹性纤维长期回缩，造成肺的萎缩，出现呼吸困难，进一步发展则导致动物窒息死亡。横膈膜是哺乳动物特有的，它使腹腔和胸腔分开。隔膜肌的伸缩，使胸腔的体积扩大或缩小（腹式呼吸）；肋间肌的运动，使胸骨和肋骨上升或下降，也使胸腔体积改变（胸式呼吸）。

二、气体交换与运输

人体 1L 动脉血约含氧 200mL，其中物理溶解的氧仅 3mL，其余 197mL 氧与血红蛋白结合。与氧结合的血红蛋白叫做氧合血红蛋白，1g 血红蛋白可结合 1.34～1.36mL 氧。除了血红蛋白之外，动物界还存在有不同的呼吸色素，有色褐蛋白（腕足动物、环节动物）、血绿蛋白（环节动物）、血蓝蛋白（软体动物、节肢动物）。

CO_2 也主要是以化学结合的形式存在于血液中。在人体中物理溶解的量占6%，HCO_3^- 形式约占88%，氨基甲酸血红蛋白6%。CO_2 能同水反应形成 HCO_3^-，由于红细胞内存在着大量催化这一反应的碳酸酐酶，因此这一反应主要在红细胞内进行，并使 HCO_3^-，迅速解离成 H^+ 和 HCO_3^-，CO_2 能直接与蛋白质的自由氨基结合，形成氨基甲酸化合物，血红蛋白中珠蛋白的自由氨基很多，所以主要形成氨基甲酸血红蛋白，形成后又迅速解离，释放出一个 H^+，反应式为 $Hb \cdot NH_2^+ + CO_2 \Longrightarrow Hb \cdot NHCOOH \Longrightarrow Hb \cdot NHCOO^- + H^+$，气体交换主要是由于气体分压影响，血液由肺动脉进入肺时，肺泡中的氧分压较血液中高，氧从肺泡进入血浆，血浆中氧分压升高促进氧扩散进入红细胞，红细胞氧分压促进氧与血红蛋白结合，由于氧与血红蛋白的结合，使血液中溶解氧的分压始终低于肺泡中的氧分压，氧能不断由肺泡扩散进入血液，直到血红蛋白饱和。在组织和毛细血管与细胞之间则进行一个相反的过程。由于细胞新陈代谢不断消耗氧，使细胞内氧分压低于组织液的氧分压，使组织液中的溶氧不断扩散入细胞，这样组织液氧分压低于血浆中的氧分压。这样一个与肺泡方向相反的氧分压梯度，促使氧合血红蛋白解离，释放出氧。在组织中，细胞消耗 O_2，产生 CO_2 的同时也产生 H^+，氢离子浓度增加使血红蛋白与氧结合力下降，促进更多的氧从氧合血红蛋白中释放出来，血红蛋白释放出 O_2 的同时迅速与 H^+ 结合，又促使更多的 CO_2 转变成 HCO_3^-。

三、呼吸运动的调节

在高等脊椎动物的中枢神经系统里有产生和调节呼吸运动的神经细胞群，称为呼吸中枢，即脑桥上部有抑制吸气、调整呼吸节律的调整中枢，脑桥中、下部有加强吸气的长吸中枢，延髓有基本呼吸中枢。在肺的支气管和细支气管平滑肌里分布有肺牵张感受器。在吸气过程中，当肺内气量达到一定容积时，感受器兴奋，发放冲动增加，冲动沿迷走神经传入纤维传入延髓，抑制吸气中枢，促使吸气向呼气转化，以终止吸气。随着吸气的终止，发生呼气。呼气时，肺缩小，对牵张感受器的刺激减弱，传入冲动减少，解除了对吸气中枢的抑制，吸气中枢再次兴奋，再次吸气，这种反射性的呼吸变化叫做肺牵张反射，在平静呼吸时自动控制呼吸节律。

第五节　动物的排泄

动物将自身新陈代谢活动所产生的废物和过量的水分排出体外的过程称为排泄。具有排泄功能的器官称为排泄器官。排泄是动物正常的生理功能，其生理意义在于：排除有害的代谢产物，特别是氮化物（主要是蛋白质、核酸代谢的终产物），排出多余的水分和盐分。使机体维持体液和电解质的稳态。

一、排泄系统

（一）无脊椎动物的排泄系统

（1）伸缩泡　伸缩泡是原生动物调节水盐平衡，同时也是排泄代谢废物的细胞器。细胞内多余的水不断地透过伸缩泡膜而进入伸缩泡，溶于水中的废物也进入了伸缩泡。这样伸缩泡膨胀，直至猛然收缩，将泡内的水通过排出管排到体外。伸缩泡周期性的膨胀和收缩，以保持胞内水盐的稳定。对于原生动物类而言，虽然伸缩泡是调节水盐平衡的细胞器，但是胞内废物的排泄主要通过体表排除的。伸缩泡的主要功能不是排泄废物而是调节胞内水分。在多细胞动物中，只有淡水海绵的变形细胞和领细胞存在伸缩泡。海绵动物与其他多细胞动物有很大不同，基本没有细胞分化，胞间联系不紧密，细胞保留有较大的独立性。

（2）原肾型排泄器官　扁形动物、假体腔动物的排泄系统为原肾型排泄器官。原肾型排泄器官的特点之一是由外胚层内陷形成，另外一个特点是排泄系统的开口只在体表，体内没有开口。以涡虫为例，由外胚层内陷形成的一对多分支的排泄管分布在身体两侧，其上有很多开口于身体表面的排泄孔。排泄管分支到器官、组织内部，末端为焰细胞（图 12-13）。纤毛的摆动使组织中的代谢废物通过渗透作用进入排泄管，再由排泄孔流出体外。动物的代谢废物虽可由原肾管排出，但更多的是从体表排出，因此原肾排泄系统的主要功能是保持体液的稳定、保持动物体内的水盐平衡，这与原生动物伸缩泡的作用类似。

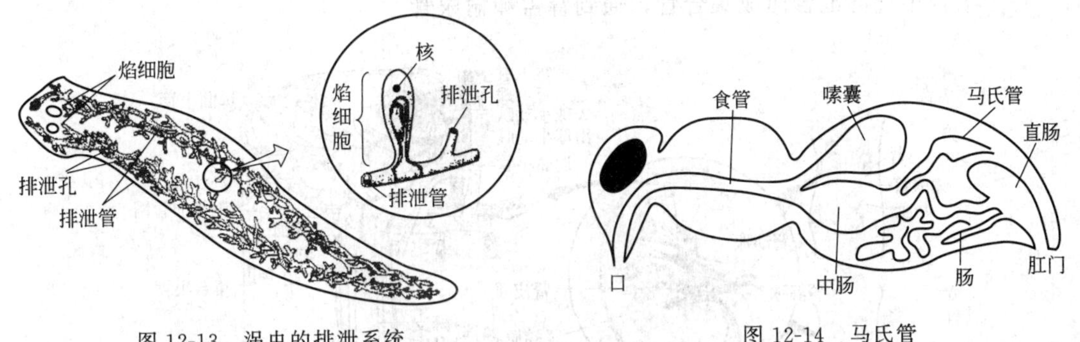

图 12-13　涡虫的排泄系统

图 12-14　马氏管

（3）后肾型排泄器官　具有真体腔的无脊椎动物，如软体动物、环节动物和节肢动物等都有循环系统。体腔和循环系统都参与排泄废物的活动。它们的排泄器官称为肾管或后肾管。后肾型的排泄器官结构与原肾不同，肾管是由中胚层和外胚层共同发生形成的。后肾一端开口在体腔内，另一个开口在体表。软体动物的后肾一端开口在围心腔，称为肾口或内肾孔；另一端开口在外套腔内，称为肾孔或外肾孔。肾口具有纤毛，可以收集体腔中的代谢产物。肾脏的腺体部分富含血管，血液中的代谢产物可以通过渗透作用进入肾脏，再经膀胱从排泄孔排出。

节肢动物中有些种类的排泄器官是与后肾同源的腺体结构，这些腺体一般为囊状结构，一端是排泄孔，开口在体表与外界相通；另一端是盲端，相当于残留的体腔囊与体腔管。如甲壳类的绿腺、颚腺，蛛形纲的基节腺等都属于这类结构的排泄器官。

（4）马氏管　马氏管是节肢动物中昆虫纲、多足纲中存在的排泄器官（图 12-14）。在蛛形纲中，除基节腺外也有马氏管。与后肾管完全不同，马氏管是发生在中肠和后肠交界处的单层细胞的盲管。分布在混合体腔的血淋巴液中，马氏管的渗透作用使水通过管壁与代谢物形成尿，同时又可以在马氏管的后端对水分和离子进行重吸收，代谢产物最终形成尿酸，经后肠从肛门排出体外。

昆虫这种对水分的充分利用和主要以尿酸进行排泄的形式，是对陆地生活环境的高度适应。很多昆虫可以生活在十分干旱的环境中，甚至可以利用自身的代谢水，例如生活在干燥食品中的米蟓能排泄干硬的尿酸和粪块。马氏管排泄和以尿酸为主要排泄物的这种方式是昆虫之所以能够在陆地上如此繁盛的重要原因。

（二）脊椎动物的排泄系统

脊椎动物典型的排泄系统由肾脏（成体为后肾）、输尿管、膀胱和尿道几部分组成（图 12-15）。肾的结构，从外到内可依次分为皮质、髓质和肾盂三部分。其中肾小囊、近曲小管和远曲小管均位于皮质部分，髓袢的大部和集合小管的大部位于髓质部分，肾盂连接输尿管。肾单位是肾的功能单位，位于肾的皮质和髓质内。人的肾有大约 100 万个以上肾单位。每一肾单位均由肾小体和肾小管组成。肾小体由肾小球和肾小囊组成，直径约 200μm（图 12-16）。肾小球是被肾小囊包裹的一团毛细血管球。肾小管为一条有规律地盘旋曲折的细管。肾小管的末端封闭，并折叠膨大成双层壁的囊状，称为肾小囊。肾小囊的内壁有足细胞，足细胞的突走之间有缝隙，进入肾小球微血管的血液滤出后，就是从足细胞的缝隙进入肾小管的。肾小囊双层壁之间的腔和肾小管的管腔是相通的，可以认为肾小囊是肾小管的延伸和端部的膨大部分。肾小管分为近曲小管、髓袢和远曲小管三部分：近曲小管是和肾小囊相连的较细长部分，并弯曲折叠成团；髓袢是近曲小管后成为一个比较细的弯成“U”形的管，“U”形管中与近曲小管相连的称为降支，降支折回而成“U”形管的另外一支称为升支。升支向上形成的盘曲成团的管是远曲小管。所有肾小管的远曲小管连到较粗的集合小管，各个集合小管再汇合而成集合管，通到肾盂和输尿管。

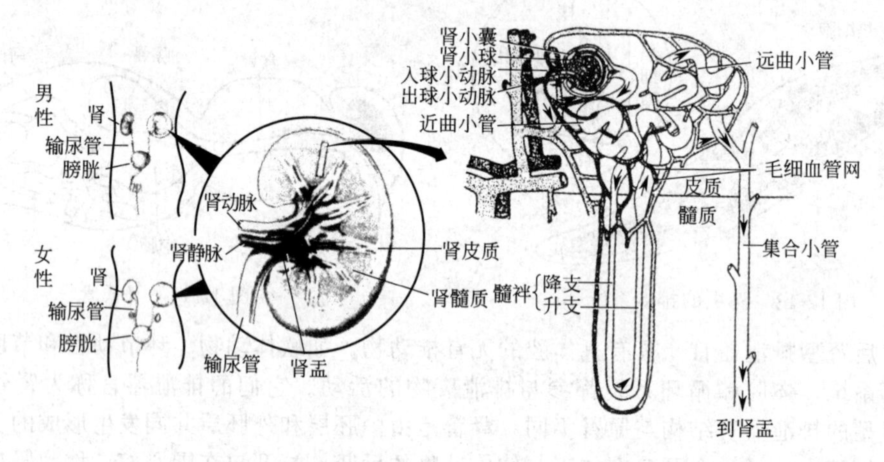

图 12-15　肾和肾单位（引自胡玉佳，1999）

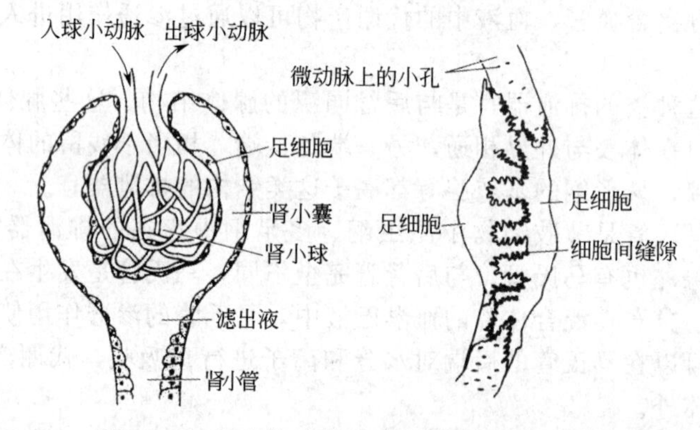

图 12-16　肾小体结构（引自许崇任等，2008）

从肾脏排出的尿汇集在肾盂处，再经输尿管连续进入膀胱。膀胱是一个肌肉质的囊，位于腹腔下部。当膀胱贮存尿达到一定量时，膀胱壁上的平滑肌和上皮受到压迫，刺激了神经末梢，使动物产生了“尿感”。排尿时，膀胱肌肉收缩，尿道开口处的括约肌松弛，尿被压入尿道而排出。

二、排泄的一般机理

排泄是指排除代谢废物的过程。排泄和排遗不同，排遗是指排出消化道中消化后没有被吸收的食物残渣。因此说排遗是消化器官的功能，是将食物残渣及机体分泌的酶、细菌等排出体外的过程。而排泄是指排出细胞产生的代谢废物，是由排泄器官完成的。

1. 动物的排泄机理

无脊椎动物中，后肾排泄的典型代表是环节动物，它们的肾管是按体节排列的。肾管的肾口一端有纤毛，开口于体腔。肾口后为盘曲细长的肾管，末端膨大通到体表的排泄孔。肾口的纤毛摆动可将含有尿素、氨等多种代谢废物的体腔液送入肾管。肾管上密布毛细血管，细管部分可与管壁上的毛细血管直接进行物质交换，血液中来自各种组织的代谢废物渗入肾管，同时血液可能也从肾管回收水分及其他有用物质。由于后肾的排泄物同时来源于体腔液和血液，体腔液进入细管后，接受了来自血液的代谢物，提高了代谢废物的浓度，再加上血液的回收作用，这样肾管中液体与原来的体腔液已经很不相同了。代谢废物由血液和体腔液运送到后肾管，再由后肾管加工成尿而排出（图 12-17）。

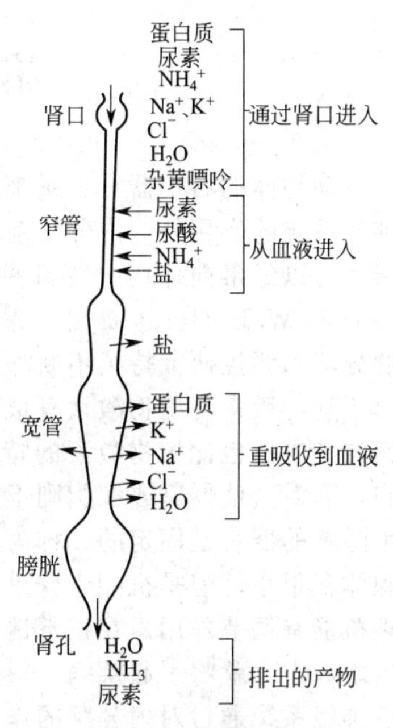

图 12-17　环节动物寡毛类后肾的排泄机制

（引自许崇任等，2008）

脊椎动物肾脏的生理功能以哺乳动物和人的为例加以说明。实验证明肾小球的作用基本是机械过滤，滤出液的量很大，正常人一天的滤出液约为 180L，几乎是人体全部液体的 4.5 倍。滤出液中有正常尿中不含的葡萄糖和氨基酸等物质，滤出液在肾小管和集合小管中进行进一步的重吸收、分泌和浓缩后形成尿。

首先，由于肾小球的超滤作用，血液中小分子物质如尿素、葡萄糖、氨基酸等能透过毛细血管壁和肾小囊的壁而进入肾小管，形成原尿。原尿的成分除了没有蛋白质之外，成分基本与血浆相同，出球小动脉的直径比入球小动脉的小，血液流出肾小球有相当大的阻力。造成肾小球毛细血管中产生较高的血压，这是肾小球超滤的主要动力。

其次，近曲小管具有大量重吸收水和盐的理想结构。小管上皮细胞腹侧有许多微绒毛，形成刷状缘，大大增加了吸收面积，重吸收是逆浓度梯度进行的，是一个耗能过程。

第三，肾单位中的一些转运系统能将 K^+、H^+、NH_3、有机酸和有机碱等分泌到滤出液中，还可以分泌药物、毒物和内源性的以及天然的分子。这些分泌机制，既能从血液中去除潜在的危险物质也能调节血液中无机离子的平衡。

第四，滤出液的浓缩。滤出液的浓缩主要在集合管完成，集合管溶于高渗的组织液中，集合管越走向肾盂，管外组织液浓度越高，结果滤出液的水分从集合管中大量滤出，而滤出液浓缩到和周围组织液等渗，此时滤出液即称为尿。

2. 水生动物的一般排泄方式

由于 NH_3 的分子较小，易溶于水。因此，水生生物代谢产生的 NH_3 可直接通过细胞膜透过体表而溶于外界水中。所以水生动物尿中的含氮废物主要是 NH_3。

3. 陆生动物的一般排泄方式

陆生哺乳类动物代谢产生的氨主要以尿素形式排出。尿素是氨经氧化而生成的产物，它易溶于水，且毒性较小，可在动物体内停留较长时间积累到较高浓度时才被排出，而不致使其中毒，这样的排泄形式需要的水分要比 NH_3 的排出方式耗水少很多。

另外一类陆生动物代谢产生的是尿酸，是将氨转化为不溶于水的尿酸而排出的方式。如陆生的节肢动物、爬行类、鸟类以及蜗牛等的排泄物主要均是尿酸。

动物的排泄物除了氨、尿素、尿酸外，一些动物的排泄物还有氧化三甲基胺、鸟嘌呤等一些含氮化合物。表明为了适应不同的环境，动物在进化过程中演化出了不同的排泄方式。

第六节　动物的体液调节

动物体的各个器官、系统相互配合协调，以完成正常的生理机能。在这个过程中，除了神经系统的作用外，内分泌系统也起着非常重要的作用。19世纪末才有人明确提出，有些器官可以经常向体内分泌某种物质，通过血液到全身，影响身体的发育和正常生理活动。1905年W. B. Hardy提出“激素”这个词汇来称呼这些分泌的物质，以后关于动物的激素的分泌和调控研究持续不断深入下去。

动物激素与植物激素有很多不同点。首先动物的激素种类远比植物激素种类多，动物激素的特异性也比植物激素的特异性高，即一般每种动物激素只作用于特定的靶器官或靶细胞，而对其他器官或细胞则不发生直接的影响，不像植物激素那样作用广泛。另外，动物产生激素的器官是固定的，称为内分泌腺，而植物则没有专门产生激素的器官或细胞。内分泌腺体积很小，但是机能十分重要，分泌的激素对动物的代谢、生长发育和生殖等多方面的生理机能有调节作用。在正常情况下，各种激素的作用是处于平衡状态的，一旦内分泌的机能出现异常，就将引起疾病。很多内分泌腺的分泌活动是在神经系统的控制下进行的，这种中枢神经系统通过对内分泌的作用来调节身体的形式称为神经体液调节。

一、无脊椎动物的激素

尽管不像脊椎动物研究得那么充分，但是激素在无脊椎动物中也是广泛存在的。一般说来无脊椎动物的激素多来自神经系统，表明神经系统和激素系统的密切关系。例如调控昆虫发育的三种激素，就直接或间接与脑的神经分泌细胞有关。在比较高等的无脊椎动物体内均发现激素的存在，如软体动物、环节动物、节肢动物和棘皮动物。其中对环节动物和节肢动物的激素研究较多。

昆虫的生长发育受三种激素的影响，它们是脑激素又称促前胸腺激素、蜕皮激素和保幼激素。脑激素由昆虫脑神经节的神经分泌细胞分泌，贮存于脑延伸成的一对心侧体中，作用是刺激昆虫前胸内的一对前胸腺分泌蜕皮激素，蜕皮激素是固醇类化合物，有调节昆虫生长和发育的作用，同时促使昆虫蜕皮。保幼激素是与心侧体相连的一对内分泌腺咽侧体分泌的，低龄幼虫蜕皮时，咽侧体分泌的保幼激素量多，所以蜕皮后仍为幼虫。随着幼虫的发育，保幼激素的分泌越来越少，所以最后一次蜕皮后变为成虫。

利用脑激素、蜕皮素和保幼激素三者的相互作用，可以使昆虫增加幼虫阶段，推迟化蛹时间，培育比正常个体大得多的幼虫、蛹或成虫。目前在蚕丝业中已经可以利用保幼激素来增加蚕丝的产量。

二、脊椎动物的内分泌腺与激素

(一) 肾上腺

肾上腺位于肾脏内侧，左右各有一个，由表层的皮质和中央的髓质两部分组成。皮质和髓质在胚胎发生和结构、机能上均不同。鱼类和两栖类的这两部分是分开的，成为两对腺体。到爬行类、鸟类和哺乳类时，这两部分才合在一起。爬行类和鸟类的髓质细胞分散在皮质中，虽然皮质和髓质难以分出，但皮质和髓质的机能仍然分工明确。人的皮质和髓质分界是清楚的。

皮质来源于中胚层，颜色略淡。皮质分泌的激素很多，统称为肾上腺皮质激素。目前已知的肾上腺皮质激素约50余种，都属类固醇类物质。它们的分子式相似，但机能却有所不同。皮质激素可分为三类：①性激素类，包括雄激素和雌激素，有促进性腺发育和形成第二性征的作用。②盐皮质激素，如醛固酮、去氧皮质酮等。作用是促进肾小管对Na^+的再吸收，抑制对 K^+ 的再吸收，因而也促进对 Cl^- 和水的再吸收。③糖皮质激素类，如可的松、皮质酮、氢化可的松等。它们的作用是使蛋白质和氨基酸转化为葡萄糖，使肝将氨基酸转化为糖原，起到调节糖代谢的作用。此外，糖皮质激素可以提高有机体对有害刺激的耐受力，还有解除身体紧张状态，加强免疫功能，抵抗感染的作用。

髓质来源于胚胎时期的外胚层，与交感神经节的来源相同。分泌的激素一种为肾上腺素，另一种为去甲肾上腺素。它们都是氨基酸的衍生物，功能相似，但又不完全相同。除肾上腺髓质外，人体的交感神经系统也能产生肾上腺素。肾上腺素和去甲肾上腺素的作用在于动员全身一切潜力应付遇到的紧急状态。例如当受到惊吓时，肾上腺素或去甲肾上腺素能引起动物血压升高；心跳加快，代谢率提高，细胞耗氧量增加，血管舒张，脾中的红细胞大量进入循环，支气管扩大，骨骼肌和心脏中血流量加大。此外还能抑制消化道蠕动，肠壁平滑肌中血管收缩，血流量减少，同时引起瞳孔放大；毛发直立。

(二) 甲状腺

甲状腺是调节身体代谢速率的内分泌腺，位于气管前端的两侧，紧靠甲状软骨。在胚胎时期，甲状腺在发生上来源于咽囊的底部，后来发育成独立的无管腺，与文昌鱼的内柱是同源结构。脊椎动物一般具有两个甲状腺，人的甲状腺合二为一，位于颈部、喉下气管的两侧和腹面。甲状腺的外面包有薄层结缔组织被膜，里面是很多由上皮细胞围成的滤泡，滤泡中充以胶体状液。滤泡的外面是单层立方上皮细胞，名为滤泡细胞。滤泡细胞的基部有一些大的细胞，称为滤泡旁细胞。滤泡细胞和滤泡旁细胞都有分泌激素的功能。滤泡细胞分泌甲状腺素和三碘甲状腺原氨酸。滤泡旁细胞分泌降钙素。

1914 年从甲状腺中分离出一种含碘的甲状腺素，简称 T_4。甲状腺素的分泌受脑下垂体前叶产生的促甲状腺素的调节和影响。后来人们又分离出一种比 T_4 少一个碘原子的激素，称为三碘甲状腺原氨酸，简称 T_3。T_4 和 T_3 都是酪氨酸的碘化衍生物，作用都是提高糖类代谢和氧化磷酸化中多种酶的活性。血液中碘的含量对甲状腺的机能影响很大，当碘的含量低时，直接影响甲状腺素的生成。这时人的基础代谢水平就下降，可下降到正常基础代谢率的 30%～50%。人由于基础代谢水平的下降，生长和发育受到影响，精神和智力以及生殖器官的发育也受到很大影响。所以缺碘会引起儿童骨骼发育受阻、性器官发育停止、智力低下，而成为呆小症。如果将蝌蚪的甲状腺切除，则蝌蚪也停止发育，不发生变态。如果甲状腺机能亢进时，血液中 T_3 和 T_4 过多，基础代谢率升高，甚至比正常水平高出 20%～80%。这时候患者血压高、心搏快、出汗、情绪激动，有颤抖等症状，同时患者还常出现眼球凸出、身体消瘦的症状。

甲状腺中滤泡旁细胞产生的降钙素是 1961 年被发现的，是含有 32 个氨基酸的肽激素。降钙素的作用是使血液和体液中钙的浓度降低，防止骨骼中 Ca^{2+} 过多进入血液。

(三) 甲状旁腺

甲状旁腺又名副甲状腺。是 4 个肉眼不容易看到的很小的腺体，附在甲状腺上或埋在甲状腺中。长期以来，副甲状腺常被误以为与甲状腺的机能密切相关。实际上这 2 个内分泌腺在机能上和发育上都是彼此独立的。从胚胎发生上看，甲状旁腺是由第Ⅲ和第Ⅳ对咽囊的背侧上皮细胞形成的，而甲状腺不是来自咽囊，而是从咽的腹面伸出的囊状物发展而来的。甲状腺含有许多滤泡，甲状旁腺没有滤泡。

甲状旁腺分泌的甲状旁腺素是一个含有 84 个氨基酸残基的蛋白质激素。甲状旁腺素和甲状腺分泌的降钙素是互相拮抗的激素。甲状旁腺素有提高血钙含量、减少磷酸根含量的作用。它既能抑制肾及肠的排钙能力，又能使骨骼中的钙释放到血液中使血液中钙含量提高。钙和磷在骨骼中是结合存在的，钙进入血中的同时磷酸根也一同进入血液中。甲状旁腺素还能刺激肾脏更多地排除磷酸盐，使血中磷保持平衡。另外，甲状旁腺素还可以活化维生素

D，以加强肠对钙的吸收。如果甲状旁腺机能亢进，就会造成血钙增加，骨骼也会变得疏松。甲状旁腺素和降钙素相互拮抗，形成负反馈的关系，使血钙含量保持稳定。

（四）胰岛

胰岛是胰中的一些特殊上皮细胞团，就像埋在胰脏这个有管腺中的“孤岛”。胰岛不与胰液管相通，人胰脏中的胰岛可多达100万个，但体积只占胰脏的1%～3%，分泌的物质靠血液输送。胰岛含有α、β和δ共三种分泌细胞，α细胞分泌胰高血糖素，β细胞分泌胰岛素，δ细胞分泌生长激素抑制素。

β细胞分泌的胰岛素的主要作用是提高肌肉细胞和脂肪细胞等细胞氧化葡萄糖的能力，以及将葡萄糖转化为糖原或脂肪的能力。胰岛素对肝细胞的作用在于提高肝细胞中葡萄糖激酶的含量和细胞合成糖原的能力。此外，胰岛素还有促进细胞合成蛋白质的能力。

胰岛中α细胞分泌的胰高血糖素的作用与胰岛素相反。它的主要作用是降低细胞中糖原和脂肪含量，提高血液中葡萄糖含量。也就是使肝脏中的糖原分解，并刺激脂肪水解并转化为葡萄糖。可以看到胰岛素和胰高血糖素是相互拮抗的两种激素，它们的分泌受血液中葡萄糖含量的制约。

δ细胞分泌的生长激素抑制素是一个只含14个氨基酸的小肽分子激素，下丘脑和一些肠细胞也能分泌。生长激素抑制素也参与糖代谢的调节，有抑制胰岛分泌胰高血糖素和胰岛素的作用。

糖尿病的临床表现是多尿，多饮，多食。这些症状的出现是由于血糖含量过高造成的、糖尿病有不同类型，有的是患者血液内有抗自身β细胞的抗体，因此自身的很多β细胞被破坏了。由于β细胞被毁，因而对此种患者必须长期注射胰岛素治疗。有的是β细胞产生的胰岛素不正常，或不能将胰岛素原转化为胰岛素。老年患者也有因为胰岛素分泌不足而引起糖尿病。

（五）脑垂体

脑垂体是动物体内最重要的内分泌腺，位于间脑底、视神经交叉的后方。脑垂体也由两个不同来源的部分组成，即腺垂体和神经垂体。腺垂体源于原始口腔的顶部突起，与神经系统没有直接关系。神经垂体源于间脑底部向下的突出。以后这两部分逐渐相连接成为脑垂体。

1. 腺垂体分泌的激素

（1）生长激素　主要功能是促进蛋白质的合成，促进生长。如果儿童时期缺少生长激素，就将停止生长，成为侏儒。如果儿童期的生长激素过多，生长就将缺乏限制，成为“巨人”。无论是侏儒还是巨人，身体各部分比例尚属正常。如果在成年时期生长激素忽然增多，那么只有身体某些部分继续生长，而其余部位不再生长，为肢端肥大症。

（2）催乳激素　这是一种有多方面作用的激素，可以促进乳腺的生长和刺激乳腺分泌乳汁。如果缺少催乳激素，泌乳就要停止。另外，催乳激素对于兽类和人体的生长、生殖等机能均有调节作用。

（3）促激素　促激素是腺垂体分泌的多种激素的统称。这些促激素可以对其他内分泌器官起到控制作用。重要的促激素有：促甲状腺激素（TSH），能够促进甲状腺的发育和分泌；促肾上腺皮质激素（ACTH），促进刺激肾上腺皮质的分泌激素；促卵泡激素（FSH），能促进雌体卵巢中卵泡的成熟，促进雄性的性成熟和精子的生成；促黄体生成激素（LH）能促进雌体排卵和促进黄体的生成，刺激雄体睾丸内间质细胞产生雄性激素。

（4）黑素细胞激素　黑素细胞激素是垂体中叶部分（胚胎时期是前叶的一部分）分泌的激素。黑素细胞激素可以调节鱼类、两栖类、爬行类的色素细胞中色素的变化，但是MSH在哺乳动物中的作用尚不明确，因为某些哺乳动物的垂体中叶发达，如长颈鹿。有些则不具有垂体中叶，如鲸、象。

2. 神经垂体分泌的激素

(1) 催产素　其主要作用是刺激妊娠后期的子宫平滑肌收缩，有助于孕妇分娩出胎儿，同时还有促使乳腺排乳的作用。

(2) 加压素　加压素可以促使小动脉和毛细血管的收缩，使血压上升，促进肾小管内水分的重吸收，造成尿量的减少。所以加压素又名抗利尿激素，人如果缺乏抗利尿激素，将引起尿量大增。催产素和加压素实际上都不是神经垂体本身分泌的，而是下丘脑分泌的，由下丘脑与垂体后叶之间的神经传送给后叶的，所以神经垂体后叶只是储存这两种激素的器官。

下丘脑发出的神经冲动刺激后叶，后叶才释放出激素。若动物严重缺水时，从下丘脑流向后叶的激素就大大增多。这说明动物缺水时，血液浓度的增加刺激了下丘脑，造成下丘脑分泌更多的加压素，加强肾回收水分的能力。实验证明将下丘脑和垂体后叶相连的柄部切断后，垂体后叶就不再释放激素了。

(六) 松果体

松果体位于大脑两半球和间脑的交接处，是由一长柄连接于第三脑室顶后端的卵形小体，七鳃鳗的松果体还保留着眼的形态，但是高等脊椎动物的松果体只有分泌激素的作用。已经知道松果体分泌褪黑激素，影响色素沉着，可以使色素细胞中的色素颗粒集中，使皮肤颜色减退。褪黑激素是和黑素细胞激素的作用相反的激素。

(七) 前列腺

前列腺是雄性哺乳动物的一种副性腺，除了分泌的液体参与精液的组成外，也分泌前列腺素。前列腺素是一类长链不饱和脂肪酸的衍生物。根据结构不同，前列腺素可分为多种型。前列腺素的发现是在 1930 年，当时在人、猴、羊的精液中发现了一种能使平滑肌兴奋和血压降低的物质。当时认为这种物质是前列腺所分泌，因此称其为前列腺素。后来发现哺乳动物的多种器官组织都能产生前列腺素。前列腺素是动物体内一种分布极广，具有很重要的生理作用的激素。它可以使气管扩张、抑制胃液分泌、刺激平滑肌收缩、调节血压等。在即将分娩的孕妇子宫中也有大量前列腺素存在，作用是刺激子宫收缩，前列腺素在临床上用于人工流产手术。

(八) 胸腺

位于胸骨柄后方，是由第Ⅲ和第Ⅳ对咽囊的腹侧突出形成的。动物幼年时胸腺比较大，但是随着年龄的增加，胸腺就逐渐萎缩了。胸腺分泌胸腺素，其主要功能是增强免疫力，促使胸腺中 T 淋巴细胞分化成熟。成熟的 T 淋巴细胞具有细胞免疫作用，如果去除幼年动物的胸腺，就会影响动物免疫系统抗体的形成。胸腺在性成熟的动物中逐渐萎缩退化，就不再对动物的免疫系统产生影响了。

(九) 性腺

性腺分泌雄性激素和雌性激素两大类激素。雄性激素是睾丸内曲细精管间质细胞所分泌的，睾丸酮是其中最主要的成分。睾丸酮影响雄性副性征的出现和维持雄性正常生长发育，同时促进精子的生成与成熟。畜牧业中采取的阉割方法就是摘除或破坏雄性家禽、家畜的睾丸，使其不能生育，同时改善了肉质，增加了饲料产肉效率。阉割也影响了副性征的出现，但若仅结扎输精管，就不会影响副性征，而只影响生育，因为间质细胞分泌的雄性激素是直接由血液运送到全身，并不经输精管运送。

雌性激素有动情激素和黄体酮，动情激素是由卵巢中的卵泡上皮细胞产生。生理作用是促使雌性的生殖器官发育、促进乳腺的发育和副性征的出现，促使动物发情、抑制垂体前叶促卵泡激素的分泌和促进促黄体生成激素的分泌。黄体酮又称孕酮，是黄体分泌的。作用是使子宫黏膜肥厚，为接受受精卵着床做好准备，同时可以抑制卵泡的继续成熟，防止妊娠期排卵发情。黄体酮还可以促进乳腺的发育和分泌、抑制子宫平滑肌的收缩，以保证胚胎的生长发育。

三、激素作用的基本机制

根据激素的结构可以分为两类。一类是脂溶性的固醇激素；另一类是水溶性的激素。前者有肾上腺皮质激素、雌激素、雄激素等。后者包括胰岛素、生长激素、肾上腺素等。前者的分子一般较小，能够穿过细胞膜进入细胞质中，与靶细胞的细胞质内或细胞核内的相应受体结合，影响基因的活动，引起某些基因转录出一些特异的 mRNA，从而发生特异蛋白质的合成。后者一般不能穿过细胞膜进入靶细胞，而只能在细胞表面与受体结合，结合后使细胞内产生 cAMP（环腺苷一磷酸），cAMP 再刺激或抑制靶细胞中特有的酶使靶细胞所特有的代谢活动发生变化，从而表现出这种激素所引起的各种生理效应。

第七节　动物的神经调节

动物的各种器官和系统在完成不同的生理机能过程中，神经系统直接调节各器官系统活动，同时神经系统又对动物的内分泌腺有很大影响，神经系统可以感受外界刺激、调节动物的运动，并协调整个有机体的活动，使动物有学习、记忆和复杂的行为。神经系统对生命活动的调节迅速、准确，是动物体内最复杂的结构。

一、神经元的作用机制

（一）反射弧

从接受刺激到发出反应的全部神经传导通路称为反射弧，是神经系统活动的基本单位。接受刺激的器官或细胞称为感受器，发出反应的器官或细胞称为效应器。最简单的反射活动，只涉及感觉神经元和效应细胞两个细胞。感觉神经元接受刺激后，由这个神经元的纤维传递冲动到效应细胞，效应器作出相应的反应。高等的反射弧从感受器到效应器至少要经过感觉神经、中间神经元和运动神经元三个神经元。这个过程是感觉神经元从感受器将信息传递到中间神经元，中间神经元再将信息传递给与之相连接的运动神经元，运动神经元将信号传递给效应器，效应器便发生反应。例如切除蛙的头部后，将腿浸入稀醋酸中，蛙腿会立刻收缩。这便是一个反射弧。

（二）神经的冲动与传导

神经元以神经冲动的形式通过轴突传递信息。神经冲动的实质是神经膜产生的电信号，是细胞膜编码的动作电位序列。电信号的产生和传播与神经元的膜电位等电化学特性有关。

（1）膜电位　在 20 世纪初科学家就发现，神经细胞以及细胞周围体液间存在离子浓度的差别。无论是神经细胞还是其他类型的细胞，细胞内 K^+ 的浓度比细胞外的高，Na^+ 的浓度比细胞外的低。这样，在细胞膜的内外存在电位差，称膜电位。与细胞质接触的细胞膜内侧带负电，而相对的一侧细胞膜外带正电。膜电位的产生是由于神经和肌的细胞膜是选择性通透的，这种膜对离子的选择性通透是膜上离子通道作用的结果。在静息状态的大多数细胞的静息电位稳定在一定的水平，这称为极化。当膜电位由原来的静息水平迅速升高，原先的极化状态消失，称为去极化。

（2）动作电位　神经细胞膜上的离子通道会随着细胞膜的电位变化而开闭，通道被激活后细胞膜就对相应离子的通透性增大。激活的过程是钠通道被立即激活，Na^+ 大量流向膜内，于是膜两侧的静息电位差急剧减小，极化状态消失甚至倒转，直到膜内的正电位足以阻止 Na^+ 继续流入。钾通道的激活比钠通道的激活稍慢，但是导致 K^+ 外流逐渐增多，有利于膜极化状态的恢复，于是膜电位又逐渐恢复到原先的静息电位水平。这种周期性的电位变化，称为动作电位。

(3) 神经冲动的传导　动作电位能够沿一定方向传播。在无髓鞘神经上，由于在膜的活动区与静息区间有局部电流产生，这种局部的电流也可以使动作电位前沿的膜电位发生去极化，并使动作电位不断向前推移，神经冲动得到传导。

(4) 突触传递　轴突分支的末端膨大，并可与其他神经元的树突、胞体的表膜形成接点，这种细胞间的机能接点称为突触。突触可以在两个神经元之间的任何部位形成。中枢神经系统内、甚至有的神经细胞体 80% 的面积都被突触覆盖。轴突传导动作电位的神经细胞称突触前细胞，突触接点的另一个细胞称突触后细胞。

突触可以根据神经冲动通过方式的不同，分为电突触和化学突触两种。电突触的特点是轴突末端和另一神经元的表膜之间不足 2nm，且突触前膜与突触后膜之间形成缝隙连接，神经冲动可以快速直接通过。另外，这种传导没有方向，形成电突触的两个神经元的任何一个发生冲动，都可以通过电突触传递给另一个。化学突触的特点是两个神经元之间有 20～50nm 的间隙。由于突触前膜和突触后膜的间隙比电突触大很多，神经冲动只有在神经递质参与下才能被传导，乙酰胆碱是最普遍的神经递质，与突触后膜上的受体蛋白结合后，突触后的神经才能去极化而发生兴奋（图 12-18）；当神经冲动从轴突传导到末梢时，突触前膜的通透性发生变化，使 Ca^{2+} 大量进入突触的前膜。此作用可能使突触小泡移向突触前膜，然后突触小泡的膜与突触前膜融合，而将神经递质送至突触间隙。突触后膜的表面有神经递质的受体，递质和受体结合而使细胞外液中的 Na^{+} 大量进入细胞，于是静息电位变为动作电位，神经冲动发生，并向着连接在突触后膜神经元的轴突传导。为使神经不处于持续冲动状态，神经元的细胞体能产生胆碱酯酶，乙酰胆碱在与突触后膜的受体结合发生冲动后，即被胆碱酯酶破坏失去作用，使神经恢复到静息电位。

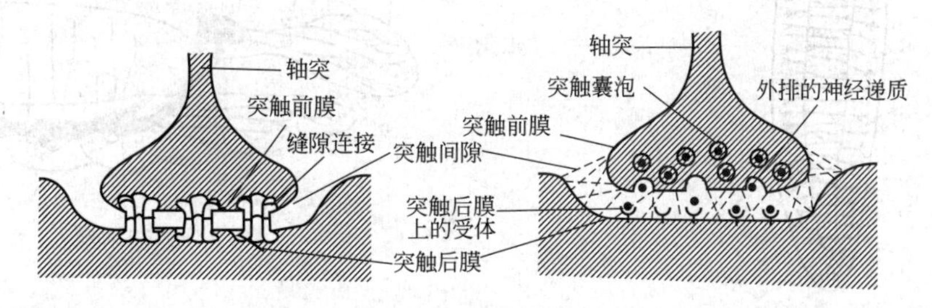

图 12-18　突触的结构与神经冲动传递（引自许崇任等，2008）

二、神经系统

(一) 无脊椎动物的神经系统

原生动物是单细胞动物，并没有神经系统，但是可以对外界的刺激作出应激，并且发现在原生动物体内也有多种神经肽存在。有研究认为海绵动物已经有神经元，但是这些神经元之间没有突触。最早出现神经系统的是腔肠动物，属于网状神经系统，它们的神经元与效应器之间已经存在突触传递，但由于神经细胞多是多极神经元，因此神经传导是不定向的，也没有神经中枢（图 12-19）。除腔肠动物外，网状神经系统还存在于棘皮动物和海鞘上，这种网状的神经也可以在其他动物的一些部位见到，甚至在脊椎动物的胃肠道上也有网状的神经

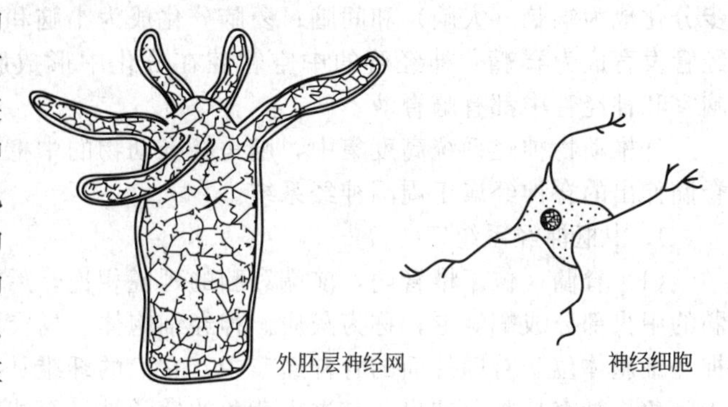

图 12-19　水螅网状神经系统（仿许崇任）

纤维。扁形动物出现了原始的中枢神经系统，神经系统的前端形成了脑，从脑发出背、腹、侧 3 对神经索（图 12-20）。中枢神经系统里有神经细胞和神经纤维，神经索之间还有横神经相连，形成了梯状。脑和神经索都有神经纤维与身体各部分联络，称为梯状神经系统。环节动物和节肢动物等的神经系统的神经细胞集中，形成神经节，一般每个体节有一个神经节，神经细胞的胞体部分集中在神经节的外周，这是无脊椎动物神经节的共同特征，神经纤维则排成束成为神经索，称为链状神经系统。链状神经系统分为中枢神经系统和周围神经系统两部分，脑和腹神经索属中枢系统，从脑和各神经节到身体各部分的属于周围神经系统。软体动物虽然身体不分节，但它们的神经系统也是属于链状神经系统类型。属于链状神经系统的还有节肢动物的神经系统，但是由于体节的不同程度的愈合，神经节也有愈合，结构和功能远比其他无脊椎动物复杂。如昆虫脑就是三对神经节愈合而成，分成前脑、中脑和后脑。前脑是视觉和复杂行为的联络中枢，相当于脊椎动物的大脑；中脑是触觉的神经中心；后脑发出的神经分布到下唇和消化管。节肢动物有非常发达的视觉、触觉、化学感受器三种感觉器官（图 12-21）。

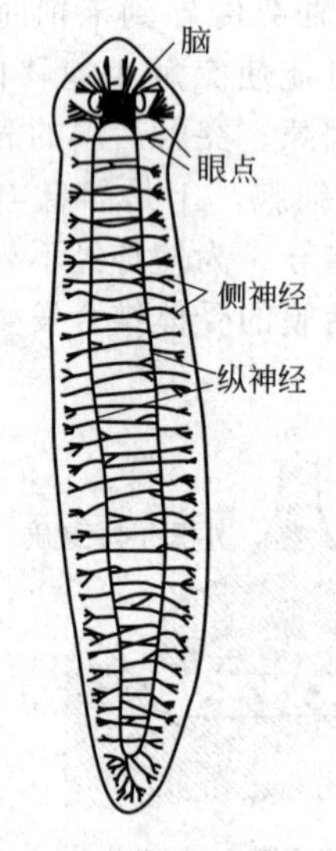

图 12-20　涡虫的神经系统

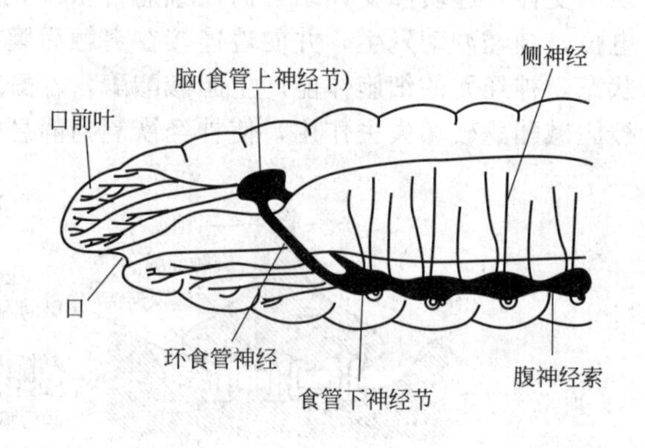

图 12-21　节肢动物的神经系统（仿江静波）

（二）脊椎动物的神经系统

与无脊椎动物的神经系统发生不同，脊椎动物的神经系统都经历了神经胚阶段。胚胎发育时期背部的外胚层加厚，形成神经板，神经板内陷称为神经管。神经管是脊椎动物神经系统的原基，在后来的发育中，神经管的前部形成前脑、中脑和菱脑三个脑泡。之后前脑进一步分化成为端脑（大脑）和间脑；菱脑分化成为小脑和延脑，中脑则不分化。脑泡后面的神经管发育成为脊髓。神经管的中空管腔在分化中形成脑室和脊髓中的神经管（图 12-22）。脑室和神经管中都有脑脊液。

脊椎动物神经系统高度集中，脑是脊椎动物的中枢神经系统，而从脑发出的脑神经和从脊髓伸出的脊神经属于周围神经系统。

1. 中枢神经系统

（1）脊髓　位于椎管内，前端和脑的延髓相连，后端为脊髓圆锥。在脊髓的横切面上脊髓的中央部分成蝴蝶形，称为灰质。神经细胞体、树突、突触、神经胶质都位于灰质。感觉神经细胞体位于脊髓外面的脊神经节中，它们的纤维从背角进入灰质。运动神经的细胞体位于腹角，轴突从腹角伸出，与进入背角的感觉神经组成脊神经，分布到身体各部。除运动神

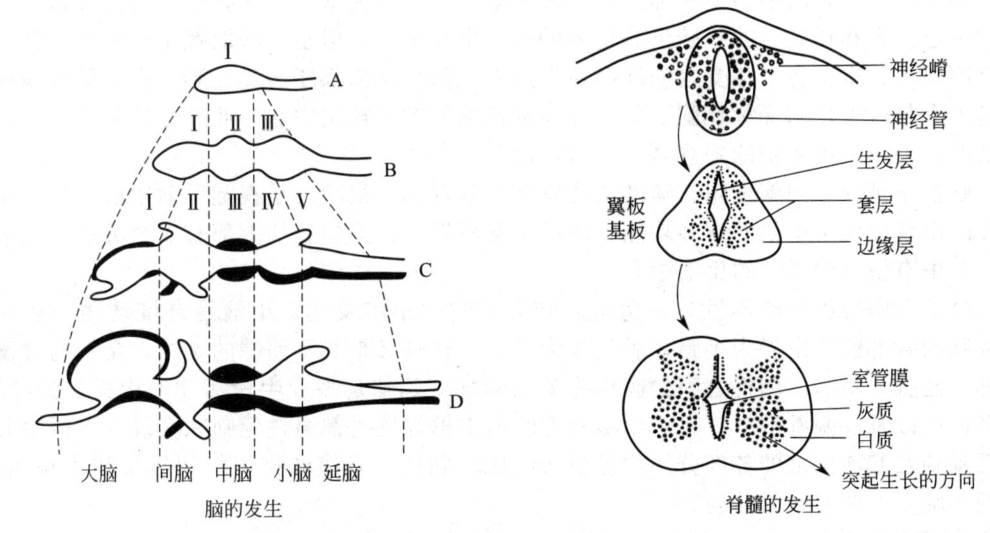

图 12-22　动物脑和脊髓的发生（引自许崇任等，2008）

经元外，脊髓中所有其他神经元都是中间神经元。灰质之外是白质，白质中没有细胞体，主要是大量的轴突。脊髓的功能有两种：一是传导冲动，脊神经传入的冲动经脊髓传递到脑，脑的信息也经脊髓、脊神经传递到身体各部位；另外一个是实现反射活动。

（2）脑　脊椎动物脑的进化趋势是大脑日益发达，小脑越来越重要，中脑则相对变小，重要性也逐渐降低。脑的表面有膜包围，用以保护脑。外层称为硬膜，较厚而且有韧性。内层为软膜，薄并且富含血管。硬膜和软膜间有疏松网状结缔组织构成的蛛网膜。蛛网膜下腔中有脑脊液存在，起缓冲的作用。脑室和脊髓的管腔中也都有脑脊液。

大脑包括嗅脑和大脑半球两部分，大脑半球由左右两个脑半球组成。两半球中间的腔为侧脑室。大脑的外层为灰质，即大脑皮层，又称脑皮。皮层下为白质，是神经纤维集中的地方，又称髓质。原始类型的脑皮称为古脑皮。靠近脑室的部分为灰质，白质在外面。灰质是细胞体所在地方，包埋在白质内的灰质团块为纹状体。鱼大脑的灰质部分增大、两栖类大脑的灰质增多，位于内部的灰质逐渐向外移动，覆在大脑表面，形成原始的大脑皮层，即原脑皮。原脑皮的神经细胞开始从内部向表面移动。古脑皮和原脑皮主要的功能与嗅觉有关。爬行类大脑半球前部表面开始出现了新脑皮，到哺乳类新脑皮高度发展。新脑皮成为哺乳动物的高级神经活动中心，高等哺乳类大脑表面形成沟回，使大脑的表面积进一步扩大（图 12-23）。原有的古脑皮、原脑皮和纹状体则变为次要地位，如原始的原脑皮成为海马。鸟类的大脑很发达，但是新脑皮仍然原始，嗅叶也退化，但纹状体发达。

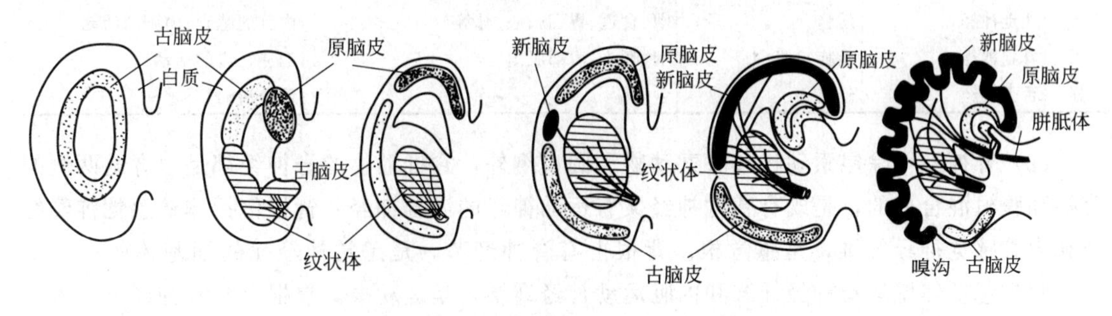

图 12-23　动物脑皮的演变（引自许崇任等，2008）

丘脑（视丘）是间脑的主要部分，构成了第三脑室的侧壁。低等脊椎动物的丘脑是主要的感觉中心。人和哺乳类的丘脑仍是重要的感觉整合中心，但是大脑取代了丘脑的一部分功能。除嗅觉外，来自各个感受器的冲动在传递到大脑皮层前都要通过丘脑，在丘脑转换神经元后进入大脑。下丘脑又称丘脑下部，是内脏机能的重要控制中心。此外下丘脑还有分泌激素的功能，与内分泌系统的关系是十分密切的。

中脑位于延脑和间脑之间。哺乳动物以前中脑背部有视叶，是视觉反射中心。哺乳动物新脑皮的出现取代了中脑的许多功能，所以中脑不发达，但中脑的上部有 4 个突起，名为四叠体，其中有视觉和听觉的反射中心。

两栖类和爬行类小脑不发达，鱼类、哺乳动物的小脑发达。小脑是脊椎动物的运动中枢。菱脑的背部前端发展为小脑，后端成为延脑。延脑又是脊髓前端的延续，结构与脊髓基本一样，延脑、小脑、脑桥之间的腔称为第四脑室。延脑是多种生命活动的中枢，如呼吸、心搏和血压以及控制吞咽、咳嗽、喷嚏和呕吐的中枢等反射都通过延脑来实现。脑桥主要是由联系延脑及其前面脑的各部分的神经束所组成。脑桥中有横向排列的神经束和小脑相通，可协调小脑左右两半球的活动。

2. 周围神经系统

将中枢神经系统与身体各部位间联系起来的神经称为外周围神经系统。包括从脑和脊髓伸出的成对神经、支配内脏器官的植物神经。周围神经系统的胞体一般都在中枢神经系统的脑和脊髓内，或位于脊髓外面的脊神经节。

（1）脑神经　鱼类和两栖类有 10 对脑神经，而羊膜动物都有 12 对脑神经。其中第Ⅰ、第Ⅱ、第Ⅷ对脑神经是感觉神经；第Ⅲ、第Ⅳ、第Ⅵ对是运动神经；第Ⅴ、第Ⅶ、第Ⅸ、第Ⅹ对是混合神经；第Ⅺ、第Ⅻ对是羊膜动物特有的。各对脑神经的情况见表 12-3。

表 12-3　脑神经起源、分布及功能

编号	名称	起源(中枢)	分　布	功　能
0	端神经	大脑前部	鼻区前部	感觉
Ⅰ	嗅神经	大脑嗅叶	鼻腔黏膜	嗅觉
Ⅱ	视神经	间脑	视网膜	视觉
Ⅲ	动眼神经	中脑	眼肌、虹彩、晶状体等	眼部运动
Ⅳ	滑车神经	中脑	眼肌	眼部运动
Ⅴ	三叉神经	小脑脑桥	颌肌、面部、口、舌等	舌、面部感觉；舌、颌的活动
Ⅵ	外展神经	延脑	眼肌	眼球转动
Ⅶ	面神经	延脑	舌、面肌、颌肌、唾腺等	味觉；面部表情、咀嚼运动
Ⅷ	听神经	延脑	内耳	听觉与平衡
Ⅸ	舌咽神经	延脑	舌、咽、耳下腺等	味觉、触觉；咽部运动
Ⅹ	迷走神经	延脑	咽、食道、胃、肠、心、肺等	内脏的感觉；内脏的活动
Ⅺ	脊副神经	延脑	咽、喉头、肩部肌肉	咽、喉、肩的活动
Ⅻ	舌下神经	延脑	舌肌	舌的活动

（2）脊神经　除尾索动物和头索动物和圆口纲外，脊椎动物的脊神经都是由脊髓两侧的背根和腹根混合成的，是既有感觉神经又有运动神经的混合神经。背根包括体壁感觉神经纤维和内脏感觉神经纤维，是感觉根。背根上有脊神经节，是感觉神经元的细胞体所在的部位。腹根包括体壁运动神经纤维和内脏运动神经纤维，是运动根。腹根上没有神经节。人有 31 对脊神经，顺序分配到身体一定部位的感受器和效应器。

感觉神经纤维从背根进入脊髓，传入神经的细胞体位于脊神经节内。运动神经纤维从腹根出脊髓，运动神经元的细胞体位于脊髓的灰质部分。各脊神经的背根和腹根汇合后，又分成三支，即背支、腹支和交通支。背支包括感觉和运动纤维，分配到身体背部皮肤和肌肉；腹支也包括感觉和运动纤维，分配到身体腹部及两侧的皮肤和肌肉；交通支则分配到各脏器。

3. 植物神经系统

又称自主神经系统，分为交感神经系统和副交感神经系统，功能是支配动物内脏器官的活动，保持正常的生理机能（图 12-24）。如调节动物的血压、心率、体温等。植物性神经系统的主要特点是不受意志的支配，动物无法随意地收变心跳的速度，也不能使肠胃蠕动加快或减慢。另外，每一脏器同时接受交感神经和副交感神经的控制，它们的作用是相反的。一个能使器官的活动加强，另一个使器官的活动减弱。交感神经系统包括排在脊柱两侧的 2 条交感神经干和交感神经节。副交感神经系统包括发自脑部和脊髓荐部的副交感神经和副交感神经节。它们的区别见表 12-4。

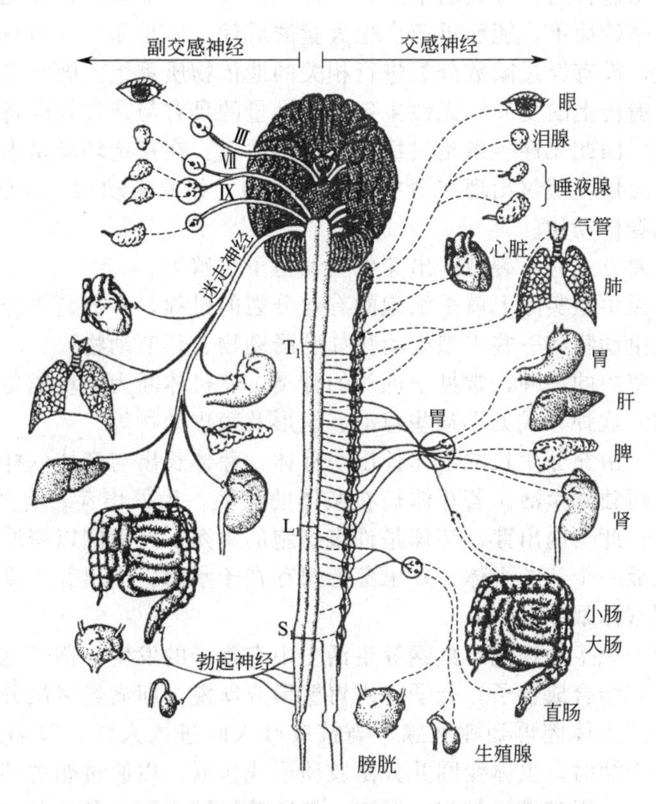

图 12-24　哺乳动物的植物神经系统（引自陈小麟，2006）

表 12-4　交感神经和副交感神经的比较

类　别	交感神经	副交感神经
发出部位	脊髓的胸、腰段	中脑、延脑、脊髓的荐段
神经节	椎旁神经节在交感神经干上，椎前神经节在腹腔内	副交感神经节埋在所支配器官的组织内或在器官附近
节后纤维	长，肉眼可见	很短，肉眼难以看到
机能	交感神经和副交感神经对同一器官的作用是相反的	

第八节　动物的生殖与发育

生殖也称为繁殖，是动物繁衍后代、传递基因的生命现象。生殖是生命的基本特征之一。所有活的有机体都能产生与之相似的新有机体，另一方面，新的后代在某些方面又与亲代存在着差异，因此，没有生殖就不可能有物种的进化。从进化论的观点来看，只有那些在生存和生殖方面占有优势的个体，才能生殖出更多的后代，并且由这些后代把父母的基因继续传递下去。因此，自身遗传基因的延续对于动物的个体和物种都至关重要，生殖是生物全部生命过程的最终目的。

一、生殖形式

生殖通常分为无性生殖和有性生殖两类，但其过程都有同一基本模式：将环境中的原材料转变成子代或性细胞，并发育成相同构造的后代；传递亲代的遗传基因。

（一）无性生殖

许多无脊椎动物进行这种方式的生殖。无性生殖只有一个亲本，并无特殊的生殖器官或生殖细胞。无性生殖较简单，能够迅速产生大量的后代。但是无性生殖只是通过有丝分裂进行细胞的更新换代，没有经过减数分裂进行相关的遗传物质重组，因此，除非基因突变，否则无性生殖不产生遗传上的变异。无性生殖产生大量的具有与亲代等同特性的后代，能够迅速适应特定的环境，因此无性生殖是对稳定环境的适应，在稳定环境是占优势的，当环境变化时则处于劣势。无性生殖仅出现在简单的生命类型，如原生动物、腔肠动物、苔藓动物、细菌及少数其他无脊椎动物。

无性生殖的主要方式有：裂殖、出芽生殖和孢子生殖等。

（1）裂殖　分裂生殖实际上就是细胞的有丝分裂的过程，多数是横分裂，但眼虫等是纵分裂。裂殖见于原生动物和一些多细胞动物如腔肠动物、环节动物。

断裂也属于裂殖中的一种，常见于低等的种类，有机体断为2块或更多块。每一块能长成一个完整的动物，这种方式见于某些扁形、纽形及棘皮动物等。

（2）出芽生殖　由充分生长的个体长出小芽体，芽体长出与亲体一样的器官和形态，然后芽体与亲体分离而独立生活。若芽体长在亲体的表面，为外出芽；有的芽体不生在体表，而在体内或芽球内，此为内出芽。芽球是许多细胞的集团，外面围以密厚的体壁。当亲体崩解时，每个芽球长成一个新的个体。外出芽普遍存在于水熄，内出芽多见于淡水海绵。苔藓动物也有内生芽型（休眠芽）。

（3）孢子生殖　原生动物孢子虫纲等生活史中有孢子的发生，称子孢子。疟原虫在按蚊胃内形成大小配子，结合成合子；合子穿入胃壁形成卵囊，卵囊经多次分裂形成子孢子。卵囊破裂时，子孢子进入体腔再到唾液腺，当按蚊叮人时进入人体，破坏红血细胞而引发疟疾。绿眼虫当环境干涸时，虫体变圆并分泌胶质形成包囊，以渡过恶劣环境。孢子生殖在藻类、细菌等比较常见，因其发生过程的形态、性状等不同，而有各种名称。

（二）有性生殖

有性生殖是生物界大多数物种的生殖方式，有性生殖具有两个亲本，各产生一种特殊的性细胞，称配子，异性配子结合成为合子（受精卵），合子经发育形成新的子代。与无性生殖相比，有性生殖过程中有许多释放出的配子并没有结合成为合子，导致能量和营养的浪费。但是，有性生殖产生的子代不是亲本个体等同基因的延续，子代组合了亲本双方的遗传基因，获得了新的变异。因此，新生的一代不仅数量上增加了，而且获得变异的个体为物种进化奠定了基础，有可能更好地适应环境的变化，生命力通常较强，质量上也有所改善。高等动物都是以有性生殖来保持种族的延续和繁盛；原生动物在连续进行多代的无性无殖之后，常常要进行一次有性生殖恢复种族的生命活力。有性生殖通常有接合生殖和配子生殖两大类。

(1) 接合生殖　发生于原生动物纤毛虫类，如草履虫接合生殖也常见于细菌、单细胞绿藻（如水绵）等。

(2) 配子生殖　动物生殖的常见形式。配子分为精子和卵子，都由生殖腺所产生。产生精子的生殖腺是精巢，产生卵子的是卵巢。异性配子的结合可以发生在动物的体外或体内，相应称为体外受精和体内受精。行体外受精的异性双方分别将卵子和精子产于水中，精子游泳与卵子相遇而结合。体内受精动物多数是陆地生活或胎生的物种，通过性器官的结合（交配）而使精子进入雌性体内与卵子结合。在受精过程中，异性双方同时释放配子将有利于提高受精率，环境因素如温度、白昼长短和潮汐周期能引发生殖相关的神经或激素的变化，使异性双方同步排出配子；异性释放的配子、求偶行为等也能够引发对方进入同步生殖。

(三) 孤雌生殖

孤雌生殖又称单性生殖，指未受精的卵子经刺激后发育成子代的一种生殖方式。孤雌生殖过程中卵子的发育不需要精子的参与，卵子不经受精。已知自发的或天然的孤雌生殖发生在轮虫、蚜虫、某些甲壳类、昆虫和几种沙漠上的蜥蜴。卵子是二倍体或单倍体，单倍体卵在开始发育时加倍。在动物孤雌生殖中，一些物种产生的后代全是雄性个体，如雄蜂，称“产雄单性生殖”；后代全属雌性的，如夏季的蚜虫，称“产雌单性生殖”。有些动物惯常行单性生殖，称“天然性生殖”，如水蚤、蜜蜂、蚜虫、轮虫等。

(四) 性别决定

性别决定指雌雄异体的生物决定个体性别为雌性或雄性的现象。性别的决定受以下因素影响：性染色体的差别、性染色体与常染色体的比例、环境因素。在爬行类和鸟中，有 W 和 Z 两种性染色体，雄性为 WW，雌性为 WZ。哺乳类有 X 和 Y 两种性染色体，雄性为 XY，雌性为 XX；哺乳类早期胚胎在形态上没有差别。随着胚胎的发育（如人类胚胎为六周龄以后），Y 染色体上的性别决定基因指导胚胎的原始生殖腺发育为睾丸，分泌激素控制生殖管和生殖器的进一步分化。在果蝇中，性别由 X 染色体和常染色体的比例决定，其性别分化取决于基因的定向作用而不是激素的作用。在蜜蜂，如果卵被受精就发育为雌性，否则就发育为单倍体雄性。

有些动物的一个个体内同时兼有雄性和雌性两种生殖器官，称为雌雄同体，如无脊椎动物的涡虫类、环节动物的寡毛类、软体动物的腹足类及少数瓣鳃类为雌雄同体。脊椎动物中的鳄鱼、鲱鱼和蟾蜍等的精巢内常有卵子存在，是偶然性的雌雄同体。一些雌雄同体的硬骨鱼，其同一生殖腺的不同部分产生卵子和精子，并可能自体受精。雌雄同体者除少数可自体受精外，绝大多数需异体受精，即两个体间需交换生殖细胞，或精子和卵子在不同的时间成熟。

二、生殖系统

(一) 无脊椎动物的生殖系统

单细胞的原生动物没有专门的生殖结构。多细胞的动物中，只有两层细胞的海绵动物生殖靠中胶层内未分化的原细胞。原细胞除了具有吞噬和消化食物外，还可以转化成具有生殖功能的生殖细胞，形成精子和卵子。其他个体的精子通过水流进入，通过领鞭毛细胞时，领鞭毛细胞脱去领与鞭毛，成为变形虫状，然后将精子带入中胶层内与卵细胞受精（见第十三章第二节海绵动物门）。

多数腔肠动物有性生殖进行是雌雄异体的。由于没有中胚层，生殖腺的发生并不固定。性细胞由间细胞形成，有的种类生殖腺起源于外胚层，有的种类生殖腺则起源于内胚层（见腔肠动物门)。

扁形动物的原始种类雄性生殖细胞经管道由生殖孔排出，但因为没有雌性生殖细胞排出管道，交配时双方阴茎直接经对方的体壁插入、将精子排到实质中，受精卵从体壁直接排出。很多扁形动物的生殖系统较复杂，雌性生殖器官包括身体两侧的精巢、输出管、输精管、储精囊、阴茎。雌性生殖器官包括卵巢、输卵管、卵黄腺、生殖腔、交配囊、生殖孔(见扁形动物门)。

软体动物雌雄异体或雌雄同体。生殖系统包括精巢或卵巢、输精管、阴茎，输卵管、交配囊、阴道，生殖管开口于身体前端右侧(见软体动物门)。

环节动物的生殖细胞由体腔上皮发生，生殖管起源于体腔膜向外突出的体腔管。一般陆生动物的雄性生殖系统包括精巢囊、储精囊、输精管、前列腺；雌性生殖系统包括受精囊、卵巢、输卵管(见环节动物门)。

节肢动物一般都是雌雄异体，具复杂的生殖系统。它们的生殖腺来自残存的体腔囊，体腔管形成生殖导管。水生的种类很多是体外受精，陆生种类部是体内受精，外生殖器是由一些附肢特化形成的(见节肢动物门)。

(二) 人的生殖系统

1. 男性生殖系统

包括睾丸、排精管道、附属腺和外生殖器。睾丸是产生精子的地方，里面有很多曲细精管。曲细精管产生的精子由睾丸网和直细精管运送出睾丸。

排精管道包括附睾和输精管。附睾是由输出小管和附睾管组成的。输精管管壁的平滑肌在射精时做强力收缩，将精子极快地排出体外。附睾腺包括前列腺、精囊腺和尿道球腺。前列腺环绕于尿道的起始段。前列腺分泌碱性液体到尿道中，可中和尿道中残留尿液的酸性，也可中和交配时阴道分泌物的酸性。外生殖器就是阴茎。在性兴奋状态，有大量血液流入阴茎海绵体的血窦中，由于回流的血液受阻，阴茎勃起。

曲细精管的内壁是复层精上皮，由精上皮产生精子。精上皮的基层是精原细胞以及精原细胞之间的支持细胞。精原细胞连续进行有丝分裂产生多个精原细胞，进而分化为初级精母细胞，1 个精原细胞经减数分裂产生 4 个精子。

2. 女性生殖系统

包括卵巢、输卵管、子宫、阴道和外生殖器。卵巢能产生女性激素和卵子。幼年时卵巢较小。卵巢有四万多个卵泡。自青春期至绝经期的 30～40 年生育期中，在每个月经周期中，约有 20 个卵泡生长发育，但通常只有一个卵泡发育成熟并排出。输卵管中的黏膜上皮含有纤毛细胞和分泌细胞。由于纤毛向子宫方向的摆动和分泌细胞分泌物的作用使卵细胞移向子宫。子宫为肌性器官，其内层是子宫内膜。月经是子宫内膜浅层(功能层)发生的周期性剥脱和出血。妊娠时，此功能层增厚，可适应受精卵植入和发育。阴道是胎儿从子宫产出的通道，也是性交的器官，接受男性排出的精子。乳腺分为许多小叶，每个小叶是一个复管泡状腺。腺体分泌的乳汁经小叶内导管、小叶间导管输入开口于乳头的输乳管。乳腺于青春期开始发育，其泌乳功能仅在妊娠期和授乳期有表现。

卵巢的皮质中有不同发展阶段的卵泡。卵泡外开始是一层，以后为多层细胞，作用是给卵细胞提供发育必需的物质，同时还可分泌雄性激素。幼期的卵泡中央是一个较大的细胞，即初级卵母细胞，将来发育成卵。初级卵母细胞则来自卵原细胞。早在胚胎期卵原细胞就已分裂产生了初级卵母细胞。初生女婴的两个卵巢中约有停留在第一次减数分裂前期Ⅰ期的初级卵母细胞(初级卵泡) 400000 个。直到女孩进入性成熟时期，初级卵母细饱受激素的作用才重新继续发育。大约每 28 天有一个初级卵母细胞继续发育。在此期间，初级卵母细胞完成了第一次减数分裂形成次级卵母细胞，卵巢中排出的卵就是次级卵母细胞。卵排出后，若在职 24h 内与精子相遇，次级卵细胞则继续完成第二次成熟分裂，产生一个有效的卵细胞。

三、受精

精子一般为蝌蚪状，分为头、颈和尾三部分。头部由细胞核和顶体组成，富含染色质。头部前端是高尔基体分化成双层膜的顶体。顶体中有水解酶性质的颗粒，与精子穿过卵膜有关。颈部短，线粒体成一螺旋，围绕于轴丝之外。尾部长，结构与鞭毛相似，主要结构是中心的一条轴丝和外围的线粒体鞘。基本结构也是 9×2+2 型，中心是两单根的微管，周围是九条成双的微管。尾部的摆动可以使精子很快的游动。动物中线虫的精子没有尾，靠伪足运动。

卵比精子大的多，一般不能活动，除具有一般细胞共有的细胞核、细胞质、细胞器和质膜外，还有供受精卵发育的磷脂、中性脂肪、蛋白质的卵黄等营养物质。卵的细胞质多，核糖体丰富，还含有大量来自母系的 mRNA，这些 mRNA 只有在受精之后才能进行合成蛋白质。哺乳动物的卵子外有透明带和放射冠。鸟类和爬行类的卵部含有丰富的卵黄。鸟类卵的蛋黄部分就是一个卵细胞，除其中的细胞核和核周围的物质形成的胚盘外，绝大部分是卵黄物质。胚盘所在的一极名为动物极，富有卵黄的一极为植物极。凡是卵黄集中于一极的卵称为端黄卵，卵黄集中于卵中央的卵称为中黄卵，卵黄少且均匀分布在卵中的称为均黄卵。软体动物的头足类、鱼类、两栖类、爬行类和鸟类的卵都是端黄卵。昆虫的卵都是中黄卵，大多数无脊椎动物、头索动物、尾索动物以及高等哺乳动物的卵含卵黄少，且在卵中均匀分布，属均黄卵。

精子和卵子融合而成受精卵或合子的全过程称为受精。受精可以发生在体内，也可以发生在体外。大多数水生的动物，无论是脊椎动物还是无脊椎动物都属于体外受精，由于精子在动物体内生存的环境和动物生活的水环境相似，精子和卵子可以排出体外存活较长的时间。例如脊索动物中文昌鱼、海鞘、鱼类、两栖类都是体外受精的。但是在无脊椎动物中扁形动物出现了交配和体内受精的现象。此外软体动物、环节动物、节肢动物、棘皮动物等，凡是水生的种类均是体外受精，而陆生的则一般是体内受精。如陆生的螺类、蚯蚓、昆虫等是体内受精。脊椎动物中爬行动物、鸟类、哺乳动物都是体内受精。体内受精需要有将精子送入雌性（或对方）体内的外生殖器，有人认为这是动物由水生到陆生的一个重要条件。体外受精还必须能同时排出大量精子，并保持与卵子排放同步，才能保证一定的受精率。所以体内受精的效率远比体外受精高。

四、个体发育

（一）胚胎发育

动物由受精卵发育为幼体或雏形个体的变化过程，称为胚胎发生或胚胎发育。对于多细胞动物而言，胚胎发育是指由受精卵经过卵裂、囊胚、器官形成到胚胎孵化出膜或从母体产出的变化过程。

1. 早期胚胎发育

胚胎发育通常从精子进入卵子受精融合，形成受精卵或合子开始。卵子一旦受精就被激活，受精卵开始按一定的时间、空间秩序有条不紊地通过细胞分裂和分化进行胚胎发育（图 12-25）。

（1）卵裂　受精卵经过多次有规律地连续分裂，形成细胞的过程，称为卵裂。卵裂所形成的细胞称为分裂球。卵裂是有丝分裂，但与普通的有丝分裂不同，其主要特点是分裂球本身不生长，分裂次数越多，分裂球的体积越小。卵裂的类型与卵黄含量及其分布有关。卵黄少而分布均匀的卵，分裂面可将卵完全分开，称为全裂；卵黄含量多而集中分布的卵，阻止分裂面将卵完全分开，称为不全裂，也叫偏裂。棘皮动物和脊椎动物的卵裂一般是这样进行的：第一次是纵向的经裂形成两个分裂球；第二次也是经裂但与第一次经裂垂直，形成四个

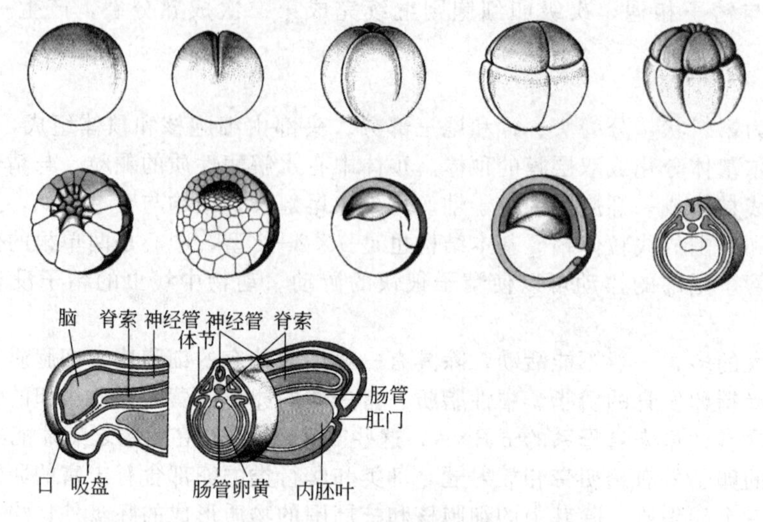

图 12-25　蛙的早期胚胎发育

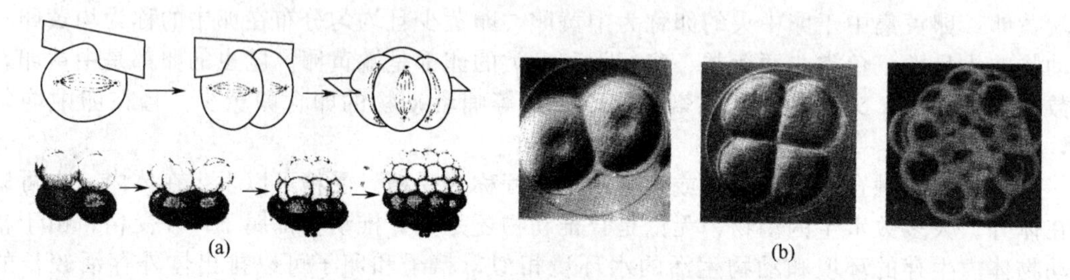

图 12-26　棘皮动物（海胆）的卵裂
(a) 模式图；(b) 显微照片

分裂球；第三次是横向的纬裂形成上、下两层共八个分裂球；第四次是经裂，成为 16 个细胞；第五次是纬裂成为 32 个细胞。以后的分裂开始变得不规则，分裂球越来越多，体积越来越小，分裂球聚成一团（图 12-26）。

（2）囊胚　当分裂球聚集为球状，中间出现一个空腔，成为囊状时，便称为囊胚，中间的腔叫囊胚腔，腔中充满液体。

（3）原肠胚　原肠胚是处于囊胚不同部位的细胞通过细胞迁移运动形成的。囊胚外部的细胞通过不同方式迁移到内部，围成原肠腔或称原肠，留在外面的细胞形成外胚层，迁移到里面的细胞形成内胚层。原肠腔的开口称为胚口或原口，此时的胚胎称为原肠胚。形成原肠胚的这种细胞迁移运动称为原肠作用或原肠胚形成（图 12-27）。原肠作用的方式有细胞移入、分层、内卷、外包等。实际上，原肠胚形成常常是几种方式结合进行的，如内陷常与外包同时进行，分层与内陷相伴出现。

2. 器官发生和形态建成

胚胎细胞经过迁移运动，聚集成器官原基，继而分化发育成各种器官的过程，称为形态发生运动。各种器官经过形态发生和组织分化，逐渐获得了特定的形态，并执行一定的生理机能。

外胚层：分化形成神经系统、感觉器官的感觉上皮、表皮及其衍生物、消化管两端的上皮等。

中胚层：分化形成肌肉、骨骼、真皮、循环系统、排泄系统、生殖器官、体腔膜及系膜等。

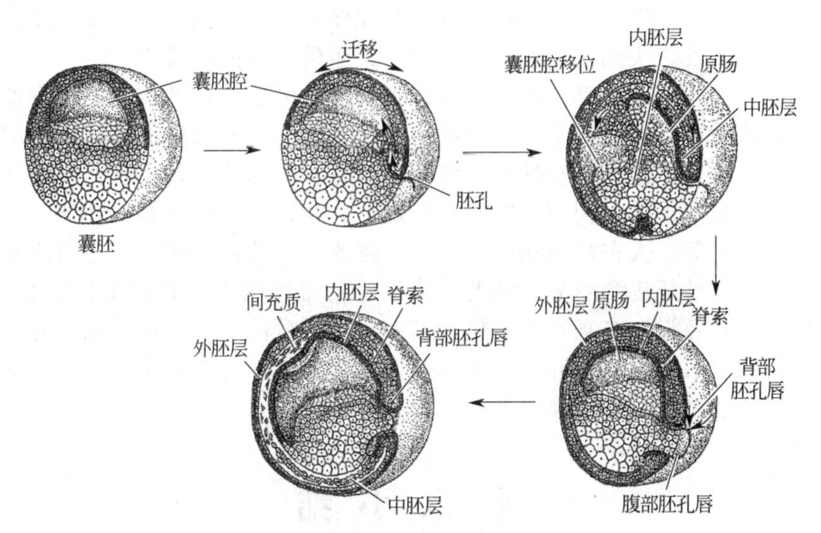

图 12-27　两栖动物（蛙类）的原肠胚形成示意图

内胚层：分化形成消化管中段的上皮、消化腺和呼吸管的上皮、肺、膀胱、尿道和附属腺的上皮等。

在胚胎发育中，器官发生和形态建成所占的时间最长，所包含的变化最为复杂，它是在三维空间内进行的，其中有空间位置的控制，也有细胞间的相互作用，如诱导、迁移和细胞凋亡（图12-28）等。

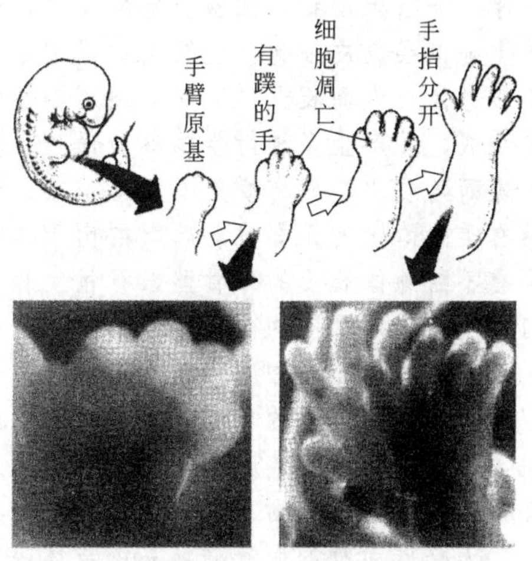

图 12-28　细胞凋亡与胎儿手指的形态发生

脊椎动物器官的发生，在早期发育中基本相似。在中胚层组织的诱导下，胚胎背部外胚层分化出神经板。神经板继而卷成神经褶，并在背中线处愈合成神经管。神经管脱离外胚层下降，同时，中胚层分化出脊索。出现神经管的胚胎称为神经胚。以后，神经管的头端扩大成前、中、菱脑，后端形成脊髓。中胚层进一步分化形成体节，并继而分化为三部分，在背方的是生骨节和生肌节，分别生成中轴骨和体躯背部的肌肉。在腹侧面的是侧板，分裂成外侧层和内层，外层组成体壁层，内层内侧是脏壁层，脏壁层包围着消化管形成消化管的肌层和背、腹系膜。内、外胚层之间的空腔便是体腔。在体节和侧板之间，自前向后有一条带状的生肾节，在间叶细胞的诱导下，由此产生出肾和导管。

（二）胚后发育

动物从卵孵出或从母体产出之后直到生命终结，都属胚后发育。胚后发育的个体生长过程受到多种激素的作用。

个体成长通常划分为两个阶段，一是幼体生长阶段，二是生殖生长阶段。

幼体生长的主要特点是个体不再形成新的器官，幼体的器官逐渐发育完善，功能加强，个体长大。这个阶段服从两个规律，一是分阶段持续性生长，二是器官部位的异律生长。比如昆虫从刚孵出的幼虫经六次蜕皮才长成成虫；对虾经历无节幼体、蚤状幼体、糠虾幼体长成为仔虾；人从婴儿、幼儿、童年、少年到青年，这就是阶段持续性生长。幼体生长各阶段都表现了异律性。不同生长阶段所占时间不相等，各阶段生长速度不相同，身体各部位（包括器官）生长不按比例。以人为例，幼儿期头部比例大，儿童到少年期身体逐渐长高，先上肢生长，之后下肢生长，头部比例下降，最后才是生殖器官的生长。

幼体长成成体之后继续发育，生殖系统达到功能上的成熟即性成熟。青春期具有一个身体生长速度最高的时期。性成熟是生长的继续，又是生长过程中质的飞跃。性成熟之后机体仍能继续生长一个时期，这一生长称为成体的生殖生长。这个阶段生长速度往往比幼体生长慢，但因种类不同和个体的不同而有差异。外观上，生殖生长出现第二性征，有的种类出现变态，如昆虫、蛙类等。人在性成熟以后，内分泌腺开始分泌性激素，生殖腺发育成熟，但体格还在增大，第二性征逐渐明显。随着成体年龄的继续增大，骨骼生长中心硬化并融合，称为骨骺融合，生长停滞。在动物年龄接近其生命的最后阶段，身体机能下降，如人会出现白发、皱纹、远视、肌肉力量和肺活量下降等，称为衰老。此时，个体对不利环境的耐受力下降，死亡的可能性增加，并最终出现死亡。

本章小结

动物体的保护和运动能力是生命活动的基本条件。动物体由保护性的皮肤包围，其结构可像一个原生动物的细胞膜那样简单，也可像哺乳类的皮肤那样复杂。无脊椎动物的皮肤基本上是单层表皮细胞，以及由这层细胞分泌的角皮组成，并可能由于钙化而坚硬。这种皮肤不随身体长大而长大，因而必须周期性蜕皮以允许动物体生长，脊椎动物的皮肤由表皮和真皮组成，并产生多种衍生物参与保护、运动、分泌、排泄等活动。陆生脊椎动物表皮为防止干燥而角质化，并有蜕皮或脱落现象。动物体的支持系统可能是流体静力的或坚硬的骨骼。具有柔软体壁的无脊椎动物类群由于体内不能被压缩的液体而产生流体静力骨骼。节肢动物具有不随身体长大的外骨骼，脊椎动物发展了随身体长大的、由软骨或硬骨组成的支架。肌肉或附着在外骨骼的内表面或附着在内骨骼的外表面，构成运动装置。

动物的消化有细胞内消化和细胞外消化两种方式。二胚层的腔肠动物出现了消化循环腔，有了胞外消化的功能，但有口、无肛门。假体腔动物具有了完全的消化管，软体动物出现了肝等消化腺。节肢动物的消化道更加复杂，而且出现了各种适应不同食物类型的口器。脊椎动物的消化道则更加复杂化。

无脊椎动物的血液循环系统与体腔的形式有关系，分为开管式循环和闭管式循环。循环系统结构复杂的程度往往与动物的呼吸形式，以及呼吸器官的结构有关系。当呼吸器官比较集中，它们的循环系统就相对复杂。脊椎动物循环系统都是由心脏、动脉、毛细血管、静脉和血液等部分所组成。依脊椎动物各个主要纲的进化程度不同，其心脏的结构和循环类型也有明显差别。

免疫是动物体识别自己和排斥外来的和内在的非本身的抗原性异物，以维持机体相对稳定的一种生理功能，其作用对象为非已的抗原物质。免疫功能是在动物的演化过程中逐步完善的。无脊椎动物不产生特异性体液免疫及特异性移植免疫，而脊椎动物除具有非特异性免疫功能外。在进化过程中还获得特异性免疫功能。免疫可以根据效应物质分为体液免疫和细胞免疫。

无脊椎动物的排泄器官有伸缩泡、原肾型排泄器官、后肾型排泄器官等，具有发达循环系统的脊椎动物由于代谢物由循环系统运输，所以排泄器官不是分散的，而是形成肾脏。脊椎动物典型的排泄器官由肾脏（成体为后肾）、输尿管、膀胱和尿道几部分组成。

动物的神经系统可以感受外界刺激、直接调节各器官系统活动，是动物体内最复杂的结构。最原始的多细胞无脊椎动物的神经系统为网状神经系统，扁形动物出现了原始的中枢神经系统，称为梯状神经系统，环节动物和节肢动物等的神经系统为链状神经系统。脊椎动物的神经系统高度集中，脑和脊髓是脊椎动物的中枢神经系统，高等脊椎动物的脑分为大脑、间脑、中脑、脑桥、小脑和延脑。

动物的无性生殖包括裂殖生殖、出芽生殖、芽球生殖、再生等形式。有性生殖增加了子代的遗传变异，有利于在变化的环境中生存和繁衍。

复习思考题

1. 辨认脊椎动物皮肤中的表皮和真皮，并分别举出它们的衍生物。
2. 解释流体静力骨骼如何会产生运动。
3. 简述从低等动物到高等动物消化系统基本结构的变化。
4. 简述无脊椎动物循环系统的基本类型和结构。
5. 哺乳动物血液的基本成分有哪些？它们在循环中的机能是什么？
6. 阐明动物气体交换的机制。
7. 无脊椎动物的渗透压调节和排泄器官有哪些类型？
8. 简述环节动物后肾的结构与排泄机理。
9. 马氏管的排泄与无脊椎动物后肾的排泄有何区别？
10. 人体的尿是如何形成的？怎样理解高浓度尿的形成机理？
11. 如何理解体液免疫和细胞免疫？它们之间有什么区别？
12. 何为动作电位？动作电化是如何形成的？
13. 什么是突触？突触有哪几种类型？它们在结构上有什么区别？
14. 何为动物的有性生殖？怎样理解动物有性生殖的生物学意义？

第十三章　动物的类群

地球上的动物种类繁多，动物分布极广，在陆地、海洋、天空都能找到动物生活的足迹。动物界（Animalia）有着异常丰富的多样性，除单细胞的原生动物外，诸多门类都是多细胞的后生动物。后生动物沿着从简单到复杂、从低等到高等的进化路线，经历了海绵动物门、线形动物门、软体动物门、环节动物门、节肢动物门以及棘皮动物门等无脊椎动物到脊索动物门的进化历程。海绵动物主要是在海洋中营固着生活的一类单体或群体动物，是最原始的一类后生动物。腔肠动物在结构、生理及进化水平上超过了海绵动物，出现了一些海绵动物还没有发生的基本特征，如两胚层、辐射对称和消化循环腔。线形动物为假体腔动物，其余为真体腔动物，其中软体动物身体不分节，环节动物和节肢动物身体分节且为原口，棘皮动物和脊索动物均为后口动物。脊索动物门是动物界中最高等的一门，它们又包括尾索动物、头索动物和脊椎动物三个亚门。脊椎动物亚门与人类关系最为密切，主要的脊椎动物有鱼类、两栖类、爬行类、鸟类和哺乳类，是由无脊椎动物演化而来（图 13-1）。

图 13-1　地球上的生命多样性

第一节　原生动物门

原生动物（Protozoa）分布广泛，生活在淡水、海洋、潮湿的土壤，也有寄生的种类。原生动物是动物界中最原始、最低等的动物。身体微小，属单细胞个体或单细胞群体，通过各种胞器进行运动、消化、呼吸、排泄、生殖、感应等能营独立生活的有机体。原生动物中既有明显类似动物的类群（如变形虫、草履虫等），又有明显类似植物的类群（如盘藻、团藻等），还有介于动物、植物和真菌之间的类群（如眼虫、黏菌等）。

一、原生动物门的主要特征

（1）原生动物身体微小，在动物界中是最简单、最原始的动物。是由单个细胞组成的有机体，有些原生动物聚集成群体生活。

（2）原生动物运动胞器为鞭毛、纤毛、伪足等，原生动物运动方式有两种：一类是没有固定运动的胞器的种类，如变形虫的伪足；另一类是有固定运动的胞器的种类，如草履虫的纤毛和眼虫的鞭毛。

（3）摄食胞器为胞口、胞咽、食物泡等。

(4) 营养方式包括植物性营养、动物性营养、渗透性营养等。

(5) 调节体内水分的胞器为伸缩泡、收集管。

(6) 感觉胞器为眼点，呼吸通过体表扩散作用从周围环境吸取氧气和排出二氧化碳。

(7) 生殖分无性生殖和有性生殖。无性生殖方式包括二分裂、横二分裂、纵二分裂、裂体生殖、孢子生殖等形式，有性生殖方式包括配子生殖、接合生殖等形式。

二、原生动物门的分类

(1) 鞭毛纲（Mastigophora） 鞭毛纲多数种类表膜坚韧，能维持一定体形，用鞭毛进行运动。营养方式有三种：自养型（光合营养）、异养型（渗透营养或吞噬营养）、混养型（光合营养、渗透营养）。无性生殖一般为纵二分裂，有性生殖为配子结合或整个个体结合，环境不良的条件下可形成包囊。现知种类约2000种，如盘藻（*Gonium*）、团藻（*Volvox*）、钟罩虫（*Dinobryon*）、夜光虫（*Noctiluca*）、沟腰鞭虫（*Gonyaulax*）、隐滴虫（*Cryptomonas*）、扁眼虫（*Phacus*）、旋眼虫（*Euglena spirogyra*）、原海绵虫（*Proterospongia*）、变形鞭毛虫（*Mastigamoeba*）、锥虫（*Trypanosoma*）、利什曼原虫（*Leishmania*）、披发虫（*Trichonympha*）等（图13-2、图13-3）。

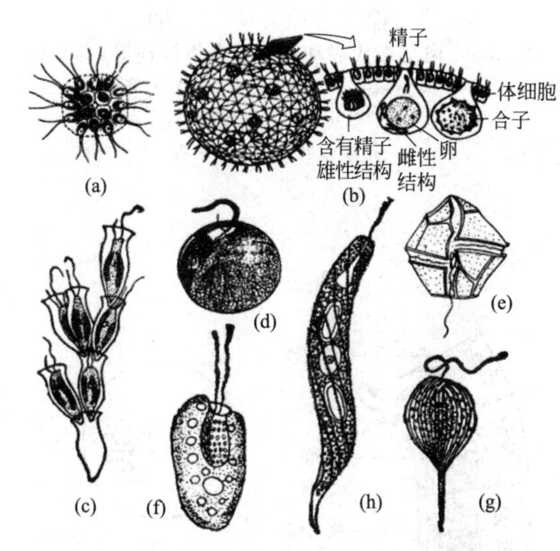

图13-2 植鞭亚纲代表动物［(a)、(b) 仿Keeton；(c) 仿Dinobryon sertularia；(d)～(h) 仿Hickman等，1993］

(a) 盘藻；(b) 团藻；(c) 钟罩虫；(d) 夜光虫；(e) 沟腰鞭虫；(f) 隐滴虫；(g) 扁眼虫；(h) 旋眼虫

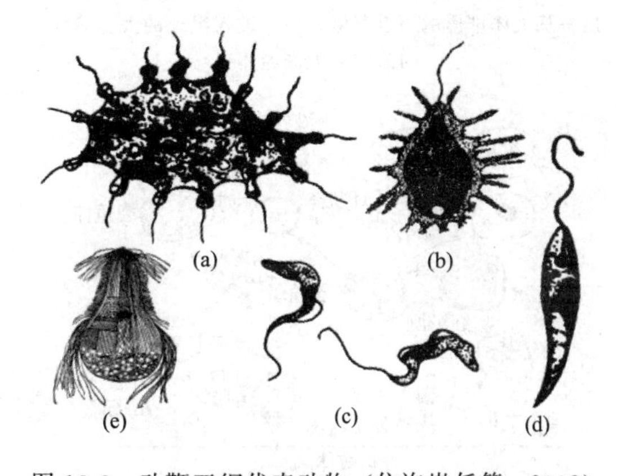

图13-3 动鞭亚纲代表动物（仿许崇任等，2008）

(a) 原海绵虫；(b) 变形鞭毛虫；(c) 锥虫；(d) 利什曼原虫；(e) 披发虫

(2) 肉足纲（Sarcodina） 肉足纲种类的细胞质可以延伸形成伪足，以伪足为运动器官，可做变形运动，也具有摄食的功能，均为异养生活。体表仅有极薄的原生质膜，无固定形态。生殖一般为二分裂，大多种类可形成包囊。现知种类约8000种，如大变形虫（*Amoeba proteus*）、痢疾内变形虫（*Entamoeba histolytica*）、表壳虫（*Arcella*）、沙壳虫（*Difflugia*）、房球虫（*Globigerina*）、太阳虫（*Actinophrys sol*）、辐球虫（*Actinosphaerium eichhorni*）、棘骨虫（*Acanthometra*）等（图13-4、图13-5）。

(3) 孢子纲（Sporozoa） 孢子纲全部是营寄生生活的动物，它们的营养方式吸取宿主体内的有机物作为营养。生殖方式包括无性生殖和有性生殖，无性生殖是裂体生殖，有性生殖是配子生殖，有性世代和无性世代在两个寄主体内进行。生活史相当复杂。现知种类2300余种，如单房簇虫（*Monocystis*）、兔肝艾美球虫（*Eimeria stiedae*）、间日疟原虫

(*Plasmodium vivax*)、三日疟原虫（*P. malaria*）、恶性疟原虫（*P. falciparum*）、卵形疟原虫（*P. ovale*）等（图 13-6、图 13-7）。

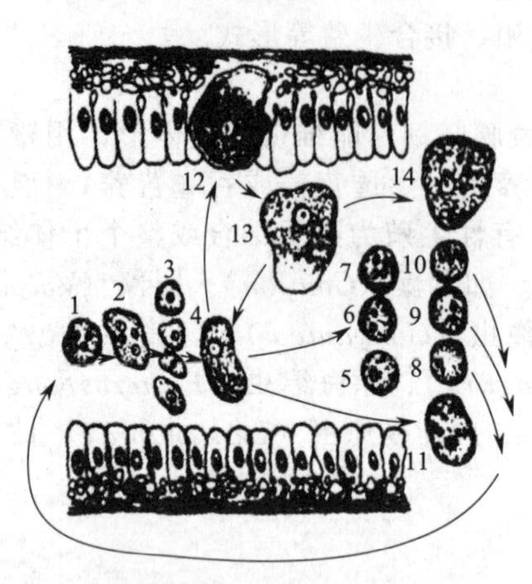

图 13-4　痢疾内变形虫（引自刘凌云，1997）

1—进入肠的四核包囊；2～4—小滋养体形成；
5～7—含一、二、四核包囊；8～10—排出的一、二、四核包囊；
11—从人体排出的小滋养体；12—进入组织的大滋养体；
13,14—大滋养体

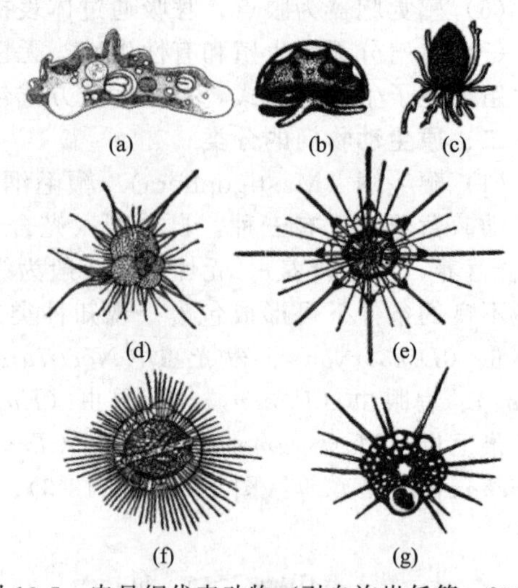

图 13-5　肉足纲代表动物（引自许崇任等，2008）

(a) 大变形虫；(b) 表壳虫；(c) 沙壳虫；
(d) 球房虫；(e) 太阳虫；
(f) 辐球虫；(g) 等棘虫

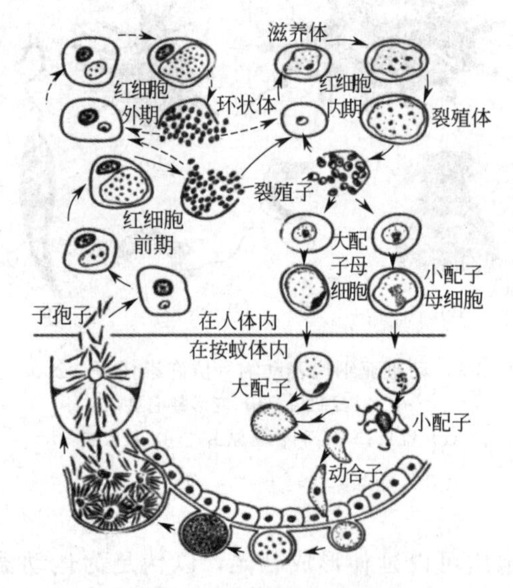

图 13-6　间日疟原虫的生活史

（引自刘凌云，1997）

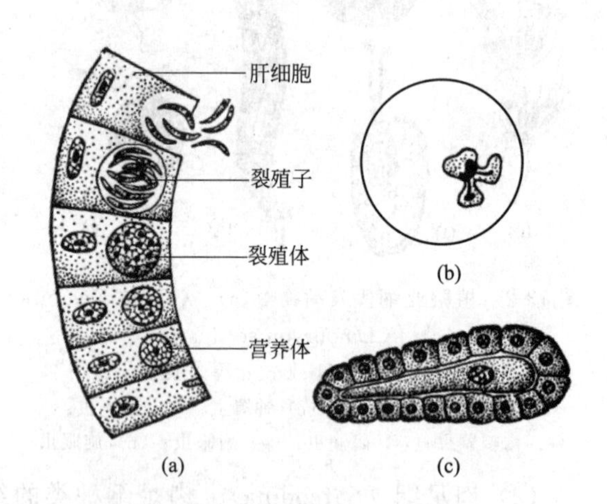

图 13-7　孢子纲代表动物（引自江静波等，1995）

(a) 兔肝艾美虫；(b) 巴贝斯虫（寄生在红细胞内）；
(c) 单房簇虫营养子（寄生在蚯蚓精母细胞间）

（4）丝孢子纲（Cnidospora）　孢子大，具极囊、极丝（polar filament）或仅具极丝，寄生在无脊椎动物和低等脊椎动物体内或体表。已知种类 700 余种，如碘泡虫（*Myxobolus*）、黏体虫（*Myxosoma*）、蚕微粒子虫（*Nosema bombycis*）、蜂微粒子虫（*N. apis*）等（图 13-8）。

（5）纤毛虫纲（Ciliata）　运动胞器为纤毛，纤毛分布在整个体表或呈膜状或束状，有大核和小核，生殖方式包括无性生殖和有性生殖。现知种类 6000 余种，如斜管虫（*Chil-*

odonella)、结肠肠袋虫（*Balantidium coli*）、中华毛管虫（*Trichophrya sinensis*）、草履虫、四膜虫（*Tetrahymena*）、车轮虫（*Trichodina*）、独缩虫（*Carchesium*）、钟虫（*Vorticella*）、游仆虫（*Euplotes*）、棘尾虫（*Stylonychia*）、喇叭虫（*Stentor*）等（图 13-9）。

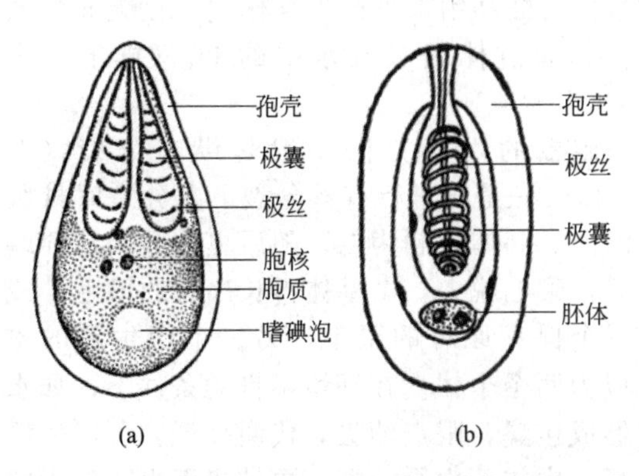

图 13-8 丝孢子虫纲代表动物
（仿江静波等，1995）
（a）碘泡虫；（b）蚕微粒子虫

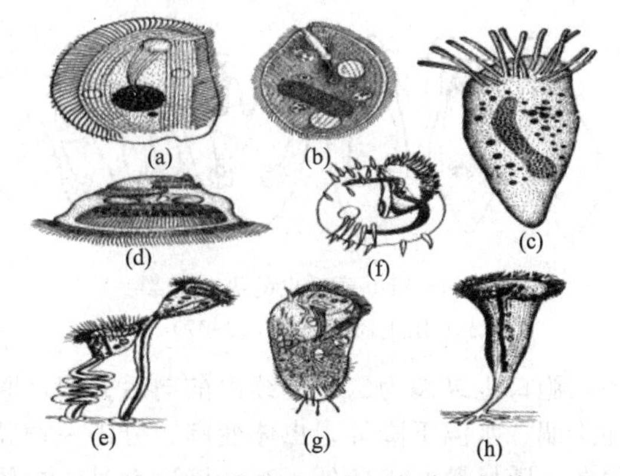

图 13-9 纤毛虫纲的代表动物（仿许崇任等，2008）
（a）斜管虫；（b）结肠肠袋虫；（c）中华毛管虫；
（d）车轮虫；（e）钟虫；（f）游仆虫；
（g）棘尾虫；（h）喇叭虫

三、代表动物——绿眼虫

绿眼虫（*Euglena*）生活在有机物质丰富的水沟、池沼或缓流中。温暖季节可大量繁殖常使水呈绿色（图 13-10）。

眼虫体呈绿色梭形，前端钝圆，后端尖。在虫体中部稍后有一个大而圆的核，生活时是透明的。体表覆以具弹性的、带斜纹的表膜（pellicle），表膜即质膜是由许多螺旋状的条纹联结而成，每一个表膜条纹的一边有向内的沟（groove），另一边有向外的嵴（crest），一个条纹的沟与其邻接条纹的嵴相关联。眼虫生活时，表膜条纹彼此相对移动，可能是由于嵴在沟中滑动的结果，表膜下的黏液体（mucus body）有黏液管通到嵴和沟，对沟嵴联结可能有滑润作用。表膜覆盖整个体表、胞咽、储蓄泡、鞭毛等，使眼虫既能保持一定形状，又能作收缩变形运动。

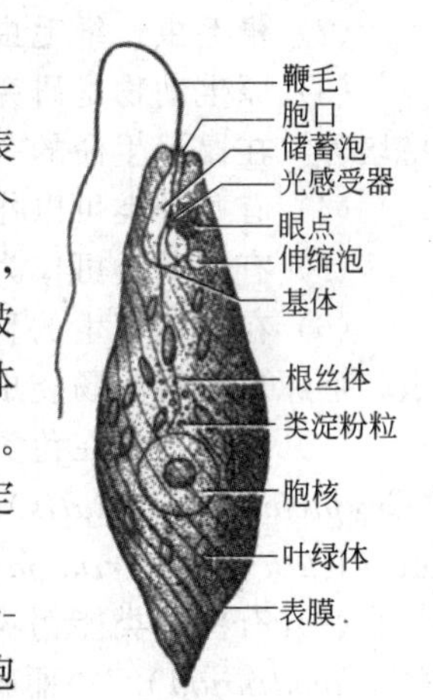

图 13-10 眼虫
（引自刘凌云，1997）

体前端有一胞口（cytostome），向后连一膨大的储蓄泡（reservoir），从胞口中伸出一条鞭毛（flagellum），鞭毛是眼虫运动的胞器。鞭毛下连有 2 条细的轴丝（axoneme），每一轴丝在储蓄泡底部和一基体（basal body）相连，由它产生出鞭毛，从一个基体连一细丝状的根丝体（rhizoplast）至核，表明鞭毛受核的控制。

眼虫在运动中有趋光性，这是因为在鞭毛基部的储蓄泡有一红色眼点（stigma），鞭毛基部靠近眼点处有一膨大的能接受光线的结构，称为光感受器（photoreceptor）。眼点呈浅杯状，光线只能从杯的开口面照射到光感受器上，因此，眼虫必须随时调整运动方向，趋向适宜的光线。在眼虫的细胞质中有叶绿体（chloroplast），眼虫主要通过叶绿体内含有的叶绿素（chlorophyll）在有光的条件下利用光能进行光合作用，把 CO_2 和 H_2O 合成糖类，即光合营养（phototrophy）。制造的过多营养物质形成一些半透明的副淀粉粒（paramylum granule）储存在细胞质中。在无光的条件下，眼虫也可通过体表吸收溶解于水中的有机物质，即渗透营养（osmotrophy）。有学者认为，眼虫前端的胞口能取食固体食物颗粒。

眼虫前端的胞口可以排出体内过多的水分。在储蓄泡旁有一个大的伸缩泡（contractile

vacuole)，主要功能是收集细胞质中过多的水分，排入储蓄泡，再经胞口排出体外，调节水分平衡，同时排出溶解在水中的代谢废物。

眼虫在有光的条件下，利用光合作用所放出的氧进行呼吸作用，呼吸作用所产生的CO_2，又被利用来进行光合作用。在无光的条件下，通过体表吸收水中的O_2，排出胞内的CO_2。

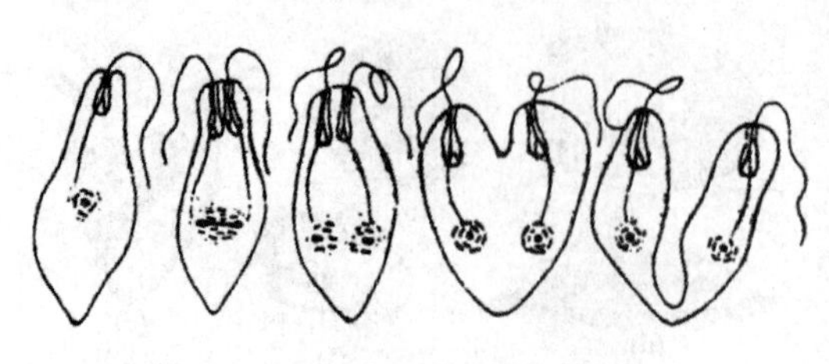

图 13-11　鞭毛虫的纵二分裂
（引自 Brusca 等，2007）

眼虫的生殖方法一般是纵二分裂（图13-11）。先是核进行有丝分裂，在分裂时核膜不消失，基体复制为二，随后虫体开始从前端分裂，鞭毛脱去，由基体再长出新的鞭毛，或是一个保存原有的鞭毛，另一个产生新的鞭毛，胞口也纵裂为二，继续由前向后分裂，断开成为两个个体。在环境不良的条件下，如水池干涸、水温下降等，虫体变圆，分泌一种胶质形成包囊，眼点消失，代谢降低，可以生活很久，随风散布于各处，当环境适宜时，虫体进行一次或几次纵分裂，再破囊而出，包囊的形成是眼虫对不良环境的适应。

四、原生动物与人类的关系

（1）海洋和湖泊中的浮游生物是形成石油的重要原料。有孔虫死后，外壳在海底堆积，当海洋变成陆地时，便形成石灰岩，即地质学上的“造岩作用”。有孔虫的化石很多，在地层中演变很快，不同时期有不同的有孔虫，因此它们又是探测石油的标志。

（2）鞭毛虫、纤毛虫和少数的根足虫是浮游生物的组成部分，是鱼类的天然饵料。

（3）原生动物是研究生物科学基础理论的好材料，因为原生动物结构较简单，繁殖快，易培养，在揭示生命的一些基本规律中，原生动物已经显示其更大的科学价值。

（4）有些种类可以作为有机污染的指标动物，如大多数的植鞭毛虫。

（5）有的种类可作为动物药材，如大草履虫和多小核草履虫（*Paramecium*）。

（6）在人体寄生的种类直接对人体健康造成危害，如利什曼原虫、锥虫、痢疾内变形虫、疟原虫、结肠肠袋虫等。

（7）一些寄生在鱼类及其他动物体内的原生动物与国民经济有直接关系，如鳃隐鞭虫（*Cryptobia branchialis*）、鲩内变形虫（*Entamoeba ctenopharyngodoni*）、焦虫、多子小瓜虫（*Ichthyophthirius multifiliis*）、车轮虫等。

（8）有些种类能污染水源，造成赤潮，危害渔业，如夜光虫、沟腰鞭虫、裸甲腰鞭虫（*Gymnodinium*）、小丽腰鞭虫（*Gonyaulax calenella*）。

第二节　海绵动物门

在动物界中，除了原生动物属单细胞动物外，其余的类群都属多细胞动物。多细胞动物起源于单细胞动物。从单细胞动物到多细胞动物是从低等动物向高级动物进化的重要过程。海绵动物（Spongia）属于原始、低等的多细胞动物类群，它们独特的形态结构和胚胎发育过程表明海绵动物是向多细胞动物进化的过渡阶段。

一、多细胞动物的起源

（1）多细胞动物起源于单细胞动物　单细胞的原生动物虽然能完成生命的各种活动，有些单细胞动物在结构上有一定程度的复杂化，但由各种细胞器来完成的各种不同的生理机能仅仅是一个细胞内的分化。原生动物也有一些多细胞群体，它们只是以群体的方式存在，一般仍是以单个细胞为独立的生活单位的，彼此之间并不发生密切联系。动物由单细胞演变为多细胞是系统发展史上的一个重要阶段。一切高等动物都是多细胞的。

（2）生物发生律　生物发生律（biogenetic law）是德国人赫克尔（E. haeckel，1834—1919）在总结当时胚胎学方面工作的基础上，于 1866 年在《普通形态学》一书中提出来的："生物发展史可分为两个相互密切联系的部分，即个体发育（ontogeny）和系统发展（或系统发育，phylogeny），即个体的发育历史和由同一起源所产生的生物群的发展历史。个体发育史是系统发展史的简单而迅速的重演。"如青蛙的个体发育，由受精卵开始，经过囊胚、原肠胚、三胚层的胚、无腿蝌蚪、有腿蝌蚪，到成体青蛙，反映了它在系统发展过程中经历了像单细胞动物、单细胞的球状群体、腔肠动物、原始三胚层动物、鱼类动物，发展到有尾两栖到无尾两栖动物的基本过程，说明了蛙个体发育重演了其祖先的进化过程，也就是个体发育简短重演了它的系统发展史。生物发生律是一客观规律，对了解动物各类群间的亲缘关系及其发展线索极为重要。系统发展通过遗传决定个体发育，个体发育不仅重演系统发展，而且能补充和丰富系统发展。现在有学者认为生物发生率不十分正确，并提出新的观点。

二、海绵动物的主要特征

（1）海绵动物大多海产，成体全部营固着生活，单体或群体附着于水中的岩石、贝壳、水生植物或其他物体上。单体为辐射对称，群体体形多样，呈不规则、不对称的块状、树枝状、管状等。体表有许多水流进入体内的小孔，故名多孔动物（porifera）。海绵动物是原始、低等的多细胞动物，在动物演化上是一个侧支，又名侧生动物（parazoa）。

（2）海绵动物体壁的基本结构是由两层细胞疏松地结合而成，细胞间保持相对的独立性，无组织和器官的分化，两层细胞之间为中胶层（mesoglea）（图 13-12）。

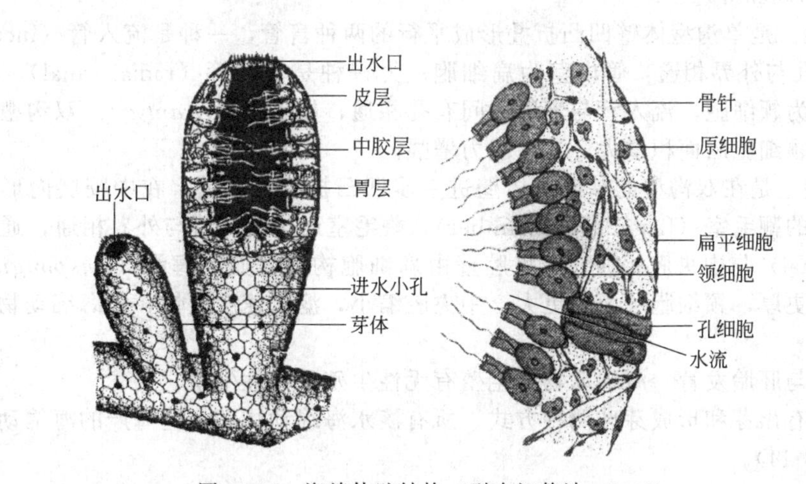

图 13-12　海绵体壁结构（引自江静波，1995）

体表的一层细胞又称皮层（dermal epithelium），由单层的扁细胞（pinacocyte）组成，有保护作用。扁细胞内有能收缩的肌丝（myoneme），细胞的边缘能收缩，围绕着入水小孔或出水孔形成能收缩的小环，控制水流。在扁细胞之间穿插有无数管状的孔细胞（porocyte），分散在体表，形成单沟系海绵的入水小孔。

身体里面的一层细胞又称胃层（stomachic epithelium），在单沟系海绵由领细胞（choanocyte）组成。领细胞具有一细胞质突起形成的透明的领，围绕着一根鞭毛，鞭毛摆动引起水流通过海绵体，在水流中带有食物颗粒（如微小藻类、细菌和有机碎屑）和氧，食物颗粒附在领上，然后进入细胞质中形成食物泡，在领细胞内行胞内消化，或将食物传给变形细胞（amoebocyte）消化。不能消化的残渣，由变形细胞排到流出的水流中。

中胶层是胶状物质，中胶层内有几种类型的变形细胞：有能分泌骨针的成骨针细胞（scleroblast），有能分泌海绵质纤维的成海绵丝细胞（spongioblast），以及具有不同功能的原细胞。

（3）水沟系统　水沟系（canal system）为海绵动物特有，通过水流带进食物、氧气并排出废物，对适应固着生活很有意义。根据海绵动物水沟系统的复杂程度，水沟系分为三种形式，即单沟型（ascon type）、双沟型（sycon type）和复沟型（leucon type）（图 13-13）。

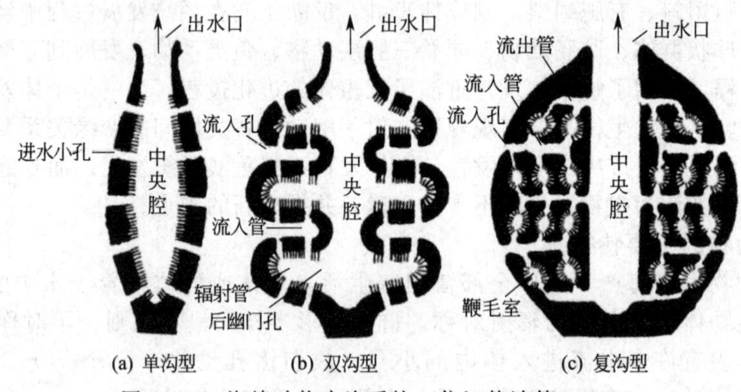

图 13-13　海绵动物水沟系统（仿江静波等，1995）

① 单沟型　水流直接由体壁中的孔细胞流入中央腔，再由中央腔的出水孔排出，如白枝海绵（*Leucosolenia*）。

② 双沟型　是单沟型体壁凹凸折叠形成平行的两种盲管，一种是流入管（incurrent canal），由流入孔与外界相通，管内壁为扁细胞；另一种是辐射管（radial canal），与中央腔相通，管内壁为领细胞，流入管与辐射管间有孔相通，如毛壶（*Grantia*）。双沟型的海绵体壁相对增厚，领细胞层面积增大，滤食能力增强。

③ 复沟型　是在双沟型的基础上体壁进一步凹凸折叠形成的，在中胶层内形成了许多由领细胞构成的鞭毛室（flagellated chamber），鞭毛室通过流入管与外界相通，通过流出管（excurrent canal）与中央腔相通，中央腔壁由扁细胞构成，如浴海绵（*Euspongia*）。复沟型的海绵体壁更厚，领细胞层面积更大，中央腔缩小，滤水速度更快，是海绵动物中最复杂的水沟类型。

（4）生殖与胚胎发育　海绵动物的生殖有无性生殖和有性生殖。

无性生殖有出芽和形成芽球两种方式。所有淡水海绵动物和一些海产的海绵动物都能形成芽球（图 13-14）。

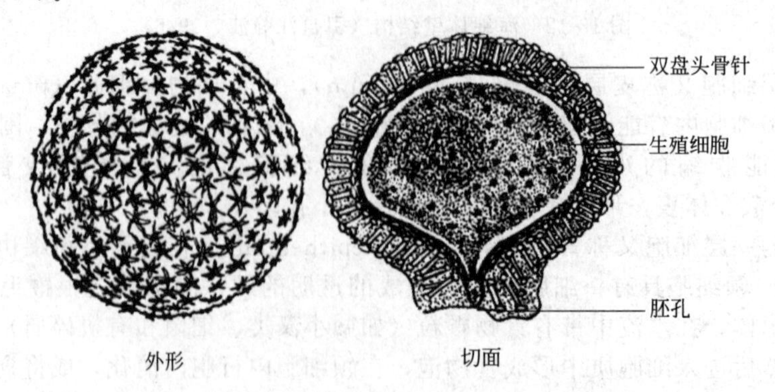

图 13-14　海绵的芽球（引自 Marrshall 等）

海绵动物有雌雄同体（monoecy）和雌雄异体（dioecy）两类，但是异体受精。精子和卵是由原细胞或领细胞发育而来的。精子随水沟系统的水流经中央腔排出体外，进入其他个体内。精子不直接进入卵，而是由领细胞吞食精子后，领细胞失去鞭毛和领成为变形虫状，将精子带入卵进行受精。

三、海绵动物的分类

现知海绵动物约有10000种，主要依据骨针的成分和形状分类，如白枝海绵（*Leucosolenia*）、毛壶、拂子介（*Hyalonema*）、偕老同穴（*Euplectella*）、穿贝海绵（*Cliona*）、浴海绵、淡水针海绵（*Spongilla*）等（图13-15）。

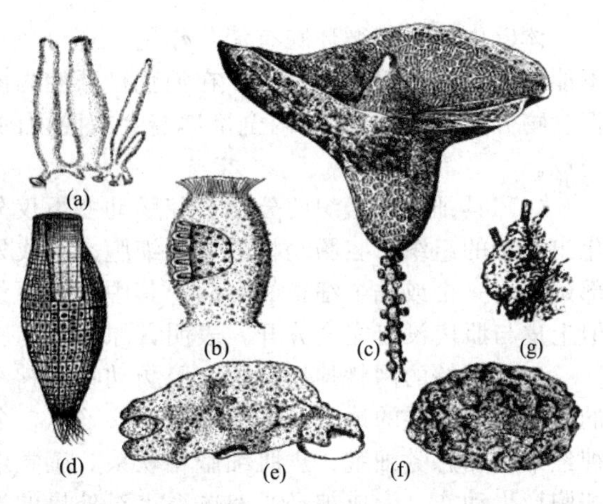

图13-15　海绵动物门代表动物（仿许崇任，2008）
（a）白枝海绵；（b）毛壶；（c）拂子介；（d）偕老同穴；（e）穿贝海绵；（f）浴海绵；（g）淡水针海绵

第三节　腔肠动物门

腔肠动物（Coelenterata）是两胚层动物也是真正后生动物的开始，在动物演化史上处于重要地位。腔肠动物身体辐射对称，出现了胚层的分化、细胞的分化、简单的组织分化。海洋生活的种类发育过程中浮浪幼虫阶段是梅契尼柯夫吞噬虫学说的基础。

一、腔肠动物门的主要特征

（1）体制为辐射对称，少数为两轴辐射对称。

（2）有水螅型和水母型。腔肠动物有两种基本体形，即适应固着生活的水螅型（polyp）和适应漂浮生活的水母型（medusa）。它们的基本构造都为两胚层、辐射对称，有触手、刺细胞、口面及反口面等，但由于它们的生活方式不同，形成了一些不同的特征。

水螅型体圆筒形，固着生活，多形成群体，有些种类有石灰质骨骼。中胶层薄，多数无细胞，口部向上，有垂唇，有些种类有口道，消化循环腔结构简单，神经系统及感觉器官简单，多行无性出芽生殖。

水母型体多为伞形，漂浮生活，不形成群体。伞的边缘具缘膜，中胶层厚，有少数细胞及纤维，口部向下，有垂唇或形成垂管，消化循环腔形成辐管和环管，神经系统及感觉器官复杂，行有性生殖（图13-16）。

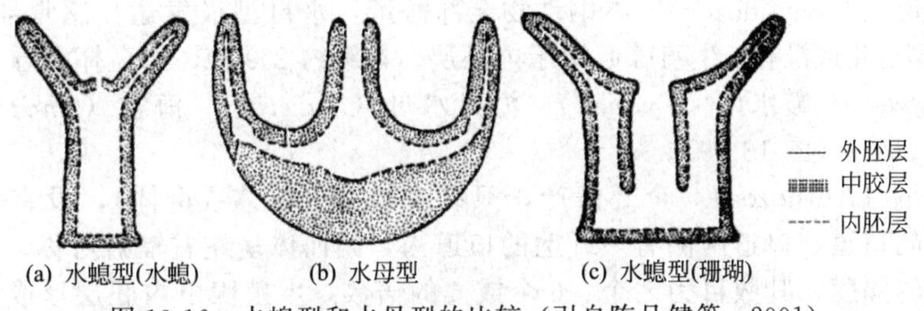

图13-16　水螅型和水母型的比较（引自陈品健等，2001）

（3）具有两胚层及原始的消化腔。腔肠动物的体壁由两层排列整齐的细胞构成，相当于胚胎发育中原肠胚期的外胚层和内胚层，外层的主要功能为保护、运动和感觉，内层的主要功能是消化。在内外两胚层之间有中胶层。

体壁内的消化循环腔有消化作用，还可以运送营养物质到身体各部，有口，没有肛门，不能消化的残渣仍由口排出。在消化循环腔内的细胞外消化作用进行得相当快，几小时就能把食物分散，在8～12h内全部肉酱会被腔内的细胞吞入，细胞内消化却需要几天时间才能完成。

（4）具细胞与组织的分化。腔肠动物不仅分化出具有各种形态和功能的细胞，而且已分化出原始的组织。腔肠动物的皮肌细胞是组成外胚层和内胚层的主要细胞，在皮肌细胞的基部延伸出一个或几个细长的突起，其中有肌原纤维分布，具有上皮组织和肌肉组织的功能，但上皮与肌肉没有完全分开，表明其原始性，腔肠动物还具有保持独立反应能力的刺细胞。

（5）原始的网状神经系统。腔肠动物的神经系统为原始的神经网。神经细胞位于外胚层的一侧近中胶层的地方，这些细胞有2个、3个或更多的细长的突起，彼此互相联络成网。神经细胞和感觉细胞、皮肌细胞相联系，感觉细胞接受刺激、神经细胞传递刺激冲动、皮肌细胞产生动作，形成神经肌肉体系。对外界的光、热、化学的、机械的、食物的刺激产生有效的反应，有利于捕食、逃避敌害、协调生理活动。神经纤维外周无鞘包裹，信息传导的速度很慢，如海葵神经传导速度为12～15cm/s。腔肠动物没有神经中枢，神经细胞传递没有方向性，称为弥散神经系统（diffuse nervous system）。

（6）生殖和世代交替。腔肠动物生殖方式有无性生殖和有性生殖。

无性生殖为出芽生殖，母体的一部分长成芽体，芽体长大后脱离母体形成新个体，大多数种类芽体不脱离母体，而形成复杂的群体。

有性生殖为配子生殖，多为雄雌异体。性细胞来源于外、内胚层的间细胞。许多海产种类在个体发育过程中有浮浪幼虫（planula）阶段，浮浪幼虫有内、外胚层，内胚层充满原生质，然后发育成原肠腔，再往后成为消化循环腔。外胚层已有神经、感觉、刺细胞等的分化。浮浪幼虫体表长有纤毛，在水中浮游一段时间后，附着于物体上，在发育为新个体。

在腔肠动物的一些种类中有明显的无性水螅体和有性水母体世代交替出现的现象，称之为世代交替（metagenesis）。如：薮枝螅（*Obelia geniculata*）。

二、腔肠动物门的分类

（1）水螅纲（Hydrozoa） 本纲动物种类很多，多数生活在海水中，少数生活在淡水。生活史中有固着的水螅型和自由游泳的水母型。水螅型结构简单，只有简单的消化循环腔，水母型有缘膜，触手基部有平衡囊，生殖腺由外胚层形成，生活史中有世代交替现象。本纲约有3700种，如薮枝螅（*Craspedacusta sowerbyi*）、钟螅（*Campanularia*）、筒螅（*Tubularia*）、淡水棒螅（*Coldylophora lacustris*）、水螅（*Hydra*）、桃花水母（*Craspedacusta soweroyi*）、钩手水母（*Gonionemus*）、多孔螅（*Millepora*）、僧帽水母（*Physalia*）（图13-17、图13-18）。

（2）钵水母纲（Seyphozoa） 本纲动物全部海产，水母型极发达，感觉器官为触手囊，无缘膜，水螅型退化或没有，生殖腺起源于内胚层。本纲约200种，如高杯水母（*Lucernaria*）、灯水母（*Charybdea*）、霞水母（*Cyanea*）、海月水母（*Aurelia*）、海蜇（*Rhopilema*）、缘叶水母（*Pertphylla*）（图13-19）。

（3）珊瑚纲（Anthozoa） 全部海产，只有水螅型（单体或群体），没有水母型。有外胚层下陷形成的口道，口道两侧有一纤毛的口道沟，因而体呈左右辐射对称。消化循环腔中有内腔层突出的隔膜，其数目为8个、6个或6的倍数，生殖腺由内胚层形成，中胶层内有发达的结缔组织。多数种类具有石灰质的外骨骼。本纲约有6000多种，如海鸡冠（*Alcyonium*）、海鳃（*Pennatula*）、海仙人掌（*Cavernularia*）、红珊瑚（*Corallium*）、细指海葵（*Metridium*）、角海葵（*Cerianthus*）、角珊瑚（*Antipathes*）、石芝（*Fungiia*）、鹿角珊瑚（*Madrepora acropora*）等（图13-20）。

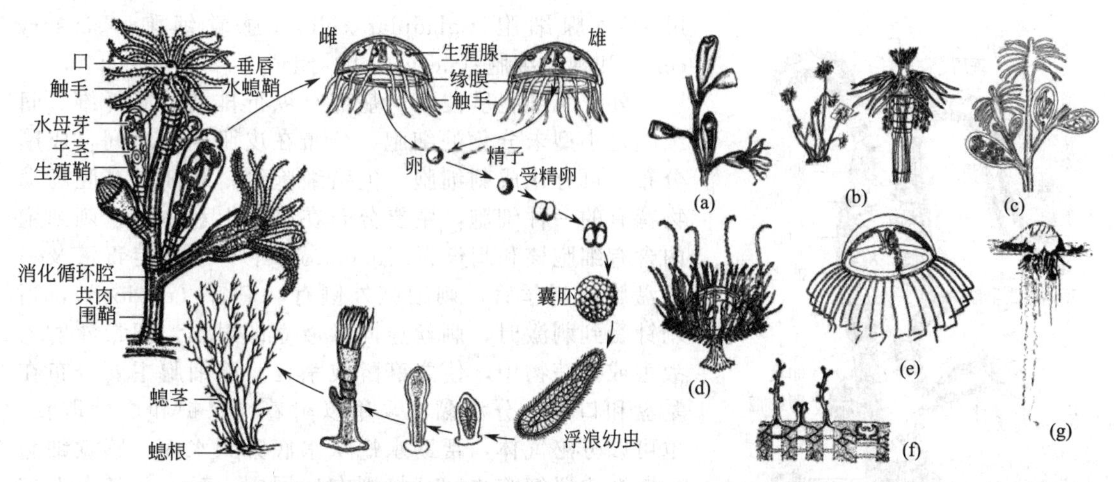

图 13-17 薮枝螅及其生活史
（仿刘凌云，1997）

图 13-18 水螅纲代表动物（仿陈义并有所添加）
（a）履状钟螅；（b）筒螅；（c）淡水棒螅；（d）桃花水母；（e）钩手水母；（f）多孔螅；（g）僧帽水母

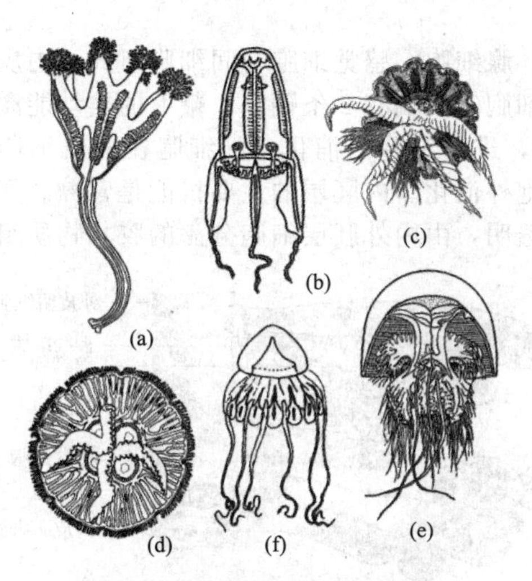

图 13-19 钵水母纲代表动物
（仿许崇任并有所添加，2008）
（a）高杯水母；（b）灯水母；（c）霞水母；（d）海月水母；（e）海蜇；（f）缘叶水母

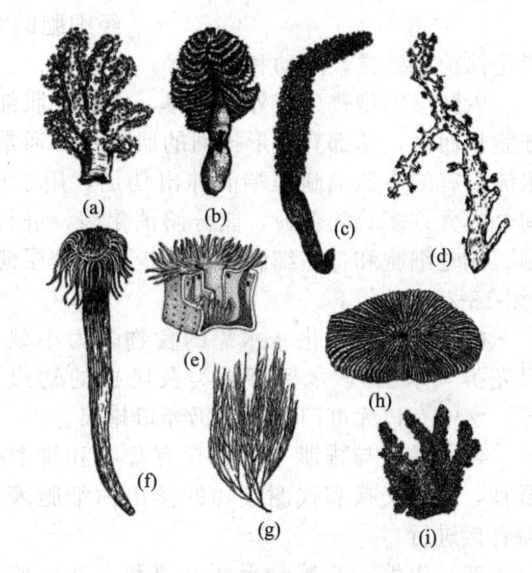

图 13-20 珊瑚纲代表动物
（仿许崇任并有所变动，2008）
（a）海鸡冠；（b）海鳃；（c）海仙人掌；（d）红珊瑚；（e）细指海葵（部分体壁纵、横切）；（f）角海葵；（g）角珊瑚；（h）石芝；（i）鹿角珊瑚

三、代表动物——水螅

水螅（*Hydra*）生活在水质洁净的池塘或小溪流中，附着在水草、落叶或水底岩石上营固着生活，当环境不利时，可以离开原来的固着点漂荡，运动方式为尺蠖状爬行。还可作翻筋斗运动，运动一般趋向光线适度、氧气充足、食物丰富的地方。

（1）外形　水螅身体呈圆柱状，一端附着在其他物体上称为基盘（basal disc），游离一端有圆锥状的突起，称垂唇（hypostome），中央有口，周围有辐射状排列的触手 6～12 条，为捕食器官，在体侧常有水螅芽体（图 13-21）。

（2）体壁　由外胚层、内胚层和中胶层（mesoglea）组成。外胚层细胞排列整齐，较薄，由外皮肌细胞（epithelio-muscular cell）、间细胞（interstitial cell）、刺细胞（cnido-

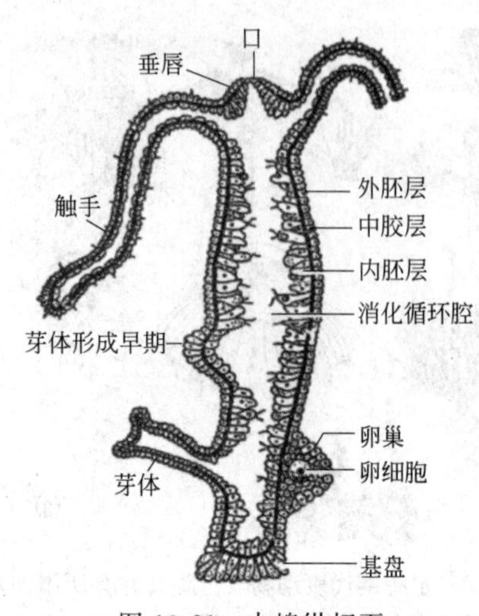

图 13-21 水螅纵切面

(引自刘凌云，1997)

blast)、腺细胞（gladular cell)、感觉细胞（sensory cell）和神经细胞（nerve cell）组成。

外皮肌细胞呈柱状，基部有纵行排列的肌纤维。间细胞是小型未分化的细胞，分布在皮肌细胞之间，成簇分布，可分化成刺细胞、生殖细胞等。刺细胞是腔肠动物特有的一种细胞，主要分布在触手上和体表，刺细胞内含有细胞核和刺丝囊（nematocyst)，囊内有毒液及一条盘旋的刺丝管，刺细胞外侧有一刺针（cnidocil)，当刺针受到刺激时，刺丝连同毒液立即射出，把毒液射入敌害或捕获物中，使之麻醉或杀死。腺细胞主要分布在基盘和口区，分泌黏液，用以附着、保护和协助取食，也可以分泌气体，帮助水螅从水底升到水面。感觉细胞分散在皮肌细胞之间，特别在口周围、触手和基盘上较多；感觉细胞小，端部具感觉毛，基部与神经纤维相连。神经细胞位于外胚层细胞的基部，接近中胶层部分，神经细胞的突起彼此连接，形成神经网。外胚层的主要机能是保护、感觉、运动和生殖等。

内胚层细胞排列较外胚层厚，由内皮肌细胞、腺细胞、感觉细胞与间细胞组成。内皮肌细胞长而大，基部有环形排列的肌纤维，通常在细胞的顶端有 2 条鞭毛，鞭毛的摆动能激动水流，有的皮肌细胞顶端能伸出伪足，用于捕食，进行细胞内消化。腺细胞在皮肌细胞之间，内含许多分泌颗粒，能分泌消化酶，进行细胞外消化。内胚层的主要机能是营养。间细胞、感觉细胞和神经细胞数目较少。中胶层薄而透明，由内外胚层细胞分泌的胶状物质组成（图 13-22)。

(3) 摄食与消化　水螅的食物多为小型甲壳类（水蚤)、水栖寡毛类及昆虫的幼虫等。水螅有口无肛门，残渣仍经口排出。

(4) 呼吸与排泄　水螅没有呼吸和排泄器官，气体交换和代谢废物的排出由细胞表面直接进行。

(5) 生殖　水螅营无性生殖和有性生殖两种方式。

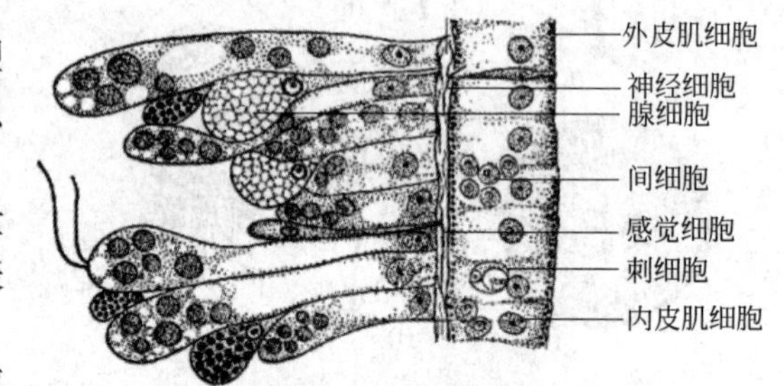

图 13-22 水螅横切面（部分)（仿江静波，1995)

无性生殖以出芽方式进行，出芽的位置一般在动物体中下部；体壁的某一部分向外凸出，形成芽体，逐渐长大，最后基部收缩与母体脱离而独立生活。

有性生殖多发生在秋冬季节来临时。水螅为雌雄同体，生殖细胞由外胚层的间细胞形成。精巢位于在近触手的一端，呈锥状，卵巢位于近基盘的一端，呈球状，卵子成熟后，卵巢破裂，卵子外露。精子成熟后并从精巢内逸出，在水中游泳，与卵子结合，行异体受精。

(6) 再生　水螅的再生能力很强，将水螅体任意切成数段，每一小段都可再生出所失去的部分；而形成一个新的个体。由于水螅有很强的再生能力，将水螅触手切下，很快在上端长出多条触手。原触手发育成水螅体。因而它是理想的实验动物材料。

四、腔肠动物与人类的关系

(1) 海蜇的营养价值很高，含有多种氨基酸、蛋白质和多种维生素，是餐桌上的美味佳肴。

(2) 经研究发现，腔肠动物的刺丝囊中的毒性成分为刺丝囊毒素，这种毒素成分可作为新的药物来源。在某些腔肠动物中，该成分还具有抗肿瘤的功效。

(3) 用珊瑚骨骼制作工艺品、手镯、项链等，大型的珊瑚骨骼可用来做建筑材料，盖房子、铺路，既美观又坚固。

(4) 大型的腔肠动物能预报天气，在风暴来临前几天或数小时游向深海，渔船可根据此现象返回港湾。

(5) 石珊瑚的骨骼是构成珊瑚礁和珊瑚岛的主要成分。有大量的珊瑚骨骼堆积成的岛屿，如我国的西沙群岛、印度洋的马尔代夫岛、南太平洋的斐济群岛等，构成海洋生物最佳生态环境。

(6) 有的大型钵水母对渔业生产有害，不仅危害鱼类、贝类，还能破坏网具。

(7) 腔肠动物的刺丝囊对人的危害很大，如一些大的水母或海蜇蜇刺人体后，可造成严重创伤，应多加防范。

第四节 扁形动物门

扁形动物（Platyhelminthes）在动物进化史上占有重要地位。从这类动物开始出现了两侧对称和中胚层，这对动物体结构和机能的进一步复杂、完善和发展，对动物从水生过渡到陆生奠定了必要的基础。与此相关的在扁形动物阶段出现了原始的排泄系统和梯式的神经系统等。

一、扁形动物门的主要特征

(1) 两侧对称　是从扁形动物门开始出现的动物体型，即通过动物的身体中轴只有1个，这条轴可以把身体分成2个相等的部分。动物体可明显地分出前后、左右、背腹，体背面发展了保护的功能，腹面发展为运动的功能。促进了神经系统和感觉器官越来越向体前端集中，逐渐出现了头部，使得动物由不定向运动变为定向运动，使其适应的范围更广泛。两侧对称不仅适于游泳，又适于爬行，是动物从水生进化到陆生的重要条件之一。

(2) 中胚层的形成　从扁形动物门开始，在内外胚层之间出现了一个新的胚层，即中胚层，因此扁形动物属于三胚层动物。中胚层的形成，引起了一系列组织、器官和系统的分化，其意义如下：①减轻了内、外胚层的负担，使扁形动物达到了器官系统水平，保护内脏器官；②产生实质组织，可以储藏水分和养料，使动物耐旱耐饥饿，分化和再生器官；③分化出肌肉组织，一方面促进新陈代谢的加强，另一方面强化了运动机能，促进消化系统（更有效地摄取较多食物）和排泄系统发达，肌肉形成使运动速度加快，导致神经和感觉器官发展完善。

(3) 皮肤肌肉囊　由于中胚层的形成而产生了复杂的肌肉构造，如环肌、纵肌和斜肌，它们与外胚层形成的表皮相互紧贴而组成的体壁，称为“皮肤肌肉囊”。其主要功能是保护和运动，皮肤肌肉囊可以使动物更迅速、更有效地去摄取食物，从而更有利于动物的生存与发展。

(4) 消化系统　与腔肠动物相似，有口无肛门，为不完全消化系统。消化管由口、咽和肠3部分所组成。口和咽是由外胚层内陷而形成的；肠来源于内胚层，它是末端没有开口的盲管。自由生活的扁形动物消化系统较为发达（如涡虫），肠一般具有分支，延伸到身体的各个部分，协助运输营养物质；而寄生生活的扁形动物，消化系统趋于退化（如吸虫）或完全消失（如绦虫）。

(5) 排泄系统　具原肾管式的排泄系统。原肾管系统由焰细胞、毛细管、排泄管和排泄孔组成。原肾管由身体两侧的外胚层内陷而成。焰细胞（由帽细胞和管细胞组成）为盲管状，其内部有鞭毛，原肾管伸入实质组织，通过鞭毛的不断地摆动而将身体内的代谢废物和多余的水分收集起来，通过毛细管汇集到排泄管，最后经过排泄孔排出体外。

(6) 梯形神经系统　所具有的梯形神经系统比腔肠动物的网状神经系统要高级，由脑、纵神经索和横神经组成。由于两侧对称和中胚层的形成，促进扁形动物神经系统和感觉器官发达并向前集中，在身体的前端有一对较大的神经节，即“脑”，由脑向后端发出不同数目的成对的纵神经索，以腹纵神经索最发达。在纵神经索之间有横神经相连，形成梯形神经系统。

(7) 生殖系统　大多数扁形动物为雌雄同体，由于中胚层的出现，从扁形动物开始，形成了固定的生殖腺、生殖导管及附属腺。虽然雌雄同体，但一般为异体受精。

二、扁形动物门的分类

扁形动物约有两万种，可分为涡虫纲、吸虫纲和绦虫纲。

(1) 涡虫纲（Turbellaria）　自由生活；两侧对称，具中胚层，皮肌囊上有纤毛和杆状体；梯形神经系统，感觉器官比较发达；有口无肛门，不完全消化系统；具焰细胞的原肾管系统；生殖系统比较发达，多为雌雄同体，间接发育的种类要经过牟勒氏幼虫期；再生能力强。常见的种类有旋涡虫、三角涡虫、平角涡虫等。

(2) 吸虫纲（Trematoda）　寄生生活，多数为内寄生；无纤毛和杆状体，有保护性的皮层；有吸盘、小钩和小刺等附着器官；消化系统简单趋于退化，神经系统不发达，感官退化；生殖系统发达，生活史复杂，繁殖量大。内寄生种类有2～3个寄主，具有多个幼虫期。

代表种类有三代虫、指环虫、盾腹吸虫、肝片吸虫（寄生在牛、羊及人的肝脏胆管内，中间寄主为椎实螺，经历毛蚴、胞蚴、雷蚴、尾蚴和囊蚴期）、华枝睾吸虫（成虫寄生在人、猫、狗等的肝脏胆管内，在人体内被它寄生而引起的疾病就称为华枝睾吸虫病，患者有软便、慢性腹泻、消化不良、黄疸、水肿、贫血、乏力、胆囊炎、肝肿等，主要并发症是原发性肝癌，可引起死亡）、布氏姜片虫（寄生于人或猪的小肠，中间寄主为扁卷螺及菱角等，经历毛蚴、胞蚴、雷蚴、子雷蚴、尾蚴和囊蚴期）、日本血吸虫（寄生于人门静脉和肠系膜静脉内，中间寄主为钉螺，经历毛蚴、母胞蚴、子胞蚴和具有尾叉的尾蚴期，图13-23）。

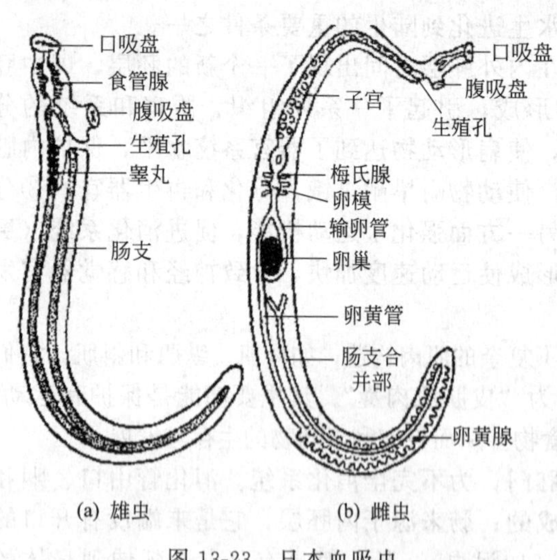

图13-23　日本血吸虫

(3) 绦虫纲（Cestoidea）　寄生生活，为内寄生，形态结构表现出对寄生生活的高度适应；身体呈扁平带状，由多个节片组成，有特化的头节，附着器官如吸盘、小钩或吸沟等都集中于此；体表纤毛消失，感觉器官完全退化，消化系统全部消失；通过体表的渗透作用吸收寄主小肠内已经消化的营养，皮层的节片具有微绒毛，扩大了吸收营养物质的面积；生殖系统特别发达，每个节片含有雌雄性生殖器官各一套，繁殖力强，有寄生的幼虫，大多只经过一个中间寄主。

代表种类有牛带绦虫（成虫寄生于人体小肠上段，幼虫寄生于牛、羊等草食性动物的肌肉中；其形态结构和生活史与猪带绦虫基本相似，头节有吸盘而无小钩）、猪带绦虫（成虫寄生在人的小肠，幼虫寄生在人体的肌肉、皮下、脑、眼，引起绦虫病，其中间寄主是猪。危害是：吸取营养，分泌毒素，导致寄主消化不良、腹痛和腹泻；囊尾蚴寄生于人肌肉时，可引起寄主肌肉疼痛或麻木；引起视力障碍和阵发性昏迷等，图13-24）、细粒棘球绦虫（成虫寄生于狗、狼等动物小肠内，幼虫寄生于人及牛、羊、马等动物的肝、肾、肺、脑等器官中。虫卵被中间宿主吞食后，在十二指肠内孵化为六钩蚴，六钩蚴钻入肠壁，随血液循环至寄生部位，并在其中发育为棘球蚴）。

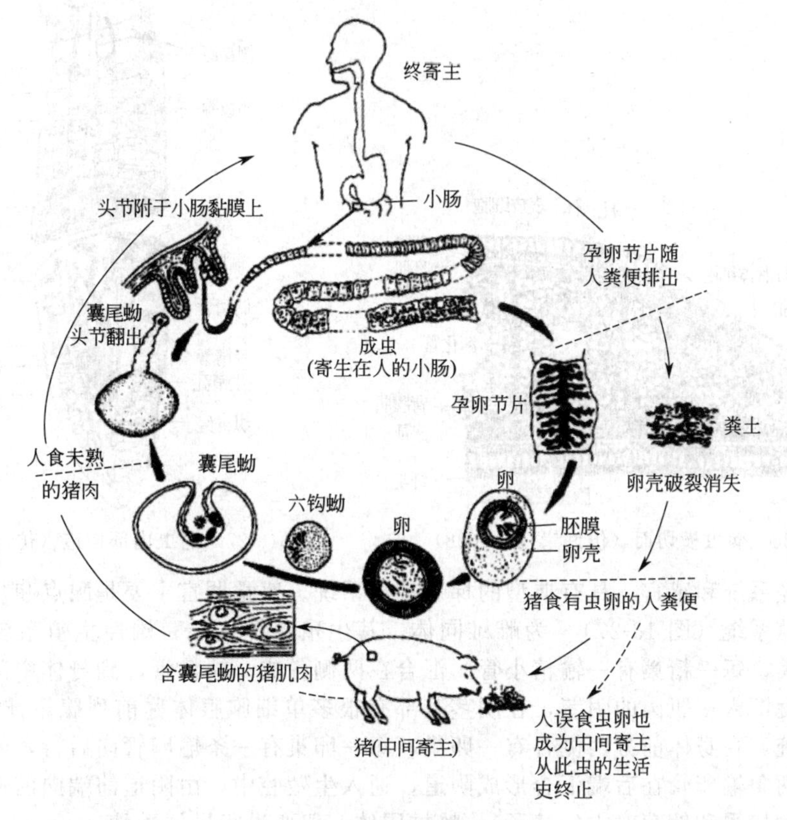

图 13-24　猪带绦虫的生活史

三、代表动物——三角涡虫

（1）外部形态　三角涡虫（*Dugesia*）身体扁平细长，呈柳叶状，背面稍凸，多为黑色或褐色；腹面扁平，颜色较浅，密生纤毛。前端略呈三角形，其两侧各有一个耳状突，背面有一对黑色眼点。口位于身体腹面靠近身体后端的1/3处，稍后方为生殖孔，无肛门（图13-25）。

（2）皮肤肌肉囊　从涡虫开始为真正的三胚层无体腔的动物。表皮来源于外胚层，由紧密排列的柱状上皮细胞组成，其中含有特殊的杆状体，当涡虫体受到外界刺激时，杆状体能排出体外，遇水溶解为有毒的黏液，可以进行捕食或防卫。腹面的表皮有纤毛。肌肉来源于中胚层（分为环肌、纵肌和斜肌），与表皮相互紧贴而形成皮肤肌肉囊。皮肤肌肉囊之中填充来源于中胚层的实质，形成网状，可以贮存养料。肠壁由一层来源于内胚层的柱状上皮构成，其中的空腔为肠腔（图13-26）。

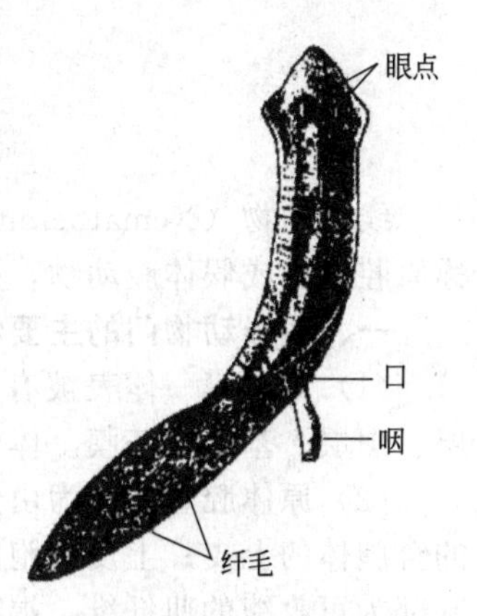

图 13-25　涡虫外形

（引自 Moore& Olsen，1973）

（3）消化系统　口位于身体的腹面，口后为肌肉质的咽，由特殊的咽鞘包围。咽能伸出体外变成吻状，以捕捉食物。咽后是3支肠，1支向前，2支向后。3支上均有次级分支，其末端为盲管，无肛门，是不完全消化系统。

（4）排泄系统　为原肾管式排泄系统。

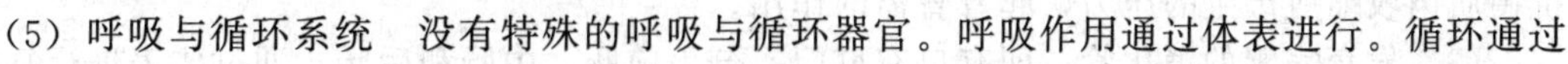

（5）呼吸与循环系统　没有特殊的呼吸与循环器官。呼吸作用通过体表进行。循环通过

实质组织进行，实质组织中的液体，可以运输和扩散新陈代谢的产物。

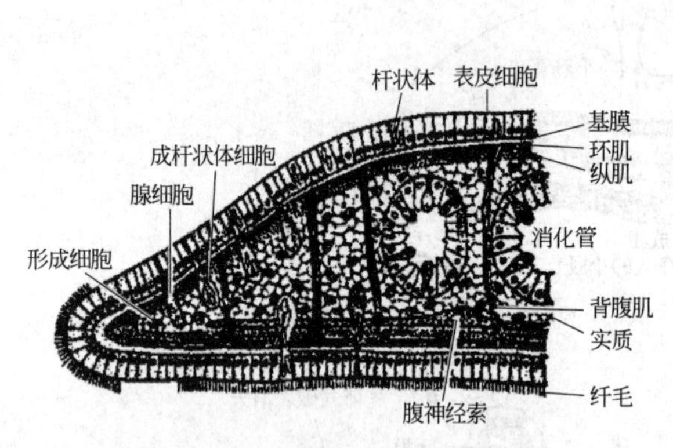

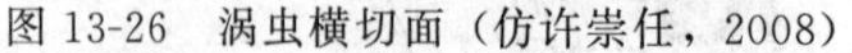
图 13-26　涡虫横切面（仿许崇任，2008）

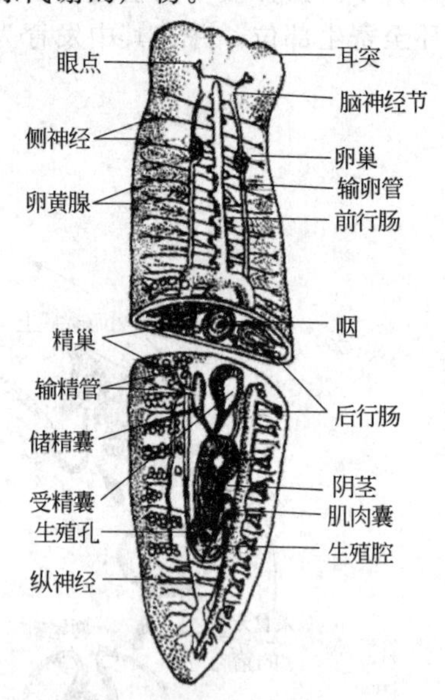

图 13-27　涡虫内部构造（仿许崇任，2008）

（6）神经系统和感官　具有典型的梯形神经系统。感觉器官主要是眼点和耳状突。

（7）生殖系统（图 13-27）　为雌雄同体，其生殖系统复杂。雄性生殖系统：在体之两侧有很多精巢，每一精巢有一输精小管，汇合在两侧各成一输精管，到身体中部膨大为储精囊。两储精囊汇入多肌肉的阴茎，在阴茎基部有很多单细胞腺体称前列腺，开口于生殖腔。雌性生殖系统：在身体前方两侧各有一卵巢，每一卵巢有一条输卵管向后行，收集由卵黄腺来的卵黄，两条输卵管在后端汇合形成阴道，通入生殖腔中，由阴道前端向前伸出一条受精囊（在交配时接受和储存对方的精子）。雌雄同体，但要进行异体受精。

（8）再生　涡虫的再生能力很强，若将它分割为许多段时每一段也能再生成一完整的涡虫。再生表现出明显的极性，再生的速率由前向后呈梯度递减，即前端生长发育最快，后端最慢。当涡虫饥饿时，内部的器官逐渐被吸收消耗，唯独神经系统不受影响，一旦获得食物后，各器官又可重新恢复，变成正常的体型，这也是一种再生方式。

第五节　线形动物门

线形动物（Nemathelminthes）都有体壁中胚层与内胚层消化管之间形成的假体腔，又称原腔动物或假体腔动物，是比较复杂的一大类群。

一、线形动物门的主要特征

（1）角质膜　体表被有一层角质膜，有保护作用，由上皮分泌而成，从外向内分为皮层、中层、基层和基膜。体壁由角质膜、上皮细胞及肌肉组成。

（2）原体腔　体壁为由角质膜、上皮及纵肌层组成的皮肌囊。角质膜下为上皮细胞构成的合胞体的上皮；上皮细胞向内凸出形成背线、腹线及侧线。上皮之内为肌肉层，肌细胞的基部为可收缩的肌纤维，端部为不能收缩的细胞体部（原生质部分），细胞核位于此部。体壁围成的广阔空腔称为原体腔，其中充满体腔液，除了担任输送营养物及代谢物之外，还有抗衡肌肉收缩所产生的压力，起着骨骼的作用。

（3）发育完善的消化管　即有口有肛门，分为前肠、中肠和后肠。通过体表进行气体交换或行泛氧呼吸，没有专门的呼吸及循环结构。

(4) 排泄器官　属于原肾型，没有纤毛及焰细胞，可分为腺型和管型2种。如蛔虫的排泄管为“H”形，是由一个腺细胞特化形成（图13-28）。

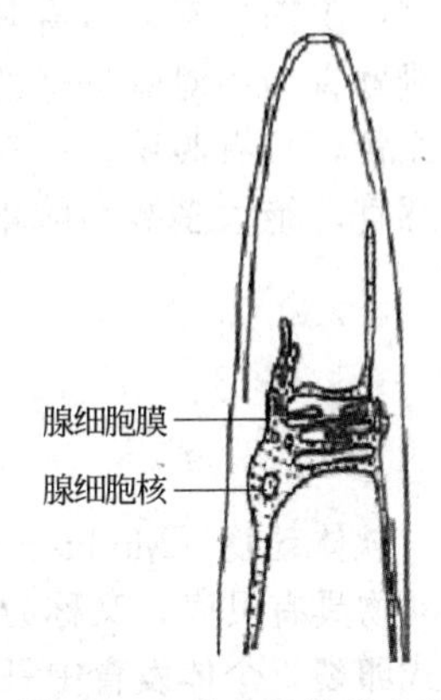

图13-28　线虫的排泄系统
（仿Hichman，1993）

(5) 生殖　主要为雌雄异体且异形。

二、线形动物门的分类

主要包括线虫纲、轮虫纲、腹毛纲等。

（一）线虫纲（Nematoda）

1. 特征

线虫纲因绝大多数体小呈圆柱形，又称圆虫，是线形动物中最大的一纲，约有15000种，是动物界中仅次于节肢动物的第二大类群。线虫在海洋、淡水和土壤中均有分布，除自由生活的以外，还有在动物、植物体内寄生的，对人体、家畜和作物有一定的危害。

2. 几种重要的常见线虫

(1) 人蛔虫（*Ascaris lumbricoides*）　体呈圆柱形，两端渐细，全体乳白色，侧线明显。雌虫长200～250mm，直径5mm左右；雄虫较短且细，尾端呈钩状（图13-29）。蛔虫成虫与幼虫均在人体内寄生。成虫在人体小肠内交配并产卵，卵随寄主粪便排到体外。受精卵呈椭圆形，外被一较厚的卵壳，壳面有一层凹凸不平的蛋白质膜；未受精卵为长椭圆形，卵壳较薄，蛋白质膜的凹凸较浅。卵在潮湿环境和适宜温度经二周发育成幼虫，再过一周幼虫在卵内脱皮一次成为具感染能力的卵。人如吞食了感染卵，卵到小肠后则幼虫孵化，幼虫穿过肠黏膜进入静脉，并随血液在体内循环，经过肝、心脏，最后到达肺部，幼虫在肺泡内寄生，在肺泡内脱皮两次，随咳嗽等动作沿气管逆行又回到咽部，再经吞咽动作又进入消化道中，进入小肠后再脱皮一次，数周后发育成成虫。

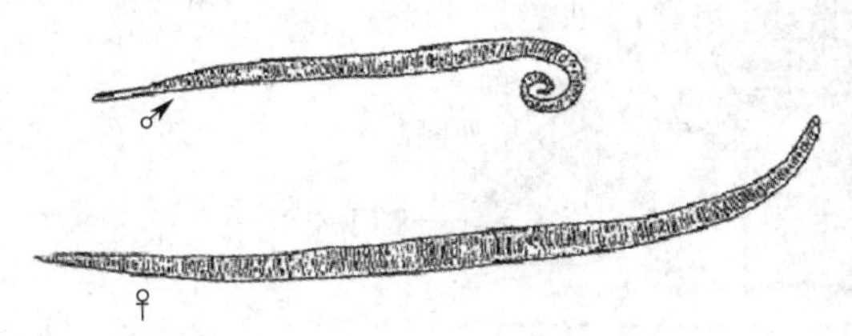

图13-29　人蛔虫（仿刘凌云，1997）

(2) 钩虫　成虫寄生于人体小肠的上段，主要有两种，即十二指肠钩虫（*Ancylostoma duodenale*）及美洲钩虫（*Necator americanus*），我国北方以前者为主，南方多感染美洲钩虫。成虫前端具口囊、唇片退化，口囊内具有成对的钩齿，具切割作用，雄虫尾端具交合囊及刺。卵在潮湿土壤中发育，经杆状幼虫、丝状幼虫两幼虫期，后者直接钻入人体，再随血液或淋巴液移行，经右心、肺，然后再逆行至咽，经吞咽进入小肠。在小肠内再脱皮二次，发育成成虫。

(3) 人蛲虫（*Enterobius vermicularis*）　是寄生于人的盲肠、结肠、直肠等部的一种小型线虫，似白线头状，头端有角质膨大形成的翼。夜间雌虫到寄主肛门处产卵，虫卵在外界变成具感染能力的卵。直接感染，严重时会影响睡眠，出现食欲不振、烦躁、消瘦等症状。

（二）轮虫纲（Rotifera）

轮虫虫体较小，均为水生，是淡水浮游动物的主要类群之一，约有2000多种，常见的如水轮虫（*Epiphanes* sp.）等。

（三）腹毛纲（Rotifera）

腹毛动物是海洋或淡水生活的一类小型动物，因身体腹面披有纤毛而得名，如鼬虫（*Chaetonotus* sp.）等。体呈圆筒状，体表被角质膜，背面略隆，其上常见有刚毛、鳞片、棘等；腹面扁平，具有若干纵行或横排纤毛。上皮为合胞体，其下纵肌成束，原腔不发达。排泄器官为一对具焰球的原肾管，以排泄孔（原肾孔）开口在身体中部腹面。一些海产种没有原肾，具有腹腺。一对脑神经节位于咽的前端，由脑分出两条侧神经纵贯全身，没有特殊的感官。绝大多数为雌雄同体；淡水的种类雄性生殖系统完全退化，行孤雌生殖。

第六节　软体动物门

软体动物（Mollusca）的种数在13万种以上，是仅次于节肢动物门的第二大门。大多数软体动物具有贝壳，又称为贝类。它们具有一些与环节动物相同的特征：次生体腔，后肾管，螺旋式卵裂，个体发育中具担轮幼虫等，因此，通常认为软体动物由环节动物进化而来。

一、软体动物门的主要特征

（1）身体的划分　可区分为头、足和内脏团三部分。少数发生扭曲而不对称（腹足纲）。背侧皮肤褶壁向下延伸形成外套膜，常分泌有坚硬的贝壳（图13-30）。

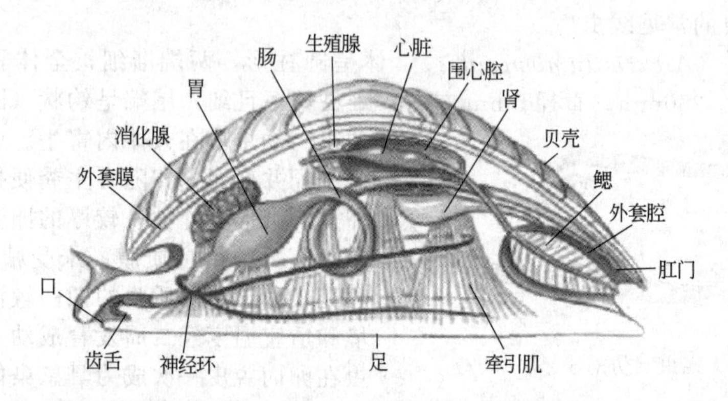

图13-30　软体动物主要结构图（仿 Raven& Johnson，2001）

① 头部　位于身体前端，上面有口、眼、触角等结构。

② 足部　通常位于身体的腹侧，为运动器官，生活方式不同而形态各异。爬行或掘泥沙的种类足部发达，呈叶状、斧状或柱状，如蜗牛、河蚌；有的足部退化，失去了运动功能，如扇贝等；固着生活的种类，则无足，如牡蛎；有的足已特化成腕，生于头部，为捕食器官，如乌贼和章鱼等，称为头足；少数种类足的侧部特化成片状，可游泳，如翼足类。

③ 内脏团　位于足的背面，为不分节的柔软团块。是内脏器官所在的地方，消化、循环、排泄、神经、生殖器官均在里面。多数种类内脏团为左右对称，但有的失去对称，扭曲成螺旋状（如螺类）。

（2）外套膜　是软体动物身体背侧皮肤褶皱向下延伸形成的膜性结构，是由两层上皮细胞及中间的结缔组织和肌肉纤维组成，常包裹整个内脏团。外套膜与内脏团之间形成的腔称外套腔，常有鳃、足，肛门、肾孔、生殖孔等开口于外套腔。

（3）贝壳　是由软体动物外套膜上皮细胞分泌而成的保护动物体的外壳。不同种类的软体动物的贝壳形状和数量均有不同；有些种类贝壳退化为内壳，有的则无壳。贝壳成分主要是碳酸钙和少量的壳基质（贝壳素），这些物质均由外套膜上皮细胞分泌形成。

（4）消化系统　多数种类口腔内具颚片和齿舌，颚片一个或成对，可辅助捕食。齿舌是软体动物特有的器官，是由多列角质细齿组成的锉刀状结构，伸展于口腔底部的舌状突起上，藏在一个狭长的囊中，使用时从囊中伸出口外，以刮取食物。

（5）体腔与循环系统　次生体腔极度退化，仅残留围心腔、生殖腺和排泄器官的内腔。

初生体腔存在于各组织器官的间隙，内有血液流动，形成血窦。

循环系统由心脏、血管、血窦和血液所组成。心脏一般位于内脏团背侧围心腔内，由心耳、心室构成。心室一个，为血循环的动力，心耳一个或成对，常与鳃数目一致。心耳与心室间有瓣膜，防止血液逆流。血液自心室经动脉进入身体各部分，后汇入血窦，由静脉回到心耳，为开管式循环。但一些快速游泳的种类如头足类，则为闭管式循环。

(6) 呼吸系统　水生种类（如河蚌等）用鳃呼吸，鳃位于外套腔内，由外套腔内面上皮伸展而成。

陆生软体动物（如蜗牛等）用“肺”呼吸。陆生种类均无鳃，它们在外套膜上密布毛细血管网，特化成“肺”，可以进行气体交换。

(7) 排泄系统　排泄器官一般为后肾管，肾脏的数目与鳃的数目基本一致。

(8) 神经系统和感觉器官　原始种类仅有围咽神经环和向体后伸出的两条足神经索和两条侧神经索；较高等的种类集中为四对神经节，即：脑神经节、足神经节、侧神经节和脏神经节。

(9) 生殖和发育　一般雌雄异体，雌雄异形。少数雌雄同体（如蜗牛）。行体外或体内受精，异体受精。生殖腺由体腔上皮细胞形成，生殖管一般开口于外套腔。

二、软体动物的生活习性

软体动物的生活习性因种类而异。腹足类在陆地、淡水和海洋均有分布，瓣鳃纲只生活在淡水和海洋中，其他类群则完全生活在海洋中。它们的生活方式有以下几种。

(1) 浮游生活　营这种生活的种类都是随波逐流地在海洋中过漂浮生活。一般个体较小，贝壳很薄或没有贝壳。

(2) 游泳生活　营游泳生活的种类能和鱼类一样在海洋中长距离洄游。

(3) 底栖生活　绝大多数的软体动物营底栖生活。它们在水底匍匐爬行，或在底质上固着。

(4) 寄生生活　有的为外寄生，如圆柱螺寄生于棘皮动物腕的步带沟中；有的为内寄生，如内壳螺寄生在锚海参的食道内。

三、软体动物门的分类

根据其贝壳、头、足、鳃、神经、外套膜和体制等方面的特点，软体动物门可分为七个纲。

(1) 单板纲（Monoplacophora）　体呈蠕虫状，有一个帽状或匙状的贝壳；头部不明显，具发达的片状腹足；有5～6对栉状鳃；足前为口，后为肛门。口前具一对口盖，口后有一对扇状触手；心室一个，心耳两对；神经系统由围食道神经环及向后的侧神经和足神经组成。常见种类为软体动物中的原始种类，大多数为化石种，代表有新蝶贝，为“活化石”。

(2) 无板纲（Aplacophora）　身体呈蠕虫状，无贝壳，腹侧中央有腹沟，有的沟中具带纤毛的足，有运动功能；体后有排泄腔，多数种类在腔内有一对鳃；无感觉器官，心脏为一心室一心耳，血管系统退化；雌雄同体或异体，个体发生中有担轮幼虫期。常见种类全为海产，常见的种类有新月贝、龙女簪等。

(3) 多板纲（Polyplacophora）　体呈椭圆形，背隆腹平，身体背面有覆瓦状排列的八片贝壳；头部不发达，片状足，吸附力强；口腔具齿舌，消化腺发达，次生体腔发达；受精卵完全不均等卵裂，发育过程经担轮幼虫、面盘幼虫，经变态为成体；神经系统较原始，由围食道神经环及向后的侧神经和足神经以及许多细神经构成。常见种类有毛肤石鳖、鳞带石鳖、锉石鳖等。

(4) 腹足纲（Gastropoda）　一般有一个螺旋形贝壳，且多数右旋，少数左旋，壳由螺旋部（含内脏器官）和体螺层（容纳头和足）组成，螺旋部由许多螺层构成，有的种类退化（如鲍类），壳口常有厣，可封闭壳口；头部明显，有眼和触角；足发达，多为块状足，位于身

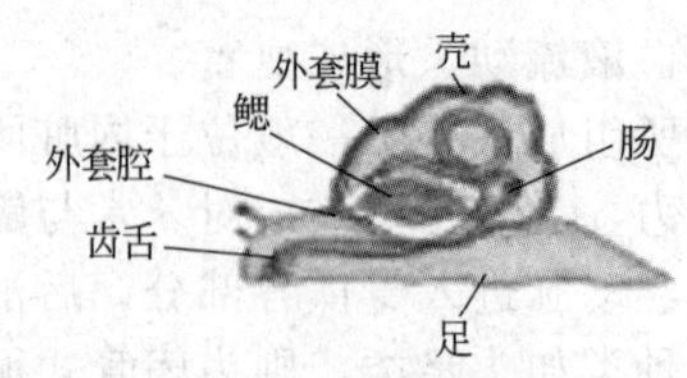

图 13-31　中华圆田螺外形与结构示意图

体腹面；口腔内具齿舌和颚片；栉状鳃，原始种类为楯鳃，有的本鳃消失生出次生鳃，陆生种类有外套膜特化的"肺"；心脏具一心室，一或二心耳；肾脏一个，原始类型一对；完全均等卵裂，属螺旋形，发育过程中有担轮幼虫期和面盘幼虫期；神经系统由脑、足、侧、脏四对神经节组成；在演化过程中身体扭转使内脏团左右不对称。常见的种类有田螺、鲍、笠贝、马蹄螺、钉螺、虎斑宝贝、红螺壳蛞蝓、蓑海牛、蜗牛、锥实螺、菊花螺和蛞蝓等（图 13-31）。

（5）掘足纲（Scaphopoda）　具一个两端开口的管状贝壳；头部不明显，柱状足，利于挖掘；无鳃，用外套膜进行呼吸；心脏一室，无心耳，无血管而有血窦；生殖腺一个，间接发育，个体发育中有担轮幼虫和面盘幼虫时期。常见种类有大角贝、胶州湾角贝等。

（6）瓣鳃纲（Lamellibranchia）　体具两片套膜及两片贝壳（牡蛎贝壳左右不对称）；无头部，斧状足；瓣状鳃；胃肠间有晶杆，胃中有胃楯；心脏为一心室二心耳，开管式循环；排泄器官为一对后肾管；只有脑、足、脏 3 对神经节，感官不发达；一般雌雄异体（牡蛎雌雄同体），间接发育，个体发育中有担轮幼虫、面盘幼虫，淡水蚌特有钩介幼虫。常见的种类有毛蚶、贻贝、栉孔扇贝、牡蛎、无齿蚌、蚬、文蛤、竹蛏、珍珠贝、库氏砗磲（国家一级保护动物，双壳类种最大者）和船蛆等。

（7）头足纲（Cephalopoda）　多数为内贝壳（海螵蛸）或无贝壳，原始头足类有外贝壳；足与头部愈合，特化为腕及漏斗；头部发达，有一对发达的与眼，其结构与脊椎动物的相似；口腔内有一对角质颚和一个齿舌，多数种类有墨囊；循环系统发达，为闭管式；有羽状鳃；神经系统高度集中，脑、侧、脏、足四对神经节在食道附近组成脑，有软骨保护，感官发达；雌雄异体，直接发育。常见种类如鹦鹉螺、短蛸、长蛸、乌贼等（图 13-32）。

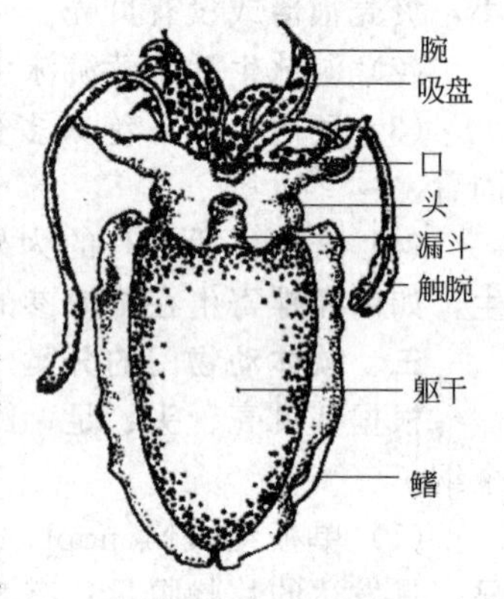

图 13-32　乌贼结构图
（仿徐敬明，1993）

四、代表动物——无齿蚌

无齿蚌（*Anodonta*）又称河蚌，属于软体动物门，瓣腮纲，多栖息于淤泥底、水流缓慢和静水的水域，分布于江河、湖泊、水库和池塘内。为淡水育珠蚌，但产珠质量次。肉供食用。贝壳为中药药材。雌雄异体，成熟卵在雌体外鳃中受精发育成钩介幼虫排出体外，寄生于鱼体，待发育成幼蚌后，沉落水底生活。

1. 外形

无齿蚌具有两瓣卵圆形外壳，左右同形，呈镜面对称，壳项突出。壳前端较圆，后端略呈截形，腹线弧形，背线平直。绞合部无齿，其外侧有韧带，依靠其弹性，可使二壳张开。壳面生长线明显。

2. 内部结构

（1）外套膜　紧贴二壳内面为两片薄的外套膜，包围蚌体，套膜间为外套腔。套膜内面上皮具纤毛，纤毛摆动有一定方向，引起水流。两片套膜于后端处稍突出，相合成出水管和入水管。入水管在腹侧，口呈长形，边缘褶皱，上有许多乳突状感觉器；出水管位背侧，口小，边缘光滑。

（2）足　呈斧状，左右侧扁，富肌肉，位内脏团腹侧，向前下方伸出。为蚌的运动器官。

(3) 肌肉　与壳内面肌痕相对应，可见前闭壳肌及后闭壳肌，为粗大的柱状肌，连接左右壳，其收缩可使壳关闭。前缩足肌，后缩足肌及伸足肌（一端连于足，一端附着在壳内面，可使足缩入和伸出）。

(4) 消化系统　口位前闭完肌下，为一横缝。口的两侧各有一对三角形唇片，大，密生纤毛，有感觉和摄食功能。口后为短而宽的食道，下连膨大的胃，胃周围有一对肝脏，可分泌淀粉酶、蔗糖酶，有导管入胃。胃后为肠，盘曲于内脏团中，后入围心腔，直肠穿过心室，肛门开口于后闭壳肌上，出水管附近。胃肠之间有一晶杆，为一细长的棒状物，前端较粗，顶端形态变异较大，呈细尖、膨大、钩状、盘曲等。晶杆位于肠内，其前端突出于胃中，与胃下部相接。晶杆可能为储存的食物，河蚌在缺乏食物条件下，24h后晶杆即消失，重新喂食，数天后晶杆恢复存在。河蚌以有机质颗粒、轮虫、鞭毛虫、藻类、小的甲壳类等为食。

(5) 呼吸器官　在外套腔内蚌体两侧各具两片状的瓣鳃，外瓣鳃短于内瓣鳃。每个瓣鳃由内外二鳃小瓣构成，其前后缘及腹缘愈合成“U”形，背缘为鳃上腔。鳃小瓣由许多纵行排列的鳃丝构成，表面有纤毛，各鳃丝间有横的丝间隔相连，上有小孔称鳃孔。二鳃小瓣间有瓣间隔，将鳃小瓣间的鳃腔分隔成许多小管称为水管。丝间隔与瓣间隔内均有血管分布，鳃丝内也有血管及起支持作用的几个质棍。

(6) 循环系统　由心脏、血管、血窦组成。心脏位脏团背侧椭圆形围心腔内，由一长圆形心室及左右两薄膜三角形心耳构成。心室向前向后各伸出一条大动脉。向前伸的前大动脉沿肠的背侧前行，后大动脉沿直肠腹侧伸向后方，以后各分支成小动脉至套膜及身体各部。最后汇集于血窦（外套窦、足窦、中央窦等），入静脉，经肾静脉入肾，排除代谢产物，再经入鳃静脉入鳃，进行氧碳交换，经出鳃静脉回到心耳。部分血液由套膜静脉入心耳，即外套循环。

(7) 排泄器官　具一对肾，由后肾管特化形成，又称鲍雅器（Bojanus organ）；还有围心腔腺，亦称凯伯尔器（Kebers organ）。肾位于围心腔腹面左右两侧，各由一海绵状腺体及一具纤毛的薄壁管状体构成，呈“U”形。前者在下，肾口开于围心腔；后者在上，肾孔开口于内瓣鳃的鳃上腔前端。围心腔腺位围心腔的前壁，为一团分支的腺体，由扁平上皮细胞及结缔组织组成，其中富含血液，可收集代谢产物，排入围心腔，经肾排出体外。各组织间的吞噬细胞，也有排泄功能。

(8) 神经系统与感觉器官　无齿蚌具有三对神经节。前闭壳肌下方，食道两侧为一对脑神经节，很小，实为脑神经节和侧神经节合并形成，可称为脑侧神经节。在足的前缘靠上部埋在足内的为一对长形的足神经节，二者结合在一起。脏神经节一对，已愈合，呈蝶状，位后闭壳肌的腹侧的上皮下面，较大。脑、足、脏三对神经节之间有神经连索相连接，脑脏神经连索较长，明显。

蚌的感官不发达，位足神经节附近有一平衡囊，为足部上皮下陷形成。内有耳石，司身体的平衡。脏神经节上面的上皮成为感觉上皮，相当于腹足类的嗅检器，为化学感受器。另外在外套膜、唇片及水管周围有感觉细胞的分布。

(9) 生殖系统与发育　蚌为雌雄异体，生殖腺位足部背侧肠的周围，呈葡萄状腺体、精巢乳白色，卵巢淡黄色。

第七节　环节动物门

环节动物（Annelida）身体分节；具有疣足和刚毛；出现了次生体腔；出现了专门的循环和呼吸系统；链式神经系统，能更好地适应环境，是高等无脊椎动物的开始。

一、环节动物门的主要特征

（1）分节现象　环节动物的身体出现了分节现象，这种分节还比较原始，身体沿纵轴分成相似的部分，每一部分称为一个体节，除头部以外，各体节相似，属于同律分节。如果体节进一步分化，各体节的形态发生明显差别，身体不同的体节完成不同的功能，内脏器官也集中到一定的体节中，即发展为异律分节，最终使动物体向更高级发展，逐渐分化出头、胸、腹各部分有了可能。

（2）疣足和刚毛　运动器官。多数具刚毛，海产种类一般具疣足。刚毛是由表皮细胞内陷形成的刚毛囊内的一个毛原细胞分泌形成的，可在运动及交配时起作用。疣足是体壁凸出的扁平状突起的双层结构，有运动及呼吸等功能。

（3）次生体腔　即消化道和体壁之间的广阔空腔，属于真体腔。从胚胎发生上看，中胚层细胞形成的两团中胚层带裂开形成体腔，逐渐发育扩大，其内侧中胚层附在内胚层外面，分化成肌肉层和脏体腔膜，与肠上皮构成肠壁；外侧中胚层附在外胚层的内面，分化为肌肉层和壁体腔膜，与体表皮构成体壁，次生体腔位于中胚层之间，由中胚层裂开形成，故称裂体腔。次生体腔比假体腔在系统发生上出现的要晚。

消化管壁有了肌肉，又在宽阔的体腔内，旋转蠕动自如，提高了消化机能；使消化管结构的复杂化及功能的进一步完善提供了必要的物质条件；同时又促进了循环、排泄及生殖等系统的进一步完善。因此，次生体腔的出现，在动物进化上有重要意义。

（4）闭管式的循环系统　动物进化过程中第一次出现循环系统，为闭管式循环系统，即血液始终在血管中流动。

（5）消化系统　消化道中有中胚层形成的肌肉，分化出前、中、后肠及不同的腺体。

（6）呼吸　大多数环节动物无专门的呼吸器官，由于循环系统的产生，皮肤内分布有丰富的毛细血管，可依靠体表进行皮肤呼吸。多毛纲的部分海产种类出现专门的呼吸器官——鳃。

（7）后肾管　多数种类具有按体节排列的一对或很多后肾管。起源于外胚层，为两端开口且盘曲的管子，在体外的开口叫肾孔，内端为由多细胞构成的具纤毛的漏斗状的开口，称肾口。此为大肾管。有的种类（寡毛类）特化为小肾管（有的无肾口）。

（8）链状神经系统　由脑、围咽神经索、咽下神经节和腹神经索组成。

（9）生殖系统　除少数多毛类为雌雄异体外，其余为雌雄同体。生殖细胞由体腔膜产生，有的种类有固定的生殖腺（寡毛类、蛭类），有的临时形成生殖腺。

二、环节动物门的生活习性

环节动物是动物界中身体最早出现分节的动物，在海水、淡水及陆地均有分布，有自由游泳的种类，也有爬行、穴居和寄生的种类。自由游泳的种类身体前端头部明显，有眼、触手等感觉器官。穴居等不活动的种类头部和感觉器官不发达。

三、环节动物门的分类

环节动物大约有9000多种，可分为多毛纲、寡毛纲、蛭纲3个纲。

（1）多毛纲（Polychaeta）　环节动物门中最大的一纲。几乎全部海产，具发达的头部和触角、触手、触须、眼等感官；具疣足和成束分布的刚毛；具发达的体腔；肛节有肛须；无生殖带；雌雄异体，无固定生殖腺，生殖细胞来源于体腔上皮，无生殖导管；有群浮习性（月明之夜，雌雄合群在海面游泳，雌性在前面产卵，雄性在后面排精，在海水中完成受精）和异沙蚕相似（性成熟时，体后部具生殖腺的体节发生改变成为生殖节，刚毛变得多而长，疣足扩大，而体前部体节无变化，称无性节），多雌雄异体，发育过程中有担轮幼虫期。多毛纲是本门最原始的类群，有6000余种，代表动物有日本沙蚕、鳞沙蚕、吻沙蚕、巢沙蚕、囊须虫、磷沙蚕、右旋虫、吸口虫等。

（2）寡毛纲（Oligochaeta） 大多陆地生活，亦具淡水生者。头部不明显，感官不发达；具刚毛，无疣足；具发达的体腔；有生殖带，雌雄同体，直接发育。代表动物有颤体虫、颤蚓、蛭蚓、环毛蚓、异唇蚓等。

（3）蛭纲（Hirudinea） 体背腹扁，体节数恒定，体前后端具吸盘。无疣足，刚毛无或退化。体腔退化，很不发达，为肌肉和结缔组织所充填，形成了血窦；雌雄同体，具环带。直接发育。主要生活于淡水，陆生和海生者较少（图 13-33）。代表动物有沙蚕、水蛭、棘蛭、扬子鳃蛭、日本医蛭、金线蛭、石蛭等。

(a) 沙蚕　　(b) 水蛭

图 13-33 多毛纲与蛭纲代表（引自 Raven&Johnson，2001）

四、代表动物——环毛蚓

1. 外部形态

环毛蚓（*Pheretima* sp.）体呈圆柱状，同律分节，节与节之间为节间沟。头部不明显，由围口节（第Ⅰ节）及其前的口前叶组成。口前叶下方有口，位于围口节的腹侧。肛门在体末端。除围口节及最后1～2 节外，每节都有刚毛一圈，形成刚毛环（故称环毛蚓）。自Ⅺ/Ⅻ节间沟起于背线处节与节之间各有一小孔，称背孔，可排体腔液，有保护、呼吸等作用。性成熟个体，第ⅩⅣ～ⅩⅥ体节无节间沟，为一深红色指环状生殖带。雌性生殖孔一个，位于第ⅩⅣ节腹面正中；雄性生殖孔一对，位于第ⅩⅧ节腹面两侧，其旁有数个乳突和可分泌黏液的副性腺孔。受精囊孔（纳精囊孔）2～4 对，如直隶环毛蚓为三对，位于Ⅵ/Ⅶ、Ⅶ/Ⅷ、Ⅷ/Ⅸ节间沟的腹面两侧，孔的附近有乳突（图 13-34）。

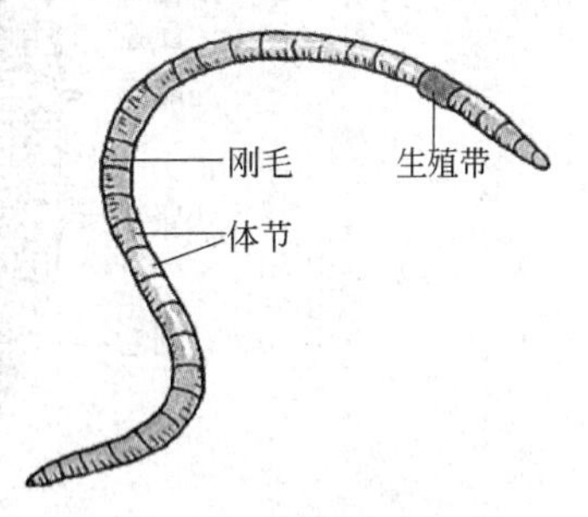

图 13-34 环毛蚓外形

2. 内部结构

（1）体壁和次生体腔 体壁包括角质层、表皮层、环肌层、纵肌层和壁体腔膜。肠壁包括脏体腔膜、纵肌、环肌和来自内胚层的肠上皮。壁体腔膜和脏体腔膜之间的腔即次生体腔（真体腔），并有带孔的隔膜依体节分隔成许多小室，内充满体腔液。

（2）消化系统 由前肠、中肠、后肠组成。前肠包括口、口腔、咽、食道、嗉囊和砂囊，来自于外胚层。咽富于肌肉，食道细长，嗉囊不明显，砂囊球形，肌肉壁厚。中肠包括胃和小肠，在ⅩⅩⅥ节处小肠向前伸出一对锥状盲肠，小肠正中背侧肠壁内陷成一条盲道；中肠外为由脏壁体腔膜特化的黄色细胞，能贮存脂肪和糖原，具有贮存排泄的作用。后肠短，无盲道，末端以肛门开口于体外。

（3）循环系统 由纵血管、环血管、微血管组成的闭管式循环。血管内腔为原体腔的残留。纵血管有背血管（搏动、自后向前流）、腹血管（自前向后流）、神经下血管、食道侧血管（食道两侧各一条）。环血管包括 4～5 对心脏（搏动有瓣膜，连背腹血管，自背侧向腹侧流）和壁血管。血液呈红色，含有血红蛋白，但血红蛋白存在于血浆中（图 13-35）。

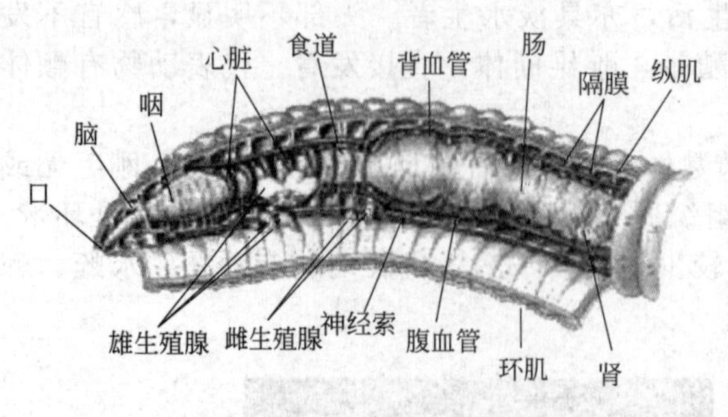

图 13-35 环毛蚓前部纵切图
（仿 Raven & Johnson，2001）

(4) 呼吸 通过皮肤进行呼吸。呼吸时，其背孔不时排出体腔液使体表保持一定的湿润，否则会窒息而死。

(5) 排泄 后肾管，每节都有很多小肾管，主要分体壁小肾管（无肾口）、咽头小肾管（无肾口）和隔膜小肾管（具漏斗状有纤毛的肾口）三类。体壁小肾管直接由肾孔开口于体外；咽头小肾管开口于消化道；隔膜小肾管通入肠上纵排泄管，分别在各节开口于肠内，随粪便排出。这些小肾管为典型的后肾管（图 13-36）。

(6) 神经系统和感觉器官 链状神经系统，包括脑、围咽神经、咽下神经节和腹神经索。在咽头背侧有一个由两脑神经节组成的脑，与围咽神经及腹面的咽下神经节相连，后接一双股合成的腹神经索，它在各体节内有神经节，形成神经链。腹神经索内有巨纤维，能迅速传导刺激，引起快速反应。环毛蚓营土壤穴居生活，感觉器官不发达。有触觉感觉器（体表感觉乳突）、口腔感觉器（味觉和嗅觉）、光感觉器（口前叶及体前几节较多）。

(7) 生殖和发育 雌雄同体，但异体受精。

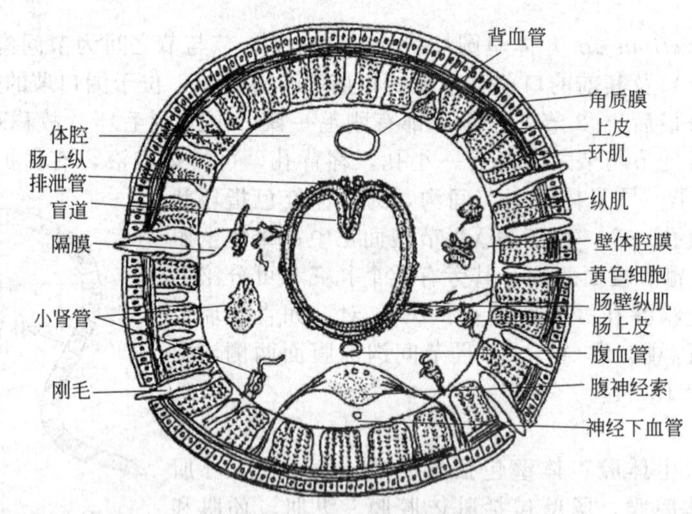

图 13-36 环毛蚓体中部横切图（仿江静波，1995）

五、环节动物的经济意义

环节动物不少种类是海洋鱼类的天然饵料，我国、日本及俄罗斯均以多毛类作鱼饵，沙蚕粉比舟山鱼粉对幼鲤的增重效果明显，这说明了多毛类动物是补充动物性蛋白的一个新途径。我国南方沿海渔民，有食沙蚕或以沙蚕制成虾酱的习惯。

环毛蚓一般留在土壤表层，在气候干旱时或冬季可钻入深处。环毛蚓为多种鸟兽的食物，又间接为人类提供食物，疏松土壤利于通气和排水，将有机物质拖入所挖洞穴使加速分解，从而增加植物生长所需的营养成分。环毛蚓又可作为鱼饵，故俗称钓鱼虫。

但吸取人和动物血液的蚂蟥，可直接影响人或家畜的健康。由于蛭类有吸血的习性，自古就有采用医蛭吸取脓血以治疗病症的办法，现在欧洲和一些国家仍采用医蛭作医疗放血。

第八节　节肢动物门

节肢动物（Arthropoda）是身体分节、附肢也分节的动物，是动物界中种类最多、数量最大、分布最广的一类，其绝大多数种类演变成真正的陆栖动物。

一、节肢动物门的主要特征

（1）异律分节和身体分部　节肢动物的身体为异律分节，机能和结构相同的体节组合在一起，形成体部。如昆虫身体分为头部、胸部和腹部。头部为感觉中心，胸部为运动中心，腹部是生殖及代谢的中心。

（2）附肢分节　节肢动物最初也是每个体节有一对附肢，其最大特征是以关节与身体相连，附肢本身也是分节的。附肢的分节表现在表面的外骨骼及内部的肌肉均按节排列，节与节之间以关节膜相连。原始的附肢呈双肢型，包括与体壁相连的原肢节，由原肢节上同时分出内肢节与外肢节；原肢又分为前基节、基节和底节。单肢型是由双肢型的外肢完全退化后形成的。

（3）发达的外骨骼　外骨骼是由基膜之上的上皮细胞向外分泌的表皮层（角质膜），覆盖着整个身体，起着保护及支持作用。外骨骼三层，主要由几丁质和蛋白质构成，最外面的一层为上表皮，最薄，含有蜡质，有拒水性，可防止体外水分的进入及体内水分的蒸发。上表皮之内为外表皮，较薄，但很坚硬，具有很好的保护作用。外表皮之内为很厚的内表皮，富有弹性。但外骨骼也限制了动物的生长，因此出现了激素控制下的周期性的“蜕皮现象”，也就是在脱去旧表皮、换上新表皮的间隙时间内进行体积的增长。

（4）强劲有力的横纹肌　节肢动物的肌肉形成独立的肌肉束，并附着在外骨骼的内表面或骨骼的内突上，均为横纹肌，肌原纤维多，伸缩力强，并靠收缩牵引骨板弯曲或伸直，产生运动。节肢动物的肌肉束往往按节成对排列，而且构成拮抗作用，即伸肌与屈肌成对排列。

（5）混合体腔与开管式循环　节肢动物体壁与消化道之间的空腔由部分真体腔及囊胚腔形成，即混合体腔。因其中充满血液，也称为血体腔，实际上是一种血窦。循环系统都是开放式的，主要是位于消化道背面的管状具有多对心孔的心脏和由其向前端发出的一条短动脉构成。

（6）独特的消化系统　消化道基本上为一两端开口的直管。两端是由外胚层内陷形成个体的前肠与后肠，其中肠来源于内胚层。中肠常形成盲囊（昆虫无，但其肠道周围和体壁内面有许多储藏养分的脂肪细胞），绝大多数种类有直肠垫，用以对水分的重吸收。

（7）高效的呼吸器官　小型的节肢动物没有专门的呼吸器官，是以体表直接进行呼吸的。绝大多数的种类以外胚层形成的呼吸器官进行气体交换。水生的种类用鳃、书鳃进行呼吸，书鳃是体壁表皮细胞向外的突起，或是体壁整齐的折叠，用以增大体表与水接触的表面积。陆生的种类用书肺或气管进行呼吸，是体壁的内陷，或整齐折叠如书页状，或连续分支成管状气管。气管内壁有较厚的角质层成螺旋排列，支持管壁保持扩张状态，气管有按节排列的气孔与外界相通，气管可直接供应氧气给组织，也可直接从组织排放碳酸气，是高效的呼吸器官；还可以防止体内水分的蒸发与散失，是对陆生生活的一种适应性改变。

（8）排泄系统　低等的或结构简单的节肢动物没有专门的排泄器官，其代谢产物通过蜕皮时排出。其他种类具有与后肾同源的腺体状结构（如甲壳类的绿腺、颚腺，蛛形纲的基节腺）和另一类排泄器官——马氏管。

（9）发达的神经系统和灵敏的感觉器官　神经系统也呈链状神经，但随着体节愈合形成体区，其神经节也往往出现愈合；头部各节的神经节愈合成发达的脑。节肢动物有发达的触觉器、化感器和视觉器。大量的感觉器官分布于整个体表；重要的感官是眼，有单眼和复眼之分，后者具有调节能力，光线强、弱时均能视觉。

（10）生殖和发育　节肢动物多为雌雄异体，生殖腺来自残存的体腔囊，生殖导管来自体腔管，某些附肢改变成外生殖器。水生种类多体外受精，陆生种类体内受精，生殖形式多样。

二、节肢动物门的生活习性

节肢动物生活环境极其广泛，无论是海水、淡水、土壤、空中都有它们的踪迹，从海洋的最深处（甲壳动物和海蛛）到珠穆朗玛峰海拔 6700m 高处（蜘蛛），从北冰洋到南极洲（弹尾虫），有些种类还寄生在其他动物的体外或体内。

三、节肢动物门的分类

节肢动物门是动物界最大的一个动物门，共有 100 多万种；其分类系统不统一，可分为有爪纲（Onychophora）、肢口纲（Merostomata）、甲壳纲（Crustacea）、蛛形纲（Arachnida）、多足纲（Myriapoda）和昆虫纲（Insecta）。

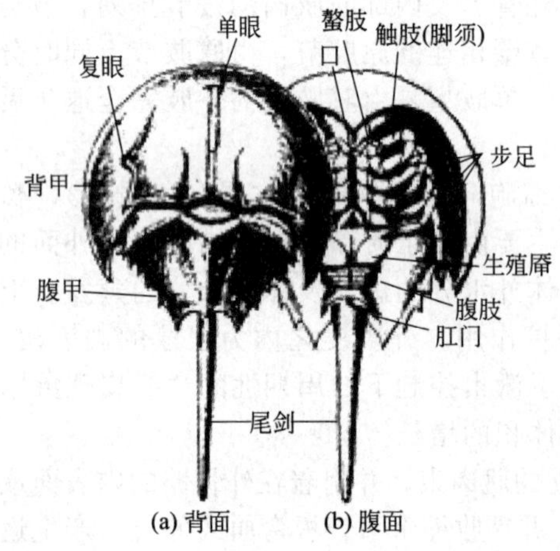

图 13-37　鲎（引自徐敬明，1993）

（一）有爪纲（原气管纲）

身体蠕虫形不分节，仅有体表环纹；附肢不分节；如栉蚕：附肢末端具爪，以气管呼吸。

（二）肢口纲

肢口纲是海洋中的大型节肢动物，绝大多数种类繁盛于寒武纪及奥陶纪，到古生代末期逐渐消失，现存的代表有中国鲎（图 13-37）。身体分为头胸部和腹部，尾部末节延长为尾剑；无触角，具头胸甲，头胸部有一对螯肢和五对步足，足围口而生；以书鳃为呼吸器官。

（三）甲壳纲

甲壳类动物约有 35000 多种，形态结构表现出多样性，绝大多数为海洋生活。身体常分为头胸部、腹部，大多具头胸甲，触角两对，足至少五对，大多为双肢型附肢，以鳃呼吸（图 13-38）。

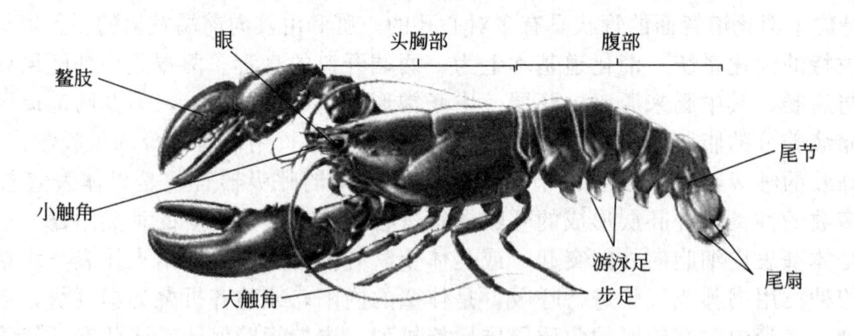

图 13-38　龙虾的外形（引自 Raven& Johnson，2001）

1. 特征

（1）附肢　对虾共有 19 对附肢，头部 5 对（小触角、大触角、大颚、第一及第二小颚），胸部 8 对附肢（前 3 对为颚足，后 5 对为步行足），腹部 6 对附肢（前 5 对称游泳足，第 6 对附肢与尾节合并成尾扇）（图 13-39）。

（2）消化系统　大小颚及上、下唇组成口器；消化道呈直管状，有贲门胃和幽门胃之分，在贲门胃及幽门胃的胃壁上有几丁质硬化形成的嵴及独立的齿，用以研磨食物，幽门胃的胃壁多褶皱而使胃腔减小，褶皱上生有大量的刚毛而形成过滤系统（图 13-40）。

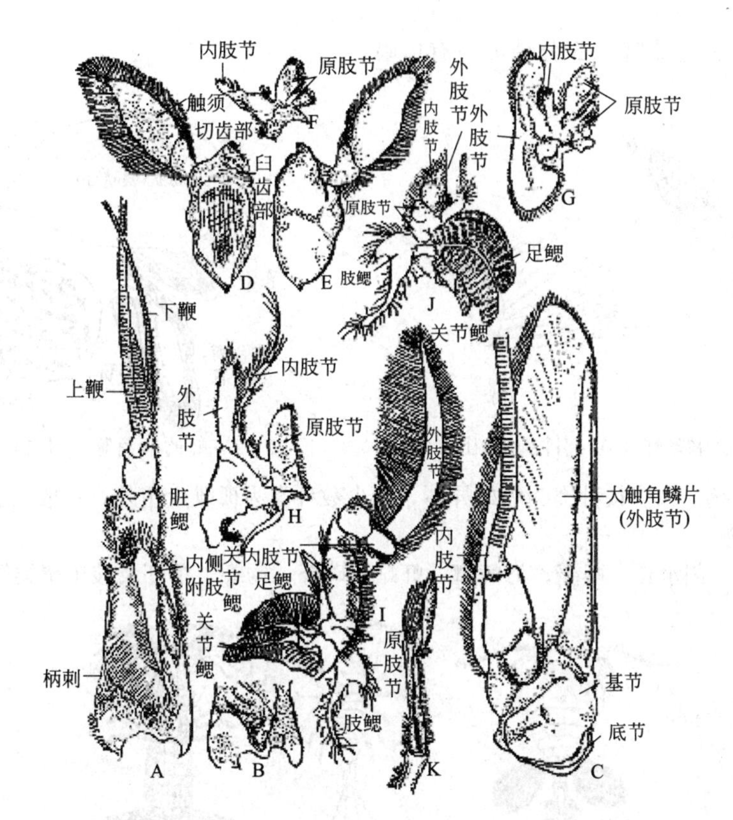

图 13-39 对虾附肢（引自江静波，1995）

A,B—第一触角；C—第二触角；D,E—大颚；F—第一小颚；G—第二小颚；H—第一颚足；I,J—第二颚足；K—第三颚足

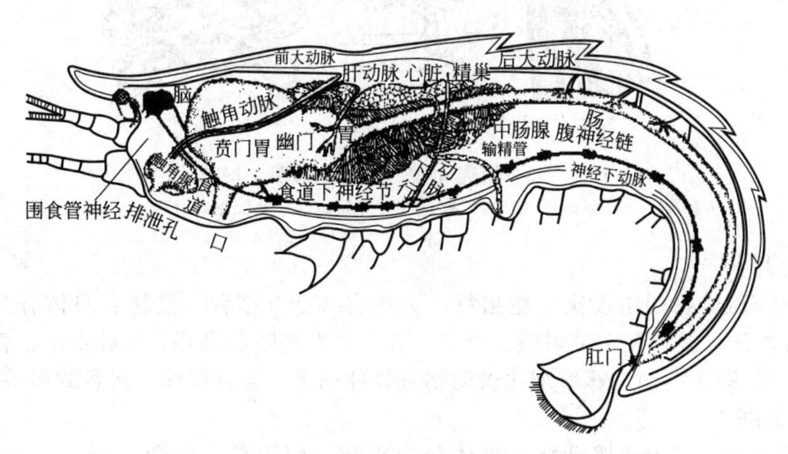

图 13-40 虾类内部结构模式图（引自堵南山，1993）

(3) 呼吸系统　鳃均位于鳃室中，数目和结构因种类不同而异；常见的鳃可分叶鳃和丝鳃（图 13-41）。

(4) 循环系统　小型种类一般没有循环系统或不完整；软甲亚纲属开放式循环系统，包括心脏、血管及血窦；甲壳类的血浆中溶解有血蓝蛋白和血红蛋白。

(5) 排泄系统　排泄器官是一对触角腺或一对小颚腺，由端囊、排泄管和膀胱组成（图 13-42）；代谢产物主要是氨及少量的尿酸。

(6) 神经系统　神经系统也是链状神经，高等种类脑神经节明显愈合。有嗅毛、触毛、复眼及平衡囊等感觉器官，部分种类还有单眼。

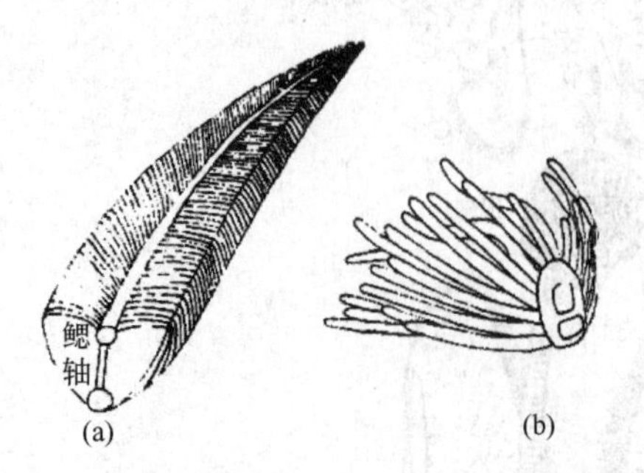

图 13-41 叶鳃（a）和丝鳃（b）（引自堵南山，1993）

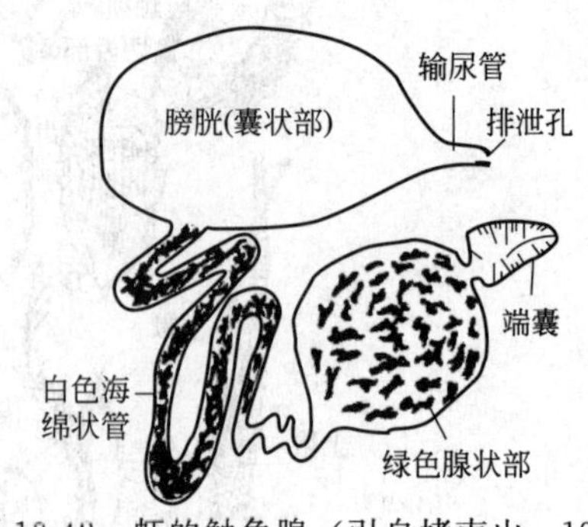

图 13-42 虾的触角腺（引自堵南山，1993）

（7）生殖系统 大多数种类为雌雄异体，除少数种类为孤雌生殖外，一般只进行两性生殖。

2. 代表动物

卤虫、水蚤、剑水蚤、藤壶、海蟑螂、虾蛄、磷虾、钩虾、沼虾及梭子蟹类等（图 13-43）。

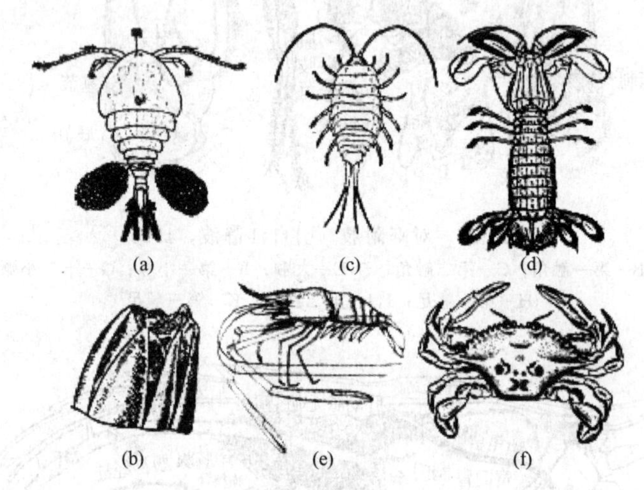

图 13-43 甲壳动物（引自徐敬明，1993）

（a）剑水蚤；（b）藤壶；（c）海蟑螂；（d）虾蛄；（e）罗氏沼虾；（f）三疣梭子蟹

（四）蛛形纲

蛛形纲在节肢动物门中仅次于昆虫纲，大约有 80000 多种。陆栖；身体分为头胸部与腹部；没有触角，头胸部具有 6 对附肢，第 1、第 2 对为螯肢和脚须，4 对步足，腹肢几乎全部退化（图 13-44、图 13-45）。蛛形纲代表动物有各种蝎子、各种蜘蛛、各种蜱螨等（图 13-46）。

（五）多足纲

几乎全部陆栖，多为土壤动物；身体分为头部、躯干部；触角一对、一对大颚和 1～2 对小颚，躯干部多节，每节 1～2 对同型足；用气管呼吸。代表动物有：蜈蚣、蚰蜒、马陆等（图 13-47）。

（六）昆虫纲

昆虫纲是动物界最大的一纲，约有 80 多万种，主要生活在陆地上，几乎无处不在。

1. 基本特征

（1）外形 昆虫身体分为头、胸、腹三部分。有一对触角，三对足，大多二对翅，腹部附肢退化（图 13-48）。头部是感觉和取食的中心，有触角、口器、一对复眼和若干单眼。触角是重要的感觉器官，有许多感觉器，具触觉、嗅觉功能，还能感受异性的性信息素；触角由柄节、梗节和鞭节三部分组成；形态多样，是昆虫分类的重要依据。

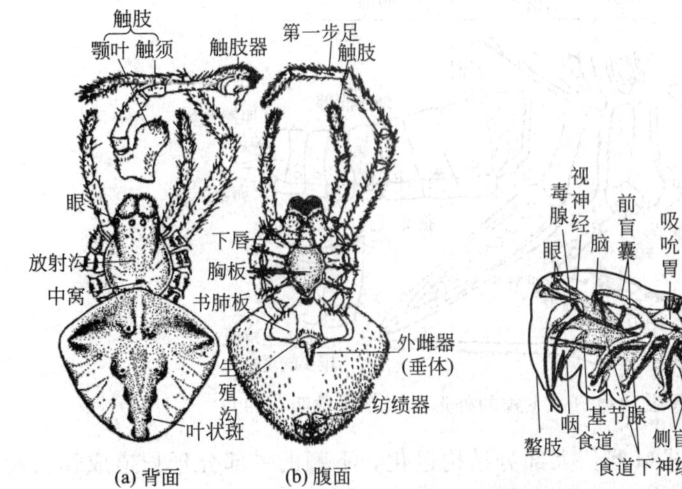

(a) 背面 (b) 腹面

图 13-44 蜘蛛的外形图（引自徐敬明，1993）

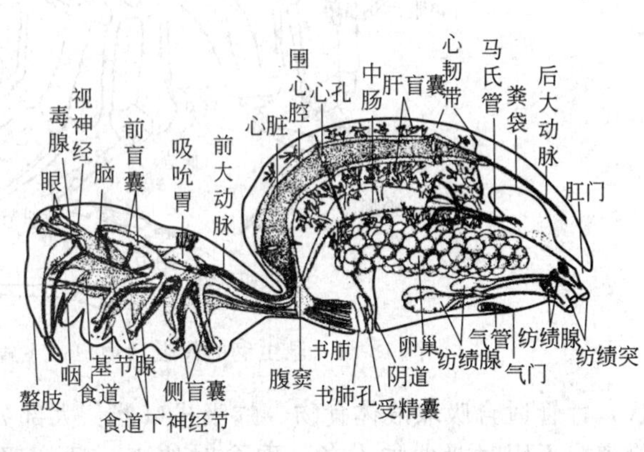

图 13-45 蜘蛛的内部构造（引自 Hichman，1993）

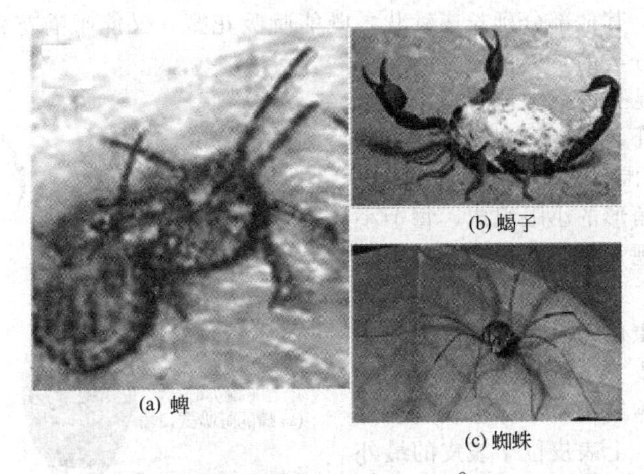
(a) 蜱 (b) 蝎子 (c) 蜘蛛

图 13-46 蛛形纲的代表动物（引自 Raven& Johnson，2001）

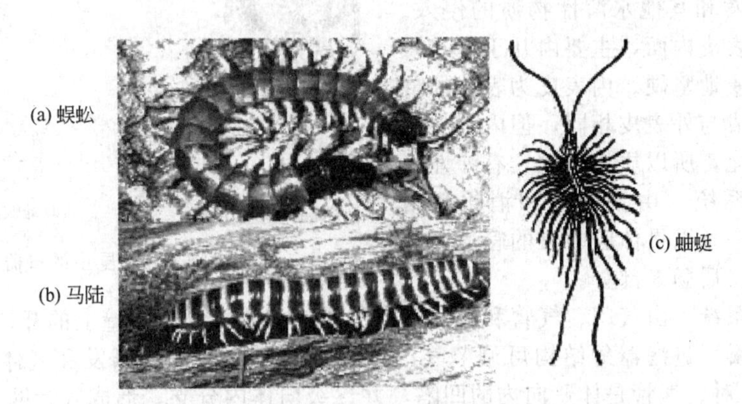
(a) 蜈蚣 (b) 马陆 (c) 蚰蜒

图 13-47 多足纲的代表动物（引自 Raven& Johnson，2001）

口器由头部的三对附肢（上颚、下颚、下唇）和上唇、舌（属于头壳）组成，其类型有：咀嚼式口器：最原始的口器类型，适合取食固体食物。刺吸式口器：口器的各部分呈针

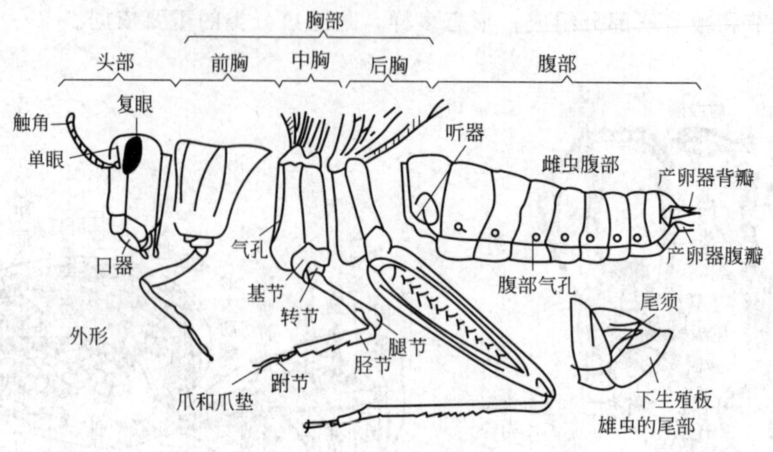

图 13-48 昆虫纲的代表动物——飞蝗的外形（引自徐敬明，1993）

状，针管适合吸取液体食物。虹吸式口器：大部分结构退化，下颚的一部分延长道成管状食物道；不用时盘曲如发条，取食时伸直；适合吸取花蜜，为鳞翅目所特有。舐吸式口器：上、下颚退化，下唇延长成喙，端部为唇瓣，上唇和舌组成食物道，为蝇类特有。嚼吸式口器：保留一对上颚，其他部分延长成针状，既能吮吸花蜜，又能咀嚼花粉，为蜜蜂所特有。口器的类型是昆虫分类的重要依据（图 13-49）。

单眼和复眼是昆虫的视觉器官。单眼结构简单，在一角膜下面有许多视网膜细胞，周围有色素细胞包围；只能感光，不能成像。复眼由许多六角形的小眼组成，每个小眼由角膜、晶锥、视觉细胞、视杆和色素细胞组成

（2）体壁　昆虫体壁由表皮、上皮和基膜 3 部分组成。表皮为上皮细胞向外分泌的分泌物构成的非细胞结构，又分上表皮、外表皮和内表皮 3 层。上表皮位于表皮的最外层，很薄，透明，含有蜡质，不含几丁质，可防止水分蒸发和其他水溶性物质的侵入。外表皮位于上表皮内面，主要由几丁质和鞣化蛋白组成，质地坚硬。内表皮为表皮的最里层，化学组成与外表皮相同，但内表皮的蛋白质尚未鞣化，所以质地柔软，有弹性。

（3）消化系统　由消化道和消化腺组成。消化道是一条纵贯体腔中央的管道，分为前肠、中肠、后肠 3 部分。

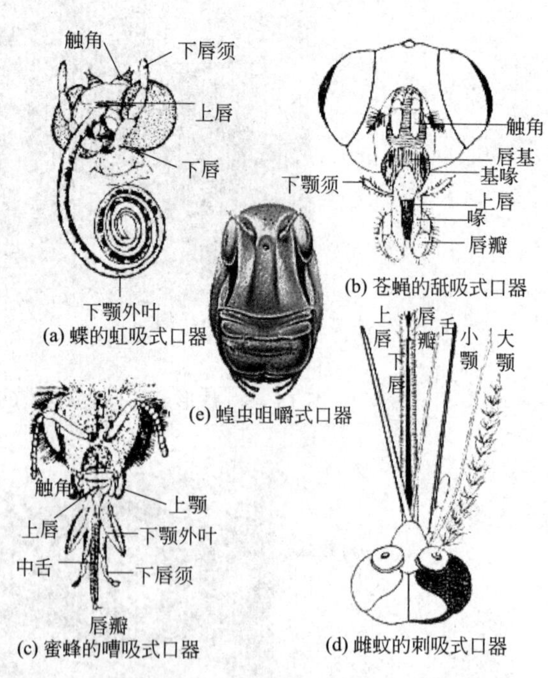

图 13-49 昆虫的口器

（4）呼吸系统　由气门、气管和微气管组成。气门是气管在体壁上的开口，常有一些附属器官如气门瓣、过滤器等结构可调节气门的开闭，对体内水分蒸发和气体流通起调节作用；气门共 10 对。气管是体壁向内的凹陷，并逐级向体内分支，形成气管网。

（5）循环系统　为一简单直管的开管式循环，全身仅一条背血管（如棉蝗）。

（6）排泄器官　为马氏管，排泄物为尿酸。马氏管是消化道中、后肠交界处细长的盲管，浸浴在血淋巴中，血淋巴中的含氮废物以可溶性盐的形式进入马氏管腔，再以尿酸结晶

析出，进入后肠，随粪便排出。

(7) 神经系统　链状神经系统，分为中枢神经、周围神经。中枢神经包括脑、食管神经节及腹神经链。

(8) 内分泌系统　重要的内分泌腺有脑神经分泌细胞（分泌脑激素）、咽侧体（分泌蜕皮激素）和前胸腺（分泌保幼激素）。

(9) 生殖系统　昆虫为雌雄异体，生殖系统发达。

(10) 变态　昆虫从孵化到发育为成虫，在外部形态、内部结构和生活习性上都要经历一系列的变化，这种变化称作变态。有完全变态（经历卵、幼虫、蛹、成虫四个时期，如菜粉蝶，图 13-50）和不完全变态（经历卵、幼虫、成虫三个时期，如蝗虫，图 13-51）；不完全变态有渐变态（如蝗虫，幼体形态和生活习性与成体相同，个体大小不同，性器官尚未成熟，翅的发育处于翅芽阶段，幼体称若虫）和半变态（如蜻蜓，幼体生活习性与成体不同，幼体水生，以鳃呼吸，称作稚虫，成体陆生）两类。

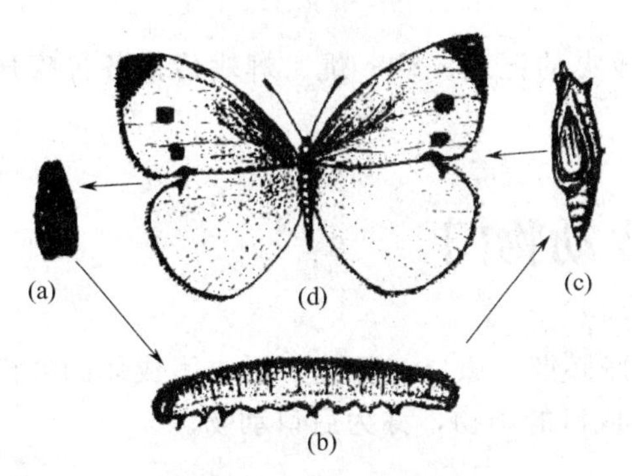

图 13-50　菜粉蝶的全变态（仿徐敬明，1993）

(a) 卵；(b) 幼虫；(c) 蛹；(d) 成虫

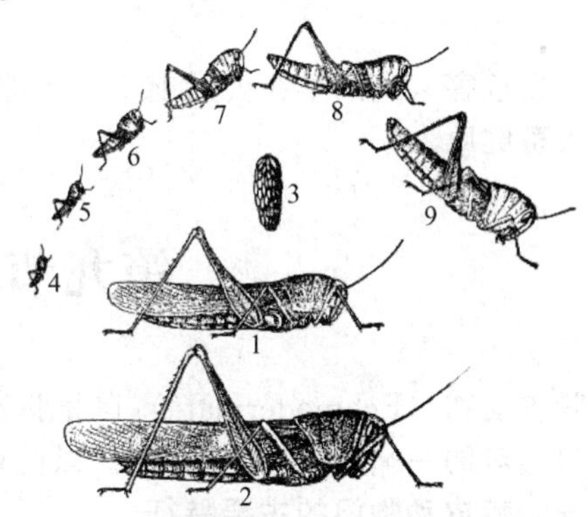

图 13-51　棉蝗的不完全变态（仿杨可四）

1—雄成虫；2—雌成虫；3—卵；4～9—第 1～6 龄跳蝻

2. 昆虫纲的分类

一般依据翅的有无、口器类型、变态类型、触角、腹肢等构造而把昆虫进行分类，如跳虫、衣鱼、蜉蝣、蜻蜓、东亚飞蝗、竹节虫、螳螂、白蚁、人虱、臭虫、蚜虫、草蛉、金龟子、瓢虫、人蚤、按蚊、家蝇、菜粉蝶、家蚕、蜜蜂、赤眼蜂、蚂蚁等（图 13-52）。

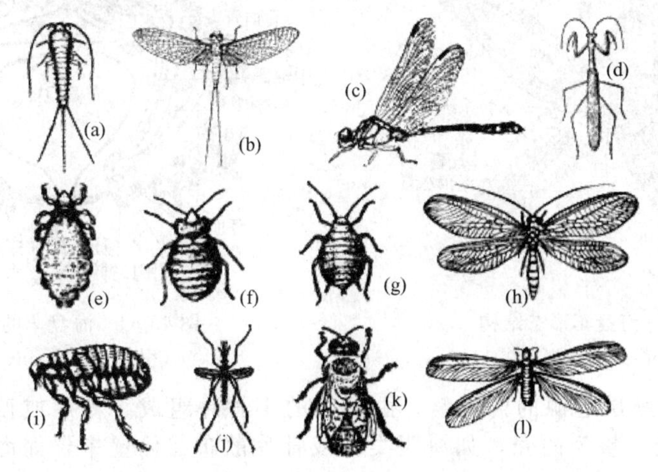

图 13-52　昆虫纲的代表（仿徐敬明，1993）

(a) 衣鱼；(b) 短丝蜉；(c) 蜻蜓；(d) 螳螂；(e) 人虱；(f) 臭虫；(g) 蚜虫；(h) 草蛉；(i) 人蚤；(j) 蚊；(k) 蜜蜂；(l) 白蚁

四、节肢动物与人类的关系

节肢动物由于种类多，数量大，与所有生物和人类都有非常密切的关系。除一部分种类供食用外，与工农业生产，环境保护，能源开发及卫生保健等都有密切关系。

(1) 食用　一些大型的节肢动物，如虾、蟹，肉味鲜美，营养丰富，是我国重要的水产品资源。中国毛虾是我国产量较大的一种经济虾类，除鲜食外，还可加工为虾皮、虾酱。昆虫中，除蚕蛹为人们所喜食外，不少昆虫也成为人们的佳肴。

(2) 饵料　多数甲壳类及昆虫幼体是家禽、鱼类的饵料。

(3) 环境保护与生物防治　近年来对枝角类的研究发现，距废水排放口越近，枝角类的种、数越少，同时，对各种污染物的毒性反应越敏感。虾类对水中含氧要求甚高，可预报池塘水质缺氧。

(4) 工业与医药应用　家蚕、柞蚕、蓖麻蚕的蚕丝是纺织工业不可缺少的原料，白蜡虫分泌的白蜡是工业用的绝缘与防雨剂。甲壳除作涂料外，也是食品或饲料中的添加物。

(5) 危害　我国早在公元前707年即有飞蝗成灾的记载。蚊、蝇、蜱螨传播各种疾病，危害人畜健康。

第九节　棘皮动物门

棘皮动物（Echinodermata）在胚胎发育的原肠胚期，原口（胚孔）形成了成体的肛门，在原口相对的一端形成口（后口）。以此种方式形成口的动物，称为后口动物。

一、棘皮动物门的主要特征

(1) 典型的后口动物。

(2) 大都五辐射对称，是次生形成的，是由两侧对称的幼体发展而来的（图13-53）。

(3) 次生体腔发达，由体腔囊发育而成（图13-54）。

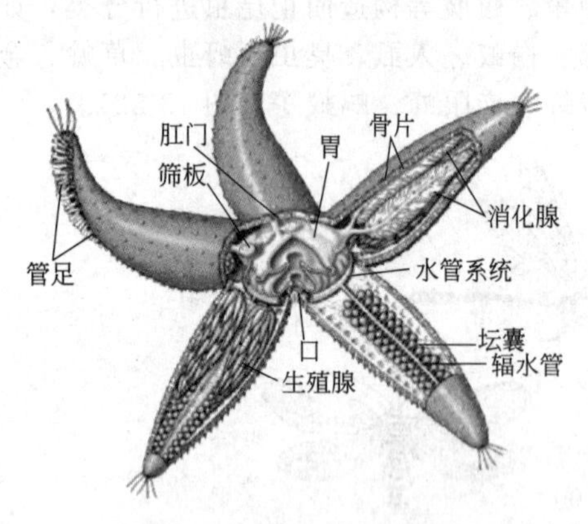

图13-53　海盘车形态结构
（仿Raven& Johnson，2001）

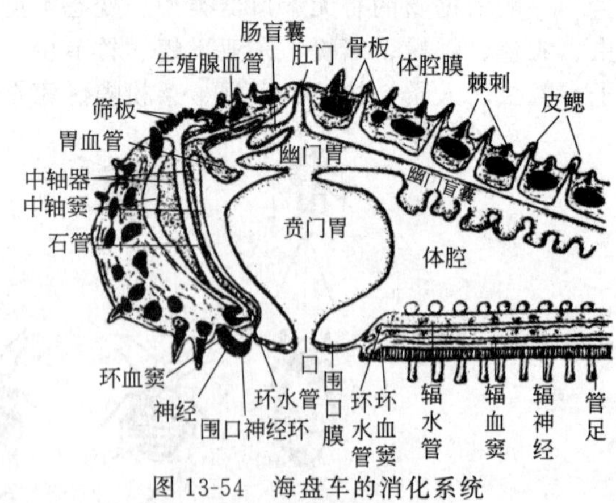

图13-54　海盘车的消化系统
（引自Hichman，1993）

(4) 都具有中胚层起源的内骨骼，由钙化的小骨片组成。骨片或彼此成关节，如海星；或骨片愈合成一整个的壳，如海胆类；或骨片散布在体壁中，如海参类；内骨骼由中胚层产生，埋在外胚层的表皮下面，常形成棘、刺，突出体表之外，使体表粗糙因而得名棘皮动物。内骨骼和高等动物骨骼的发生相似，说明脊索动物是从无脊椎动物进化来的（图13-55）。

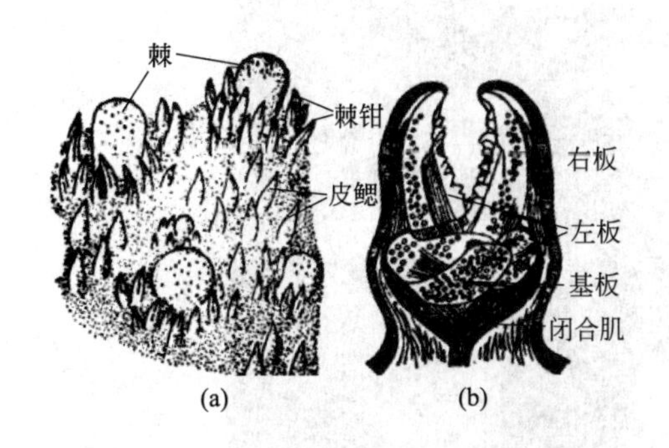

图 13-55　海盘车体壁（a）和棘钳（b）
（仿江静波，1995）

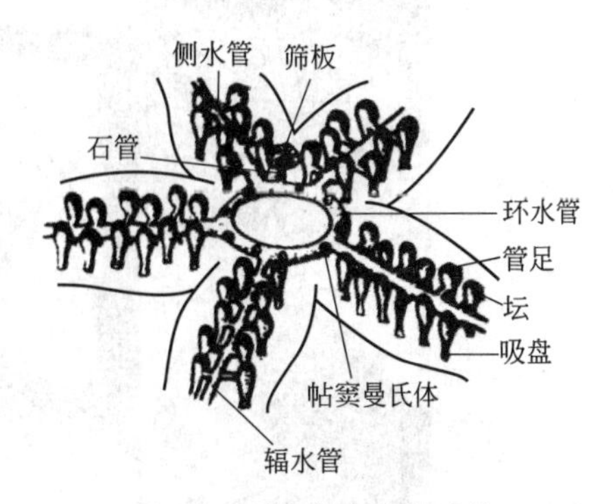

图 13-56　海盘车水管系统
（仿徐敬明，1993）

(5) 具有特殊的水管系统和围血系统，它们都来自体腔的一部分，担任着重要的生理机能（图 13-56）。

二、棘皮动物的生活习性

棘皮动物是生活在海洋里不太活动的一类动物。它们的成体是辐射对称的，棘皮动物的辐射对称是在进化过程中，长期适应固着的生活方式，由左右对称的形式演变而来的，是次生性的辐射对称。但幼虫是由原肠胚发育成的两侧对称的幼虫。在幼虫身体两侧、口和肛门的前方有一条纤毛带（图 13-57）。

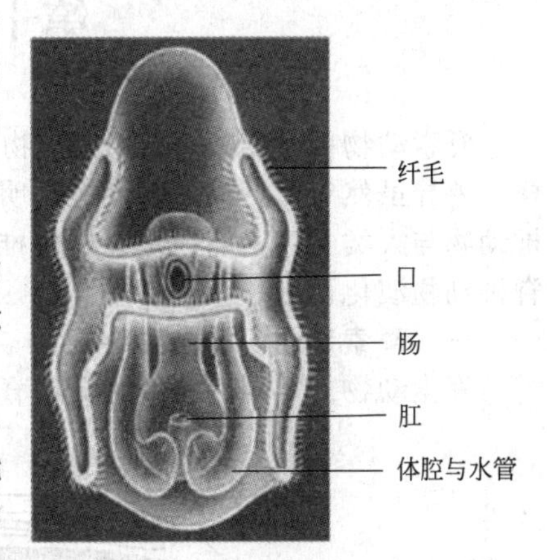

图 13-57　棘皮动物的幼虫图示
（仿 Raven& Johnson，2001）

棘皮动物的幼虫经数天到数周的浮游生活和复杂的变态，形成幼棘皮动物。由于形成五条水管，辐射对称取代了两侧对称。

棘皮动物再生能力强，海星只要体盘连着一条腕，就能长成新个体。某些海参在受攻击或环境不好时，能驱出其内部器官，数周内长出新内脏。海百合用腕沟中管足产生的黏液网捕食浮游生物。腕张开，对着水流，小动物由于纤毛和管足的运动顺沟送入口内。海星纲的许多种类掠食性，捕捉贝类，甚至其他海星；另有些种类吞食泥沙。有的取食时胃翻出，包住食物进行部分体外消化，再缩回到体内消化。大多数蛇尾取食浮游的或底栖的小生物，由腕和管足捕捉，送入口内。腕分支十分复杂的蛇尾的取食情况，可能类似海百合。

三、棘皮动物的分类

棘皮动物现存约 6000 种，沿海常见的海星、海胆、海蛇尾、海参、海百合等都属于棘皮动物（图 13-58）。

四、棘皮动物的经济意义

海盘车等对养殖的贝类有一定的危害，海胆嚼食海藻幼苗，影响海藻养殖。由于棘皮动物的体制比较特殊，且多美丽的色彩，很早以来就被人们注意。我国明代就对其中一些种类，如海参、海胆、海燕和阳隧足（一种蛇尾类）等有详细记载。食用的海参类通常有刺参、海老鼠、乌参、梅花参等，其中刺参的质量最好。海参和海燕可入药。海胆的生殖腺可制成海胆酱；入药即为云片丹。蛇尾类是大黄鱼等的饵料。

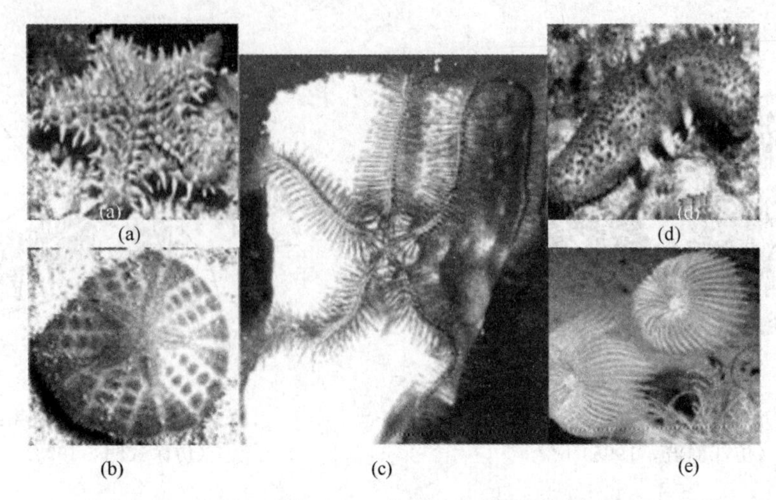

图 13-58 常见的棘皮动物（仿 Raven&Johnson，2001）
(a) 海星；(b) 海胆；(c) 海蛇尾；(d) 海参；(e) 海百合

第十节 脊索动物门

脊索动物门（Chordata）是动物界中最高等的一门，它们形态结构复杂，生活方式多样，差异虽然很大，但是共性也很明显。主要包括尾索动物、头索动物和脊椎动物三类。脊椎动物与人类关系密切，主要的脊椎动物有鱼类、两栖类、爬行类、鸟类和哺乳类，是由无脊椎动物演化而来。

一、脊索动物门的主要特征

脊索动物门共同的特征为具有脊索、背神经管和咽鳃裂（图 13-59）。

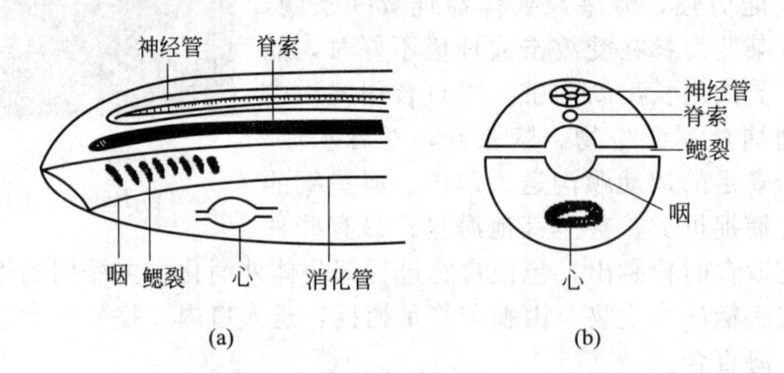

图 13-59 脊索动物主要特征图示（引自惠利惠）
(a) 脊索动物体纵切面；(b) 脊索动物体横切面

(1) 脊索　脊索动物身体背部起支持作用的一条棒状结构，位于消化道的背面，神经管的腹面，具弹性，不分节；由内部富有液泡的细胞组成，外面围有厚的结缔组织鞘——脊索鞘（图 13-60）。脊索动物都具有脊索，只有一部分低等脊索动物才终生保留（如文昌鱼），脊椎动物（圆口类除外）则只在胚胎时期具有脊索，后来被脊椎骨所代替。

(2) 背神经管　中枢神经系统位于脊索的背面，呈管状，其内部有管腔；是一切脊索动物所特有的。脊椎动物的神经管前部膨大形成脑，脑以后的神经管发育成为脊髓。

(3) 咽鳃裂　消化道前段（咽部）两侧一系列成对的裂缝，直接或间接与外界相通。水栖脊索动物的鳃裂终生存在，在鳃裂之间的咽壁上着生充满血管的鳃，作为呼吸器官；陆栖

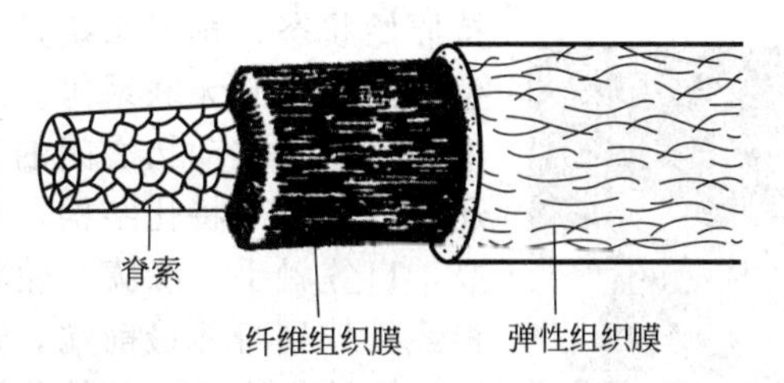

图 13-60　脊索的结构（仿许崇任，2008）

脊索动物仅在胚胎期和某些种类的幼体期（如蝌蚪）有鳃裂，成体时消失或变为其他结构。

二、脊索动物门的分类

现存的脊索动物约有四万余种，分为尾索动物、头索动物和脊椎动物三个亚门，其中尾索动物亚门和头索动物亚门，属于低等脊索动物，合称原索动物。

（一）尾索动物亚门（Urochordata）

（1）基本特征　尾索动物亚门为单体或群体生活的海产动物。少数种类终生营自由游泳生活，大多数种类只在幼体期营自由游泳生活，尾部有脊索的结构（故称为尾索动物），经过变态发育为成体后，即营固着的生活方式，尾部连同其中的脊索随即消失。

尾索动物又称被囊动物，是因为此类动物体外被有一层特殊的类似于植物纤维素的被囊素所构成的被囊，仅见于尾索动物和少数原生动物。尾索动物一般为雌雄同体的，有无性生殖以出芽的形式形成群体，也有有性生殖和世代交替现象。

（2）分类　尾索动物亚门又分为三个纲，代表动物有尾海鞘纲（Appendiculariae）的住囊虫，海鞘纲（Ascidiacea）的柄海鞘，樽海鞘纲（Thaliacea）的樽海鞘（图 13-61）。

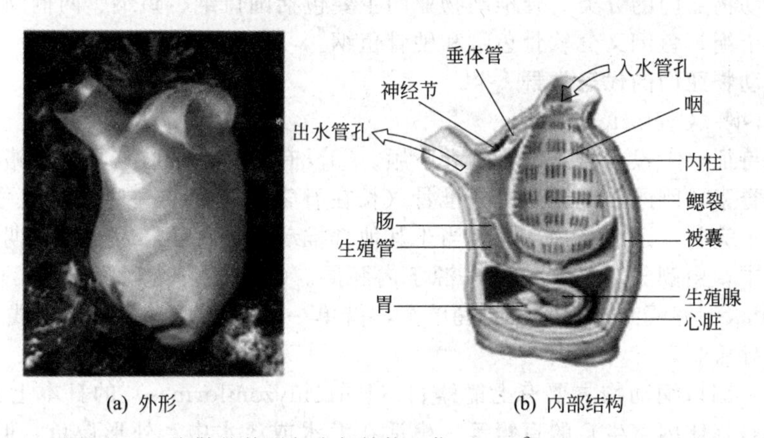

图 13-61　海鞘的外形与内部结构（仿 Raven& Johnson，2001）

（二）头索动物亚门（Cephalochordata）

（1）基本特征　头索动物亚门为海栖的鱼形小动物，终生保留脊索动物的三大特征：脊索、背神经管和鳃裂。脊索纵贯身体的全长，且伸延到神经管的前面，故称头索动物。本亚门代表动物是文昌鱼。文昌鱼体呈纺锤形，略似小鱼，全身侧扁，半透明，无头和躯干之分(图 13-62)。成体体长 50mm 左右，喜栖于水质清澈的浅海底部的泥沙中，平时少活动，大半身体埋藏于沙粒之中，仅前端露出沙外，晚间活动。

（2）头索动物的进化地位　以文昌鱼为代表的头索动物终生具有脊索、背神经管、鳃裂，同时具有脊椎动物的一些特征：分节的肌肉，典型的脊椎动物式的血液循环模式，相当于肝的肝盲囊，周围神经分开的背腹根等。但它与真正的脊椎动物相去甚远，有许多原始的特征，如不具脊椎骨、无头无脑、无成对的附肢、无心脏、表皮仅由单层细胞构成、终生保

图 13-62　文昌鱼的外部形态
（仿 Storer，1965）

持原始状态、排泄系统是分节排列的肾管、排泄与生殖器官彼此无联系等。所以，文昌鱼是介于无脊椎动物与脊椎动物之间的过渡类型。此外，文昌鱼还具有一系列特化结构，如形成了围鳃腔，具有口笠、口笠触手、缘膜、轮状器官和内柱，脊索越过神经管伸到身体最前端。这表明文昌鱼走上了适应于钻泥沙、少活动的特化道路，而不可能是脊椎动物的直接祖先。

（三）脊椎动物亚门（Vertebrata）

脊椎动物是脊索动物门中数量最多、结构最复杂、进化地位最高等的一个亚门。

（1）脊椎动物亚门的主要特征　①神经系统发达，分化出具有复杂结构的脑，有了明显的头部。因此，本亚门又称有头类。②脊柱代替了脊索，成为新的支持身体的中轴。③鳃裂和鳃作为水生脊椎动物的呼吸器官进一步完善，而陆生脊椎动物仅在胚胎期或幼体期用鳃呼吸，成体出现了肺呼吸。④出现了完善的捕取食物的口器，除圆口类之外，都具有能动的上、下颌。⑤循环系统出现了位于消化道腹侧的心脏，心肌发达，能进行强而有力的收缩，有效地推动血液循环。⑥排泄系统出现了构造复杂的肾脏，代替了分节排列的肾管，能更有效地排出新陈代谢的废物。⑦除圆口类外，出现了成对的附肢作为专门的运动器官，即水生种类的偶鳍和陆生动物的四肢，大大加强了动物在水中和陆地的活动能力和范围，提高了取食、求偶和避敌的能力。

（2）脊椎动物亚门的分类　脊椎动物亚门主要包括圆口纲、鱼纲、两栖纲、爬行纲、鸟纲和哺乳纲六个纲，鱼纲又分软骨鱼纲和硬骨鱼纲。

三、脊椎动物亚门的代表类群

（一）圆口纲（Cyclostomata）

（1）主要特征　①没有真正的上颌和下颌。②没有成对的附肢（只有奇鳍而没有偶鳍）。③终生保留着脊索，刚刚出现雏形的脊椎骨（长在脊索鞘背面的一些软骨质弓片）。④头骨由软骨构成，不完整，还没有顶部，相当于其他脊椎动物头骨胚胎发育的早期阶段。⑤鳃位于特殊的鳃囊中，由鳃笼支持，鳃丝来源于内胚层。⑥脑的发达程度较低，内耳只有一个（盲鳗）或两个（七鳃鳗）半规管；嗅囊单个，借单一的鼻孔开口在头顶中线上。⑦生殖腺单个，无生殖导管。

（2）分类　圆口纲动物主要有七鳃鳗目（Petromyzoniformes）的日本七鳃鳗及盲鳗目（Myxiniformes）（体内寄生）的盲鳗等。生活在海水或淡水中，外形像鱼，但比鱼类低等。由于营寄生或半寄生，成为危害渔业的动物。

现代生存的圆口纲动物迄今未找到化石。但在奥陶纪、志留纪与泥盆纪地层中，却发现了化石无颌类——甲胄鱼，是迄今知道的最古老的脊椎动物。甲胄鱼具备以下特点：不具上下颌；它们的身体前部，特别是在头部一般都覆盖着坚硬的大块骨甲，甲胄鱼由此而来；在早期的类型里还没有偶鳍；具鳃笼和单一的鼻孔，内耳只有两个半规管等等。甲胄鱼于泥盆纪中期开始衰退，泥盆纪末期，全部绝灭。

（二）鱼纲（Pisces）

1. 鱼类的形态结构

（1）外形　鱼类的体型一般可分为特殊型、纺锤型、平扁型、侧扁型、棍棒型（图 13-63）。无论何种体型的鱼类，其身体都可分为头部、躯干部和尾部三部分。鱼类没有颈部，这是其与陆生脊椎动物的区别之一。头和躯干的分界线是最后一对鳃裂（软骨鱼类）或鳃盖后缘，躯干部和尾的分界线通常是肛门或泄殖孔或臀鳍的起点。

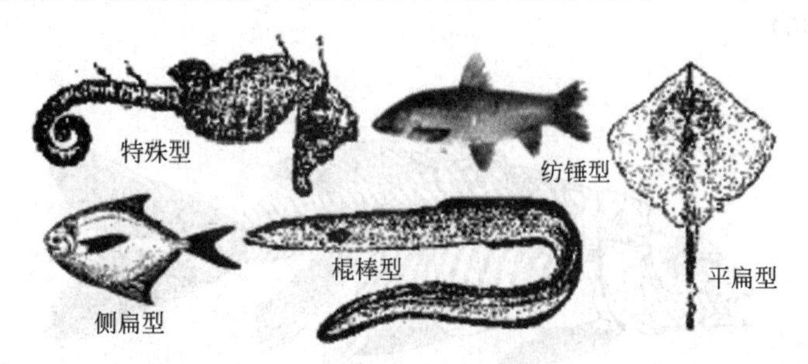

图 13-63　鱼类的体型（仿徐敬明，1993）

鱼类适应水中生活的运动器官是鳍。包括奇鳍和偶鳍，其中奇鳍有背鳍、臀鳍和尾鳍。偶鳍有胸鳍和腹鳍。鱼鳍具有维持身体平衡、游泳及改变运动方向等主要功能。从形态上看，主要有三种基本类型（图 13-64）。

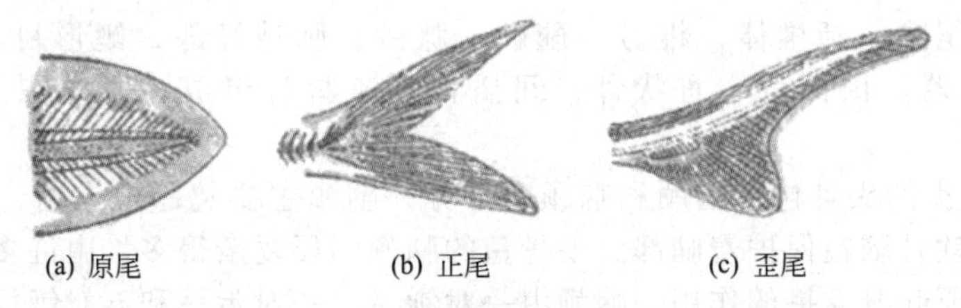

图 13-64　鱼类的尾鳍（仿许崇任，2008）

① 原尾　脊柱末端平直，将尾鳍分为对称的上下二叶。常见于鱼类胚胎时期和仔鱼期。另外圆口纲的七鳃鳗和盲鳗的尾鳍也属于原尾。

② 正尾　脊柱末端上翘至尾鳍基部，尾鳍外形上下对称，内部不对称。常见于多数硬骨鱼类，如鲤鱼等。

③ 歪尾　尾脊柱末端上翘至尾鳍上叶，将尾鳍分成不对称的上下二叶，如鲨鱼等。

(2) 皮肤　①鱼类的皮肤由表皮和真皮构成，表皮内富有单细胞的黏液腺，能分泌大量黏液，在体表形成一个黏液层。其作用主要有保护身体，减少摩擦力，防止水分散失，维持体内渗透压的恒定和防止细菌侵入等功能。②鳞片：它是鱼类特有的皮肤衍生物，是一种保护性结构，按其形状和来源可分为三种类型：盾鳞、硬鳞、骨鳞。③躯干两侧各有一条侧线（有的鱼侧线多达五条，有的鱼侧线不完整或消失），是侧线管开口于体表侧线鳞的小孔，侧线为感觉器官。有侧线器官穿孔的鳞片叫侧线鳞（图 13-65）。

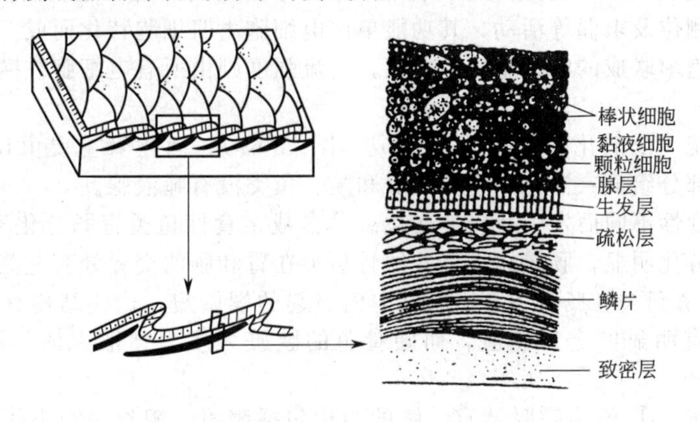

图 13-65　鱼类的皮肤（仿徐敬明，1993）

（3）骨骼　由中轴骨和附肢骨组成。中轴骨包括头骨、脊柱和肋骨，附肢骨包括奇鳍骨和偶鳍骨（图 13-66）。

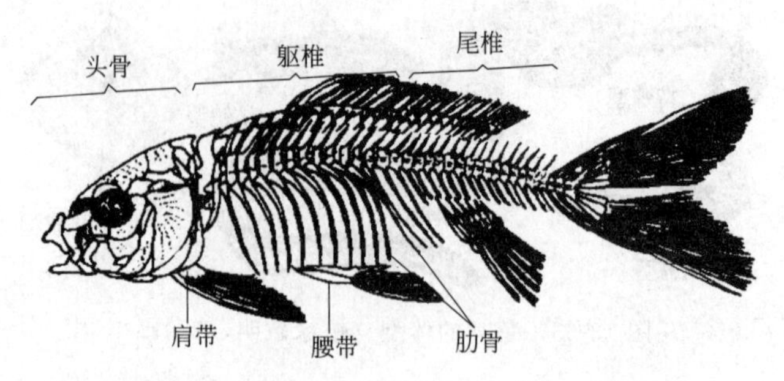

图 13-66　鱼类的骨骼（引自徐敬明，1993）

① 脊柱　脊椎为双凹型椎体，包括躯干椎和尾椎两种。躯干椎附有肋骨，尾椎具有特殊的血管弧。鱼类没有分化出颈椎，因此头部不能灵活转动。躯干椎由椎体、椎弓、髓棘、椎体横突组成。尾椎包括椎体、椎弓、髓棘、脉弓、脉棘等部。鲤形目鱼类前几块躯干椎两侧具有韦伯器，由闩骨、舟状骨、间插骨和三脚骨组成，可在鳔与内耳之间传导声波。

② 头骨　鱼类的头骨包括脑颅和咽颅两部分。脑颅主要起保护作用，软骨鱼的脑颅构造简单，由一个软骨脑箱保护着脑部。硬骨鱼的脑颅则要复杂得多，由许多骨片构成。鱼类的咽颅发达，主要起着支持的作用。咽颅由一对颌弓、一对舌弓和五对鳃弓组成。软骨鱼类为初生颌，硬骨鱼类和其他脊椎动物的上下颌分别被前颌骨、上颌骨和齿骨等膜骨构成的次生颌所替代。鱼类以舌颌骨将下颌悬挂于脑颅的形式称为舌接式。硬骨鱼类的第五对鳃弓特化成一对下咽骨，无鳃。

③ 附肢骨　包括奇鳍骨和偶鳍骨两部分。背鳍和臀鳍为奇鳍，在基部有鳍担骨，其中有鳍条支持。胸鳍和腹鳍为偶鳍，偶鳍骨包括鳍担骨和带骨。

（4）肌肉　鱼类的肌肉系统分化程度不高。头部肌肉主要包括由脑神经控制活动的眼肌和鳃节肌，眼肌是很稳定的肌肉，它的收缩可使眼球往不同的方向转动；鳃节肌附生在颌弓、舌弓和鳃弓上，分别控制上下颌的开关、鳃盖活动和呼吸动作等。躯干部和尾部的肌肉由若干肌节组成，肌节之间有肌隔相联系。躯干肌中的大侧肌是鱼体上最大、最重要的肌肉，水平骨隔将其分为轴上肌和轴下肌，还可分为红肌（含肌红蛋白和脂肪，持久力强）和白肌（不含肌红蛋白和脂肪，爆发力强）；棱肌如牵引肌和牵缩肌配合作用，控制奇鳍的升降（软骨鱼类无棱肌，故其奇鳍缺乏升降能力）。有些鱼类具有发电器官，具有御敌避害、攻击捕食、探向测位及求偶等活动，其功能单位电细胞由肌细胞特化而成。发电器官产生的电位取决于电细胞串联成的电细胞柱的数目，电流强度则由所有电细胞柱横切面的总面积所决定。

（5）消化系统　由消化管和消化腺组成（图 13-67）。消化管主要由口腔、咽、食管、胃、肠和肛门等部分组成；消化腺主要为肝和胰。鱼类没有唾液腺。

消化道由于食性不同而发生适应性变化。草食或杂食性鱼类胃肠分化不明显，肠较长；肉食性鱼类胃肠分化明显，肠较短。有些硬骨鱼类在胃和肠的交界处有一些幽门盲囊（可作分类依据），而软骨鱼类在肠管中有由肠壁向内突起的螺旋瓣，这些结构有利于鱼类的消化吸收。软骨鱼类有明显的定形胰脏，而硬骨鱼的胰脏大多为弥散腺体与肝脏混合称为肝胰脏。

（6）呼吸系统　① 鳃为呼吸器官。鳃的结构包括鳃瓣、鳃丝、鳃小片。鳃着生在鳃弓上，每个鳃弓上前后各有一个半鳃，这两个半鳃总称全鳃。软骨鱼类咽部每侧具有四个全鳃

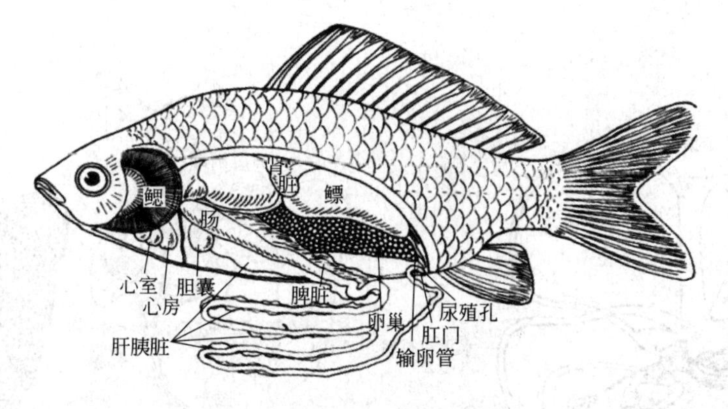

图 13-67　鲫鱼的内部结构

和一个半鳃；鳃间隔发达。硬骨鱼类的鳃包含在鳃盖内侧，每侧有四个明显的全鳃；鳃间隔退化（图 13-68）。② 鳔为鱼类特有的器官，是位于消化道背方的长形薄囊。鳔的主要功能是调节鱼体的密度，使鱼在水中上浮下沉。某些鱼类（如肺鱼）的鳔能进行呼吸。

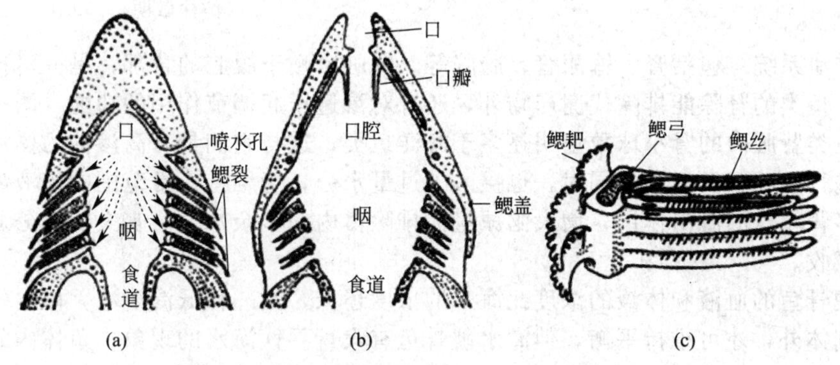

图 13-68　鱼类的鳃（仿 Storer，1965）

（a）鲨鱼；（b）硬骨鱼；（c）鳃的结构

（7）循环系统　属于单循环，心脏具 1 心房、1 心室、1 静脉窦，心脏前端具有动脉圆锥（软骨鱼类）或动脉球（硬骨鱼类，腹大动脉的膨大）。

（8）神经系统和感觉器官　神经系统包括中枢神经系统、外周神经系统。中枢神经系统分为脑与脊髓。脑可以分为明显的五部分：端脑、间脑、中脑、小脑和延脑。周围神经系统：脑神经节 10 对。

感觉器官包括侧线器官、视觉器官和听觉器官。

① 侧线器官　是鱼类适应水生生活的一种重要的感觉器官，有测定方位、感觉水流的功能。一般分布在头部和躯体两侧，每条侧线为前后纵行的小管，它们埋陷于皮肤内。侧线管内有感觉细胞，当体外的水流动时，由于水压的变化，便通过侧线管孔而影响侧线管内液体的流动，从而刺激感觉细胞。

② 视觉器官　大多数鱼类没有眼睑、瞬膜及泪腺，鱼眼不能关闭，与水生生活相适应。鱼眼的晶体呈圆球形没有弹性，其曲度不能改变，只能靠晶体后方的镰状突起调节晶体和视网膜之间的距离，所以鱼类都是近视的。

③ 听觉器官　只有一对内耳，包括上部的椭圆囊和与其连通的三个半规管，下部是球囊，球囊后方有一突出的瓶状囊，囊内有耳石。内耳中有感受声音的听斑，有能调节平衡的耳石（图 13-69）。

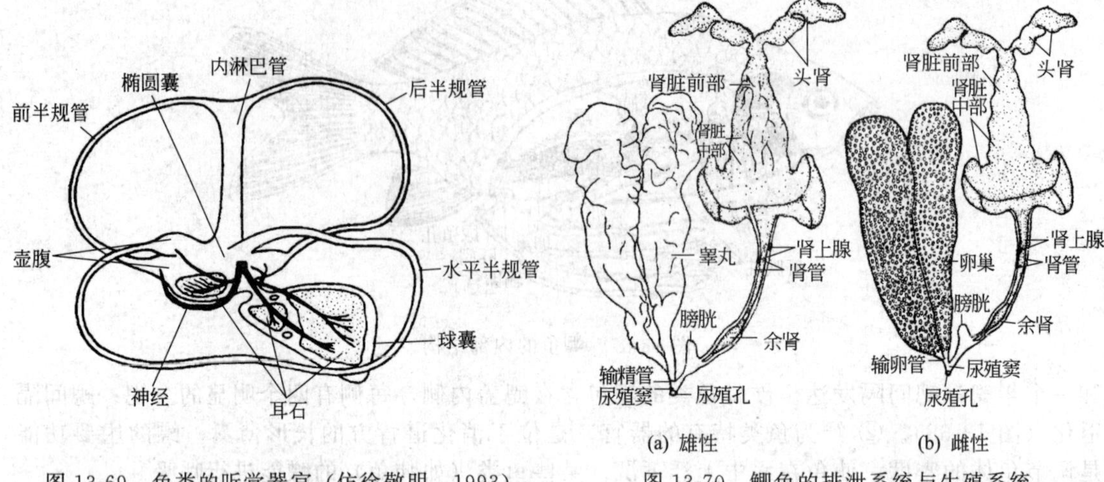

图 13-69　鱼类的听觉器官（仿徐敬明，1993）

图 13-70　鲫鱼的排泄系统与生殖系统（仿徐敬明，1993）

(9) 排泄系统　包括肾、输尿管、膀胱等。肾脏紧贴于腹腔的背部，是一对狭长的紫红色的器官。鱼类的肾除能排除代谢产物外，还有对渗透压起调节作用的功能（图 13-70）。

淡水鱼类肾脏内的肾小球数量明显多于海洋鱼类，这与它们具有高渗性的体液有关。淡水鱼类在进行鳃呼吸及取食的同时，也摄入了过量水分，为维持正常范围的体液浓度，就必须通过众多肾小球的滤泌作用，增大泌尿量而排除体内的多余水分。丧失的盐分通过鳃上的吸盐细胞吸收。

海水硬骨鱼的血液和体液的浓度比海水的浓度还低，是一种低渗溶液，体内的水分要不断地渗透到体外，才可维持平衡，但海水硬骨鱼有大量吞饮海水的现象，鱼体内的盐分就要增加，故在适应的过程中，鱼鳃上又出现了一种泌盐细胞，能排出体内过多的盐分，故鱼体内的体液仍能保持正常的浓度。

(10) 生殖系统　由生殖腺（精巢和卵巢）及输导管（输精管和输卵管）共同组成。大多数鱼类雌雄异体，体外受精，卵生。软骨鱼和少数硬骨鱼类体内受精，鳍脚等作为交配器，卵胎生。硬骨鱼的输出管道都是生殖腺外膜延续而成的。雄性软骨鱼的输尿管则有输精作用。

2. 鱼类的分类

全世界现存鱼类约 22000 种，我国产鱼类 2830 余种。根据内骨骼的性质可分为两类。

(1) 软骨鱼纲（Chondrichthyes）　骨骼为软骨；体被盾鳞；口在腹面，肠中有螺旋瓣，胃肠分化明显，有独立胰脏和发达肝脏；鳃间隔发达，一般鳃裂五对，直通体外，无鳔；体内受精，卵生、卵胎生或假胎生，雄性有鳍脚；尾属歪尾型，口位于腹面，偶鳍水平位；心脏具动脉圆锥；单一泄殖腔孔开口于体外；大脑顶部出现了神经物质。

软骨鱼的代表动物有扁头哈那鲨、星鲨、孔鳐、黑线银鲛（图 13-71）。

(2) 硬骨鱼纲（Osteichthyes）　骨骼为硬骨；体被骨鳞，部分硬鳞，少数无鳞；口位于头的前端，肠中无螺旋瓣。多数肠胃分化不明显，无独立的胰脏，与肝合为肝胰脏；鳃隔退化，鳃裂不直接开口于体外，有鳃盖保护，大多数具有鳔；体外受精，卵生，少数发育有变态；尾属正尾，偶鳍呈垂直位；心脏不具有动脉圆锥，但具有腹大动脉基部膨大所形成的动脉球；生殖管道为生殖腺本身延续成管，泄殖孔与肛门分别开口于体外；大脑顶部无神经物质。

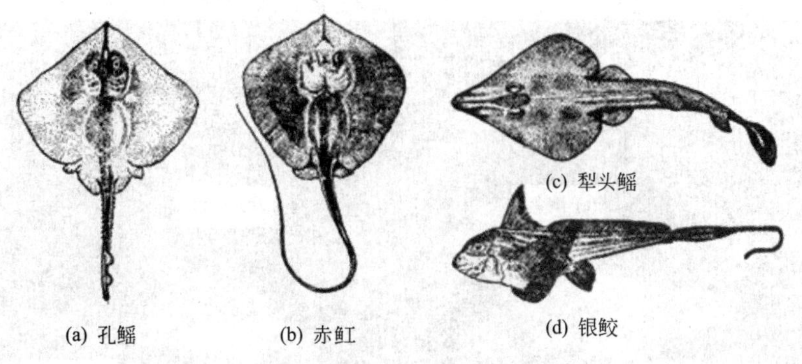

图 13-71 软骨鱼类（仿武汉大学等，1983）

硬骨鱼的代表动物有矛尾鱼、澳洲肺鱼、非洲肺鱼、美洲肺鱼、中华鲟、白鲟、鲱鱼、鲥鱼、鳓鱼、大银鱼、大马哈鱼、鳗鲡、海鳗、鲤鱼、鲫鱼、团头鲂、“四大家鱼”（青鱼、草鱼、鲢鱼、鳙鱼）、胡子鲇、鲻、梭鱼、黄鳝、鲈鱼、鳜鱼、真鲷、带鱼、银鲳、大黄鱼、牙鲆（两眼均在体之左边）、高眼鲽（两眼均在体之右面）、绿鳍马面鲀、虫纹东方鲀、翻车鱼等（图 13-72、图 13-73）。

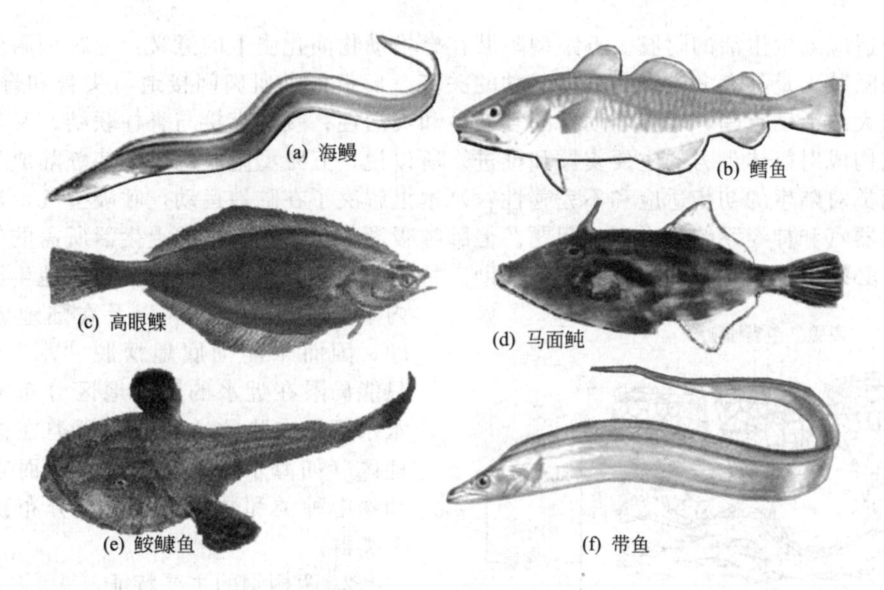

图 13-72 硬骨鱼类（一）

（三）两栖纲（Amphibia）

两栖纲是一类在个体发育中经历幼体水生和成体水陆两栖生活的变温动物，由 3.5 亿年前古生代泥盆纪末期具肺的古代总鳍鱼类登陆成功进化而来。

1. 从水生到陆生的转变

（1）水陆环境的主要差异 空气含氧量比水中充足；水的密度比空气大；水温的恒定性及陆地环境的多样性。

（2）由水生过渡到陆生所面临的主要矛盾 在陆地支持体重并完成运动；呼吸空气中的氧气；防止体内水分的蒸发；在陆地繁殖；维持体内生理生化活动所必需的温度条件；适应于陆地的感官和完善的神经系统。

（3）五趾型附肢及其在脊椎动物演化史上的意义 五趾型附肢包括上臂（股）、前臂（胫）、腕（跗）、掌（跖）和指（趾）五部分，一般指有五个，是通过肩带和腰带与躯体相

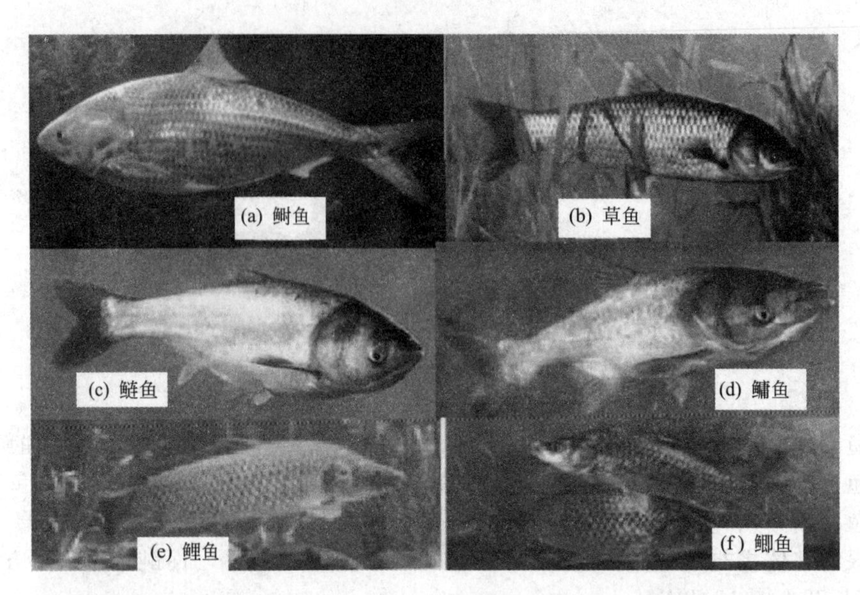

图 13-73　硬骨鱼类（二）（仿武汉大学等，1983）

连的一种适应陆生生活的附肢。五趾型附肢在脊椎动物演化史上的意义：五趾型附肢是一种强有力的附肢，是具有多支点的杠杆运动的关节。肩带借助肌肉间接地与头骨和脊柱联结，获得了较大的活动范围，增强了动作的复杂性和灵活性；腰带直接与脊柱联结，又与后肢骨相关节，构成对躯体重力的主要支撑和推进。所以说，五趾型附肢的出现使登陆成为可能。

两栖类对陆生的初步适应和不完善性：基本上解决了在陆地运动，呼吸空气，适宜于陆生的感觉器官和神经系统等方面的问题。但肺呼吸尚不足以承担陆地上生活所需的气体代谢的需要，必须以皮肤呼吸和鳃呼吸加以辅助。特别是两栖类根本未能解决在陆地生活防止体内水分的蒸发问题，以及在陆地繁殖的问题，因而未能彻底地摆脱“水”的束缚，只能局限在近水的潮湿地区分布或再次入水水栖。皮肤的透性使两栖类在盐度高的地区（如海水）生活困难，因而它是脊椎动物中种类和数量最少的，分布狭窄的一个类群。

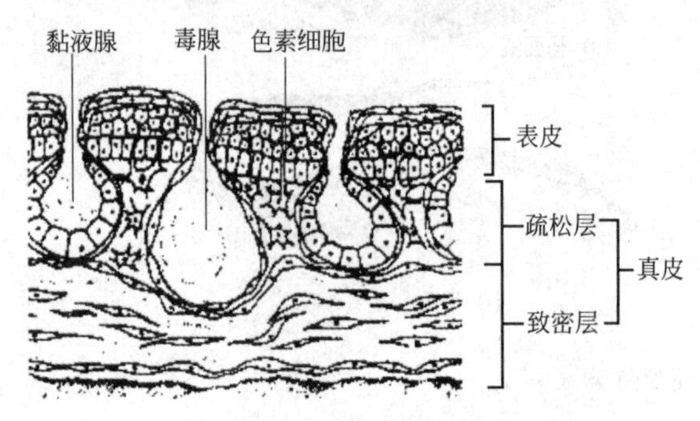

图 13-74　蛙的皮肤（仿许崇任，2008）

2. 两栖纲的主要特征

（1）体形　体型可分为蚓螈型、鲵螈型、蛙蟾型，身体分头、躯干、尾、四肢四部分。

（2）皮肤　皮肤裸露，由表皮和真皮组成，富有腺体和血管，具有呼吸功能。这是现在两栖类的显著特征（图 13-74）。

（3）骨骼（图 13-75）

① 头骨特点　a. 宽而扁，脑腔狭窄，无眶间隔，属于平底型，枕骨具有两个枕髁（由侧枕骨形成）。b. 眼眶周围的膜性硬骨大多消失。骨化程度不高，骨块数少。c. 颌弓与脑颅为自接型联结（通过方骨与下颌连接）。腭方软骨趋于退化，由其外所包的膜性硬骨（前颌骨、上颌骨和齿骨等组成次生颌）执行上、下颌功能。d. 舌颌骨转化为听骨——耳柱骨。e. 幼体时期的鳃弓退化，其残余部分转化为支持舌和喉的软骨。

② 脊柱　由颈椎、躯干椎、荐椎和尾椎组成。具有颈椎和荐椎是陆地动物的特征。颈椎一枚，躯干椎的数目差异较大，荐椎一枚，尾椎骨愈合成一根棒状的尾杆骨。躯干椎均由椎体（多为前凹或后凹型，少数双凹型）、棘突和成对的前关节突、后关节突组成；因而增强了脊柱的牢固性和灵活性。

③ 带骨和肢骨　肩带一般由肩胛骨、乌喙骨、上乌喙骨和锁骨构成。青蛙左右侧的上乌喙骨在腹中线处相互平行愈合在一起，不能交错活动，称固胸型肩带；而蟾蜍两侧的上乌喙骨彼此重叠，能交错活动，称弧胸型肩带。腰带由坐骨、耻骨和髂骨构成骨盆。组成肩带和腰带的诸骨交汇处，分别形成肩臼和髋臼，与前、后肢相关节，肩带不联头骨，腰带借荐椎与脊柱联结。具五趾型附肢。

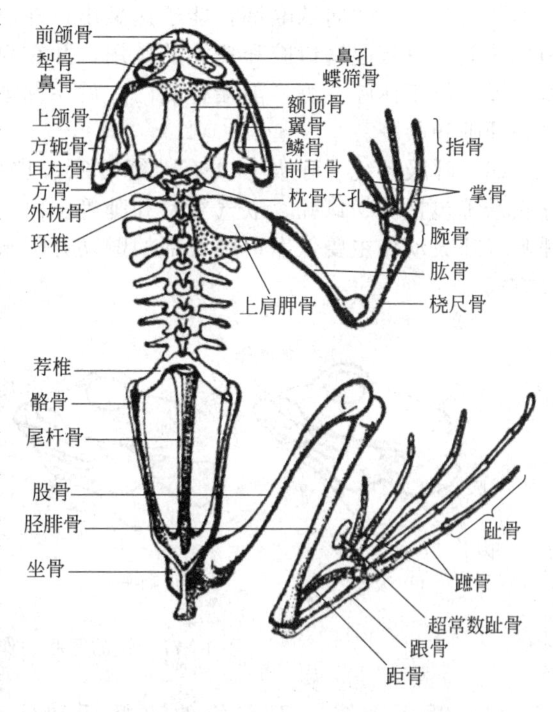

图 13-75　蛙的骨骼（仿徐敬明，1993）

（4）肌肉系统　①躯干肌肉在水生种类特化不甚明显。陆生种类的原始肌肉分节现象已不明显，肌隔消失，大部分肌节均愈合并经过移位，形成身体上一块块的肌肉，只在腹直肌上仍可见到数条横行的腱划，为肌节的遗迹。②具强大而复杂的四肢肌肉。③鳃肌退化，一部分转变为咽喉部的肌肉。

（5）消化系统（图 13-76）　消化管包括口腔、咽、食道、胃、小肠、大肠、泄殖腔、泄殖孔。口腔内有牙齿和舌，以及内鼻孔、耳咽管孔、喉门、食管等开口，这些开口分别与外界、中耳、呼吸道、消化管相通。牙齿为多出性的同型齿；此外，口腔顶壁的犁骨上有两簇细小的犁骨齿。舌由舌骨和舌肌构成。多数蛙蟾类舌根附着于下颌前部，舌尖游离而有深

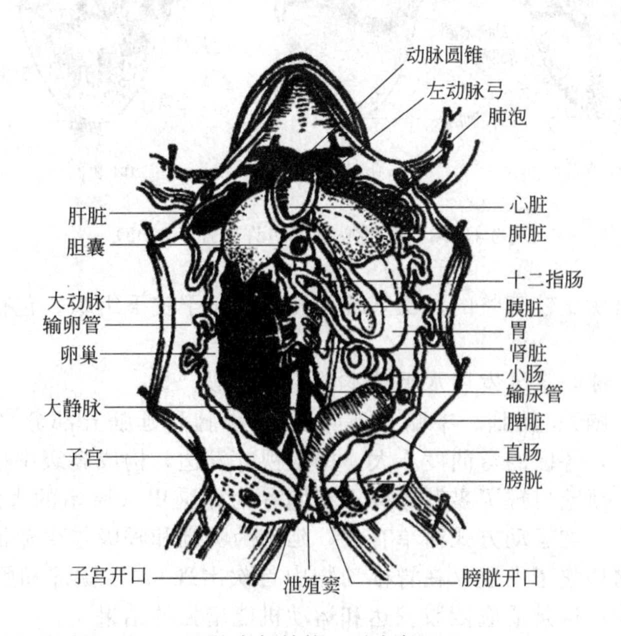

图 13-76　蛙的内部结构（引自郝天和，1964）

浅不同的分叉，朝向咽喉部，能迅速翻出口外。口腔中还有分泌黏液的颌间腺，其分泌物无消化功能，只有湿润口腔和食物的作用，并在眼球下沉突向口腔时，协助完成吞咽食物的动作。胃：位于体腔左侧，前端称贲门，后端称幽门；已初步具有消化吸收的机能。消化腺主要是肝脏和胰脏。

（6）呼吸系统　呼吸方式有：鳃呼吸、皮肤呼吸、口咽腔呼吸和肺呼吸（图 13-77）。呼吸系统包括鼻、口腔、喉气管室和肺等。由于不具肋骨和胸廓，肺呼吸采用特殊的口咽式呼吸（呼吸动作主要依靠口腔底部的颤动升降来完成，并由口腔黏膜进行气体交换的一种呼吸方式）。

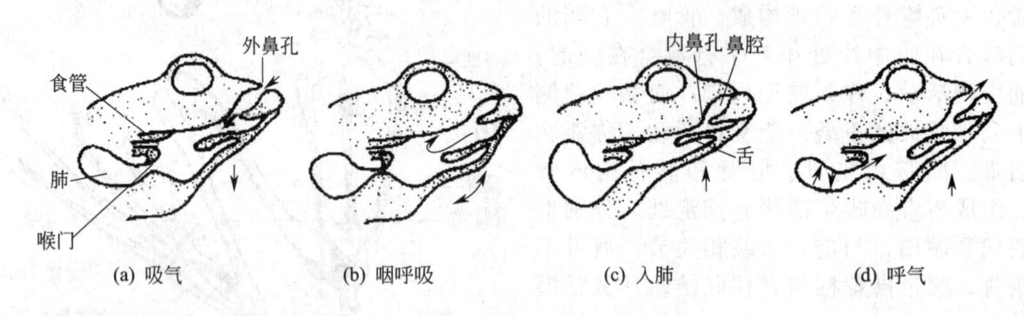

图 13-77　蛙的呼吸动作（仿徐敬明，1993）

（7）循环系统　不完善的双循环和体动脉内含有混合血液，是两栖类的特征（图 13-78）。

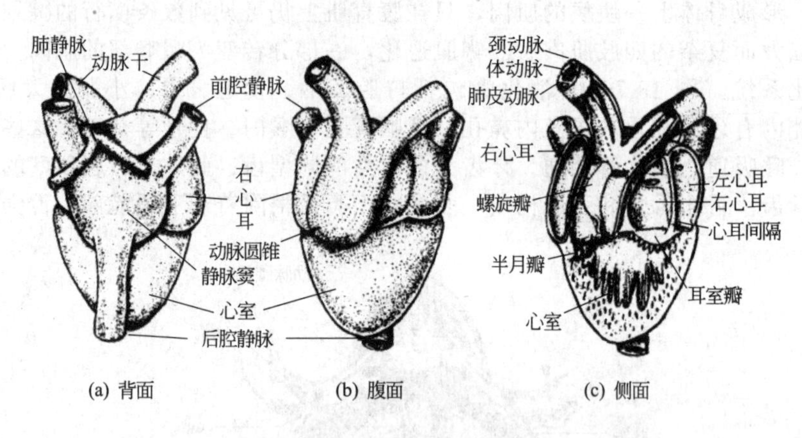

图 13-78　蛙的心脏（仿许崇任，2008）

从两栖类开始出现比较完整的淋巴系统，几乎遍布于皮下组织。包括淋巴管，淋巴腔和淋巴心等结构。

（8）神经系统　神经系统发展水平基本与鱼类相似。

脑分为端脑（大脑）、间脑、中脑（视叶区）、小脑和延脑五部分（图 13-79）。它们依次排列于一个平面上，各区的弯曲度不大，中脑视叶发达，构成高级中枢。两栖类的大脑半球分化比鱼类明显，顶壁出现了零散的神经细胞称为原脑皮（原始的大脑皮层），主要有嗅觉作用。小脑不发达，与运动方式简单有关。延脑为听觉和呼吸等生命活动的中枢。

脊髓有背正中沟和腹正中裂（在脊椎动物中首次出现）。在肱部和腰部有两个膨大，分别叫颈膨大和腰膨大，这是适应四肢发达和运动机能增强的结果。

脑神经 10 对。脊神经的对数因动物类别不同而有很大差异，有些脊神经集合成臂神经丛和腰荐神经丛，分别进入前、后肢。植物性神经系统由交感神经和副交感神经构成，较鱼类的更为进化。

(9) 感觉器官　包括侧线器官、视觉器官、嗅觉器官、听觉器官。

① 侧线器官　幼体都具有，它由许多感觉细胞形成的神经丘所组成，用作感知水压的变化。幼体变态后侧线消失。但有些水栖鲵螈类，头躯部始终保留着侧线器官和侧线神经，如大鲵、东方蝾螈等。

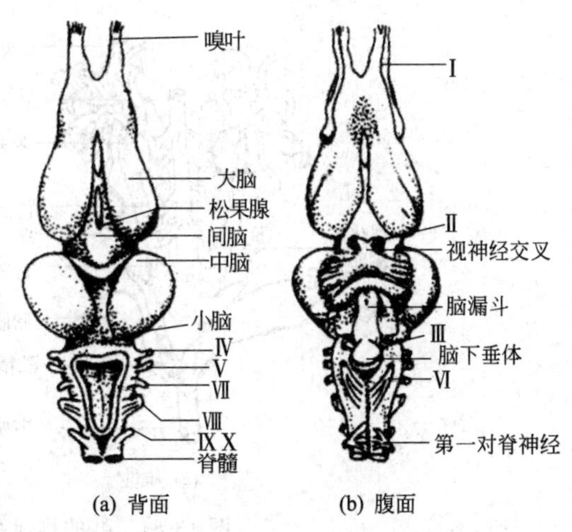

图 13-79　蛙脑（仿 Goodnight，1964）

② 视觉器官　蛙蟾类眼的结构和功能具有陆生脊椎动物的特点，视觉范围广阔，既能近视（陆上），又能远视（水中），白天和晚上都能看到物体。如角膜前凸，晶状体近似圆形而稍扁平，晶状体与角膜之间的距离较远适于看较远的物体。而且，由于晶状体牵引肌的出现，它能将晶状体前拉聚光，又适于看较近的物体。在脉络膜与晶状体之间尚有一些呈辐射状排列的肌肉，称脉络膜张肌，可能相当于羊膜类的睫状肌。虹膜上的肌肉能调节瞳孔大小，以控制眼球进光的程度。还具有眼睑、瞬膜、泪腺和哈氏腺，使眼球受到润滑和保护，与陆生生活相适应（图 13-80）。

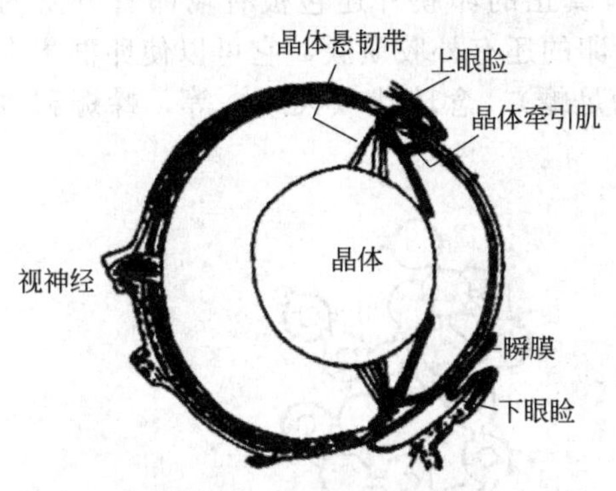

图 13-80　两栖类的眼纵切
（仿 Young，1962）

③ 嗅觉器官　嗅黏膜位于鼻腔的背面，上有嗅细胞，嗅神经纤维从嗅黏膜通至端脑的嗅叶，司嗅觉。从两栖动物开始，鼻腔具有嗅觉和呼吸的双重功能。两栖类口腔顶壁出现一个新的结构，叫犁鼻器；它由嗅黏膜的一部分变形而成的，是一种味觉感受器。

④ 听觉器官　内耳结构与鱼近似，但已有瓶状囊，有感受声波的功能。这样，两栖类的内耳除有平衡觉外，还首次具有听觉功能。具有鼓膜和中耳，这是适应感觉声波而产生的。声波引起鼓膜的震动，经中耳腔（鼓室）内的耳柱骨传入内耳，刺激内耳迷路中的感觉细胞，经听神经传到脑中枢，产生听觉。耳柱骨由鱼的舌颌骨演变而来。鼓室有耳咽管与口腔相通，以平衡鼓膜内外压力。

(10) 排泄系统　排泄器官是肾脏、皮肤和肺等（图 13-81）。肾脏 1 对呈暗红色长形分叶器官，各连接一条输尿管，通入泄殖腔的背壁。在雌性体内，输尿管仅作输尿之用；在雄性，输尿管除输送尿液之外，还兼有输精管之用（肾小管与精细管相通）。泄殖腔腹壁突出形成膀胱，称泄殖腔膀胱，跟输尿管无直接联系，因此尿液先到泄殖腔，然后倒流入膀胱。

(11) 生殖系统　雄性有精巢一对，卵圆形（蛙）、长柱形（蟾）或分叶状（蝾螈）。由精巢发出许多细小的输精小管，通入肾脏的前端，连接肾小管，然后借输尿管进入泄殖腔而将精液排出体外。雌性有卵巢一对，囊状。卵巢内常含有许多圆形的卵，卵成熟后经腹腔而进入输卵管的喇叭口。输卵管开口于泄殖腔。输卵管壁厚富含腺体，当卵通过输卵管时即被腺体所分泌的胶状物质所包裹。蛙蟾类生殖腺的前方都有一对黄色的指状脂肪体，是供给生殖腺发育所需的营养结构。

(12) 生殖方式　通常，蛙蟾类的雌蛙比雄蛙稍微大些，雄性多数有声囊。生殖季节，

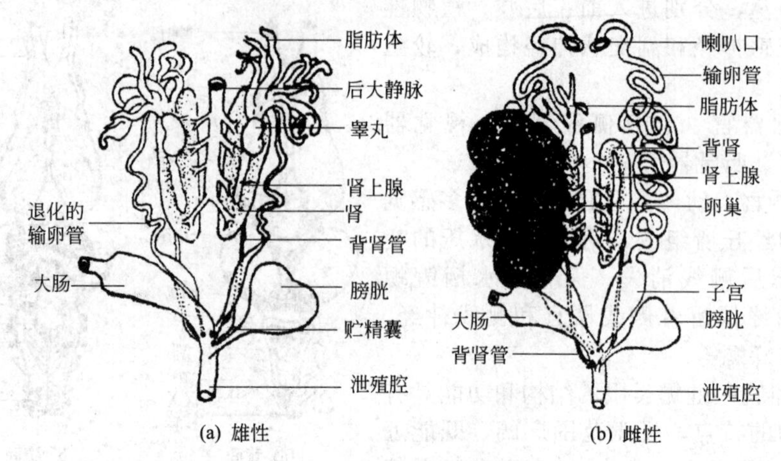

图 13-81　蛙的排泄系统（仿徐敬明，1993）

雄性大拇指上的婚瘤显著增大，用以抱握雌性。两栖类多数行体外受精，无交配器。多数蛙蟾类在受精前要经过一个“抱对”过程，然后再产卵受精。抱对行为有很大的生物学意义，能促使两性个体在兴奋高潮中同时排出生殖细胞，以提高受精率。水生鲵螈类体外受精方式是雄性将“精包”安置在一定物体上，雌性则将“卵袋”放在精包上面，精子进入卵袋和卵受精。蚓螈类和多数鲵螈类都行体内受精。卵除有真正的卵膜外还包被有输卵管分泌的胶膜，卵受精后，在水中胶膜迅速膨胀。一般产大量卵的还有外胶质膜，它可以使卵群集中在一起而呈团块状（青蛙）、带状（蟾蜍）、片状（铆足蟾）、念珠状（大鲵）等，蝾螈和铃蟾则产单生卵（图 13-82）。

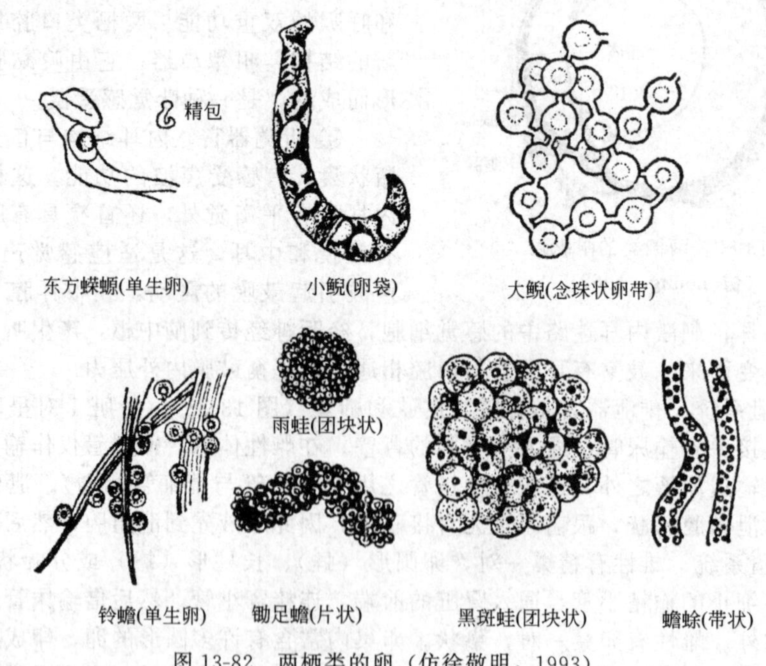

图 13-82　两栖类的卵（仿徐敬明，1993）

3. 两栖纲分类

现存的两栖动物分为蚓螈目、蝾螈目和蛙形目约 4200 种。我国产 302 种（亚种）。如版纳鱼螈、极北小鲵、中国大鲵（娃娃鱼）、东方蝾螈、肥螈、泥螈、鳗螈、东方铃蟾（“警戒色”的代表)、角蟾、大蟾蜍、花背蟾蜍、黑眶蟾蜍、无斑雨蛙、黑斑蛙、金钱蛙、中国林蛙、斑眼树蛙、北方狭口蛙等(图 13-83)。

(四) 爬行纲 (Reptilia)

爬行纲动物是体被角质鳞或硬甲,在陆地上繁殖的变温羊膜动物,是真正的陆生脊椎动物,在脊椎动物进化中具有承上启下和继往开来的重要意义。

1. 爬行纲的主要特征

(1) 羊膜卵及其在动物演化史上的意义　羊膜卵包括卵壳、卵膜、卵黄和胚胎等结构,在发育期间,发生羊膜、绒毛膜、尿囊等一系列胚膜结构的一种卵,它使羊膜动物获得了在陆地繁殖的能力。羊膜卵的最外层为革质的或石灰质的坚韧的卵壳,透气而不透水,能防止卵的变形、机械损伤和水分蒸发。卵内含有丰富的卵黄,可保证胚胎在发育过程中始终有丰富的营养(图 13-84)。

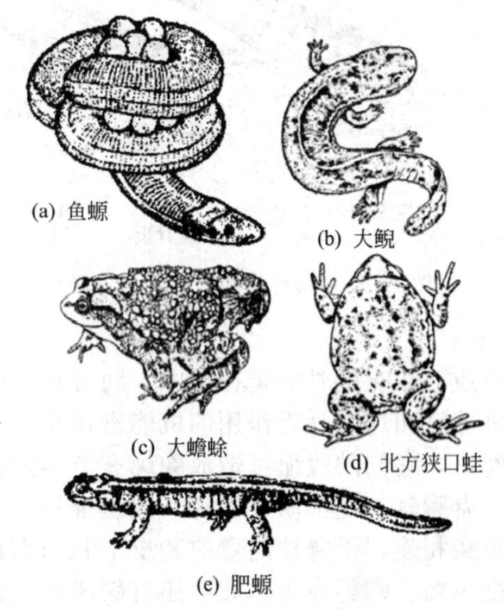

图 13-83　两栖纲的代表种类
(仿郝天和等,1964)

胚胎发育过程中形成包围胚胎的两层膜,即内层的羊膜和外层的绒毛膜,两者之间是一个宽大的胚外体腔,羊膜所包围的腔为羊膜腔,腔内充满羊水,使胚胎悬浮在羊水这个恒定的液体环境中,从而免受干燥和机械损伤。绒毛膜紧贴于壳膜内面。在羊膜形成的同时,自胚胎的消化道后端突起一个囊状的尿囊,并扩展到羊膜和绒毛膜之间的胚外体腔中,其外壁富有血管,与绒毛膜紧贴,充当胚胎的呼吸器官,通过多孔的卵壳与外界进行气体交换;胚胎代谢产生的尿酸也都贮存在其中,又是排泄器官。

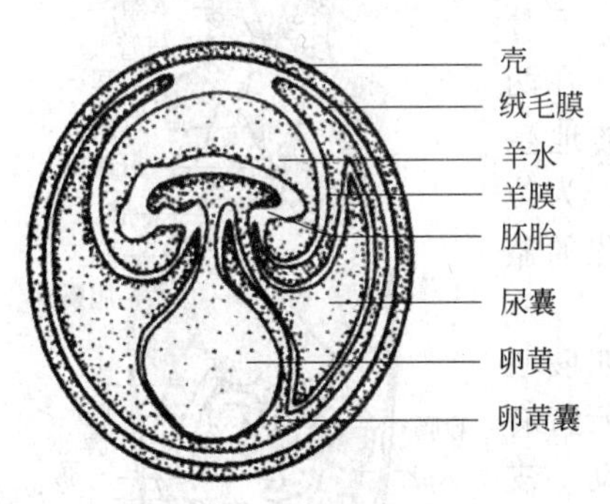

图 13-84　羊膜卵的结构
(仿徐敬明,1993)

羊膜卵的出现,致使胚胎得以在恒定优越的液体环境中发育,完全脱离了水的束缚,解决了在陆地繁殖的问题,是脊椎动物从水生到陆生进化过程中的一个重大适应,是一个飞跃性的进步,为陆生脊椎动物征服陆地提供了空前的机会。

(2) 外形　可分为蜥蜴型(蜥蜴、鳄、楔齿蜥等)、蛇型(蛇、蛇蜥等)、龟鳖型(龟、鳖等)三类。身体可分为头、颈、躯干、尾和四肢。

(3) 皮肤　表现为皮肤干燥、缺乏腺体,表皮角质化程度高,外被角质鳞片或盾片或兼有来源于真皮的骨板(图 13-85)。

(4) 骨骼系统　大多数是硬骨,骨化程度高,结合牢固,转动较灵活,首次出现胸廓,适应陆地生活。中轴骨骼包括头骨、脊柱、胸骨和肋骨。附肢骨骼包括带骨和肢骨。

① 头骨　骨化更完全;头骨高而隆起,属于高颅型;具单一枕髁;出现了次生硬腭(由前颌骨、上颌骨、腭骨的腭突和翼骨愈合而成);具颞窝(是头骨两侧眼眶后面的一个或两个孔洞,颞窝周围的骨片形成的骨弓称颞弓,可分为无颞窝类、上颞窝类、合颞窝类、双颞窝类四个类型);多数种类有眶间隔;脑颅底部的副蝶骨消失(鱼类、两栖类脑颅底部主要的骨块为副蝶骨),代替它的为基蝶骨;下颌除关节骨外,由齿骨、夹板骨、隅骨、上隅骨、冠状骨多块膜成骨参与组成。

② 脊柱、胸骨和肋骨　脊柱分区明显,分为颈椎、胸椎、腰椎、荐椎、尾椎五部分。

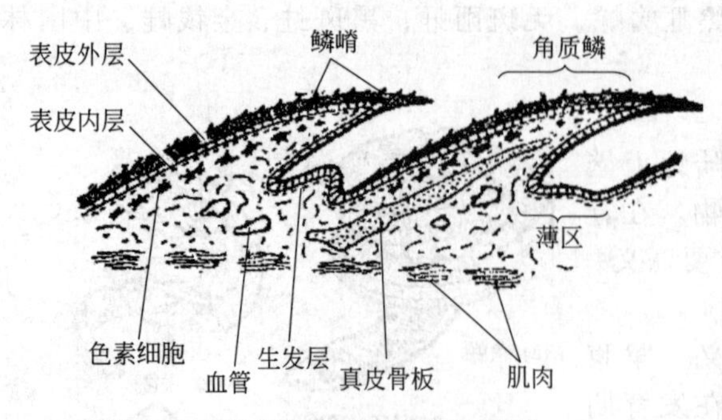

图 13-85 爬行类的皮肤（仿许崇任，2008）

前两枚颈椎特化为寰椎和枢椎。寰椎前部与颅骨的枕髁关联，枢椎的齿突伸入寰椎，构成可动联结，使头部获得更大的灵活性，使头部既能上下运动，又能转动。胸椎和腰椎都有发达的肋骨。荐椎二枚，有发达的横突，与腰带形成牢固的联结，加强了后肢的支撑力和运动能力。尾椎数多因种类而异，外形由粗逐渐变细。多数蜥蜴的尾椎体中部未骨化，遇到威胁时，在此处断尾自截逃生，断落的部分还可以再生。

肋骨一般由背段的硬骨和腹段的软骨合成，在有胸骨的爬行类中，肋骨和胸骨连接成胸廓。胸廓为羊膜动物所特有，是与保护内脏器官和加强呼吸作用的机能密切相关的，同时，也为前肢肌肉提供了附着点；肋骨附有肋间肌，它们的收缩可造成胸廓有节奏的扩展和缩小，协同呼吸运动的完成。蛇类和龟鳖类不具有胸骨。蛇类肋骨发达，除寰椎外，尾前椎椎骨上均有发达的肋骨，肋骨的远端以韧带和腹鳞相连，借脊柱的弯曲和皮下肌的作用，使肋骨移动，再支配腹鳞活动，使其贴地爬行。楔齿蜥、鳄等在身体腹面还有腹膜肋，是来源于真皮的退化的骨板。

带骨和肢骨均较发达。肩带基本与两栖类相似，包括上肩胛骨、肩胛骨、前乌喙骨、乌喙骨、锁骨和上胸骨；肩胛骨和乌喙骨在各类中皆存在。腰带也是由髂骨、坐骨和耻骨组成。髂骨与荐椎的横突相连接。左右坐骨和耻骨在腹中线联合，形成闭锁式骨盆，构成支持后肢的坚强支架。

具有典型的五指型四肢，比两栖类更坚强。桡骨、尺骨分离，胫骨、腓骨分离，腕骨骨块较完善，跗骨集中，在两列跗骨之间形成跗间关节，指（趾）端具爪，适应陆地生活。蛇类四肢退化也无带骨。但蟒蛇仍有后肢的残迹，为位于泄殖腔孔两侧的一对角质爪，内部骨骼仍保留有退化的髂骨和股骨。

（5）肌肉系统　与陆地上运动相适应，躯干肌及四肢肌均较两栖类复杂。特别是肋间肌和皮肤肌是陆地动物所特有的。肋间肌调节肋骨升降，协同腹壁肌肉完成呼吸运动。皮肤肌节制鳞片活动，在蛇类尤其发达，能调节腹鳞起伏而改变与地表的接触面，从而完成其特殊的运动方式。颌机制功能的进化，是爬行类的显著进步；具有颞肌、咬肌和翼肌等肌肉，增强了爬行类的捕食能力。

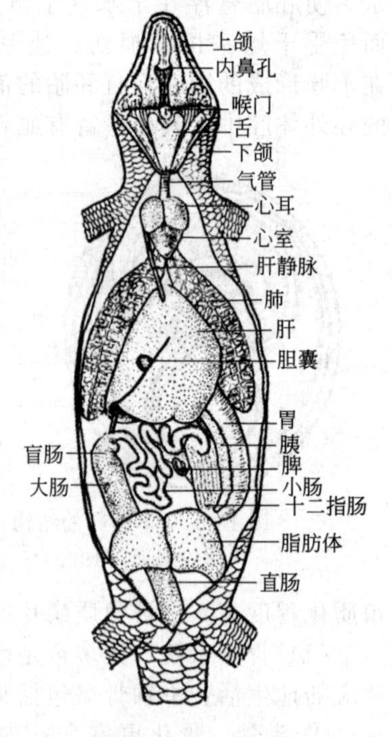

图 13-86 石龙子的内部结构（仿许崇任，2008）

（6）消化系统（图 13-86）　口腔腺包括腭腺、唇腺、舌腺和舌下腺，其分泌物有助于湿润食物和吞咽动作的完成。毒蛇和毒蜥等的毒腺，是由上唇腺转化来的。毒腺通过排毒导管和特化的毒牙相连通。毒牙是毒蛇前颌骨和上颌骨上的少数几枚特化的大牙，因表面有沟或中央有管而分别称为沟牙和管牙。口腔中肌肉质的舌发达，是陆栖动物的特征。很多种类的舌除完成吞咽的基本功能外，还特化为捕食器（避役）及感觉器（蛇、蜥蜴等）。蛇的舌尖分叉，并具有化学感受器小体，能把外界的化学刺激传送到口腔顶部的犁鼻器官，可以感知嗅觉。牙齿有多为同型齿，低等种类为端生齿，如飞蜥、沙蜥等；大多数蜥蜴与蛇类为侧生齿；鳄类为槽生齿，其中槽生齿比较牢固，各种齿于脱落后可不断更新。龟鳖类无齿而代以角质鞘。口腔和咽明显分化，消化管中的大肠分化出盲肠，大肠末端开口于泄殖腔。

(7) 呼吸系统　爬行类结束了皮肤呼吸，气体交换主要在肺内进行。爬行类的肺较两栖类发达，外观似海绵状，内部有复杂的间隔，呼吸表面积加大。

爬行动物除了像两栖动物可借口底运动进行口咽式呼吸外，同时还发展了羊膜动物所共有的胸腹式呼吸。胸腹式呼吸依靠外肋间肌的收缩，提起肋骨，扩展胸腔，吸入空气进肺。当内肋间肌收缩时，可牵引肋骨后降，胸腔缩小，空气从肺内呼出，呼吸作用就是通过胸腔有节奏的扩张和缩小的过程完成气体交换的。

(8) 循环系统　为不完全双循环，心室内出现了不完全的分隔，含氧血和缺氧血进一步分开。心脏由二心房、一心室和退化的静脉窦组成；动脉圆锥已退化消失。心室壁肌肉不仅发达，而且在其腹壁上出现了一不完全的室间隔。鳄类的室间隔较完全，仅在左右体动脉弓基部留有一潘尼兹孔相通（图 13-87）。

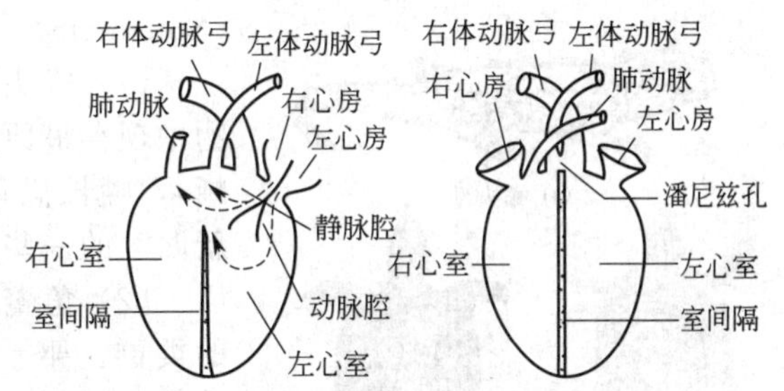

图 13-87　爬行动物的心脏（仿徐敬明，1993）

(9) 排泄系统　包括肾脏、输尿管、膀胱和泄殖腔（图 13-88）。肾脏为首次出现的一对后肾。肾脏的结构主要有肾单位和集合管组成，爬行类的肾小管不仅比两栖类肾小管从血液中排出的水分要少得多而且肾小管的其他部分还能重新回收水分，这对陆上生活的保水有重大意义。输尿管（后肾管）从肾门发出向后延伸，末端开口于泄殖腔。泄殖腔也有重新吸收水分的作用。大多数蜥蜴和龟鳖都有膀胱，开口于泄殖腔的腹面，由尿囊基部膨大形成，属尿囊膀胱，用以贮存尿液。爬行类的尿液主要成分是尿酸，尿酸是难溶于水的黏稠含氮废物，易沉淀，沉淀时的水分可被重吸收，避免了体内水分的散失，适应陆地干旱环境。

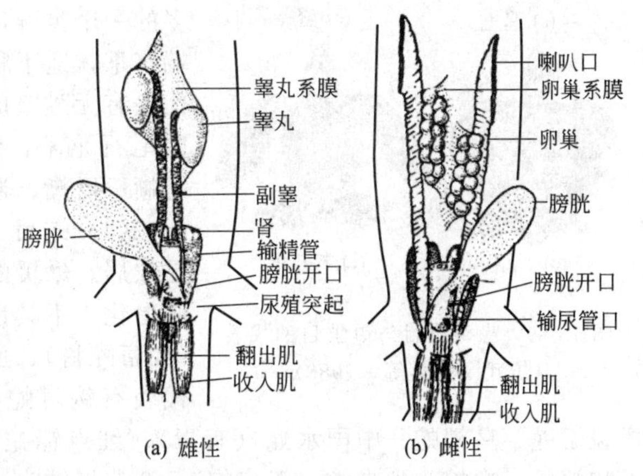

图 13-88　爬行动物的排泄系统（仿徐敬明，1993）

(10) 神经系统　脑比两栖类的发达，表现在大脑半球增大，其表层开始出现椎体细胞，并聚集成神经细胞层，构成大脑表层的新脑皮。大脑体积的增大，仍是纹状体的增大，并移向脑底，使侧脑室变窄。有少数神经纤维自丘脑到达大脑，表明在爬行类神经活动的综合作用开始移向大脑。间脑小，其背面发出细小的脑上腺和有感光作用的顶器。中脑发达，背面的一对视叶仍是高级中枢。小脑较两栖类发达。延脑出现了作为高等脊椎动物的颈弯曲。

(11) 感觉器官　①嗅觉：鼻甲骨是爬行动物鼻腔内首次出现的结构。嗅上皮分布于鼻腔内壁和鼻甲骨上，分布有嗅神经和嗅觉感觉细胞，是真正的嗅觉区。②视觉：多数爬行类具有可动的上下眼睑、瞬膜和泪腺，此为陆生脊椎动物的特征。蛇和一些穴居的蜥蜴类，无活动的眼睑，眼球外仅覆盖一层透明的薄膜，也无泪腺。爬行类的眼的结构比较典型，视觉调节更加完善，睫状体的睫状肌不仅可以调节晶状体的前后位置也可调节其凸度，以适应陆地生活对不同距离物体的观察。③听觉：多数爬行类不仅具有内耳和中耳，而且鼓膜下陷形成了雏形的外耳道。

(12) 生殖系统　雌雄异体，雄性一般具交接器，体内受精，卵生或卵胎生。雄性有睾丸 1 对，从睾丸内侧发出许多小管合成附睾，有贮存和排出精液的作用，附睾向后延伸成输精管，在末端与同侧的输尿管汇合后开口于泄殖腔。

绝大多数爬行动物以卵生方式繁殖，主要依靠阳光的温度或植物腐败发酵产生的热量进行孵化。少数爬行类具有孵卵行为。一些毒蛇及蜥蜴具有卵胎生现象，即受精卵留于母体的输卵管内发育，直至胚胎完成发育成为幼体时开始产出。还有少数种类（如石龙子）的受精卵在母体的输卵管内已初步发育，至产卵前可进入器官形成阶段，并形成了脑泡及眼点等，是介于卵生和卵胎生之间的一种过渡类型，可称为亚卵胎生。

2. 爬行纲分类

现存爬行动物约有 6550 种，我国约有 410 多种（亚种）。可分为：喙头蜥目、龟鳖目、蜥蜴目、蛇目和鳄目，但有许多学者将蜥蜴类和蛇类分别以亚目归属于有鳞目 (Squamata)。

图 13-89　喙头蜥目与龟鳖目的代表（仿武汉大学等，1983）

(1) 喙头蜥目 (Rhynchocephaliformes)　是爬行动物中现存最原始的陆栖种类，仅存一种即喙头蜥（楔齿蜥），嘴长似鸟喙，故名喙头蜥（图 13-89）。现仅存于新西兰的一些小海岛上。有“活化石”之称。

(2) 龟鳖目 (Testudoformes)　是爬行类中最特化的类群。躯干扁平，背腹具甲。代表有平胸龟、乌龟、玳瑁、海龟、棱皮龟、中华鳖等（图 13-89）。

(3) 蜥蜴目 (Lacertiformes)　是爬行动物中种类最多的一个类群，多数种类四肢发达，指（趾）五枚，末端有爪，适于爬行或挖掘。少数种类的四肢退化或缺失。代表有无蹼壁虎、大壁虎（蛤蚧）、斑飞蜥、草原沙蜥、蓝尾石龙子、铜石龙子、北草蜥、丽斑麻蜥、脆蛇蜥、鳄蜥、巨蜥、避役、短尾毒蜥等（图 13-90）。

(4) 蛇目 (Serpentiformes)　身体从小型到大型，是穴居、攀援的特化群类，分头、躯干和尾三部分，四肢退化，不具带骨和胸骨，少数种类尚保存退化的腰带（如盲蛇科），也有的种类还有残余的后肢（如蟒蛇科）。代表有钩盲蛇、蟒蛇、黄脊游蛇、赤链蛇、黑眉锦蛇、虎斑游蛇、乌梢蛇、中国水蛇（有毒）、红点锦蛇、白条锦蛇、眼镜蛇、金环蛇、银环蛇、长吻海蛇、蝮蛇、尖吻蛇（五步蛇）、菊花烙铁头、草原蝰、竹叶青等（图 13-90）。

(5) 鳄目 (Crocodiliformes)　现代爬行类中结构最高等的类群，水栖，体表被角质鳞，背部角质鳞下面还有真皮骨板。代表有扬子鳄（我国特产，国家一级保护动物）、马来鳄等（图 13-90）。

(五) 鸟纲 (Aves)

鸟类体表被覆羽毛、有翼、恒温和卵生，是在爬行类基础上进一步适应飞翔生活的一支特化的高级脊椎动物。

1. 鸟纲的主要特征

(1) 具有高而恒定的体温，减少了对外界环境的依赖性。恒温的出现，标志着动物体的结构与功能已进入更高一级的水平，高而恒定的体温能促进酶的活性，大大提高新陈代谢水平，保持旺盛的生命力，扩大了生活和分布区域，从而在生存竞争中占据了优势地位。

(2) 外形　呈流线形，体外被羽，全身分为头、颈、躯干、尾和四肢等部分。前肢变为

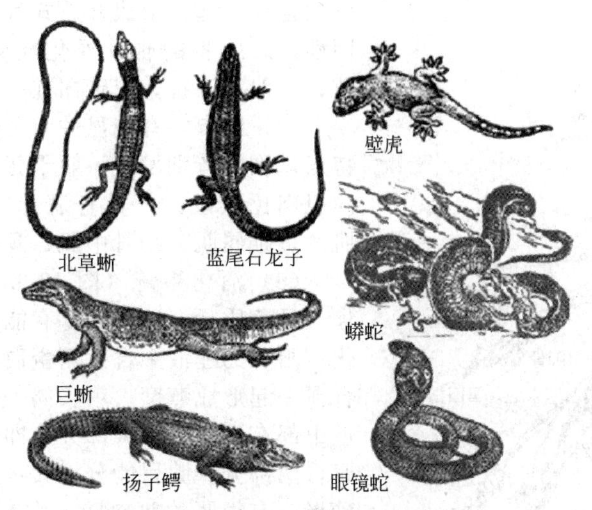

图 13-90　蜥蜴目、蛇目与鳄目的代表（仿武汉大学等，1983）

翼，后肢具四趾，是其不同于其他脊椎动物的显著标志。

（3）皮肤及其衍生物　鸟类皮肤的特点是薄、松、软、干，缺乏腺体（仅具尾脂腺）。皮肤衍生物除羽毛、角质鳞外，还包括喙的角质鞘、距、爪以及尾脂腺等，属于表皮衍生物。鸟羽与爬行类的角质鳞同源，羽毛类型有三种，即正羽、绒羽和毛羽，翼上的正羽称飞羽（包括初级飞羽、次级飞羽及着生在肱骨上的三级飞羽）（图 13-91）。

（4）骨骼　特点是轻而坚固，骨骼内具有充满气体的腔隙，头骨、脊柱等骨块有愈合现象，带骨与肢骨有较大变形（图13-92）。

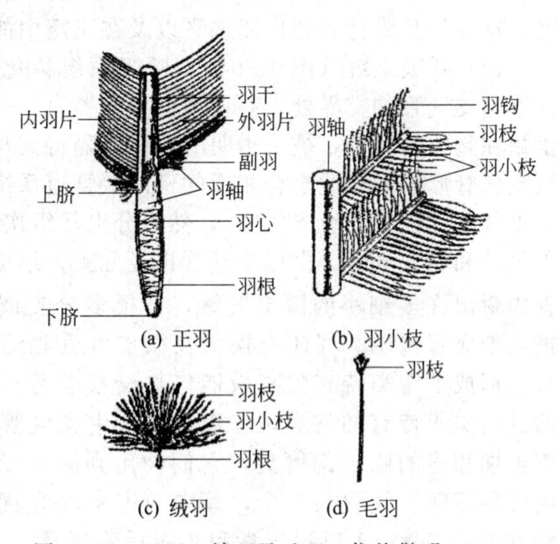

图 13-91　正羽、绒羽及毛羽（仿徐敬明，1993）

① 脊柱、胸骨及肋骨　分颈椎、胸椎、腰椎、荐椎和尾椎。颈椎的特点是活动性很大，其椎体呈马鞍形，又名异凹型椎体。胸椎借肋骨与胸骨连接，构成牢固的胸廓。肋骨不具有软骨，后缘各具有一个钩状突，每一个钩状突都搭压在后一条肋骨上，从而增强坚固性。胸骨非常发达，沿胸骨腹中线处有高耸的隆起，恰似船底的龙骨，称龙骨突，以扩大胸肌的附着面。失去飞翔能力的走禽（如鸵鸟），则胸骨扁平，无龙骨突。特有愈合荐骨，由少数胸椎、腰椎、荐椎及部分尾椎愈合而成。腰带与其紧密连接，形成腰荐部的坚强支柱。还有游离的尾椎及最后几枚尾椎愈合成的尾综骨，支撑尾羽。

② 头骨　头骨薄而轻，骨内有大量气室，为气质骨；颅腔很大，顶部拱起，枕骨大孔移至头骨的底部，眶间隔发达；上下颌骨极度前伸构成鸟喙，外套以角质鞘，用以啄食，现代鸟类无齿；无完整的次生硬腭，左右腭骨在中线处不愈合，故腭部中间成裂缝状，称裂状腭。

③ 带骨及肢骨　肩带包括肩胛骨、锁骨和乌喙骨。锁骨细长，两侧锁骨在胸前呈“V”形连合，称叉骨，富有弹性，阻碍左右乌喙骨的靠拢，起着横木的作用。前肢特化为翼，主要表现为手部骨骼的愈合和消失，指末端一般无爪。腰带包括髂骨、坐骨和耻骨，和愈合荐

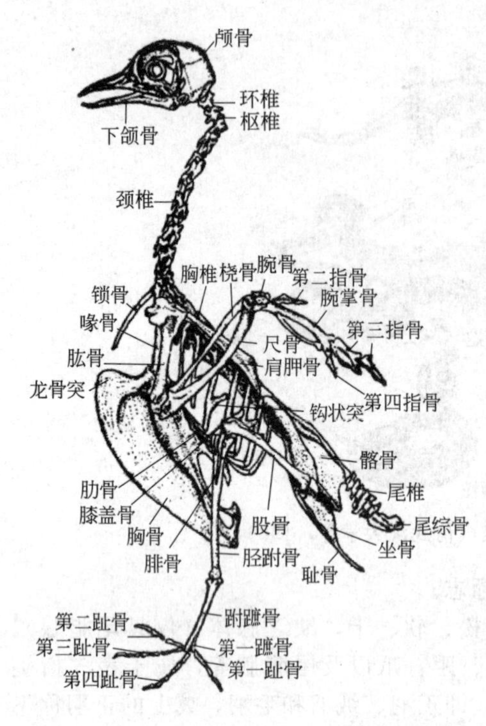

图 13-92　鸽的骨骼（仿徐敬明，1993）

骨愈合在一起，形成开放式骨盆，增加了腰带的坚固性。后肢骨的腓骨退化成刺状，还形成跗间关节，一般具四趾，三趾向前一趾向后。

（5）肌肉　有明显的与飞翔生活方式相适应的特点，胸肌特别发达；躯干背部的肌肉退化；腿部的肌肉比较发达，具有适于栖树握枝的肌肉如栖肌、贯趾屈肌、绯骨中肌；具有特殊的鸣管肌肉。

（6）消化系统（图 13-93）　现代鸟类均无牙齿，具角质喙。口腔底部有能活动的舌，尖端角质化。雨燕的唾液中含有糖蛋白，可把筑巢的材料粘合在一起形成燕窝。鸡、鸽等食谷和食鱼鸟类的食道中部有明显的膨大部分，即嗉囊。胃分为腺胃和肌胃两部分。腺胃能分泌大量的消化液，肌胃又叫砂囊，有很厚的肌肉壁，内有一层黄色的革质膜。小肠比较长，直肠极短，不贮存粪便。在小肠和大肠的交界处有一对盲肠。泄殖腔是直肠末端的膨大部分，它是消化系统、排泄系统和生殖系统共同的通路。泄殖腔背壁有一个盲囊，称腔上囊，内含大量的淋巴小结。消化腺发达。鸟类的消化能力很强，消化过程十分迅速，食量大，进食频繁而不耐饥。这是与其维持高的代谢水平以及在飞翔中能量消耗大相联系的。

（7）呼吸系统（图 13-94）　呼吸系统特化，气管为由许多半骨化的软骨环构成支架。气管与支气管的交界处，有鸟类的发声器官——鸣管（鸣膜），能因气流的震动而发声。肺紧贴在胸腔的背部，被一透明的膜质斜隔将其与腹腔各器官分隔开。肺的内部，是一个由各级支气管形成的彼此吻合相通的密网状管道系统。每一支气管进入肺后，先形成一主干，即中支气管（也叫初级支气管），然后分出几组次级支气管，依其位置分别称为背支气管、腹支气管和侧支气管。次级支气管再经分支，形成副支气管（又称三级支气管）。每一副支气管辐射出许多细小的微支气管，其很多分支彼此吻合，并被毛细血管包围。气体交换就在微支气管和毛细血管间进行。形成了鸟类特有的高效能气体交换装置。与肺脏相连的是鸟类所特有的气囊，气囊是某些中支气管及次级支气管末端相连的膨大的薄囊，它们伸出到肺脏以外，分布于内脏器官间。气囊共 9 个，其中与中支气管直接相连的气囊称为后气囊（1 对腹气囊和 1 对后胸气囊），其余的与次级支气管相连的，称前气囊（1 对颈气囊、1 个锁间气囊和 1 对前胸气囊）。气囊除了辅助双重呼吸外，还有减小身体的密度、减少内脏器官间的摩擦和调节体温的作用。

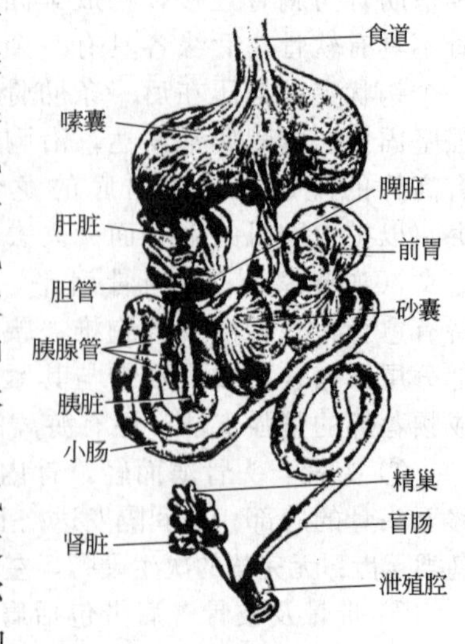

图 13-93　家鸽的消化系统（仿 Young，1962）

鸟肺进行气体交换的部位即微支气管中，无论是吸气时或呼气时都有新鲜空气通过并在此处进行气体交换。这种在吸气和呼气时，在肺内均能进行气体交换的现象，称为“双重呼吸”。鸟类在静止状态时是以肋骨的升降，胸廓的缩小与扩大来进行呼吸的；但在飞翔时，由于胸肌处于紧张状态，肋骨和胸骨固定不动，此时靠翼的扇动及前后气囊的收缩

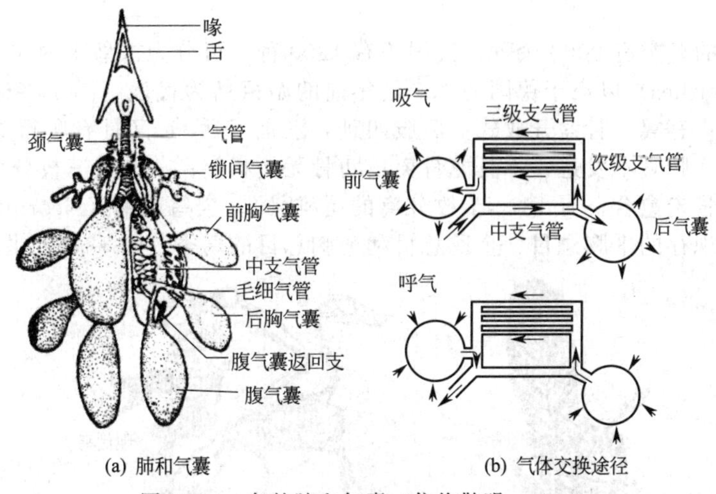

图 13-94　鸟的肺和气囊（仿徐敬明，1993）

和扩张来进行。

（8）循环系统　心脏分为四腔，即二心房二心室，血液循环属于完全的双循环，富氧血和缺氧血完全分开。心脏在比例上较大，心跳频率快，血压较高，保证血液的迅速循环，与鸟类旺盛的新陈代谢和飞翔时剧烈的运动相适应。右心房与右心室间的瓣膜是肌肉质的；仅具右体动脉弓；肾脏门静脉趋于退化，特具肠系膜静脉。

（9）排泄系统　肾脏为后肾，尿大都由尿酸组成，不具有膀胱，海鸟特有盐腺。

（10）生殖系统　雄性由睾丸（精巢）、附睾、输精管构成。大多数鸟类无交配器，仅有少数种类，如鸵鸟和雁鸭等有交配器。大多数鸟类的雌性生殖器官仅包括左侧的卵巢和输卵管。输卵管可分为输卵管伞、蛋白分泌部、峡、子宫和阴道五部分（图 13-95）。

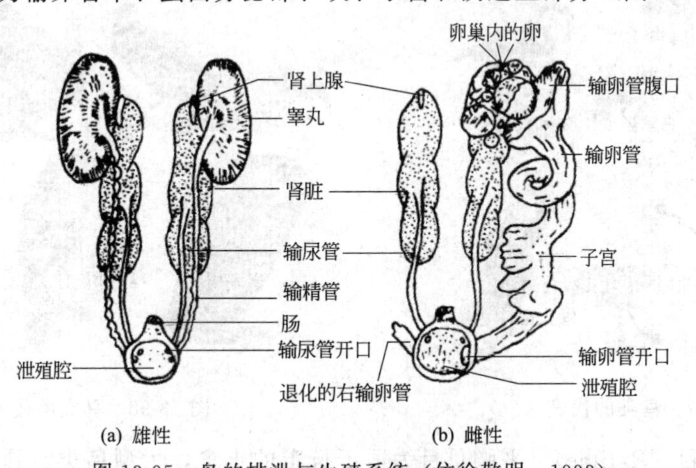

图 13-95　鸟的排泄与生殖系统（仿徐敬明，1993）

（11）神经和感官　大脑发达，表现为纹状体高度发达；小脑很发达；视叶发达，这和鸟类的视觉发达相关；嗅叶退化。脑神经 12 对。听觉和平衡觉器官也较发达，嗅觉器官最为退化。眼睛在比例上比其他脊椎动物的都要大，瞬膜很发达，有巩膜骨、栉膜。视觉调节为双重（三重）调节，即改变晶体的屈度（后巩膜角膜肌）、改变角膜的屈度（前巩膜角膜肌）、改变晶体与视网膜之间的距离。鸟类视网膜内有大量视锥，适于昼间视物；某些夜行性鸟类，如猫头鹰，视杆细胞多，适于夜间视物。听觉器官发达，由外耳、中耳和内耳构成，中耳内有单一的耳柱骨。

2. 鸟纲分类

世界上已知的鸟类有9000余种，我国约有1200种，可分为古鸟亚纲和今鸟亚纲。古鸟亚纲（Archaeornithes）以产于德国的1.5亿年前的始祖鸟为代表（图13-96），既具有鸟类的特征（具羽毛；有翼；骨盆开放式；后肢四趾，三前一后），又具有爬行类的特征（具牙齿；双凹型椎体；胸骨不发达，不具龙骨突；肋骨无钩状突；前肢具三枚分离的掌骨，指端各具爪；腰带各骨未愈合；有18～21枚分离的尾椎骨）。今鸟亚纲（Neornithes）包括白垩纪的化石鸟类和现存的平胸总目、企鹅总目和突胸总目的鸟类（图13-97、图13-98）。

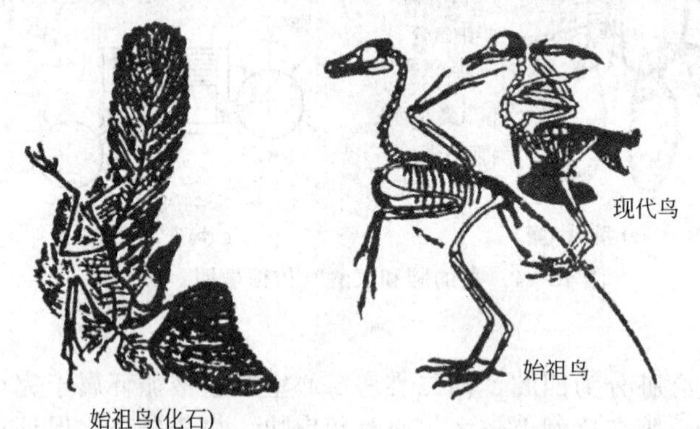

图13-96 始祖鸟（化石）与现代鸟的骨骼（仿郝天和等，1964）

图13-97 鸟类的代表（一）　　图13-98 鸟类的代表（二）

（1）平胸总目（Ratitae） 平胸总目为适于行走的走禽，大型鸟类。具有一系列原始特征：翼退化，无飞翔能力；羽毛均匀分布，无羽区及裸区之分，羽枝不具羽小钩，因而不形成羽片；胸骨扁平不具龙骨突起，锁骨退化或完全消失；骨盆大多为封闭型；后肢甚为强大，大多数种类趾数减少，适于快速奔走；雄性具交配器。现有种类仅分布在南半球。代表有：非洲鸵鸟（现代最大型的鸟）、美洲鸵鸟、澳洲鸵鸟和几维鸟等。

（2）企鹅总目（Impennes） 为潜水的大中型海鸟，具有一系列适于潜水的特征。前肢鳍状，适于划水；后肢短，移至躯体后方，趾间具蹼，适于游泳；皮下脂肪发达，利于水中保温；骨骼内不充气（非气质骨）；羽毛呈鳞片状均匀覆盖全身；胸骨具发达的龙骨突，这与前肢划水相关。分布局限于南半球。代表有：王企鹅等。

（3）突胸总目（Carinatae） 突胸总目包括现存的绝大部分鸟类，大多翼发达，善于飞翔；胸骨有发达的龙骨突，为气质骨；锁骨呈“V”形，肋骨有钩状突；正羽发达，羽小枝具羽小钩，构成羽片，有飞羽及尾羽的分化，体表有羽区及裸区之分；有尾综骨；雄鸟绝大多数不具交配器。代表有小䴙䴘、短尾信天翁、鹈鹕、鸬鹚、苍鹭、白鹭、白鹳、朱鹮、豆雁、鸿雁、天鹅、绿头鸭、鸳鸯、苍鹰、鸢、秃鹫、红脚隼、雷鸟、原鸡、环颈雉、褐马鸡、绿孔雀、白鹇（银鸡）、红腹锦鸡（金鸡）、鹌鹑、丹顶鹤、大鸨、骨顶鸡、金眶鸻、白腰草鹬、燕鸻、红嘴鸥、燕鸥、毛腿沙鸡、原鸽、珠颈斑鸠、绯胸鹦鹉、虎皮鹦鹉、四声杜鹃、大杜鹃、长耳鸮、夜鹰、北京雨燕、金丝燕、蜂鸟、翠鸟、戴胜、双角犀鸟、斑啄木鸟、百灵、家燕、黑枕黄鹂、喜鹊、秃鼻乌鸦、大苇莺、黄眉柳莺、画眉、大山雀、麻雀、黄胸鹀等。

（六）哺乳纲（Mammalia）

哺乳纲具有高度发达的神经系统和许多灵巧的适应性，几乎遍及地球的每个角落，虽然其种类数量不及鱼类、鸟类和昆虫，但其对自然界的适应是最强的，是脊索动物门中发展最高级的一纲。

1. 哺乳纲的主要特征

（1）外形 身体可区分为头、颈、躯干、尾及四肢等部分，体外被毛。前肢的肘关节向后转、后肢的膝关节向前转，适于陆地上快速运动。

（2）皮肤及其衍生物 皮肤由表皮、真皮和皮下组织构成。表皮和真皮加厚。皮下组织由疏松结缔组织构成，有些种类的皮下组织有积蓄脂肪的能力，形成很厚的皮下脂肪层。皮肤衍生物较鸟类和爬行类更为复杂而多样。主要包括由表皮衍生的角质构造（毛、爪、蹄、洞角等）、皮肤腺（汗腺、皮脂腺、乳腺、味腺等）及实角等真皮衍生物（图 13-99）。

（3）骨骼 可分作中轴骨骼和附肢骨骼两部分。前者包括头骨、脊柱、肋骨和胸骨；后者包括肩带、腰带和前、后肢骨。

① 头骨 包括脑颅和咽颅。全部骨化，仅在鼻筛部留有少许软骨；骨块坚硬，骨缝在成体多愈合；骨块数目减少；脑颅大；颧弓出现，由鳞状骨的颧突、颧骨和上颌骨的颧突组成，供强大的咀嚼肌附着；头骨颞窝属合颞窝型；有两个枕髁，和寰椎形成枕寰关节；次生腭完整，其骨质部分由前颌骨、上颌骨和腭骨的腭突构成；具有哺乳动物所特有的鼓骨；下颌由单一的齿骨构成，齿骨直接和脑颅相关接，因此颌与脑颅的连接属直接型，或称颅接型。

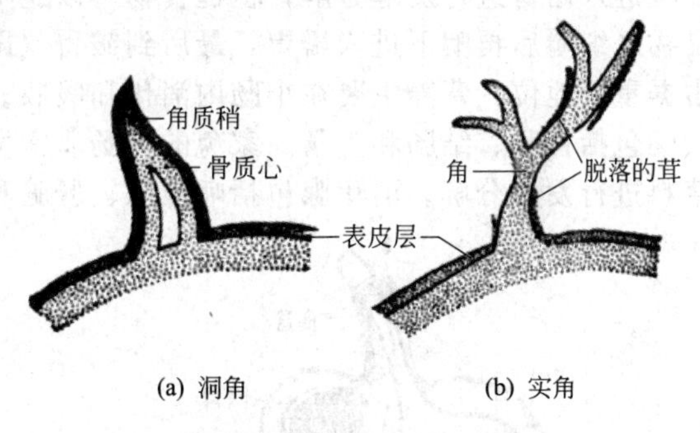

图 13-99 哺乳类的洞角和实角
（仿许崇任，2008）

② 脊柱 可分为颈椎、胸椎、腰椎、荐椎和尾椎，椎体为双平型，两椎体间有软骨的椎间盘相隔。颈椎恒为 7 块（除海牛 6 块，树懒 6～10 块）。胸椎数目 10～13 块。腰椎一般为 4～7 块。荐椎一般为 3～6 块，成体多愈合为 1 块荐骨。尾椎数目变化很大。肋骨分真肋、假肋、浮肋。胸骨为位于胸腹壁中央的分节骨片。胸廓由胸椎、肋骨及胸骨借关节和韧带连接而成。

③ 带骨和附肢骨 肩带由肩胛骨、乌喙骨和锁骨组成的，但仅单孔类中还保留着这三部分结构，其他种类乌喙骨退化成为一个附着在肩胛骨上的喙突。腰带包括髂骨、坐骨和耻骨，三骨会合处共同形成的关节窝——髋臼，与股骨头形成髋关节。腹侧的左右耻骨和坐骨以坐耻骨合缝接合在一起，构成封闭式骨盆。哺乳类具典型的五趾型附肢。

（4）肌肉　具有发达的皮肤肌和特有的膈肌，咀嚼肌强大。

（5）消化系统　包括消化道和消化腺两大部分。特有的肉质唇是对吸吮乳汁和精确摄食的适应；有发达的肌肉质舌。牙齿为槽生的异型齿，齿型已经分化为门牙、犬牙和臼齿。牙齿与食性关系密切（图 13-100）。唾液腺有耳下腺（腮腺）、颌下腺、舌下腺三对，家兔还具有眶下腺。咽部是食物入食道与空气入气管的共同通道。食物经过咽时，会厌软骨盖住喉门，防止食物进入气管。

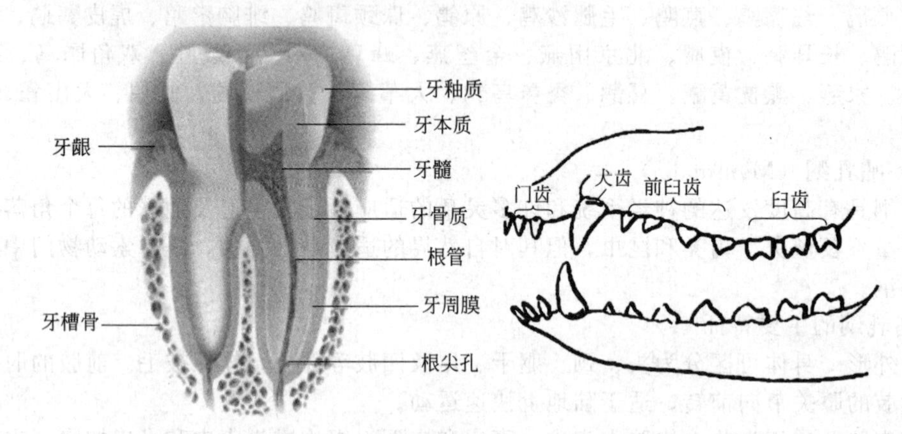

图 13-100　哺乳类的牙齿（仿许崇任等，2008）

大多数哺乳动物的胃属于单室胃，食草动物中的反刍类（牛、羊等）的胃属于多室胃，由瘤胃、网胃、瓣胃和皱胃组成，只有皱胃才分泌胃液，是胃本体。食物不经细的咀嚼就经食道进入瘤胃进行发酵分解，粗糙食物可以逆呕再返回口中重新咀嚼，这一过程称为反刍。食物经细嚼后再咽下进入瓣胃，最后到皱胃（图 13-101）。小肠内的消化在整个消化过程中占据重要地位，营养主要在小肠内消化和吸收。小肠分化为十二指肠、空肠及回肠三部分。大肠包括盲肠、结肠和直肠。家兔的盲肠非常发达，里面大量繁生着细菌和原生动物，能对草料进行发酵分解。消化腺包括唾液腺、肝脏和胰脏。

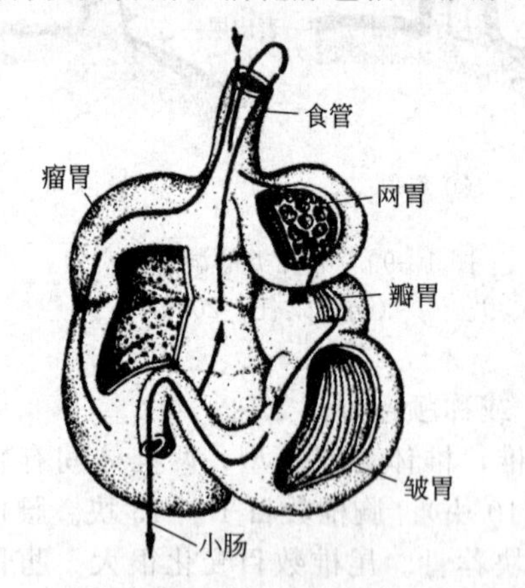

图 13-101　哺乳类的反刍胃（引自 Hichman，1993）

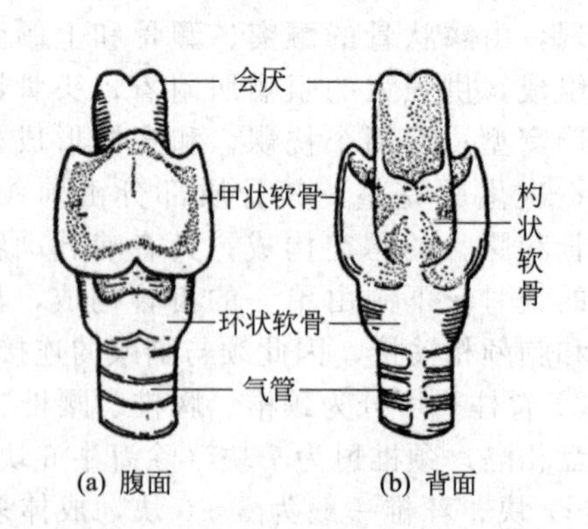

图 13-102　人的喉（仿徐敬明，1993）

（6）呼吸系统　包括呼吸道和肺两部分。

喉既是呼吸的管道，也是发音器官。由不成对的甲状软骨、环状软骨及会厌软骨和成对的杓状软骨。甲状软骨和会厌软骨为哺乳动物特有。甲状软骨与杓状软骨之间有黏膜皱襞构成的膜状声带，是发声的器官（图 13-102）。

肺为海绵状，位于密闭的胸腔内。吸入的空气在肺泡处与微血管内血液进行气体交换。呼吸动作是依靠肋骨位置的变换（胸式呼吸）及横膈的升降（腹式呼吸）来改变胸腔容积完成的。

(7) 循环系统　为完全的双循环，心脏为四室，左面为富氧血，右面含缺氧血。仅有左体动脉弓，缺肾门静脉，静脉系统的主干趋于简化，有右侧的奇静脉和左侧的半奇静脉，红细胞缺细胞核（图 13-103）。

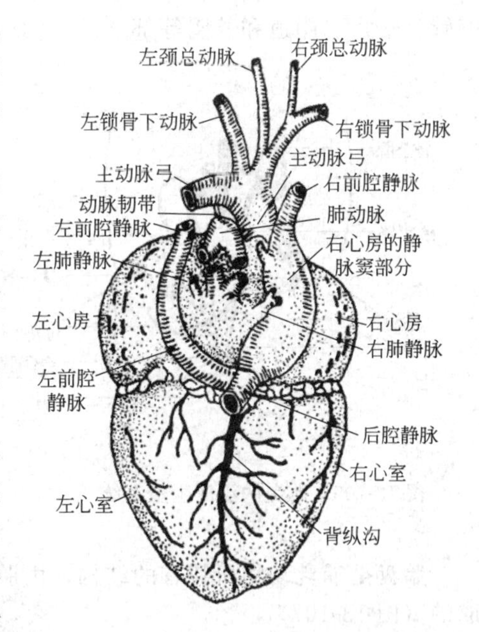

图 13-103　人的心脏（仿徐敬明，1993）

(8) 排泄系统　包括肾脏、输尿管、膀胱和尿道。

(9) 神经系统　高度发达。大脑特别发达，不仅体积增大，且大脑皮层（新脑皮）高度发达。在两大脑半球之间有哺乳动物所特有的带状横行的白色神经纤维连合，称胼胝体。纹状体退居次要地位，成为调节运动的皮层下中枢。间脑主要由丘脑、丘脑上部、丘脑下部和第三脑室组成。中脑位于延脑和间脑之间，可分为四叠体和大脑脚两部分，其内腔即大脑导水管。小脑发达，出现了为哺乳类特有的小脑半球（新小脑）。小脑的纵剖面可以区别为表层灰色的皮层和内部白色的髓质两部，由于白质深入到灰质中，呈树枝状，故称髓树。小脑的腹面由横行神经纤维构成的隆起即脑桥。脑桥为哺乳类特有，是大脑与小脑之间的联系桥梁。延脑后连脊髓，具有第四脑室。延脑是有很多重要的内脏活动中枢，如消化、呼吸、循环、汗腺分泌以及防御反射等中枢，故有“活命中枢”之称。脊髓位于椎管内，全长有两个膨大，即颈膨大和腰膨大。脑脊膜为最表层的硬膜、中间的蛛网膜和最内层的软膜。脑脊液充满于脑室、脊髓中央管以及蛛网膜下腔中，有供给脑和脊髓细胞营养，带走新陈代谢所产生的废物，并调节颅内压力的作用。

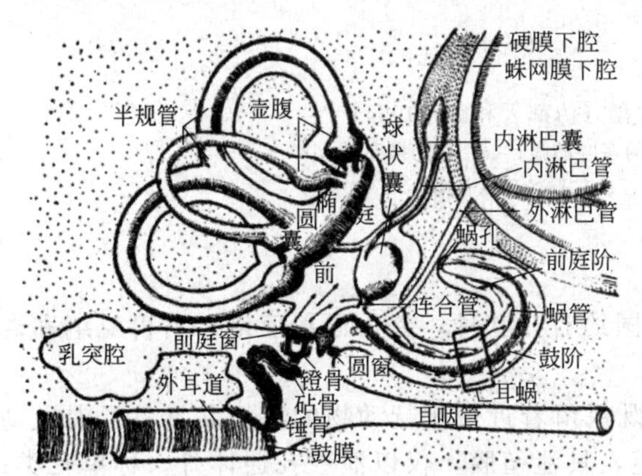

图 13-104　哺乳类的耳（仿徐敬明，1993）

脊神经是脊髓的背根与腹根相结合而成的混合神经。脑神经自脑发出，有 12 对。

(10) 感官　哺乳类的嗅觉和听觉非常发达，视觉的结构与其他脊椎动物的大致相同。平衡及听觉器官分为外耳、中耳和内耳。中耳由鼓膜、鼓室、听小骨和耳咽管构成。听小骨是锤骨、砧骨和镫骨；镫骨和耳柱骨同源，锤骨和砧骨为哺乳动物特有。内耳包括耳蜗管、三个半规管、椭圆囊和球囊（图 13-104）。

(11) 内分泌系统　哺乳类的内分泌系统极为发达，具有多种内分泌腺，包括肾上腺、甲状腺、甲状旁腺、脑下垂体、松果腺、胰岛、性腺和胸腺等。内分泌腺是没有导管的腺体，所分泌的微量有机化合物称激素。

(12) 生殖系统　体内受精，胎生、哺乳，大大提高了后代的成活率。雄性生殖系统包括生殖腺（精巢）、附睾、输精管、副性腺和交配器。雌性生殖系统包括生殖腺（卵巢）、输卵管、子宫、阴道和外阴等部（图 13-105、图 13-106）。

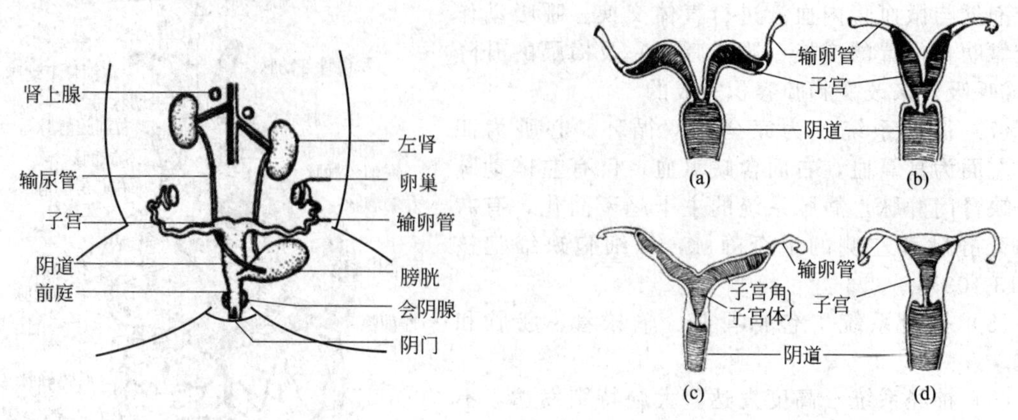

图 13-105　雌兔的泌尿生殖系统

图 13-106　哺乳类的子宫类型（引自郝天和，1964）
（a）双子宫；（b）双分子宫；（c）双角子宫；（d）单子宫

胎盘是哺乳动物所特有的结构，由胎儿的尿囊和绒毛膜与母体子宫壁的内膜结合起来形成的（图 13-107）。

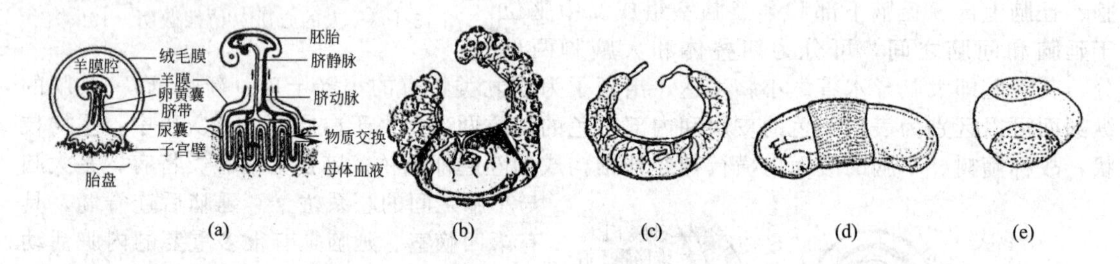

图 13-107　哺乳类的胎盘（仿郝天和等，1964）
（a）胎盘结构模式图；（b）牛的多叶胎盘；（c）猪的散布胎盘；
（d）猫的环状胎盘；（e）猴的环状胎盘

2. 哺乳纲分类

现存的哺乳动物全世界约有 4200 种，我国约有 500 种，分为原兽亚纲、后兽亚纲和真兽亚纲。

（1）原兽亚纲（Prototheria）　原兽亚纲既保留着近似爬行动物的特征又具备了哺乳动物的卵生特征，雌兽具孵卵习性；无子宫阴道，具泄殖腔，仅以泄腔孔通体外，称单孔类；肩带似爬行类，有独立的乌喙骨、前乌喙骨及间锁骨；大脑皮层不发达，无胼胝体；成体无齿，代之以角质鞘；具乳腺无乳头；体温低，在 26～35℃；为现存最原始类群。本亚纲只有一个目，即单孔目（Monotremata），仅分布于澳洲及其附近的岛屿上，其代表有活化石——鸭嘴兽、针鼹、原针鼹等。

（2）后兽亚纲（Metatheria）　后兽亚纲为比较低等的哺乳动物。其主要特征是：胎生，无真正胎盘，仅借卵黄囊与子宫壁接触；雌兽腹部具育儿袋，发育不全的幼仔需在袋中进一步发育，育儿袋中有乳腺、乳头，雌性具双子宫、双阴道，雄性阴茎顶端分叉；大脑皮层不发达，无胼胝体；具异型齿，门齿数多且多变化；体温较高，33～35℃，介于真兽亚纲与原兽亚纲之间；又称有袋类。主要分布于澳洲及南美，现存的只有一个目，即有袋目（Marsupialia）。其代表有灰袋鼠等。澳洲由于在白垩纪已经和其他大陆隔离，后来在其他大陆上发展起来的高等哺乳类由于地理隔离未能侵入，这些原始的有袋类由于没有竞争者就大量发展起来，并且适应各种不同条件而辐射发展为和大陆上真兽类趋同的众多种类：如食虫的袋鼹、食肉的袋狼、食草的袋鼠及类似于啮齿类的袋貂、袋熊等。

(3) 真兽亚纲（Eutheria） 真兽亚纲较前两亚纲更为高级，包括现存哺乳类种数的95%，主要特征是：胎生，具有真正胎盘，幼仔发育完全；乳腺发达，具乳头；不具泄殖腔，雌性具单阴道；大脑皮层发达，具胼胝体；具异型齿，为再出齿；肩带由一肩胛骨构成，乌喙骨退化为乌喙突；体温一般恒定在37℃，是哺乳类中最高等的类群，又称为有胎盘类。其代表有：食虫目（Insectivora）的刺猬；树鼩目（Scandentia）的树鼩；翼手目（Chiroptera）的蝙蝠；灵长目（Primates）的懒猴、猕猴、金丝猴、黑长臂猿、黑猩猩；贫齿目（Edentata）的大食蚁兽；鳞甲目（Pholidota）的穿山甲；兔形目（Lagomorpha）的草兔；啮齿目（Rodentia）的灰鼠、黑线仓鼠、鼢鼠、麝鼠、小家鼠、褐家鼠、豪猪、豚鼠；鲸目（Cetacea）的白鳍豚、抹香鲸、蓝鲸；食肉目（Carnivora）的大熊猫、黑熊、狼、狐、紫貂、水獭、黄鼬、果子狸、虎、豹；鳍脚目（Pinnipedia）的海豹；海牛目（Sirenia）的儒艮；长鼻目（Proboscidea）的非洲象、亚洲象；奇蹄目（Perrissodactyla）的野马、野驴；偶蹄目（Artiodactyla）的野猪、双峰驼、麝、梅花鹿、麋鹿、长颈鹿、羚牛（图 13-108）。

图 13-108 哺乳纲的代表动物
（仿徐敬明等，1993）

本章小结

地球上的动物尽管种类繁多，但都遵循一定的演变规律，按照由简单到复杂，由低等到高等，由水生到陆生的总趋势，不断地进化发展。

原生动物在各类动物中是最简单、最原始的，整个身体由单个细胞组成，有些原生动物聚集成群体生活。海绵动物成体营水中固着生活，体制为辐射对称或不对称，是多细胞动物进化中的一个侧支。腔肠动物比海绵动物进化，表现在有胚层的分化，有细胞组织系统的分化、分工，行使相应的功能，具备有口无肛门的原始消化循环腔。扁形动物的身体两侧对称，便于定向运动，为动物登陆提供了极有利的条件；具有中胚层，在体壁与消化管之间为实质充填，可以贮存水分和养料。线形动物形态差异很大，但都具有3个胚层，体壁与消化道之间有假体腔，体腔内充满了体腔液，具有完整的消化管。软体动物多数具有贝壳，身体两侧对称或不对称，具有3个胚层，有次生体腔。环节动物身体两侧对称，同律分节，体壁向外延伸成扁平状的疣足和刚毛，出现了次生体腔和闭管式的循环系统，具链式神经系统，能更好地适应环境，是高等无脊椎动物的开始。节肢动物的身体为异律分节，机能和结构相同的体节组合在一起，在一定程度上愈合成头、胸、腹等具有不同生理机能的体区。节肢动物门是动物界最大的一个动物门，在海洋、淡水、陆地各种环境中均有分布，其中的昆虫纲对陆生生活具有高度的适应性。棘皮动物是典型的后口动物，其早期的胚胎是以肠腔法形成的中胚层和真体腔，原肠口（即胚孔）形成成体的肛门，成体的口则在原肠孔相对的一端另外形成。

脊索动物门是动物界中最高等的一个门，它们在发育中的某一阶段或一生具有纵贯全身的脊索，因此而得名。脊索动物门的共同特征为脊索、背神经管和咽鳃裂。本门分为尾索动物、头索动物和脊椎动物3个亚门，其中尾索动物亚门和头索动物亚门，仅有脊索这一支持结构，未有头部分化，属于低等脊索动物。脊椎动物亚门脊柱代替了脊索为支持结构，有头的分化，除圆口纲外，有成对附肢，内部结构更加完善，是脊索动物门中最高等的一个亚门。脊椎动物亚门是沿着水生到陆生的路线进化而来，从低等到高等包括圆口纲、鱼纲、两栖纲、爬行纲、鸟纲和哺乳纲六个纲。

复习思考题

1. 原生动物具有哪些主要的生物学特征？在生物进化中的地位如何？
2. 解释变形虫伪足形成的过程和机理。
3. 原生动物的无性生殖的方式有哪几种？区别是什么？
4. 多细胞动物起源于单细胞动物的证据主要有哪些方面？
5. 为什么说海绵动物是多细胞动物进化中的一个侧枝？
6. 说说海绵动物水沟系的结构和功能。
7. 腔肠动物的体制与它们的生活方式有什么样的适应关系？
8. 腔肠动物的细胞出现了哪些组织分化？
9. 比较腔肠动物类群水螅型和水母型的异同。
10. 简述腔肠动物的主要特征。
11. 什么是皮肌囊？其结构特点是怎样的？
12. 试述两侧对称体形出现的生物学意义。
13. 中胚层出现的生物学意义是什么？
14. 线形动物的主要特征是什么？
15. 什么是假体腔？假体腔是怎样形成的？
16. 试述人蛔虫的形态结构特点。
17. 软体动物门的主要特征是什么？
18. 软体动物分哪几纲，比较它们的主要特征。
19. 总结河蚌与其不太活动的生活方式相适应的特征。
20. 环节动物门有哪些主要特征？
21. 环节动物门分为几纲，各纲的主要特征是什么？
22. 发达的次生体腔有什么生物学意义？
23. 什么是同律分节？身体分节有何进化意义？
24. 节肢动物门有哪些重要特征？节肢动物比环节动物高等的表现有哪些？
25. 比较甲壳纲、蛛形纲、多足纲及昆虫纲在形态上的异同。
26. 举例说明昆虫口器的类型和结构。根据口器的类型和结构，怎样选用农药、防治害虫？
27. 昆虫为什么能广泛的分布在自然界而成为动物界最大的一个类群？
28. 棘皮动物门的主要特征是什么？

29. 为什么说棘皮动物是次生性的辐射对称？
30. 脊索动物门的主要特征有哪些？
31. 鱼类是如何适应水生生活的？
32. 两栖类对陆地生活的初步适应性的表现有哪些？
33. 试述爬行动物对陆地生活的适应。
34. 鸟类有哪些进步性特征？
35. 哺乳类为什么是最高等的脊椎动物？有哪些进步性特征？

第五部分

生命的起源与进化

第十四章　生命的起源

生命起源是地球生命历史中第一个，也是最大的、最重要的事件。地球上生命起源问题是当代科学研究的重大课题，然而却又是人们至今依旧了解甚少的最基本的生物学问题。今天我们研究生命起源，其意义远不止追根溯源，还在于可以通过生命起源的研究了解生命与环境、整体与局部、结构与功能、微观与宏观、个体发育与系统发育以及原因与结果等的辩证关系，进一步阐明遗传变异、生长分化、复制繁殖、新陈代谢、运动感应和调节控制等生命活动的机制，从而认识和阐明生命的本质，促进人类与大自然的和谐相处（图 14-1）。

图 14-1　深海“烟囱”（引自国土资源部）

第一节　生命起源的假说

地球上最早的生命是从哪里来的？这个问题一直困扰着人们。就这个问题，自古以来曾经有过种种假说和争论。这些假说和争论，既反映了不同的世界观，也反映了人们对生命本质认识的历史过程。

一、特创论（神创论）

达尔文之前，大多数人都认为地球上的一切生命都是上帝设计和创造的，或是由于某种超自然力量的干预而产生的。如西方流行的创世说。旧约《创世记》中描写了上帝在一周之内创造了宇宙，创造了光、陆地、海洋、各种动物、男人、女人以及伊甸园中的草木、花果与蔬菜。甚至有人把上帝创造人的时间“精确”到公元前 4004 年 10 月 3 日上午 9 时，而且是先创造了一个男人，后来用男人的一根肋骨创造了女人。圣经中的传说故事无法与现代科学知识调和，也没有事实依据。

近年来，在科学高速发展的情况下，创世说的支持者为坚持这一非科学的观点，不得不做出新的努力以使圣经与科学调和，用科学知识来证明圣经的故事，如有人曾列举了生物学和古生物学的一些“证据”来证明上帝造物和物种不变的观点。他们将古生物记录中的适应辐射、“寒武纪生命大爆发”这类事实说成是“新种类的突然起源恰恰证明了上帝创造的行为”，将某些生物进化的缓慢（保守）说成是“有限改变”，是物种不变论的证据。这就是现代的所谓新创世说。但是不科学的东西无论怎样修饰，都是不科学的，从19世纪下半叶，生物学乃至整个自然科学已经逐步地而又坚决地挣脱了神的束缚。

二、自然发生说（自生论）

自然发生说也是19世纪前广泛流行的理论，这种学说认为，生命是从无生命物质自然发生的。如我国古代认为的“腐草为萤”、腐肉生蛆等。在西方，亚里士多德（Aristotle，公元前384—公元前322）就是一个自然发生论者。17世纪初，比利时人赫尔蒙特（V. Helmont，1577—1644）还通过“实验”证明，将谷粒、破旧衬衫塞入瓶中，静置于暗处，21天后就会产生老鼠，并且让他惊讶的是，这种“自然”发生的老鼠竟和常见的老鼠完全相同。赫尔蒙特的实验没有排除老鼠从外界进入的可能性，他的结果显然是错误的。

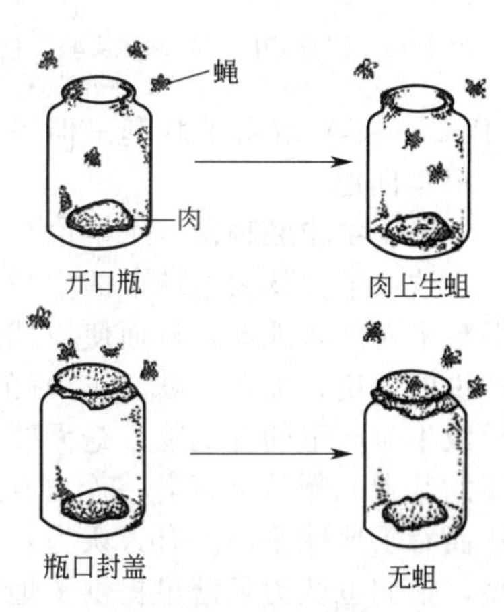

图 14-2 雷第的实验
（引自陈阅增，2005）

17世纪，意大利医生雷第（F. Redi，1621—1691）第一次用实验证明腐肉不能生蛆，蛆是苍蝇在肉上产的卵孵化而成的（图 14-2）。雷第的实验严谨而有说服力，此后人们才逐渐相信较大的动物如蝇、鼠、象等不能自然发生。

18世纪时，意大利生物学家斯巴兰让尼（L. Spallanzani，1729—1799）发现，将肉汤置于烧瓶中加热，沸腾后让其冷却，如果将烧瓶开口放置，肉汤中很快就繁殖生长出许多微生物；但如果在瓶口加上一个棉塞，再进行同样的实验，肉汤中就没有微生物繁殖（图 14-3）。斯巴兰让尼的实验为科学家进一步否定“自然发生论”奠定了坚实的基础。

他的结论是肉汤中的小生物来自空气，而不是自然发生的。但自然发生论者则认为他把肉汤“折磨”得失去了“生命力”，并且在封盖的瓶中空气也变了质，不适于生命的生存了。

法国微生物学家巴斯德（L. Pasteur，1822—1895）的实验彻底地否定了自然发生说。巴斯德根据他的发酵研究认为，生物不可能在肉汤或其他有机物中自然发生，否则灭菌、菌种选育等就无意义了。巴斯德做了一系列实验，证明微生物只能来自微生物，而不能来自无生命的物质。他做的一个最令人信服、然而却又十分简单的实验是“鹅颈瓶实验”（图 14-4）。

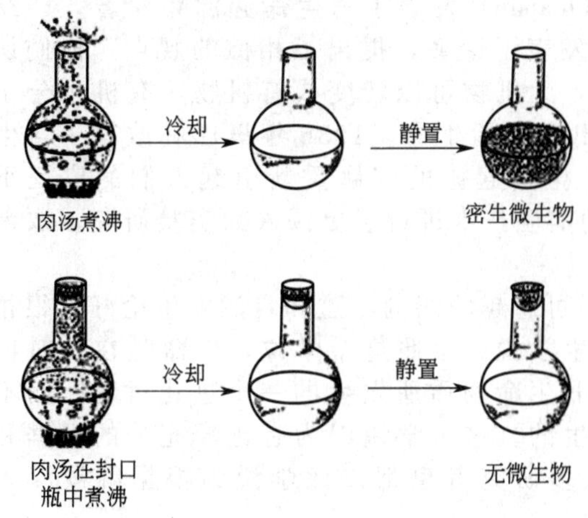

图 14-3 斯巴兰让尼的实验（引自陈阅增，2005）

他将营养液（如肉汤）装入带有弯曲细管的瓶中，弯管是开口的，空气可无阻地进入瓶中（这就使那些认为斯巴兰让尼的实验使空气变坏的人无话可说），而空气中的微生物则被阻而沉积于弯管底部，不能进入瓶中。巴斯德将瓶中液体煮沸，使液体中的微生物全被杀死，然后放冷静置，结果瓶中不发生微生物。此时如将曲颈管打断，使外界空气

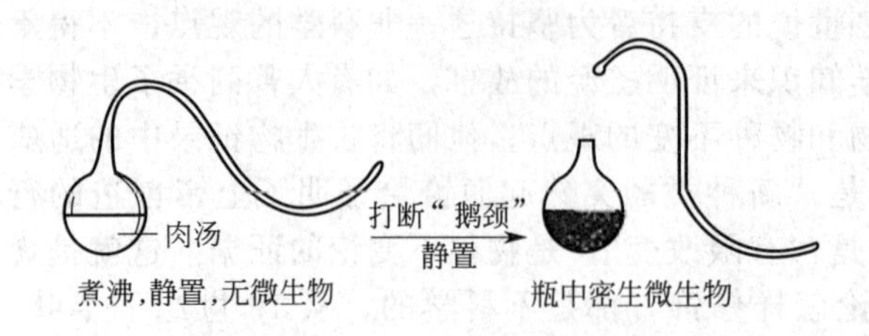

图 14-4　巴斯德的"鹅颈瓶实验"（引自陈阅增，2005）

不经"沉淀处理"而直接进入营养液中，不久营养液中就出现微生物了。可见微生物不是从营养液中自然发生的，而是来自空气中原已存在的微生物（孢子）。1864 年巴斯德在法国国家科学院报告了他的工作。原定和他辩论的有名的自然发生论者波契特（F. A. Pouchet）撤销了辩论。"生命来自生命"，即"生源论"（Biogenesis）取得了胜利。但是，巴斯德等人并没有解决"最初的生命是如何起源的"这一根本问题。

三、宇宙胚种说（宇生论）

这一学说认为地球上的生命来自宇宙间其他星球，某些微生物孢子可以附着在星际尘埃颗粒上而落入地球，从而使地球有了初始的生命。过去和现在，已经提出了许多属于宇宙胚种说的假说，如在 1993 年 7 月的第十次生命起源国际会议上，有人提出，"造成化学反应并导致生命产生的有机物，毫无疑问是与地球碰撞的彗星带来的"，还有人推断，是同地球碰撞的其中一颗彗星带着一个"生命的胚胎"，穿过宇宙，将其留在了刚刚诞生的地球之上，从而有了地球生命。有人认为：地球生命之源可能来自 40 亿年前坠入海洋的一颗或数颗彗星，他们也认为是彗星提供了地球生命诞生需要的原材料。

但是宇宙空间的物理条件（如紫外光、温度等）对生命是致死的，生命怎能穿过宇宙空间而进入地球呢？像微生物孢子这一水平的生命形态看来是不可能从天外飞来的，但是一些构成生命的有机物质有没有可能来自宇宙空间呢？有些人认为这是完全可能的。1959 年 9 月澳大利亚落下一颗碳质陨石，其中含有多种有机酸和氨基酸。这些氨基酸与构成蛋白质的氨基酸不同，不是 L 型的，而是以 D 型和 L 型的消旋混合物的形式存在的。有些氨基酸是地球上生物所没有的，可见它们不是来自地面上的污染，而是陨石本身所含有的。此外，宇宙空间的研究表明，星际物质中含有尘埃颗粒。尘埃的直径大的有 0.6μm，小的只有 0.04μm，尘埃的温度在 10K 左右，因此空间很多气体都冻结在尘埃的表面，它们经光、电、紫外线的冲击，可以完成有机合成的过程，因而一些有机分子如氨基酸、嘌呤、嘧啶等就可在尘埃的表面产生，光谱分析证明确实如此。

四、新"自然发生说"（化学进化说）

1924 年苏联生物化学家奥巴林（A. И. Опарин）发表了《生命起源》专著。1928 年英国遗传学家霍尔丹（J. B. S. Haldane）也发表了论文，提出了相似的观点。他们认为在地球历史的早期，在原始地球的条件下，无机物可以转变成有机物，有机小分子可以发展为生物大分子和多分子体系，最后出现原始生命。1936 年奥巴林改写了《生命起源》，增加了内容，并被译成多种文字。生命起源的问题重新引起人们的广泛重视。20 世纪 50 年代以后，人们利用更先进的实验技术进行了更深入的实验研究，取得了很好的成果。

这些研究表明，生命与非生命之间没有不可逾越的鸿沟，这和自然发生论好像很相似，其实却有根本不同，可称为新的自然发生学说。按照这个学说，生命是在长时期宇宙进化中发生的，是宇宙进化的某一阶段非生命物质所发生的一个进化过程，而不是在现在条件下由非生命的有机物质突然产生的。这个学说因为有比较充分的根据和实验证明，因此得到多数科学家的承认，很多研究者也都以此学说为根据继续深入研究。

20 世纪 70 年代末，科学家在东太平洋的加拉帕格斯群岛附近发现了几处深海热泉，在这些热泉里生活着众多的生物，包括管栖蠕虫、蛤类和细菌等兴旺发达的生物群落。这些生物群落生活在一个高温、高压、缺氧、偏酸和无光的环境中。首先是这些化能自养型细菌利用热泉喷出的硫化物（如 H_2S）所得到的能量去还原 CO_2 而制造有机物，然后其他动物以这些细菌为食物而维持生活。迄今科学家已发现数十个这样的深海热泉生态系统，它们一般位于地球两个板块结合处形成的水下洋嵴附近。

热泉生态系统之所以与生命的起源相联系，主要基于以下的事实：①现今所发现的古细菌，大多都生活在高温、缺氧、含硫和偏酸的环境中，这种环境与热泉喷口附近的环境极其相似；②热泉喷口附近不仅温度非常高，而且又有大量的硫化物、CH_4、H_2 和 CO_2 等，与地球形成时的早期环境相似。

由此，部分学者认为，热泉喷口附近的环境不仅可以为生命的出现以及其后的生命延续提供所需的能量和物质，而且还可以避免地外物体撞击地球时所造成的有害影响，因此热泉生态系统是孕育生命的理想场所。但另一些学者认为，生命可能是从地球表面产生，随后就蔓延到深海热泉喷口周围。以后的撞击毁灭了地球表面所有的生命，只有隐藏在深海喷口附近的生物得以保存下来并繁衍后代。

第二节　生命的化学起源

生命为什么能够在年轻的地球上发生呢？现今我们居住的地球上还会发生这类壮观的景象吗？地球初形成时期的环境条件与现在是完全不同的。

一、生命起源的条件

根据目前流行的说法，宇宙起源于大约 200 亿年前的一次大爆炸，银河系起源于大约 130 亿年前，而太阳系和地球的形成发生在约 46 亿年前。

1. 原始大气

地球形成之初，它的组成成分主要是氢和氦以及一些固体尘埃。起初它的温度比较低，固体尘埃聚合形成地球的内核，外面包围着一层气体，形成第一次大气层，即所谓初生大气。后来，由于构成地球的物质收缩而产生热，同时内部放射性物质产生大量能量，导致地球温度逐渐升高，一度呈融熔状态，这时外围气体分子运动速度加大，加之强劲的太阳风的作用，初生大气烟消云散。

然后地球表层的温度逐渐下降，但内部温度仍然很高，表现为频繁的火山活动。地球内部的物质分解产生大量的气体，冲破地表出来，这就形成了第二次的大气层，即次生大气，又称原始大气。多数学者认为此时大气的成分主要是 CO_2、CH_4、N_2、水蒸气、H_2S 和 NH_3 等，而且这个大气层不同于现在地球的大气层，氧都是以氧化物的形式存在的，大气中不含游离氧，所以它是还原型的。这些新产生的气体所形成的大气层是稳定的，因为它们离开地球表层以后很快冷却，因而温度不足以使气体分子的运动速度太高而脱离地球的引力。原始大气为生命起源提供了原始素材。

2. 原始海洋

地球刚形成时没有河流与海洋，只是大气层中含有一定量的水蒸气。当地球表面温度再降低时，由于内部温度还很高，频繁的火山活动喷出了更多的水蒸气。大气层中的水蒸气饱和冷却而形成雨水降落到地面上。最初地表温度在 100℃ 以上，落下的雨水有很快蒸发上去，冷却后降下来，再蒸发上去……当地表温度下降到 100℃ 以下时，雨水就不再立即变为水蒸气，而是聚集在地壳下陷及低落处而成河流、湖泊，最后汇集到地球表面最低洼处，形成原始海洋。

液态水的出现是生命化学演化中的重要转折点。现在已经清楚，具有高度反应活性的分子虽然可以在气相中生成，但它们却在水溶液中发生化学反应，因为所有生命物质都涉及液相。当大气层的水蒸气凝结为雨水而降落时，大气中的一些可溶性化合物被溶解到了水里；在地面上的水汇集到原始海洋的过程中，又把地壳表面的一些可溶性化合物溶解在水中，带到了海洋中。因此原始海洋里积累了许多各种化合物，这就为产生更复杂的化合物打下了物质基础。而且由于海水可以阻止强烈的紫外线对原始生命的破坏作用，为原始生命的存在和发展提供了有利的条件。因此，原始海洋一旦形成，也就成为生命化学演化的中心。

3. 早期地球可以利用的能量

能量是早期地球上生命化学演化的另一个必要条件。一般认为，在原始地球上可利用的能量主要有以下几种。

(1) 热能　由于地球内部热能的集中散发而形成。地球内部热能的集中散发，表现为火山和地热泉。据测算，现代地球上一次猛烈的火山爆发，释放的能量（其中大部分是热能）高达 10^{20}J。可以想象，早期地球上强烈而频繁的火山爆发所释放的能量是高不可估的。

(2) 太阳能　原始地球形成后，随着太阳系内星际尘埃的消失，太阳能可以以可见光、紫外线、电子、质子和 X 射线等各种形式直接照射到地球上，并参与化学演化。由于没有臭氧层的阻挡，到达地面的太阳能比现在要大得多。太阳能是早期地球的最大能源。一般认为，低于 180～200nm 的紫外线很容易被 CH_4、NH_3 和 H_2O 所吸收，所以紫外线对生命起源的化学演化起了十分重要的作用。

(3) 放电　在火山爆发过程中，高温气体被喷射到高空，可使该地区发生雷电和火花放电。雷电的电流可达 2 万安培，造成局部高温，并产生紫外线和冲击波。可以认为放电是电流、高温和紫外线的混合能源。就其作用来说，放电若发生在大气层下层（地表附近），可把生成物直接运到海洋中去；放电极容易使 CH_4、NH_3 或 N_2 合成 HCN，而在生命演化过程中 HCN 起着十分重要的作用。所以，不少人认为放电是化学演化中重要的，甚至是更直接的能源。

此外，宇宙射线、放射线、陨石冲击等其他能源均可促进化学演化。

二、生命起源的过程

地球形成之初，地球上没有任何生命的踪迹。20 世纪 70—80 年代，科学家在澳大利亚西部地区陆续发现了距今 35 亿年的丝状微化石，这是到目前为止人类发现的最早的生物化石（图 14-5）。人们还在格陵兰38.5亿年前形成的岩石中发现了炭，根据对这些碳的同位素分析，推测这些碳是有机碳，是来源于生物体。因此，人们推测，原始生命诞生的时间可能是在距今 40 亿年到 38 亿年前后。在这之前是生命起源的化学演化阶段，之后是生物学进化阶段。

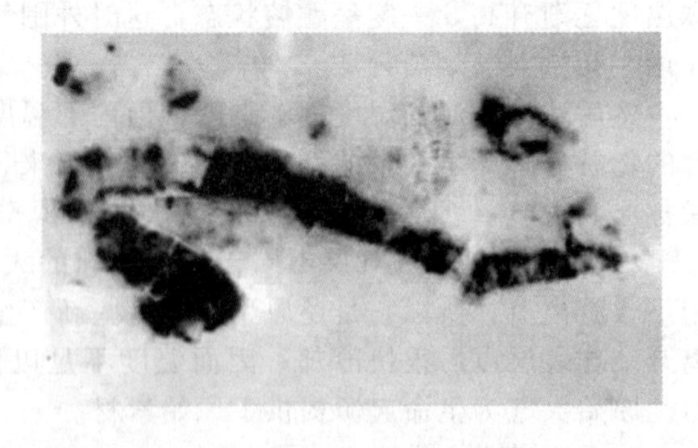

图 14-5　35 亿年前原核生物微化石

（引自 Starr，1991）

考察生命的化学演化全过程，大体可区分为以下四个主要阶段。

1. 有机小分子的非生物合成

这里所说的有机小分子，主要指蛋白质、核酸和脂类等的组成成分，包括氨基酸、核苷酸、单糖、脂肪酸和卟啉等。

在自然界中有没有从无机物合成有机物的过程呢？奥巴林和霍尔丹早在 20 世纪 20 年代就分别推测，在地球早期的还原性大气中可能发生这样的过程。原始大气中含有大量氢的化合物，如CH_4、NH_3、H_2S、HCN以及水蒸气等，这些气体在外界高能作用下（如紫外线及宇宙射线、闪电及局部高温等），有可能合成一些简单的有机化合物，如氨基酸、核苷酸、单糖等。根据这个推想，人们在实验室中模拟地球生成时的原始环境条件进行了实验。

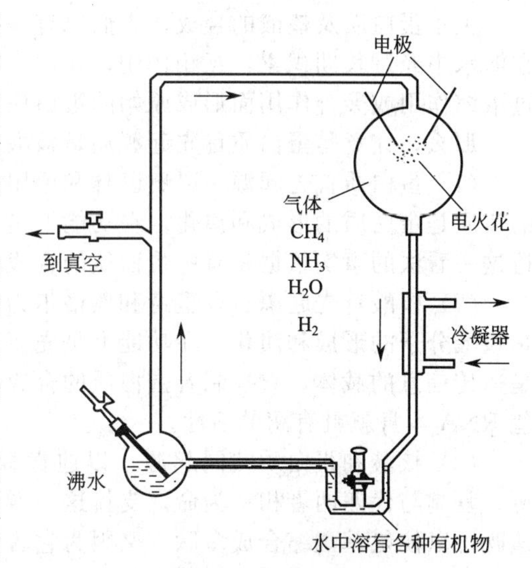

图 14-6 米勒设计的有机小分子非生物合成的模拟实验（引自陈阅增，2005）

1952年美国芝加哥大学研究生米勒(S. L. Miller）在其导师尤里（H. C. Uery）的指导下，进行了模拟原始大气中雷鸣电闪的实验，获得了20种有机化合物，其中有4种氨基酸是生物蛋白质中所含有的（图14-6）。

米勒安装了一个密闭的循环装置，其中充以CH_4、NH_3、H_2和水蒸气，用来模拟原始的大气。在密闭装置的一个烧瓶中装水，用来模拟原始的海洋。然后他给烧瓶加热，使水变为水蒸气在管中循环，同时又在管中通入电火花模拟原始时期天空的闪电放能，使管中气体能够发生反应。管上的冷凝装置使反应物溶于水蒸气中而凝集于管底。一星期之后，他检查管中冷凝的水，发现其中果然溶有多种氨基酸、多种有机酸（如乙酸、乳酸等）以及尿素等有机分子(表14-1)。有些氨基酸如甘氨酸、谷氨酸、天冬氨酸、丙氨酸等和组成天然蛋白质的氨基酸是一样的。

表 14-1 米勒模拟实验获得的有机物

化合物	产量/μmol	化合物	产量/μmol	化合物	产量/μmol
甘氨酸	630	α-氨基-*n*-丁酸	50	亚氨基乙酰丙酸	15
羧基乙酸	560	α-羟基丁酸	50	甲酸	2330
肌氨酸	50	β-丙氨酸	150	乙酸	150
丙氨酸	340	琥珀酸	40	丙酸	130
乳酸	310	天冬氨酸	4	脲(尿素)	20
N-甲基丙氨酸	10	谷氨酸	6	*N*-甲基脲	15
α-氨基异丁酸	1	亚氨基-乙酸	5.5		

此后许多人进行了类似的工作，人们使用不同成分的混合气体（如CH_4、CO、CO_2、NH_3、N_2、H_2等)、采用不同的能源（如放电、紫外线和电离辐射、加热等）及选用不同的催化物（重金属、黏土等)，成功地进行了多种非生物有机合成模拟实验，也得到了大致相似的结果。除了氨基酸之外，人们还获得了其他小的有机分子，如嘌呤、嘧啶等碱基，核糖、脱氧核糖及脂肪酸等也可以在同样的情况下形成。甚至有人报道了核苷酸、卟啉、烟酰胺等类化合物也在这些实验的化合物中被发现。

米勒等人所做的模拟实验，表明地球上生命发生之前存在非生物的化学进化过程是完全可能的。

2. 生物大分子的非生物合成

生命的主要物质基础是蛋白质和核酸，因此生命起源的一个关键问题，就是如何从有机小分子形成蛋白质和核酸等生物大分子。

关于蛋白质及核酸的合成，人们也有一些实验与推测。有些学者认为氨基酸、核苷酸等在海水中经过长期积累，互相作用，在适当的条件下（如吸附在无机矿物黏土上），分别通过浓缩作用或聚合作用而形成原始的蛋白质和核酸分子。

那么，究竟是蛋白质首先起源还是核酸首先起源？围绕这个问题有三种不同的看法。

(1) 蛋白质首先起源　以奥巴林和原田馨为代表的部分学者，认为生命起源的化学演化的实质是蛋白质的形成和演化，在功能上是先有代谢，后有复制。认为蛋白质首先起源。支持这一看法的事实依据是有些蛋白质的合成并不需要核酸为其编码。

(2) 核酸首先起源　以里奇和奥格尔为代表的部分学者，认为生命起源的化学演化实质是核酸分子的形成和演化，在功能上是先有复制，后有代谢。认为核酸首先起源，因为核酸是遗传信息的载体，它控制着蛋白质的合成。同样有一系列的实验依据支持这种观点，如有些 RNA 本身就具有酶的活性。

(3) 核酸和蛋白质共同起源　以迪肯森为代表的部分学者，认为核酸和蛋白质共同起源，复制与代谢两者相依为命。支持这一看法的事实是蛋白质合成的中间产物氨基酸腺苷酸盐既可以使氨基酸缩合成多肽，又因为它含有碱基故而可以形成多核苷酸。我国科学家赵玉芳院士等对此进行了大量的研究，获得了很多有意义的结果。他们认为：磷酰化氨基酸是核酸和蛋白质最小单元的结合体。它既含有氨基酸，又含有碱基，既可以参与肽的合成，又可以参与核酸的形成（图 14-7）。

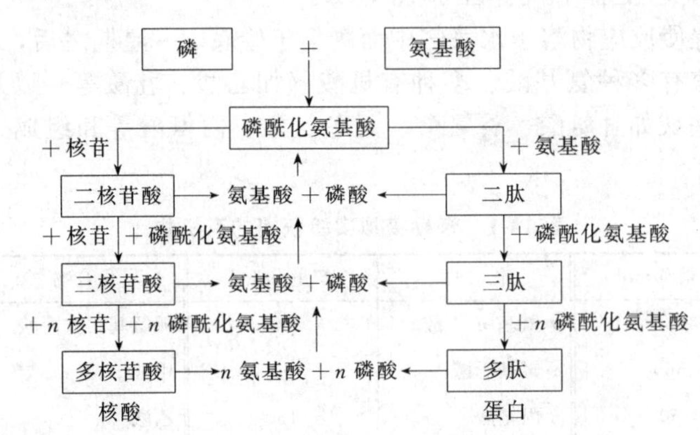

图 14-7　核酸和蛋白质共同起源的动力学模型（引自康育义，1997）

目前，人们的观点比较倾向于第三种看法，即核酸和蛋白质共同起源。

针对原始地球上，蛋白质和核酸起源的条件和地点，亦有三种不同的分支学说。

(1) 陆相起源说　认为核酸和蛋白质形成的缩合反应是在大陆火山附近，大陆无氧干燥的环境是脱水缩合的良好条件。在火山的局部高温地区形成生物大分子，再经雨水冲刷汇集到原始海洋。

模拟实验显示，把一定比例的氨基酸混合物在干燥无氧的条件下，加热到 160～170℃，可得到分子量很高的肽聚合物。同样，把核苷酸和多聚偏磷酸一起加热到 50～60℃，也可得到分子质量大于 10^4 数量级的高聚物。

(2) 海相起源说　认为在原始海洋中，低相对分子量的氨基酸和核苷酸经过长期的积累和浓缩，可以被吸附在黏土、蒙脱石一类物质的活性表面，在适当的缩合剂（如羟胺类化合物等）存在时，可以发生脱水，缩合成高相对分子量的聚合物。

黏土矿物是一种微小的晶体，其中存在一种有趣的缺陷结构，这种结构可能决定晶体生长的取向和构型。霍罗威茨（M. P. Horowitz）用甘氨酸和 ATP 水溶液进行缩合反应，发现在弱碱性条件下，在蒙脱石的活性表面产生类蛋白物质的多聚甘氨酸。

(3) 深海“烟囱”起源说　1985 年美国霍普金斯大学的地质古生物学家斯坦利

(S. M. Stanly) 提出深海底烟囱起源说。

1979 年，美国的阿尔文号载人潜艇在东太平洋洋嵴上发现了硫化物烟囱（水热喷口）特殊生态系统，从而使学者们相信，这种特殊的水热环境和特殊的生态系统提供了地球早期化学进化和生命起源的自然模型。

学者们认为，海水和洋嵴下的岩浆体之间有物质和能量的交换。与热水一起喷出的有各种气体和金属及非金属，如 CH_4、H_2、He、Ar、CO、CO_2、H_2S、Fe、Mg、Cu、Zn、Mn 及 Si 等。金属与 H_2S 反应生成硫化物沉淀于喷口周围，逐渐堆积成黑色烟囱状结构。烟囱口的热水温度高达 350℃，与周围海水热交换后形成了一个温度由 350～0℃ 的温度渐变梯度。同样的，喷出的物质浓度也从喷口向外逐渐降低，形成一个化学渐变梯度。正是这两个渐变梯度，提供了满足各类化学反应的条件。水热系统就像一个流动的反应器一样，这里有非生物合成所需的原料（各种气体），有催化物（重金属）以及反应所需的热能。由底部喷出的 H_2、CH_4、NH_3、H_2S、CO 等，经高温化合形成氨基酸，继而形成含硫的复杂化合物，进一步形成多肽、多核苷酸链，最后形成类似细胞体的化学合成物。

1992 年美国加利福尼亚大学洛杉矶分校的分子生物学家詹姆斯·莱克在大洋底“烟囱”附近找到了与在黄石公园热泉里生存的相似的嗜硫细菌，说明了深海“烟囱”热泉生命起源理论的可取性。

以上三种分支学说，都被认为是有道理的。事实说明，只要适合生命起源的化学演化的条件存在，生命起源的过程便是不可避免的。

3. 由生物大分子组成多分子体系

生物大分子还不是原始的生命。各种生物大分子在单独存在时，并不表现生命的现象，只有在它们形成了多分子体系时，才能显示出生命现象。这种多分子体系就是原始生命的萌芽。

多分子体系是如何生成的呢？奥巴林等做了很多实验，分别提出团聚体（coacervate）和类蛋白微球体（microsphere）两个模型。

(1) 团聚体模型　20 世纪 50 年代，奥巴林将白明胶（蛋白质）水溶液和阿拉伯胶（糖）水溶液混在一起，在混合之前，这两种溶液都是透明的，混合之后，变为混浊。在显微镜下可以看到在均匀的溶液中出现了小滴，即团聚体。它们四周与水溶液有明显的界限。后来的实验显示蛋白质与糖类、蛋白质与蛋白质、蛋白质与核酸相混，均可能形成团聚体（图 14-8）。

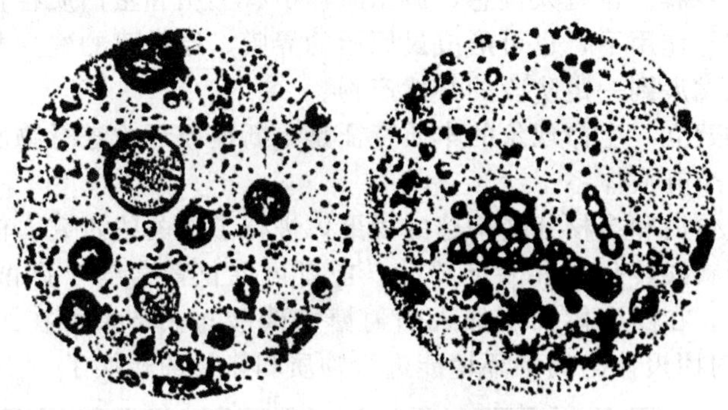

图 14-8　奥巴林的团聚体（引自奥巴林，1957）

团聚体小滴的直径为 1～500μm。团聚体小滴外围部分增厚而形成一种膜样结构与周围介质分隔开来，奥巴林已能使团聚体小滴具有原始代谢特性，使之稳定存在几小时到几个星期，并能使之无限制地增长与繁殖。由此可见，团聚体是能够表现一定的生命现象的。

(2) 类蛋白微球体模型　1959 年美国人福克斯等将酸性类蛋白放到稀薄的盐溶液中溶解，冷却后在显微镜下观察到无数的微球体（图 14-9）。微球体在溶液中是稳定的，各微球体的直径是很均一的，在 1～2μm 之间，相当于细菌的大小。微球体表现出很多生物学特性。例如，微球体表面有双层膜，使微球体能随溶液渗透压的变化而收缩或膨胀。如在溶液中加入氯化钠等盐类，微球体就要缩小；微球体能吸收溶液中的类蛋白质而“生长”，并能以一种类似于细菌生长分裂的方式进行“繁殖”；在电子显微镜下可见微球体的超微结构类似于简单的细菌；表面膜的存在使微球体对外界分子有选择地吸收，在吸收了 ATP 之后，表现出类似于细胞质流动的活动。

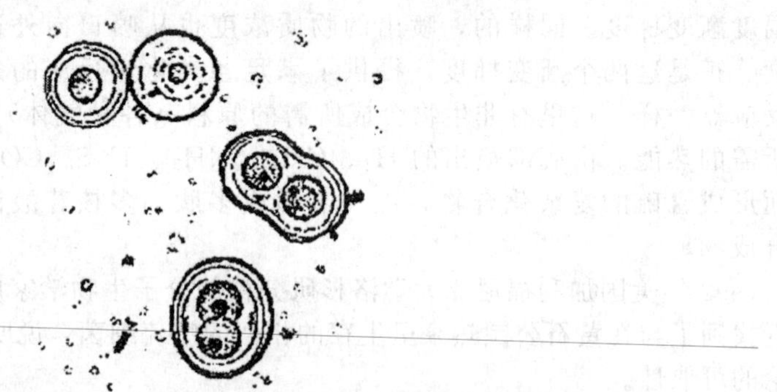

图 14-9　类蛋白微球体——福克斯的实验（引自陈阅增，2005）

类蛋白是以 20 种天然氨基酸为原料、模拟原始地球的干热条件产生出来的，较之团聚体来自生物体产生的现成物质（如白明胶、阿拉伯胶等）有更大的说服力。

4. 由多分子体系发展成原始生命

由多分子体系发展为原始生命，是生命起源过程中最复杂和最有决定意义的阶段，它直接涉及原始生命的发生。目前，人们还不能在实验室里验证这一过程。

多数学者认为，从多分子体系发展为原始生命，应当解决如下几个问题。

(1) 原始膜的起源　原始生命必须相对独立于环境，多分子体系的表面必须有膜。有了膜，多分子体系才有可能和外界介质（海水）分开，成为一个独立的稳定的体系，也才有可能有选择地从外界吸收所需分子，防止有害分子进入，而体系中各类分子才有更多机会互相碰撞，促进化学过程的进行。所以，首先要解决原始膜的起源问题。

一般认为随着浓缩机制的发展，就可以产生这种界面。例如，“团聚体”和“微球体”都有一层界限分明的界膜。也有人设想，原始海洋中有类脂和蛋白质存在，它们之间互相吸附，并且在海水和空气作用下，也可形成最原始的界膜。原始膜的建立并非一件难事，而是生命起源的化学演化发展到一定阶段的必然产物。

(2) 开放系统的建立　生命现象的本质特征是不断地与环境进行物质和能量的交换，作为原始生命必然是一个开放体系。

奥巴林曾利用组蛋白和多核苷酸构建的团聚体进行了相关的研究。他在这种团聚体内加入了两种酶，葡萄糖磷酸转化酶和 β-淀粉酶，前者可催化葡萄糖-1-磷酸合成淀粉，后者可将淀粉水解成麦芽糖。在团聚体周围加入葡萄糖-1-磷酸盐，结果可在团聚体外测到麦芽糖（图 14-10）。说明此时团聚体与周围环境能进行物质和能量的转换了。

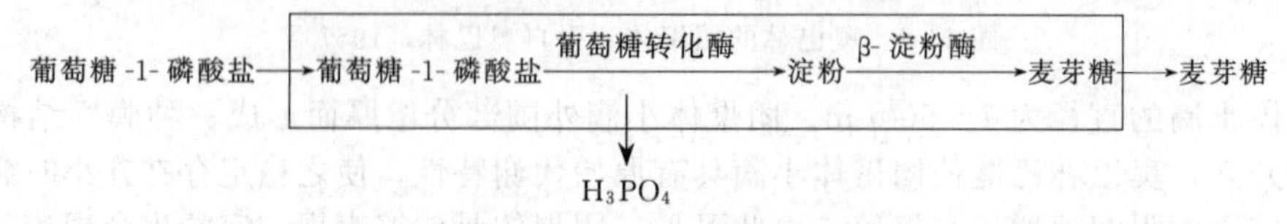

图 14-10　奥巴林的团聚体实验示意图（引自奥巴林，1957）

（3）遗传密码的起源与进化　遗传密码的起源涉及遗传信息的传递，是生命现象的另一个重要特征。破译遗传密码，并发现它对不同的生命有机体而言基本上是统一的，是20世纪生物学领域的重大进展之一。但是，解释遗传密码的由来，包括为什么密码子采用了当前的分配形式，仍然是生物学领域中几个理论上最具有挑战性的问题之一。

关于遗传密码的起源问题，也就是生物体内转录和翻译（即核酸与蛋白质之间信息传递）系统是怎样形成的问题，传统上主要有两种相互对立的假说：

1968年，克里克（F. H. C. Crick）提出偶然冻结理论（the accident frozen theory）。认为，三联体密码子与相应的氨基酸的密码关系完全是偶然的，而这种关系一旦建立就立即冻结保持不变。由于这种假说难于用实验进行验证，至今尚无有力的证据。

1966年，韦斯（C. R. Woese）提出了立体化学理论（stereochemical theory），认为，三联体密码子与相应的氨基酸之间的密码关系起源于它们之间特殊的立体化学相互作用。密码的起源和分配直接与RNA和氨基酸之间的化学作用密切相关，最终密码的立体化学本质扩展到氨基酸与相应的密码子之间物理和化学性质的互补性。一些研究表明编码氨基酸的三联体密码或反密码子出乎意料地经常出现在对应的氨基酸在RNA上的结合位点，这是遗传密码具有立体化学性质的坚实证明。近几十年来对遗传密码起源的研究主要是从这个角度进行的。亚鲁斯（M. Yarus）指出三联体密码是从原始氨基酸位点的结合功能演变成为现在的密码子和反密码子。大量的研究结果还表明，氨基酸与反密码子的直接作用以及疏水-亲水相互作用在遗传密码的起源中可能具有重要意义。

近几十年来。关于遗传密码的起源，人们提出了若干假说，各有一定的合理性，也各有一定的局限性。研究遗传密码的起源仍然是任重道远。

遗传密码是以核苷酸顺序为基础的。那么，它最初是怎样建立的呢？有人认为，密码是从单体到双联体再到三联体的方式进行；也有人认为遗传密码最初就是双连体，然后再演变到三联体；第三种看法是，遗传密码从一开始就是三联体密码。最后一种假说比较被大家接受。

美国生化基础研究所的戴霍夫（M. O. Dayhoff）及其同事，在对200多种tRNA系统进化关系研究的基础上，结合前人的研究成果，提出了三联体密码进化过程的假说。据戴霍夫的推测，在化学进化和生物进化过程中，遗传密码经历了GNC→GNY→RNY→RNN→NNN 5个阶段的变化。G、C分别代表鸟嘌呤和胞嘧啶，N可以是G、C、A、U中任何一种碱基；Y=C或U；R=G或A。最初，密码的通式是GNC，可形成GGC、GCC、GAC、GUC 4种密码子，分别决定甘氨酸、丙氨酸、天冬氨酸和缬氨酸4种氨基酸。随着化学进化中氨基酸种类的增加，遗传密码也由GNC扩展为GNY。这种扩展虽仍决定4种氨基酸，但增加了信息RNA贮存突变的可能性，对原始生命体的进化有益。以后又由GNY扩展为RNY，这样翻译出来的蛋白质便多达8种氨基酸。接着再由RNY扩展为RNN，可决定13种氨基酸参与蛋白质合成，而且出现了起始密码AUG。最后，由RNN扩展为NNN，使参加蛋白质的氨基酸增加到20种，侧链基团复杂的氨基酸如苯丙氨酸、酪氨酸、半胱氨酸、色氨酸、精氨酸、组氨酸、脯氨酸等都是在这次扩展中出现的，同时还出现了3个无义密码，充当肽链合成的终止信号，构成了现在的遗传密码表。目前不少学者认为，以上推测是比较合理的。

如此，非生命的物质经过上述由量变到质变的过程，终于形成具有原始新陈代谢作用和能够进行繁殖的原始生命。以后，生命历史就由生命起源的化学进化阶段进入到生命出现之后的生物进化阶段。

三、有关生命起源问题的探讨

1. 生命起源是否仍在继续

现在地球上是否还会有无机物发展出生命来呢？一般认为，这种进化已不可能出现了。

生命，这种高级的物质运动形式，它是从物理的、化学的运动形式转化来的。这种转化有它内在的必然性，而绝不是偶然的一次巧合。也就是说，只要条件具备，上述转化一定会实现。但是，在当今的地球上，作为原始生命起源的基本自然条件已不复存在。例如，没有强烈的太阳辐射和放电等基本能源；没有原始地球上的那种还原性大气；也不存在原始海洋那样的环境。此外，现在地球上的各种有机物质不可能像原始地球上那样能够长期保存并继续演化成生命，会很快被各种生物或非生物因素所破坏。

2. 在生命起源的过程中自然选择如何起作用

一般认为，在生命起源过程中，进入多分子体系的形成阶段，就存在着选择的问题。

首先，对多分子体系来说，其内部必须要有一定的理论结构，并与外界环境发生联系、进行新陈代谢。各种多分子体系从外界环境中分化出来营“独立生活”的稳定程度是不相同的，这便是选择机制存在的基础之一。

其次，早期的多分子体系，可以想象其类型是多种多样的。有些可能只有某种生物大分子：如蛋白质或核酸，其中的蛋白质一般不能自我复制，核酸也没有酶的催化作用。在多分子体系中，也有蛋白质和核酸两者相结合的体系。上述类型，不可能同时长期存在，如前者消失了，后者则部分地被保留下来，并向具有复制功能的方向发展，最终形成生命。这种情况实际上就是选择作用的结果。

第三，原始膜向生物膜的进化，是原始生命形成的关键之一。必须肯定，多分子体系外膜的结构与功能的优越程度是不同的，它们之间的差别也为自然选择提供原料。由此可见，自然选择远在真正生命起始之前已开始了作用。

3. 外星球是否存在生命

遥远的外星球上，是否像我们地球一样，也有生命？这也是生命起源研究中一个引人入胜的课题。科学不发达的古代，对天外生命曾有过许多神话般的猜测。随着科学的进步，人类才可能对天体作科学的探索。近代发现，最靠近我们的月球上，似乎不存在生命。因为那里的大气极其稀薄，没有氧，也没有液态水。白天温度高达 127℃，晚上降到零下 180℃。科学测定未发现任何生命痕迹。

火星上是否有生命呢？现在认为有一定的可能性。通过宇宙飞船获得的资料表明，火星上的自然环境与地球有不少相似之处。它有一层薄薄的、由二氧化碳和氮组成的大气。那里一天为 24 小时 37 分，与地球的情况极为接近。火星的温度很低，但并不低到生命不能存在的程度，可能并不比地球的南极更冷。在火星的赤道上，夏天中午的温度可达 28℃，这样的温度是比较凉爽的。近年来的探索证明火星上很可能有水的存在，在火星大气中也查明有水蒸气。根据上述条件，有理由认为火星上有可能存在类似地球早期的那种原始厌氧性的低等生命类型。在其他的太阳系行星上，条件似乎相当严酷，一般认为没有存在生命的可能。

但是，我们的太阳系只是宇宙空间极小的一个系统。据天文学估计，在已知的宇宙中，恒星的总数至少有 10^{20} 个。在银河系中，恒星也超过 10^{10} 个。在这些恒星周围约有 10%以上像太阳那样伴有行星。其中如有 1%的星球具有类似于地球的环境，那么在已知的宇宙中存在生命的天体将不少于 10^{18} 个。近年来，根据星际介质化学组成的资料也表明，在那些天体上存在着形成生命原料的一些有机小分子。此外，用射电望远镜进行微波光谱分析显示，在星际空间有一团甲醛云的长径就达 10 光年，同时还发现有氨基酸和嘧啶碱。因此，无论从理论上或实践上判断，在遥远的太空存在着某种生命形式，甚至类似或超越人类智慧的生物类型，是完全可能的。当然，那些生物和地球上的相比，不可能完全一样，也许有较大的差别。

本章小结

生命起源是当代的重大科学课题，然而却又是至今依旧了解甚少的最基本的生物学问题。关于生命的起源，历史上曾经有过种种假说：如“特创说”、“自然发生说”等。这些假说多出于猜测，已被人们所否定。从近年召开的国际生命起源学术会议提出的研究论文看，当代关于生命起源的假说可归结为两大类：一是“化学进化说”，二是“宇宙胚种说”。

最早的生命能够在年轻的地球上发生，与早期地球的环境条件密切相关，早期地球上的原始大气、原始海洋以及热能、太阳能和放电等能源为生命的化学演化提供了原料、场所和能源等必要条件。据推测，原始生命诞生的时间可能是在距今40亿年到38亿年前后。在这之前是生命起源的化学演化阶段，之后是生物学进化阶段。

生命的化学演化过程经历了有机小分子的非生物合成、生物大分子的非生物合成、由生物大分子组成多分子体系、由多分子体系发展成原始生命等四个阶段。米勒等人的模拟实验，表明地球上生命发生之前存在非生物的化学进化过程是完全可能的。围绕蛋白质和核酸谁先起源的问题，有三个不同的看法，即蛋白质首先起源、核酸首先起源、蛋白质和核酸共同起源，三者都有一定的事实依据；围绕生物大分子起源的条件和场所，亦有三种不同的观点：陆相起源说、海相起源说和深海“烟囱”起源说，三种学说没有排他性，验证了奥巴林1974年在莫斯科生命起源国际讨论会上提出的“原始生命存在不同时间、不同地点曾多次发生、分解又重新形成”的论断是可取的。关于多分子体系，奥巴林的团聚体模型和福克斯的类蛋白微球体模型，都不同程度地表现了一定的生命现象。多数学者认为，从多分子体系发展为原始生命，应当解决原始膜的形成、开放系统的建立和遗传密码的起源与进化等问题。

复习思考题

1. 简述生命起源的几种假说和你对这些假说的认识。
2. 米勒实验说明了什么？
3. 谈谈你对生命的深海热泉起源说的认识。
4. 团聚体模型和类蛋白微球体模型分别表现了哪些生命特征？
5. 简述戴霍夫的遗传密码进化假说。

第十五章　生物的进化

进化学说是生物科学的核心理论。世界上第一个系统阐明生物进化思想的是法国著名生物学家拉马克（J. B. Lamarck，1744—1829）。19世纪中叶，达尔文（C. R. Darwin，1809—1882）的《物种起源》为进化学说奠定了科学基础。20世纪30年代出现了现代综合进化理论，使达尔文学说得到继承和发展。之后，随着遗传学、分子生物学以及生物学其他分支学科的发展，进化论的研究已经逐步由推论走向验证，由定性走向定量。进化论所揭示的原理，不仅有助于我们了解生物进化的一般规律，加深对所学的生物学各门分支学科的理解，树立科学的世界观和自然观，也有助于人类控制和改造生物的实践活动（图15-1）。

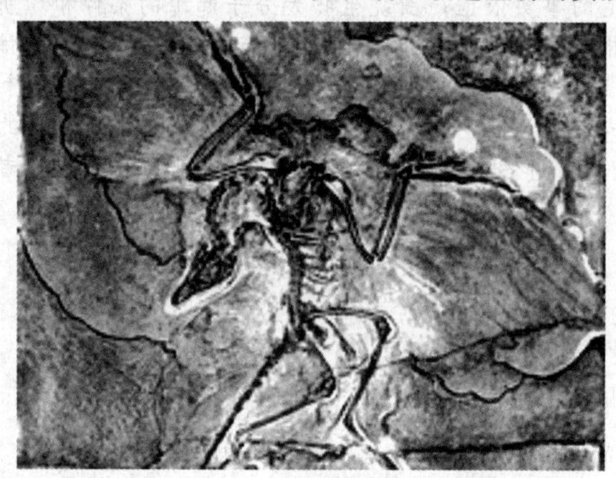

图15-1　柏林收藏的始祖鸟化石

第一节　达尔文学说

一、进化理论的创立

在达尔文之前，"神创论"占统治地位。大多数人相信世界是上帝有目的地设计和创造的，是上帝制定的法则所主宰的，是完善微妙、永恒不变的。

1. 拉马克及其进化学说

第一个系统地阐明进化思想的人是法国的拉马克（图15-2）。拉马克年轻时爱好植物学，曾著成三卷《法国植物志》(1778年)，受到了法国著名博物学家布丰（G. L. de Buffon，1707—1788）的赞许。1779年，拉马克当选法国科学院的会员，逐渐成为法国著名的植物学家。

1792年，法国大革命胜利后，拉马克被提名为动物学教授。积极参与了改组法国皇家植物园为自然历史博物馆的工作。在博物馆24年之久的研究工作中，拉马克改建了林耐所制订的动物分类系统。

图 15-2 拉马克

拉马克一生中最重要的著作是《动物哲学》（1809 年）。在此书中，他系统地叙述了自己的进化学说。拉马克的进化学说可以概括为以下几点：①生物是可变的、进化的，进化是以渐进的方式进行的；②进化的动力和方向，是生物天生具有的向上发展的内在趋向，使它们从简单到复杂、从低等到高等；③进化的原因，除环境改变和杂交外，对较高等动物来说更重要的是用进废退和获得性状的遗传；④最原始生物源于自然发生。

拉马克的进化学说当时之所以没有引起人们的重视。一方面在于法国资产阶级革命的失败，复辟了的封建统治者反对这一进步的学说；同时也由于其学说本身的弱点。总的说来，拉马克学说主观推测较多，引起的争议也多。但它也以其较完整性、较系统性，对后世产生了较大的影响。

2. 达尔文与贝格尔之航

图 15-3 达尔文

1809 年，也就是拉马克饱受非议的《动物哲学》出版的那一年，达尔文出生了（图 15-3）。长大后，父亲把他送到剑桥大学基督学院主修神学，希望他将来当个牧师。可是达尔文在那里比较有兴趣的却是亨斯洛（J. S. Henslow）教授的植物学课。尽管达尔文不研究植物学，但亨斯洛常常带领学生，徒步或驱车，到远处或江边考察，并且讲解考察中的植物和动物。这种旅行给达尔文留下了深刻的印象。

1831 年，达尔文结束了剑桥大学的学习。不久，由亨斯洛教授推荐，他以学者的身份搭上即将出发的英国海军部军事水文地理考察舰“贝格尔”号，开始了对他一生科学活动具有重大影响的环球科学旅行。考察活动从 1831 年 12 月 27 日到 1836 年 10 月 2 日，历时约 5 年（图 15-4）。

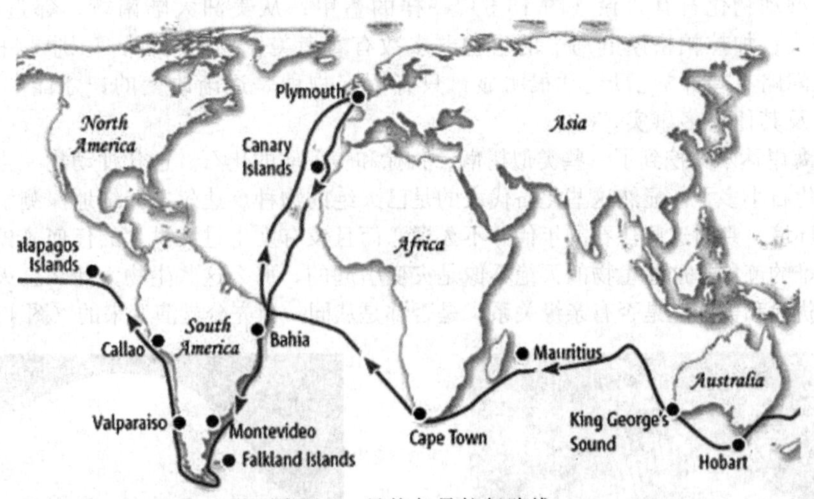

图 15-4 贝格尔号航行路线

在南美洲，特别是加拉帕格斯群岛上观察到的现象使得达尔文再也无法接受神创论的说教，他动摇了物种不变的观念，开始相信新物种能够经由地理隔离逐渐产生，生物是由共同祖先进化而来。从那以后他开始思考生物进化的机制，并在 1838 年阅读马尔萨斯的《人口论》时，获得灵感，开始创建了自然选择学说。

1858年6月，正当达尔文倾注全力撰写关于物种起源的书籍时，接到了年轻学者华莱士（A. R. Wallace，1823—1913）从马来群岛寄给他的一篇论文。华莱士在论文中明确指出："物种的荣枯盛衰取决于对生存条件的适应程度"，"变异"、"生存竞争"是促使物种进化的动力。达尔文接到此论文后，发现华莱士的论文要点与自己的看法完全一致。当天达尔文给他的朋友地质学家赖尔写信说："我还没有见过世上竟有这么惊人巧合的事情"。

在这种情况下，达尔文曾经表示宁愿放弃自己的成果，单独发表华莱士的文章。只是在赖尔和植物学家胡克（J. D. Hooker）的建议下，才把华莱士的论文和达尔文1844年起草的论文摘要于1858年7月同时在英国林耐学会上宣读，并在林耐学会杂志《动物学》第三卷上发表。此后，又在赖尔和胡克的催促下，经过一年多时间的努力，完成了举世闻名的《物种起源》一书。该书于1859年11月24日问世，第一版1250册在一天内被争购一空，不久，又被译成了欧洲各国文字。

1859年以后，达尔文进入他科学活动的最后一个时期。这一期间他发表了《动物和植物在家养下的变异》、《人类起源和性选择》等书，对人工选择作了系统的叙述，并提出了性选择及人类起源的理论，从而进一步充实了进化学说的内容。

在我国，最早译成中文的达尔文学说的书籍是《天演论》（赫胥黎著，严复译，原书名Evolution and Ethics），出版于1898年（光绪24年木刻出版）。从那时起达尔文就已是深受我国人民热爱的伟大学者。

3. 达尔文学说的创立

可以说贝格尔号之航改变了达尔文的人生，也永远地改变了生物学。达尔文在《物种起源》的开头如此写道："当我作为一名博物学家随贝格尔号航行的时候，有关南美洲栖息生物的分布以及那块大陆上现存和过去的栖息生物的地质关系的某些事实，给我留下了深刻的印象。在我看来，这些事实多少能够用于阐明物种的起源——这个我们最伟大的哲学家之一所说的神秘中的神秘。"

那么究竟是什么事实，让一位初出道的年轻博物学家敢于怀疑当时绝大多数博物学家所信奉的物种不变观念？达尔文晚年在自传中说，有三组事实给他留下了深刻印象：在南美大草原发现大型动物化石有犰狳（图15-5）一样的盔甲；从美洲大陆南行，邻近动物物种相互取代的方式；加拉帕格斯群岛上的生物群多数有着南美生物的特征，特别是每个岛上的生物群相互之间略有差异的情形。"很明显，只有假定物种是逐渐改变的，才能解释类似这样的事实，以及其他许多事实。"

在南美海岸达尔文挖到了一些类似树懒、犰狳和美洲驼的化石。这几种动物在当地都还生存着，但是比化石小多了。显然这些化石代表的是已灭绝的物种。达尔文仔细地探测了发现化石的地层和周围环境，判断这些化石的年代并不久远，而且没有发生过大洪水的任何迹象，也没有发生过其他灾难的迹象。这些生物的灭绝不像是灾变引起的，那么这些生物为什么会灭绝？它们与现代树懒、犰狳和美洲驼是否有亲缘关系，是否都是从同一祖先分支演变来的（图15-6）？

图15-5　犰狳

图15-6　古代雕齿兽化石

达尔文注意到，在南美海岸，动物群和植物群的变化极为明显。从阿根廷的布宜诺斯艾利斯到圣菲，纬度仅仅变了三度，物种却变了不少。达尔文在一小时之内，就观察到有六种鸟是从前在布宜诺斯艾利斯没见过的，这两个地方这么靠近，地理环境又那么相似，上帝造物时何必那么慷慨大方，给每一个地方各造出那么多不同的物种？

给达尔文留下了最深刻的印象的是加拉帕格斯群岛上的生物群。1835 年 9—10 月间，达尔文在岛上观察了五个星期。那里的动植物虽然总体上跟南美大陆的相似，但又有着明显的、与大陆动植物不同的特征。岛上有多种鸣雀有吃虫的习性，而这类雀在其他地方是以吃种子为生的。而且，这个群岛的一些岛上，也有自己的特有种，其形态与其他岛上的特有种既相似又不同。最引人注目的是那些巨龟（“加拉帕格斯”在西班牙语的意思就是龟）。它们成群结队地在岛上的沙滩上漫游，总共有十四种或亚种，而且岛与岛之间的巨龟的形态——特别是龟壳差别非常大，以至于岛上的副总督向达尔文吹牛说，他只要瞄一眼，就知道哪只龟是哪个岛上的。为什么上帝要在这小小的角落显耀他的创造才能，他真有必要专门为这里创造出这许许多多独一无二的物种吗（图 15-7、图 15-8）？

图 15-7　加拉帕格斯岛上的鸣雀（仿达尔文）

达尔文在岛上的时候，忙着做地质考察和采集标本，没有时间思考这些问题。离开加拉帕格斯群岛之后，他开始细细回味在岛上的所见所闻。经过缜密思考他恍然大悟，是不是美洲大陆的鸣雀在偶然（例如，被风吹裹）到达加拉帕格斯群岛之后，其后代以不同的方式适应新的环境，演变成了不同的物种。啊，物种是可变的！地理隔离能够产生新物种。这显然要比认为上帝无缘无故地分别给不同的岛屿创造了不同的物种，要合理得多。他进而开始创建共同祖先学说：如果群岛上的鸣雀都源自一个共同祖先——美洲大陆的鸣雀，那么也可以联想到，所有美洲大陆的鸣雀也都源自一个共同祖先，以此类推，所有的属、科、目、纲……所有的生物，都源自共同祖先。

图 15-8　加拉帕格斯岛上的巨龟

认为地球上所有生命都是由共同祖先进化而来，这种观点不仅是宏伟壮丽的，而且有着强大的解释力量。它使得人们在系统分类学、生物地理学、比较解剖学、比较胚胎学、古生物学等领域所发现的令人迷惑的种种现象有了合理的解释。在达尔文之前，这些学科基本上是描述性的，是达尔文一举把它们变成了因果科学，将它们统一起来，牢固地建立在进化论之上。

“生物是进化的”，他不再怀疑。令他疑惑不解的是“生物是如何进化的”。达尔文在他的自传中写道：“在我已开始从事有系统的探讨 15 个月后，我碰巧为了消遣阅读了马尔萨斯的《人口论》，而通过长期持续地观察动植物习性，我已为认识到无处不在的生存斗争做好了准备，不由恍然大悟，在这些条件下，优势的变异将倾向于被保留，而劣势的变异将会被消灭。其结果将会是形成新的物种。这样，我由此终于有了一个可用于研究的理论了。”这个理论达尔文后来称之为自然选择。在《物种起源》第 4 章的结尾，达尔文用两个长句子对这个学说做了如此总结：

"如果在漫长的岁月中和多变的生活条件下，有机体在它们的构造的一些部位存在变异的话，而我认为这是无可争议的；如果由于每一物种的高度的几何级数的增长，在某个时期、季节或年代，存在严重的生存斗争，而这肯定是无可争议的；那么，考虑到所有有机体彼此之间和它们与生存条件之间的关系的无限复杂性，导致的在结构、组成和习性方面的无限多样性，和对他们所具有的优势，如果从来没有出现对每一个体的利益有用的变异，就像已出现如此多的对人类有用的变异一样，我想这会是最极端反常的事情。但是，如果对任一个体有用的变异的确发生了，具有这样特征的个体肯定将会有更好的机会在生存斗争中获得保存；而根据强大的遗传法则，他们将倾向于产生有相似特征的后代。为了简单起见，我将这个保存原则称为自然选择。"

现在我们把达尔文的上述观点高度地概括为：过度繁殖；生存斗争；遗传变异；适者生存。

自然选择是达尔文进化论中最富有革命性的观念，它如此大胆，如此超前，其命运与共同祖先学说截然不同，从提出之日起就饱受非议，在提出之后近百年，才被生物学家们所普遍接受。

二、达尔文学说的主要内容和意义

达尔文进化理论主要包括两个学说。

(1) 共同祖先学说　共同祖先学说揭示了生物进化的事实，指出物种是可变的，所有的生物都来自同一祖先，生物的进化是一个树枝状的不断分化的过程；

(2) 自然选择学说　自然选择学说提出了解释生物是如何进化的一个机制。认为自然选择是生物进化的主要方式，是对生物适应性的合理解释。

根据这两个学说，生物的进化是从共同祖先开始，在自然选择作用下的多样化过程。生物的进化模式是没有预定方向的，呈树枝状不断分化，而不是像以前的进化论先驱理解的那样是从低级到高级的有预定方向的直线式进化。生物的进化步调是渐变式的，是在自然选择作用下累积微小的优势变异的逐渐改进的过程，而不是跃变式的。

达尔文进化论为生物学提供了强大理论，奠定了现代生物学的基础。但是达尔文进化论的影响绝不仅仅局限于生物学界，甚至也不局限于科学界，它具有深远的思想意义和社会影响。通过创立生物进化论，达尔文领导了人类历史上最为伟大、影响最为深远的一场理性革命。这场革命统一了生命与非生命两个世界，提供了一种全新的世界观、生命观和方法论，波及了几乎所有的科学和人文领域。

达尔文的共同祖先学说确立了生物的自然起源和自然属性，自然选择学说解释了生物的适应性和多样性。达尔文学说将上帝彻底驱除出科学领域，推翻了形形色色的神创论，也拒绝了目的论，因而否定了所有的超自然现象和因素。由于达尔文进化论，科学的、自然主义的世界观和生命观才成为可能。

达尔文的共同祖先学说不仅深刻地揭示了所有生物的起源，而且牢固地确立了人类在自然界中的位置。达尔文进化论指出，人类是生物进化的偶然产物，是大自然的产物，是大自然的一部分，人类与大自然是统一的。从生物学的角度来看，今天的一切生物都是人类的亲属，人类与其他生物并无本质的区别，达尔文进化论让我们更深刻地理解了人类与大自然的关系，更深刻地理解了人性。

达尔文的自然选择学说为科学方法和哲学思想提供了一个极有威力的崭新观念。达尔文在《物种起源》中对生物进化的事实所做的论证是如此严密，证据如此确凿，在其发表十几年后，绝大多数生物学家都已变成了进化论者，接受了共同祖先学说。但是围绕着生物是如何进化（进化机制）的争论，在生物学界却从未平息过，在达尔文的时代更是众说纷纭。与达尔文同时代的生物学家对他提出的进化机制——自然选择学说多数抱着怀疑态度，因为自然选择学说在当时存在着三大困难。

第一是缺少过渡型化石。化石记录的不连续性是对自然选择学说的一大挑战。

第二是地球的年龄问题。自然选择学说认为生物进化是一个逐渐改变的过程，这就需要相当漫长的时间才能进化出现在我们见到的如此众多、如此丰富多彩的生物物种。达尔文认为这个进化过程至少需要几十亿年。而当时的科学权威计算出的地球年龄只有一亿年左右。

第三个困难是最致命的：达尔文找不到一个合理的遗传机理来解释自然选择，无法说明变异是如何产生，而优势变异又如何能够保存下去的。

达尔文之后，随着自然选择面临的困难逐步得到解决，特别是20世纪上半叶自然选择学说与群体遗传学的的结合，使自然选择学说获得新生，逐渐被科学界广泛接受。

三、达尔文学说的发展

达尔文学说形成于生命科学尚处于较低水平的19世纪中期，那时遗传学尚未建立，生态学正在萌芽，细胞刚被发现。作为生物科学最高综合的进化论，随着生物科学的发展也不断暴露出矛盾、问题、错误和缺陷，理论本身不断被修正和改造。在其发展过程中，达尔文学说经历了两次大的修正，并且正经历着第三次大修正。

20世纪初，魏斯曼（A. Weismann）等学者对达尔文学说作了一次“过滤”，消除了达尔文理论中除“自然选择”以外的庞杂内容，如拉马克的“获得性状遗传”说、布丰的“环境直接作用”说等，而把“自然选择”强调为进化的主因素，把“自然选择”原理强调为达尔文学说的核心，经过魏斯曼等修正的达尔文学说被称为“新达尔文主义”，这是达尔文学说的第一次大修正。

第二次大修正是由于遗传学的发展引起的对“自然选择”学说本身及其相关概念（如适应概念、物种概念等）所作的修正。20世纪初随着现代遗传学的建立和发展，“粒子遗传”理论替代了“融合遗传”的传统概念。20世纪30年代群体遗体学家把“粒子遗传”理论与生物统计学结合，重新解释了“自然选择”，并且对有关的概念作了相应的修正，例如对适应概念的修正。群体遗传学家用繁殖的相对优势来定义适应，适应程度则表现为个体或基因型对后代或后代基因库的相对贡献（适应度），用这样的新概念替代了达尔文原先的“生存斗争，适者生存”的老概念。适应与选择不再是“生存”与“死亡”这样的“全或无”的概念，而是“繁殖或基因传递的相对差异”的统计学概念。此外，对达尔文的物种概念、遗传变异概念也作了修正。经过这次大的修正所建立起来的进化理论，称之为“现代综合进化理论”。

现代综合进化理论主要包括以下几个方面的内容。

(1) 自然选择决定进化的方向，遗传和变异这一对矛盾是推动生物进化的动力。

(2) 群体是生物进化的基本单位，进化机制的研究属于群体遗传学范畴，进化的实质在于群体内基因频率和基因型频率的改变及由此引起的生物表型的逐渐演变。

(3) 突变、选择、隔离是物种形成和生物进化的机制。突变是生物界普遍存在的现象，是生物遗传变异的主要来源。在生物进化过程中，随机的基因突变一旦发生，就受到自然选择的作用，自然选择的实质是“一个群体中的不同基因型携带者对后代的基因库做出不同的贡献”。但是，自然选择下群体基因库中基因频率的改变，并不意味着新种的形成。还必须通过隔离，首先是空间隔离（地理隔离或生态隔离），使已出现的差异逐渐扩大，当差异大到阻断基因交流的程度，即生殖隔离的程度，最终导致新种的形成。

达尔文学说通过“过滤”（第一次修正）和“综合”（第二次修正）而获得了发展。当前，达尔文学说正面临第三次大修正。这一次修正主要是由古生物学和分子生物学的发展引起的。古生物学家揭示出宏观进化的规律、进化速度、进化趋势、物种形成和绝灭等，大大增加了我们对生物进化实际过程的了解；分子生物学的进展揭示了生物大分子的进化规律和基因内部的复杂结构。宏观和微观两个领域的研究结果导致了对达尔文学说的如下修正。

(1) 古生物学的研究证明宏观进化过程并非（总）是“匀速”、“渐变”的，也有“快速进化”与“进化停滞”相间的（间断平衡论），“寒武纪生命大爆发”等事实为间断平衡论提供了有力证据。

（2）宏观进化与分子进化都显示出相当大的随机性，自然选择并非总是进化的主因素。

（3）遗传学的深入研究揭示出遗传系统本身具有某种进化功能，进化过程中可能有内因的“驱动”和“导向”。

但是，关于进化速度、进化过程中随机因素和生物内因究竟起多大作用、起什么样的作用问题尚在争论之中，这一次大修正尚未完成。

四、关于进化学说的讨论

100 多年来，围绕生物进化出现了许多理论和学说。新、旧进化理论和学说既有承袭，也有发展，既有补充、修正，也有对立、争论。关于进化理论和学说的争论，总是围绕着下面三个方面的主题展开。

（1）进化的动力是什么？一些进化学说强调环境对生物体的直接作用，认为外环境的改变是推动生物进化的动力。另一些进化学说则主张进化的动力在生物内部。达尔文学说和现代综合进化理论则主张进化的动力来自生物的内在因素（即突变）与环境的选择作用相结合。

（2）进化是否有一定方向？拉马克主义者认为进化是定向的，是进步的，即由低级、简单的结构向高级、复杂的结构进化。与此相反，达尔文以及现代综合论者都认为进化是适应局部环境的，因此，进化方向是由环境控制的。随机论者认为进化是随机的、偶然的、无向的。

（3）进化的速度是否恒定？是渐进的还是跳跃的？达尔文学说和现代综合进化理论基于自然选择原理来解释进化，因而认为进化是渐变的过程。近代的中性论认为进化速度近乎恒定。20 世纪 70 年代发生了间断平衡论与线系渐变论之间的争论，间断平衡论强调进化的不连续性。

正像间断平衡论者美国古生物学家古尔德（S. Gould）所说，“科学发展史不能简单地归结为正确与错误的斗争”。科学理论的替代并不只是简单的新理论对旧理论的否定和排斥，修正发展可能更为常见。科学理论总是随着科学的发展而发展，争论不会停息，理论本身的演变也不会停止。

第二节　生物的系统发育

自地球生命产生以来，生物经历了一个漫长的进化过程。在这一过程中，曾发生过许多重大的进化事件。如果把地球历史压缩为 24h，午夜时分地球诞生，原核生物大约在凌晨 5 点出现，真核生物则直至下午 4 点左右才出现，多细胞生物出现在下午 8 点，晚上 9 点 20 分左右植物开始登陆，晚上 10 点 20 分至晚上 11 点是恐龙统治地球的时刻，人类则晚至接近午夜才出现（图 15-9）。

在地球生物发展史上，许多物种相继灭绝，新的物种不断产生，正是这种旧有物种的灭绝伴随着新物种的产生过程才构成了一部完整的生物发展史。

一、地质年代

地质，即地壳的成分和结构。根据生物的发展和地层形成的顺序，按地壳的发展历史划分的若干自然阶段，叫做地质年代。地质年代分期的第一级是宙，46 亿年前至 38 亿年前是冥古宙，然后依次是太古宙、元古宙和显生宙。宙下面分若干代，如显生宙分为古生代、中生代和新生代。代下面再分若干纪，如中生代分为三叠纪、侏罗纪和白垩纪。纪下面依次还有世、期、阶等分期等级。对应于地质年代的时间表述单位宙、代、纪、世等，相应的地层表述单位为宇、界、系、统等。

地质年代是多种生物地质事件在时间上的综合表现。它包含了两层含义，一是各种生物

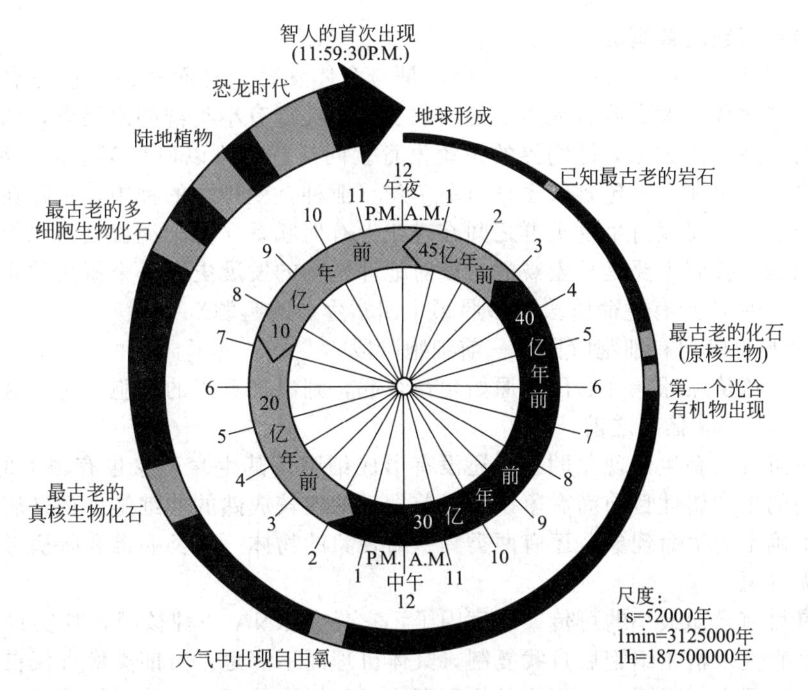

图 15-9 根据化石记录推断的地球生物发展历史（引自 S. S. Mader，1998）

地质事件在时间上的先后顺序，即相对地质年代；二是各种生物地质事件发生距今的时间，即绝对地质年代。绝对地质年代的测定一般采用放射性同位素方法。

表 15-1 显示了地质年代划分及各地质时期的一些主要进化事件。

表 15-1 地质年代划分及各地质时期的一些主要进化事件

地质时代			距今年龄值/百万年	生物进化事件
宙	代	纪		
显生宙	新生代	第四纪	1.64	人类出现
		第三纪 晚第三纪	23.3	近代哺乳动物出现
		第三纪 早第三纪	65	
	中生代	白垩纪	135	被子植物出现
		侏罗纪	208	鸟类、哺乳动物出现
		三叠纪	250	
	古生代 晚古生代	二叠纪	290	裸子植物出现
		石灰纪	362	爬行动物出现
		泥盆纪	409	节蕨植物出现 两栖动物出现
	古生代 早古生代	志留纪	439	裸蕨植物、鱼类出现
		奥陶纪	510	无颌类出现
		寒武纪	570	硬壳动物出现
元古宙	新元古代	震旦纪	800	裸露动物出现
			1000	
	中元古代		1800	真核细胞生物出现
	古元古代		2500	
太古宙	新太古代		3000	
	古太古代		3800	生命出现，叠层石出现
冥古宙			4600	

二、生物界系统发育概况

系统发育（phylogeny）也称系统发展，是与个体发育相对而言的，它是指某一生物类群的形成和发展过程。大类群有大类群的发展史，小类群有小类群的发展史，如研究整个植物界的发生与发展，便称之为植物界的系统发育。同样，也可以研究某个门、纲、目、科、属的系统发育，甚至在一个包含较多种以下单位（亚种，变种）的种中，也存在种的系统发育问题。系统发育主要探讨生物类群之间在进化上有何联系、哪个类群较为原始、哪个类群较为进化等问题。我们主要是从宏观的角度对地球生物的发展史做一个概括的介绍。

1. 从无生命阶段到有生命阶段（参照第十四章生命的起源）

2. 从无细胞阶段到有细胞阶段——前细胞阶段

这一阶段应该从地球上开始出现原始生命算起，到出现真正的细胞为止。这个时限最少应该在距今35亿～38亿年之前。

处于这一阶段的有生命现象的物体还没有形成细胞，其生命现象也有很大的不确定性，因而对于它们的生命属性目前尚有争议。目前发现的比较成熟的非细胞生物是病毒，但它们仍然表现出不确定的生命现象；还有两类具生命现象的物体——类病毒和朊病毒，它们是否属于生物尚无共识。

类病毒是目前已知最小的可传染致病因子，它只含RNA一种核酸，其实只是一种有机大分子结构。它侵入宿主细胞后自我复制，具体机理尚不清楚。目前类病毒仅在高等植物中有发现。由于它不含衣壳蛋白，不能像病毒那样感染细胞，只有当植物细胞受到损伤失去膜保护的情况下才可能侵入。

朊病毒也是一种微小的致病因子，它只含蛋白质，却具有感染性和遗传性。

病毒是一类极小的微生物，它没有细胞结构，一般只有蛋白质组成的外壳和核酸组成的核心。病毒具有高寄生性，完全依赖宿主细胞的能量和代谢系统，离开宿主细胞不表现生命活动；当遇到宿主细胞时它会通过吸附作用入侵细胞并利用细胞完成自我复制。所以，病毒还不是完全意义上的生物，它是介于生物与非生物之间的一种原始生命体。

3. 细胞生物从低等到高等的不断进化阶段——细胞生物阶段

从非细胞到细胞是生命进化的第二个重要阶段，也是整个生命发展史上最重要的阶段之一，因为我们平时所说的生物主要的就是指细胞生物而言的，换句话说只有细胞生物才能称得上是“真正”的生物。细胞生物有了典型的新陈代谢和完善的自我复制机制。

在把病毒与其他生物区别开来后，其他的所有生物依其细胞结构被分为原核生物和真核生物两大类。

（1）原核生物时代　生物学已经确认的最早的、最古老生命形态是最低级的原核生物。原核细胞结构比较简单，没有成形的细胞核，细胞内的遗传物质没有核膜包被，不能进行有丝分裂和减数分裂，因此不能进行有性生殖；原核细胞也缺少复杂的细胞器。目前发现的最古老的生物化石就是属于原核生物的细菌、蓝藻和古细菌。虽然它们的生命形式比较简单，却有着强大的生命力和非凡的适应性，因而一直存活到今天。地球生命史最前端的将近2/3时间是它们的繁盛期，所以这个时代我们称之为原核生物时代。

细菌包括真细菌和古细菌两大类群。

真细菌包含的种类繁多，根据形状分为球菌、杆菌和螺旋菌，按生活方式可分为自养菌和异养菌（包括腐生菌和寄生菌），按对氧气的需求分为需养菌和厌氧菌等等。自养菌又可分为化能自养菌和光能自养菌，它们是最原始的生物能量制造者，同时光能自养菌与蓝藻是地球氧气的最初来源。

古细菌又称古生菌，它们的结构与细菌十分相似，但常常生活在各种极端自然环境之下，如深海热泉、热泉和盐湖等处。它们以厌氧菌为主，是地球上与细菌同时或比细菌略晚的生命形态。古生菌在遗传方面表现出了更加接近于真核生物的特征，因此被认为与真核生物的起源有关。也正是因为这一特性，1990年伍斯（Carl Woese）提出生物的三域分类系统，主张把古细菌与真细菌、真核生物并列起来。

蓝藻的结构比细菌稍微复杂一些，它们有一个不太清晰的细胞核，体内含有光合色素，能够进行光合作用，是最原始的自养生物，也是地球早期大气层中氧气的最大贡献者。蓝藻的繁殖与细菌类似，于是曾被称为“蓝细菌”。大多数的蓝藻含有蓝色藻蓝素，当它们聚集在水面时可以使水面呈现大片的蓝绿色。近代研究显示，寒武纪生命大爆发之前，地球水面可能全部为蓝藻与真核藻类所覆盖，它们不但为有氧生物提供了足够的氧气，而且为动物提供了充足的食物。

(2) 真核生物阶段　从原核细胞到真核细胞是生物发展的第三个重要阶段，根据rRNA分子生物学的研究，多数学者认为30亿年前真核生物就已从始祖原核生物进化为独立分支了。最早的真核生物化石发现于16亿～20亿年前的地层中。真核细胞具有核膜，整个细胞由细胞核和细胞质两大部分组成，其机体水平远远高出原核细胞。真核细胞的细胞核内具有染色体，成为细胞的遗传中心；其细胞质内具有复杂的细胞器结构，成为代谢中心。

真核生物由真核细胞构成，包括动物、植物、真菌和原生生物4个界，是最具生命多样性的生物类群。

动物，一类可以自由运动的生物，是生物的一个主要类群，它们能够对环境作出反应并移动，一般以捕食其他生物来摄取营养。动物界分为37个门（排除了原生动物门），目前已发现的物种有120万种之多，其中超过90万种是昆虫、甲壳类和蜘蛛类。动物根据形态结构可分为4个相应的水平：①实囊胚水平，有一些只是由一层细胞以及内部的空腔组成，另一些是由比较少数的细胞拥挤在一起形成实心的、管状的体躯或者形成一个由许多细胞以及若干层细胞所组成的板状构造。由于这些动物的细胞排列与高等动物的囊胚期的排列相似，故有人称之为实囊幼虫型动物。②细胞水平，如多孔动物门（海绵）由二层细胞，即外面的皮层和里面的胃层构成。身体的各种机能由或多或少独立生活的细胞如领细胞完成。③组织水平，在组织内不仅有细胞，也有非细胞形态的物质（基质、纤维等）。如腔肠动物（代表物种如水螅）开始分化出上皮组织（具有神经一样的传导功能）等。④器官系统水平，从扁形动物门（最早的两侧对称形动物，如血吸虫）起，动物有了不同细胞，不同组织组成结构和机能不同的器官系统。

古生物学、形态学和胚胎学的证据表明：多细胞的后生动物来自单细胞的原生动物。在多细胞动物尚未兴起时，单细胞动物已盛极一时。单细胞动物群体与多细胞动物之间并没有绝对的鸿沟，由许多小的细胞（有时细胞数可达50000个）组成的空球状的团藻虫就是介于单细胞和多细胞之间的中间类型。生物学界普遍认为后生动物应该出现在距今10亿年前，但人类发现的最早动物休眠卵化石距今只有6.32亿年。

植物，是能够通过光合作用制造营养的一类生物，它们营固着生活，不能自由运动，细胞具细胞壁。植物界包括藻类植物、苔藓植物、蕨类植物和种子植物几个类群（注：五界系统把藻类归入原生生物界），目前已知37万多种。由于植物不像动物那样拥有钙质的骨骼，难以形成化石，所以目前发现的最早的有胚植物化石保存在志留纪地层中。2005年贵州台江发现的类似苔藓类化石，可能是现代苔藓类植物的祖先，年代测定为距今5.2亿年。植物和动物是生物进化的两大不同方向。

真菌是20世纪中期以后才得以独立出来的一个生物的“界”。真菌共同的特点是拥有纤细管状菌丝构成的菌丝体（少数单细胞类型除外），一直以来都因其固着生活和细胞具细胞壁被划归植物界。它们是异养生物，有可能是从藻类或原始鞭毛生物进化而来。

原生生物是指由真核细胞构成的，不能归入动物、植物和真菌三界的全部生物的总称，以单细胞真核生物为主，也包括不能归入动物、植物和真菌三界的多细胞生物和介于单细胞生物和多细胞生物之间的真核生物。

三、植物的系统发育

1. 藻类植物阶段

从前寒武纪至泥盆纪4.05亿年前，在地球上以藻类为主，所以称为藻类植物时代。藻类植物在进化上属低等植物。它们生活于水中，结构简单，没有根茎叶的分化，配子体比孢子体发达。

最初出现的藻类植物是单细胞的蓝藻，它们一直以“前寒武海”为演化中心。一部分浅海类型演化为绿藻，而另一部分深海类型则演化为褐藻、红藻等。大约9亿～7亿年前，出现了多细胞藻类植物后，高级藻类才开始发展。到寒武纪早期，藻类植物进化的轮廓大致完成。到4.4亿年前的志留纪，藻类植物时代就此结束。

2. 蕨类植物阶段

从4.4亿年到2.3亿年前的三叠纪早期，地球上以蕨类植物为主。这个时代植物已经登陆，所以又称陆生植物时代。在它的早期以裸蕨为主；中期以石松和楔叶植物为主；晚期以真蕨中的厚囊蕨和种子蕨为主。

在志留纪的中晚期到泥盆纪的早期，大气圈中的游离氧明显增加，臭氧层已经出现。日光中的紫外线不能直接射到地球表面，这为植物的登陆创造了有利条件。

化石记录表明，裸蕨是最先登陆成功的植物，它最初出现于晚志留世。裸蕨没有根茎叶的分化，但已经有假根和原始的输导组织。植物体表面还有防止水分蒸发的角质层和气孔（图15-10）。裸蕨类在植物进化上占有十分重要的地位。真蕨类大约出现于距今3.7亿～3.59亿年。

图15-10　裸蕨类

3.45亿～2.5亿年前，石松类、楔叶类和真蕨类极为繁盛，形成大片沼泽森林。由于它们有根、茎、叶的分化，因此为建立更好的陆地植物区系奠定了基础。但是，在蕨类植物的生活史中，受精阶段仍离不开有水的环境。这一点是蕨类原始性的反映，也是它们在二叠纪造山运动中衰败的原因。

3. 裸子植物阶段

从晚三叠世到晚白垩世，在植物进化中以裸子植物为主。早期主要是苏铁和本内苏铁植物；晚期在北半球主要是银杏和松柏；在南半球是松柏。晚二叠世初期，裸子植物中的苏铁类、松柏类、银杏类等逐渐发展。进入中生代，它们更加繁盛。在中生代炎热而干燥的气候条件下，裸子植物占很显著的地位，在许多地区形成大片的森林。它们的遗体埋藏地下，岩化成煤，供今日当作燃料。

从蕨类植物发展到裸子植物，最大的变化是配子体寄生于孢子体上，形成了裸露的种子，并在发展过程中产生了花粉管。精子经花粉管到达卵细胞，这样，在受精作用这个十分重要的环节上，就不再受外界水的限制。有了种子和花粉管，裸子植物就发展到比蕨类植物更为高级的水平，并在造山运动剧烈的二叠纪，取代了它们在陆地上的优势地位而鼎盛于中生代。

4. 被子植物阶段

被子植物在早白垩世就已出现，到晚白垩世才开始繁荣。被子植物是植物中登陆最成功的类群，它具有一系列更适应于陆地生活的结构。如在裸子植物中，木质部的管胞兼有输水和支持的机能，但在完成这双重任务时就显得不够理想。而在被子植物中，木质部出现了导管和纤维两种细胞，它们是从管胞分化出来的，其中导管专司输水机能，宽大的管腔提高了输水功率。纤维细胞的细胞壁特别厚，形体细长，因此支持机能大大超过管胞。这样，被子植物可以快速满足面积宽阔的叶子对水分的需要，又稳健地支持沉重的叶片，以保证光合作用的进行。此外，被子植物还由两层珠被来保护渡过干旱，特别是由于被子植物双受精作用和新型胚乳的出现，大大增强了胚的发育能力和后代对环境的适应性。因此，白垩纪后期，在气温湿热的热带山区，出现了一组新兴的被子植物。由于板块运动加剧，许多地区地面上升。到第三纪中期，产生很多折皱和断层。造山运动的发展及大陆性气候的出现，裸子植物衰败了，而被子植物的种类和数量日益增加，至今仍很繁盛。

四、多细胞动物的系统发育

1. 无脊椎动物时代

从 5.7 亿年前的寒武纪到 4.05 亿年前的晚志留纪是无脊椎动物的时代。

原始的多细胞动物是从单细胞动物的群体分化来的。现存的多细胞动物大多属三胚层动物。但在地质年代，刚形成的多细胞动物则是双胚层的，它们类似于现代的腔肠动物。这种动物进一步分化出中胚层，成为三胚层动物。

三胚层动物的早期类型都是一些体型小、没有硬质外壳的动物，所以不易在地层中保存下来。留给我们的化石记录只是从古生代寒武纪早期才开始的。到了 5 亿年前的寒武纪，已是具有硬壳的无脊椎动物的鼎盛时代了。

在“寒武海”中，为数最多的是节肢动物三叶虫。三叶虫以其身体可明显地分为三部分(两侧为肋叶，中部为中轴) 而得名，它的化石数量和种类约占寒武纪海洋动物化石群的60%以上，因此寒武纪又称“三叶虫时代”。但由于三叶虫没有具备适应陆地生活的体制，又缺乏御敌能力，从古生代中期就日趋衰落，到了古生代末三叶虫绝灭，代之以陆生无脊椎动物昆虫类崛起。

昆虫类是节肢动物中最庞大的类群，它约占全部动物总数的 80%。昆虫不论在体制形态上，在适应环境的能力上都是十分成功的，因此它成为较早登陆的动物。到了 2.85 亿年前的晚石炭世，翅膀发达的昆虫如古蜻蜓就已布满了许多地区。昆虫等陆生无脊椎动物的兴起，标志着无脊椎动物从水生发展到陆生生活时代。

2. 脊椎动物时代

在分类学上，脊椎动物是脊索动物门中的一个亚门。由于脊椎动物之外的脊索动物只占很少数，因此习惯上往往统称为脊椎动物。但要了解脊椎动物的发展史，还得从脊索动物谈起。

脊索动物中，除脊椎动物亚门外，还有半索亚门、尾索亚门和头索亚门。在系统发展上，半索亚门动物的成体接近于脊索动物，而幼体形态却和棘皮动物极为相似，同时肌肉的化学成分也与棘皮动物一样都含有肌酸和精氨酸。于是不少学者认为脊索动物与棘皮动物有着共同的祖先。也有认为，脊椎动物的祖先可能是一种蠕虫状的原始无头类动物，在 5 亿多年前的古生代早期就出现了。中寒武世已有了半索动物的笔石纲，后来，一部分原始无头类转化为现存的无头类；另一部分进化为原始有头类，即脊椎动物的祖先。

在现存的脊索动物或无头类中，文昌鱼是一个代表。它被认为是无脊椎动物进化到脊椎动物的过渡类型。文昌鱼是一种海生的半透明的鱼形动物，一般长 5cm 左右。它栖息海底，通常钻在泥沙内，仅露出前端。文昌鱼没有脊柱，但有一条脊索作为它的体内支架。这种支架代表脊柱的先期构造。脊索的上方是神经索，下方是消化道。它的前端有明显的鳃裂，后部有尾鳍。在腹部两侧还延伸出一副条状皮褶，称为“鳍褶”。但与鱼类相比，除无脊柱外，还没有明显的头、脑、上下颌、偶鳍等。这些构造是它们的部分类型在长期历史过程中才逐渐萌发出来的，而当进化到这个阶段时，它们就成为脊椎动物了。通过对文昌鱼的研究，可以看到 6 亿年前脊椎动物祖先的形象。现代文昌鱼分布在我国厦门、青岛和烟台沿海，以厦门为最多。

原始有头类出现在5亿年前的晚寒武世，随后向两方面发展，一支成为无颌类，如甲胄鱼类，它因身披甲胄而得名，并出现在晚寒武世。甲胄是一种硬骨组织。由于头部和前身被骨质的甲片或鳞片包围着，所以能有机会保存为化石。另一支成为有颌类（鱼纲），它们出现在4亿年前的晚志留世。由于脊椎动物是随着有颌类的出现才开始繁盛起来的，因此4亿多年前的晚志留世至今，被认为是脊椎动物时代。脊椎动物的发展可分为五个阶段。

(1) 鱼类　大约从晚志留世到泥盆纪是鱼类的时代。

最早的有颌类动物是盾皮鱼类。盾皮鱼类出现于晚志留世，它不仅已有了上下颌（由其中一对鳃弓变形、变位形成的），还有偶鳍。这种鱼类身体的前部包有外甲，它与甲胄鱼不同，甲胄鱼是把身体全部装在一块不能活动的、不分块的“骨桶”里，而盾皮鱼的骨甲则分成几块，因而行动比较灵活。尽管盾皮鱼类在泥盆纪获得了繁荣和发展，但笨重的骨甲和不很发达的偶鳍却使它仍然行动不便，因此，在泥盆纪后期，随着那些已摆脱沉重的骨甲束缚的硬骨鱼和软骨鱼的崛起，盾皮鱼类逐渐衰退绝灭。

软骨鱼和硬骨鱼都出现在泥盆纪，前者出现在中泥盆世，后者反而在早泥盆世。它们的不断进化，取代了盾皮鱼类。远在泥盆纪时代，硬骨鱼类就已经分成三大类群，即古鳕类、肺鱼类、总鳍鱼类。从数量上看，古鳕类是主干，可以说，现代辐鳍鱼类都是它的后裔，占鱼类总数的90%以上。

(2) 两栖类　从泥盆纪末期到石炭纪末期（3.5亿～2.85亿年前）是两栖动物的时代。

在泥盆纪，地球气候温暖而潮湿，蕨类植物空前繁盛，这种情况一方面为动物的登陆提供充分的食料；同时，大量植物残体又导致了水域的干枯。在这种条件下生活的不少古代硬骨鱼被迫致死，而具有“肺”呼吸结构的古鱼类能得以幸存。在长期演化中，不仅“肺”呼吸的功能得到了加强，而且还出现了初步能爬行的五趾型四肢。

大约在泥盆纪末期，出现了一种称鱼石螈的动物（图15-11)。通过对格陵兰上泥盆统出土的鱼石螈化石研究，认为它是最早的两栖类，在形态上具有从鱼类到两栖类的过渡性质。鱼石螈已长出了五趾型附肢，头骨吻部比例较大，具有2个枕骨髁和耳裂，脊柱上也已长出了允许脊椎弯曲的关节突，前肢的肩带与头骨已失去了在鱼类中见到的那种固接型式，说明头部已能活动。这些进步特征表明鱼石螈可能是两栖动物的直接祖先或最早的两栖动物坚头类。

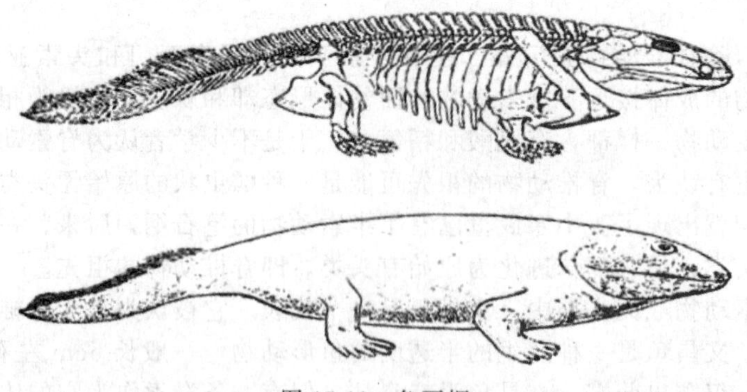

图15-11　鱼石螈

(3) 爬行类　爬行类是真正的陆生动物，它与两栖类相比有许多明显的特点。例如，爬行类具有羊膜卵（amniote egg)，它有一层防止胚胎干燥的羊膜，羊膜腔中充满羊水，为胚胎的发育提供了水的环境，避免了干燥的陆地环境对它的威胁，从而使这种羊膜类动物可以在陆地上繁殖。同时，羊膜类动物还有另一个非常重要的特征，即体内受精。这种生殖方式不需要借助自然界的水为介质，借交接器或两性泄殖腔触合而把精子直接输送到雌性体内与卵子会合受精，因而也是对陆地干燥环境的一种适应。此外，爬行动物的脊柱已分化为明显的颈、胸、腰、荐、尾五部，这也是有利于陆地生活的重要标志。

最早的爬行动物出现于石炭纪末。从地质资料证实，石炭纪末期地球上的气候曾发生剧变，部分地区出现了干旱和沙漠，使原来温暖潮湿的环境变为具有大陆性气候的特点。在这些地区的蕨类植物大多被裸子植物所代替，致使很多古代两栖类绝灭或再次入水。在这种情况下，具有陆生结构的爬行类蓬勃发展，到中生代几乎遍布当时的海洋、陆地和空中，所以中生代也被称为爬行类时代。

恐龙出现于2亿年前的三叠纪中期，绝灭于6.7千万年的白垩纪末，在地球上曾独霸约1.4亿年之久。可以说中生代的水、陆和空间，都是它们的天下。但到了中生代的末期，它们又都突然地走上了绝灭的道路。恐龙绝灭的原因，尽管古生物学、地质学、生物学、物理学、天文学等工作者都进行了研究，但至今尚无定论。在这方面主要有两类学说。一类是渐进说，另一类是突变说（如小行星撞击说）。到目前为止，这个问题仍在争论之中。

(4) 鸟类　鸟类是从爬行类分化出来，具有恒温、并能适应飞翔生活的一支动物类群。鸟纲可分古鸟亚纲和今鸟亚纲两大类。古鸟亚纲化石都采于德国巴伐利亚索伦霍芬晚侏罗世的地层中，迄今已获5具标本。这些化石都属同一种系，即始祖鸟类。到白垩纪，鸟类已属今鸟亚纲，它们与现代鸟有许多相似点。骨骼已进一步愈合，如头骨、盆骨、荐椎和前肢骨骼等，尾骨已退缩，胸骨已扩大。但它们仍有牙齿。到新生代，鸟类已全部成为现代类型，没有牙齿，具有中空、多孔的骨骼和发达的神经系统等。由于鸟类的骨骼轻而薄，并多生活于森林和水边，故难以保存，比较完整的则更少。但是鸟类从侏罗纪至今，有了2亿多年的历史，它是善于飞翔的一类脊椎动物，分布广泛，种属繁多，不仅有它繁盛的过去，而且至今仍是脊椎动物征服空间的佼佼者。

(5) 哺乳类　哺乳类是脊椎动物中最高等的一类，它具有更完善的适应能力。例如，恒温、哺乳、脑发达、胎生（除单孔类外）等。

哺乳类和鸟类都起源于古代爬行类，但哺乳类出现得更早。一般认为，哺乳类起源于爬行动物兽孔目中较进步的原始兽齿类的某些类别。大约在2亿年前的三叠纪后期，已由原始兽齿类分化出的哺乳类。但近年来亦有较多学者认为，哺乳类可能是多系起源。

现存最原始的哺乳类有分布于澳大利亚等地的鸭嘴兽等。鸭嘴兽的嘴扁平而突出，似鸭嘴；前后趾间有蹼，似鸭脚，故得此名。鸭嘴兽有一些爬行类的特点，如卵生、肩带中还保留锁间骨，肩胛骨也无真正的肩峰等。直肠和泌尿系统的开口不分开，所以又称单孔类。但它具有哺乳类本质特征，如有体毛，前后趾端部有爪。虽无乳房，但有乳腺，并能哺乳。体温稍有变化，一般在26～30℃之间，但与变温动物相比，还是相对恒定的。综合鸭嘴兽的上述特征，说明它是一种低等的原始哺乳类。

后兽类包括现生和化石有袋类，仅存于澳洲。真兽类具是真正的胎盘，由于这一类动物的脑普遍较发达，它的幼仔在母体中达到较成熟时才出生，因此是哺乳类中最高等的一类。进入新生代后，以食虫类为基干的真兽类迅速分化发展，占整个哺乳动物总数的95%以上，至今一直称雄全球，因而常称新生代是哺乳动物的时代。

本章小结

拉马克是第一个系统阐明生物进化思想的人。拉马克主张生物是进化的，进化是以渐进的方式进行的；进化的动力和方向是生物天生具有的向上发展的内在趋向，使它们从简单到复杂、从低等到高等；进化的原因主要是用进废退和获得性状的遗传；最原始生物源于自然发生。拉马克关于生物进化的思想在当时无疑是进步的，但是拉马克学说主观推测较多，特别是对生物进化机制的解释显然是不科学的。

贝格尔号之航改变了达尔文的一生，也永远地改变了生物学。达尔文在贝格尔号之航基础上创立的进化学说，是世界上第一个科学的进化理论。其核心内容包括共同祖先学说和自然选择学说。共同祖先学说揭示了生物进化的事实，自然选择学说提出了解释生物是如何进化的一个机制。根据达尔文学说，生物的进化是从共同祖先开始，在自然选择作用下的多样化过程。生物的进化模式是没有预定方向的，呈树枝状不断分化。生物的进化步调是渐变式的，是在自然选择作用下累积微小的优势变异的逐渐改进的过程，而不是跃变式的。

达尔文进化论奠定了现代生物学的基础。它的影响不仅仅局限于生物学界，甚至也不局限于科学界，它具有深远的思想意义和社会影响。达尔文进化论从诞生之日起经历了两次大的修正，第三次大修正正在进行中。目前，关于生物进化的讨论主要围绕三个主题：进化的动力是什么？进化是否有一定方向？进化的速度是否恒定，是渐进的还是跳跃的？

生物的进化是一个漫长的地质历史过程。生物的进化经历了生命起源阶段、生命的前细胞阶段和细胞生物的进化阶段。细胞生物的进化又可分为原核生物阶段和真核生物阶段。植物的进化经历了藻类植物、蕨类植物、裸子植物和被子植物等阶段。多细胞动物的系统发育则经历了无脊椎动物时代和脊椎动物时代。脊椎动物的发展又可分为鱼类、两栖类、爬行类、鸟类和哺乳类等五个阶段。

复习思考题

1. 简述达尔文学说的主要内容。
2. 达尔文进化理论创立后经历了三次大的修正，这些修正的主要内容是什么？
3. 现代综合进化理论的主要观点。
4. 为什么说病毒还不是完全意义上的生物？
5. 原核生物时代地球上主要生活着哪些生物类群？它们对地球环境有什么影响。
6. 简述脊椎动物的系统发育。

第六部分

环境与生态

第十六章　生物与环境

“橘化为枳”是我们在小学课本上学到的成语，出自于典故《晏子春秋·杂下之十》：“婴闻之：橘生淮南则为橘，生于淮北则为枳，叶徒相似，其实味苦涩不同。所以然者何？水土异也。”原意是又大又甜的橘移植到淮北后变成了又酸又小的枳，为什么呢？因为淮南与淮北的水土有差异。后来常用来比喻环境变了，事物的性质也变了；或者是人在不同的环境下表现差异很大。事实上“橘化为枳”是个冤假错案。“橘”与“枳”是两个物种，不可能互变。为什么有“橘生淮北变成枳”的表象呢？

生态学中环境的概念是指生态系统中生物有机体周围一切要素的总和，包括生物生存空间内的各种条件。生物有机体的存活需要不断地与其周围环境进行物质与能量的交换。一方面环境向生物有机体提供生长、发育和繁殖所必需的物质和能量，使生物有机体不断受到环境的作用；而另一方面，生物又通过各种途径不断地影响和改造环境。生物与环境的这种相互作用，使得生物不可能脱离环境而存在。

环境和营养（食物）是生物的生活条件和基础。不管是高等生物还是低等生物，自养生物或是它养生物，动物、植物乃至微生物，都无法在真空环境中生活。生物对环境条件的需求及环境条件对生物的影响是认识和了解生物的基础。生物学家陈世骧对生物与环境的关系有一段很精彩的阐述：“生物和环境息息相关，环境改变生物，生物改变环境，前者的结果是适应，后者的结果是占领。一部生物发展史，从生物与环境的关系来讲，是不断适应与不断占领的过程。”

第一节　环境因子

环境是指与某一体系有关的周围客观事物的总和。对于环境科学来说，环境主要是指与人类密切相关的生存环境（图 16-1）。人类与环境之间存在着一种对立统一的辩证关系，是矛盾的两个方面，他们之间的关系既是相互作用、相互依存、相互促进和相互转化，又处于相互对立和相互制约。在生态学中，环境（environment）是指生物有机体周围一切要素的总和。环境的各种组成要素称为环境因子（environment factor），对生物的生命活动：生长、发育、生殖、行为和分布有显著影响的环境因子，如光照、温度、水分、食物和其他相关生物等，称为生态因子（ecological factors）。特定生物生活的空间和全部生态因素的综合体，即生物生活的具体场所称为栖息地或生境（habitat）。生态因子中生物生存不可缺少和不可替代的部分，又称生物的生存条件。对所有的生物体而言，水、温度、营养是不可忽视的生态因子。

传统的方法是把生态因子分为：非生物因子与生物因子。非生物因子包括气候因子、土壤因子、地形因子等。气候因子也称地理因子，包括光照、温度、水分、空气等。根据各因子的特点和性质，还可再细分为若干因子。如光照因子可分为光强、光质和光周期等；温度因子可分为平均温度、积温、节律性变温和非节律性变温等。土壤是气候因子和生物因子共同作用的产物，土壤因子包括土壤结构、土壤的理化性质、土壤肥力和土壤生物等。地形因子如地面的起伏、坡度、坡向、阴坡和阳坡等，通过影响气候和土壤，间接地影响植物的生长和分布。生物因子：指的是同处在同一环境下生物，包括动物、植物、微生物之间的各种相互关系，如捕食、寄生、竞争和互惠共生等。此外，为了强调人的作用的特殊性和重要性，把人为因子从生物因子出来中分离出来，人类活动对自然界的影响越来越大并越来越具有全球性，分布在地球各地的生物都直接或间接受到人类活动的巨大影响。

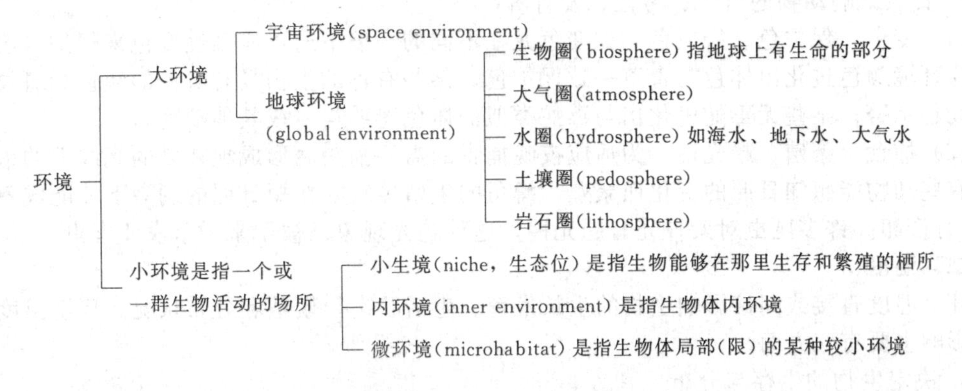

图 16-1　环境的组成与分类

狭义的生态因子就是自然因子（physical factors），指光照、温度、水分、矿物质等，可扩大成六类因子，即光照、温度、水分、CO_2、O_2、矿物质等。下面重点阐述和讨论光照、温度、水分等生态因子对生物的影响。

一、光照

光是一个十分复杂而重要的生态因子，光照对生物的影响包括了光照强度、光质和光周期等因素。太阳光中红橙黄绿青蓝紫七色可见光和紫外线、红外线，是植物进行生命活动所吸收的主要光线。不同的光谱成分对植物有不同的作用。其中吸收得最多的是对光合作用有效的红、橙光；青蓝紫光和紫外线是花卉色素形成的主要光能，紫外线还有抑制植物茎伸长的作用；红外线有促进植物茎伸长的作用。光照对生物的影响有三个方面。

1. 光照是绿色植物光合作用生长的必要条件

光照是植物制造营养物质的能源的保障，是保证植物正常生育的一个非常重要的生态因子。没有阳光的照射，植物的光合作用就无法进行，植物就不能生存。如在深海和很深的山洞里不长植物。

2. 光对植物生理特性和分布起决定性的作用

光照主要是通过光质、光强和光周期（日照长度）的变化，使植物的形态结构、生长发育、生理生化等方面发生深刻的变化。植物长期生活在一定的光强环境里，不同的植物对光质、光强、日长都具有一定的要求和适应，形成了不同的生态习性。

（1）光质对植物的影响　不同太阳光谱对海水的穿透力不同，波长较长的红光和橙光透射力最大；海洋植物分层就显示出光质对植物类型的影响，海湾的浅水处生长许多绿藻、稍深处则有许多褐藻、再深处则生长许多红藻。

（2）光强对植物的影响　光强对植物的影响使植物分化成阴性植物、阳性植物，草坪草也分成阴性草种和阳性草种，如松、杉等阳性植物在强光下生长得好，而人参等阴性植物在弱光下生长得好；在一些森林体系中，阳性植物、阴性植物、耐阴植物错落搭配，形成了繁茂的森林生态系统。

（3）日照长度对植物的影响　植物的光周期现象是植物开花结实受不同长短昼夜交替的

影响与左右。它是植物对由于地球公转与自转所带来了日照长短周期性变化的适应与进化的结果；其中长日照植物起源于高纬度地区，需要在日照时数超过临界日长时才能开花；短日照植物起源与低纬度地区，当日照时数低于临界日长时才能开花；由于日照长度主要受纬度影响，从而决定了不同植物类型的分布区域和生长季节。小麦是长日照植物，需要较长的日照和一定的低温条件才能通过春化阶段并开花结实，所以小麦主要分布在北方、且在冬春季节种植。而水稻恰好相反，所以水稻主要分布在南方。

3. 日照影响动物的行为、习性、发育等

(1) 变色、保护色、警戒色　如变色龙在不同的环境下通过应激性变色来保护自己，蝗虫适应环境颜色进化出体色与青草一致保护色，某些有毒的生物具有鲜艳的颜色和斑纹，给其他动物示警；某些无毒蛇进化出与毒蛇类似的体色迷惑与警戒其他动物。

(2) 捕食、繁殖、趋光性　为适应夜晚捕食的需要猫头鹰形成独在微弱光线下的敏锐视力；有些动物能感知日照的变化而繁殖，鳟鱼的生殖器官要在短日照的刺激下才能成熟，常在12月产卵。许多昆虫对紫外光有趋光性，这种趋光现象已被用来诱杀农业害虫。

二、温度

环境温度直接或间接影响生物的生长发育、生活状态、繁殖和分布状况。环境温度对生物的影响主要有三方面。

1. 决定生物的生存与分布

生物正常的生命活动一般是在相对狭窄的温度范围内进行，温度对生物的作用可分为最低温度、最适温度和最高温度，即生物的三基点温度。当环境温度在最低和最适温度之间时，生物体内的生理生化反应会随着温度的升高而加快，从而加快生长发育速度；当温度高于最适温度后，参与生理生化反应的酶系统受到影响，代谢活动受阻，势必影响到生物正常的生长发育；有些植物因得不到必要的低温刺激而不能完成发育阶段。当环境温度长时间低于最低温度或高于最高温度，生物将受到严重危害，甚至死亡。不同生物的三基点温度是不一样的，即使是同一生物不同的发育阶段所能忍受的温度范围也有很大差异。从而确定了不同的生物的生存态势与分布状况。

例如，地球的南极与北极由于温度较低，所以生物种类和数量稀少；热带地区，温度适合，其生物种类和数量比南北极繁茂。中国植物区系中，苹果只能在北方种植，而荔枝就只能生长在南方地区。决定这两种中国最常见的果树作物的适种地区的主要因素是对环境温度的影响。

2. 影响植物的分布

有效积温法则是影响植物生长与分布的重要因素。有效积温是指超过生物发育起点温度（生物零度）的以上部分，有效积温法则的主要含义是植物在生长发育过程中，必须达到一定的有效积温才能完成某一阶段的发育，而且植物各个发育阶段所需要的有效积温是一个常数。不同地区的温度不同、不同植物的生命周期所需要的有效积温不同，两者共同决定了植物的分布特点。在生产实践中，有效积温法则可作为农业规划、引种、作物布局和预测农时的重要依据。有效积温法则不仅适用于植物，还可应用到昆虫和其他一些变温动物。特定地区某种害虫可能发生的时期、世代数等主要取决于有效积温的多少。

3. 影响动物的形态、习性

动物对温度的适应是多方面的，包括分布地区、物候的形成、休眠及行为等。极端温度是限制生物分布的最重要条件，高温限制生物分布的原因主要是破坏生物体内的代谢过程和光合呼吸平衡，低温对动物的分布的限制作用更为明显。对变温动物来说，决定其水平分布北界和垂直分布上限的主要因素就是低温。温度对恒温动物分布的直接限制较小，常常是通过其他生态因子（如食物）而间接影响其分布。一些变温动物的习性如蛇的冬眠等也是受低温变化的左右。

三、水分

水是地球生命的摇篮，水是所有生命组成及生命活动都不可缺少的重要组成成分。各种生物的含水量有很大的不同。生物体的含水量一般为60%～90%。影响环境水分分布的主要因子：降水总量、雨季分布、水分蒸腾、地形等。干旱沙漠地区由于雨水少、蒸腾量大，生物种类稀少；雨量充沛的热带雨林，动植物种类繁多。水分对生物的影响主要有两个方面。

1. 决定生物的生存与种类

在极端干旱的沙漠地区等，由于缺乏水分，其生物的种类稀缺。

2. 决定生物的分化的重要因素

动物按栖息地也可以分水生和陆生两类。水生动物主要通过调节体内的渗透压来维持与环境的水分平衡；陆生动物则在形态结构、行为和生理上来适应不同环境水分条件。根据栖息地，通常把植物划分为水生植物和陆生植物。水生植物可再划分成三类：沉水植物、浮水植物、挺水植物。水生植物生长在水中，长期适应缺氧环境，根、茎、叶形成连贯的通气组织，以保证植物体各部分对氧气的需要；水生植物的水下叶片很薄，且多分裂成带状、线状，以增加吸收阳光、无机盐和CO_2的面积。生长在陆地上的植物统称陆生植物，可分为湿生、中生和旱生植物。湿生植物多生长在水边，抗旱能力差。中生植物适应范围较广，大多数植物属中生植物。旱生植物生长在干旱环境中，能忍受较长时间的干旱，其对干旱环境的适应表现在根系发达、叶面积很小、发达的贮水组织以及高渗透压的原生质等。

四、生物与有机环境的关系

1. 种内的关系

生物的种内关系主要有两种：种内斗争与种内互助。种内斗争是同种个体间为了争夺资源、领地、配偶等进行的生存斗争。在密度很大的植物种群内，个体间为了水分、营养物质、阳光等发生争夺。动物则为了配偶、领地等展开殊死的决斗。其结果是优化了种群结构，并形成了一定的“等级”制度。

种内互助是指同一物种的个体为了种群的利益而相互协作如野牛合群形成防线、抵御捕食者的侵害；狼群合作猎取野牛。

2. 种间的关系

生物的种间关系比较复杂，主要有共生、寄生、竞争、捕食的几种主要关系。

(1) 共生　共生的结果是双方有利。地衣是真菌和单细胞藻的共生体。真菌的菌丝长入单细胞藻内，两种生物结合为一体，二者在生理上互补，为对方提供所需要的物质，他们之间是一种相依为命的互惠互利的关系。

(2) 寄生　寄生的结果是一方有利，一方有害；蛔虫寄生在人肠中。另外，还有竞争、捕食等主要关系，可归纳如表16-1。

表16-1　几种种间关系的特点

关系类型	特　征	示　例
共生	双方有利，一方不可离开另一方	地衣、大豆与根瘤菌
寄生	双方有利，一方可以离开另一方	寄居蟹与海葵
共栖	一方有利，一方有害	蛔虫、绦虫
竞争	一方排斥另一方（致死或分化）	牛与羊（争草资源）
捕食	一方以另一方为食（致死或损害）	狼与兔、兔与草（植食）

第二节　生物与环境的关系

高等生物是由多层次组织结构构成的有机体，基本功能单位是细胞。生物细胞在生长、繁殖、分化的活动中从环境摄取养分和能量，并将废物排弃的过程。因此，离开了环境，生物因缺乏物质基础及其能量来源而死亡。生物与环境之间的关系是一种辩证关系，它表现在生物都生活在一定的环境中，同时适应环境变化，并对环境产生一定的反作用。生物与环境基本关系是：随着时间的推移和生物世代的更替，生物向更加适应环境条件的方向演化。

一、生态因子对生物的作用规律

生态因子对生物的作用具有一定的规律和特征，具体表现如下。

(1) 综合性　每一个生态因子都是在与其他因子的相互影响、相互制约中起作用的，任何因子的变化都会在不同程度上引起其他因子的变化。例如光照强度的变化必然会引起大气和土壤温度和湿度的改变，这就是生态因子的综合作用。

(2) 非等价性　对生物起作用的诸多因子是非等价的，其中有1～2个是起主要作用的主导因子。主导因子的改变常会引起其他生态因子发生明显变化或使生物的生长发育发生明显变化，如光周期现象中的日照时间和植物春化阶段的低温因子就是主导因子。

(3) 阶段性　由于生物在生长发育的不同阶段往往需要不同的生态因子或生态因子的不同强度，因此生态因子对生物的作用也具有阶段性，如有些鱼类不是终生都定居在某一环境中，根据其生活史的各个不同阶段，对生存条件有不同的要求。

(4) 不可替代性和可调剂性　生态因子虽非等价，但都不可缺少，一个因子的缺失不能由另一个因子来代替。但某一因子的数量不足，有时可以由其他因子来补偿。例如光照不足所引起的光合作用的下降可由 CO_2 浓度的增加得到补偿。

二、生物的生态适应

生物在与环境长期的相互作用与适应过程中，形成一些具有生存意义的特性。依靠这些特性，生物能免受各种环境因素的不利影响和伤害，同时还能有效地从其生境获取所需的物质、能量，以确保个体发育的正常进行。自然界的这种现象称为“生态适应”。生态适应是生物界中极为普遍的现象，一般区分为趋同适应和趋异适应两类。

1. 趋同适应

趋同适应是指不同种类的生物，由于长期生活在相同或相似的环境条件下，通过变异、选择和适应，在形态、生理、发育以及适应方式和途径等方面表现出相似性的现象。

蝙蝠与鸟类，鲸与鱼类等是动物趋同适应的典型例子。蝙蝠和鲸同属哺乳动物，但是蝙蝠的前肢不同与一般的兽类，而形同于鸟类的翅膀，适应于飞行活动；鲸由于长期生活在水环境中，体形呈纺锤形，它们的前肢也发育成类似鱼类的胸鳍。

植物中的趋同现象如生活在沙漠中的仙人掌科植物、大戟科的霸王鞭以及菊科的仙人笔等，分属不同类群的植物，但都以肉质化来适应干旱生境。按趋同作用的结果，可把植物划分为不同的生活型。不论植物在分类系统上的地位如何，只要它们的适应方式和途径相同，都属同一生活型。生活型的划分有不同的方法，例如将植物分为乔木、灌木、半灌木、木质藤本、多年生草本、一年生草本等。

2. 趋异适应

趋异适应是指亲缘关系相近的同种生物，长期生活在不同的环境条件下，形成了不同的形态结构、生理特性、适应方式和途径等。趋异适应的结果是使同一类群的生物产生多样化，以占据和适应不同的空间，减少竞争，充分利用环境资源。

植物生态型是与生活型相对应的一个概念，是指同种生物内适应于不同生态条件或区域的不同类群，它们的差异是源于基因的差别，是可遗传的。根据引起生态型分化的主导因素，可把生态型划分为气候生态型、土壤生态型和生物生态型等。

3. 生物指示现象与指示生物

生物在与环境相互作用、协同进化的过程中，每个物种都留下了环境的烙印。不同生物对不同的生态环境的反应不同，特定生物对特定条件所作出的反应、从而确定地理环境中特定成分或特征的现象，叫做生物的指示现象，这类生物称为指示生物。

生物之所以能够指示环境特征，主要在于生物对环境依赖性很强。它所需要的养分、水分等都是从环境中取得的。因此它对环境变化的反应就很敏感，环境一旦发生重大变化，生物也将随之发生变化，包括种类、形态、生理、行为等特征都要发生变化，一直变化到能够适应变化了的环境的情况下才能生存下来。这样我们就可以通过认识生物特征来识别其周围环境的特征。生物对环境特征的指示作用主要包括对气候、土壤、地下水、地质、环境污染等几个方面。

三、生物对环境的影响

在生物与环境的相互关系中，由于环境的复杂多变，生物似乎总是处于从属、被支配的地位，只能被动地去适应、逃避。事实上，这只是二者关系的一个方面。生命作为一个整体，不仅能够被动地适应环境，而且还能主动地影响环境，改造环境，使环境保持相对稳定，向有利于生物生存的方向发展。

关于生物对环境的主动作用，英国科学家洛夫洛克（J. Lovelock）于 20 世纪 60 年代提出了 Gaia 假说，即大地女神假说。该假说认为，地球表面的温度和化学组成是受地球表面的生命总体（生物圈）主动调节的。地球大气的成分、温度和氧化还原状态等受天文的、生物的或其他的干扰而发生变化，产生偏离，生物通过改变其生长和代谢，如光合作用吸收 CO_2 释放 O_2，呼吸作用吸收 O_2 释放 CO_2，以及排泄废物、分解等，对偏离作出反应，缓和地球表面的这些变化。

Gaia 假说具有十分重要的现实生态学意义，正受到越来越多的关注。人类自工业化革命以来，各种环境、资源问题日益突出，温室效应、酸雨、水土流失、森林锐减等等严重威胁着人类的可持续发展。森林，尤其是热带雨林，有“地球的肺”之美誉，对于调节气候、维持空气 O_2 和 CO_2 的平衡、保持水土有着不可替代的作用。森林的减少，意味着调节能力的减弱。目前大气 CO_2 浓度的升高，一方面与大量燃烧化石燃料有关，另一方面森林面积的急剧减小也是一个重要因素。

四、人类活动对环境的影响

1. 过度开发造成自然环境的恶化

人类社会经济活动形成了社会经济系统。生态环境与社会经济系统有着不可分割的内在联系。在地球上，人、生物和自然环境处于一个相互作用的生态系统整体中。人类要生存和发展时刻离不开生态环境提供的物质、能量和信息。可以说，生态环境是经济社会存在和发展的必要条件和基础。另一方面，社会经济系统也会强烈地影响着生态环境的变化，如人类通过砍伐森林、开垦荒地、修建灌溉网可以使之成为可耕种的农田；人的活动也可以干扰和影响生态秩序，甚至恶化生态环境。

最为典型的例子是环青海湖地区生态变迁。气候暖干化是导致近百年来入青海湖水量减少和水位下降以及生态环境恶化的根本原因，人类活动对青海湖生态环境恶化的过程起了推波助澜的作用；20 世纪 90 年代以后，情况更加严重，水土流失、草场沙化、河流干涸、湖水水位下降进一步加剧。青海湖水位 40 年间下降了 3.39m，青海湖鸟岛也变成了沙丘状的半岛。与此同时，环青海湖周边的海南、海北两个自治州及布哈河上游地区的生态环境同样在急剧恶化。据统计，从 1959 年到 1998 年的 40 年间，整个青海湖流域的水土流失面积占土地总面积的 75%；土地沙化面积约占土地总面积的 10%，并继续以每年至少 5 平方千米的速度扩大；草场退化面积占草场总面积的 20%。这一切源于人们的乱垦滥伐和过度放牧。虽启动了多项生态工程，但环青海湖地区生态恢复的历程仍然艰难。

2. 过度干预可能造成生态灾难

现在，随着人类生物科学的进步，人类对生物的过分干预扰乱了原本由“物竞天择，优胜劣汰”法则主宰的生物演化的进程。现在最为明显的是转基因生物。转基因技术是指将某些生物的基因转移到其他物种中，改造生物的遗传物质，使被改造的生物在性状、营养和消费品质等方面向人类需要的目标转变。应用转基因技术改造的生物称为转基因生物，包括转基因植物、转基因动物与转基因微生物等。由转基因生物生产的食品称为转基因食品，转基因生物生产的药物、疫苗等称为基因工程药物。

转基因技术给人类带来了无数美好的憧憬。然而，围绕其优缺点和风险展开的争论自第一种转基因生物问世就从未停歇过。主要的争论焦点是食品安全性与生态安全性：一是担忧转基因食品由于外来基因的作用可能会产生一些对人类的不良影响，如毒性、过敏等；二是担心外来基因漂移转移入其他的物种或者产生新的品种，改变了自然界中的基因资源，从而造成生态灾难。

本章小结

生物和环境息息相关。生命是环境的产物，生物与环境之间的关系是一种辩证关系，环境改变生物，生物改变环境；它表现在生物都生活在一定的环境中，同时又对环境产生种种适应，并对环境产生一定的反作用。生物的生存和繁殖依赖于各种生态因子的综合作用，由于长期自然选择的结果，每个物种都适应于一定的环境，并有其特定的适应范围。

回应本章开篇所说的冤假错案的缘由。事实上，橘为柑橘属植物，枳为枳属植物。早在春秋时期，我们的祖先就利用枳作砧木，橘作接穗，嫁接繁殖橘苗。橘只能耐－9℃以上的低温，而枳能耐－20℃的低温。当人们把枳作砧木、橘作接穗嫁接培育枳苗，从淮南移到淮北，由于橘树忍受不了淮北冬季低于－9℃的低温，橘树地上部分冻死，而地下部分的枳砧却安然无恙。当次年春暖花开时，砧木树上的不定芽萌发长成了枳树，过几年就开花结实了。这就是“橘生淮南则为橘，生于淮北则为枳”的缘由。

复习思考题

1. 什么是生态因子？
2. 为什么说生物与环境是不可分割的统一体？
3. 光照对地球上的生物有什么重要意义？

第十七章　生物种群和群落

大熊猫最早起源于更新世初期，曾经活跃于几百万年的历史长河中，是我国特有的珍稀物种。根据第三次全国大熊猫野外普查统计，大熊猫野外数量为1590只左右；作为动物界的活化石，熊猫曾经分布于整个珠江流域、长江流域和黄河流域；20世纪后半叶是大熊猫进化史上最严峻的阶段。今天，大熊猫叵测的命运仍是科学家们争论的焦点，各种自然因素和人为因素左右着大熊猫种群的兴衰。是存？是亡？影响大熊猫这个物种的生存的因素有哪些呢？这是个悬而未解的谜。研究专家又如何根据现有的资料给出科学的论断？

我们知道，物种是指分布在一定的自然区域，具有一定的形态结构和生理功能，而且在自然状态下能够相互交配和繁殖，并能够产生出可育后代的一群生物个体。物种不是一个个体，它是有多个个体组成；自然界中的物种数量超过了数百万。同一物种的个体的集合、不同物种间的关系将在本章中作详细的分析。

第一节　种　　群

种群（population）一般含义是"指在一定空间中同种个体的集合"。这一术语在生物科学中被广泛使用，不同的学科，给予不同的名词。如人口学中被译为"人口"，昆虫学中被译为"虫口"，植物分类学中被译为"居群"，生态学和遗传学中被译为种群，其含义是占有特定空间的具有潜在杂交能力的和一定结构、一定功能特征的同一种生物个体的集合。同一种群内的个体间不存在生殖隔阂、能进行自由授粉（或交配）、繁殖，可以进行遗传物质的交流。例如，同一个池塘中草鱼、同一个野生稻自然保护区的普通野生稻、同一块田种植的农家玉米品种的植株都是种群。种群是由多个体组成，同一种群的个体不是简单的叠加、而是存在有特殊的关联，从而使种群呈现出新的结构与特性。

同一种群个体的生境基本相同，只有适应这些环境的个体能够生存和生活；同一物种的不同种群的生境有一定的差异。种群是物种存在的基本形式，又是群落建成的基本组成，是生物进化的基本单位，也是生命系统更高的组织层次——生物群落的基本组成单位。

生物的个体往往有性别、大小、年龄等特征，种群不具备这些特征。将一定地域中同种生物的所有个体作为一个整体（即种群）来看时，这个整体就会出现个体所不具备的群体特征，如种群密度、出生率和死亡率等。可见，由个体组成的整体不是部分的简单叠加，而是呈现出新的属性。

一、种群的基本特征

种群具有三个基本特征：①空间特征，即种群具有一定的分布区域和三维结构；②数量特征，单位面积或空间上的个体数量是变动的；③遗传特征，种群具有特定基因型的基因库，但是基因库中的基因频率、基因型频率同样处于变动之中。

1. 种群密度

种群密度是指种群在单位面积（或体积）中的个体数量。种群密度是种群最基本的数量特征。单位面积或体积内的个体数越多，种群密度越大。调查种群密度最常用的方法是样方法和标志重捕法。

2. 种群分布格局

种群个体在水平空间上的分布方式，称分布格局。种群的空间分布一般可概括为三种基本类型：均匀分布、随机分布和集群分布。

(1) 随机型分布　随机型分布指的是种群个体分布是偶然的，分布的机会相等，个体间是彼此独立的；任一个体的出现，与其他个体是否存在无关。出现随机分布的条件是：生境条件对许多种群的作用差不多；某一主导因子呈随机分布；生境条件比较一致。例如：潮汐带的环境、种子初期散布新地区的分布，少量害虫迁飞到农田危害庄稼时的初始状态等都是随机型分布。

(2) 均匀分布　均匀分布就是种群的个体等距分布或个体间保持一定的均匀的间距。出现均匀分布的原因可能是：种内竞争、自毒现象；优势种呈均匀分布，导致伴生植物也如此；地形或土壤物理性状的均匀分布等。均匀分布在自然条件下一般比较少见。而农田系统的作物个体的布局，如水稻育秧移植、果树（荔枝等）大部分都是均匀分布，其目的最大限度的利用土地资源。

(3) 集群分布　集群分布就是种群个体分布极不均匀，常呈群、呈簇、呈块、呈斑点状密集分布。各簇大小、群间距离、群内个体密度不等，且各簇大多呈随机分布。形成集群分布原因可能是：物种呈点状繁殖的特点、环境中局部条件的差异、不同种群间相互竞争（如化感作用等），从而造成了同一物种的个体集群在一起最有利生存。集群分布是自然界中最最常的一种分布格局。

3. 种群的年龄结构

年龄结构是指一个种群中各年龄期的个体数目所占的比例。种群的年龄结构常用年龄金字塔来表示。塔的底部是最年轻的年龄组，越往上年龄越大，塔的宽度表示该年龄段占该种群的的比例的大小。其类型可大致分为三种，即增长型、稳定型、衰退型（图 17-1）。

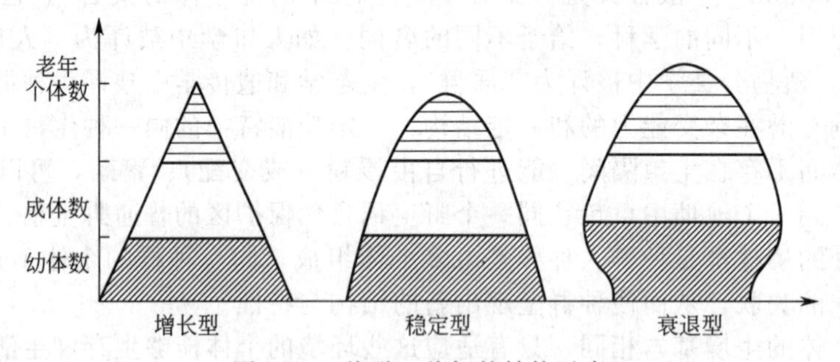

图 17-1　种群三种年龄结构示意

增长型的年龄结构呈典型的金字塔型，基部宽大而顶部狭窄，表示该类型的种群幼体较多，整个种群数量处在不断增长的态势，种群密度在一段时间内会越来越大；稳定型种群基本保持稳定，是中间类型。衰退型的年龄结构呈壶型，基部狭窄而顶部宽大，表示该类型的种群幼体比例较少，整个种群呈现衰退态势，种群数量在一段时间内会越来越少，种群密度在一段时间内会随种群数量越来越小；种群的年龄结构对于预测种群的未来发展的趋势具有重要意义。例如，人类社会未雨绸缪，根据人类老年人的比例的变化趋势判断老龄社会到来的时期，从而为生育政策、社会福利制度等法规的制定提供依据。

年龄结构对出生率和死亡率都有很大的影响。死亡率是随年龄不同而改变的，而繁殖则常常局限在一定的年龄组，如高等动植物的中年龄组。所以种群中不同年龄组的比率对种群的繁殖能力和可能发展的前景起着决定性的作用。在迅速扩张的种群中，青年组的比率大，在停滞的种群中，各年龄组常处于平均分配的状态，而在衰老的种群中，老年个体总是占大多数。

(1) 增长型种群的特点是种群中幼年的个体非常多，年老的个体很少；从图中可以看出基部宽阔，顶端狭窄；这样的种群出生率大于死亡率，是一个迅速增长的种群，种群密度将逐渐增大。

(2) 稳定型种群的特点是种群中各年龄段的个体比例适中，从图中可以看出，锥体从基部到顶端的宽度是基本相当的，这样的种群出生率和死亡率大体相等，种群密度在一定时间和空间内将保持相对的稳定。

(3) 衰退型种群的特点是种群中幼年的个体较少，而成体和老年的个体较多，从图中可以看出，锥体的基部较狭窄而顶端较宽，反映出种群的死亡率大于出生率；衰退型种群是一个趋向于衰退灭绝的种群，种群密度将越来越小。

4. 性比

性比（sex ratio）是种群中雄性与雌性个体数量的比例。性比对种群的发展与演化有重要的影响。对于动物而言，大致分为三种类型：①雌雄相当，多见于高等动物；②雌多于雄，多见于人工控制的种群，如鸡等；③雄多于雌，多见于社会性生活的昆虫，如蜜蜂、蚂蚁等。植物的性别可分为雌雄同花、雌雄同株和雌雄异株等三种类型，性比对雌雄异株的作物非常重要。如有些果树作物，如猕猴桃，其种植比例要考虑性比的因素。

5. 生存曲线

存活曲线（survior curve）用来描述一个种群在一定的时间过程中的存活量的描述（图 17-2）。可以分为三种类型：Ⅰ型的曲线凸型，表示在接近生理寿命前，只有少数个体死亡；Ⅱ型的曲线呈对角线型，各年龄死亡率相等；Ⅲ型的曲线凹型，表示幼年期死亡率很高。

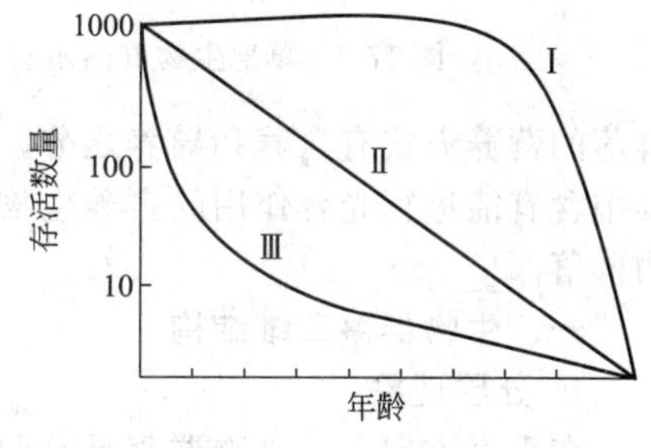

图 17-2　存活曲线

二、种群的数量增长模型及变化

种群的数量是不断变化的，造成其变化的因素是多方面的，但从个体数量上的变动来看，则表现为由出生、死亡、迁入和迁出四个基本参数所决定。出生和迁入是使种群增加的因素，死亡和迁出是使种群减少的因素。出生率是指在单位时间内新产生的个体数目占该种群个体总数的比率；死亡率是指在单位时间内死亡的个体数目占该种群个体总数的比例；一个种群单位时间内迁入和迁出的个体，占该种群个体总数的比率，分别称为迁入率和迁出率。这样，种群在某个特定时间内数量变化可以用下式表示：

$$N_{t+1}=N_t+(B-D)+(I-E) \tag{17-1}$$

式中，N_t 是时间 t 时的种群数量；N_{t+1} 是一个时期后、时间 $t+1$ 时的种群数量；B、D、I、E 分别是出生、死亡、迁入、迁出的个体数，则有出生率$=B/N_t$；死亡率$=D/N_t$；迁入率$=I/N_t$；迁出率$=E/N_t$。

第二节　生物群落

在自然界中，任何一个种群都不是单独存在的，而是与其他种群通过种间关系紧密联系着。我们把生活在一定的自然区域内，相互之间具有直接或间接关系的各生物种群的总和，叫做生物群落，简称群落。生物群落可分为植物群落、动物群落和微生物群落三种类型。其中植物群落是基本类型，首先它是初级营养的提供者，其次是它相对固定在一个地点，直接影响着动物和微生物的种类与数量。因此，生物群落的研究常以植物群落为核心。

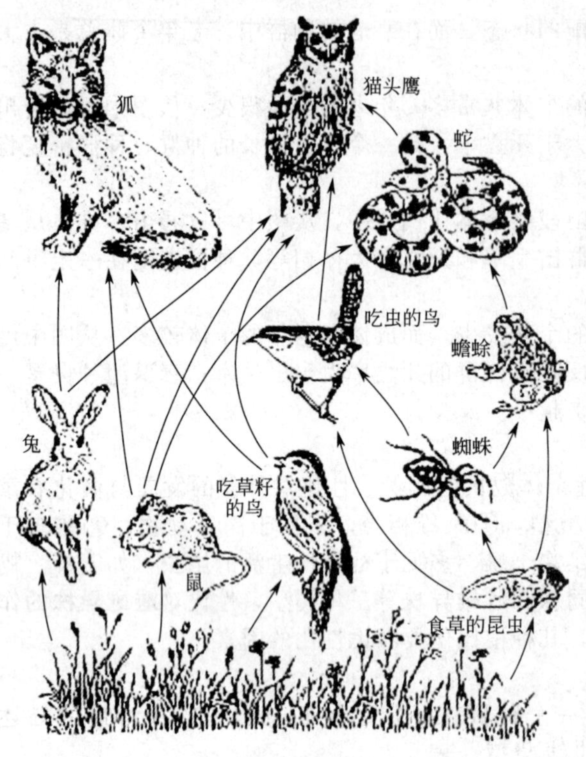

图 17-3　草地生物群落示意图

群落中包含多种生物，但并不是任意物种的随意组合，它们相互作用、相互依存而构成一个生态功能单位。例如，在稻田生物群落中，主要由水稻、杂草、田鼠及水中的生物、昆虫等组成，这些生物相互间具有紧密的联系；森林生物群落中有高大的乔木和低矮的灌木，有多种爬行动物、鸟类和昆虫；而草地生物群落中则有茂密的草本植物、成群的食草动物、肉食动物与昆虫等组成（图 17-3）。

不同群落间可有明显的分界线，如湖泊生物群落和草地生物群落间就有明显的分界线。但多数群落的边界是不明显的，如草原群落和森林群落之间常常有一个几千米的过渡带，这个过渡带兼有草原群落和森林群落的成分，称为群落交错区。群落有大有小，大的如亚马逊河流域的热带雨林群落，小的如一个温泉的生物群落。群落的营养方式有自养和异养之分，自然界中的群落多数为自养群落，如草原、森林等，即其中含有能进行光合作用的自养生物；异养群落必须靠外界输入有机物和能量，如地下河生物群落。

一、生物群落三维结构

1. 分层现象

在垂直方向上，生物群落具有明显的分层现象。分层现象是指生物群落内地上部分和地下部分垂直的分层结构。在森林植物群落中，植物明显划分为乔木层、灌木层和草本层（图 17-4）。乔木层的植物生活在森林的顶层，都属于阳生植物；灌木层植物属于耐阴植物，能适应弱光环境；草本层植物都是阴生植物，在较弱光照下才能正常生长。阳光射入森林后，绝大部分被乔木树冠摄取，射到灌木层的阳光大约只有 10%，到达地面的阳光只有 1%，因此底层的植物只有在微弱的阳光下进行光合作用；森林中植物的分层现象是生物适应环境的结果。在森林生物群落中，鸟类的分层分布是与食性有关。顶层的雀鸟以乔木种子为食，中层的煤山雀、黄腰柳莺和橙红翁等鸟类以灌木种子为食，并在灌木层营巢，而底层的血雉和棕尾红雉等森林底层鸟类主要以地面的苔藓和昆虫为食。

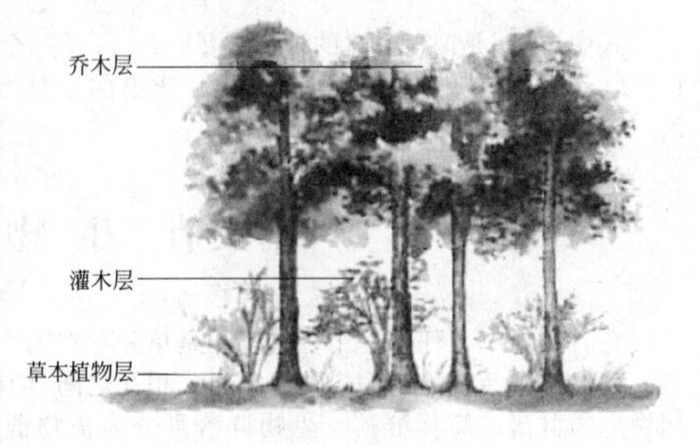

图 17-4　植物群落的分层现象

一个层次较好的湖泊在夏天从上而下可分为湖面动荡层（循环性比较强的表层水）、斜温层（湖水温度变化较大的水层)、湖下静水层（水密度最大、水温约为4℃的水层）和底泥层等。在群落垂直结构的不同层次上都有各自特有的生物栖息，层次性越明显，分层越多，群落中的生物种类也就越多。

在群落垂直结构的不同层次上都有各自特有的生物栖息，层次性越明显，分层越多，群落中的生物种类也就越多。如草原生物群落比森林生物群落的层次少，动物种类也少。

2. 水平结构

生物群落的水平结构是指不同种的生物在水平方向的配置状况。一个植物群落的种类和数量在水平方向的分布往往是不均匀的，成斑点或斑块状分布，而且这些斑状分布的特征随着植物种类的不同而异。我们把群落在水平方向的不均匀性，叫做群落的镶嵌性。例如，在森林植物群落中，在森林树冠下或因地面起伏不同的原因，光线较暗，分布着不同的阴生植物种群；而在树冠下的间隙或其他光照较充足的地方，则有较多的灌木和草丛。

3. 时差结构

组成群落的生物种群在时间上也常表现出“分化”，即在时间上相互“补充”，如在温带具有不同温度和水分需要的种组合在一起：一部分生长于较冷季节（春秋），一部分出现在炎热季节（夏）。例如，在落叶阔叶林中，一些草本植物在春季树木出叶之前就开花，另一些则在晚春、夏季或秋季开花。随着不同植物出叶和开花期的交替，相联系的昆虫种也依次更替着：一些在早春出现，另一些在夏季出现。候鸟类也随着季节的变化，表现出季节性迁徙。

二、生物群落的数量特征

1. 多度

多度（abundance）是生物群落中生物个体数目的多少。一般用分级来表示，其中一个系列是极多、很多、多、尚多、少、稀少、个别等级别。

2. 密度

密度（density）是指单位面积上的生物个体。计算公式是

$$D=N/S \qquad (17\text{-}2)$$

式中，D 为密度；N 为样地内某种生物的数量；S 为样地面积。

3. 盖度

盖度（coverage）是植物生态学术语，包括投影盖度和基部盖度。投影盖度是植物体地上部分垂直投影所覆盖的面积占调查面积的百分比；基部盖度是单位面积内植物基部实际所占的土地面积与调查面积的百分比。通过盖度可比较出不同种群在群落中重要性。

4. 频度

频度（frequency）是指某一种群个体在群落中分布的均匀程度，即群落中某种植物在一定地区的特定样方中出现的样方百分比。

三、生物群落的演替

1. 生物群落演替的基本特征

(1) 生物群落不是一成不变的。生物群落是一个随着时间的推移而发展变化的动态系统。在群落的发展变化过程中，一些物种的种群消失了，另一些物种的种群随之而兴起，最后，这个群落会达到一个稳定阶段。像这样随着时间的推移，一个群落被另一个群落代替的过程，就叫做演替。

(2) 群落的演替包括初级演替和次级演替两种类型。在一个起初没有生命的地方开始发生的演替，叫做初级演替。例如，在从来没有生长过任何植物的裸地、裸岩或沙丘上开始的演替，就是初级演替。在原来有生物群落存在，后来由于各种原因使原有群落消亡或受到严重破坏的地方开始的演替，叫做次级演替。例如，在发生过火灾或过量砍伐后的林地上、弃

耕的农田上开始的演替，就是次级演替。西北草原沙漠化、黄土高原的演化、环青海湖地区草原生物群落都是在大范围、长时间、一定程度上是不可逆次级演替的典型例子。

在自然界里，生物群落的演替是普遍现象，而且是有一定规律的。人们掌握了这种规律，就能根据现有情况来预测群落的未来，从而正确的掌握群落的动向，使之朝着有利于人类的方向发展。例如，在草原地区应该科学的分析牧场的载畜量，做到合理放牧，则可保持着草地生物群落的繁茂；如过度放牧，超过了草原放牧的承载量，则草地生物群落就要衰落，向沙漠化迈进。

2. 生物群落的种群调节机制

种群调节机制主要是通过密度因子对种群大小的调节过程。它包括种内、种间和食物调节 3 个方面。

(1) 种内调节　种内调节指种内成员间，因行为、生理和遗传的差异而产生的一种密度制约性调节。可进一步分为行为调节、生理调节和遗传调节。行为调节：种内个体间通过行为相容与否调节种群动态结构的一种方式。如动物的社群等级、领域性属于行为调节。植物种内个体对资源的竞争也是一种行为调节。生理调节：种内个体间因为生理功能的差异，致使生理功能强的个体在种内竞争中取胜，淘汰弱者。遗传调节：种群密度可以通过自然选择压力和遗传组成的改变而加以调节。

(2) 种间调节　种间调节指捕食、寄生、种间竞争共同资源因子等对种群密度的制约过程。种群是一个自我管理的系统，它们按自身的性质及其环境的状况调节自身的密度，当种群密度很高时，调节作用加强，反之亦然。

(3) 食物调节　食物的丰缺与分布因素也是一种种间调节。

四、生物群落的类型与分布

(1) 热带雨林　热带雨林是指分布于赤道附近的南北纬 10℃之间的低海拔高温多湿多雨的地区，由热带种类所组成的高大繁茂、终年常绿的森林群落，为地球表面最为繁茂的植被类型。热带雨林植被特征是：①种类组成特别丰富，均为热带分布的种类；②群落结构复杂，层次多而分层不明显，乔木高大挺直，分枝少，灌木成小树状，群落中附寄生植物发达，有叶面附生现象，富有粗大的木质藤本和绞杀植物；③乔木树种构造特殊，多具板状根、气生根、老茎生花等现象；叶子在大小形状上非常一致，全绿，革质，中等大小；多昆虫传粉；④林冠高低错落，色彩不一，无明显季相交替，终年常绿。全球的热带雨林可分为三大群系，最大的热带雨林是南美洲的亚马逊流域的热带雨林。

(2) 红树林　红树林指分布于热带滨海地区受周期性海水浸淹的一种淤泥海滩上生长的乔灌木植物落。其植被特征是：①主要由红树科的常绿种类组成，其次为马鞭草科、海桑科、爵床科等的种类，共 10 余科，30 多种；②外貌终年常绿，林相整齐，结构简单，多为低矮性群落；③具特殊的胎生现象，具支柱根或呼吸根，以及旱生、盐生的形态和生理特点。红树林主要分布于太平洋和印度洋沿岸的热带、亚热带滨海地区，太平洋东岸和大西洋沿岸的热带、亚热带滨海地区。我国的红树林主要分布于广东、福建沿海、广西和台湾。红树林生物群落上生活在红树林中的哺乳动物种类和数量都较少，较为广泛分布的是水獭，东南亚红树林中有吃树叶的各种猴子，如长鼻猴和天狗猴等。鸟类以苍鹭、鸬鹚、翠鸟和鹗等较为常见，鱼类以弹涂鱼为最多。其他有多种蟹类、藤壶类、蚊类、蠓类等生活在其中。

(3) 热带稀树草原　指分布于热带干燥地区，以喜高温、旱生的多年生草本植物占优势，并稀疏散布有耐旱、矮生乔木的植物群落。散生在草原背景中的乔木矮生且多分枝，具大而扁平的伞形树冠，叶片坚硬，具典型旱生结构。草本层以高约 1m 的禾本科植物占优势，亦具典型旱生结构。藤本植物非常稀少，附生植物不存在。该群落类型主要分布在非洲、南北美洲、澳洲和亚洲。我国在云南干热河谷，海南岛北部，雷州半岛和台湾的西南部均有分布。

（4）温带草原　温带草原出现于中等程度干燥、较冷的大陆性气候地区。这种草原在北美、南美和欧洲都有分布。我国主要以内蒙古和大兴安岭以西的广大地区，向西逐渐过渡成荒漠。植被分层简单，以多年生的禾本科草类占优势，其中以针茅属植物最为丰富，还有沙草科、豆科等植物。有明显的季相变化。代表动物有高鼻羚羊、野驴、骆驼以及小型的黄鼠、跳鼠、仓鼠等，北美草原上有草原犬鼠、长耳兔、草原松鸡等。

本章小结

同一种群的个体不是简单的叠加、而是存在有特殊的关联，从而使种群呈现出新的结构与特性。评价生物种群必须了解和掌握种群密度、种群的个体空间分布格局、年龄结构、生命曲线等基本特征；种群的数量波动及其变化外在因素有：出生率、死亡率、迁入率和迁出率等，内因主要有密度因子调节机制种群变化的机制。

回应和分析本章开篇所提出的问题：大熊猫的命运如何。大熊猫经过了数百万年演化至今，总的来说，其数量不断地减少。作为动物界的活化石，大熊猫历经历史、自然的变迁而顽强地存活了下来。今天，由于受到人类社会的开垦，采伐等经济活动的影响，大熊猫野外栖息地不断缩小和岛屿化，种群内部近亲繁殖，生存和繁殖能力下降，数量逐渐减少，濒临灭绝。大熊猫已成为濒危动物，但是否到了灭绝边缘的结论为时尚早。要得出科学的结论需要从种群生态学的角度，对大熊猫本身的种群结构、影响大熊猫种群发展演化的因素等开展分析与数学模拟，才可能得出科学的结论并进一步用于大熊猫的保育工作。

复习思考题

1. 什么是种群？种群有哪些特征？
2. 世界人口无节制地增长会产生什么后果？
3. 什么是群落？生物群落演替的基本特征是什么？
4. 群落中物种之间有哪些主要的相互关系？举例说明。
5. 从湖泊演变为森林要经历哪几个演替阶段？演替的动力是什么？

第十八章　生态系统

狼在人类心目中的声名狼藉。20 世纪初，在美国的阿拉斯加半岛、佛罗里达州、亚利桑那州以及黄石公园等地都有许多森林，人们为了保护森林中的鹿和野牛，围剿消灭了森林中的狼，本意是想让那些美丽的鹿和珍稀的野牛过上没有天敌的安逸生活。谁知结果适得其反。鹿群无忧无虑“无计划”地生育繁衍，数量大幅度地增长，不仅严重破坏着森林的生态系统，还使得以植物为食的其他动物数量锐减；由于鹿群没有了天敌，养尊处优，不再奔跑，陷入了饥饿和疾病的困境，鹿群的质量下降，导致鹿的数量大幅下降，兴旺一时的鹿家族急剧走向衰败。因此，1991 年美国议会开始讨论怎样“引狼入室”，并形成决议，到加拿大去物色和引入大灰狼。1995 年从加拿大“请来”了首批 8 只大灰狼，结束了黄石公园 60 多年不见狼踪影的局面，同时在阿拉斯加也实施了将狼引入美洲鹿特别保护区的措施。结果是，饿狼捕鹿，适者生存，在追捕中，狼和鹿都锻炼了自己，完善着进化，恢复了食物链的循环和自然界的和谐。自然界真是奇妙无比！美国“放狼归山”的科学道理在哪呢？

生态系统、生态平衡、生态保护是近年来出现最广泛的生态学词汇之一。不但在生物学文献中频繁出现，而社会科学各个领域也广泛地借用了这些概念。本章节我们将讨论与生态系统相关的知识。

第一节　生态系统的结构

系统论是人类认识大千世界的钥匙，系统是由互相连接或互相依存的事物按照一定的方式有秩序地组合而成的复杂统一体。生态系统则是在一定的空间和时间内，各种生物之间以及生物与无机环境之间，通过能量流动、物质循环和信息交流的相互作用而构成的功能复合体；也就是说生态系统是由生物群落与它的无机环境相互作用而形成的统一整体。

生态系统是生态学上一个主要的结构和功能的单位。生态系统的结构是指系统中各种成分及其相互关系和联结的形式。构成生态系统的各种成分，并不是杂乱的偶然堆积，而是在一定的空间内处于有序状态。这种有序状态在一定的时间内是相对稳定的。生态系统的基本结构包括了基本特征、组成成分、空间关系等方面。

生态系统具有内部自我调节的能力，能量流动和物质循环是生态系统的两大功能。生态系统是一个动态系统，经历一个从简单到复杂、从不成熟到成熟的发育过程，不同发育阶段有不同的特性。

一、生态系统的基本特征

（1）生态系统具有一定区域特征，是时空复合的大系统　生态系统通常与一定的时间、空间相关联，它是以生物为主体，呈网络式的多维空间结构的复杂系统。

（2）生态系统是开放的系统，有自我维持、自我调控功能　任何一个生态系统都是开放的，不断有物质、能量的流动和信息传递。一个自然生态系统中的生物与其环境条件是经过长期进化适应，逐渐建立了相互协调的关系。

自然生态系统若未受到人类或者其他因素的严重干扰和破坏，其结构和功能是非常和谐的；这是因为生态系统具有自动调节的功能，当生态系统受到外来干扰而使稳定状态改变时，系统靠自身内部的机制再返回稳定、协调状态。生态系统自动调节功能表现在三个方面，即同种生物种群密度调节、异种生物种群间的数量调节、生物与环境之间相互适应的调节。

(3) 生态系统具有动态的、生命的特征　生态系统也和自然界许多事物一样，具有发生、形成和发展的过程。生态系统可分为幼年期、成长期和成熟期，表现出鲜明的历史性的整体演变规律。换言之，任何一个自然生态系统都是经过长期历史发展而成的。

二、生态系统的组成成分

生态系统组成，不论是陆地还是水域，都可以概括为生物组分和环境组分两大部分(图 18-1)。

1. 生物组分

多种多样的生物在生态系统中扮演着重要的角色。根据生物在生态系统中发挥的作用和地位可分为生产者、消费者和分解者三大功能类群。

(1) 生产者 (producers) 又称初级生产者 (primary producers)，主要指绿色植物，也包括蓝绿藻和一些光合细菌。这些生物利用无机物合成有机物，把环境中的太阳能以生物化学能的形式第一次固定到生物有机体中。初级生产者也是自然界生命系统中唯一能将太阳能转化为生物化学能的媒介。

(2) 消费者 (consumers) 即异养生物，主要指以其他生物为食的各种动物，包括植食动物、肉食动物、杂食动物和寄生动物等。

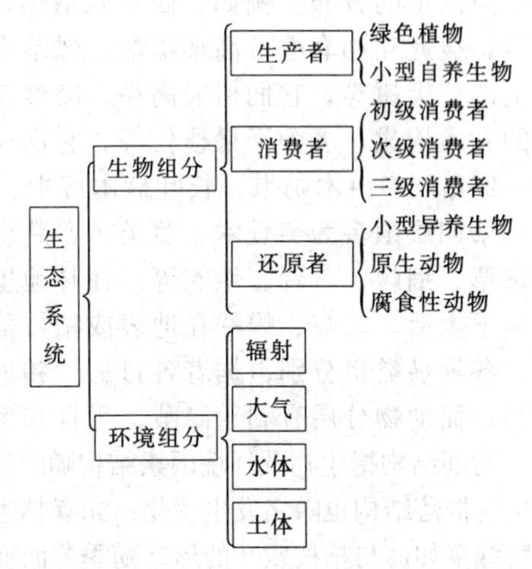

图 18-1　生态系统的组分

(3) 分解者 (composers) 分解者指将死亡的生物残体分解成简单的化合物并最终氧化为 CO_2、H_2O、NH_3 等无机物质放回到环境中，供生产者重新利用的某些生物。主要有真菌、细菌、放线菌等微生物，也包括某些原生动物、软体动物和腐食性动物，如咀嚼植物和枯木的鼠类、甲虫、白蚁，以及蚯蚓、蜈蚣等。它们最终能将有机物分解为简单的无机物，而这些无机物参与物质循环后可被自养生物重新利用。

2. 环境组分

(1) 辐射　包括来自太阳的直射辐射和散射辐射是最重要的辐射成分。

(2) 大气　空气中的 CO_2 和 O_2 与生物的光合和呼吸关系密切、N_2 与生物固氮有关。

(3) 水体　环境中的水体可能存在形式有湖泊、河流、海洋等，也可以地下水、降水的形式出现。

(4) 土体　泛指自然环境中以土壤为主体的固体成分，其中土壤含有各种无机元素，是植物生长的最重要基质；也是众多微生物和小动物的栖息场所。不同土壤特定的物理、化学特性对生物的生命活动产生综合影响。

三、生境与生态位

生境或栖境 (habitat) 是指生物有机体的生活栖息场所。生态位 (niche) 是指生物有机体所占的物理空间在其所处生物群落中的功能与地位。生态位是物种的特性，每个物种都有自己独特的生态位，借以跟其他物种作出区别。生态位包括该物种觅食的地点，食物的种类和大小，还有其每日的和季节性的生物节律。生态位的环境因素（温度、食物、地表湿度等）的综合，构成一种多维概念——生态位空间。

在农田生态系统中，各生物群落常根据各自的生态要求选择自己最适合的小生境，在空间上有各自的分布格局。如水稻主要害虫在稻田中的垂直分布很有规律：稻飞虱、稻叶蝉主要集中在距水面30cm范围内，稻纵卷叶螟则活动在40～80cm范围中；而稻苞虫产卵、活动多在80～100cm的范围，花蓟马、稻椿象的为害则集中在穗部，活动在80～100cm之间。在水平分布上也有相对的格局，如大螟、黑尾叶蝉往往集中在田边，形成嵌纹状分布，而褐稻虱则多聚集在积水较多的田中间，形成聚集状分布。

四、生态系统的时空结构

生态系统的时空结构包括了空间结构和时间结构。

生态系统的空间结构是指生物及环境因素在空间的配置，包括生物群落和非生物环境因素在空间上的分布。例如，西双版纳热带雨林分层现象十分明显。从林冠到林下，大小树木皆俱，彼此互相套叠，高矮搭配，错落有致，构成5～6个植物层次。最上层多为高达30m以上的望天树等，它们树冠高举，凌驾于万木之上，是热带雨林的巨人；第二层由20余米高的乔木构成，多为千果榄仁等，它们树冠郁闭，是构成森林天棚的重要林层；第三树层高10～20m，多由木奶果、长叶楠木等中、小乔木构成，树木密度也很大，形成又一蔽光的天幕；第四层则多为美登木、萝芙木、紫金牛等中、小树及灌木；第五层通常为疏密不等的各类杂草、荆棘、苔藓、地衣等。在林地里，不同动物分别占据不同高度和空间，蚯蚓、蝼蛄营地下生活，蚂蚁、蜈蚣在地表或枯枝落叶间忙个不停，大大小小的哺乳类以林地为活动舞台，各种鸟类也分别占据着各自的"领地"。植物分层有利于充分利用阳光、水分、养料和空间；而动物分层有利于隐蔽、觅食和生存。

时间结构指生物及环境因素结构随时间变化而产生的变化。由于一年四季的周期性变化，从而生物群落结构也随之发生变化；如森林生态系统中生物在春、夏、秋、冬有不同的形态，部分植物绿草如茵与枯枝残叶的形态随季节而变；动物也随季节变换而休眠、迁移等。另一方面，随着时间的流逝，生物的物种也将发生明显的演化，使生态系统的结构随之变化。

研究生态系统的时空结构对指导农业生产实践有重大意义。如作物的间作、轮作、套作，及淡水鱼的轮养、套养等就是以上述原理为依据的。例如，池塘中的鲢鱼和鳙鱼生活在水的中上层，前者吃浮游植物，后者吃浮游动物；草鱼生活在水的中层，主要吃水草；青鱼在水的底层，吃底栖螺类；鲤鱼和鲫鱼为杂食性鱼类，既吃水草和底栖生物，又吃其他鱼类吃剩的残渣，是池塘中的清道夫；鲤鱼觅食时翻动泥底有利于促使有机物的分解，有助于浮游生物的繁殖。

第二节　生态系统的基本功能

生态系统的结构和特征决定了它的四个基本功能：生物生产、能量流动、物质循环和信息传递。这些基本功能相互联系、紧密结合，是由生态系统中的生命部分——生物群落来实现的。

一、生物生产

生态系统中的生物，不断地把环境中的物质、能量吸收，转化成新的物质能量形式，从而实现物质和能量的积累，保证生命的延续和增长，这个过程称为生物生产。生物生产包括初级生产和次级生产。

1. 初级生产

生态系统中的能量流动始于绿色植物通过光合作用对太阳能的固定。生态系统的初级生产实质上是一个通过绿色植物光合作用进行能量转化和物质的积累过程，故又称植物性生产。进行光合作用的绿色植物称为初级生产者。尽管绿色植物对光能的利用率还很低（自然植被低于 0.2%～0.5%，平均只有 0.14%），但被它们聚集的能量仍然是相当可观的，每年地球通过光合作用所生产的有机干物质总量约为 162.1×10^{9}t（其中海洋为 55.3×10^{9}t），相当于 2.874×10^{18}kJ 能量。

影响初级生产力的主要因素有阳光、水、营养物质等理化因素。一般情况下植物有充分的可利用的光辐射，但并不是说不会成为限制因素，例如冠层下的叶子接受光辐射可能不足。水最易成为限制因子，各地区降水量与初级生产量有最密切的关系。在干旱地区，植物的净初级生产量几乎与降水量有线性关系。温度与初级生产量的关系比较复杂：温度上升，总光合效率升高，但超过最适温度则又转为下降；而呼吸速率随温度上升而呈指数上升；其结果是净生产量与温度成峰形曲线。

不同类型的生态系统的净初级生产量差异很大。陆地生态系统的净初级生产量从热带雨林向温带常绿林、落叶林、北方针叶林以至草原、荒漠依次减少；海洋生态系统由河口向浅海、远洋逐渐减少。

2. 次级生产

次级生产是指消费者或分解者对初级生产者生产的有机物以及贮存在其中的能量进行再生产和再利用的过程。因此消费者和分解者称为次级生产者。次级生产者在转化初级生产品的过程中，不能把全部的能量都转化为新的次级生产量，而是有很大的一部分要在转化的过程中被损耗掉，只有一小部分被用于自身的贮存。而这部分能量又会很快通过食物链转移到下一个营养级去了，直到损耗殆尽。禽畜的肉、蛋、奶、毛皮、体壁、骨骼等都是次级生产的产物。

各种生态系统中的食草动物利用或消费植物净初级生产量的效率是不相同的，具有一定的适应意义，在生态系统物种间协同进化上具有其合理性（表 18-1）。

表 18-1 几种生态系统中食草动物利用植物净生产量的比例（引自 Krebs，1978）

生态系统类型	主要植物及其特征	被捕食百分比/%
成熟落叶林	乔木，大量非光合生物量，世代时间长，种群增长率低	1.2～2.5
1～7 年弃耕田	一年生草本，种群增长率中等	12
非洲草原	多年生草本，少量非光合生物量，种群增长率高	28～60
人工管理牧场	多年生草本，少量非光合生物量，种群增长率高	30～45
海洋	浮游植物，种群增长率高，世代短	60～99

如果生态系统中的植食动物将植物生产量全部吃光，那么，它们就必将全部饿死，原因是再没有植物来进行光合作用了；同样道理，植物种群的增长率越高，种群更新得越快，食草动物就能更多的利用植物的初级生产量。由此可见，种群的稳定是植物-植食动物的系统协同进化而形成的，它具有重要的适应意义。

同化效率在草食动物和碎食动物较低，而肉食动物较高。但肉食动物在捕食时往往要消耗许多能量，因此就净生长效率而言，肉食动物反而比草食动物低。一般来说，无脊椎动物有高的生长效率，外温性脊椎动物居中，而内温性脊椎动物很低。个体最小的内温性脊椎动物，其生长效率是动物中最低的，而原生动物等个体小、寿命短、种群周转快，具有较高的生长效率。

二、能量流动

生态系统中，环境与生物之间、生物与生物之间的能量传递和转化过程，称为生态系统的能量流动。能量是生态系统的动力，是一切生命活动的基础；一切生命活动都伴随着能量的转化，没有能量的转化，也就没有生命和生态系统。

生态系统中的绿色植物利用太阳辐射能进行光合作用，制造有机物质，积累生物能。这种能量通过食物链首先将转移给草食动物，然后再转移给肉食动物。动植物死亡后其有机残体被分解者分解，将复杂的有机物转变为简单的无机物，同时又将有机物质贮存的能量返回环境中。生产者、消费者和分解者的呼吸作用，又消耗部分能量，并返回于环境之中。通过这种能量的流动，维持整个生态系统的平衡与发展。

1. 能量流动的基本规律

生态系统的能量流动的规律如下。

(1) 生态系统中的能量来源于太阳能，对太阳能的利用率只有1%左右。

(2) 生态系统中能量流动严格遵循热力学定律　生态系统内的能量流动，都遵循热力学第一定律：自然界能量可以由一种形式转化为另一种形式，在转化的过程中是按严格的当量比例进行。能量既不能消灭，也不能凭空创造；也遵循热力学第二定律：生态系统的能量从一种形式转化为另一种形式时，总有一部分能量转化为不能利用的热能而耗散。

(3) 生态系统中能量是单向流　能量以光能的状态进入生态系统后，就不再以光的形式存在；从总的能量流的途径而言，能量只是单程流进入生态系统，是不可逆的。

(4) 能量在生态系统内流动的过程，就是能量不断递减的过程　生态系统中各营养级的消费总不能百分之百的利用前一营养级的生物量和能量，总是要耗散掉一部分，生态系统中能量沿食物链逐渐减少。

(5) 能量在流动中，质量在提高　能量在生态系统流动中，是把较多的低质量能转化为另一种较少的高质量能。从太阳辐射能输入生态系统后的能量流动过程中，能的质量是逐步提高和浓集的。

2. 能量流动的方式

生态系统是通过食物关系使能量在生物间发生转移。因为生态系统生物成员之间最重要、最本质的联系是通过营养，即食物关系实现的。生态系统能量流动主要方式是通过食物链或是食物网来完成。

生态系统的营养结构是指生态系统中的无机环境与生物群落之间和生产者、消费者与分解者之间，通过营养或食物传递形成的一种组织形式，它是生态系统最本质的结构特征。生态系统各种组成成分之间的营养联系是通过食物链和食物网来实现的。食物链是生态系统内不同生物之间类似链条式的食物依存关系，凡是以相同的方式获取相同性质食物的植物类群和动物类群可分别称作一个营养级（trophic level）。

(1) 食物链　植物所固定的能量通过一系列的取食和被取食关系，在生态系统中传递，生物之间存在的这种传递关系称为食物链。按照生物与生物之间的关系可将食物链分成四种类型：

① 捕食食物链　指一种活的生物取食另一种活的生物所构成的食物链。捕食食物链都以生产者为食物链的起点。如植物→植食性动物→肉食性动物。这种食物链既存在于水域，也存在于陆地环境。如草原上的青草→野兔→狐狸→狼；在湖泊中，藻类→甲壳类→小鱼→大鱼。

② 碎食食物链　指以碎食（植物的枯枝落叶等）为食物链的起点的食物链。碎食被别的生物所利用，分解成碎屑，然后再为多种动物所食构成。其构成方式是：碎食物→碎食物消费者→小型肉食性动物→大型肉食性动物。在森林中，有90%的净生产是以食物碎食方式被消耗的。

③ 寄生性食物链　由宿主和寄生物构成。它以大型动物为食物链的起点，继之以小型动物、微型动物、细菌和病毒。后者与前者是寄生关系。如哺乳动物或鸟类→跳蚤→原生动物→细菌→病毒。

④ 腐生性食物链　以动、植物的遗体为食物链的起点，腐烂的动、植物遗体被土壤或

水体中的微生物分解利用，后者与前者是腐生性关系。

营养级是指处于食物链某一环节上的所有生物种的总和。例如，作为生产者的绿色植物和所有自养生物都位于食物链的起点，共同构成第一营养级。所有以生产者（主要是绿色植物）为食的动物都属于第二营养级。第三营养即包括所有以草食动物为食的肉食动物。以此类推，还可以有第四营养级（即第二级肉食动物营养级）和第五营养级。

生态系统中的能流是单向的，通过各个营养级的能量是逐级减少的，减少的原因包括：①各营养级消费者不可能百分之百地利用前一营养级的生物量，总有一部分会自然死亡和被分解者所利用；②各营养级的同化率也不是百分之百的，总有一部分变成排泄物而留于环境中，被分解者所利用；③各营养级生物要维持自身的生命活动，总要消耗一部分能量，这部分能量变成热能而耗散掉，这一点很重要。生态群落及在其中的各种生物之所以能维持有序的状态，就得依赖这些能量的消耗。

由于能流在通过各营养级时会急剧的减少，所以食物链就不可能太长，生态系统中营养级一般只有四五级，很少有超过六级的。能量通过营养级时减少，所以如果把通过各营养级的能流量，由低到高画成图，就成为一个金字塔形，称为能量锥体或能量金字塔。同样如果以生物量或个体数目来表示，可得到生物量锥体和数量锥体。三类锥体合称为生态锥体（图 18-2）。

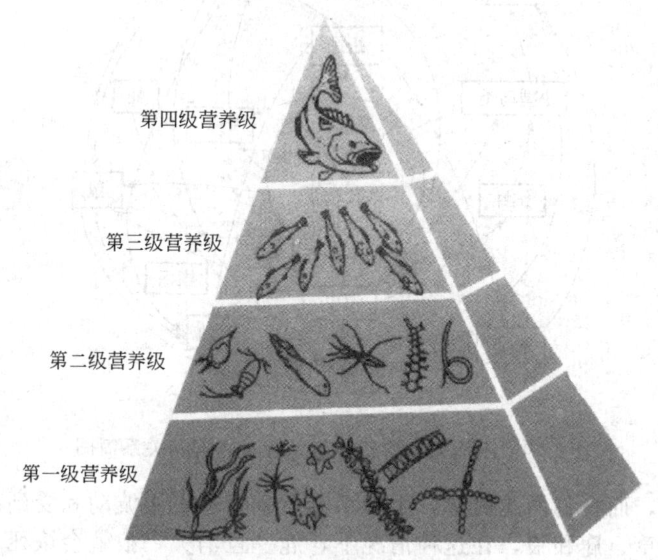

图 18-2　生态锥体示意图

在生态系统中各类食物链具有以下特点：①在同一个食物链中，常包含有食性和其他生活习性极不相同的多种生物；②在同一个生态系统中，可能有多条食物链，它们的长短不同，营养级数目不等。由于在一系列取食与被取食的过程中，每一次转化都将有大量化学能变为热能消散。因此，自然生态系统中营养级的数目是有限的。在人工生态系统中，食物链的长度可以人为调节，如珠三角地区的“桑基鱼塘”：桑叶→蚕粪→鱼→鱼粪→桑树，形成良性循环；③在不同的生态系统中，各类食物链的比重不同；④在任一生态系统中，各类食物链总是协同起作用。

（2）食物网　生态系统中生物成分之间通过能量传递关系存在着一种复杂的关系，这种关系使得食物链之间彼此交错连接而形成网状结构，这一结构就叫做食物网（图 18-3、图 18-4）。食物网不仅维持着生态系统的相对平衡，并推动着生物的进化，成为自然界发展演变的动力。

食物网的复杂性是保持生态系统稳定性的重要条件。食物网越复杂，生态系统抵抗外界

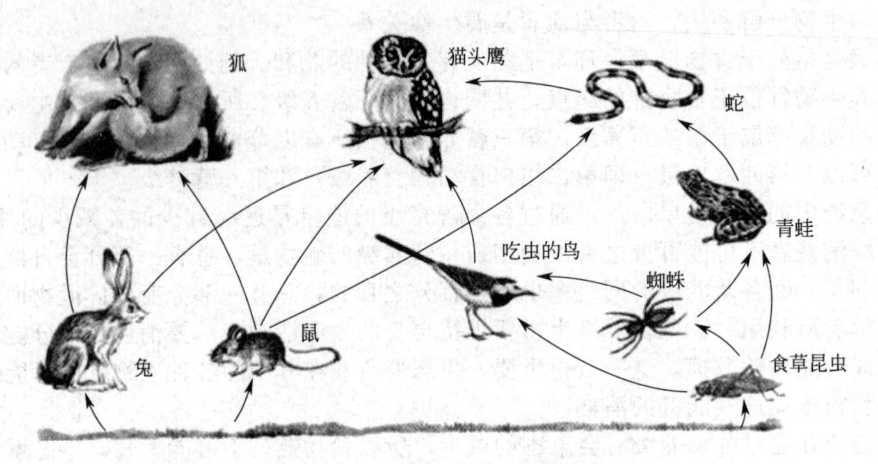

图 18-3　草原生态系统的食物网

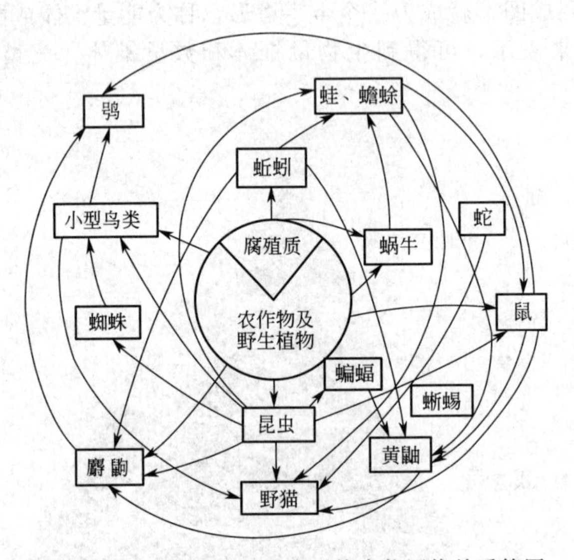

图 18-4　上海郊区农田生态系统食物网络关系简图

干扰的能力也越强，而食物网越简单，生态系统就越容易发生波动和受到破坏。比如，在一个岛屿上只生活着草、鹿和狼，在这种情况下，鹿一旦消失，狼就会饿死，如果除了鹿之外还有其他食草植物（如牛或羚羊），那么一旦鹿消失，狼还可以捕食其他食草动物，生态系统便不至于受到破坏。从另一方面来看，如果狼由于某种原因全部消失，鹿就会因为没有天敌而大量增加，结果草被鹿全部吃完，最后鹿也会因为没有食物而饿死。在这种情况下，如果除了狼之外还有其他一种或几种肉食动物（如虎、豹），那么在狼消失后也能控制鹿增加，不至于因草被鹿吃完而使生态系统受到破坏。

一般来说，一个复杂的生态系统虽然不会因为一个物种的消失而崩溃，但是稳定性多多少少会受一定的影响。草原生态系统是地球上食物链比较简单的生态系统，因而它抵抗外界干扰的能力也较差。

三、物质循环

生命的维持不但需要能量，而且也依赖于各种化学元素的供应。生态系统从大气、水体和土壤等环境中获得营养物质，通过绿色植物吸收，进入生态系统，被其他生物重复利用，最后，再归还与环境中，此为物质循环，又称生物地球化学循环。物质循环可在三个层次上进行：生物个体、生态系统、生物圈。

在生态系统中能量不断流动，而物质不断循环。物质既是维持生命活动的结构基础，也是贮存化学能量的运载工具。生态系统的能量流和物质流紧密联系，共同进行。生态系统中的物质循环主要有三种类型，即液相循环、气相循环和固相循环。不同类型的循环各有特点，都受能量的驱动，并且都依赖于水循环。

1. 液相循环

液相循环指的是水循环（图 18-5）。水循环途径一是在太阳能和重力的驱动下，海洋、湖泊、河流和地表水不断蒸发，形成水蒸气进入大气；及植物吸收到体内的水分也通过叶表面的蒸腾作用进入大气；大气中的水汽遇冷，形成雨、雪、雹等降水重返地球表面，一部分直接落入海洋、湖泊、河流等水域中，一部分落到陆地上，渗入地下供植物根等吸收，或在地表形成径流，流入海洋、湖泊、河流或。水是良好的溶剂，因此，水循环带动了其他物质的循环。

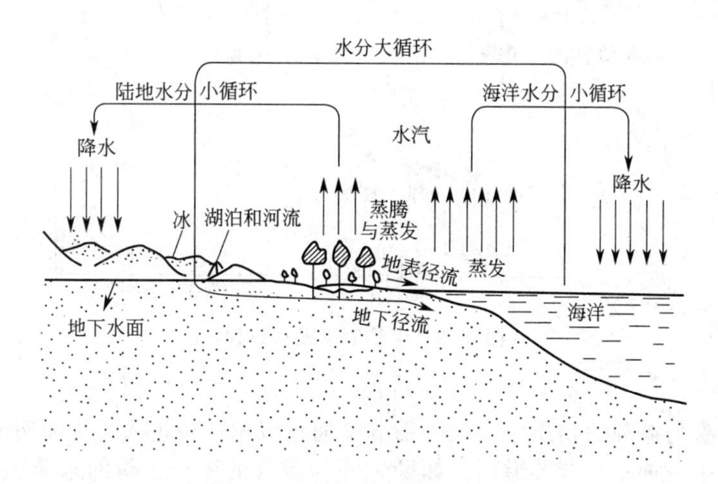

图 18-5　生物圈水循环示意图

植物在水循环中起着重要作用。植物通过根吸收土壤中的水分，只有 1%～3%的水分参与植物体的建造并进入食物链传递，其余 97%～99%通过蒸腾作用返回大气中，并参与水分的再循环。不同植被类型的蒸腾作用是不同的。森林的蒸腾作用最大，它在生物地球化学循环中的作用最为重要。

2. 气相循环

在气相循环中，物质的主要储存库是大气和海洋，气相循环具有明显的全球性，循环性能最为完善。凡属于气体型循环的物质，其分子或某些化合物常以气体的形式参与循环过程。属于气体型循环的物质有氧、氮、二氧化碳等。

（1）氮循环　氮是形成蛋白质、核酸的主要元素。主要存在于生物体、大气和矿物质中。大气中氮占 79%，是一种惰性气体，不能直接被大多数生物利用。大气中氮进入生物体主要是通过固氮作用将氮气转变为无机态氮化物 NH_3，固氮形式包括生物固氮（即根瘤菌和固氮蓝藻可以固定大气中的氮气，使氮进入有机体）和工业固氮（通过工业手段，将大气中的氮气合成氨或氨盐，供植物利用）；另外，岩浆和雷电都可使氮转化为植物可利用的形态。土壤中的氨经硝化细菌的硝化作用可转变为亚硝酸盐或硝酸盐，被植物吸收，进而合成各种蛋白质、核酸等有机氮化物，动物直接或间接以植物为食，从中摄取蛋白质等作为自己氮素来源。动物在新陈代谢过程中将一部分蛋白质分解，以尿素，尿酸、氨的形式排入土壤；植物和动物的尸体在土壤微生物的作用下分解成氨、二氧化碳和水。土壤中的氨形成硝酸盐，这些硝酸盐一部分为植物所吸收，一部分通过反硝化细菌反硝化作用形成氮气进入大气，完成氮的循环。

(2) 碳循环　碳是生命骨架元素。环境中的 CO_2 通过光合作用被固定在有机物质中，然后通过食物链的传递，在生态系统中进行循环（图 18-6）。其循环途径有：①在光合作用和呼吸作用之间的细胞水平上的循环；②大气 CO_2 和植物体之间的个体水平上的循环；③大气 CO_2→植物→动物→微生物之间的食物链水平上的循环。这些循环均属于生物小循环。此外，碳以动植物有机体形式深埋地下，在还原条件下，形成化石燃料，于是碳便进入了地质大循环。当人们开采利用这些化石燃料时，CO_2 被再次释放进入大气。

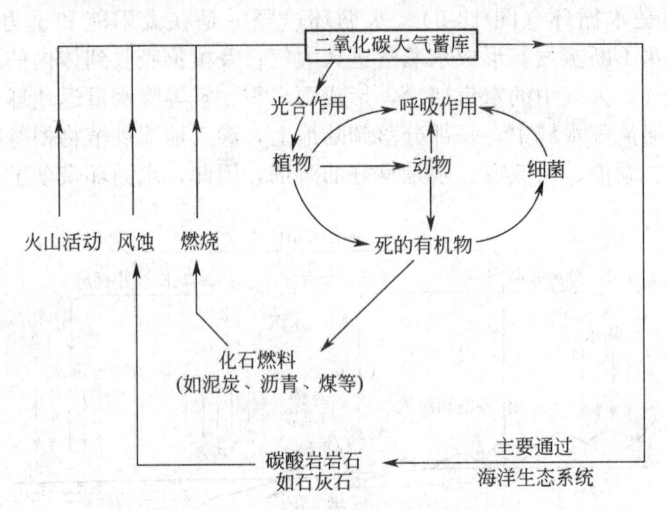

图 18-6　生物圈碳循环过程

3. 固相循环

固相循环中参与循环的物质中很大一部分又通过沉积作用进入地壳而暂时或长期离开循环。是固相循环中一种不完全的循环，如磷、钾和硫等的循环。磷的来源主要是磷酸盐矿、鸟粪层和动物化石。磷酸盐岩通过天然侵蚀或人工开采进入水或土壤，为植物所利用，当植物及其摄食者死亡后，磷又回到土壤，当其呈现溶解状态时，可被淋洗、冲刷带入海洋，被海洋生物利用并最终形成磷酸盐沉入海底，除非地质活动或深海水上升将沉淀物带回到表面，这些磷将被海洋沉积物埋藏。而另一部分磷经海洋食物链中吃鱼的鸟类带回陆地，他们的鸟粪被作为肥料施于土壤中（图 18-7）。

四、信息传递

生态系统中包含多种多样的信息，大致可以分为物理信息、化学信息、行为信息和营养信息。信息传递的一般过程是信源（信息产生）→信道（信息传输）→信宿（信息接收）。多个信息过程相连就使系统形成信息网，当信息在信息网中不断被转换和传递时，就形成了信息流。

信息广泛存在于生态系统中，生物通过发送、接收不同的信息进行正常的生命活动；生态系统信息通过传递才能发挥其作用：①是生物个体生命活动和种群繁衍的依据；②能调节生物的种间关系，维持生态系统的稳定。

1. 物理信息及其传递

生态系统中以物理过程为传递形式的信息称为物理信息，生态系统中的各种光、声、热、电、磁等都是物理信息。

(1) 光信息　生态系统的维持和发展离不开光的参与，光信息在生态系统中占有重要的地位。在光信息传递的过程中，信源可以是初级信源也可以是次级信源。例如，夏夜中雌雄萤火虫的相互识别，雄虫就是初级信源；而老鹰在高空中通过视觉发现地面上的兔子，由于兔子本身不会发光，它是反射太阳的光，所以它是次级信源。太阳是生态系统中光信息的主

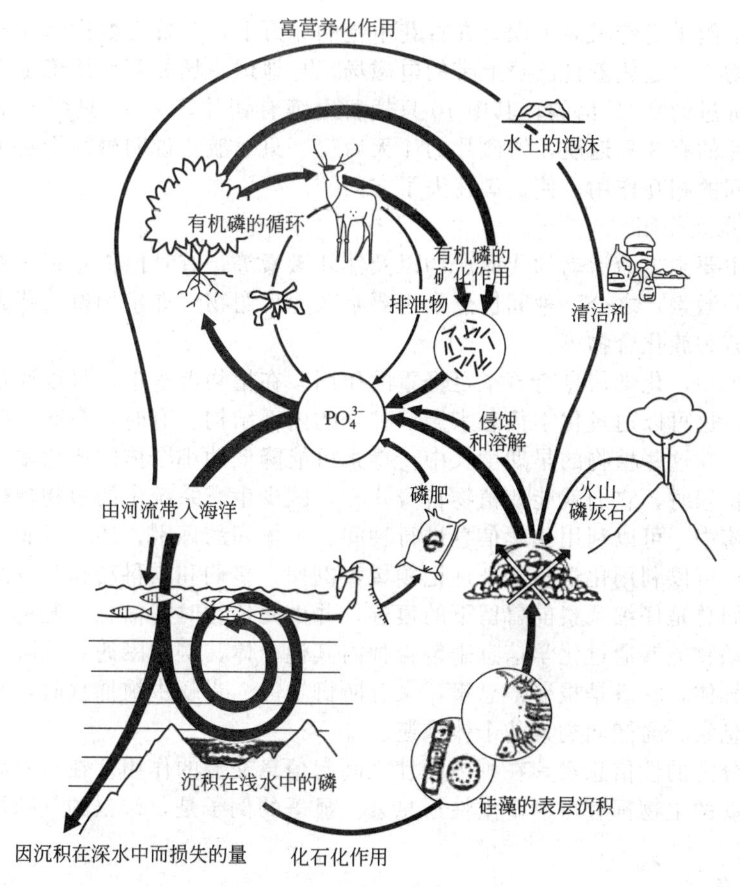

图 18-7 自然界中的磷循环过程

要初级信源。生态系统中的植物的开花结果、动物的繁殖与冬眠等，都依赖着随季节而变化的日照长短而变。

生态系统中的光信息，并不完全来自太阳或其派生出来的次级信息。如有些候鸟的迁徙，在夜间是靠天空星座确定方位的，这就是借用了其他恒星所发出的光信息。光的强弱，即光质和光照时间的长短都是重要的光信息。

(2) 声信息 声信息对于动物似乎具有更大的重要性。当深入研究森林动物时就会发现，听觉比视觉更为重要，动物更多的是靠声信息确定食物的位置或发现敌害的存在。生活在陆地上的蝙蝠和生活在水中的鲸类其活动环境不是光线暗弱就是光线传播距离短，接收光信息的视觉系统不能很好地发挥作用，因此，主要靠的是声呐定位系统。

人们最熟悉的声音信号还是鸟类婉转多变的叫声。很多生活在一起的鸟类，其报警鸣叫声都趋于相似，这样每一种鸟都能从其他种鸟的报警鸣叫中受益。

(3) 电信息 在自然界中有许多放电现象，生物中存在较多的是生物放电现象，大约300多种鱼类能产生0.2～2V的微弱电压，放出少量的电流，但电鳗产生的电压能高达600V；鱼群的生物电场还能很好与地球磁场相互作用，使鱼群能正确选择洄游路线。鳗鱼、鲑鱼等能按照洋流形成的地电流来选择方向和路线。有些鱼还能察觉海浪电信号的变化，预感风暴的来临，及时潜入海底。

(4) 磁信息 由于生物生活在太阳和地球的磁场内，都少不了要受到磁力的影响。生物对磁有不同的感受能力，常称之为生物的第六感觉。在浩瀚的大海里，很多鱼能遨游几千海里，来回迁徙于河海之间。在广阔的天空中候鸟成群结队南北长途往返飞行都能准确到达目的地，特别是信鸽千里传书而不误。在百花争艳的原野上，工蜂无数次将花蜜运回蜂巢。在这些行为中动物主要是凭着自己身上带的电磁场，与地球磁场相互作用确定方向和方位。

有人将训练过的 20 只信鸽，其中 10 只翅膀上缚有铜片，另 10 只缚上小磁片，同时放飞，结果缚铜片的有 8 只返航，缚磁片的 4 天后仅一只返航。说明磁片干扰了地球磁场与鸽子生物电磁场间的相互作用，使信鸽迷失了方向。

2. 化学信息及作用

化学信息主要是生命活动的代谢产物以及性外激素等，有种内信息素（外激素）和种间信息素（异种外激素）之分。种间信息素主要是次生代谢物（如生物碱、萜类、黄酮类）以及各种苷类、芳香族化合物等。

在生态系统中，化学信息有着举足轻重的作用。在植物群落中，可以通过化学信息来完成种间的竞争，也可以通过化学信息来调节种群的内部结构。有时，在同一植物种群内也会发生自毒现象。在这些植物的早期生长中，毒素可能降低幼小个体的成活率。然而，当这种毒素在土壤中积累时，它们就能使植物自身死亡，减少生态系统中的植物拥挤程度。

在动物群落中，可以利用化学信息进行种间、个体间的识别，还可以刺激性成熟和调节出生率。动物还可以利用化学信息来标记领域，例如，猎豹和猫科动物有着高度特化的尿标志的信息，它们总是仔细观察前兽留下的痕迹，并由此传达时间信息，避免与栖居在此的对手遭遇。群居动物能够通过化学信息来警告种内其他个体，例如鼬遇到危险时，由肛门排出有强烈臭味的气体，它既是报警信息素，又有防御功能。当蚜虫被捕食时，被捕食的蚜虫立即释放报警信息素，通知同类其他个体逃避。

许多动物分泌的性信息素，在种内两性之间起信息交流的作用。在自然界中，凡是雌雄异体，又能运动的生物都有可能产生性信息素。显著的例子是，雄鼠的气味可使幼鼠的性成熟大大提前。

3. 行为信息

动植物的许多特殊行为都可以传递某种信息，这种行为通常被称为行为信息。蜜蜂的舞蹈行为就是一种行为信息。草原中有一种鸟，当雄鸟发现危险时就会急速起飞，并扇动两翼，给在孵卵的雌鸟发出逃避的信息。

4. 营养信息

在生态系统中，沿食物链各级生物要求有一定的比例，即所谓的“生态金字塔”规律。根据这样一个规律，生态系统中的食物链就构成了一个相互依存，相互制约的整体。在畜牧业、饲养业上营养信息规律有很大的作用。若要饲养动物，起始饲养的数量要依据饲料的多少而定；若要在草原放牧，起始放牧的家畜数量更要与牧草生长量、总量相匹配。

动物和植物不能直接对营养信息进行反应，通常需要借助于其他的信号手段。例如，当生产者的数量减少时，动物就会离开原生活地，去其他食物充足的地方生活，以此来减轻同种群的食物竞争压力。

第三节　生态系统平衡

一、生态平衡

生态平衡（ecological balance）指处于相对稳定的生态系统。如果某生态系统各组成成分在较长时间内保持相对协调，物质和能量的输出接近相等，结构与功能长期处于稳定状态，在外来干扰下，能通过自我调节恢复到最初的稳定状态，则这种状态可称为生态平衡。生态平衡包括三个方面，即结构上的平衡、功能上的平衡以及输入和输出物质数量上的平衡。

地球的生态系统是一个开放的不可逆动态系统，其演变的规律靠的是系统与环境、系统内部各子系统之间以及各要素之间的耦合关系，这种关系通过能量、物质和信息的流动与交流在一个相当长的时间内保持了系统的平衡。虽然地球生态系统是处于不断地平衡被打破、新的平衡不断建立的过程当中。但是，如果变化过快，系统各组分之间不可能有一个相对稳定的相互关系，会产生一系列严重的问题，生物不能适应这种变化则导致物种的大量灭绝，则会对生态系统带来极大的不利影响。地球历史上多次生物物种的大灭绝就是很好的例证。因此，维持生态系统的相对平衡是至关重要的。

生态平衡是指生态系统内两个方面的稳定：一方面是生物种类（即动物、植物、微生物）的组成和数量比例相对稳定；另一方面是非生物环境（包括空气、阳光、水、土壤等）保持相对稳定。生态平衡是一种相对的平衡、动态平衡。生物个体会不断发生更替，但总体上看系统保持稳定，生物数量没有剧烈变化。在系统各组分之间、生物与环境之间不断的物质、能量与信息的流动，使得生态系统中旧的平衡不断打破，新的平衡不断建立。只有这样，地球才会由一片死寂变得生机盎然。

1. 生态平衡的基本特征

(1) 生态能量学指标　幼年期生态系统的能量学特征具有“幼年性格”。如群落的初级生产（P）超过其呼吸（R_a）、能量的贮存大于消耗，故 P/R_a 比值大于 1。成熟期的生态系统处于相对平衡状态，群落呼吸消耗增加，P/R_a 比值常接近于 1。在生态学研究中，P/R_a 比值常作为判断生态系统发育状况的功能性指标。幼年期生态系统中食物链多比较简单，常呈直链状并以捕（牧）食物链为主。成熟期生态系统中食物链网络关系复杂，在陆生森林生态系统中，大部分能量通过腐生食物链传递。

(2) 营养物质循环特征　物质循环功能上的特征差异是，成熟期生态系统的营养物质循环更趋于“闭环式”，即系统内部自我循环能力强。这是系统自身结构复杂化的必然结果，功能表现是由环境输入的物质量与还原过程向环境输出的量近似平衡。

(3) 生物群落的结构特征　发育到成熟期的生态系统生物群落结构多样性增大，包括物种多样性，有机物的多样性和垂直分层导致的小生境多样化等。其中物种多样性是基础，它是物种数量增多的结果，同时又为其他物种的迁入创造了条件（有多种多样的小生境）。有机物多样性或称“生化多样性”(biochemical diversity)的增加，是群落代谢产物或分泌物增加的结果，它可使系统的各种反馈和相克机制及信息量增多。

(4) 稳态（homeostasis）　这是生态系统自身的调节能力。成熟期的生态系统，这种能力主要表现为系统内部生物的种内和种间关系复杂，共生关系发达，抵抗干扰能力强，信息量多，熵值低。这是生态系统发育到成熟期在结构和功能上高度发展和协调的结果。

(5) 选择压力　实际上这是生态系统发育过程中种群的生态对策（bionomic strategies)问题。幼年期生态系统的生物群落与其环境之间的协调性较差，环境条件变化剧烈。与之相适应的是，栖息的各类生物种群以具有高生殖潜力的物种为多。相反，当生态系统发育到成熟期后，生态条件比较稳定，因而有利于高竞争力的物种。量的生产是幼年期生态系统的特征，而质的生产和反馈能力的增强是成熟期生态系统的标志，也是生态系统保持平衡的重要条件。

2. 生态系统的自我调节能力

生态系统总是随着时间的变化而变化的，并与周围的环境有着很密切的关系。生态系统的自我调节能力是以内部生物群落为核心的，有着一定的承载力，因此生态系统的自我调节能力是有一定范围的。

生态系统的自我调节能力主要表现在三个方面：第一是同种生物的种群密度的调控，这是在有限空间内比较普遍存在的种群变化规律；第二是异种生物种群之间的数量调控，多出

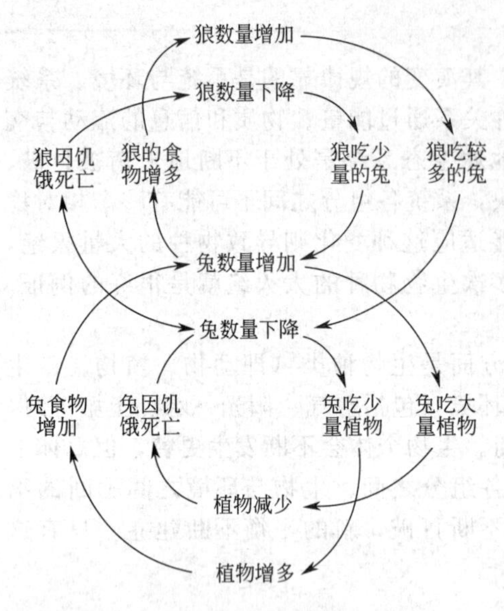

图 18-8　植物、兔、狼三者的负调节关系

现于植物与动物或动物与动物之间，常有食物链关系；第三是生物与环境之间的相互调控。

生态系统的调节能力主要是通过反馈（feedback）来完成的。反馈又分为正反馈（positive feedback）和负反馈（negative feedback）两种。

负反馈是比较常见的一种反馈，它的作用是能够使生态系统达到和保持平衡或稳态，反馈的结果是抑制和减弱最初发生变化的那种成分所发生的变化。例如，如果草原上的食草动物因为迁入而增加，植物就会因为受到过度啃食而减少，植物数量减少以后，反过来就会抑制动物数量。负反馈对生态系统达到和保持平衡是必不可少的。正负反馈的相互作用和转化，保证了生态系统可以达到一定的稳态（图 18-8）。

不同生态系统的自我调节能力是不同的。一个生态系统的物种组成越复杂，结构越稳定，功能越健全，生产能力越高，它的自我调节能力也就越高。因为物种的减少往往使生态系统的生产效率下降，抵抗自然灾害、外来物种入侵和其他干扰的能力下降。而在物种多样性高的生态系统中，拥有着生态功能相似而对环境反应不同的物种，并以此来保障整个生态系统可以因环境变化而调整自身以维持各项功能的发挥。因此，物种丰富的热带雨林生态系统要比物种单一的农田生态系统的自我调节能力强。据此，生态系统可以在人为有益的影响下建立新的平衡，达到更合理的结构、更高效的功能和更好的生态效益。

二、生态系统的演替

生态系统的演替，是指随着时间的推移，一种生态系统类型（或阶段）被另一种生态系统类型（或阶段）替代的顺序过程。生态系统是动态的，从地球上诞生生命至今的几十亿年里，各类生态系统一直处于不断的发展、变化和演替之中。生态系统是动态的系统，与植物群落的演替系列一样，处于不断变化和发展之中。生态系统的动态包括演替和进化。生态系统演替的一种重要特点是趋于多样化。食物链由简单到复杂，形成丰富的食物网络体系；种类组成和群落结构，成层现象及生态位等也变得复杂多样。

生态系统演替的原因可分为内因和外因。内因是生态系统内部各组成成分之间的相互作用，它是生态系统演替的主要动因。以内因为动因的演替，称为内因演替。外因是外界加给生态系统的各种因素。以外因为动因的演替称为外因演替。外因演替虽然是由外界因素引起的，但演替过程本身是一个生物学过程，即外因只能通过使生态系统各组成成分及其相互关系发生改变，进而使系统发生演替。

引起生态系统演替的外因有自然因素和人为因素。海陆变迁、火山喷发、气候演变、雷击火烧、风沙肆虐、山崩海啸、虫、鼠灾害、外地动植物侵入等属于自然因素，砍伐森林、开垦草地、过度捕捞和狩猎、撒药施肥等属于人为因素。这些因素或是单一作用或是多个综合作用于生态系统。

按演替的方向，生态系统的演替可分为正向演替和逆向演替。正向演替是从裸地开始，经过一系列中间阶段，最后形成生物群落与环境相适应的动态平衡的稳定状态。逆向演替则是相反，是生态系统退化的具体表现。

例如，我国东北针阔叶混交林区的演替过程是：裸露的岩石表面被生物逐步侵入，最后变成了森林生态系统就是一个典型的范例。裸露的岩面是寸草不生的荒凉环境，很少有地方可供种子着落与发芽，即使确有种子落在上面且发了芽，也会因为缺水和风吹日晒而死亡。但是苔藓却偏偏能适应这种环境。它那细小的孢子却能在微隙中着落和发芽，它还能耐受严重的干旱。随着苔藓的生长，便形成了一片起筛子作用的铺地物，能够截住和保持从岩石上剥落下的，或被风吹过来的和被水冲过来的种种微粒，原始的土壤开始出现了。这样的苔藓-土壤铺地物，是原生演替的地衣-苔藓阶段。

由于土层增厚，喜光耐旱的草本植物侵入（如垫状生长的狗景天的侵入），形成致密的草本植被。进入草本群落阶段，土壤增厚更为迅速，有机物积累进一步增多，其后杜鹃、绣线菊等灌木相继侵入定居，形成灌木丛林，土壤也由强酸性变成弱酸性。

接下来，经过一个短期的阳性乔木林，便转入由中性和阴性树种构成的乔木阶段，如红松、沙松、紫椴等。当这些乔木高过灌丛以后，原来喜光的阳性灌木逐渐被阴性灌木所代替。至此，演替由灌木群落阶段进入乔木群落阶段。当红松和某些阔叶树种组成的针、阔叶混交林成长起来时，一个与当地气候相适应的，处于相对稳定状态的顶级群落便告形成。

在高寒或干旱区，演替只会停留在苔藓地衣群落阶段或草本植物群落阶段或稀疏灌本阶段。在强烈的自然或人为因素干扰下，还可能发生逆向演替。罗布泊的消失与沙漠化就是逆向演替的经典例子。

位于新疆东南的罗布泊曾是中国西北干旱地区最大的湖泊，当年楼兰人在湖边筑起10万多平方米的古城，曾经是人们生息繁衍的乐园。她身边有烟波浩渺的罗布泊，门前环绕着清澈的河流，人们在碧波上泛舟捕鱼，在茂密的胡杨林里狩猎，沐浴着大自然的恩赐。由于楼兰人盲目乱砍滥伐致使水土流失，风沙侵袭，河流改道，气候反常，瘟疫流行，水分减少，盐碱日积，最后造成王国的消亡、罗布泊的干涸和沙漠化。

三、生态系统的类型与特点

1. 森林生态系统

森林是以树木和其他木本植物为主体的一种生物群落。森林生态系统的初级生产者包括高大乔木、灌木、草本、蕨类和苔藓。其中树木占优势地位，是生态系统重要的物质和能量基础。森林中植物种群一般都具有明显的成层结构，每一层中通常是由各个种群组成。初级消费者，主要是食叶和蛀食性昆虫、植食性和杂食性鸟类以及植食性哺乳类。

森林生态系统结构和功能上的特点可概括为以下几点：动植物种类繁多、种群结构复杂，种群的密度和群落的结构能够长期处于较稳定的状态；系统稳定性高、对外界干扰的调节和抵抗力强；物质循环的封闭程度高、对外界的依赖程度很小；生物量最大、生产力最高。

森林生态系统，特别是热带森林生态系统，在维持生态平衡中具有重要的作用，是宝贵的自然资源，是人类生存发展的重要支柱和自然基础。遭到破坏后将导致一系列的生态环境灾难，如促进沙漠化的进程，水土流失、旱涝灾害、气候的巨变等。

2. 草原生态系统

草原生态系统是以各种草本植物为主体的生物群落与其环境构成的功能统一体。草原对大自然保护有很大作用，它不仅是重要的地理屏障，而且也是阻止沙漠蔓延的天然防线，起着生态屏障作用。此外，还是人类发展畜牧业的天然基地。草原生态系统分布在干旱地区，动植物种类较少，在不同的季节或年份，降雨量很不均匀，种群密度和群落的结构也常常发生剧烈变化。

目前，人们对草原生态系统的破坏比较严重，主要表现在过度放牧、不适宜草原生态系统的农垦、人类对资源的掠夺性开采。

3. 城市生态系统

城市生态系统是城市居民与其周围环境组成的一种特殊的人工生态系统，是人们创造的自然-经济-社会复合系统。城市是以人为中心的特殊的人工生态系统，对其他生态系统具有很大的依赖性，同时会对其他生态系统产生强烈的干扰。

按生态学的观点，城市也应具有自然生态系统的某些特征，尽管在生命系统组分的比例和作用发生了很大变化；但系统内仍有植物和动物，生态系统的功能基本上得以正常进行，也还与周围的自然生态系统发生着各种联系。另一方面，应该看到城市生态系统确实已发生了本质变化，具有不同于自然生态系统的突出特点。

城市生态系统中，①人是生态系统的核心。城市生态系统与自然生态系统中以绿色植物为中心的情况截然不同，城市生态系统主要是由“自然生态系统”和“社会经济系统”两部分组成。自然生态系统包括植物、动物、微生物和非生物部分；社会经济系统中，生物部分主要是人，非生物部分包括工业技术和技术构筑物等；②系统能量、物流量巨大，密度高且周转快。城市生态系统的能流和物质流强度是自然生态系统无可比拟的。是一个巨大的开放性系统，它的输入和输出，对周围生态系统有很大的影响；③食物链简单化，系统自我调节能力小。在城市生态系统中，以人为主体的食物链常常只有二级或三级，而且作为生产者的植物，绝大多数都是来自周围其他系统，系统内初级生产者绿色植物的地位和作用完全不同于自然生态系统。与自然生态系统相比，城市生态系统由于物种多样性的减少，能量流动和物质循环的方式、途径都发生改变，使系统具有很大的依赖性，系统本身自我调节能力很小，稳定性主要取决于社会经济系统的调控能力和水平。

4. 淡水生态系统

根据水的流速可分为流动水和静水两个类型，食物链一般是水生植物→无脊椎动物→鱼类。河流是自然生态体系的一部分，但河流以及它周围的环境也构成了一个相对独立的生态系统。在这个生态系统中，食物链关系往往很复杂，各种食物链互相交错，形成食物网。

河流是人类及众多生物赖以生存的生态链条，也是哺育人类历史文明的伟大摇篮。但是长期以来，人类以自我为中心，盲目地开发利用河流、改造河流，与河流长期处于对立的状态，致使河流生态系统及其健康生命遭遇空前的危机，从而反过来也严重威胁到人类自己。这种传统的思维模式已经远远不能有效地解决人与河流的矛盾。

5. 海洋生态系统

海洋占地球面积的70%，它是生物圈中最庞大的生态系统，它与陆地生态系统和淡水生态系统截然不同。海洋是具有高盐分的特有环境，它的动、植物群与淡水和陆地的也明显不同。海洋除沿海外，没有种子植物。动植物种类很丰富，结构稳定，地球上的全部海洋是一个巨大的生态系统。

根据海洋生态系统的环境特点，除潮间带外，又可分为浅海或叫沿岸带和外海带两类生态系统。浅海带包括自海岸线起到水深200m以内的全部大陆架。这里接受河流带来的大量有机物，水中光照充足、温度适宜、海底构成复杂，有不同的海底生境，因而栖息着大量的生物，是海洋生态系统最活跃区域之一，生物生产力很高。

本章小结

生态系统具有内部自我调节的能力，能量流动和物质循环是生态系统的两大功能。生态系统是一个动态系统，经历一个从简单到复杂、从不成熟到成熟的发育过程，不同发育阶段有不同的特性。

本章开篇“放狼归山”的故事说明，生态系统是大自然生物间、生物与环境相互协同进化而形成的近乎天衣无缝的体系。在没有深入了解某个生态系统的运转机制之前，贸然的人为干涉将产生不可估量的生态灾难。美国“放狼归山”的生态保护措施起到良好的作用，而“澳洲兔灾”、日本“鹿吃森林”等生态困境也对此作了很好的注解。

复习思考题

1. 什么是生态系统？生态系统包括哪些成分？
2. 生态系统中的生产者、消费者和分解者各有什么功能？
3. 陆地生态系统和海洋生态系统的食物链有何不同？
4. 能量流动有什么特点？从中能得到什么启示？
5. 人类活动对生物圈产生了什么影响？

参 考 文 献

[1] A.S. 罗默，T.S. 帕尔森．脊椎动物身体．杨白仑译．北京：科学出版社，1985.
[2] 柏树龄．系统解剖学．第5版．北京：人民卫生出版社，2004.
[3] 陈邦杰等．中国苔藓植物属志（上、下册）．北京：科学出版社，1963.
[4] 陈峰，姜悦．微藻生物技术．北京：中国轻工业出版社，1999.
[5] 陈灵芝．中国的生物多样性——现状及其保护对策，北京：科学出版社，1993.
[6] 陈品健．动物生物学．北京：科学出版社，2001.
[7] 陈汝民．现代植物科学引论．广州：广东高等教育出版社，1995.
[8] 陈守良．动物生理学．第3版．北京：北京大学出版社，2005.
[9] 陈小麟．动物生物学．第3版．北京：高等教育出版社，2005.
[10] 陈阅增，戴尧仁．普通生物学．北京：高等教育出版社，2005.
[11] 曹慧娟．植物学．第2版．北京：中国林业出版社，1992.
[12] 曹宗巽，吴相钰等．植物生理学．北京：人民教育出版社，1979.
[13] 达尔文．物种起源．北京：科学出版社．1955.
[14] 丹尼斯，R. 加拉格尔．人类基因组我们的DNA. 北京：科学出版社，2003.
[15] 丁汉波．脊椎动物学．北京：高等教育出版社，1985.
[16] 丁恒山．中国药用孢子植物．上海：上海科技出版社，1982.
[17] 堵南山等．无脊椎动物学．上海：华东师范大学出版社，1989.
[18] 堵南山．甲壳动物学（上、下册）．北京：科学出版社，1993.
[19] Evgene Podum. 生态学基础．孙儒泳等译．北京：人民教育出版社，1982.
[20] 方如康．我国的能源及其合理利用．北京：科学出版社，1985.
[21] 方宗熙，江乃萼．进化论．北京：高等教育出版社，1986.
[22] 傅立国，金鉴明．中国植物红皮书（第1册）．北京：科学出版社，1992.
[23] Fracisco J Ayala，Jomes W Valentina. 现代综合进化论．胡楷译．北京：高等教育出版社，1990.
[24] 高崇明．生命科学导论．北京：高等教育出版社，2007.
[25] 高玮．鸟类分类学．长春：东北师范大学出版社，1992.
[26] 高信曾．植物学（形态解剖部分）．第2版．北京：高等教育出版社，1987.
[27] 高英茂．组织学与胚胎学．北京：人民卫生出版社，2001.
[28] 顾德兴，张桂权．普通生物学．北京：高等教育出版社，2000.
[29] 顾宏达等．基础动物学．上海：复旦大学出版社，1992.
[30] 郭郛，钱燕文，马建章．中国动物学发展史．哈尔滨：东北林业大学出版社，2004.
[31] 国家自然科学基金委员会生命科学部．植物科学．北京：中国农业出版社，1994.
[32] 郝天和．脊椎动物学（上、下册）．北京：高等教育出版社，1959.
[33] 贺士元，尹祖棠，周云龙．植物学（上、下册）．北京：北京师范大学出版社，1987.
[34] 何泽涌．组织学与胚胎学．北京：人民卫生出版社，1983.
[35] 贺竹梅．现代遗传学教程．广州：中山大学出版社，2002.
[36] 侯宽昭等．中国种子植物科属词典．修订版．北京：科学出版社，1982.
[37] 胡鸿钧．螺旋藻生物学及生物技术原理．北京：科学出版社，2003.
[38] 胡鸿钧，李尧英等．中国淡水藻类．上海：上海科学技术出版社，1980.
[39] 胡金良．植物学．北京：中国农业大学出版社，2012.
[40] 胡人亮．苔藓植物学．北京：高等教育出版社，1986.
[41] 胡适宜．被子植物受精生物学．北京：科学出版社，2002.
[42] 胡适宜．被子植物有性生殖图谱．北京：科学出版社，2000.
[43] 胡适宜．被子植物胚胎学．北京：人民教育出版社，1982.
[44] 胡玉佳．现代生物学．北京：高等教育出版社，1999.
[45] 黄诗笺．动物生物学实验指导．北京：高等教育出版社，2001.
[46] 黄正一，蒋正揆．动物学实验方法．上海：上海科学技术出版社，1984.
[47] 江静波等．无脊椎动物学．第3版．北京：高等教育出版社，1995.
[48] 金银根．植物学．北京：科学出版社，2006.
[49] 进化论选集编委会．进化论选集．北京：科学出版社，1987.
[50] 李承森．植物科学进展（第1卷）．北京：高等教育出版社，1998.

[51] 李靖炎．细胞在生命进化历史中的发生——真核细胞的起源．北京：科学出版社，1979.
[52] 李难．进化论教程．北京：高等教育出版社．1996.
[53] 李璞．医学遗传学．北京：北京大学医学出版社，2003.
[54] 李伟新等．海藻学概论．上海：上海科学技术出版社，1982.
[55] 李星学，周志炎，郭双兴．植物界的发展和演化．北京：科学出版社，1981.
[56] 李扬汉．植物学（上、下册)．北京：高等教育出版社，1985.
[57] 李正理等．植物解剖学．北京：高等教育出版社，1983.
[58] 梁家骥，汪劲武．植物的类群．北京：人民教育出版社，1985.
[59] 李准．生物进化论．北京：人民教育出版社，1882.
[60] 林鹏．植物群落学．上海：上海科学技术出版社，1986.
[61] 林金安．植物科学综论．哈尔滨：东北林业大学出版社，1993.
[62] 林菊生．现代细胞分子生物学技术．北京：科学出版社，2004.
[63] 凌诒萍．细胞生物学．北京：人民卫生出版社，2001.
[64] 刘凌云，郑光美．普通动物学．第3版．北京：高等教育出版社，1997.
[65] 刘胜祥．植物资源学．第2版．武汉：武汉出版社，1994.
[66] 刘祖洞．遗传学（上、下册)．第2版．北京：高等教育出版社．1991.
[67] 陆时万等．植物学（形态解剖部分)．第2版．北京：高等教育出版社，1991.
[68] 马克勤，郑光美．脊椎动物比较解剖学．北京：高等教育出版社，1984.
[69] 马炜梁．高等植物及其多样性．北京：高等教育出版社，1998.
[70] 南开大学等．普通生物学．北京：高等教育出版社，1983.
[71] 牛翠娟，蔡可．英汉动物学词汇．第2版．北京：科学出版社，2001.
[72] 齐钟彦．新拉汉无脊椎动物名称．北京：科学出版社，1999.
[73] 任淑仙．无脊椎动物学（上、下册)．北京：北京大学出版社，1990.
[74] Richard D. Jurd. 动物生物学．蔡益鹏等译．北京：科学出版社，2000.
[75] 沈银柱．进化生物学．北京：高等教育出版社，2002.
[76] 史密斯 G M 等．隐花植物学（上、下册)．朱浩然，陆定安译．北京：科学出版社，1962.
[77] 寿天德．现代生物学导论．合肥：中国科学技术大学出版社，2001.
[78] 斯特弗鲁等．国际植物命名法规．赵士洞译．北京：科学出版社，1984.
[79] 宋林，韩威，孙承泳等．大学生物学基础．第2版．北京：中国人民大学出版社，2006.
[80] 孙成仁．植物学实验指导（系统分类)．成都：电子科技大学出版社，2002.
[81] 孙虎山．动物学实验教程．北京：科学出版社，2004.
[82] 孙儒泳、李博等．普通生态学．北京：高等教育出版社，1993.
[83] 田清涞．普通生物学．北京：海洋出版社，2000.
[84] 托马斯 L 罗斯特，迈克尔 G 巴伯等．植物生物学．周纪伦，邵德明，徐七菊译．北京：高等教育出版社，1981.
[85] 王曼莹．生命科学基础．北京：中国中医药出版社，2006.
[86] 王金发．细胞生物学．第3版．北京：科学出版社，2009.
[87] 王镜岩，朱圣庚，徐长法．生物化学．北京：高等教育出版社，2002.
[88] 汪劲武．种子植物分类学．北京：高等教育出版社，1985.
[89] 汪荠．植物生物学实验教程．北京：科学出版社，2003.
[90] 王全喜，张小平．植物学．北京：科学出版社，2004.
[91] 王献溥，刘玉凯．生物多样性的理论与实践．北京：中国环境科学出版社，1994.
[92] 王英典等．植物生物学实验指导．北京：高等教育出版社，2001.
[93] 王宗训．新编拉英汉植物名称．北京：航空工业出版社，1996.
[94] 王宗训．中国植物资源利用手册．北京：科学出版社，1989.
[95] 魏江春等．中国药用地衣．北京：科学出版社，1982.
[96] 吴国芳等．植物学（上、下册)．第2版．北京：高等教育出版社，1992.
[97] 吴鹏程．苔藓植物生物学．北京：科学出版社，1998.
[98] 吴庆余．基础生命科学．北京：高等教育出版社，2006.
[99] 吴相钰，陈阅增．普通生物学．第3版．北京：高等教育出版社，2010.
[100] 吴兆洪，秦仁昌．中国蕨类植物科属志．北京：科学出版社，1991.
[101] W. 布鲁姆．组织学．王绍仁等译．北京：科学出版社，1984.
[102] 忻介六等．昆虫形态分类学．上海：复旦大学出版社，1985.

[103] 许崇任，程红．动物生物学．第 2 版．北京：高等教育出版社，2008.
[104] 徐晋麟，徐沁，陈淳．现代遗传学原理．北京：科学出版社，2001.
[105] 徐敬明等．动物学教程．济南：山东大学出版社，1993.
[106] 徐仁．生物史（第 2 分册：植物的发展）．北京：科学出版社，1980.
[107] 徐润林．动物生物学．北京：化学工业出版社，2012.
[108] 严振国．正常人体解剖学．北京：中国中医药出版社，2000.
[109] 杨安峰．脊椎动物学．修订版．北京：北京大学出版社，1992.
[110] 杨德渐，孙世春．海洋无脊椎动物学．修订版．青岛：中国海洋大学出版社，2006.
[111] 杨世杰．植物生物学．北京：科学出版社，2000.
[112] 杨潼．中国动物志．环节动物门．蛭纲．北京：科学出版社，1996.
[113] 叶创兴，廖文波，戴水连，李莜菊．植物学（系统分类部分）．广州：中山大学出版社，2000.
[114] 叶创兴，周昌清，王金发．生命科学基础教程．北京：高等教育出版社，2006.
[115] 翟中和，王喜忠，丁明孝．细胞生物学．第 2 版．北京：高等教育出版社，2008.
[116] 张景钺，梁家骥．植物系统学．北京：人民教育出版社，1965.
[117] 张昀．生物进化．北京：北京大学出版社，1998.
[118] 张维建．医用组织学与胚胎学．济南：山东大学出版社，1988.
[119] 张耀甲．颈卵器植物学．兰州：兰州大学出版社，1994.
[120] 张宗炳．遗传与进化．北京：人民教育出版社，1981.
[121] 赵军．生物学基础．北京：化学工业出版社，2006.
[122] 赵汝良．医学遗传学基础．北京：人民卫生出版社，2002.
[123] 赵寿元，乔守怡．现代遗传学．北京：高等教育出版社，2003.
[124] 赵遵田，苗明升．植物学实验教程．北京：科学出版社，2004.
[125] 郑国锠．细胞生物学．第 2 版．北京：高等教育出版社，1992.
[126] 郑乐怡．动物分类原理与方法．北京：高等教育出版社，1987.
[127] 郑乐怡，归鸿．昆虫分类（上、下册）．南京：南京师范大学出版社，1999.
[128] 中国科学院植物研究所．中国高等植物图鉴（1-5 册，补编 1-2 册）．北京：科学出版社，1972-1989.
[129] 中国植物学会．中国植物学史．北京：科学出版社，1994.
[130] 中国植物志编委会．中国植物志．北京：科学出版社，1959-2004.
[131] 中山大学生物系等．植物学（系统分类部分）．北京：人民教育出版社，1978.
[132] 周美娟等．人体组织学与解剖学．第 3 版．北京：高等教育出版社，1999.
[133] 周仪，王慧，张述祖．植物学（上、下册）．北京：北京师范大学出版社，1987.
[134] 周永红，丁春邦．普通生物学．北京：高等教育出版社，2007.
[135] 周云龙．植物生物学．第 2 版．北京：高等教育出版社，2004.
[136] 周正西，王宝青．动物学．北京：中国农业大学出版社，1999.
[137] 褚新洛等．云南鱼类志（上、下册）．北京：科学出版社，1989.
[138] 祝廷成，钟幸成，李建东．植物生态学．北京：高等教育出版社，1988.
[139] 左仰贤．动物生物学教程．北京：高等教育出版社，2001.
[140] 邹仲之．组织学与胚胎学．第 5 版．北京：人民卫生出版社，1978.
[141] Bold H C，Mynne M J. Introduction to the algae. New Jersey：Prentice - Hall Inc.，1978.
[142] Bruce Alberts，Alexander Johnson，Julian Lewis，Martin Raff，Keith Roberts，Peter Walter. Molecular Biology of The Cell. Fifth Edition . Garland Science. 2007.
[143] Campbell N A，Reece J B. Essential Biology. San Francisco：Pearson Education，Inc.，2001.
[144] Chiras D D. Human Biology. St Paul：West Publishing，1991：110-119.
[145] Cooper G M. The Cell：A Molecular Approach. Washington：Sinauer Associates，Inc.，2000.
[146] Cronquist A. An integrated system of classification of flowering plants. New York：Columbia University Press，1981.
[147] Daniel L. Hartl，Elizabeth W. Jones. Genetics：Analysis of Genes and Genomes . Seventh Edition. Jones and Bartlett Publishers，2009.
[148] Dietrich V，Denffer G *et al*. Strasburger's textbook of botany. New York：Longman Inc. 1971.
[149] D. Peter，Snustad. MichaelJ. Simmons. Principles of Genetics. Third Edition. JohnWiley& Sons，Inc.，2003.
[150] Goodnight C J，Goodnight M L. General Zoology. Reinhold Publishing Company，1964.
[151] Guyton A C. Human Physiology and Mechanisms of Disease. Philadelphia：Saunders College Publishiing，1992：

34-38.
[152] Harvey Lodish, Arnold Berk, Paul Matsudaira, et. al. Molecular Cell Biology. 5th edition. W. H. Freeman Company, 2003.
[153] Hichman C P, *et al*. Integrated Principles of Zoology. 9th ed. St. Louis: Mosby-Year Book, Inc., 1993.
[154] Howard J D. Modern plant biology. New York: Van Nostrand Reinhold Company, 1972.
[155] James D. Watson, Tania A. Baker, Stephen P. Bell, Alexander Gann, Michael Levine, Richard Losick. Molecular Biology of the Gene. Sixth Edition. Pearson Education, Inc. 2008.
[156] Janet Moore. An Introduction to the Invertebrates. Cambridge, New York: Cambridge University Press, 2001.
[157] Jensen W A. Botany. an ecological approach. California: Wadworth Publishing Company, Belmont, 1972.
[158] Jessop N M, *et al*. Theory and Problems of Zoology. New York: McGraw-Hill Companies, Inc., 1988.
[159] Jin-hui Hou, Wei-wei Zhang, Li Sun. Immunoprotective analysis of two Edwardsiella tarda antigens. Journal of General and Applied Microbiology, 2009, 55 (1): 57-61.
[160] Jin-hui Hou, Yong-hua Hu, Min Zhang, Li Sun. Identification and characterization of the AcrR/AcrAB system of a pathogenic Edwardsiella tarda strain. Journal of General and Applied Microbiology, 2009, 55 (3): 191-199.
[161] Kenneth V. Kardong. Vertebrates: Comparative Anatomy, Function, Evolution. 3rd edition. Boston: McGraw-Hill College, 2001.
[162] Kleinsmith L J, Kish V M. Principles of Cell and Molecular Biology. 2nd ed. New York: Harper Collins College Publishers, 1995.
[163] Lee R E. Phycology. Cambridge: Cambridge University Press, 1980.
[164] Leyser O, Day S. Mechanisms in plant development. Oxford: Blackwell Science Ltd, 2003.
[165] Mauseth James D. Botany: an introduction to plant biology. Chicago: Worth Publishers, Inc., 1991.
[166] Miller S A, *et al*. Zoology. 5th edition. Boston: McGraw-Hill Companies, Inc., 2002.
[167] Monroe W Strickberger. Evolution. 3rd ed. Massachusetts: Jones and Bartlett Publishers, Inc., 2000.
[168] Moore J A, *et al*. Biological Science. 3rd edition. New York: Harcourt Brace Jovanouich, 1973.
[169] Ravan P H, Evert R F, Eichh S E. Biology of plant. 5th ed. New York: Worth Publishers, Inc., 1992.
[170] Raven P H, Johnson G B. Biology. 6th ed. New York: McGraw-Hill Science Engineering, 2001.
[171] Robert K. Murray, Daryl K. Granner, Peter A. Mayes, Victor W. Rsdwell. Harper's Illustrated Biochemistry. 26th edition. The McGraw-Hill Companies, Inc, 2003.
[172] Smith G M. The fresh water algae of the United States. 2nd ed. New York: McGraw-Hill Book Co. 1950.
[173] Solomon P, Linda R B, Diana W M. Biology. 6th ed. 2002.
[174] Stephen A. Miller, *et al*. 动物生物学．影印版．第5版．北京：高等教育出版社，2004.
[175] Storer T I, Usinger R L. General Zoology. 4th ed. New York: McGraw-Hill Book Company, 1965.
[176] Takhtajan A. Diversity and classification of flowering plants. New York: Columbia University Press, 1997.
[177] Tseng C K. Common seaweeds of China. Beijing: Science Press, 1983.
[178] Vander A J, Sherman JH, Luuciano D S. Human Physiology. New York: MeGraw-Hill companies, Inc, 1975. 23-26.
[179] Weier T E *et al*. Botany: an introduction to plant biology. 6th ed. Sanfrancisco: John Wiley and Sons Inc. 1982.
[180] WilliamS. Klug. Michael R. Cummings. Essentials of Genetics. 影印版．北京：高等教育出版社，2002.
[181] Young J Z. The life of Vertebrates. Oxford University Press. 1962.